科学经典品读丛书

物理学和天文学的伟大著作

On the Shoulders of Giants

站在巨人的肩上

（下）

【英】史蒂芬·霍金　编评

张卜天◎等译

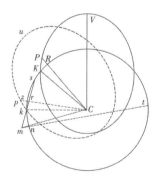

CﾂK 湖南科学技术出版社

伊萨克·牛顿(1642—1727)

生平与成果

　　1676年2月5日，伊萨克·牛顿写了一封信给他的宿敌罗伯特·胡克(Robert Hooke)，其中有这么一句话，"如果说我看得比别人更远，那是因为我站在了巨人的肩上。"这句话已经成为科学史上最脍炙人口的名言，一般认为是牛顿承认了他的前人哥白尼、伽利略和开普勒的科学发现。的确，有时在公开场合，有时在私下场合，牛顿承认这些人的贡献。但是在写给胡克的这封信中，牛顿所指的是光学理论，特别是关于薄膜现象的研究，胡克和莱内·笛卡儿(Renè Descartes)都对此做出过重要贡献。

　　有些学者把这句话解释为牛顿对胡克的一种浅薄的隐含的伤害，因为胡克那躬驼的体型和五短身材实在是与巨人相去甚远，特别是在报复心极重的牛顿的眼里。然而，尽管他们之间龃龉良多，牛顿在那封信的结尾处还是采用了一种更加温和的语气，谦卑地承认了胡克和笛卡儿两人研究的价值。

人们一般认为，伊萨克·牛顿是微积分、力学和行星运动以及光和颜色理论研究之父，但是他本人的历史地位还是由他对于万有引力的描述、提出运动和吸引的定律来决定的，这些成就记载在他的里程碑著作《自然哲学之数学原理》(*Philosophiae Naturalis Principia Mathematica*，通常简称为《原理》)中。牛顿在这部著作里把哥白尼、伽利略、开普勒和其他人的科学贡献融会入一部崭新的动态的交响乐中。《原理》——第一部理论物理学的巨著，被公认为是科学史上以及奠定现代科学世界观基础的最重要的著作。

牛顿只用了 18 个月就写成了组成《原理》的三卷，而且令人惊讶的是，其间他多次深受情感重创——似乎还夹杂着他与其竞争者胡克之间的冲突。报复心令他走得如此之远，他甚至在书中删除了所有与胡克的工作有关的文字。然而，他对同行科学家的痛恨也许正是《原理》的灵感之源。

对其著作最微弱的批评，哪怕是隐含在溢美之词中的，都会使牛顿陷入黑暗的孤僻中长达数月甚至数年之久。这种孤僻反映出牛顿的早年生活经历。有些人据此猜测，如果不是胶着于个人争斗，牛顿可能会怎样回答这些批评；另一些人则设想，牛顿的科学发现和成就正是他执着于记仇的结果，要是他少一些孤傲，他的发现和成就也许就不可能有。

还在是一个小男孩的时候，伊萨克·牛顿就问过自己大量问题，人类早已被这些问题困惑了许久，而牛顿自己尝试解答这些问题中的许多个。那是牛顿充满发现的一生的开始，尽管不乏蹒跚的脚步。1642 年的圣诞日，伊萨克·牛顿出生于一个英国工业城镇——林肯郡的乌尔斯索普 (Woolsthorpe, Lincolnshire)，伽利略死于同一年。他是早产儿，他的母亲没有指望他能活下来；他后来说自己出生时小得可以放进 1 夸脱 (quart) 的盆里。牛顿的生父也叫伊萨克，死于他出生前的 3 个月。牛顿还不到两岁时，他的母亲汉娜·艾斯考夫 (Hannah Ayscough) 改嫁给来自北威特姆 (North Witham) 的富有牧师巴纳巴斯·史密斯 (Barnabas Smith)。

　　在史密斯的新家庭中很明显没有小牛顿的立身之地，他被送给外婆玛格丽·艾斯考夫(Margery Ayscough)抚养。这场被遗弃的变故，加上他从没见过自己的父亲，一直是牛顿终生挥之不去的梦魇。他蔑视自己的继父，在1662年的日记中，牛顿反思自己的罪恶，曾记录有"恐吓我的史密斯父母，要把他们烧死，烧死在房屋里"。

　　与他的成年生活一样，牛顿的幼年生活中充满了尖刻、报复、攻击的插曲，他不仅针对想象中的敌人，还针对朋友和家庭。他也很早显露出后来成就他一生业绩的好奇心，他对机械模型和建筑绘图很感兴趣。牛顿花费无数时间制作时钟、报时风筝、日晷和微型磨坊(由小老鼠推动)，还绘制了大量动物和船舶的复杂骨架图片。5岁时，他到斯基灵顿和斯托克(Skillington and Stoke)的学校就读，但是被认为是最差的学生之一，教师给的评语是"精力不集中"和"懒惰"。尽管他有好奇心，表现出学习意愿，却不能专注于学业。

　　牛顿10岁那年，巴纳巴斯·史密斯去世，汉娜继承了史密斯大量财产。牛顿与外婆和汉娜以及同母异父的一个弟弟、两个妹妹一同生活。因为他的学习成绩乏善可陈，汉娜认为牛顿还不如离开学校回家管理农场和家产。她强迫牛顿从格兰瑟姆(Grantham)的免费文科学校退学。对她来说不幸的是，牛顿在管理家产方面的才能和兴趣甚至还不如他的学校功课。汉娜的兄长威廉(William)，一位牧师，觉得与其让心不在焉的牛顿留在家中，还不如让他回到学校去完成学业。

　　这一回，牛顿住在免费文科学校校长约翰·斯托克斯(John Stokes)的家里，他的学业似乎出现了一个急转弯。有个校园痞子向他挑起了一场斗殴，这件事令他猛醒。年轻的牛顿似乎开窍了，他扭转了学校功课上的不良记录。此时的牛顿展示了自己的过人才智和好奇心，打算要到大学深造。他要升入剑桥大学的三一学院，那是他舅父威廉的母校。

　　在三一学院，牛顿是个减费生，学校准许他做些诸如餐厅侍应、清理员工房间之类零工抵偿学费。不过在1664年他获得奖学金，从此他得到资助脱离仆役身份。1665年腺鼠疫(bubonic plague)流行、学校关闭时，牛顿回到了林肯郡。鼠疫期间他在家乡住了 18 个月，埋头于力学和数学研究，开始集中思考光学和引力问题。正如牛顿本人所说，这个"神奇的年份"(annus mirabilis)是他一生中最富于创造性的多产时期之一。也是大约在这个时期，据传说，一个苹果砸到了牛顿的头上，把正在树下打瞌睡的他唤醒，启发他提出万有引力定律。无论这个传说有多么牵强附会，牛顿本人确实写到过一个下落的苹果使他"偶然想到"万有引力定律，而人们也认为他正是在那个时候进行了摆体实验。牛顿晚年回忆道，"那时我正处于发明的高峰期，思考数学和哲学比以后的任何时候都多。"

回到剑桥后，牛顿研究了亚里士多德(Aristotle)和笛卡儿的哲学，还研究了托马斯·霍布斯(Thomas Hobbs)和罗伯特·玻意耳 (Robert Boyle)的哲学。他接受了哥白尼和伽利略的天文学，以及开普勒的光学。在这一时期，牛顿开始做棱镜试验，研究光的折射和散射，地点可能在他三一学院的寝室或者他乌尔斯索普的家中。大学期间深远影响牛顿未来的事件无疑是伊萨克·巴罗 (lsaac Barrow)的到来，后者被任命为卢卡斯数学教授。巴罗认识到牛顿的杰出数学才能，当他 1669 年辞去教席转谋神职时，他推荐当时 27 岁的牛顿作为继任者。

牛顿继任卢卡斯数学教授后，最初的研究主要集中在光学领域。他成功地证明了，白光由多种不同的光混合而成，每一种光在通过棱镜后都会产生出不同颜色的光谱。他精心设计了一系列实验，详细证明光由微小粒子混合而成，这招致胡克等一些科学家的愤怒，胡克认为光是以波的形式传播的。胡克向牛顿发出挑战，要他提供更多的证据来说明他那离经叛道的理论，而牛顿的回应方式则是随着他在学术界的日益成熟而对这个问题日益兴味索然。他退出了这场争斗，转而不放过在其他每一个场合羞辱胡克的机会，并且直到 1703 年胡克去世，他才同意出版他的《光学》(Opticks) 一书。

在任卢卡斯数学教授早期，牛顿已经同时在研究数学，但是他只与很少几位同行分享他的研究成果。还在 1666 年，他已经发现了解决曲率问题的一般方法——他称之为"流数及反流数理论"。这个发现后来引爆了他和德国数学家与哲学家哥特弗里德·威廉·莱布尼茨(Gottfried Wilhelm Leibniz)的支持者之间的戏剧性争斗，十多年后，莱布尼茨发表了关于微分和积分的发现。两个人得到的数学原理大致相同，但莱布尼茨发表他的著作比牛顿要早。牛顿的支持者宣称莱布尼茨在多年前读到过牛顿的论文，于是两大阵营爆发了一场热度颇高的争执，即著名的微积分优先权之争，它一直持续到1716年莱布尼茨去世才告结束。牛顿对莱布尼茨恶意攻击，经常上纲上线到上帝观和宇宙观，加之关于剽窃的检举，令莱布尼茨百口莫辩，名誉扫地。

绝大多数科学史家相信，他们两人实际上各自独立地做出了这一发现，那场争论其实是无的放矢。牛顿对莱布尼茨刻毒的攻击反过来也危害了牛顿自己的健康和情感。不久他又陷入另一场争斗，是关于他的颜色理论，这一回对手是英国耶稣会。1678年，他的精神崩溃了。随后一年，牛顿的母亲汉娜过世，他开始了离群索居。他秘密钻研炼金术，其实这个领域在牛顿时代就已经被广泛认为是无稽之谈。对于许多牛顿研究者来说，其科学生涯中的这一插曲实在难以启齿，直到牛顿去世后很久，他对化学实验的兴趣与他后来研究天体力学和万有引力之间的联系才慢慢显现出来。

1666年，牛顿已经开始形成关于运动的理论，但那时他还不能适当地解释环绕运动的力学原因。早在大约50年前，德国数学家和天文学家约翰内斯·开普勒(Johannes Kepler)就已经提出了行星运动的三大定律，精确描述了行星围绕太阳运动的情况，但是他不能解释为什么行星要做这样的运动。开普勒走到距离力的概念最近的地方是他说过太阳和行星之间由"磁性"联系起来。

牛顿决定找出导致行星的椭圆轨道的原因。他把自己的向心力定律应用到开普勒行星运动第三定律(和谐定律)上，推导出平方反比定律，这个定律指出，任何两个物体之间的引力反比于这两个物体中心距离的平方。由此，牛顿认识到，引力是无所不在的——正是同一种力，使得苹果坠落地面，使得月球被迫围绕着地球运转。于是，他运用当时已知的数据检验平方反比关系，他接受了伽利略关于月球到地球的距离是地球半径的 60 倍的假设，但是他本人对地球直径的估计并不准确，这使他不可能获得满意的验证结果。有讽刺意味的是，1679 年，又是他与老对手胡克的往来信件再次唤醒了他对这个问题的兴致。这一回，牛顿注意到开普勒第二定律——等面积定律，他可以证明它在向心力情况下为真。而胡克也试图证明行星轨道，他写的讨论有关问题的一些信件特别令牛顿感兴趣。

1684 年，在一次有欠光彩的聚会中，英国皇家学会的三个成员，罗伯特·胡克、埃德蒙德·哈雷（Edmond Halley）和克里斯托弗·雷恩（Christopher Wren），后者为著名的圣保罗大教堂的建筑师，展开了一场热烈讨论，议题是平方反比关系决定着行星的运动。早在 17 世纪 70 年代，在伦敦的咖啡馆和其他知识分子聚会地的谈论话题中，就已经议论到太阳向四面八方散发出引力，这引力以平方反比关系随着距离递减，随着天球的膨胀在天球表面处越来越弱。1684 年聚会的结果是《原理》的诞生。胡克声称，他已经从开普勒的椭圆定律推导出引力按平方反比关系随距离递减的证明，但是在准备好正式发表以前，他不能给哈雷和雷恩看。愤怒之下，哈雷前往剑桥，向牛顿诉说胡克的作为，然后提出了这样一个问题："如果一颗行星被一种按距离的平方反比关系变化的力吸引向太阳，那么它环绕太阳的轨道应该是什么形状?"牛顿立即打趣地回答说，"它还不就是椭圆。"然后牛顿告诉哈雷，他在 4 年前就已经解决了这个问题，但是不知道把那证明放在了办公室的什么地方。

在哈雷的请求下，牛顿用了 3 个月时间重写并且改进了这项证明。在其后的 18 个月，牛顿过人的才智喷泻而出，他把他的思想发展推衍，一口气写满整整三大卷。在此期间，牛顿如此专注于工作，以致常常忘记吃饭。牛顿把他这部著作定题为 Philosophiae Naturalis Principia Mathematica（《自然哲学之数学原理》），刻意要与笛卡儿的 Principia Philosphiae（《哲学原理》）做个比对。牛顿的三卷本《原理》在开普勒的行星运动定律与现实物理世界之间建立起联系。哈雷对于牛顿的发现报之以"欢呼雀跃"，对哈雷来说，这位卢卡斯数学教授在所有其他人遭遇失败的地方取得了成功。他个人出资资助了这部划时代的鸿篇巨制的出版，把这当作是献给全人类的礼物。

在伽利略发现物体被"拉"向地球中心的地方，牛顿努力证明了，正是这同一种力——引力，决定了行星的运行轨道。牛顿对伽利略关于抛体运动的著作也了如指掌，证明月球绕地球运动服从相同的原理。牛顿向人们表明，引力既能解释和预言月球的运动，也能解释和预言地球上海洋的潮起潮落。《原理》的第一卷包含着牛顿的运动三定律：

1. 每一个物体都保持着它的静止或匀速直线运动状态，除非它受到作用于它之上的力而被迫改变那种状态；

2. 运动的变化正比于物体所受到的力，变化的方向与力所作用的方向相同；

3. 每一种作用都总是受到相等的反作用；或者，两个物体的相互作用总是相等的，作用的方向正好相反。

第二卷是牛顿对第一卷的扩充，原先的写作计划里没有这部分内容。它基本上是流体力学著作，给牛顿施展数学技巧留下了空间。在这一卷的结尾处，牛顿得出结论，笛卡儿提出的用于解释行星运动的涡旋理论经不起仔细推敲，因为行星的运动不需要涡旋，完全可以在自由空间中进行。至于为什么会这样，牛顿写道，"可以在第一卷中找到解答；我将在下一卷中对此做进一步论述。"

第三卷的标题是"宇宙体系(使用数学论述)"，牛顿通过把第一卷中的运动定律应用于物理世界得出结论，"对于一切物体存在着一种力，它正比于各物体所包含的物质的量。"由此他向人们演示，他的万有引力定律可以解释当时已知的六大行星的运动，以及月球、彗星、春秋分点和海洋潮汐的运动。这个定律指出，所有物体都是相互吸引的，吸引的力正比于它们的质量，反比于它们之间距离的平方。牛顿只用了一组定律，就把地球上的所有运动与天空中可观测的运动联系起来。在第三卷"推理的规则"中，牛顿写道：

"寻求自然事物的原因，不得超出真实的和足以解释它们的现象。因此对于相同的自然现象，必须尽可能地寻求相同的原因。"

正是这后一条规则把天体和地球实际联系在一起。在亚里士多德学派看来，天体的运动与地球物体的运动服从于不同的自然规律，因而牛顿的第二条推理规则是不正确的。牛顿看待世界的眼光有所不同。

《原理》自 1687 年出版伊始就广受好评，但是它的第一版大约只刊印了500 本。而牛顿的死敌罗伯特·胡克打定主意要剥夺牛顿所能享受到的任何光环。当牛顿写成第二卷时，胡克公开宣称，他于 1679 年写给牛顿的信件为牛顿的发现提供了关键性的科学思想。胡克的说法尽管不无道理，但是牛顿极感厌恶，他扬言要推迟甚至放弃出版第三卷。最终，牛顿通融了，出版了《原理》的最后一卷，但在出版前不辞辛劳地逐一删除了书中出现的胡克的名字。

牛顿对胡克的痛恨困扰着他的余生。1693 年，他再次遭受精神崩溃的沉重打击，中止了研究。直到 1703 年胡克去世，牛顿始终没在英国皇家学会露面。胡克一死牛顿就当选为英国皇家学会主席，此后每年都连选连任，直到 1727 年去世。在胡克去世前，牛顿也一直没有出版他的《光学》，这是他关于光和颜色的研究的重要著作，是他影响最为深远的著作。

牛顿在 18 世纪初以英国皇家造币厂督察身份担任政府职务。在这个职位上，他把他的炼金术研究应用于重建英国货币的诚信。他以英国皇家学会主席身份，用一种异乎寻常的威权，一如既往地与想象中的敌人战斗，特别是与莱布尼茨进行旷日持久的争夺微积分发明权的斗争。安妮女王（Queen Anne）于 1705 年册封他为爵士，他生前看到了《原理》第二版和第三版的出版。

伊萨克·牛顿因为肺炎和痛风死于 1727 年 3 月。如他所愿，他在科学领域里已没有敌手。作为男人，他终生没有与女人发生过明显的风流韵事〔有些历史学家怀疑他与一些男人之间有某种暧昧关系，如瑞士自然哲学家尼古拉斯·法西奥·德丢列（Nicholas Fatio de Duilier）〕，然而，这并不能说明他对工作缺乏热情。与牛顿同时代的诗人亚历山大·蒲伯（Alexander Pope），用最优雅的文字描写了这位思想家献给人类的礼物：

"自然和自然的定律隐藏在黑暗里，

上帝说，'让牛顿降生吧，于是一切变得光明。'"

在牛顿的一生中，可谓琐碎的争执和无可否认的傲慢自大俯拾皆是，但是他在临近生命终点时对自己成就的评价，竟是谦逊得近于苛求："我不知道这世界将怎样看待我，但是对于我自己来说，我只不过像是一个在海边玩耍的小男孩，偶尔捡拾到一块比普通更光滑一些的卵石或者更漂亮一些的贝壳而已，而对于真理的汪洋大海，我还一无所知。"

自然哲学之数学原理

定 义

定义 1

物质的量是物质的度量，可由其密度和体积共同求出。

所以，如果空气的密度加倍，体积加倍，它的量就增加到 4 倍；若体积增加到 3 倍，它的量就增加到 6 倍。因挤紧或液化而压缩起来的雪、微尘或粉末，以及由任何原因而无论怎样不同地压缩起来的所有物体，也都可以作同样的理解。我在此没有考虑可以自由穿透物体各部分间隙的介质，如果有这种介质的话。此后我不论在何处提出物体或质量这一名称，指的就是这个量。从每一物体的重量可推知这个量，因为它正比于重量，正如我在很精确的单摆实验中所发现的那样，后面我将加以详述。

定义 2

运动的量是运动的度量，可由速度和物质的量共同求出。

整体的运动是所有部分运动的总和。因此，速度相等而物质的量加倍的物体，其运动量加倍；若其速度也加倍，则运动量加到 4 倍。

定义 3

vis insits，或物质固有的力，是一种起抵抗作用的力，它存在于每一物体当中，大小与该物体相当，并使之保持其现有的状态，或是静止，或是匀速直线运动。

这个力总是正比于物体,它来自于物体的惯性,与之没有什么区别,在此按我们的想法来研究它。一个物体,由于其惯性,要改变其静止或运动的状态不是没有困难的。由此看来,这个固有的力可以用最恰当不过的名称,惯性或惯性力来称呼它。但是,只有当有其他力作用于物体,或者要改变它的状态时,物体才会产生这种力。这种力的作用既可以看作是抵抗力,也可以看作是推斥力。当物体维持现有状态、反抗外来力的时候,这种力就表现为抵抗力;当物体不向外来力屈服并要改变外来力的状态时,这种力就表现为推斥力。抵抗力通常属于静止物体,而推斥力通常属于运动物体。不过正如通常所说的那样,运动与静止只能作相对的区分,一般认为是静止的物体,并不总是真的静止。

定义 4

外力是一种对物体的推动作用,使其改变静止或匀速直线运动的状态。

这种力只存在于作用之时,作用消失后并不存留于物体中,因为物体只靠其惯性维持它所获得的状态。不过外力有多种来源,如来自撞击、挤压或向心力。

定义 5

向心力使物体受到指向一个中心点的吸引、推斥或任何倾向于该点的作用。

属于这种力的有重力,它使物体倾向于落向地球中心;磁力,它使铁趋向于磁石;以及那种使得行星不断偏离直线运动(否则它们将沿直线运动)、进入沿曲线轨道环行运动的力,不论它是什么力。系于投石器上旋转的石块,企图飞离使之旋转的手,这种企图张紧投石器,旋转越快,张紧的力越大,一旦将石块放开,它就飞离而去。那种反抗这种企图的力,使投石器不断把石块拉向人手,把石块维持在其环行轨道上,由于它指向轨道的中心人手,我称之为向心力。所有环行于任何轨道上的物体都可作相同的理解，它们都企图离开其轨道中心；如果没有一个与之对抗的力来遏制其企图，把它们约束在轨道上，它们将沿直线以匀速飞去，所以我称这种力为向心力。一个抛射物体，如果没有引力牵制，将不会回落到地球上，而是沿直线向天空飞去，如果没有空气阻力，飞离速度是匀速的。正是引力使其不断偏离直线轨道，向地球偏转，偏转的强弱取决于引力和抛射物的运动速度。引力越小，或其物质的量越少，或它被抛出的速度越大，它对直线轨道的偏离越小，它就飞得越远。如果用火药力从山顶上发射铅弹，给定其速度，方向与地平面平行，铅弹将沿曲线在落地前飞行 2 英里；同样，如果没有空气阻力，发射速度加倍或加到 10 倍，则铅弹飞行距离也加倍或加到 10 倍。通过增大发射速度，就可以随意增加它的抛射距离，减轻其轨迹的弯曲度，直至它最终落在 10°、30°或 90°的距离处①，甚至在落地之前环绕地球一周；或者，使它再也不返回地球，直入苍穹而去，做 infinitum（无限的）运动。运用同样的方法，抛射物在引力作用下，可以沿环绕整个地球的轨道运转。月球也是被引力，如果它有引力的话，或者别的力不断拉向地球，偏离其惯性力所遵循的直线路径，沿着其现在的轨道运转。如果没有这样的力，月球将不能保持在其轨道上。如果这个力太小，就将不足以使月球偏离直线路径；如果它太大，则将使偏转太大，把月球由其轨道上拉向地球。这个力必须是一个适当的量，数学家的职责在于求出使一个物体以给定速度精确地沿着给定的轨道运转的力。反之，必须求出从一个给定处所，以给定速度抛射的物体，在给定力的作用下偏离其原来的直线路径所进入的曲线路径。

可以认为，任何一个向心力均有以下三种度量：绝对度量、加速度度量和运动度量。

定义 6

以向心力的绝对度量量度向心力，它正比于中心导致向心力产生并通

---

① 此当指地球表面经度，因剑桥地处经度 0°。

过周围空间传递的作用源的性能。

因此，一块磁石的磁力大小取决于其尺寸和强度。

定义 7

以向心力的加速度度量量度向心力，它正比于向心力在给定时间里所产生的速度部分。

因此，对于同一块磁石，距离近则向心力大，距离远则向心力小；同理，山谷里的引力大，而高山巅峰处引力小，而距离地球更远的物体其引力更小（后面将证明）；但在距离相等时，它是处处相等的，因为（不计，或计入空气阻力）它对所有落体做相等的加速，不论其是重是轻，是大是小。

定义 8

以向心力的运动度量量度向心力，它正比于向心力在给定时间里所产生的运动部分。

所以物体越大，其重量越大，物体越小，其重量越小；对于同一物体，距地球越近其重量越大，距地球越远其重量越小。这种量就是向心性，或整个物体对中心的倾向，或如我所说的，物体的重量。它在量值上总是等于一个方向相反、正好足以阻止该物体下落的力。

为了简捷起见，向心力的这三种量分别称为运动力、加速力和绝对力；为了加以区别，认为它们分别属于倾向于中心的物体、物体的处所和物体所倾向的力的中心。也就是说，运动力属于物体，它表示一种整体趋于中心的企图和倾向，它由若干部分的倾向合成；加速力属于物体的处所，它是一种由中心向周围所有方向扩散而出，使处于其中的物体运动的能力；绝对力属于中心，由于某种原因，没有它则运动力不可能向周围空间传递，不论这原因是由中心物体（如磁铁在磁力中心，地球在引力中心）或者别的尚不曾见过的事物引起。在此我只给出这些力的数学表述，不涉及其物体根源和地位。

因此，加速力与运动力的关系，将和速度与运动的量的关系相同，因为运动的量由速度与物质的量的乘积决定，而运动力由加速力与同一个物质的量的乘积决定。加速力对物体各部分作用的总和，就是总运动力。所以，在地球表面附近，加速重力或重力所产生的力，对所有物体都是一样的，运动重力或重量与物体相同；但如果我们攀登到加速重力小的地方，重量也会相应减少，而且总是物体与加速力的乘积。所以，在加速力减少到一半的地方，原来轻 2 倍或 3 倍的物体，其重量将轻 4 倍或 6 倍。

我谈到吸引与推斥，正如我在同一意义上使用加速力和运动力一样，对于吸引、推斥或任何趋向于中心的倾向这些词，我在使用时不作区分，因为我对这些力不从物理上而只从数学上加以考虑；所以，读者不要望文生义，以为我要划分作用的种类和方式，说明其物理原因或理由，或者当我说到吸引力中心，或者谈到吸引力的时候，以为我要在真实和物理的意义上，把力归因于某个中心（它只不过是数学点而已）。

附　注

至此，我已定义了这些鲜为人知的术语，解释了它们的意义，以便在以后的讨论中理解它们。我没有定义时间、空间、处所和运动，因为它们是人所共知的。唯一必须说明的是，一般人除了通过可感知客体外无法想象这些量，并会由此产生误解。为了消除误解，可方便地把这些量分为绝对的与相对的、真实的与表象的以及数学的与普通的。

Ⅰ. 绝对的、真实的和数学的时间，由其特性决定，自身均匀地流逝，与一切外在事物无关，又名延续；相对的、表象的和普通的时间是可感知和外在的（不论是精确的或是不均匀的）对运动之延续的量度，它常被用以代替真实时间，如一小时，一天，一个月，一年。

Ⅱ. 绝对空间：其自身特性与一切外在事物无关，处处均匀，永不移动。相对空间是一些可以在绝对空间中运动的结构，或是对绝对空间的量度，我们通过它与物体的相对位置感知它；它一般被当作不可移动空间，如地表以下、大气中或天空中的空间，都是以其与地球的相互关系确定的。绝对空间与相对空间在形状与大小上相同，但在数值上并不总是相同。例如，地球在运动，大气的空间相对于地球总是不变，但在一个时刻大气通过绝对空间的一部分，而在另一时刻它又通过绝对空间的另一部分，因此从绝对的意义上看，它是连续变化的。

Ⅲ. 处所是空间的一个部分，为物体占据着，它可以是绝对的或相对的，随空间的性质而定。我这里说的是空间的一部分，不是物体在空间中的位置，也不是物体的外表面，因为相等的固体其处所总是相等，但其表面却常常由于外形的不同而不相等。位置实在没有量可言，它们至多是处所的属性，绝非处所本身。整体的运动等同于其各部分的运动的总和，也就是说，整体离开其处所的迁移等同于其各部分离开各自的处所的迁移的总和，因此整体的处所等同于其各部分处所的和，由于这个缘故，它是内在的，在整个物体内部。

Ⅳ. 绝对运动是物体由一个绝对处所迁移到另一个绝对处所；相对运动是物体由一个相对处所迁移到另一个相对处所。在一艘航行的船中，物体的相对处所是它所占据的船的一部分，或物体在船舱中充填的那一部分，它与船共同运动：所谓相对静止，就是物体滞留在船或船舱的同一部分处。但实际上，绝对静止应是物体滞留在不动空间的同一部分处，船、船舱以及它携载的物品都已相对于不动空间做了运动。所以，如果地球真的静止，那个相对于船静止的物体，将以等于船相对于地球的速度真实而绝对地运动。但如果地球也在运动，物体真正的绝对运动应当一部分是地球在不动空间中的运动，另一部分是船在地球上的运动；如果物体也相对于船运动，它的真实运动将部分来自地球在不动空间中的真实运动，部分来自船在地球上的相对运动，以及该物体相对于船的运动。这些相对运动决定物体在地球上的相对运动。例如，船所处的地球的那一部分，真实地向东运动，速度为 10 010 等分，而船则在强风中扬帆向西航行，速度为 10 等分，水手在船上以 1 等分速度向东走，则水手在不动空间中实际上是向东运动，速度为 10 001 等分，而他相对于地球的运动则是向西，速度为 9 等分。

天文学中用表象时间的均差或勘误来区别绝对时间与相对时间，因为自然日并不真正相等，虽然一般认为它们相等，并用以度量时间。天文学家纠正这种不相等性，以便用更精确的时间测量天体的运动。能用以精确测定时间的等速运动可能是不存在的。所有运动都可能加速或减速，但绝对时间的流逝并不迁就任何变化。事物的存在顽强地延续维持不变，无论运动是快是慢抑或停止。因此这种延续应当同只能借着感官测量的时间区别开来，由此我们可以运用天文学时差把它推算出来。这种时差的必要性，在对现象做时间测定中已显示出来，如摆钟实验，以及木星卫星的食亏。

与时间间隔的顺序不可互易一样，空间部分的次序也不可互易。设想空间的一些部分被移出其处所，则它们将是(如果允许这样表述的话)移出其自身，因为时间和空间是，而且一直是，它们自己以及一切其他事物的处所。所有事物置于时间中以列出顺序，置于空间中以排出位置。时间和空间在本质上或特性上就是处所，事物的基本处所可以移动的说法是不合理的。所以，这些是绝对处所，而离开这些处所的移动，是唯一的绝对运动。

但是，由于空间的这一部分无法看见，也不能通过感官把它与别的部分加以区分，所以我们代之以可感知的度量。由事物的位置及其到我们视为不动的物体的距离定义出所有处所，再根据物体由某些处所移向另一些处所，测出相对于这些处所的所有运动。这样，我们就以相对处所和运动取代绝对处所和运动，而且在一般情况下没有任何不便。但在哲学研究中，我们则应当从感官抽象出并且思考事物自身，把它们与单凭感知测度的表象加以区分，因为实际上借以标志其他物体的处所和运动的静止物体，可能是不存在的。

不过，我们可以由事物的属性、原因和效果把一事物与他事物的静止与运动、绝对与相对区别开来。静止的属性在于，真正静止的物体相对于另一静止物体也是静止的，因此在遥远的恒星世界，也许更为遥远的地方，有可能存在着某些绝对静止的物体，但却不可能由我们世界中物体间的相互位置知道这些物体是否保持着与遥远物体不变的位置，这意味着在我们世界中物体的位置不能确定绝对静止。

运动的属性在于，部分维持其在整体中的原有位置并参与整体的运动。转动物体的所有部分都有离开其转动轴的倾向，而向前行进的物体的力量来自其所有部分的力量之和。所以，如果处于外围的物体运动了，处于其内原先相对静止的物体也将参与其运动。基于此项说明，物体真正的绝对运动，不能由它相对于只是看起来是静止的物体发生移动来确定，因为外部的物体不仅应看起来是静止的，而且还应是真正静止的。反过来，所有包含在内的物体，除了离开它们附近的物体外，同样也参与真正的运动，即使没有这项运动，它们也不是真正的静止，只是看起来静止而已。因为周围的物体与包含在内的物体的关系，类似于一个整体靠外的部分与其靠内的部分的关系，或者类似于果壳与果仁的关系，但如果果壳运动了，则果仁作为整体的一部分也将运动，而它与靠近的果壳之间并无任何移动。

与上述有关的一个属性是，如果处所运动了，则处于其中的物体也与之一同运动。所以，离开其运动处所的物体，也参与了其处所的运动。基于此项说明，一切脱离运动处所的运动，都只是整体和绝对运动的一部分。每个整体运动都由移出其初始的处所的物体的运动和这个处所移出其原先位置的运动等构成，直至最终到达一不动的处所，如前面举过的航行的例子。所以，整体和绝对的运动，只能由不动的处所加以确定，正因为如此，我才在前文里把绝对运动与不动处所相联系，而把相对运动与相对处所相联系。所以，不存在不变的处所，只是那些从无限到无限的事物除外，它们全部保持着相互间既定的不变位置，必定永远不动，因而构成不动空间。

真实与相对运动之所以不同，原因在于施于物体上使之产生运动的力。真正的运动，除非某种力作用于运动物体之上，是既不会产生也不会改变的，但相对运动在没有力作用于物体时也会产生或改变，因为只要对与前者作比较的其他物体施加以某种力就足够了，其他物体的后退，使它们先前的相对静止或运动的关系发生改变；再者，当有力施于运动物体上时，真实的运动总是发生某种变化，而这种力却未必能使相对运动做同样变化。因为如果把相同的力同样施加在用作比较的其他物体上，相对的位置有可能得以维持，进而维持相对运动所需条件。因此，相对运动改变时，真实运动可维持不变，而相对运动得以维持时，真实运动却可能变化了。所以，这种关系绝不包含真正的运动。

绝对运动与相对运动的效果的区别是飞离旋转运动轴的力。在纯粹的相对转动中不存在这种力，而在真正的绝对转动中，该力的大小取决于运动的量。如果将一悬在长绳之上的桶不断旋转，使绳拧紧，再向桶中注满水，并使桶与水都保持平静，然后通过另一个力的突然作用，使桶沿相反方向旋转，同时绳自己放松，桶做这项运动会持续一段时间。开始时，水的表面是平坦的，因为桶尚未开始转动；但之后，桶通过逐渐把它的运动传递给水，将使水开始明显地旋转，一点一点地离开中间，并沿桶壁上升，形成一个凹形（我验证过），而且旋转越快，水上升得越高，直至最后与桶同时转动，达到相对静止。水的上升表明它有离开转动轴的倾向，而水的真实和绝对的转动，在此与其相对运动直接矛盾，可以知道并由这种倾向加以度量。起初，当水在桶中的相对运动最大时，它并未表现出离开轴的倾向，也未显示出旋转的趋势，未沿桶壁上升，水面保持平坦，因此水的真正旋转并未开始。但在那之后，水的相对运动减慢，水沿桶壁上升表明它企图离开转轴，这种倾向说明水的真实的转动正逐渐加快，直到它获得最大量，这时水相对于桶静止。因此，水的这种倾向并不取决于水相对于其周围物体的移动，这种移动也不能说明真实的旋转运动。任何一个旋转的物体只存在一种真实的旋转运动，它只对应于一种企图离开运动轴的力，这才是其独特而恰当的后果。但在一个完全相同的物体中的相对运动，由其与外界物体的各种关系决定，多得不可胜数，而且与其他关系一样，都缺乏真实的效果，除非它们或许参与了那唯一的真实运动。因此，按这种见解，宇宙体系是：我们的天空在恒星天层之下携带着行星一同旋转，天空中的若干部分以及行星相对于它们的天空可能的确是静止的，但却实实在在地运动着，因为它们相互间变换着位置（真正静止的物体绝不如此），被裹携在它们的天空中参与其运动，而且作为旋转整体的一部分，企图离开它们的运动轴。

正因为如此，相对的量并不是负有其名的那些量本身，而是其可感知的度量（精确的或不精确的），它通常用以代替量本身的度量。如果这些词的含义是由其用途决定的，则时间、空间、处所和运动这些词，其（可感知的）度量就能得到恰当的理解，而如果度量出的量意味着它们自身，则其表述就非同寻常，而且是纯数学的了。由此看来，有人在解释这些表示度量的量的同时，违背了本应保持准确的语言的精确性，他们混淆了真实的量和与之有关的可感知的度量，这无助于减轻对数学和哲学真理的纯洁性的玷污。

要认识特定物体的真实运动并切实地把它与表象的运动区分开，确实是一件极为困难的事，因为于其中发生运动的不动空间的那一部分，无法为我们的感官所感知，不过没必要对此彻底绝望，我们还有若干见解作指导，其一来自表象运动，它与真实运动有所差异；其二来自力，它是真实运动的原因与后果。例如，两只球由一根线连接并保持给定距离，围绕它们的公共重心旋转，则我们可以由线的张力发现球欲离开转动轴的倾向，进而可以计算出它们的转动量。如果用同等的力施加在球的两侧使其转动增加或减少，则由线的张力的增加或减少可以推知运动的增减，进而可以发现力应施加在球的什么面上才能使其运动有最大增加，即可以知道是它的最后面，或在转动中居后的一面。而知道了这后面的一面，以及与之对应的一面，也就同样可以知道其运动方向了。这样，我们就能知道这种转动的量和方向，即使在巨大的真空中，没有供球与之作比较的外界的可感知的物体存在，也能做到。但是，如果在那个空间里有一些遥远的物体，其相互间的位置保持不变，就像我们世界中的恒星一样，我们就确实无法从球在那些物体中的相对移动来判定究竟这运动属于球还是属于那些物体。但如果我们观察绳子，发现其张力正是球运动时所需要的，就能断定运动属于球，那些物体是静止的；最后，由球在物体间的运动，我们还能发现其运动的方向。但如何由其原因、效果及表象差异推知真正的运动，以及相反的推理，正是我要在随后的篇章中详细阐述的，这正是我写作本书的目的。

运动的公理或定律

定律 I

每个物体都保持其静止或匀速直线运动的状态，除非有外力作用于它迫使它改变那个状态。

抛射体如果没有空气阻力的阻碍或重力向下牵引，将维持射出时的运动。陀螺的旋转力不断使其各部分偏离直线运动，如果没有空气的阻碍，就不会停止旋转。行星和彗星一类较大物体，在自由空间中没有什么阻力，可以在很长时间里保持其前行的和圆周的运动。

定律 II

运动的变化正比于外力，变化的方向沿外力作用的直线方向。

如果某力产生一种运动，则加倍的力产生加倍的运动，3 倍的力产生 3 倍的运动，无论这力是一次施加的还是逐次施加的。而且如果物体原先是运动的，则它应加上或减去原先的运动，这由它的方向与原先运动一致或相反来决定。如果它是斜向加入的，则它们之间有夹角，由二者的方向产生出新的复合运动。

定律 III

每一种作用都有一个相等的反作用；或者，两个物体间的相互作用总是相等的，而且指向相反。

不论是拉还是压另一个物体，都会受到该物体同等的拉或是压。如果用手指压一块石头，则手指也受到石头的压。如果马拉一系于绳索上的石头，则马（如果可以这样说的话）也同等地被拉向石头，因为绷紧的绳索同样企图使自身放松，将像它把石头拉向马一样同样强地把马拉向石头，它阻碍马前进就像它拉石头前进一样强。

如果某个物体撞击另一物体，并以其撞击力使后者的运动改变，则该物体的运动也（由于互压等同性）发生一个同等的变化，变化方向相反。这些作用造成的变化是相等的，但不是速度变化，而是指物体的运动变化，如果物体不受到任何其他阻碍的话。由于运动是同等变化的，所以向相反方向速度的变化反比于物体。本定律在吸引力情形也成立，我们将在附注中证明。

推论 I. 物体同时受两个力作用时，其运动将沿平行四边形对角线进行，所用时间等于二力分别沿两个边所需。

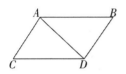

如果物体在给定的时刻受力 M 作用离开处所 A，则它应以均匀速度由 A 运动到 B，如果物体受力 N 作用离开 A，则它应由 A 到 C。作 $\square ABDC$，使两个力共同作用，则物体在同一时间沿对角线由 A 运动到 D。因为力 N 沿 AC 线方向作用，它平行于 BD，（由定律 II）将完全不改变使物体到达线 BD 的力 M 所产生的速度，所以物体将在同一时刻到达 BD，不论力 N 是否产生作用。所以在给定时间终了时物体将处于线 BD 某处；同理，在同一时间终了时物体也处于线 CD 上某处。因此，它处于 D 点，两条线交会处。但由定律 I，它将沿直线由 A 到 D。

推论 II. 由此可知，任何两个斜向力 AC 和 CD 复合成一直线力 AD；反之，任何一直线力 AD 可分解为两个斜向力 AC 和 CD：这种复合和分解已在力学上充分证实。

如果由轮的中心 O 作两个不相等的半径 OM 和 ON，由绳 MA 和 NP 悬挂重量 A 和 P，则这些重量所产生的力正是运动轮子所需要的。通过中心 O 作直线 KOL，并与绳在 K 和 L 点垂直相交；再以 OK 和 OL 中较长的 OL 为半径以 O 为中心画一圆，与绳 MA 相交于 D；连接 OD，作 AC 平行 OD，DC 垂直于 OD。现在，绳上的点

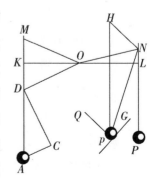

K、L、D 是否固定在轮上已无关紧要，重量悬挂在 K、L 点或者 D、L 点效果是相同的。以线段 AD 表示重量 A 的力，并把它分解为力 AC 和 CD，其中力 AC 与由中心直接引出的半径 OD 同向，对转动轮子不做贡献；但另一个力 DC 与半径 DO 垂直，它对转动轮子的贡献与把它悬在与 OD 相等的半径 OL 上相同，即其效果与重量 P 相同，如果

$$P：A＝DC：DA，$$

但由于 $\triangle ADC$ 与 $\triangle DOK$ 相似，

$$DC：DA＝OK：OD＝OK：OL，$$

因此

$$P：A＝半径\ OK：半径\ OL。$$

这两条半径同处一条直线上，作用等效，因此是平衡的，这就是著名的平衡、杠杆和轮子的属性。如果该比例中一个力较大，则其转动轮子的力同等增大。

如果重量 $p＝P$ 部分悬挂在线 Np 上，部分悬挂在斜面 pG 上，作 pH、NH，使前者垂直于地平线，后者垂直于斜面 pG，如果把指向下的重量 p 的力以线 pH 来表示，则它可以分解为力 pN、HN。如果有一个平面 pQ 垂直于绳 pN，与另一平面相交，相交线平行于地平线，则重量 p 仅由 pQ、pG 支撑，它分别以 pN、HN 垂直压迫这两平面，即平面 pQ 受力 pN，平面 pG 受力 HN。所以，如果抽去平面，则重量将拉紧绳子，因为它现在取代抽去了的平面悬挂着重量，它受到的张力就是先前压平面的力 pN，所以

$$pN\ 的张力：PN\ 的张力＝线段\ pN：线段\ pH，$$

因此，如果 p 与 A 的比值是 pN 和 AM 到轮中心的最小距离的反比与 pH 和 pN 的比的乘积，则重量 p 与 A 转动轮子的效果相同，而且相互维持，这很容易得到实验验证。

不过重量 p 压在两个斜面上，可以看作是被一个楔劈开的物体的两个内表面，由此可以确定楔和槌的力：因为重量 p 压平面 pQ 的力就是沿线段 pH 方向的力，不论它是自身重力或者槌子敲的力在两个平面上的压

力，即

$$pN : pH$$

以及在另一个平面 pG 上的压力，即

$$pN : NH。$$

据此也可以把螺钉的力作类似分解，它不过是由杠杆力推动的楔子。所以，本推论应用广泛而久远，而其真理性也由之得以进一步确证。因为依照所有力学准则所说的以各种形式得到不同作者的多方验证，由此也不难推知由轮子、滑轮、杠杆、绳子等构成的机械力，和直接与倾斜上升的重物的力，以及其他的机械力，还有动物运动骨骼的肌肉力。

推论Ⅲ. 由指向同一方向的运动的和以及由相反方向的运动的差所得的运动的量，在物体间相互作用中保持不变。

根据定律Ⅲ，作用与反作用方向相反、大小相等，而根据定律Ⅱ，它们在运动中产生的变化相等，各自作用于对方。所以，如果运动方向相同，则增加给前面物体的运动应从后面的物体中减去，总量与作用发生前相同。如果物体相遇，运动方向相反，则两方面的运动量等量减少，因此，指向相反方向的运动的差维持相等。

设球体 A 比另一球体 B 大 2 倍，A 运动速度＝2，月运动速度＝10，且与 A 方向相同。则

$$A 的运动 : B 的运动 ＝ 6 : 10。$$

设它们的运动量分别为 6 单位和 10 单位，则总量为 16 单位。所以，在物体相遇的情形，如果 A 得到 3、4 或 5 个运动单位，则 B 失去同等的量，碰撞后 A 的运动为 9、10 或 11 单位，而 B 为 7、6 或 5，其总和与先前一样为 16 单位。如果 A 得到 9、10、11 或 12 个运动单位，碰撞后运动量增大到 15、16、17 或 18 单位，而 B 所失去的与 A 得到的相等，其运动或者是由于失去 9 个单位而变为 1，或是失去全部 10 个单位而静止，或是不仅失去其全部运动，而且（如果能这样的话）还多失去了 1 个单位，以 1 个单位向回运动，也可以失去 12 个单位的运动，以 2 个单位向回运动。两个物体运动量的总量为相同方向运动的和

$$15+1 \text{ 或 } 16+0$$

或相反方向运动的差

$$17-1 \text{ 或 } 18-2$$

总是等于 16 单位，与它们相遇碰撞之前相同。然而，在碰撞后物体前进的运动量为已知时，物体的速度中的一个也可以知道，方法是，碰撞后与碰撞前的速度之比等于碰撞后与碰撞前的运动之比。在上述情形中，碰撞前 A 的运动(6)：碰撞后 A 的运动(18)＝碰撞前 A 的速度（2)：碰撞后 A 的速度(x)即：

$$6：18=2：x，\ x=6。$$

但是，如果物体不是球形，或运动在不同直线上，在斜向上碰撞，则在要求出其碰撞后的运动时，首先应确定在碰撞点与两物体相切的平面的位置，然后把每个物体的运动(由推论Ⅱ)分解为两部分，一部分垂直于该平面，另一部分平行于该平面。因为两物体的相互作用发生在与该平面相垂直的方向上，而在平行于平面的方向上物体的运动量在碰撞前后保持不变；在垂直方向的运动是等量反向地变化的，由此同向运动的量和成反向运动的量的差与先前相同。由这种碰撞有时也会提出物体绕中心的圆周运动问题，不过我不拟在下文中加以讨论，而且要将与此有关的每种特殊情形都加以证明也太过繁冗了。

推论Ⅳ. 两个或多个物体的公共重心不因物体自身之间的作用而改变其运动或静止状态，因此，所有相互作用着的物体(有外力和阻滞作用除外)其公共重心或处于静止状态，或处于匀速直线运动状态。

因为，如果有两个点沿直线做匀速运动，按给定比例把两点间距离分割，则分割点或是静止，或是以匀速直线运动。在以后的引理 23 及其推论中将证明，如果点在同一平面中运动，则这一情形为真，由类似的方法还可证明当点不在同一平面内运动的情形。因此，如果任意多的物体都以匀速直线运动，则它们中的任意两个的重心处于静止或是做匀速直线运动，因为这两个匀速直线运动的物体其重心连线被一给定比在公共重心点分割。用类似方法，这两个物体的公共重心与第三个物体的重心也处于静止或匀速直线运动状态，因为这两个物体的公共重心与第三个物体的重心间的距离也以给定比例分割。依次类推，这三个物体的公共重心与第四个物体的重心间的距离也可以给定比例分割，以至于无穷（infinitum）。所以，一个物体体系，如果它们之间没有任何作用，也没有任何外力作用于它们之上，因而它们都在做匀速直线运动，则它们全体的公共重心或是静止，或是做匀速直线运动。

还有，相互作用着的二物体系统，由于它们的重心到公共重心的距离与物体成反比，则物体间的相对运动，不论是趋近或是背离重心，都必然相等。因而运动的变化等量而反向，物体的共同重心由于其相互间的作用而既不加速也不减速，而且其静止或运动的状态也不改变。但在一个多体系统中，因为任意两个相互作用着的物体的共同重心不因这种相互作用而改变其状态，而其他物体的公共重心受此一作用甚小；然而这两个重心间的距离被全体的公共重心分割为反比于属于某一中心的物体的总和的部分，所以，在这两个重心保持其运动或静止状态的同时，所有物体的公共重心也保持其状态：需指出的是，全体的公共重心其运动或静止的状态不能因受到其中任意两个物体间相互作用的破坏而改变。但在这样的系统中物体间的一切作用或是发生在某两个物体之间，或是由一些双体间的相互作用合成，因此它们从不对全体的公共重心的运动或静止状态产生改变。这是由于当物体间没有相互作用时，重心将保持静止或做匀速直线运动，即使有相互作用，它也将永远保持其静止或匀速直线运动状态，除非有来自系统之外的力的作用破坏这种状态。所以，在涉及保守其运动或静止状态问题时，多体构成的系统与单体一样适用同样的定律，因为不论是单体或是整个多物体系统，其前行运动总是通过其重心的运动来估计的。

推论 Ⅴ. 一个给定的空间，不论它是静止，或是做不含圆周运动的匀速直线运动，它所包含的物体自身之间的运动都不受影响。

因为方向相同的运动的差，与方向相反的运动的和，在开始时（由假设）在两种情形中相等，而由这些和与差即发生碰撞，物体相互间发生作用，因而（由定律Ⅱ）在两种情形下碰撞的效果相等，因此在一种情形下物体相互之间的运动将保持等同于在另一种情形下物体相互间的运动。这可以由船的实验来清楚地证明，不论船是静止或匀速直线运动，其内的一切运动都同样进行。

推论Ⅵ. 相互间以任何方式运动着的物体，在都受到相同的加速力在平行方向上被加速时，都将保持它们相互间原有的运动，如同加速力不存在一样。

因为这些力同等作用（其运动与物体的量有关）并且是在平行线方向上，则（由定律Ⅱ）所有物体都受到同等的运动（就速度而言），因此它们相互间的位置和运动不发生任何改变。

附　注

到此为止我叙述的原理既已为数学家们所接受，也得到大量实验的验证。由前两个定律和前两个推论，伽利略曾发现物体的下落随时间的平方而变化（in duplicata ratione temporis），抛体的运动沿抛物线进行，这与经验相吻合，除了这些运动受到空气阻力的些微阻滞。物体下落时，其重量的均匀力作用相等，在相同的时间间隔内，这种相等的力作用于物体产生相等的速度；而在全部时间中全部的力所产生的全部的速度正比于时间。而对应于时间的距离是速度与时间的乘积，即正比于时间的平方。当向上抛起一个物体时，其均匀重力使其速度正比于时间递减，在上升到最大高度时速度消失，这个最大高度正比于速度与时间的乘积，或正比于速度的平方。如果物体沿任意方向抛出，则其运动是其抛出方向上的运动与其重力产生的运动的复合。因此，如果物体 A 只受抛射力作用，抛出后在给定时间内沿直线 AB 运动，而自由下落时，在同一时间内沿 AC 下落，作□ABDC，则该物体做复合运动，在给定时间的终了时刻出现在 D 处；物体画出的曲线 AED 是一抛物线，它与直线 AB 在 A 点相切，其纵坐标 BD 则与直线 AB 的平方成比例。由相同的定律和推论还能确定单摆振动时间，这在日用的摆钟实验中得到证明。运用这些定律、推论再加上定律Ⅲ，克里斯托弗·雷恩（Christopher Wren）爵士、瓦里斯（Wallis）博士和我们时代最伟大的几何学家惠更斯先生，各自独立地建立了硬物体碰撞和反弹的规则，并差不多同时向英国皇家学会报告了他们的发现，他们发现的规则极其一致。瓦里斯博士的确稍早一些发表，其次是克里斯托弗·雷恩爵士，最后是惠更斯先生。但克里斯托弗·雷恩爵士用单摆实验向英国皇家学会作了证明，马略特（M. Mariotte）很快想到可以对这一课题作全面解释。但要使该实验与理论精确相符，我们必须考虑到空气的阻力和相撞物体的弹

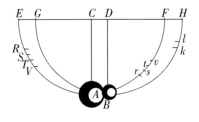

力。将球体 A、B 以等长弦 AC、BD 平行地悬挂于中心 C、D，绕此中心，以弦长为半径画出半圆 EAF 和 GBH，并分别为半径 CA、DB 等分。将球体 A 移到 $\overarc{EAF}$ 上任意一点 R，并（也移开球体 B）由此让

它摆下，设一次振动后它回到 V 点，则 RV 就是空气阻力产生的阻滞。取 ST 等于 RV 的四分之一并置于中间，即

$$RS = TV,$$

并有

$$RS : ST = 3 : 2,$$

则 ST 非常近似地表示由 S 下落到 A 过程中的阻滞。再移回球体 B，设球体 A 由点 S 下落，它在反弹点 A 的速度将与它在真空中（in vacuo）自点 T 下落时的大致相同，差别不大。由此看来，该速度可用弦 TA 长度来表示，因为这在几何学上是众所周知的命题：摆锤在其最低点的速度与它下落过程所画出的弧长成比例。反弹之后，设球体 A 到达 S 处，球体 B 到达 k 处。移开球体 B，找一个 v 点，使物体 A 下落后经一次振荡后回到 r 处，而 st 是 rv 的四分之一，并置于其中间使 rs 等于 tv，令 $t\overarc{A}$ 的长表示球体 A 在碰撞后在 A 处的速度，因为 t 是球体 A 在不考虑空气阻力时所能达到的真实而正确的处所，用同样方法修正球体 B 所能达到的 k 点，选出 l 点为它在真空中达到的处所。这样就具备了所有如同真的在真空中做实验的条件。在此之后，我们取球体 A 与 $\overarc{TA}$ 的长（它表示其速度）的乘积（如果可以

这样说的话），得到它在 A 处碰撞前一瞬间的运动，球体 A 与 $t\overset{\frown}{A}$ 的长的乘积表示碰撞后一瞬间的运动；同样，取球体 B 与 $B\overset{\frown}{l}$ 的长的乘积，就得到它在碰撞后同一瞬间的运动。用类似的方法，当两个物体由不同处所下落到一起时，可以得出它们各自的运动以及碰撞前后的运动，进而可以比较它们之间的运动，研究碰撞的影响。取摆长 10 英尺，所用的物体既有相等的也有不相等的，在通过很大的空间，如 8、12 或 16 英尺之后使物体相撞，我总是发现，当物体直接撞在一起时，它们给对方造成的运动的变化相等，误差不超过 3 英寸，这说明作用与反作用总是相等。若物体 A 以 9 个单位的运动撞击静止的物体 B，失去 7 个单位，反弹运动为 2，则 B 以相反方向带走 7 个单位。如果物体由迎面的运动而碰撞，A 为 12 个单位运动，B 为 6，则如果 A 反弹运动为 2，则 B 为 8，即双方各失去 14 个单位的运动。因为由 A 的运动中减去 12 个单位，则 A 已无运动，再减去 2 个单位，即在相反方向产生 2 个单位的运动；同样，从物体 B 的 6 个单位中减去 14 个单位，即在相反方向产生 8 个单位的运动。而如果两物体运动方向相同，A 快些，有 14 个单位运动，B 慢些，有 5 个单位，碰撞后 A 余下 5 个单位继续前进，而 B 则变为 14 个单位，9 个单位的运动由 A 传给 B。其他情形也相同。物体相遇或碰撞，其运动的量得自同向运动的和或逆向运动的差，都绝不改变。至于一两英寸的测量误差可以轻易地归咎于很难做到事事精确上。要使两只摆精确地配合，使它们在最低点 AB 相互碰撞，要标出物体碰撞后达到的位置 s 和 k 是不容易的。还不止于此，某些误差也可能是摆锤体自身各部分密度不同以及其他原因产生的结构上的不规则所致。

可能会有反对意见，说这项实验所要证明的规律首先要假定物体或是绝对硬的，或至少是完全弹性的(而在自然界中这样的物体是没有的)，鉴于此，我必须补充一下，我们叙述的实验完全不取决于物体的硬度，用柔软的物体与用硬物体一样成功，因为如果要把此规律用在不完全硬的物体上，只要按弹力的量所需比例减少反弹的距离即可。根据雷恩和惠更斯的理论，绝对硬的物体的反弹速度与它们相遇的速度相等，但这在完全弹性体上能得到更肯定的证实。对于不完全弹性体，返回的速度要与弹性力同样减小，因为这个力（除非物体的相应部分在碰撞时受损，或像在锤子敲击下被延展）是确定的（就我所能想到的而言），它使物体以某种相对速度离开另一个物体，这个速度与物体相遇时的相对速度有一给定的比例。我用紧密坚固的羊毛球做过试验。首先，让摆锤下落，测量其反弹，确定其弹性力的量，然后根据这个力，估计在其他碰撞情形下所应反弹的距离。这一计算与随后做的其他实验的确吻合。羊毛球分开时的相对速度与相遇时的速度的比总是约为 5∶9，钢球的返回速度几乎完全相同，软木球的速度略小，但玻璃球的速度比约为 15∶16，这样，第三定律到此在涉及碰撞与反弹情形时，都获得与经验相吻合的理论证明。

对于吸引力的情形，我沿用这一方法作简要证明。设任意两个相遇的物体 A、B 之间有一障碍物介入，两物体相互吸引。如果任一物体，比如 A，被另一物体 B 的吸引，比物体 B 受物体 A 的吸引更强烈一些，则障碍物受到物体 A 的压力比受到物体 B 的压力要大，这样就不能维持平衡：压力大的一方取得优势，把两个物体和障碍物共同组成的系统推向物体 B 所在的一方；若在自由空间中，将使系统持续加速直至无限（in infinitum）；但这是不合理的，也与第一定律矛盾。因为由第一定律，系统应保持其静止或匀速直线运动状态，因此两物体必定对障碍物有相等压力，而且相互间吸引力也相等。我曾用磁石和铁做过实验。把它们分别置于适当的容器中，浮于平静水面上，它们相互间不排斥，而是通过相等的吸引力支撑对方的压力，最终达到一种平衡。

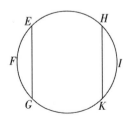

同样，地球与其部分之间的引力也是相互的。令地球 FI 被平面 EG 分割成 EGF 和 EGI 两部分，则它们相互间的引力是相等的，因为如果用另一个平行于 EG 的平面 HK 再把较大的一部分 EGI 切成两部分 EGKH 和 HKI，使 HKI 等于先前切开的部分 EFG，则很明显中间部分 EGKH 自身的重量合适，不会向任何一方倾倒，始终悬着，在中间保持静止和平衡。但一侧的部分 HKI 将用其全部重量把中间部分压向另一侧的部分 EGF，所以 EGI 的力，HKI 部分和 EGKH 部分的和，倾向于第三部分 EGF，等于 HKI 部分的重量，即第三部分 EGF 的重量。因此，EGI 和 EGF 两部分相互之间的引力是相等的，这正是要证明的。如果这些引力真的不相等，则漂浮在无任何阻碍的以太中的整个地球必定让位于更大的引力，逃避开去，消失于无限之中。

由于物体在碰撞和反弹中是等同的，其速度反比于其惯性力，因而在运用机械仪器中有关的因素也是等同的，并相互间维持对另一方的相反的压力，其速度由这些力决定，并与这些力成反比。

所以，用于运动天平的臂的重量，其力是相等的，在使用天平时，重量反比于天平上下摆动的速度，即，如果上升或下降是直线的，其重量的力就相等，并反比于它们悬挂在天平上的点到天平轴的距离；但若有斜面插入，或其他障碍物介入，致使天平偏转，使它斜向上升或下降，则那些物体也相等，并反比于它们参照垂直线所上升或下降的高度，这取决于垂直向下的重力。

类似的方法也用于滑轮或滑轮组。手拉直绳子的力与重量成正比，不论重物是直向或斜向上升，如同重物垂直上升的速度正比于手拉绳子的速度，都将拉住重物。

在由轮子复合而成的时钟和类似的仪器中，使轮子运动加快或减慢的反向力，如果反比于它们所推动的轮子的速度，也将相互维持平衡。

螺旋机挤压物体的力正比于手旋拧手柄使之运动的力，如同手握住那部分把柄的旋转速度与螺旋压向物体的速度。

楔子挤压或劈开木头两边的力正比于锤子施加在楔子上的力，如同锤子敲在楔子上使之在力的方向上前进的速度正比于木头在楔子下在垂直于楔子两边的直线方向上裂开的速度。所有机器都给出相同的解释。

机器的效能和运用无非是减慢速度以增加力，或者反之。因而运用所有适当的机器，都可以解决这样的问题：**以给定的力移动给定的重量**，或以给定的力克服任何给定的阻力。如果机器设计成其作用和阻碍的速度反比于力，则作用就能刚好抵消阻力，而更大的速度就能克服它。如果更大的速度大到足以克服一切阻力——它们通常来自接触物体相互滑动时的摩擦，或要分离连续的物体的凝聚，或要举起的物体的重量，则在克服所有这些阻力之后，剩余的力就将在机器的部件以及阻碍物体中产生与其自身成正比的力速度。但我在此不是要讨论力学，我只是想通过这些例子说明第三定律适用之广泛和可靠。如果我们由力与速度的乘积去估计作用，以及类似地，由阻碍作用的若干速度与由摩擦、凝聚、重量产生的阻力的乘积去估计阻碍反作用，则将发现一切机器中运用的作用与反作用总是相等的。尽管作用是通过中介部件传递，最后才施加到阻碍物体上的，但其最终的作用总是针对反作用的。

第一卷　物体的运动

第一章　初量与终量的比值方法，由此 可以证明下述命题

引理 1

量以及量的比值，在任何有限时间范围内连续地向着相等接近，而且在该时间终了前相互趋近，其差小于任意给定值，则最终必然相等。

若否定这一点，可设它们最终不相等，令 D 表示其最终的差。这样它们不能以小于差 D 的量相互趋近，而这与命题矛盾。

引理 2

任意图形 *AacE* 由直线 *Aa*、*AE* 和曲线 *acE* 组成，其上有任意多个长方形 *Ab*、*Bc*、*Cd* 等，它们的底边 *AB*、*BC*、*CD* 等都相等，其边 *Bb*、*Cc*、*Dd* 等平行于图形的边 *Aa*，又作正方形 *aKbl*、*bLcm*、*cMdn* 等：如果将长方形的宽缩小，使长方形的数目趋于无穷，则内切图形 *AKbLcMdD*、外切图形

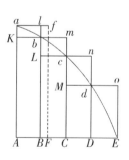

AalbmcndoE 和曲边图形 *AabcdE* 将趋于相等，它们的最终比值是相等比值。

因为内切图形与外切图形的差是长方形 *Kl*、*Lm*、*Mn*、*Do* 等的和，即（由它们的底相等）以其中一个长方形的底 *kb* 为底，以它们的高度和 *Aa* 为高的矩形，也就是矩形 *ABla*。然而，由于宽 *AB* 无限缩小，所以该矩形也将小于任何一个给定空间。所以（由引理 1）内切图形和外切图形最后趋

于相等，而居于其中间的曲线图形更是与它们相等了。　　　　　证毕。

引理 3

矩形的宽 *AB*、*BC*、*DC* 等不相等时，只要它们都无限缩小，上述三图形的最终比值仍是相等比值。

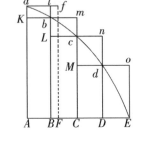

设 *AF* 是最大宽度，作矩形 *FAaf*，它将大于内切图形与外切图形的差。但由于其宽 *AF* 是无限缩小的，它也将小于任何给定矩形。　　　　证毕。

推论 I． 所以，所有这些趋于零的长方形的最后总和与曲线图形完全一致。

推论 II． 属于这些长度趋于零的弧 $\widehat{ab}$、$\widehat{bc}$、$\widehat{cd}$ 等的直线图形最终与曲线图形完全一致。

推论 III． 并且，属于相同弧长的切线的外切图形也与此相同。

推论 IV． 所以，这些最终图形(就其外周 *acE* 而言)不是直线图形，而是直线图形的曲线极限。

引理 4

如果在两个图形 *AacE*、*PprT* 中有两组内切矩形(同前)，每组数目相同，它们的宽趋于无穷小，如果一个图形内的矩形与另一图形的矩形分别对应的最终比值相同，则图形 *AacE* 与 *PprT* 的比值与该值相同。

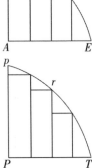

因为一个图形中的矩形与另一个图形中的矩形是分别对应的，所以(合起来)其全体的和与另一个全体的和的比，也就是一个图形比另一个图形；因为(由引理 3)前一个图形对应前一个和，后一个图形对应后一个和，所以二者比值相等。　　　　证毕。

推论. 如果任意两种量以任意方式分割为数目相等的部分，这些部分的数目增大时，其量值将趋于无穷小，它们各自有给定的相同比值，第一个比第一个，第二个比第二个，依次类推，则它们所有的部分合起来也有相同的比值。因为，如果在本引理图形中把每个矩形的比视为这些部分的比，则这些部分的和恒等于矩形的和；再设矩形数目和部分的数目增多，则它们的量值无限减小，这些和就是一个图中矩形与另一个图中对应矩形的最后比值，即（由假设）一个量中任意部分与另一个量中对应部分的最终比值。

引理 5

相似图形对应的边，不论其是曲线还是直线，都是成正比的，其面积的比是对应边的比的平方。

引理 6

任意长度的$\overgroup{ACB}$位置已定，对应的弦为 **AB**；在处于连续曲率中的任意点 **A** 上，有一直线 **AD** 与之相切，并向两侧延长；如果 **A** 点与 **B** 点相互趋近并重合，则弦与切线的夹角∠**BAD** 将无穷变小，最终消失。

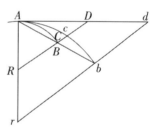

如果该角不消失，则$\overgroup{ACB}$与切线 AD 将含有与直线角相等的夹角，因此曲率在 A 点不连续，而这与命题矛盾。

引理 7

在同样假设下，弧、弦和切线相互间的最后比值是相等比值。

当 B 点趋近于 A 点时，设想 AB 与 AD 延伸到远点 b 和 d，平行于割线 BD 作直线 bd，令$\overgroup{Acb}$总是相似于$\overgroup{ACB}$。然后设 A 点与 B 点重合，则由上述引理，∠dAb 消失，因此直线 A6、Ad（它总是有限的）与它们之间的$\overgroup{Acb}$将重合，而且相等，所以直线 AB、AD 与其间的$\overgroup{ACB}$（它总是正比于前者）将消失，最终获得相等比值。证毕。

推论Ⅰ. 如果通过 B 作 BF 平行于切线，并与通过 A 点的任意直线

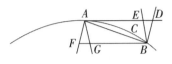

AF 相交于 F，则线段 BF 与趋于零的 $\overset{\frown}{ACB}$ 有最终相等的比值，因为作 $\Box AFBD$，它与 AD 总有相等比值。

推论 II. 如果通过 B 和 A 作更多直线 BE、BD、AF、AG 与切线 AD 及其平行线 BF 相交，则所有横向线段 AD、AE、BF、BG 以及弦 AB 与 $\overset{\frown}{AB}$，其中任意一个与另一个的最终比值是相等的比值。

推论 III. 所以，在考虑所有与最终比值有关的问题时，可将这些线中任意一条来代替其他。

引理 8

如果直线 **AR**、**BR** 与 $\overset{\frown}{ACB}$、弦 **AB** 以及切线 **AD** 组成任意三角形 **$\triangle RAB$**、**$\triangle RACB$** 和 **$\triangle RAD$**，而且点 A 与 B 相互趋近并重合，则这些趋于零的三角形的最后形式是相似三角形，它们的最终比值相等。

当点 B 趋近于点 A 时，设想 AB、AD、AR 延伸至远点 b、d 和 r，作 rbd 平行于 RD，令 $\overset{\frown}{Acb}$ 总是相似于 $\overset{\frown}{ACB}$。再设点 A 与点 B 重合，则 $\angle bAd$ 将消失，所以三个三角形 $\triangle rAb$、$\triangle rAcb$、$\triangle rAd$（总是有限的）也将重合，也就是

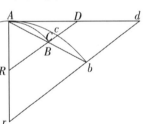

说既相似且相等。所以，总是与它们相似并成正比的三角形 $\triangle RAB$、$\triangle RACB$、$\triangle RAD$ 相互间也将既相似且相等。　　　　证毕。

推论. 因此，在考虑所有最终比值问题时，可将这些三角形中的任意一个来代替其他。

引理 9

如果直线 **AE**、曲线 **ABC** 二者位置均已给定，并以给定角相交于 A；另两条水平直线与该直线成给定夹角，并与曲线相交于 **B、C**，若 **B、C** 共同趋近于 A 并与之重合，则 $\triangle ABD$ 与 $\triangle ACE$ 的最终面积之比是其对应边之比的平方。

当点 B、C 趋近点 A 时，设 AD 延伸至远点 d 和 e，则 Ad、Ae 将正比于 AD、AE，作水平线 db、ec 平行于横向线 DB 和 EC，并与 AB 和 AC 相交于 b 和 c。令曲线 Abc 相似于曲线 ABC，作直线 Ag 与曲线相切于 A 点，与横线 DB、EC、db、ec 相交于 F、G、f、g。再设 Ae 长度保持不变，令点 B 与 C 相会

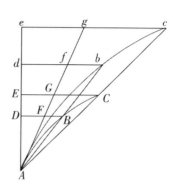

于 A 点，则 $\angle cAg$ 消失，曲线面积 Abd、Ace 将与直线面积 Afd、Age 重合，所以(由引理5)它们中一个与另一个的比将是边 Ad、Ae 的比的平方。但面积 ABD、ACE 总是正比于这些面积，边 AD、AE 也总是正比于这些边。所以，面积 ABD、ACE 最终比值是边 AD、AE 的比的平方。　证毕。

引理 10

物体受任意有限力作用时，不论该力是已知、不变的，还是连续增强或连续减弱，它越过的距离都在运动刚开始时与时间的平方成正比。

令直线 AD、AE 表示时间，它们产生的速度以横线 DB、EC 表示，则这些速度产生的距离就是横线围成的面积 ABD、ACE，即在运动刚开始时(由引理 9)，正比于时间 AD、AE 的平方。　　　　　　　证毕。

推论 I. 由此容易推出，在均匀时间间隔内，物体描绘的相似图形的相似部分，其误差由作用于该物体上的任意相等的力产生，并可由物体到相似图形相应位置的距离求得。如果没有那种力的作用，物体应在上述时间间隔内到达那个位置——大致上正比于产生这些误差的时间的平方。

推论 II. 但类似地作用于位于相似图形相似位置上的物体的均匀力，其所产生的误差是该力与时间的平方的乘积。

推论 III. 对于物体在不同力作用下所描绘的任何距离都可作相同理解，在物体刚开始运动时，它们都正比于力与时间平方的积。

推论 IV. 所以，力正比于刚开始运动时所描绘的距离，反比于时间的平方。

推论 V. 所以，时间的平方正比于所描绘的距离，反比于力。

附 注

如果在不同种类的不确定量之间作比较，则其中任何一个都可以说成是与另一个量成正比或反比，这意味着前者与后者以相同比率增加或减少，或与后者的倒数成正比。如果任意一个量被说成是与其他任意两个或更多的量成正比或反比，即意味着第一个量与其他量的比率的复合以相同的比率或其倒数增加或减少。例如：说 A 正比于 B，正比于 C，反比于 D，即是说 A 以与 $B \cdot C \cdot \dfrac{1}{D}$ 相同的比率相加或减少，也就是说，A 与 $\dfrac{BC}{D}$ 相互间具有给定比值。

引理 11

在所有曲线的一有限曲率点上，切线与趋于零的弦的接触角的弦最终正比于相邻弧长对应的弦的平方。

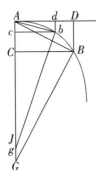

情形 1：令 AB 为弧长，AD 是其切线，BD 垂直于切线，是接触角的弦，直线 AB 是弧对应的弦。作 BG 垂直于弦 AB，作 AG 垂直于切线 AD，二者相交于 G。再令点 D、B 和 G 趋近于点 d、b 和 g，设 J 为直线 BG、AG 的最后交点，此时点 D、B 与 A 重合，很明显，距离 GJ 可以小于任何给定的距离，但（由通过点 A、B、G 和通过点 A、b、g 的圆的特性）

$$AB^2 = AG \cdot BD \text{ 和 } Ab^2 = Ag \cdot bd，$$

但由于 GJ 可以小于任何给定的长度，AG 和 Ag 的比值与单位量的差也可以小于任何给定值，所以 AB^2 和 Ab^2 的比值与 BD 和 bd 的比值的差也可以小于任何给定值。所以由引理 1，最终有：

$$AB^2 : Ab^2 = BD : bd。 \qquad\qquad 证毕。$$

情形 2：令 BD 与 AD 夹角的任意给定值，BD 与 bd 的最终比值仍与以前相同，所以 AB^2 与 Ab^2 的比值也相同。 证毕。

情形 3：如果∠D 不曾给定，但直线 BD 向一给定点收敛，或由任何其他条件决定，则由相同规则决定的∠D 和∠d 仍总是趋于相等，并以小于任何给定差值相互趋近。所以，由引理 1，将最终相等。所以，线段 BD 与 bd 的比值仍与以前相同。 证毕。

推论 I. 因为切线 AD、Ad 和 $\overset{\frown}{AB}$、$\overset{\frown}{Ab}$ 以及它们的正弦 BC、bc 最后均与弧弦 AB、Ab 相等，它们的平方最终也将正比于角弦 BD、bd。

推论 II. 它们的平方最终还将正比于弧的正矢，该正矢等分弦，并向给定点收敛，因为这些正矢正比于角弦 BD、bd。

推论 III. 所以，正矢正比于物体以给定速度沿轨迹运动所需时间的平方。

推论 IV. 因为

$$\triangle ADB：\triangle Adb = AD \cdot DB：Ad \cdot db,$$

而最后比例：

$$AD^2：Ad^2 = DB：db,$$

即得到比例式：

$$\triangle ADB：\triangle Adb = AD^3：Ad^3 = DB^{\frac{3}{2}}：db^{\frac{3}{2}},$$

最后也得到：

$$\triangle ABC：\triangle Abc = BC^3：bc^3。$$

推论 V. 因为 DB、db 最终平行于并正比于 AD、Ad 的平方，最后的曲线面积 ADB、Adb 将（由抛物线特性）是直角三角形△ADB、△Adb 的三分之二，而缺块 AB、Ab 是同一三角形的三分之一，因此，这些面积与缺块既将正比于切线 AD、Ad 的平方，也正比于弧或弦 AB、Ab 的立方。

附　注

不过，我们在所有讨论中均假定相切角既非无限大于亦非无限小于圆与其切线所成的相切角。也就是说，点 A 的曲率既非无限小亦非无限大，间隔 AJ 具有有限值，因为可以设 DB 正比于 AD^3，在此情形下不能通过

点 A 在切线 AD 和曲线 AB 之间作圆，所以夹角将无限小于这些圆。出于同样理由，如果能逐次地使 DB 正比于 AD^4、AD^5、AD^6、AD^7 等，我们将得到一系列夹角趋于无限，随后的每一项都无限小于其前面的项。而如果逐次使 DB 正比于 AD^2、$AD^{\frac{3}{2}}$、$AD^{\frac{4}{3}}$、$AD^{\frac{5}{4}}$、$AD^{\frac{6}{5}}$、$AD^{\frac{7}{6}}$，等等，我们将得到另一系列无限夹角，其第一个与圆的相同，而第二个即为无限大，其后每一项都比前一项无限大。但在这些角的任意两个之间，还可以插入另一系列的中介夹角，并向两边伸入无限，其中每一项都比其前一项无限大或无限小，例如在 AD^2 项与 AD^3 项之间，可以插入 $AD^{\frac{13}{6}}$、$AD^{\frac{11}{5}}$、$AD^{\frac{9}{4}}$、$AD^{\frac{7}{3}}$、$AD^{\frac{5}{2}}$、$AD^{\frac{8}{3}}$、$AD^{\frac{11}{4}}$、$AD^{\frac{14}{5}}$、$AD^{\frac{17}{6}}$，等等，而在该系列中的任意两项之间，又能再插入一个新的系列，其间相互差别可以是无限间隔。自然是无止境的。

由曲线及其围成的表面所证明的规律，可以方便地应用于曲面和固体自身，这些引理旨在避免古代几何学家采用的自相矛盾的冗长推导。用不可分量方法证明比较简捷，但由于不可分假设有些生硬，所以这方法被认为不够几何化，所以我在证明以后的命题时宁可采用最初的与最后的和，以及新生的与将趋于零的量的比值，即采用这些和与比值的极限，并以此作为前提，尽我可能简化对这些极限的证明。这一方法与不可分量方法可作相同运用，现在它的原理已得到证明，我们可以更可靠地加以使用。所以，此后如果我说某量由微粒组成，或以短曲线代替直线，不要以为我是指不可分量，而是指趋于零的可分量，不要以为我指确定部分的和与比率，而总是指和与比率的极限，这样演示的力总是以前述引理的方法为基础的。

可能会有人反对，认为不存在将趋于零的量的最后比值，因为在量消失之前，比率总不是最后的，而当它们消失时，比率也没有了。但根据同样的理由，我们也可以说物体到达某一处所并在那里停止，也没有最后速度，在它到达前，速度不是最后速度，而在它到达时，速度没有了。回答很简单，最后速度意味着物体以该速度运动着，既不是在它到达其最后处所并终止运动之前，也不是在其后，而是在它到达的一瞬间。也就是说，物体到达其最后处所并终止运动时的速度。用类似方法，将消失的量的最后比可以理解为既不是这些量消失之前的比，也不是之后的比，而是它消失那一瞬间的比。用类似方法，新生量的最初比是它们刚产生时的比，最初的与最后的和是它们刚开始时或刚结束时（或增加与减少时）的和。在运动尚存的最后时刻速度有一极限，不能超越，这就是最后速度；所有初始和最后的量或比也有极限。由于这些极限是确定的，实在的，所以求出它们就是严格的几何学问题。而可用以求解或证明任何其他事物的几何学也都是几何学。

还可能有人反对，说如果给定将消失量的最后比值，它们的最后量值也就给定了，因此所有量都包含不可分量，而这与欧几里得在《几何原本》第十卷中证明的不可通约量相矛盾。然而这一反对意见建立在一个错误命题上。量消失时的最后的比并不真的是最后量的比，而是无止境减少的量的比必定向之收敛的极限，比值可以小于任何给定的差向该极限趋近，绝不会超过，实际上也不会达到，直到这些量无限减少。在无限大的量中这种事情比较明显。如果两个量的差已给定，是无限增大的，则它们最后的比也将给定，即相等的比，但不能由此认为，它们中最后的或最大的量的比已给定。所以，如果在下文中出于易于理解的理由，我论及最小的、将消失的或最后的量，读者不要以为是在指确定大小的量，而是指作无止境减小的量。

第二章　向心力的确定

命题 1　定理 1

做环绕运动的物体，其指向力的不动中心的半径所掠过的面积位于同一不动的平面上，而且正比于画出该面积所用的时间。

设时间分为相等的间隔，在第一时间间隔里物体在其惯性力作用下扫过直线 AB。在第二时间间隔里，物体将（由定律Ⅰ）沿直线 Bc 一直运动到 c，如果没阻碍的话，Bc 等于 AB，所以由指向中心的半径 AS、BS、cS，可以得到相等的面积 ASB、BSc。但当物体到达 B 时，设向心力立即对它施以巨大推斥作用，使它偏离直线 BC，迫使它沿直线 BC 继续运动。作 cC 平行 BS，与 BC 相交于 C，在第二时间间隔最后，物体（由定律推论Ⅰ）

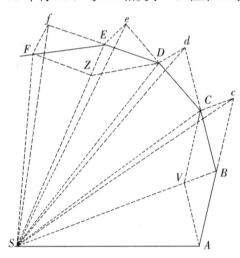

将出现在 C，与△ASB 处于同一平面，连接 SC，由于 SB 与 Cc 平行，△SBC 等于△SBc，所以也等于△SAB。由于同样理由，向心力依次作用于 C、D、E 等点，并使物体在每一个时间间隔内画出直线 CD、DE、EF 等，它们都处于同一平面，而且△SCD 等于△SBC，△SDE 等于△SCD，△SEF 等于△SDE。

所以，在相同时间里，在不动平面上画出相等面积：而且由命题，这些面积的任意的和 SADS、SAFS 都分别正比于它们的时间。现在，令这些三角形的数目增加，它们的底宽无限减小；（由引理 3 推论Ⅳ）它们的边界 ADF 将成为一条曲线：所以向心力连续使物体偏离该曲线的切线；而且任意扫出的面积 SADS、SAFS 原先是正比于扫出它们所用时间的，在此情形下仍正比于所用时间。   证毕。

推论Ⅰ. 被吸引向不动中心的物体的速度，在无阻力的空间中，反比于由中心指向轨道切线的垂线。因为在处所 A、B、C、D、E 的速度可以看作是全等三角形的底 AB、BC、CD、DE、EF，这些底反比于指向它们的垂线。

推论Ⅱ. 如果两段弧的弦 AB、BC 相继由同一物体在相等时间里画出，在无阻力空间中，作□ABCV，则该平行四边形的对角线 BV 在对应弧长无限缩小时所获得的位置上延长，必定通过力的中心。

推论Ⅲ. 如果弧的弦 AB、BC 与 DE、EF 在相等时间内画出，在无阻力空间中，作 $\square ABCV$、$\square DEFZ$，则在 B 点和 E 点的力之比与对应弧长无限缩小时对角线 BV、EZ 的最后比相同。因为物体沿 BC 和 EF 的运动是(由定律推论Ⅰ)沿 Bc、BV 和 Ef、EZ 运动的复合；但在本命题证明中，BV 和 EZ 等于 Cc 和 Ef，是由于向心力在 B 点和 E 点的推斥作用产生的，所以正比于这些推斥作用。

推论Ⅳ. 无阻力空间中使物体偏离直线运动并进入曲线轨道的力，正比于相等时间里所画出的弧的正矢，该正矢指向力的中心，并在弧长无限缩小时等分对应弦长。因为这些正矢是推论Ⅲ中对角线的一半。

推论Ⅴ. 所以，这种力与引力的比，正如所讨论的正矢与抛体在相同时间内画出的抛物线弧上垂直于地平线的正矢的比。

推论Ⅵ. 当物体运动所在平面，以及置于该平面上的力的中心不是静止的，而且做匀速直线运动时，上述结论(由定律推论Ⅴ)依然有效。

命题 2　定理 2

沿平面上任意曲线运动的物体，其半径指向静止的或做匀速直线运动的点，并且关于该点掠过的面积正比于时间，则该物体受到指向该点的向心力的作用。

情形 1：任何沿曲线运动的物体(由定律Ⅰ)都受到某种力的作用迫使它改变直线路径。这种迫使物体离开直线运动的力，在相等时间里，使物体画出最小的三角形 $\triangle SAB$、$\triangle SBC$、$\triangle SCD$ 等，关于不动点 S(由欧几里得《几何原本》第一卷命题 40 和定律Ⅱ)作用于处所 B，其方向沿着平行于 cC 的直线，即沿着直线 BS

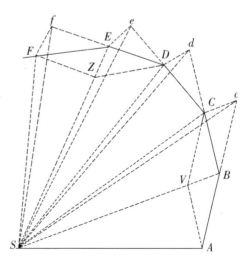

的方向。而在处所 C，沿着平行于 dD 的直线的方向，即沿着直线 CS 的方向，等等；所以它总是沿着指向不动点 S 的方向。　　　　　　证毕。

情形 2：（由定律推论 V）物体做曲线运动所在的面，不论是静止的，或是与物体，与物体画出的图形，与中心点 S 一同做匀速直线运动，都没有区别。

推论 I. 在无阻抗的空间或介质中，如果掠过的面积不正比于时间，则力不指向半径通过的点。如果掠过面积是加速的，则偏向运动所指的方向，如果是减速的，则背离运动方向。

推论 II. 甚至在阻抗介质中，如果加速掠过面积，则力的方向也偏离半径的交点，指向运动所指方向。

附　注

物体可能受到由若干力复合而成的向心力作用。在此情形下，命题的意义是，所有力的合力指向点 S。但如果某个力连续地沿着物体所画表面的垂线方向，则该力将使物体偏离其运动平面，但并不增大或减小所画表面的面积，所以在考虑力的合成时忽略不计。

命题 3　定理 3

任何物体，其环绕半径指向另一任意运动物体的中心，所掠过的面积正比于时间，则该物体受到指向另一物体的向心力，以及另一物体所受到的所有加速力的复合力的作用。

令 L 表示一物体，T 表示另一物体，（由定律推论 VI）如果两物体在平行线方向上受到一个新的力的作用，这个力与第二个物体 T 所受到的力大小相等方向相反，则第一个物体 L 仍像从前一样环绕第二个物体 T 掠过相等的面积；但另一个物体 T 受到的力现在被相等且相反的力所抵消，所以（由定律 I）另一个物体 T 现在不再受力，处于静止或匀速直线运动状态；而第一个物体 L 则受到两个力的差，即剩余的力的作用，连续环绕另一个物体 T 以正比于时间掠过面积。所以（由定理 2）这些力的差是指向其环绕

中心另一个物体 T 的。 证毕。

推论 I. 如果一个物体 L 的环绕半径指向另一个物体 T，掠过的面积正比于时间，则由第一个物体 L 所受到的合力（由定律推论 II，不论这个力是简单的，或是几个力的复合），减去（由同一推论）另一物体所受到的全部加速力，最后剩余的推动第一个物体 L 的力是指向环绕中心另一个物体 T 的。

推论 II. 而且，如果掠过的面积近似正比于时间，则剩余力的指向也接近于另一个物体 T。

推论 III. 反之，如果剩余力指向接近于另一个物体 T，则面积也接近于正比于时间。

推论 IV. 如果物体 L 的环绕半径指向另一物体 T，其所掠过的面积与时间相比很不相等，而另一物体 T 处于静止或匀速直线运动状态，则指向另一个物体 T 的向心力作用或是消失，或是受到其他力的强烈干扰和复合；而所有这些力（如果它们有许多）的复合力指向另一个（运动的或不动的）中心。当另一个物体的运动是任意的时，也可得出相同结论，这时产生作用的向心力是减去作用于另一个物体 T 的力所剩余的。

附 注

由于掠过相等的面积意味着对物体影响最大的力有一个中心，这个力使物体脱离直线运动维持在轨道上，那么我们为什么不能在以后的讨论中，把掠过相等面积当作自由空间所有环绕运动的中心存在的标志呢？

命题 4 定理 4

沿不同圆周等速运动的若干物体的向心力，指向各自圆周的中心，它们之间的比，正比于等时间里掠过的弧长的平方，除以圆周的半径。

这些力指向各自圆周的中心（由命题 2 和命题 1 推论 II），它们之间的比，如同等时间内掠过的最小弧长的正矢的比（由命题 1 推论 IV），即正比于同一弧长的平方除以圆周的直径（由引理 7）。由于这些弧长的比就是任意相等时间里所掠过的弧长的比，而直径的比就是半径的比，所以力正比于任意相同时间里掠过的弧长的平方除以圆周半径。　　　　　　　　证毕。

推论Ⅰ. 由于这些弧长正比于物体的速度，因此向心力正比于速度的平方除以半径。

推论Ⅱ. 由于环绕周期正比于半径除以速度，所以向心力正比于半径除以环绕周期的平方。

推论Ⅲ. 如果周期相等，因而速度正比于半径，则向心力也正比于半径；反之亦然。

推论Ⅳ. 如果周期与速度都正比于半径的平方根，则有关的向心力相等；反之亦然。

推论Ⅴ. 如果周期正比于半径，因而速度相等，则向心力将反比于半径；反之亦然。

推论Ⅵ. 如果周期正比于半径的 $\frac{3}{2}$ 次方，则向心力反比于半径的平方；反之亦然。

推论Ⅶ. 推而广之，如果周期正比于半径 R 的多次方 R^2，因而速度反比于半径的 $n-1$ 次方 R^{n-1}，则向心力将反比于半径的 $2n-1$ 次方 R^{2n-1}；反之亦然。

推论Ⅷ. 物体运动掠过任何相似图形的相似部分，这些图形在相似位置上有中心，这时有关的时间、速度和力都满足以前的结论，只需要将以前的证明加以应用即可。这种应用是容易的，只要用掠过的相等面积代替相等的运动，用物体到中心的距离代替半径。

推论Ⅸ. 由同样的证明可以知道，在给定向心力作用下沿圆周匀速运动的物体，其在任意时间内掠过的弧长，是圆周直径与同一物体受相同力作用在相同时间里下落空间的比例中项。

附　注

推论Ⅵ的情形发生在天体中(如克里斯托弗·雷恩爵士、胡克博士和哈雷博士分别观测到的),所以我拟在下文中就与向心力随物体到中心距离的平方减少有关的问题作详尽讨论。

还有,由上述命题及其推论,我们可以知道向心力与任何其他已知力如重力的比。因为,如果一个物体因其重力沿以地球为中心的圆周轨道运行,则这个重力就是那个物体的向心力。由重物体的下落(根据本命题推论Ⅸ),它环绕一周的时间,以及在任意时间里掠过的弧长都可以知道。惠更斯先生在他的名著《论摆钟》(*De Horologio Oscillatorio*)中就是根据这一命题把重力与环绕物体的向心力作类比的。

也可以用这一方法证明上述命题。在任意圆内作内切多边形,其边数是任意的,如果物体以给定速度沿多边形的边运动,在各角顶点被圆周反弹,则每次反弹物体撞击圆周的力正比于其速度。所以,在给定时间里,这些力的和正比于速度与反弹次数的乘积;也就是说,(如果多边形已经给定)正比于该给定时间里所掠过的长度,并随着相同长度与圆周半径的比值增减,即正比于长度的平方除以半径。所以,当多边形的边无限减小时,趋于与圆周重合,这时,即正比于在给定时间里掠过的弧长除以半径,这就是物体施加给圆周的向心力,而圆周连续作用于物体使其指向中心的反向力与之相等。

命题 5   问题 1

在任意处所,物体受指向某一公共中心的力的作用以给定速度运动并画出给定轨道图形,求该中心。

令三条直线 *PT*、*TQV*、*VR* 与已知图形在同样多的点 *P*、*Q*、*R* 上相切,并相交于 *T* 点和 *V* 点。在切线上过 *P*、*Q*、*R* 点作垂线 *PA*、*QB* 和 *RC*,与物体在 *P*、*Q*、*R* 点的速度成反比,即 *PA* 与 *QB* 等价于 *Q* 点的速度与 *P* 点的速度的比,而 *QB* 比 *RC* 等于 *R* 点的速度与 *Q* 点的速度比,过垂线端点 *A*、*B*、*C* 作直线 *AD*、*DBE*、*EC*,使之互成直角,相交于 *D* 和 *E*;再作直线 *TD*、*VE*,并延长至 *S* 点,求得中心。

因为由中心 S 作出的切线 PT、QT 的垂线反比于物体在 P 点和 Q 点的速度(由命题 1 推论 I),因而正比于垂线 AP、BQ,即正比于由 D 点作出的切线垂线。由此易于推知点 S、D、T 在同一条直线上,类似地可知点 S、E、V 也在同一条直线上,所以中心 S 处于直线 TD、VE 相交处。

证毕。

命题 6　定理 5

在无阻力空间中,如果物体沿任意轨道环绕一不动中心运行,在最短时间里掠过极短弧长,该弧的正矢等分对应的弦,并通过力的中心,则弧中心的向心力正比于该正矢而反比于时间的平方。

因为给定时间的正矢正比于向心力(由命题 1 推论 IV),而弧长随时间的增加作相同比率的增加,正矢将以该比率的平方增加(由引理 11 推论 II 和推论 III),所以正比于力和时间的平方,两边同除以时间的平方,即得到力正比于正矢,反比于时间的平方。　　　　　证毕。

用引理 10 推论 IV 也能同样容易地证明该定理。

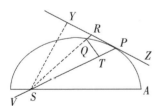

推论 I. 如果物体 P 环绕中心 S 画出曲线 APQ,直线 ZPR 与该曲线在任意点 P 上相切,由曲线上另一任意点 Q 作平行于距离 SP 的直线,与切线相交于 R;再作 QT 垂直于距离 SP,则向心力将反比于 $\dfrac{SP^2 \cdot QT^2}{QR}$,如果该立方取点 P 和点 Q 重合时的值的话。因为 QR 等于 $\overset{\frown}{QP}$ 的 2 倍的正矢,该弧中点是 P:△SQP 的 2 倍或 $SP \cdot QT$ 正比于掠过 2 倍弧所用的时间,因此可用以表示时间。

推论 II. 由类似的理由,向心力反比于立方 $\dfrac{SY^2 \cdot QP^2}{QR}$;如果 SY 是由力的中心伸向轨道切线 PR 的垂线的话。因为乘积 $ST \cdot QP$ 与 $SP \cdot QT$ 相等。

推论Ⅲ. 如果轨道是圆周，或与一同心的圆周相切或相交，即轨道在相切或相交处包含有极小角度的圆周，并与点 P 有相等的曲率与曲率半径；又，如果 PV 是该圆周上由物体通过力的中心作出的弦，则向心力反比于立方 $SY^2 \cdot PV$，因为 PV 就是 $\dfrac{QP^2}{QR}$。

推论Ⅳ. 在相同假设下，向心力正比于速度的平方，反比于弦，因为由命题 1 推论 I，速度是垂线 SY 的倒数。

推论Ⅴ. 所以，如果给定任意曲线图形 APQ，因而向心力连续指向的点 S 也给定，即可得到向心力定律：物体 P 受该定律支配连续偏离直线运动，维持在图形边缘上，通过连续环绕画出相同图形。即，通过计算可以知道，立方 $\dfrac{SP^2 \cdot QT^2}{QR}$ 或立方 SY^2，PV 反比于向心力。下述问题将给出该定律实例。

命题 7 问题 2

如果物体沿圆周运动，求指向任意给定点的向心力的定律。

令 $VQPA$ 是圆周，S 是力所指向的给定中心，P 是沿圆周运动的物体，Q 是物体将要到达的处所，PRZ 是圆周在前一个处所的切线。通过点 V 作弦 PV 以及圆的直径 VA，连接 AP，作 QT 垂直于 SP，并延长与切线 PR 相交于 Z，最后通过点 Q 作 LR 平行于 SP，与圆周相交于 L，与切线 PZ 相交于 R。因为 $\triangle ZQR$、$\triangle ZTP$、$\triangle VPA$ 相似，$RP^2 = RL \cdot QR$，而 $QT^2 = \dfrac{RL \cdot QR \cdot PV^2}{AV^2}$。

所以

$$RP^2 : QT^2 = AV^2 : PV^2 。$$

等式两边同乘以 $\dfrac{SP^2}{QR}$，当点 P 与 Q 重合时，RL 可写为 PV，于是有：

$$\frac{SP^2 \cdot PV^3}{AV^2} = \frac{SP^2 \cdot QT^2}{QR} ,$$

所以，（由命题 6 推论Ⅰ和Ⅴ）向心力反比

于 $\dfrac{SP^2 \cdot PV^3}{AV^2}$，即（由于 AV^2 已给定）反比

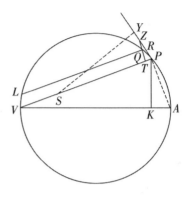

于 SP^2 与 PV^3 的乘积。　　　　证毕。

另一种解法

在切线 PR 上作垂线 SY，（由于 $\triangle SYP$、$\triangle VPA$ 相似）即有 $AV : PV = SP : SY$，所以，$\dfrac{SP \cdot PV}{AV} = SY$，$\dfrac{SP^2 \cdot PV^3}{AV^3} =$

$SY^2 \cdot PV$，所以（由命题 6 推论Ⅲ和推论Ⅴ）向心力反比于 $\dfrac{SP^2 \cdot PV^3}{AV^2}$，即（因为 AV 已经给定）反比于 $SP^2 \cdot PV^3$。　　　　证毕。

推论Ⅰ. 如果向心力永远指向的点 S 已给定，并位于圆周上，如位于 V，则向心力反比于 SP 长度的 5 次方。

推论Ⅱ. 使物体 P 沿圆周 $APTV$ 环绕力的中心 S 运动的力，与使同一

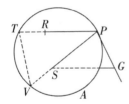

物体 P 沿同一圆周以相同周期环绕另一力的中心 R 运动的力的比，等于 $RP^2 \cdot SP$ 与直线 SG 的立方的比。直线 SG 是由第一个中心 S 作出的平行于物体到第二个中心 R 的距离 PR，并与轨道切线 PG 相交于 G 点的直线距离。因为，由本命题，前一个力与后一个力的比等于 $RP^2 \cdot PT^3$ 比 $SP^2 \cdot PV^3$，也就是说，等于 $SP \cdot RP^2$ 比 $\dfrac{SP^3 \cdot PV^3}{PT^3}$，或正比于（因为 $\triangle PSG$、$\triangle TPV$ 相似）SG^3。

推论Ⅲ. 使物体 P 沿任意轨道环绕力的中心 S 运动的力，与使同一物体沿同一轨道以相同周期环绕另一任意力的中心 R 的力的比，等于立方 $SP \cdot RP^2$，其中包括物体到第一个中心 S 的距离，和物体到第二个力的中心 R 的距离的平方，与直线 SG 的立方的比。SG 是由第一个力的中心 S 沿平行于物体到第二个力的中心 R 的距离的直线到它与轨道切线 PG 的交点 G 的距离，因为在该轨道上任意一点 P 的力与它在相同曲率圆周上的力

相等。

命题 8　问题 3

如果物体沿半圆周 *PQA* 运动，试求指向点 *S* 的向心力的规律，该点如此遥远，以至于所有指向该点的直线 *PS*、*RS* 都可看作是平行的。

由半圆中心 *C* 作半径 *CA*，与诸平行线正交于 *M*、*N* 点，连接 *CP*，因为 △*CPM*、△*PZT* 和 △*RZQ* 相似，则有：

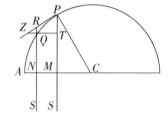

$$CP^2 : PM^2 = PR^2 : QT^2,$$

由圆的性质，当 *P* 和 *Q* 点重合时，$PR^2 = QR(RN+QN) = QR \cdot 2PM$，所以 $CP^2 : PM^2 = QR \cdot 2PM : QT^2$，而且，

$$\frac{QT^2}{QR} = \frac{2PM^3}{CP^2}, \quad \frac{QT^2 \cdot SP^2}{QR} = \frac{2PM^3 \cdot SP^2}{CP^2},$$

所以（由命题 6 推论 Ⅰ 和推论 Ⅴ）向心力反比于 $\frac{2PM^3 \cdot SP^2}{CP^2}$，即（常数 $\frac{2SP^2}{CP^2}$ 不予考虑）反比于 PM^3。　证毕。

由上述命题也容易推出相同结论。

附　注

由类似理由，物体在椭圆上甚至双曲线或抛物线上运动时，所受到的向心力反比于它到位于无限遥远的力的中心的纵向距离的立方。

命题 9　问题 4

如果物体沿螺旋线 *PQS* 运动，以给定角度与所有半径 *SP*、*SQ* 相交，求指向该螺旋线的中心的向心力的规律。

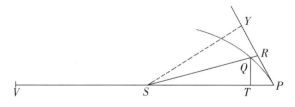

设不定小的角度 PSQ 为已知，则因为所有的角均已给定，图形 $SPRQT$ 也就给定。所以，比值 $\dfrac{QT}{QR}$ 也已给定，于是 $\dfrac{QT^2}{QR}$ 正比于 QT（因为图形已给定），即正比于 SP，但如果角度 PSQ 有任何变化，则相切角 $\angle QPR$ 相对的直线 QR（由引理 11）将以 PR^2 或 QT^2 的比率变化，所以比值 $\dfrac{QT^2}{QR}$ 保持不变，仍是 SP，而 $\dfrac{QT^2 \cdot SP^2}{QR}$ 正比于 SP^3，所以，（由命题 6 推论 I 和推论 V）向心力反比于距离 SP 的立方。　　　　　证毕。

另一种解法

作切线的垂线 SY，并作与螺旋线共心的圆周的弦 PV 与螺旋线相交，它与高度 SP 的比值是给定的。所以 SP^3 正比于 $SY^2 \cdot PV$，即（由命题 6 推论 III 和推论 V）反比于向心力。

引理 12

所有关于给定椭圆或双曲线共轭直径外切的平行四边形都相等。

已在关于圆锥曲线内容中加以证明。

命题 10　问题 5

如果物体沿椭圆环行，求指向该椭圆中心的向心力的规律。

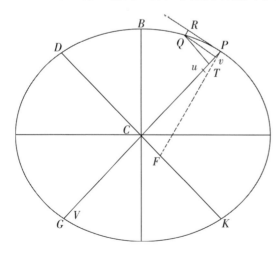

设 CA、CB 是该椭圆的半轴，GP、DK 是其共轭直径，PF、QT 垂直于共轭直径，Qv 是到直径 GP 的纵坐标。如果作 $\square QvPR$，则（由圆锥曲线性质）$Pv \cdot vG : Qv^2 = PC^2 : CD^2$，又由于 $\triangle QvT$、$\triangle PCF$ 相似，$Qv^2 : QT^2 = PC^2 : PF^2$，消去

Qv^2，vG：$\dfrac{QT^2}{Pv}=PC^2$：$\dfrac{CD^2 \cdot PF^2}{PC^2}$。由于 $QR=Pv$，以及（由引理 12）

$BC \cdot CA=CD \cdot PF$，当点 P 与 Q 重合时，$2PC=vG$，把外项与中项乘到

一起，就得到 $\dfrac{QT^2 \cdot PC^2}{QR}=\dfrac{2BC^2 \cdot CA^2}{PC}$。所以（由命题 6 推论 V）向心力反

比于 $\dfrac{2BC^2 \cdot CA^2}{PC}$，即（因为 $2BC^2 \cdot CA^2$ 已给定）反比于 $\dfrac{1}{PC}$，亦即正比于距

离 PC。   证毕。

另一种解法

在直线 PG 上点 T 的另一侧，取点 u 使 Tu 等于 Tv。再取 uV，使 uV：

$vG=DC^2$：PC^2。根据圆周曲线特性，Qv^2：$Pv \cdot vG=DC^2$：PC^2，于是

$Qv^2=Pv \cdot uV$，两边同加 $Pu \cdot Pv$，则 $\overset{\frown}{PQ}$ 的弦的平方将等于乘积 $PV \cdot$

Pv。所以，与圆锥曲线相切于 P 点并通过 Q 点的圆周，也将通过点 V。

现在令点 P 与 Q 会合，则 uV 与 vG 的比值，等同于 DC^2 与 PC^2 的比值，

将变成 PV 与 PG 的比值或 PV 与 $2PC$ 的比值，所以 PV 等于 $\dfrac{2DC^2}{PC}$，因此

物体 P 在椭圆上受到的力将反比于 $\dfrac{2DC^2}{PC} \cdot PF^2$（由命题 6 推论Ⅲ），即（因

为 $2DC^2 \cdot PF^2$ 已给定）正比于 PC。   证毕。

推论Ⅰ. 所以，力正比于物体到椭圆中心的距离。反之，如果力正比
于距离，则物体沿着中心与力的中心重合的椭圆运动，或沿椭圆蜕变成的
圆周轨道运动。

推论Ⅱ. 沿中心相同的所有椭圆轨道的环绕周期均相等，因为相似的
椭圆所用时间相等（由命题 4 推论Ⅲ和推论Ⅷ）；但对于长轴相同的椭圆，
环绕时间之间的比正比于整个椭圆的面积，反比于同一时间掠过的椭圆的
面积；即正比于短轴，反比于在长轴顶点的速度；也就是正比于短轴，反
比于公共长轴上同一点的纵坐标，所以（因为正反比值相等）比值相等。

附　注

如果椭圆的中心被移到无限远处，它就演变为抛物线，物体将沿该抛

物线运动，力将指向无限远处的中心，是一常数，这正是伽利略的定理。如果圆锥曲线由抛物线（通过改变圆锥截面）演变为双曲线，物体将沿双曲线运动，其向心力变为离心力。与圆周或椭圆中的方法相似，如果力指向位于横坐标上的圆形的中心，则这些力随着纵坐标的任意增减，或其至于改变纵坐标与横坐标的夹角，总是增减其到中心的距离的比率，而运行周期不变。在所有种类图形中，如果纵坐标做任意增减，或它们相对于横坐标的倾角改变，则周期都将保持相同，而指向位于横坐标上任意处的中心的力随物体到中心距离比率的变化在不同的纵坐标上增减。

第三章　物体在偏心的圆锥曲线上的运动

命题 11　问题 6

物体沿椭圆运动，求指向椭圆焦点的向心力的规律。

令 S 为椭圆焦点，作 SP 与椭圆直径 DK 相交于 E，与纵坐标 Qv 相交于 x；画出 $\Box QxPR$，显然 EP 等于长半轴 AC。因为，由椭圆另一焦点 H 作 HI 平行于 EC，由于 CS、CH 相等，ES、EI 也将相等，所以 EP 是

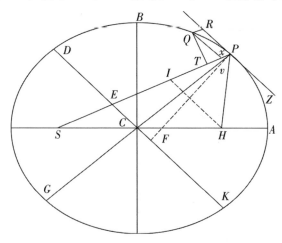

PS 与 PI 的和的一半,即(因为 HI 与 PR 是平行线,$\angle IPR$ 与 $\angle HPZ$ 相等)PS 与 PH 的和的一半,而 PS 与 PH 的和等于整个长轴 $2AC$。作 QT 垂直于 SP,并令 L 为椭圆的通径(the principal latus rectum)$\left(\text{或}\dfrac{2BC^2}{AC}\right)$,即得到:

$$L \cdot QR : L \cdot Pv = QR : Pv = PE : PC = AC : PC$$

以及

$$L \cdot Pv : Cv \cdot Pv = L : Gv \text{ 和 } Cv \cdot Pv : Qv^2 = PC^2 : CD^2。$$

由引理 7 推论 Ⅱ,当点 P 与 Q 重合时,$Qv^2 = Qx^2$,而 $Qx^2 : QT^2$ 或 $Qv^2 : QT^2 = EP^2 : PF^2 = CA^2 : PF^2$,而且(由引理 12)等于 $CD^2 : CB^2$。将四个等式中对应项乘到一起并整理简化,得到 $L \cdot QR : QT^2 = AC \cdot L \cdot PC^2 \cdot CD^2 : PC \cdot Cv \cdot CD^2 \cdot CB^2 = 2PC : Cv$,因此 $AC \cdot L = 2BC^2$。但当点 P 与 Q 重合时,$2PC$ 与 Cv 相等,所以量 $L \cdot QR$ 与 QT^2 同它们成正比,而且相等。将这些等式两边同乘 $\dfrac{SP^2}{QR}$,则 $L \cdot SP^2$ 将等于 $\dfrac{SP^2 \cdot QT^2}{QR}$,所以(自命题 6 推论 Ⅰ 和推论 Ⅴ)向心力反比于 $L \cdot SP^2$,即反比于距离 SP 的平方。   证毕。

另一种解法

因为使物体 P 沿椭圆运动的指向椭圆中心的力,(由命题 10 推论 Ⅰ)正比于物体到椭圆中心 C 的距离 CP,作 CE 平行于椭圆切线 PR,如果 CE 与 PS 相交于 E 点,则使同一物体 P 环绕椭圆中一其他任意点 S 的力,将正比于 $\dfrac{PE^3}{SP^2}$(由命题 7 推论 Ⅲ),即如果点 S 是椭圆的焦点,因而 PE 是常数,则该力将正比于 SP^2 的倒数。   证毕。

我们曾用同样简捷的方式把第五个问题推广到抛物线和双曲线,在此本应也作同样的推广,但由于这个问题的重要性以及在以后的应用,我将用特殊的方法加以证明。

命题 12 　 问题 7

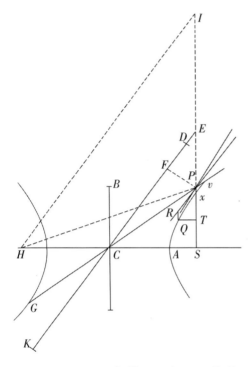

设一物体沿双曲线运动，求指向该图形焦点的向心力的定律。

令 CA、CB 为双曲线的半轴，PG、KD 是不同的共轭直径，PF 是共轭直径 KD 的垂线，Qv 是相对于共轭直径 GP 的纵坐标。作 SP 与直径 DK 相交于 E，与纵坐标 Qv 相交于 x，画出 $\square QRPx$，显然 EP 等于半横轴 AC，因为由双曲线另一焦点 H 作直线 HI 平行于 EC，由于 CS、CH 相等，ES、EI 也将相等，所以 EP 是 PS 与 PI 的差的一半，即（因为 IH 与 PR 平行，$\angle IPR$、$\angle HPZ$ 相等）PS 与 PH 差的一半，这个差等于轴长 $2AC$，作 QT 垂直于 SP，令 L 等于双曲线的通径 $\left(即等于\dfrac{2BC^2}{AC}\right)$，即得到 $L \cdot QR : L \cdot Pv = QR : Pv = Px : Pv = PE : PC = AC : PC$ 和 $L \cdot Pv : Gt \cdot Pv = L : Gv$，以及 $Gv : Pv : Qv^2 = PC^2 : CD^2$。由引理 7 推论 II，当 P 与 Q 重合时，$Qx^2 : QT^2 = Qv^2$，而且，$Qx^2 : QT^2$ 或 $Qv^2 : QT^2 = EP^2 : PF^2 = CA^2 : PF^2$，由引理 12，等于 $CD^2 : CB^2$。四个等式中对应项乘到一起，化简：$L \cdot QR : QT^2 = AC \cdot L \cdot PC^2 \cdot CD^2 : PC \cdot Cv \cdot CD^2 \cdot CB^2 = 2PC : Cv$，在此 $AC \cdot L = 2BC^2$，但点 P 与 Q 重合时，$2PC$ 与 Cv 相等，所以量 $L \cdot QR$ 与 QT^2 正比于它们，而且相等，等式两边同乘 $\dfrac{SP^2}{QR}$，得到 $L \cdot SP^2$ 等于 $\dfrac{SP^2 \cdot QT^2}{QR}$，所以（由命题 6 推论 I 和推论 V）向心力反比于 $L \cdot SP^2$，即

反比于距离 SP 的平方。 证毕。

另一种解法

求出指向双曲线中心 C 的力，它正比于距离 CP，然而由此(由命题 7 推论Ⅲ)指向焦点 S 的力将正比于 $\dfrac{PE^3}{SP^2}$，即，由于 PE 是常数，正比于 SP^2 的倒数。 证毕。

用相同方法可以证明，当物体的向心力变为离心力时，将沿共轭双曲线运动。

引理 13

隶属于抛物线任何顶点的通径是该顶点到图形焦点距离的 4 倍。

已在论圆锥曲线内容中加以证明。

引理 14

由抛物线焦点到其切线的垂线，是焦点到切点的距离与其到顶点距离的比例中项。

令 AP 为抛物线，S 是其焦点，A 是顶点，P 是切点，PO 是主轴上的纵坐标，切线 PM 与主轴相交于 M 点，SN 是由焦点到切点的垂线：连接 AN，因为直线 MS 等于 SP，MN 等于 NP，MA 等于 AO，直线 AN 与 OP 相平行，因而 $\triangle SAN$ 在 A 的角是直角，并与相等的 $\triangle SNM$、$\triangle SNP$ 相似，所以 PS 比 SN 等于 SN 比 SA。 证毕。

推论Ⅰ. PS^2 比 SN^2 等于 PS 比 SA。

推论Ⅱ. 因为 SA 是常数，所以 SN^2 正比于 PS 变化。

推论Ⅲ. 任意切线 PM，与由焦点到切线的垂线 SN 的交点，必落在抛物线顶点的切线 AN 上。

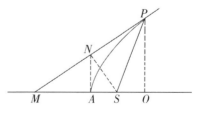

命题 13　问题 8

如果物体沿抛物线运动，求指向该图形焦点的向心力的定律。

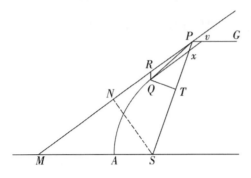

保留上述引理的图，令 P 为沿抛物线运动的物体，Q 为物体即将到达点，作 QR 平行于 SP，QT 垂直于 SP，再作 Qv 平行于切线，与直径 PG 交于 v，与距离 SP 交于 x。因为 $\triangle Pxv$、$\triangle SPM$ 相似，SP 与 SM 是同一三角形的相等边，另一三角形的边 Px 或 QR 与 Pv 也相等，但（因为是圆锥曲线）纵坐标 Qv 的平方等于由通径与直径小段 Pv 组成的矩形，即（由引理 13）等于矩形 $4PS \cdot Pv$ 或 $4PS \cdot QR$；当点 P 与 Q 重合时，（由引理 7 推论 II）$Qx = Qv$。所以，在这种情形下，Qx^2 等于矩形 $4PS \cdot QR$。但（因为 $\triangle QxT$ 与 $\triangle SPN$ 相似），

$$Qx^2 : QT^2 = PS^2 : SN^2 = PS : SA$$

$$= 4PS \cdot QR : 4SA \cdot QR，（由引理 14 推论 I）$$

所以，（由欧几里得《几何原本》第五卷命题 9）$QT^2 = 4SA \cdot QR$。该等式两边同乘 $\dfrac{SP^2}{QR}$，则 $\dfrac{SP^2 \cdot QT^2}{QR}$ 将等于 $SP^2 \cdot 4SA$。所以，（由命题 6 推论 I 和 V）向心力反比于 $SP^2 \cdot 4SA$，即（由于 $4SA$ 是常数）反比于距离 SP 的平方。　　　　　　　　　　　　　　　　　　　　证毕。

推论 I. 由上述三个命题可知，如果任意物体 P 在处所 P 以任意速度沿任意直线 PR 运动，同时受到一个反比于由该处所到其中心的距离的向心力的作用，则物体将沿圆锥曲线中的一种运动，曲线的焦点就是力的中心；反之亦然，因为焦点、切点和切线已知，圆锥曲线便决定了，切点的曲率也就给定了，而曲率决定于向心力和给定的物体速度。相同的向心力和相同的速度不可能给出两条相切的轨道。

推论Ⅱ. 如果物体在处所 P 的速度这样给定，使得在无限小的时间间隔里通过小线段 PR，而向心力在相同时间里使物体通过空间 QR，则物体沿圆锥曲线中的一条运动，其通径在小线段 PR、QR 无限减小的极限状态下为 $\dfrac{QT^2}{QR}$。在这两个推论中，我把圆周当作椭圆，并排除了物体沿直线到达中心的可能性。

命题 14　定理 6

如果不同物体环绕公共中心运行，向心力都反比于其到该中心距离的平方，则其轨道的通径正比于物体到中心的半径在同一时间里所掠过的面积的平方。

因为(由命题 13 推论Ⅱ)通径 L 在点 P 与 Q 重合的极限状态下等于量 $\dfrac{QT^2}{QR}$。但小线段 QR 在给定时间里正比于产生它的向心力，即(由假定条件)反比于 SP^2。所以 $\dfrac{QT^2}{QR}$ 正比于 $QT^2 \cdot SP^2$，即通径 L 正比于面积 $QT \cdot SP$ 的平方。　　　　证毕。

推论. 因此，正比于由其轴长组成的矩形的整个椭圆的面积，正比于其通径的平方根与周期的乘积。因为整个椭圆面积正比于给定时间里掠过的面积 $QT \cdot SP$ 乘以周期。

命题 15　定理 7

在相同条件下，椭圆运动的周期正比于其长轴的 $\dfrac{3}{2}$ 次方(**in ratione sesquiplicata**)。

因为短轴是长轴与通径的比例中项，因此长、短轴的乘积等于通径的平方根与长轴的 $\dfrac{3}{2}$ 次方的乘积。但两轴的乘积(由命题 14 推论)正比于通径的平方根与周期的乘积，双边同除以通径的平方根，即得到长轴的 $\frac{3}{2}$ 次方正比于周期。 证毕。

推论. 椭圆运动的周期与直径等于椭圆长轴的圆周运动的周期相等。

命题 16 定理 8

在相同条件下，通过物体作轨道切线，再由公共焦点作切线的垂线，则物体的速度反比于该垂线而正比于通径的平方根变化。

由焦点 S 作直线 SY 垂直于切线 PR，则物体 P 的速度反比于量 $\frac{SY^2}{L}$ 的平方根变化。因为速度正比于给定时间间隔内掠过的长度无限小的弧 $\overset{\frown}{PQ}$，即（由引理 7）正比于切线 PR，也就是（因为有比例式 $PR : QT = SP : SY$）正比于 $\frac{SP \cdot QT}{SY}$，或反比于 SY，正比于 $SP \cdot QT$，而 $SP \cdot QT$ 是给定时间里掠过的面积，也就是（由命题 14）正比于通径的平方根。 证毕。

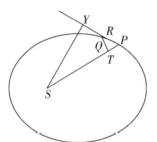

推论 I. 通径正比于垂线的平方以及速度的平方变化。

推论 II. 在距焦点最大和最小距离处，物体的速度反比于该距离而正比于通径的平方根，因为那些垂线此时就是距离。

推论 III. 在距焦点最远或最近时，沿圆锥曲线的运动速度与沿以相同距离为半径的圆周的运动速度的比，等于通径的平方根与该距离 2 倍的平方根的比。

推论 IV. 沿椭圆做环绕运动的物体，在其与公共焦点的平均距离上，其速度与以相同距离做圆周运动的物体的速度相同，即（由命题 4 推论 VI）反比于该距离的平方。因为此时垂线就是半短轴，也是该距离与通径的比例中项。令（诸半短轴的）比值的倒数乘以诸通径的平方根的比，即得到距离比值倒数的平方根。

推论 V. 在同一图形，或甚至在不同图形中，诸通径是相等的，而物体的速度反比于由焦点到切线的垂线。

推论Ⅵ. 在抛物线上，速度反比于物体到图形的焦点距离变化率的平方根，相对于该变化率，椭圆速度变化较大，而双曲线变化较小，因为（由引理14推论Ⅱ）由焦点到抛物线切线的垂线正比于距离的平方根。双曲线垂线变化较小，而椭圆的变化较大。

推论Ⅶ. 在抛物线中，到焦点为任意距离的物体的速度，与以相同距离沿圆周做环绕运动的物体速度的比，等于数字2的平方根比1。对于椭圆该值较小，而双曲线较大。因为（由本命题推论Ⅱ）在抛物线顶点该速度适于这个比值，而（由本命题推论Ⅳ和命题4）在同一距离上都满足该比值。所以，对于抛物线，物体在其上各处的速度也等于沿以其距离的一半做圆周运动的速度。对于椭圆速度较小，而对于双曲线该速度较大。

推论Ⅷ. 沿任何一种圆锥曲线运动的物体，其速度与以其通径的一半做圆周运动物体的速度的比，等于该距离与由焦点到曲线的切线的垂线的比，这可由推论Ⅴ得证。

推论Ⅸ. 因而，由于（由命题4推论Ⅵ）沿这种圆周运动的物体的速度与沿另一任意圆周运动的另一物体的速度比，反比于它们距离之比的平方根，所以，类似地，沿圆锥曲线运动物体的速度与沿以相同距离做圆周运动物体速度的比，是该共同距离以及圆锥曲线通径的一半，与由公共焦点到曲线切线的垂线的比的比例中项。

命题17　问题9

设向心力反比于物体处所到中心的距离的平方，该力的绝对值已知，求物体由给定处所以给定速度沿给定直线方向运动的路径。

令向心力指向点 S，使得物体 p 沿任意给定轨道 pq 运动；设该物体在处所 p 的速度已知。然后，设物体 P 由处所 P 以给定速度沿直线 PR 的方向运动，但由于向心力的作用它立即偏离直线进入圆锥曲线 PQ，这样，直线 PR 将与曲线在 P 点相切。类似地，设直线 pr 与轨道 pq 于 p 点相切。如果设想一垂线由 S 落向切线，则圆锥曲线的通径（由命题16推论

Ⅰ)与该轨道通径之比,等于它
们的垂线之比的平方与速度之
比的平方的乘积,因而是给定
的。令该通径为 L,圆锥曲线的
焦点 S 也已给定。令 $\angle RPH$ 为
$\angle RPS$ 的补角,另一个焦点位
于其上的直线 PH 位置已定,

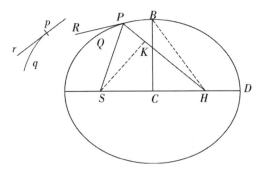

作 SK 垂直于 PH,并作共轭半轴 BC,即得到

$$Sp^2 - 2PH \cdot PK + PH^2 = SH^2 = 4CH^2 = 4(BH^2 - BC^2) =$$
$$(SP + PH)^2 - L(SP + PH) = SP^2 + 2PS \cdot PH + PH^2 - L(SP + PH),$$

两边同加

$$2PK \cdot PH - SP^2 - PH^2 + L(SP + PH),$$

即有

$$L(SP + PH) = 2PS \cdot PH + 2PK \cdot PH,\text{或者}$$
$$(SP + PH) : PH = 2(SP + KP) : L。$$

因此 PH 的长度和方向都已确定。即在 P 处物体的速度如果使得通径 L 小
于 $2SP + 2KP$,则 PH 将与直线 SP 位于切线 PR 的同一侧;所以图形将
是椭圆,其焦点 S、H 以及主轴 $SP + PH$ 都已确定,但如果物体速度较
大,使得通径 L 等于 $2SP + 2KD$,则 PH 的长度为无限大,所以图形变为
抛物线,其轴 SH 平行于直线 PK,因而也得到确定。如果物体在处所 P
的速度更大,直线 PH 处于切线的另一侧,使得切线自两个焦点中间穿
过,图形将变为双曲线,其主轴等于线段 SP 与 PH 的差,也是确定的。
因为在这些情形中,如果物体所沿圆锥曲线确定了,命题11、12、13已证
明,向心力将反比于物体到力的中心的距离的平方,所以我们就能正确地
得出物体在该力作用下自给定处所 P 以给定速度沿给定直线方向运动所画
出的曲线。   证毕。

推论Ⅰ. 因此,在每一种圆锥曲线中,由顶点 D、通径 L 和给定的焦
点 S,便可以通过令 DH 比 DS 等于通径比通径与 $4DS$ 的差来求得另一个

焦点 H，因此比例式

$$SP+PH : PH = 2SP+2KP : L,$$

在本推论情形中变为

$$DS+DH : DH = 4DS : L,$$

以及 $\qquad DS : DH = (4DS-L) : L。$

推论Ⅱ. 所以，如果物体在顶点的速度已知，则其轨道就可以求出。即令其通径与 2 倍距离 DS 的比，等于该给定速度与物体以距离 DS 做圆周运动的速度的比的平方（由命题 16 推论Ⅲ），再令 DH 比 DS 等于通径比通径与 $4DS$ 的差。

推论Ⅲ. 如果物体沿任意圆锥曲线运动，并遭某种推斥作用被逐出其轨道，它以后运动所循的新轨道也可以求出。因为把物体原先的正常运动与单由推斥作用产生的运动加以合成，就可得到物体在被逐出点受给定直线方向的推斥作用后产生的运动。

推论Ⅳ. 如果该物体连续受到某外力作用的骚扰，则可以通过采集该外力在某些点造成的变化，类推出它在整个序列中的影响，估计它在各点之间的连续作用，近似求出物体的运动。

附　注

如果物体 P 受指向任意点 R 的向心力作用，沿以 C 为中心的任意圆锥曲线运动，并满足向心力定律；作 CG 平行于半径 RP，与轨道切线相交于 G 点，则物体受到的力（由命题 10 推论Ⅰ和附注，以及命题 7 推论Ⅲ）为 $\dfrac{CG^3}{RP^2}$。

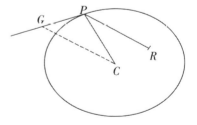

第四章 由已知焦点求椭圆、抛物线和双曲线轨道

引理 15

如果由椭圆或双曲线的两个焦点 **S**、**H** 作直线 **SV**、**HV** 相交于任意第三个点 **V**，使 **HV** 等于图形的主轴，即等于焦点所在轴，而另一条直线 **SV** 被其上的垂线 **TR** 在 **T** 点等分，则该垂线 **TR** 将在某处与该圆锥曲线相切；或者反之，如果它们相切，则 **HV** 必等于图形的主轴。

因为，如果必要的话，可使垂线 **TR** 与 **HV** 相交于 **R**，连接 **SR**。由于 **TS** 与 **TV** 相等，所以直线 **SR** 与 **VR**，以及∠**TRS** 与∠**TRV** 均相等，因而点 **R** 在圆锥曲线上，**TR** 将与它在同一点相切；反之亦然。 证毕。

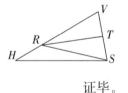

命题 18 问题 10

由已知的一个焦点和主轴作出椭圆或双曲线，使之通过给定点并与给定直线相切。

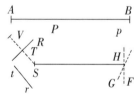

令 **S** 为图形的公共焦点；**AB** 为任意圆锥曲线的主轴长度；**P** 为圆锥曲线所应通过的点，**TR** 为它应与之相切的直线。以 **P** 为中心，**AB－SP** 为半径，如果轨道是椭圆的话，或者以 **AB＋SP** 为半径，如果轨道是双曲线的话，作圆周 **HG**。在切线 **TR** 上作垂线 **ST** 并延长到 **V** 使 **TV** 等于 **ST**。再以 **V** 为圆心以 **AB** 为半径作圆周 **FH**。以此方法，无论是已知两点 **P** 与 **p**，或两条切线 **TR** 与 **tr**，或一点 **P** 与一条切线 **TR**，都可以作两个圆周。令 **H** 为其公共交点。以 **S**、**H** 为焦点，由已知主轴作圆锥曲线，问题即得解。因为（椭圆时 **PH＋SP**，双曲线时 **PH－SP** 均等于主轴）所作圆锥曲线将通过点 **P**，且（由引理 15）与直线 **TR** 相

切，由相同方法可使它通过两点 P 和 p，或与两条直线 TR 和 tr 相切。

证毕。

命题 19　问题 11

由一个已知焦点作抛物线，使之通过已知点并与已知直线相切。

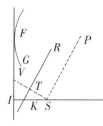

令 S 为焦点，P 为给定点，TR 为已知直线。以 P 为圆心，PS 为半径作圆周 FG，由焦点 S 作切线的垂线 ST，并延长到 V 点，使 TV 等于 ST。用相同方法可作另一个圆 fg，如果已知另一个点 p；或求出另一个点 v，如果另一条直线 tr 已知；再作直线 IF，在已知两点 P 与 p 时，可使它与两圆相切；或两切线 TR 与 tr 已知时，使之通过两点 V 与 v；或已知点 P 与切线 TR 时，使之与圆 FG 相切并通过点 V，在 FI 上作垂线 SI，K 为其中点，以 SK 为主轴，K 为顶点作出抛物线，问题即得到解决。因为该抛物线（SK 等于 IK，SP 等于 FP）将通过点 P，而且（由引理 14 推论 Ⅲ）因为 ST 等于 TV，而 $\angle STR$ 是直角，它将与直线 TR 相切。

证毕。

命题 20　问题 12

由一个已知焦点，作出通过已知点并与已知直线相切的圆锥曲线。

情形 1：由已知焦点求圆锥曲线 ABC，使之通过两点 B、C。因为圆锥曲线类型已知，其主轴与焦点距离的比值也已知，取 KB 比 BC 以及 LC 比 CS 等于该值，以 B、C 为圆心，BK、CL 为半径作两个圆，并在与它们相切于 K 和 L 的直线 KL 上

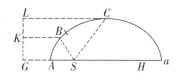

作垂线 SG；在 SG 上截取两点 A 与 a，使 GA 比 AS，以及 Ga 比 aS 等于 KB 比 BS；再以 Aa 为轴，A 与 a 为顶点作出圆锥曲线，问题得解。因为令 H 为所画图形的另一个焦点，由于 $GA : AS = Ga : aS$，即有 $(Ga - GA) : (aS - AS) = GA : AS$，或者 $Aa : SH = GA : AS$，所以 GA 与 AS 的比等

于所画图形的主轴与焦距的比，因此，所作图形正是所要求的类型。而且，由于 $KB:BS=LC:CS$，该图形将通过点 B、C，这正是圆锥曲线所要求的。

情形 2：由焦点 S 作圆锥曲线，使之与两条直线 TR、tr 相切。过该焦点作这些切线的垂线 ST、St，并分别延长到 V、v，使 TV、tv 分别等于 TS、tS，在 O 点等分 Vv，并作其不定垂线 OH，并与直线 VS 延长线相交，在 VS 线上截取 K、R，使 VK 比 KS 和 VR 比 RS 等于要画的圆锥曲线的主轴与其焦距的比，以 Kk 为直径作圆与 OH 相交于 H。以 S、H 为焦点、VH 为主轴作圆锥曲线，问题得解。因为在 X 等分 Kk，连接 HX、HS、HV、Hv，由于 VK 比 KS 等于 Vk 比 kS，因而求和等于 $VK+Kk$ 比 $KS+kS$，求

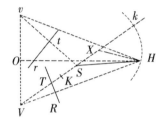

差等于 $Vk-VK$ 比 $kS-KS$，即等于 $2VX$ 比 $2KX$ 以及 $2KX$ 比 $2SX$，所以等于 VX 比 HX 以及 HX 比 SX，而 $\triangle VXH$、$\triangle HXS$ 相似，所以 VH 比 SH 等于 VX 比 XH，等于 VK 比 KS，因此所画圆锥曲线的主轴 VH 与其焦距 SH 的比，等于所要求的圆锥曲线的主轴与焦距的比，所以它们类型相同。而且由于 VH、vH 等于主轴，VS、vS 被直线 TR、tr 垂直等分，显然（由引理 15）它们与所画曲线相切。　　证毕。

情形 3：由焦点 S 作圆锥曲线，使之在给定点 R 与直线 TR 相切。在直线 TR 上作垂线 ST，延长到 V 使 TV 等于 ST，连接 VR，并在直线 VS

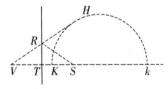

延长线上截取 K、k 两点，使 VK 比 SK 和 VK 比 Sk 等于要画的椭圆主轴比其焦距；以 Kk 为直径作圆周与直线 VR 相交于 H 点，再以 S、H 为焦点、VH 为主轴作圆锥曲线，问题得解。因为 $VH:SH=VK:SK$，因此等于所要画的圆锥曲线的主轴比其焦距（我已在情形 2 中证明）；因此所画曲线与所要画的曲线类型相同，而由圆锥曲线特性知，直线 TR 等分 $\angle VRS$，与曲线在点 R 相切。　证毕。

情形 4：由焦点 S 作圆锥曲线 APB 使之与直线 TR 相切，并通过切线

外任一已知点 P，并与以 S、h 为焦点，以 ab 为主轴的圆锥曲线 apb 相似。在切线 TR 上作垂线 ST，延长至 V 点使 TV 等于 ST；作 $\angle hsq$、

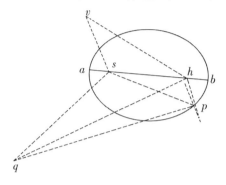

$\angle shq$ 等于 $\angle VSP$、SVP，以 q 为圆心，以其与 ab 的比等于 SP 与 VS 的比的长度为半径作圆周与图形 apb 交于 P 点。连接 SP，作 SH 使 SH 比 sh 等于 SP 比 sp，并使 $\angle PSH$ 等于 $\angle psh$，$\angle VSH$ 等于 $\angle psq$。然后再以 S、H 为焦点，AB 等于距离 VH 为主

轴作圆锥曲线，问题得解。因为如果作 sv 使 sv 比 sp 等于 sh 比 sq，$\angle vsp$ 等于 $\angle hsq$，则 $\angle vsh$ 等于 $\angle psq$，$\triangle svh$ 与 $\triangle spq$ 相似，所以 vh 比 pq 等于 sh 比 sq，即（因为 $\triangle VSP$、$\triangle hsq$ 相似）等于 VS 比 SP，或等于 ab 比 pq。所以 vh 等于 ab，但由于 $\triangle VSH$、$\triangle vsh$ 相似，VH 比 SH 等于 vh 比 sh，即所画曲线的主轴与焦距的比等于主轴 ab 与焦距 sh 的比，所以所画图形与图形 apb 相似，而由于 $\triangle PSH$ 相似于 $\triangle psh$，该图形通过点 P；又由于 VH 等于其主轴，VS 垂直于直线 TR 且被 TR 等分，因而该图形与直线 TR 相切。

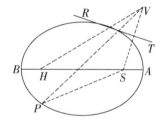

证毕。

引理 16

由三个已知点向第四个未知点作三条直线，使其差或为已知，或为零。

情形 1：令已知点为 A、B、C，而 Z 是第四个要找出的点；由于直线 AZ、BZ 的差是给定的，所以点 Z 的轨迹将是双曲线，其焦点是 A 和 B，主轴是给定的差。令该主轴为 MN，取 PM 比 MA 等于 MN 比 AB，作 PR 垂直 AB，并作 PR 的垂线 ZR；则由双曲线特性知，$ZR : AZ = MN : AB$。由类似的理由，点 Z 的轨迹是另一条双曲线，其焦点是 A、C，主轴

是 AZ 与 CZ 的差。作 QS 垂直于 AC，对 QS 而言，如果由双曲线上任意一点 Z 作垂线 ZS，则 ZS 比 AZ 等于 AZ 与 CZ 的差比 AC。所以，ZR 与 ZS 对 AZ 的比值是已知的，因而 ZR 比 ZS 的值也是已知的。所以，如果直线 PR、SQ 相交于 T，作 TZ 和 TA，则图形 $TRZS$ 类型已知，而点 Z 位于其上的直线 TZ 位置也就给定。而直线 TA 与 $\angle ATZ$ 也将给定；因为 AZ 与 TZ 比 ZS 的值已给定，它们之间的比也就给定；类似地，$\triangle ATZ$ 也可给定，其顶点是点 Z。 证毕。

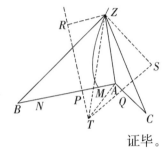

情形 2：如果这三条直线中的两条，如 AZ 和 BZ，是相等的，作直线 TZ 平分直线 AB，再用与上述相同方法找出 $\triangle ATZ$。 证毕。

情形 3：如果三条直线均相等，点 Z 将位于通过点 A、B、C 的圆周的圆心上。 证毕。

本引理中的问题在维埃特[①]收编的(佩尔吉的)阿波罗尼奥斯[②]《论切触》(*Book of Tactions*)中作了类似解决。

命题 21 问题 13

由一个已知焦点作圆锥曲线使之通过已知点并与已知直线相切。

设焦点 S、点 P 和切线 TR 均给定，求另一焦点 H。在切线 TR 上作垂线 ST 并延长到 Y，使 TY 等于 ST，则 YH 等于主轴，连接 SP、HP，则 SP 将是 HP 与主轴的差。用此方法，如果已知更多的切线 TR，或已知更多的点 P，总可以确定由所说的点 Y 或 P 到焦点 H 的同样多的直线 YH 或 PH，确定它们中哪一个等于主轴，哪一个是主轴与

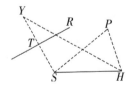

---

① Vieta，1504—1603，法国数学家，法文作 François Viète，他在历史上第一个引入系统的代数符号，并对方程论做了改进。

② Apollonius，约公元前 262—前 190，古希腊数学家，是古代科学巨著《论圆锥曲线》的作者。

已知长度 SP 的差;所以,也就知道它们中哪些是相等的,或具有给定的差,因此(由前述引理),另一个焦点 H 也就知道了,而已知焦点和轴长(或是 YH,或者当为椭圆时,为 $PH+SP$;或者,当为双曲线时,为 $PH-SP$)时,圆锥曲线给定。   证毕。

附　注

当圆锥曲线是双曲线时,上述讨论中不包括共轭双曲线,因为物体沿一条双曲线连续运动时不可能跳跃到它的共轭双曲线轨道上。

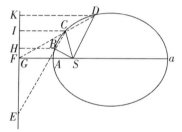

已知三点的情形,可作更简捷的解决,令 B、C、D 为已知点,连接 BC、CD,并分别延长到 E、F,使 EB 比 EC 等于 SB 比 SC,而 FC 比 FD 等于 SC 比 SD。在 EF 上作垂线 SG、BH,并将 SG 延长至 a,使 GA 比 AS 以及 Ga 比 aS 等于 HB 比 BS;则 A 为顶点,而 Aa 为曲线主轴,并由 GA 大于、等于或小于 AS 决定是椭圆、抛物线或双曲线。在前一情形中点 a 与点 A 同样落于直线 GF 的同侧;第二种情形里点 a 位于无限远处;第三种情形点 a 位于直线 GF 另一侧。因为如果在 GF 上作垂线 CI、DK,则 IC 比 HB 等于 EC 比 EB,即等于 SC 比 SB;作置换调整,IC 比 SC 等于 Hb 比 SB,或等于 EC 比 SA。由类似理由可以证明,KD 与 SD 的比值也为同一比率。所以,点 B、C、D 位于以 S 为焦点的圆锥曲线上,并使得由焦点 S 到曲线上各点的直线,与由同一点到直线 GF 的垂线的比为已知值。

杰出的几何学家德拉希尔[①]曾在他的著作《圆锥曲线》(Conics)第八卷命题 25 中以几乎相同的方法解决了这一问题。

---

① P. de la Hire,1640—1718,法国画家、数学家和天文学家。射影几何和解析几何的先驱者之一,其《圆锥曲线》一书发表于 1685 年。

第五章　焦点未知时怎样求轨道

引理 17

如果由已知圆锥曲线上任一点 **P** 向其任意内接四边形 **ABDC** 的四个边 **AB**、**CD**、**AC**、**DB** 以已知夹角作同样多的直线 **PQ**、**PR**、**PS**、**PT**，每边对应一条直线，则由位于相对边 **AB**、**CD** 上的矩形 **PQ · PR** 与位于另两相对边 **AC**、**BD** 上的矩形 **PS · PT** 的比是给定的。

情形 1：首先设画向一对对边的直线分别与另两边平行，即 PQ 和 PR 与 AC 边，PS 和 PT 与 AB 边相平行，而另一对对边，如 AC 与 BD 也相互平行，则等分这些平行边的直线是圆锥曲线的一条直径，而且同样等分 RQ。令 O 为 RQ 的等分点，PO 即为该直径上的纵坐标。延长 PO 到 K，使 OK 等于 PO，则 OK 为该直径在另一侧的纵坐标，因为点 A、B、P 和 K 都在圆锥曲线上，而 PK 以已知角与 AB 相交，则（由阿波罗尼

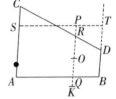

奥斯的《论圆锥曲线》(Conics)第三卷，命题 17、命题 19、命题 21 和命题 23）矩形 $PQ · QK$ 与矩形 $AQ · QB$ 的比为给定值，但 QK 与 PR 相等，是相等直线 OK、OP 与 OQ、QR 的差，所以矩形 $PQ · QK$ 与 $PQ · PR$ 相等，因此矩形 $PQ · PR$ 与矩形 $AQ · QB$ 的比，即与矩形 $PS · PT$ 的比，是给定的。　　　　　　　　　　　　　　　　　证毕。

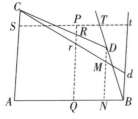

情形 2：再设四边形相对边 AC 与 BD 不平行，作 Bd 平行于 AC，与圆锥曲线相交于 d，与直线 ST 相交于 t。连接 Cd 与 PQ 交于 r，作 DM 平行于 PQ，与 Cd 交于 M，与 AB 交于 N，则（因为 $\triangle BTt$ 与 $\triangle DBN$ 相似）$Bt : Tt$ 或 $PQ : Tt = DN :$

NB。同样 $Rr：AQ$ 或 $Rr：PS=DM：AN$。所以，前项乘以前项，后项乘以后项，则矩形 $PQ·Rr$ 比矩形 $PS·Tr$ 等于矩形 $DN·DM$ 比矩形 $NA·NB$；同样（由情形 1）运用除法，则矩形 $PQ·Pr$ 比矩形 $PS·Pt$ 等于矩形 $PQ·PR$ 比 $PS·PT$。   证毕。

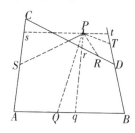

情形 3： 最后设四条线 PQ、PR、PS、PT 不平行于边 AC、AB，而是任意相交的。作 Pq、Pr 平行于 AC，Ps、Pt 平行于 AB。因为 $\triangle PQq$、$\triangle PRr$、$\triangle PSs$、$\triangle PTt$ 的角是给定的，则 PQ 比 Pq、PR 比 Pr、PS 比 Ps、PT 比 Pt 的值也是给定的，所以复合比 $PQ·PR$ 比 $Pq·Pr$ 以及 $PS·PT$ 比 $Ps·Pt$ 是给定的，但由前面已证明的，$Pq·Pr$ 比 $Ps·Pt$ 为已知，所以 $PO·PR$ 比 $PS·PT$ 也为已知。   证毕。

引理 18

在相同条件下，如果作向四边形两条对边的直线的乘积 **$PQ·PR$** 比作向另两条对边的直线的乘积 **$PS·PT$** 的值为已知，则点 **P** 位于围成该四边形的圆锥曲线上。

设圆锥曲线通过点 A、B、C、D，以及无限多个点 P 中的一个，例如 p，则点 P 总是位于该曲线之上。如果否认这一点，连接 AP 与该圆锥曲线相交于 P 以外的一点，比如 b。所以，如果由点 P 和 b 以给定角度向四边形的边作直线 pq、pr、ps、pt 和 bk、bn、bf、bd，则（由引理 17）

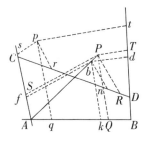

$bk·bn$ 比 $bf·bd$ 等于 $pq·pr$ 比 $ps·pt$，而且等于（由假定条件）$PQ·PR$ 比 $PS·PT$。因为四边形 $bkAf$、$PQAS$ 相似，所以 bk 比 bf 等于 PO 比 PS。将此比例式对应项除前一比例式，得到 bn 比 bd 等于 PR 比 PT。所以，等角四边形 $Dnbd$ 与 $DRPT$ 相似，它们的对角线 Db、DP 重合，b 落在直线 AP 与 DP 的交点上，因而与点 P 重合。所以，不论如何

选取 P，它总落在给定的圆锥曲线上。   证毕。

推论. 如果由公共点 P 向三条已知直线 AB、CD、AC 作同样多的直线 PQ、PR、PS，并一一对应，而且相应夹角也是已知的，其中任意两条的乘积 $PQ \cdot PR$ 与第三条 PS 的平方的比也是已知的，则引出直线的点 P 将位于与直线 AB、CD 相切于 A 和 C 的圆锥曲线上。反之亦然，因为三条直线 AB、CD、AC 的位置不变，令直线 BD 向 AC 趋近并与之重合，同样再令直线 PT 与 PS 重合，则乘积 $PT \cdot PS$ 变为 PS^2，原先与曲线相交于点 A、B、C、D 的直线 AB、CD 不再与之相交，而只是相切于曲线上相重合的点。

附 注

本引理中，圆锥曲线的概念应作广义理解，经过锥体顶点的直线截面与平行于锥体底面的圆周截面都包括在内。因为如果点 P 处在连接 A 与 D 或 C 与 B 点的直线上，圆锥曲线就变成两条直线，其中一条就是点 P 所在

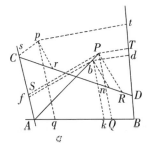

的直线，另一条连接着四个点中的另外两个。如果四边形的相对角合起来等于两个直角，四条直线 PQ、PR、PS、PT 因而以直角或其他相等角引向四条边，而且矩形 $PQ \cdot PR$ 等于矩形 $PS \cdot PT$，则圆锥曲线变为圆。如果四条直线以任意角度画成，乘积 $PQ \cdot PR$ 比乘积 $PS \cdot PT$ 等于后两条直线 PS、PT 与其对应边夹角 S、T 的正弦的乘积比前两条直线 PQ、PR 与其对应边夹角 Q、R 的正弦的乘积，则圆锥曲线也是圆。在所有其他情形中，点 P 的轨迹是通常称之为圆锥曲线的三种曲线中的一种。也可以不用四边形 $ABCD$，而代之以一种对边像对角线那样交叉的四边形。四个点 A、B、C、D 中的一个或两个也可以移到无限远距离处，这意味着四边形的边收敛于该点，成为平行线，在此情形下，圆锥曲线将通过余下的点，并在同一方向上以抛物线形式伸向无限远。

引理 19

求出点 P，使由它向已知直线 AB、CD、AC、BD 以已知角度作出的同样多的——对应直线 PQ、PR、PS、PT 中的任意两条的乘积 $PQ \cdot PR$ 与另两条的乘积 $PS \cdot PT$ 的比值为给定值。

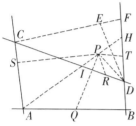

设引向已知直线 AB、CD 的两条直线 PQ、PR 包含上述乘积之一，并与另两条已知直线相交于 A、B、C、D 点，由这些点中的一个，设为 A，作任意直线 AH，使点 P 位于其上，令该直线与已知直线 BD、CD 相交于 H 和 I；而且由于图形的所有角度都是已知的，所以 PQ 比 PA，以及 PA 比 PS，进而 PQ 比 PS 都是已知的。以该比值除给定比值 $PQ \cdot PR$ 比 $PS \cdot PT$，得到比值 PR 比 PT，再乘以给定比值 PI 比 PR，和 PT 比 PH，即得到 PI 比 PH 的值，以及点 P。   证毕。

推论 I. 由此可以在点 P 的轨迹上任意一点 D 作切线。在 AH 通过点 D 处，点 P 与 D 相遇，弦 PD 变成切线。在此情形中，趋于零的线段 IP 与 PH 的比的最后值可由上述推导求出，所以作 CF 平行于 AD，与 BD 相交于 F，并以该最后比值截取 E 点，则 DE 即为所求切线；因为 CF 与趋于零的线段 IH 平行，并以相同比例在 E 和 P 截开。

推论 II. 也可以求出所有点 P 的轨迹。通过点 A、B、C、D 中的一个，设为 A 作 AE 与轨迹相切，通过另一点 B 作平行于该切线的直线 BF 与轨迹交于 F，并由本引理求出点 F。在 G 点等分 BF，作直线 AG，它就是直径所在位置，BG 与 FG 是其纵坐标，令 AG 与轨迹相交于 H，则 AH 为直径或横向通径，而通径与它的比等于 BG^2 比 $AG \cdot GH$。如果 AG 不与轨迹相交，AH

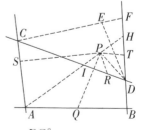

为无限，则轨迹为抛物线，其对应于直线 AG 的通径为 $\dfrac{BG^2}{AG}$；但它如果与

轨迹相交于某处，则轨迹为双曲线，此时点 A 与 H 位于点 G 的同一侧；对于椭圆，则点 G 位于点 A 与 H 之间；如果这时 ∠AGB 是直角，同时 BG^2 等于乘积 $GA \cdot GH$，则这种情形下轨迹为圆。

这样，我们在此推论中对始自欧几里得，继之阿波罗尼奥斯所研究的著名的四线问题给出解答，在此不用分析计算，而用几何作图，正是古人所要求的。

引理 20

如果任意平行四边形 **ASPQ** 的相对角的顶点 **A** 与 **P** 同圆锥曲线相遇，这两个角的一条边 **AQ**、**AS** 的延长线与圆锥曲线在 **B**、**C** 相遇，再由 **B** 和 **C** 向圆锥曲线上的第五个点 **D** 作两条直线 **BD**、**CD** 并延长，分别与平行四边形的边 **PS**、**PQ** 相交于 **T** 和 **R**，则由平行四边形边上截下的部分 **PR** 与 **PT** 的比为给定值；反之，如果截下的部分相互间有给定比值，则点 **D** 为通过点 **A**、**B**、**C**、**P** 的圆锥曲线上的点。

情形 1：连接 BP、CP，由点 D 作两条直线 DG、DE，使 DG 平行于

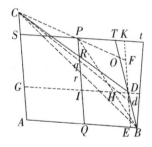

AB，并分别与 PB、PQ、CA 相交于 H、I、G；另一条直线 DE 平行于 AC，分别与 PC、PS、AB 相交于 F、K、E，则（由引理 17）乘积 DE·DF 与 DG·DH 的比为给定值。但 PQ 比 DE（或 IQ）等于 PB 比 HB，因而等于 PT 比 DH；整理得，PQ 比 PT 等于 DE 比 DH。类似地，PR 比 DF 等于 RC 比 DC，所以等于（IG 或）PS 比 DG，调整得 PR 比 PS 等于 DF 比 DG；将两组比式相乘，得到乘积 PQ·PR 比乘积 PS·PT 等于乘积 DE·DF 比乘积 DG·DH，为给定值，而 PQ 与 PS 为已知，所以 PR 与 PT 的比值也就给定。 证毕。

情形 2：如果 PR 与 PT 相互间比值给定，则由相似理由倒推回去，即得到乘积 DE·DF 比乘积 DC·DH 为给定值，因此点 D（由引理 18）位于通过点 A、B、C、P 的圆锥曲线上。 证毕。

推论 I. 如果作 BC 与 PQ 相交于 r，在 PT 上取 t，使 Pt 比 Pr 等于 PT 比 PR，则 Bt 将在 B 点与圆锥曲线相切。因为设点 D 与点 B 合并，使得弦 BD 消失，BT 即成为切线，而 CD 和 BT 将分别与 CB 和 Bt 重合。

推论 II. 反之，如果 Bt 是切线，直线 BD、CD 在曲线上任一点 D 上相遇，则 PR 比 PT 等于 pr 比 Pt。而反过来，如果 PR 比 PT 等于 Pr 比 Pt，则 BD 与 CD 相遇于曲线上某点 D。

推论 III. 一条圆锥曲线与另一条圆锥曲线的交点不可能超过四个。因为，如果这是可能的，令两条圆锥曲线通过五个点 A、B、C、P、O；令直线 BD 与两曲线分别相交于 D 和 d，直线 Cd 与直线 PQ 相交于 q。所以 PR 比 PT 等于 Pq 比 PT，因而 PR 与 Pq 相等，与命题冲突。

引理 21

如果两条能动且不确定的直线 **BM**、**CM** 通过给定点 **B**、**C** 并以其为极点，由两直线的交点 **M** 引第三条位置已知的直线 **MN**，再作另两条不确定直线 **BD**、**CD**，与前两条直线在给定点 **B**、**C** 形成给定角 **MBD**、**MCD**，则直线 **BD**、**CD** 的交点 **D** 将画出圆锥曲线并通过点 **B**、**C**。反之，如果直线 **BD**、**CD** 的交点 **D** 画出圆锥曲线并通过点 **B**、**C**、**A**，而且∠**DBM** 总是等于已知角∠**ABC**，而且∠**DCM** 总是等于给定角∠**ACB**，则点 **M** 的轨迹是一条位置已定的直线。

在直线 MN 上给定一点 N，当可动点 M 落到不动点 N 上时，令可动点 D 落到不动点 P 上。连接 CN、BN、CP、BP，由点 P 作直线 PT、PR 分别与 DB、CD 相交于 T 和 R，并使∠BPT 等于给定角∠BNM，∠CPR 等于给定角∠CNM。因为（由设定条件）∠MBD、∠NBP 相等，∠MCD、∠NCP 也相等，移去公共角∠NBD 和∠NCD，则余下的∠NBM 与∠PBT，以及∠NCM 与∠PCR 相等；所以△NBM、△PBT 相似，△NCM、△PCR 也相似。

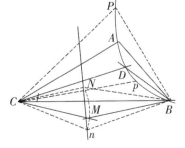

所以，PT 比 NM 等于 PB 比 NB；PR 比 NM 等于 PC 比 NC。而点 B、C、N、P 是不可移动的，所以 PT 和 PR 与 NM 的比是给定的，因而这两个比之间也有给定比值；所以，（由引理 20）点 D 随可动直线 BT 和 CR 连续运动，处于通过点 B、C、P 的圆锥曲线上。 证毕。

反之，如果可动点处于通过点 B、C、A 的圆锥曲线上，$\triangle DBM$ 总是等于给定角 $\angle ABC$，$\angle DCM$ 总是等于给定角 $\angle ACB$，当点 D 相继落到圆

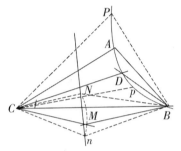

锥曲线上任意两个不动点 p、P 上时，可动点 M 也相继落入不动点 n、N。通过点 n、N 作直线 nN，则该直线 nN 为点 M 的连续轨迹。因为，如果可能的话，令点 M 位于任意曲线上，因而点 D 将处于通过五点 B、C、A、p、P 的圆锥曲线上，同时点 M 持续处于一条曲线上。但由前面所证明的，点 D 也在通过五个相同点 B、C、A、p、P 的圆锥曲线上，同时点 M 保持在一条直线上，所以两条圆锥曲线通过五个相同点，与命题 20 推论 III 相悖。所以，点 M 处于一条曲线上的假设是不合理的。 证毕。

命题 22 问题 14

作一条圆锥曲线使之通过五个给定点。

令五个给定点为 A、B、C、P、D。由它们中的任意一个，比如 A，到另外任意两点，如 B、C，它们可称之为极点，作直线 AB、AC，再通过第四个点 P 作直线 TPS、PRQ 平行于上述两直线。再由两个极点 B、C 作通过

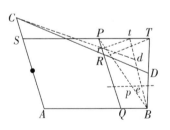

第五个点 D 的两条不确定直线 BDT、CRD，分别与上述两条直线 TPS、PRQ（前者与前者，后者与后者）相交于 T、R。再作直线 tr 平行于 TR，在直线 PT、PR 上截取正比于 PT、PR 的部分 Pt、Pr；如果通过其端点 t、r 以及极点 B、C 作直线 Bt、Cr，并相交于 d，则点 d 即在所求圆锥曲

线上,因为(由引理20)该点 d 处于通过四点 A、B、C、P 的圆锥曲线上;当线段 Rr、Tt 趋于零时,点 d 与点 D 重合,所以圆锥曲线通过五个点 A、B、C、P、D。证毕。

另一种解法

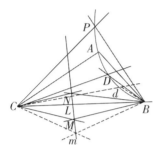

将已知点中的三个(例如 A、B、C)连接,并以其中两个点 B、C 为极点,使具有给定大小的 $\angle ABC$、$\angle ACB$ 旋转,先令边 BA、CA 移至点 D,然后移至点 P,在这两种情形中,另两个边 BL、CL 分别相交于点 M、N。作不定直线 MN,令两个可转动角绕极点 B、C 转动,由此边 BL、CL 或 BM、CM 产生的相交点设为 m,它将永远处于不定直线

MN 上;而边 BA、CA 或 BD、CD 的交点,现设为 d,将画出所需的圆锥曲线 $PADdB$,因为(由引理21)点 d 在通过点 B、C 的圆锥曲线上,当点 m 与点 L、M、N 重合时,点 d(见图)将与点 A、D、P 重合。所以,由此将画出通过五个点 A、B、C、P、D 的圆锥曲线。证毕。

推论 I. 由此容易画出一直线使之在给定点 B 与圆锥曲线相切。令点 d 与点 B 重合,则 Bd 即成为所要求的切线。

推论 II. 由此可以像在引理 19 推论中那样求出圆锥曲线的中心、直径和通径。

附　注

上述作图中的前一种可加以简化,连接 B、P,并在该直线上,如果必要的话,在其延长线上,取 Bp 比 BP 等于 PR 比 PT;通过点 p 作不定直线 pe 平行于 SPT,并使 pe 永远等于 Pr;作直线 Be、Cr 相交于 d。因为 Pr 比 Pt、PR 比 PT、pB 比 PB、pe 比 Pt 都是相同比值,pe 与 Pr 永远相等。沿用此方法圆锥曲线上的点最容易找出,除非采用第二种作图法机械地

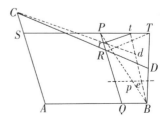

描绘曲线。

命题 23　问题 15

作圆锥曲线通过四个给定点，并与给定直线相切。

情形 1：设 HB 为已知切线，B 为切点，C、D、P 为另三个已知点。连接 BC，作 PS 平行于 BH，PQ 平行于 BC；画出平行四边形 $BSPQ$，作 BD 与 SP 相交于 T，CD 与 PQ 相交于 R。最后，作任意直

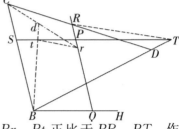

线 tr 平行于 TR，分别从 PQ、PS 分割出 Pr、Pt 正比于 PR、PT，作 Cr、Bt，它们的交点 d（由引理 20）总是落在所要画的圆锥曲线上。

另一种解法

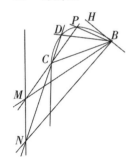

令大小给定的 $\angle CBH$ 绕极点 B 旋转，并使直线半径 DC 绕极点 C 旋转并向两边延长，角的一边 BC 与半径相交于点 M、N，同时另一边与相同半径交于点 P 和 D，再作不定直线 MN，使半径 CP 或 CD 与角的 BC 边在该直线上保持相交，则角的另一边 BH 与半径的交点将描出所需的曲线。

因为，如果在前述问题的作图中，点 A 与点 B 重合，直线 CA 与 CB 也将重合，则直线 AB 的最后位置就是切线 BH；所以，前述作图即与本问题作图相同。所以，BH 边与半径的交点所画出的圆锥曲线将通过点 C、D、P，并在 B 点与直线 BH 相切。　　　　　　　证毕。

情形 2：设已知四点 B、C、D、P 均不在切线 HI 上。由相交于 G 的直线 BD、CP 各连接两个已知点，并与切线相交于 H 和 I，在 A 分割切线，使得 HA 比 IA 等于 CG 和 GP 的比例中项与 BH 和 HD 的比例中项的乘积，再比 GD 和 GB 的比例中项与 PI 和 IC 的比例中项的乘积，则 A 就是切点。因为，如果平行于直线 PI 的 HX 与曲线相交于任意点 X 和 Y，则点 A（由圆锥曲线特性）将使得 HA^2 比 AI^2 的值等于乘积 $HX \cdot HY$ 比

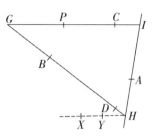

乘积 $BH \cdot HD$，或乘积 $CG \cdot GP$ 比乘积 $DG \cdot GB$；再乘以乘积 $BH \cdot HD$ 比乘积 $PI \cdot IC$。而在切点 A 找到之后，曲线即可以由情形 1 作出。

$$证毕。$$

不过点 A 既可以在点 H 与 I 之间，也可以在其外，由此可画出两种曲线。

命题 24   问题 16

画一条圆锥曲线，使它通过三个已知点，并与两条已知直线相切。

设 HI、KL 为已知切线，B、C、D 为已知点。通过已知点中的任意两个，设为 B、D，作不确定直线 BD 分别与两条切线相交于点 H、K，

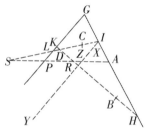

再用类似方法通过另外两点 C、D 作直线 CD 分别与两切线相交于 I、L，将所画的直线相交于 R、S，使得 HR 比 KR 等于 BH 和 HD 的比例中项比 BK 和 KD 的比例中项，IS 比 LS 等于 CI 和 ID 的比例中项比 CL 和 LD 的比例中项，不过交点在 K 和 H 以及 I 和 L 之间或之外可以随意选定。然后作 RS 与两切线相交于 A 和 P，则 A 与 P 就是切点。因为，如果在切线上任何其他位置上的 A 与 P 是切点，通过点 H、I、K、L 中的任意一个，设为任一条切线 HI 上的 I，作直线 IY 平行于另一条切线 KL，并与曲线相交于 X 和 Y，在该直线上使 IZ 等于 IX 和 IY 的比例中项，则乘积 $XI \cdot IY$ 或 IZ^2（由圆锥曲线性质）比 LP^2 将等于乘积 $CI \cdot ID$ 比乘积 $CL \cdot LD$，即（如图）等于 SI 比 SL^2。所以，$IZ : LP = SI : SL$。所以，点 S、P、Z 在同一条直线上。而且，由于两切线相交于 G，则乘积 $XI \cdot IY$ 或 IZ^2（由圆锥曲线性质）比 IA^2 等于 GP^2 比 GA^2，所以 $IZ : IA = GP : GA$，因而点 Z、P、A 在一条直线上，所以点 S、P、A 也在一条直线上，由相同理由可以证明 R、P、A 也在一条直线上。因而切点 A 与 P 在直线 RS 上。而在找到这些点后，曲线即可以画出，与前述问题第一种情形相同。   证毕。

在本命题以及前一命题情形 2 中，作图法相同，无论直线 XY 是否与曲线相交于 X、Y，相交与否与作图无关。但已证明的作图是采用该直线与曲线相交的假设的，不相交的作图也就证明了。所以，出于简捷的考虑，我省略了详细的证明。

引理 22

将图形变换为同种类的另一个图形。

设任意图形 HGI 需要加以交换。随意作两条平行线 AO、BL 与任意给定的第三条直线 AB 分别相交于 A 和 B，并由图形中任意点 G 作任意直线 GD 平行于 OA，并延长直线 AB，然后由任意直线 OA 上的给定点 O 向点 D 作直线 OD，与 BL 相交于 d；由该交点作直线 dg 与直线 BL 成任意给定夹角，并使 dg 比 Od 等于 DG 比 OD；则 g 是新图形 hgi 中对应于 G

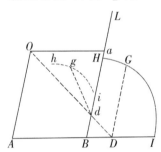

的点。由类似方法可使第一个图形中若干点给出在新图形中同样多的对应点，所以，如果设想点 G 以连续运动通过第一个图形中的所有点，则点 g 将相似地以连续运动通过新图形中所有的点，画出相同的图形。为了加以区别，我们称 DG 为原纵坐标，dg 为新纵坐标，AD为原横坐标，ad 为新横坐标，O 为极点，OD 为分割半径，OA 为原纵半径，Oa（由它使 $\square OABa$ 得以完成）为新纵半径。

如果点 G 在给定直线上，则点 g 也将在一给定直线上；如果点 G 在一圆锥曲线上，则点 g 也在一圆锥曲线上，在此，我把圆也当作圆锥曲线中的一种。而且，如果点 G 在一条三次曲线上，点 g 也将在三次曲线上，对于更高次的曲线也是如此，点 G 与 g 所在的曲线其次数总是相同。因为 $ad : OA = Od : OD = dg : DG = AB : AD$，所以 AD 等于 $\dfrac{OA \cdot AB}{ad}$，而 DG 等于 $\dfrac{OA \cdot dg}{ad}$。现在，如果点 G 在直线上，则在任何表示横坐标 AD 与纵

坐标 GD 的关系的方程中，未确定的曲线 AD 和 DG 不会高于一次；在此

方程中以 $\dfrac{OA \cdot AB}{ad}$ 代替 AD，以 $\dfrac{OA \cdot dg}{ad}$ 代替 DG，则得到的表示新横坐标

ad 和新纵坐标 dg 关系的方程也只是一次的，所以它只表示一条直线；但

如果 AD 与 DG（或它们中的一个）在原方程中升为二次方，则 ad 与 dg 在

第二个方程中也类似地升到二次方。对于三次或更高次方也是如此。ad 与

dg 在第二个方程中，以及 AD 与 DG 在原方程中所要确定的曲线其次数总

是相同的，因而点 G、g 所在曲线的解析次数总是相同的。

而且，如果任意直线与一个图形中的曲线相切，则同一直线以与曲线

相同的方式移至新图形中也与新图形中的曲线相切；反之亦然。因为，如

果原图形曲线上的任意两点相互趋近并重合，则相同的点变换到新图形中

也将相互趋近并重合，所以两个图形中那些点构成的直线将变成曲线的切

线。我本应用更几何的形式对此加以证明，但在此从简了。

所以，如果要将一个直线图形变换成另一个，只需要将原图形中包含

的直线的交点加以变换，在新图形中通过已变换的交点作直线。但如果要

变换曲线图形，则必须运用确定该曲线的方法，变换若干点、切线和其他

直线。本引理可用于解决更困难的问题，因为由此我们可以把复杂的图形

变换为较简单的。这样，把原纵坐标半径以通过收敛直线的交点的直线来

代替，可以将收敛到一点的任意直线变换为平行线，因为这样使它们的交

点落在无限远处；而平行线正是趋向于无限远处的一点的。在新图形的问

题解决之后，如果运用相反的操作把新图形变换为原图形，就会得到所需

要的解。

本引理还可用于解决立体问题。因为常需要解决两条圆锥曲线相交的

问题，它们中的任何一条，如果是双曲线或抛物线的话，都变换成椭圆，

而该椭圆又很容易变换为圆。在平面构图问题中也是如此，直线与圆锥曲

线可以变换为直线与圆。

命题 25　问题 17

作一圆锥曲线，使它通过两个已知点，并与三条已知直线相切。

通过任意两条切线的交点，以及第三条切线与通过两个已知点的直线的交点，作一条不确定直线，将此直线作为原纵坐标半径，运用前述引理把图形变换为新图形。在此图形中原先的两条切线变为相互平行，而第三条切线与通过两已知点的直线相互平行。设 hi、kl 为那两条平行的切线，ik 为第三条切线，hl 为与之相平行的通过两点 a、b 的直线，在新图形中圆锥曲线应通过两点；作 $\square hikl$，令直线 hi、ik、kl 相交于 c、d、e，并使 hc 比乘积 ahb 的平方根，ic 比 id，以及 ke 比 kd，等于直线 hi 与 ki 的和比三条直线的和，第一条是直线 ik，另两条是乘积 ahb 与 alb 的平方根；则 c、d、e 为切点。因为，由圆锥曲线的性质，

$$hc^2 : ah \cdot hb = ic^2 : id^2 = ke^2 : kd^2 = el^2 : al \cdot lb,$$

所以

$$hc : \sqrt{ah \cdot hb} = ic : id = ke : kd = el : \sqrt{al \cdot lb}$$
$$= (hc + ic + ke + el) : (\sqrt{ah \cdot hb} + id + kd + \sqrt{al \cdot lb})$$
$$= (hi + kl) : (\sqrt{ah \cdot hb} + ik + \sqrt{al \cdot lb})。$$

所以，由该给定比值可得到新图形中的切点 c、d、e。运用前一引理的相反操作，将这些点变换到原图形中，由问题 14 即可画出所需圆锥曲线。

证毕。

不过，根据点 a、b 落在点 h、l 之间，或是在它们之外，点 c、d、e 相应地也落在点 h、i、k、l 之间或之外。如果 a、b 中的一个落在点 h、l 之间，而另一个在点 h、l 之外，则问题不可能得解。

命题 26 问题 18

作一圆锥曲线，使它通过一个已知点，并与四条已知直线相切。

由任意两条切线的交点到另两条切线的交点作一条不确定直线；并以此直线为原纵坐标半径，把图形（由引理 22）变换为新图形，则两对在原纵

坐标半径中相交的切线现在变为相互平行，令 hi
和 kl、ik 和 hl 为这两对平行线，作 $\square hikl$。令 p
为新图形中对应于原图形中已知点的点。通过图
形中心 O 作 pq，使 Oq 等于 Op，q 为在新图形中
圆锥曲线必定要通过的另一个点。运用引理 22 的

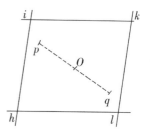

相反操作，将此点变换到原图形中，我们就得到圆锥曲线要通过的两个
点。而由命题 17，通过这两个点可以作出所要画的圆锥曲线。

引理 23

如果两条已知直线 **AC**、**BD** 以已知点 **A**、**B** 为端点，相互间有给定比
值，而连接不定点 **C**、**D** 的直线在 **K** 处以一给定比值分割，则点 **K** 在一给
定直线上。

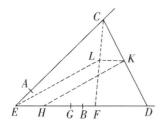

令直线 AC、BD 相交于 E，在 BE 上取 BG
比 AE 等于 BD 比 AC，令 FD 总是等于给定直
线 EG；则在图上，EC 比 GD，即 EC 比 EF 等
于 AC 比 BD，所以是给定比值，所以△EFC 形
状已知。令 CF 在 L 处分割使 CL 比 CF 等于
CK 比 CD，由于这是个已知比值，所以△EFL 形状也为已知，因而点 L
在已知直线 EL 上，连接 LK，△CLK、△CFD 相似，因为 FD 是已知直
线，LK 比 FD 为已知，所以 LK 就给定了，令 EH 等于 LK，则 $ELKH$
总是平行四边形，所以点 K 总是在该平行四边形的已知边 HK 上。 证毕。

推论. 因为图形 $EFLC$ 形状已定，三条直线 EF、EL 和 EC，也就是
GD、HK 和 EC 相互间有给定比值。

引理 24

如果三条直线与一任意圆锥曲线相切，其两条直线相互平行且位置已
知，则该圆锥曲线上与平行直线相平行的半径是由两平行线切点到它们被
第三条切线截取的线段的比例中项。

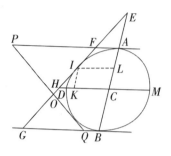

令 AF、GB 为两条平行直线，与圆锥曲线 ADB 相切于 A 和 B，EF 为第三条直线与圆锥曲线相切于 I，并与前两条切线分别相交于 F 和 G；令 CD 为图形上平行于前两条切线的半径，则 AF、CD、BG 成连续比例关系，因为，如果共轭直径 AB、DM 与切线 FG 相交于 E 和 H，二直径相交于 C，作 $\square IKCL$；由圆锥曲线性质，

$$EC : CA = CA : CL,$$

所以　　　　　　　　$(EC - CA) : (CA - CL) = EC : CA$

或者　　　　　　　　$EA : AL = EC : CA;$

所以，　　　　　　　$EA : (EA + AL) = EC : (EC + CA)$

或者　　　　　　　　$EA : EL = EC : EB。$

所以，因为 $\triangle EAF$、$\triangle ELI$、$\triangle ECH$、$\triangle EBG$ 相似，

$$AF : LI = CH : BG,$$

类似地，由圆锥曲线性质，

$$LI : CD \text{ 或 } CK : CD = CD : CH。$$

在最后两比例式中对应项相乘并化简，

$$AF : CD = CD : BG。 \qquad\qquad\qquad 证毕。$$

推论 I. 如果两切线 FG、PQ 相交于 O，且与两平行切线 AF、BG 分别相交于 F 和 G，以及 P 和 Q，则把本引理应用到 EG 和 PQ 上，

$$AF : CD = CD : BG,$$

$$BQ : CD = CD : AG,$$

所以　　　　　　　　$AF : AP = BQ : BG,$

而且　　　　　　　　$(AP - AF) : AP = (BG - BQ) : BG$

或者　　　　　　　　$PF : AP = GQ : BG$

以及　　　　$AP : BC = PF : GQ = FO : GO = AF : BQ。$

推论 II. 而且，通过点 P 和 G 以及 F 和 Q 的直线 PG、FQ 将与通过图形中心以及切点 A、B 的直线 ACB 相交。

引理 25

如果一平行四边形的四条边与任意一条圆锥曲线相切，并且其延长线
与第五条切线相交，则对于平行四边形对角上的两条相邻的边上被截取的
两段，其一段与截开它的边的比等于相邻的边上切点到第三条边之间的部

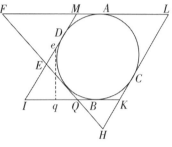

分比另一段。

令□MLIK 的四条边 ML、IK、KL、
MI 与圆锥曲线相切于 A、B、C、D，令第
五条切线 FQ 与这些边相交于 F、Q、H 和
E，分别取两边 MI、KI 上的两段 ME、
KQ，或边 KL、ML 上的两段 KH、

MF，则

$$ME:MI=BK:KQ,$$

以及
$$KH:KL=AM:MF。$$

因为，由前述引理推论 I，

$$ME:EI=AM:BQ 或 BK:BQ,$$

用加法，

$$ME:MI=BK:KQ。 \qquad 证毕。$$

而且，
$$KH:HL=BK:AF 或 AM:AF,$$

用减法，
$$KH:KL=AM:MF。 \qquad 证毕。$$

推论 I. 如果包含给定圆锥曲线的平行四边形为已知，则乘积 KQ·
ME 以及与之相等的乘积 KH·MF 也就给定了。因为△KQH、△MFE
相似，因而这些乘积相等。

推论 II. 如果作第六条切线 eq 与切线 KI、MI 分别相交于 q 和 e，则
乘积 KQ·ME 等于乘积 Kq·Me，而且

$$KQ:Me=Kq:ME,$$

再由减法，

$$KQ:Me=Qq:Ee。$$

推论Ⅲ. 如果作 Eq、eQ 并进行二等分，再通过两个等分点作直线，则该直线将通过圆锥曲线中心，因为 $Qq:Ee=KQ:Me$，同一直线将通过所有直线 Eq、eQ、MK 的中点（由引理 23），而直线 MK 的中点就是曲线的中心。

命题 27　问题 19

作一条圆锥曲线与五条已知直线相切。

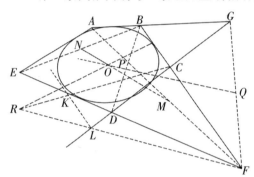

设 ABG、BCF、GCD、FDE、EA 为位置已定的切线。在 M、N 平分由其任意四条切线组成的四边形 $ABFE$ 的对角线 AF、BE；（由引理 25 推论Ⅲ）通过等分点所作的直线 MN 将通过圆锥曲线中心，再在 P 和 Q 等分由另外任意四条切线组成的四边形 $BGDF$ 的对角线（如果可以这样称它们的话）BD、GF，则通过等分点的直线 PQ 也将通过圆锥曲线中心；所以该中心在两条等分点连线的交点上，设为 O，平行于任一切线 BC 作 KL，使中心 O 正好位于两切线的中间，则 KL 将与要画的圆锥曲线相切，令该切线与另外两条任意切线 GCD、FDE 分别相交于 L 和 K，不平行的切线 CL、FK 与平行切线 CF、KL 分别相交于点 C 和 K、F 和 L，作直线 CK、FL 相交于 R，再作直线 OR 并延长，与平行切线 CF、KL 在切点相交，这可以由引理 24 推论Ⅱ证明。用相同的方法可以找到其他切点，再由问题 14 作出圆锥曲线。　　　　　　　　　　　　　证毕。

附　注

以上诸命题中也包含已知圆锥曲线的中心或渐近线的问题。因为当已知点、切线和中心时，也就知道了在中心另一侧相同距离处同样多的点和切线，渐近线可以看作切线，其在无限远处的极点（如果可以这样称它的

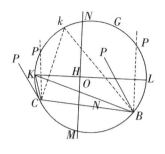

话)就是一个切点。设想一条切线的切点向无限远处移动，则切线最终变为渐近线，而上述问题中的作图就成了已知渐近线问题的作图了。

作出圆锥曲线后，可以这样找出它们的轴和焦点。在引理 21 的构图中，令其交点画出圆锥曲线的动角∠PBN、∠PCN 的边 BP、CP 相互平行，并在图形中保持这样的位置使它们绕其极点 B、C 转动，同时过这两个角的另外两条边 CN、BN 的交点 K 或 k 画出圆 BKGC。令 O 为该圆的中心。由该中心向在画圆锥曲线时使边 CN、BN 保持交会的平行线 MN 作垂线 OH 并与圆相交于 K 和 L。当另两条边 CK、BK 在与平行线 MN 距离最近的点 K 相交时，先前的两条边 CP、BP 将平行于长轴，垂直于短轴；如果这些边相交于最远点 L，则发生相反情况。所以，当圆锥曲线的中心给定时，其轴也就给定，而它们已知时，其焦点也就易于求得了。

两个轴的平方的比等于 KH 比 LH，因而容易通过四个给定点作已知类型的圆锥曲线，因为如果给定点中的两个是极点 B、C，第三个将给出动角∠PCK 和∠PBK；而已知这些，可作出圆 BGKC。然后，因为圆锥曲线类型已定，OH 比 OK 的值，因而 OH 本身也就给定。关于 O 以间隔 OH 为半径作另一个圆，而通过边 CK、BK 的交点与该圆相切的直

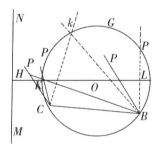

线，在先前的边 CP、BP 相交于第四个已知点时，即变成平行线 MN，由它即可画出圆锥曲线。此外，还可以作一个已知圆锥曲线的内接四边形（少数不可能的情形除外）。

还有些引理，通过已知点，相切于已知直线，可作出已知类型的圆锥曲线，其类型是，如果通过一已知点的直线位置已定，它将与给定圆锥曲线相交于两点，将这两点间距离二等分，则等分点将与另一个类型相同的圆锥曲线相切，且其轴平行于前一图形的轴。不过，我急于讨论更有用的事情。

引理 26

三角形的类型和大小均给定，将其三个角分别对应于同样多的相互不平行的已知直线，使每个角与一条直线相接触。

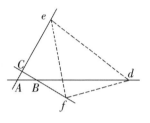

三条不定直线 AB、AC、BC 位置已定，现在要求这样安置△DEF，使△D 与直线 AB 相接触，∠E 与直线 AC 相接触，而∠F 与直线 BC 相接触，在 DE、DF 和 EF 上作三段圆弧 $\overset{\frown}{DRE}$、$\overset{\frown}{DGF}$、$\overset{\frown}{EMF}$，其张角分别等于∠BAC、∠ABC、∠ACB。而这些圆弧这样面对直线 DE、DF、EF，使字母 $DRED$ 的转动顺序与字母 $BACB$ 相同，字母 $DGFD$ 的顺序与 $ABCA$ 相同，而字母 $EMFE$ 的顺序与字母 $ACBA$ 相同；然后将这些圆弧拼成整圆，令前两个圆相交于 G，并设它们的中心为 P 和 Q，连接 GP、PQ，使

$$Ga : AB = GP : PQ;$$

以 G 为中心、间隔 Ga 为半径画一个圆与第一个圆 DGE 相交于 a，连接 aD 与第二个圆 DFG 相交于 b，再作 aE 与第三个圆 EMF 相交于 c，作图形 $ABCdef$ 与图形 $abcDEF$ 相似而且相等，则问题得解。

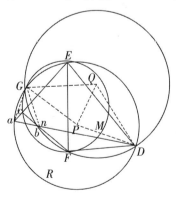

因为，作 Fc 与 aD 相交于 n，连接 aG、bG、QG、QD、PD，并画出∠EaD 等于∠CAB，∠acF 等于∠ACB；所以△anc 与△ABC 等角，因而∠anc 或∠FnC 等于∠ABC，进而等于∠FbD；所以点 n 落在点 b 上。而且，圆心角∠GPD 的半角∠GPQ 等于圆周角∠GaD，而圆心角∠CQD 的半角∠GQP 等于圆周角∠GbD 的补角，因而等于∠Gba。由此，△GPQ 与△Gab 相似，而且

$$Ga : ab = GP : PQ,$$

由图中可知，

$$GP：PQ＝Ga：AB。$$

因而 ab 与 AB 相等；至此我们证明了 $\triangle abc$、$\triangle ABC$ 不仅相似，而且相等，所以，由于 $\triangle DEF$ 的 $\angle D$、$\angle E$、$\angle F$ 分别与 $\triangle abc$ 的边 ab、ac、bc 相切，作出图形 $ABCdef$ 相似且相等于图形 $abcDEF$，则问题得解。证毕。

推论. 因此，可以作出一条直线，其给定长度的部分介于三条位置已定的直线之间。设有 $\triangle DEF$，其点 D 向边 EF 趋近，随着边 DE、DF 变成一条直线，三角形本身也变成一条直线，其给定部分 DE 介于位置已定的直线 AB、AC 之间，而其给定部分 DF 介于位置已定的直线 AB、BC 之间；然后把上述作图法用于本情形，问题得解。

命题 28　问题 20

作一类型和大小均已知的圆锥曲线，使其给定部分介于位置已定的三条直线之间。

设一条圆锥曲线可以画成相似且相等于曲线 DEF，并可以被三条位置已定的直线 AB、AC、BC 分割为与该曲线的给定部分相似且相等的部分 DE 和 EF。

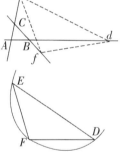

作直线 DE、EF、DF；将 $\triangle DEF$ 的 $\angle D$、$\angle E$、$\angle F$ 与位置已定的直线相接触（由引理 26）。再绕三角形画出圆锥曲线，使其与曲线 DEF 相似而且相等。　　　证毕。

引理 27

作一类型已定的四边形，使其角分别与四条既不相互平行、又不向一公共点收敛的直线相接触。

令四条直线 ABC、AD、BD、CE 位置已定；第一条直线与第二条相交于 A，与第三条相交于 B，与第四条相交于 C；设所要画的四边形 $fghi$ 与四边形 $FGHI$ 相似，其 $\angle f$ 等于给定角 $\angle F$，与直线 ABC 相接触；其他的 $\angle g$、$\angle h$、$\angle i$ 等于其他给定角上 $\angle G$、$\angle H$、$\angle I$，分别与其他直线

AD、BD、CE 相接触。连接 FH，并在 FG、FH、FI
上作同样多的圆弧 $\overset{\frown}{FSG}$、$\overset{\frown}{FTH}$、$\overset{\frown}{FVI}$，其中第一个圆弧
$\overset{\frown}{FSG}$ 的张角等于 $\angle BAD$，第二个圆弧 $\overset{\frown}{FTH}$ 的张角等于
$\angle CBD$，第三个圆弧 $\overset{\frown}{FVI}$ 的张角等于 $\angle ACE$。而这些圆
弧这样面对直线 FG、FH、FI，使字母 $FSGF$ 的圆顺
序与字母 $BADB$ 相同，字母 $FTHF$ 的旋转顺序与字母
$CBDC$ 相同，而字母 $FVIF$ 的顺序与字母 $ACEA$ 相同。

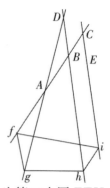

把这些圆弧拼成整圆，令 P 为第一个圆 FSC 的中心，Q 为第二个圆 FTH
的中心，连接 FQ 并向两边延长，取 QR 使得 QR：$PQ = BC$：AB。而 QR
指向点 Q 的一侧，使得字母 P、Q、R 的顺序与字母 A、B、C 的顺序相
同；再以 R 为中心、RF 为半径作第四个圆 FNc 与第三个圆 FVI 相交于
c。连接 Fc 与第一个圆交于 a，与第二个圆交于 b。作 aG、bH、cI，令图

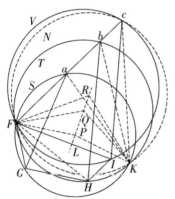

形 $ABCfghi$ 相似于图形 $abcFGHI$；则四边
形 $fghi$ 即是所要画的图形。

　　因为，令前两个圆相交于 K，连接 PK、
QK、RK、aK、bK、cK，并把 QP 延长到
L。圆周角 $\angle Fak$、$\angle FbK$、$\angle FcK$ 是圆心角
$\angle FPK$、$\angle FQK$、$\angle FRK$ 的一半，所以等
于这些角的半角 $\angle LPK$、$\angle LQK$、$\angle LRK$。
所以图形 $PQRK$ 与图形 $abck$ 等角且相似，

因而 ab 比 bc 等于 PQ 比 QR，即等于 AB 比 BC。而由作图知，$\angle fAg$、
$\angle fBh$、$\angle fCi$ 等于 $\angle FaG$、$\angle FbH$、$\angle FcI$，所以画出的图形 $ABCfghi$
将相似于图形 $abcFGHI$，此后画出的四边形 $fghi$ 将相似于四边形 $FGHI$，
而且其 $\angle f$、$\angle g$、$\angle h$、$\angle i$，与直线 $\angle ABC$、AD、BD、CE 相接触。

证毕。

　　推论. 可以作一条直线，其各部分以给定顺序介于四条给定直线之
间，而且相互间呈已知比。令 $\angle FGH$、$\angle GHI$ 增大，使得直线 FG、GH、
HI 成为同一条直线；根据本情形中问题的作图，可画出直线 $fghi$，其各

部分 fg、gh、hi 介于四条位置已定的直线之间，AB 与 AD、AD 与 BD、BD 与 CE，而且其相互间的比与直线 FG、GH、HI 间同样顺序的比相等。不过，这件事可以用更容易的方法来做：

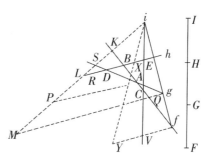

把 AB 延长到 K、BD 延长到 L，使 BK 比 AB 等于 HI 比 GH；DL 比 BD 等于 GI 比 FG；连接 KL 与直线 CE 相交于 i。把 iL 延长到 M，使 LM 比 iL 等于 GH 比 HI，再作 MQ 平行于 LB，与直线 AD 相交于 g，连接 gi 与 AB、BD 相交于 f、h，则问题得解。

因为，令 Mg 与直线 AB 相交于 Q，AD 与 KL 相交于 S，作直线 AP 平行于 BD 并与 iL 相交于 P，则 gM 比 Lh（gi 比 hi，Mi 比 Li，GI 比 HI，AK 比 BK）与 AP 比 BL 比值相同，在 R 分割 DL，使 DL 比 RL 取同一比值；因为 gS 比 gM，AS 比 AP，以及 DS 比 DL 相等，所以等于 gS 比 Lh，AS 比 BL，DS 比 RL；相互混合，$BL-RL$ 比 $Lh-BL$，等于 $AS-DS$ 比 $gS-AS$。即 BR 比 Bh 等于 AD 比 Ag，所以等于 BD 比 gQ。或者，BR 比 BD 等于 Bh 比 gQ，或等于 fh 比 fg。而由作图知，直线 BL 在 D 和 R 被分割的比值与直线 FI 在 G 和 H 被分割相同，所以 BR 比 BD 等于 FH 比 FG。所以，fh 比 fg 等于 FH 比 FG。所以，类似地有 gi 比 hi 等于 Mi 比 Li，即等于 GI 比 HI，这意味着直线 RFI、fi 在 G 和 H、g 和 h 被相似地分割。   证毕。

在本推论作图中，继作直线 LK 与 CE 相交于 i 之后，可以把 iE 延长到 V，使 EV 比 Ei 等于 FH 比 HI，然后作 Vf 平行于 BD。如果以 i 为中心，IH 为间隔作一圆交 BD 于 X，再延长 iX 到 Y 使 iY 等于 IF，再作 Yf 平行于 BD，也得到相同结果。

克里斯托弗·雷恩爵士和瓦里斯博士很久以前曾给出这一问题的其他解法。

命题 29　问题 21

作一类型已定的圆锥曲线，使它被四条位置已定的直线分割成顺序、类型和比例均给定的部分。

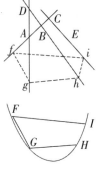

设所要画的圆锥曲线相似于曲线 $FGHI$，其各部分相似于且正比于后者的部分 FG、GH、HI，介于位置已定的直线 AB 和 AD、AD 和 BD、BD 和 CE 之间，即第一部分介于前两条直线之间，第二部介于第二对直线之间，第三部分介于第三对直线之间。作直线 FG、GH、HI、FI；（由引理 27）作四边形 $fghi$ 相似于四边形 $FGHI$，其 $\angle f$、$\angle g$、$\angle h$、$\angle i$ 分别依次与位置已定的直线 AB、AD、BD、CE 相接触，然后关于此四边形作圆锥曲线，则该圆锥曲线将相似于曲线 $FGHI$。

附　注

这个问题可用下述方法解出，连接 FG、GH、HI、FI，延长 GF 到 V，连接 FH、IG，使 $\angle CAK$、$\angle DAL$ 等于 $\angle FGH$、$\angle VFH$，令 AK、AL 分别与直线 BD 相交于 K 和 L，再作 KM、LN，其中 KM 使得 $\angle AKM$ 等于 $\angle GHI$，且 KM 比 AK 等于 HI 比 GH。令 LN 使 $\angle ALN$ 等于 $\angle FHI$，且 LN 比 AL 等于 HI 比 FH。而 AK、KM、AL、LN 是这样指向直线 AD、AK、AL 的一侧，使得字母 $CAKMC$、$ALKA$、$DALND$ 的轮换顺序与字母 $FGHIF$ 相同；作 MN 与直线 CE 相交于 i，使 $\angle iED$ 等于 $\angle IGF$，令 PE 比 Ei 等于 FG 比 GI；通过 P 作 PQf 使它与直线 ADE 的夹角 $\angle PQE$ 等于 $\angle FIG$，并与直线 AB 相交于 f，连接 fi。而 PE 和 PQ 是这样指向直线 CE、PE 的一侧，使得字母 $PEiP$ 和 $PEQP$ 的轮换顺序与字母 $FGHIF$ 相同；如果在直线 fi 上以相同字母顺序作四边形 $fghi$ 相似于四边形 $FGHI$，再关于它作一类型已知的外切圆锥曲线，则问题得解。

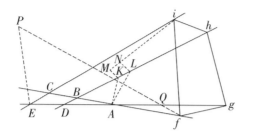

迄此为止讨论的都是轨道的求法。下面要求出物体在这些轨道上的运动。

第六章　怎样求已知轨道上的运动

命题 30　问题 22

求沿抛物线运动的物体在任意给定时刻的位置。

令 S 为抛物线的焦点，A 为其顶点；设 $4AS \cdot 3M$ 等于抛物线下被分割的部分 APS 的面积，它可以由半径 SP 在物体离开顶点后掠成，也可以是它到达那里之前的剩余。现在我们知道这块被分割的面积在数值上正比于时间。在 G 二等分 AS，画垂线 GH 等于 $3M$，以 H 为中心、HS 为半径作一圆，与抛物线在所要求的点 P 相交。作 PO 垂直于主轴，连接 PH，则

$$AG^2 + GH^2 \left[= HP^2 = (AO - AG)^2 + (PO - GH)^2 \right]$$

$$= AO^2 + PO^2 - 2AO \cdot AG - 2GH \cdot PO + AG^2 + GH^2,$$

因而

$$2GH \cdot PO(= AO^2 + PO^2 - 2AO \cdot AG) = AO^2 + \frac{3}{4} PO^2。$$

以 $AO \cdot \dfrac{PO^2}{4AS}$ 代替 AO^2，再把所有各项除以 $3PO$，乘以 $2AS$，得到

$$\frac{4}{3}GH \cdot AS = \frac{1}{6}AO \cdot PO + \frac{1}{2}AS \cdot PO$$

$$= \frac{AO + 3AS}{6} \cdot PO = \frac{4AO - 3SO}{6} \cdot PO$$

$$= 面积\ APO - SPO$$

$$= 面积\ APS。$$

而 GH 等于 $3M$，所以 $\frac{4}{3}GH \cdot AS$ 等于 $4AS \cdot M$。所以被分割的面积 APS 等于被分割的面积 $4AS \cdot M$。 证毕。

推论 I. 所以 GH 比 AS 等于物体掠过 $\overset{\frown}{AP}$ 所用时间比物体掠过由顶点 A 到焦点 S 处主轴垂线所截一段弧所用时间。

推论 II. 设圆 APS 连续地通过运动物体 P，则物体在点 H 处的速度比它在顶点 A 的速度等于 $3:8$；所以，直线 GH 比物体在相同时间内以其在顶点 A 的速度由 A 运动到 P 所画直线也是这个比值。

推论 III. 另一方面，也可以求出物体掠过任意给定弧长 $\overset{\frown}{AP}$ 所用时间：连接 AP，在其中点作垂线与直线 GH 相交于 H 即可。

引理 28

一般地，以任意直线分割的卵形面积不能用求解任意多个有限项和元的方程的方法求出。

设在卵形内任意给定一点，一条直线以它为极点做连续匀速转动，同时在此直线上有一可动点以正比于卵形内直线长的平方的速度由极点向外运动。这样，该点的运动轨迹是匝数不定的螺旋线。如果该直线所分割的卵形面积可由有限方程求出，则正比于该面积的动点到极点的距离也可由同一方程确定，因而螺旋线上所有点也都可以由有限方程求出，所以位置已知的直线与该螺旋线的交点也可由有限方程求出。但每一条无限直线与螺旋线有无限多个交点，而决定这两条线某一交点的方程会在同时以同样无限多个根表示出所有的交点，因而产生与交点数相同的元。两个圆相交于两个交点，其中一个交点如果不用能决定另一个交点的二元方程就无法找到。两条圆锥曲线可以有 4 个交点，一般而言，如果不用能决定所有交点的四元方程，就无法找出其中任何一个。因为，当分别去找这些交点时，由于所有的定律与条件都相同，使每次的计算也都相同，所以结果也总是相同，它必定是同时表达了所有交点，完全没有区别。所以，当圆锥曲线与三次曲线相交时，因为其交点多到 6 个，因而需要六元方程；而两条三次曲线相交时，其交点多达 9 个，因而需用九元方程。若不是这样的话，则所有立体问题都可以简化为平面问题，而那些维数高于立体的问题也可以简化为立体问题了。但我在此讨论的曲线其幂次不能降低，因为表达曲线的方程幂次一旦降低，则曲线将不再是完整的曲线，而是由两条或更多条曲线的组合，它们的交点可以由不同的计算分别确定。出于相同的理由，直线与圆锥曲线的两个交点总需要二元方程求解；直线与不能化简的三次曲线的 3 个交点要由三元方程求出；直线与不能化简的四次曲线的 4 个交点需由四元方程求出。依次类推至于无限。所以，直线与螺旋线的无数个交点，由于螺旋线是简单曲线，不能简化为更多曲线，需要用元和根数都无限多的方程加以总体表达，因为所有的定律和条件都相同。因为，如果由极点作该相交线的垂线，且与相交直线一同围绕极点旋转，则螺旋线的交点将相互间交替变换，第一个或最近的一个交点，在直线转过一周后变为第二个，转两周后变为第三个，依次类推；与此同时方程保持不变，只是决定相交直线位置的量的数值不断改变。所以，由于这些量在旋转一周后都回到其初始数值，方程又回到其初始形式，因而同一个方程可以表示所有交点，它可以表示所有交点的无限多个根。所以，一般而言，一条直线与一条螺旋线的交点不能由有限方程来确定；所以，一般而言，被任意直线分割的卵形面积不能由这种方程来表示。

由于同样理由，如果描述螺旋线的极点与动点间的距离正比于被切割卵形的边长，则可以证明，该边长一般不能用有限方程表达。但我在此讨论的卵形不与伸向无限远的共轭图形相切。

推论. 由焦点到运动物体的半径来表示的椭圆面积，不能由有限方程给出的时间来确定，因而不能由在几何上有理的曲线作图求出。在此，说这些曲线在几何上有理，是指其所有的点都可以由方程求出长度后加以确定。其他曲线（如螺旋线、割圆曲线和摆线）我称之为几何上无理的，因为其长度是或不是数与数的比（由欧几里得《几何原本》第十卷）在算术上称为有理的或无理的。所以，我用下述方法，以几何上无理的曲线分割正比于时间的椭圆面积。

命题 31　问题 23

找出在指定时刻沿已知椭圆运动的物体的处所。

设 A 是椭圆 APB 顶点，S 是焦点，O 是中心；令 P 为所要找出的物体的处所。延长 OA 到 G 使得 $OG：OA＝OA：OS$，作垂线 GH；以 O 为中心、OG 为半径作圆 GEF；再以直线 GH 为底线，设圆轮 GEF 围绕自己的轴在其上滚动，同时轮上的点 A 画出摆线 ALI。然后取 GK 比轮的周长 $GEFG$ 等于物体由 A 掠过 $\overset{\frown}{AP}$ 所用的时间比它环绕椭圆一周所用时间。作垂线 KL 与摆线相交于 L；再作 LP 平行 KG，并与椭圆相交于 P，即找出物体的处所。

因为，以 O 为中心、OA 为半径画半圆 AQB，如果必要的话，将 LP 延长到 $\overset{\frown}{AQ}$ 于 Q 点，连接 SQ、OQ，令 OQ 与 $\overset{\frown}{EFG}$ 交于 F，在 OQ 上作垂线 SR。面积 APS 正比于面积 AQS 变化，即正比于扇形 OQA 与 $\triangle OQS$ 的

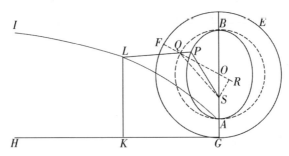

差，或正比于乘积 $\frac{1}{2}OQ \cdot AQ$ 与 $\frac{1}{2}OQ \cdot SR$ 的差，即，因为 $\frac{1}{2}OQ$ 是已知的，正比于 $\overset{\frown}{AQ}$ 与直线 SR 的差；所以（因为已知比值 SR 比 $\overset{\frown}{AQ}$ 的正弦，OS 比 OA，OA 比 OG，AQ 比 GF，以及相除后 $AQ－SR$ 比 $GF－\overset{\frown}{AQ}$ 的正弦都

是相等的)正比于$\overset{\frown}{GF}$与$\overset{\frown}{AQ}$的正弦的差。　　　　　　　　　　　　　证毕。

附　注

然而，由于画出这条曲线很困难，用近似求解更为可取。首先，找出一个$\angle B$，它与半径的张角 57.29578 度角的比，等于焦距SH比椭圆直径AB。其次，找出一个长度L，使它半径的比等于上述比值的倒数。求出这些后，问题可以由下述分析解决。通过任意作图(甚至猜想)，设我们

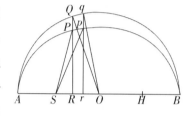

知道物体的处所P靠近其真实处所p。然后在椭圆的轴上作纵坐标PR，由椭圆直径的比，可以求出外切圆AQB的纵坐标RQ；设AQ是半径，并与椭圆相交于P，则该纵坐标是$\angle AOQ$的正弦。这个角即使用接近于真实的数字粗略计算也已足够。设我们还知道该角正比于时间，即它与四个直角的比等于物体掠过$\overset{\frown}{Ap}$所用时间与环绕椭圆一周所用时间的比。令该角为$\angle N$，再取$\angle D$，它与$\angle B$的比等于$\angle AOQ$的正弦比半径；取$\angle E$，使它比$\angle N-\angle AOQ+\angle D$等于长度$L$比同一长度$L$减去$\angle AOQ$的余弦，当该角小于直角时；或加上该余弦，在它大于直角时。下一步，取$\angle F$，使它比$\angle B$等于$\angle AOQ+\angle E$的正弦比半径；取$\angle G$，使它比$\angle N-\angle AOQ-\angle E+\angle F$等于长度$L$比同一长度$L$减去$\angle AOQ+\angle E$的余弦，当该角小于直角时；或加上该余弦，当它大于直角时。第三步，取$\angle H$，它与$\angle B$的比等于$\angle AOQ+\angle E+\angle G$的正弦比半径；取$\angle I$，它与$\angle N-\angle AOQ-\angle E-\angle G+\angle H$的比，等于长度$L$比同一长度$L$减去$\angle AOQ+\angle E+\angle G$的余弦，当该角小于直角时；或加上该角的余弦，当它大于直角时，反复运用这一方法至于无限。最后，取$\angle AOq$等于$\angle AOQ+\angle E+\angle G+\angle I+\cdots$，由其余弦$Or$与纵坐标$pr$(它与其正弦$qr$的比等于椭圆的短轴与长轴的比)，即可得到物体的正确处所p。当$\angle N-\angle AOQ+\angle D$为负时，$\angle E$前的＋号都应改为－号，而－号都应改为＋号。当$\angle N-\angle AOQ-\angle E+\angle F$以及$\angle N-\angle AOQ-\angle E-\angle G+\angle H$为负时，$\angle G$和$\angle I$前的

符号都应作相同变化。但无穷序列 $AOQ+E+G+I+\cdots$ 收敛如此之快，很少需要计算到第二项 E 之后。这种计算以这一定理为基础，即面积 APS 正比于 $\overset{\frown}{AQ}$ 与由焦点 S 垂直作向半径 OQ 的直线的差而变化。

用大致相同的方法，可以解决双曲线中的同一问题。令其中心为 O，顶点为 A，焦点为 S，渐近线为 OK；设其正比于时间的被分割面积数值已知，令其为 A，设我们知道分割面积 APS 近乎真实的直线 SP 的位置。连接 OP，由 A 和 P 向渐近线作平行于另一渐近线的直线 AI、PK；由对数表可知面积 $AIKP$，以及与之相等的面积 OPA，后者被从 $\triangle OPS$ 中减去后将余下被切除的面积 APS。将 $24PS-2A$，或 $2A-2APS$，被分割的面积 A，与被切除的面积 APS 的差的 2 倍，除以由焦点 S 垂直作向切线 TP 的直线 SN，即得到弦 PQ 的长度。该弦 PQ 内接于 A 和 P 之间，如果被切除的面积 APS 大于被分割的面积 A；而在其他情形，它则指向点

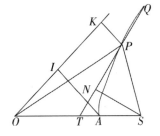

P 的另一侧；则点 Q 是更精确的物体处所。重复这种计算即可以越来越高的精度求得该处所。

运用这种计算可得对这一问题的普适的分析解。不过下述特殊计算更适用于天文学目的。设 AO、OB、OD 为椭圆半轴，L 为其通径，D 为短半轴 OD 与通径的一半 $\frac{1}{2}L$ 的差：找出一个 $\angle Y$，其正弦比半径等于差 D 与二轴的

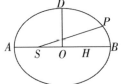

和的一半 $AO+OD$ 的乘积比长轴 AB 的平方。再找出另一 $\angle Z$，其正弦比半径等于焦距 SH 与差 D 的乘积的 2 倍比半长度 AO 的平方的 3 倍。一旦找到这些角，就可以这样确定物体的处所：取 $\angle T$ 正比于通过 $\overset{\frown}{BP}$ 的时间，或等于所谓平均运动；取 $\angle V$，第一平均运动均差，比 $\angle Y$，最大第一均差，等于 2 倍 $\angle T$ 的正弦比半径；取 $\angle X$，第二均差，比 $\angle Z$，第二最大均差，等于 $\angle T$ 的正弦的立方比半径的立方。然后取 $\angle BHP$，平均差运动，或是等于 $\angle T+\angle X+\angle V$，$\angle T$、$\angle V$、$\angle X$ 的和，如果 $\angle T$ 小于直角；

或是等于 $\angle T+\angle X-\angle V$，这些角的差，如果 $\angle T$ 大于一个直角而小于两个直角；而如果 HP 与椭圆相交于 P，作 SP，则它将分割面积 BSP，近似正比于时间。

这一方法看起来相当简捷，因为 $\angle V$ 和 $\angle X$ 均为秒的若干分之一，是非常小的，随意求出其前两三位即足以敷用。类似地，它还以足够的精度解决行星运动理论问题。因为即使是火星轨道，其最大的中心均差达到 $10°$，计算误差也很少超过 1 秒。而一旦平均运动差角 $\angle BHP$ 求出，真实运动角 $\angle BSP$ 和距离 SP 也就易于用已知方法求出。

迄此讨论的是物体沿曲线的运动。但我们也会遇到运动物体沿直线上升或下落的情形，现在我继续讨论属于此类运动的问题。

第七章　物体的直线上升或下降

命题 32　问题 24

设向心力反比于处所到中心的距离的平方，求物体在给定时间内沿直线下落的距离。

情形 1：如果物体不是垂直下落，它将（由命题 13 推论Ⅰ）掠过一焦点在力的中心的圆锥曲线。设该圆锥曲线为 $ARPB$，焦点为 S。首先，如果轨迹是椭圆，在长轴 AB 上作半圆 ADB，令直线 DPC 通过下落物体与主轴成直角；再作 DS、PS，则面积 ASD 将正比于面积 ASP，所以也正比于时间。保持主轴 AB 不变，令椭圆的宽度连续缩小，面积 ASD 总是正比于时间。设宽度无限缩

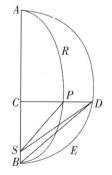

小；此时轨道 APB 与主轴 AB 重合，焦点 S 与主轴顶点 B 重合，则物体沿直线 AC 下落，面积 ABD 也将正比于时间。所以，如果取面积 ABD 正比于时间，并由点 D 作直线 DC 垂直落向直线 AB，则物体在给定时间内

由处所 A 垂直下落所掠过的距离可以求出。　　证毕。

情形 2：如果图形 RPB 是双曲线，在同一主轴 AB 上作直角双曲线 BED；因为在几块面积与高度 CP 和 CD 之间有如下关系存在：$CSP：CSD = CBfD：CBED = SPfB：SDEB = CP：CD$，以及面积 $SPfB$ 正比于物体 P 通过 $\overset{\frown}{PfB}$ 所用的时间而变化，面积 $SDEB$ 也将正比于时间变化。令双曲线 RPB 的通径无限缩小，同时横轴保持不变，则 $\overset{\frown}{PB}$ 将与直线 CB 重合，

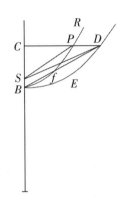

焦点 S 与顶点 B 重合，而直线 SD 与直线 BD 重合。所以面积 $BDEB$ 将正比于物体 C 沿直线 CB 垂直下落所用时间而变化。　　证毕。

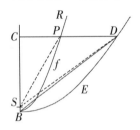

情形 3：由相似理由，如果图形 RPB 是抛物线，以同一顶点 B 作另一条抛物线 BED，并使之保持不变，同时物体 P 沿其边缘运动的前一条抛物线随着其通径缩小并变为零而与直线 CB 重合，则抛物线截面 $BDEB$ 将正比于物体 P 或 C 落向中心 S 或 B 所用的时间而变化。　　证毕。

命题 33　定理 9

在上述假设中，落体在任意处所 C 的速度与它环绕以 B 为中心、BC 为半径的圆运动的速度的比，等于物体到该圆或直角双曲线的远顶点 A 的距离与该图形的主半径 $\frac{1}{2}AB$ 的比值的平方根。

令两个图形 RPB、DEB 的公共直径 AB 在 O 点被等分；作直线 PT 与图形 RPB 相切于 P，并与公共直径 AB（必要时作延长）相交于 T；令 SY 垂直于该直线，BQ 垂直于直径，设图形 RPB 的通径为 L。由命题 16 推论Ⅸ知，物体沿围绕中心 S 的曲线 RPB 运动时在任意处所 P 的速度，比它沿围绕同一中心、半径为 SP 的圆运动的速度，等于乘积 $\frac{1}{2}L \cdot SP$ 与

SY^2 的比值的平方根。因为由圆锥曲线的性质，$AC \cdot CB$ 比 CP^2 等于 $2AO$ 比 L，所以 $\dfrac{2CP^2 \cdot AO}{AC \cdot CB}$ 等于 L。

所以这些速度相互间的比等于

$\dfrac{CP^2 \cdot AO \cdot SP}{AC \cdot CB}$ 与 SY^2 的比值的平方根。又根据圆锥曲线的性质，

$$CO : BO = BO : TO,$$

所以

$$(CO+BO) : BO = (BO+TO) : TO,$$

而且

$$CO : BO = CB : BT。$$

由此

$$(BO-CO) : BO = (BT-CB) : BT。$$

而且

$$AC : AO = TC : BT = CP : BQ;$$

由于

$$CP = \frac{BQ \cdot AC}{AO},$$

即得到

$$\frac{CP^2 \cdot AO \cdot SP}{AC \cdot CB} = \frac{BQ^2 \cdot AC \cdot SP}{AO \cdot BC}。$$

现在设图形 RPB 的宽 CP 无限缩小，使点 P 与点 C 重合，点 S 与点 B 重合，直线 SP 与直线 BC 重合，直线 SY 与直线 BQ 重合，则物体沿直线 CB 垂直下落的速度比它沿以 B 为中心、BC 为半径的圆运动的速度，等于 $\dfrac{BQ^2 \cdot AC \cdot SP}{AO \cdot BC}$ 与 SY^2 的比值的平方根，即（消去相等的比值 SP 比 BC，以及 BQ^2 比 SY^2）等于 AC 与 AO 或 $\dfrac{1}{2}AB$ 的比值的平方根。　　　　证毕。

推论 I. 当点 B 与 S 重合时，TC 比 TS 将等于 AC 比 AO。

推论 II. 以给定距离绕中心做圆周运动的物体，当其运动变为竖直向上时，可上升到距中心 2 倍的高度。

命题 34　定理 10

如果图形 **BED** 是抛物线，则落体在任意处所 **C** 的速度等于物体以间

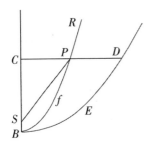

隔 **BC** 的一半围绕中心 **B** 做匀速圆周运动的速度。

因为（由命题 16 推论Ⅶ）物体沿围绕中心 S 的抛物线 RPB 运动时，在任意处所 P 的速度等于物体在间隔 SP 的一半处围绕同一中心做匀速圆周运动的速度；令抛物线宽 CP 无限缩小，使抛物线 $\overset{\frown}{PfB}$ 与直线 CB 重合，中心 S 与顶点 B 重合，间隔 SP 与间隔 BC 重合，命题得证。 证毕。

命题 35 定理 11

在相同假设下，不定半径 **SD** 所掠过的图形的面积 **DES**，等于物体以图形 DES 的通径的一半为半径围绕中心 S 做匀速圆周运动在相同时间里所掠过的面积。

设物体 C 在最小时间间隔里下落一个不定小线段 Cc，同时另一物体 K 围绕中心 S 沿圆周 OKk 做匀速运动，掠过 $\overset{\frown}{Kk}$。作垂线 CD、cd 与图形 DES 相交于 D、d。连接 SD、Sd、SK、Sk，作 Dd 与轴 AS 交于 T，并在其上作垂线 ST。

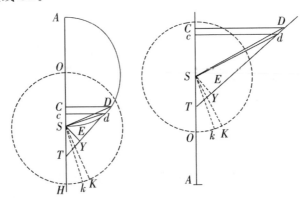

情形 1：如果图形 DES 是圆或直角双曲线，在 O 点等分其横向直径 AS，则 SO 为其半通径。而因为

$$TC : TD = Cc : Dd$$

以及

$$TD : TS = CD : SY,$$

即得到 $\qquad TC : TS = CD \cdot Cc : SY \cdot Dd$。

但(由命题 33 推论 1)

$$TC : TS = AC : AO,$$

即，如果点 D、d 合并，取线段的最后比值。所以

$$AC : AO \text{ 或 } AC : SK = CD \cdot Cc : SY \cdot Dd。$$

而且，落体在 C 的速度比物体以间隔 SC 围绕中心 S 做圆周运动的速度，等于 AC 与 AO 或 SK 的比值的平方根(由命题 33)；而该速度比物体沿圆 OKk 运动的速度等于 SK 与 SC 的比值的平方根(由命题 4 推论Ⅵ)；因而，第一个速度比最后一个速度，即小线段 Cc 比 $\overset{\frown}{Kk}$，等于 AC 与 SC 的比值的平方根，即等于 AC 与 CD 的比值。

所以

$$CD \cdot Cc = AC \cdot Kk,$$

因而 $\qquad AC : SK = AC \cdot Kk : SY \cdot Dd,$

而且 $\qquad SK \cdot Kk = SY \cdot Dd,$

$$\frac{1}{2} SK \cdot Kk = \frac{1}{2} SY \cdot Dd,$$

即面积 KSk 等于面积 SDd。所以，在每一个时间间隔中，都产生出两个相等的面积元 KSk 和 SDd，如果它们的大小趋于零，而数目无限增多，则(由引理 4 的推论)得到二者同时产生的整个面积总是相等的。　证毕。

情形 2：如果图形 DES 是抛物线，与上述情形相同，也有

$$CD \cdot Cc : SY \cdot Dd = TC : TS,$$

即等于 2 : 1，所以

$$\frac{1}{4} CD \cdot Cc = \frac{1}{2} SY \cdot Dd。$$

但落体在 C 点的速度等于在间隔 $\frac{1}{2} SC$ 处做匀速圆周运动的速度(由命题 34)。而该速度比沿以半径 SK 做圆周运动的速度，即小线段 Cc 比

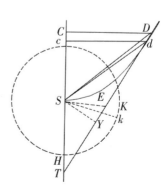

$\overset{\frown}{Kk}$，（由命题 4 推论 Ⅵ）等于 SK 与 $\frac{1}{2}SC$ 的比值的平方根；即等于 SK 比 $\frac{1}{2}CD$。所以 $\frac{1}{2}SK \cdot Kk$ 等于 $\frac{1}{4}CD \cdot Cc$，所以等于 $\frac{1}{2}SY \cdot Dd$；即面积 KSK 等于面积 SDd，与上述情形相同。   证毕。

命题 36　问题 25

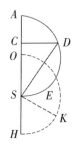

求物体自给定处所 A 下落的时间。

在直径 AS 上，以开始下落时物体到中心的距离为半径作半圆 ADS，再以 S 为中心作一相同的半圆 OKH。由物体的任意处所 C 作纵坐标 CD。连接 SD，取扇形 OSK 等于面积 ASD。显然（由命题 35）在落体掠过距离 AC 的同时，另一围绕中心 S 做匀速圆周运动的物体将掠过 $\overset{\frown}{OK}$。   证毕。

命题 37　问题 26

求由给定处所上抛或下抛物体所用的上升或下降的时间。

设物体以任意速度沿直线 GS 离开给定处所 G，取 GA 比 $\frac{1}{2}AS$ 等于该速度与该物体以给定间隔 SG 围绕中心 S 做匀速圆周运动的速度的比值的平方。如果该比值等于 2 比 1，则点 A 在无限远处，此时应像命题 34 所说画一抛物线，其通径是任意的，顶点为 S，主轴为 SG；但如果该比值小于或大于 2 比 1，则根据命题 33，点 A 应在直径 SA 上，前一情形画一个圆，后一情形画一直角双曲线。然后围绕中心 S、以半通径为半径画一个圆 HkK；再在物体开始上升或下降的处所 G，以及其任意处所 C，作垂直线 GI、CD，与圆锥曲线或圆交于 I 和 D。连接 SI、SD，令扇形 HSK、HSk 等于弓形 $SEIS$、$SEDS$，则在（由命题 35）物体 G 掠过距离 GC 的同时，物体 K 掠过 $\overset{\frown}{Kk}$。   证毕。

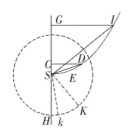 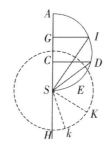 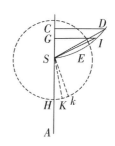

命题 38 定理 12

设向心力正比于物体的处所到中心的高度或距离，则物体下落的时间和速度，以及所掠过的距离，将分别正比于弧、弧的正弦和正矢。

设物体由任意处所 A 沿直线 AS 下落；围绕力的中心 S、以 AS 为半径作四分之一圆 AE；令 CD 为任意 $\overset{\frown}{AD}$ 的正弦，则物体 A 将在时间 AD 内下落掠过距离 AC，并在处所 C 获得速度 CD。

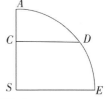

此定理证法与命题 10 相同，一如命题 32 由命题 11 得证。

推论 I. 物体由处所 A 到达中心 S 所用时间，与另一物体掠过四分之一圆 $\overset{\frown}{ADE}$ 所用时间相等。

推论 II. 所以物体由任意处所到达中心的时间都相等，因为（由命题 4 推论 III）所有环绕物体的周期都相等。

命题 39 问题 27

设已知任意种类的向心力，以及曲线图形的面积，求沿一直线上升或下落的物体在它所通过的不同处所的速度，以及它到达任一处所所用的时间；或反过来由速度或时间求出处所。

设物体 E 由任意处所 A 沿直线 $ADEC$ 下落；在处所 E 设想一垂线 EG 总是正比于在该点指向中心 C 的向心力；令 BFG 为一曲线，是点 G 的轨迹。在开始运动处设 EG 与垂线 AB 重合；则在任意处所 E 物体的速度将是一条直线，其平方等于曲线面积 $ABGE$。   证毕。

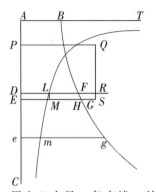

在 EG 上取 EM 与其平方等于面积 $ABGE$ 的直线成反比，并令 VLM 为点 M 恒在其上的曲线，其渐近线为 AB 的延长线，则物体下落经过 AE 的时间将等于曲线面积 $ABTVME$。

证毕。

因为，在直线 AE 上取一段已知极小线段，令物体位于 D 时直线 EMG 的处所在 DLF；如果向心力是一条直线，其平方等于面积 $ABGE$，正比于落体的速度，则该面积将正比于速度的平方；即，如果把在 D 和 E 处的速度记为 V 和 $V+I$，则面积 $ABFD$ 将正比于 VV，而面积 $ABGE$ 正比于 $VV+2VI+II$；由减法，面积 $DFGE$ 正比于 $2VI+II$，所以 $\dfrac{DFFGE}{DE}$ 将正比于 $\dfrac{2VI+II}{DE}$；即，如果取这些量刚产生时的最初比值，则长度 DF 正比于量 $\dfrac{2VI}{DE}$，所以也正比于该量的一半 $\dfrac{V \cdot I}{DE}$，但物体掠过极小线段 DE 所用时间正比于该线段，反比于速度 V；而力正比于速度的增量 I，反比于时间；所以，如果取这些量刚产生时的最初比值，则力正比于 $\dfrac{V \cdot I}{DE}$，即正比于长度 DF。所以正比于 DF 或 EG 的力将使物体以正比于其平方等于面积 $ABGE$ 的直线的速度下落。

证毕。

而且，由于掠过极小的给定长度 DE 所用的时间反比于速度，因而也反比于其平方等于面积 $ABFD$ 的直线；又由于线段 DL，因而刚产生的面积 $DLME$，反比于同一直线，则时间正比于面积 $DLME$，所有时间的和将正比于所有面积的和；即（由引理 4 的推论），掠过 AE 所用的全部时间正比于整个面积 $ATVME$。

证毕。

推论 I. 令 P 为物体应由之开始下落的处所，使得当它受到任意已知的均匀向心力（如常见的引力）的作用时，在处所 D 获得的速度，等于另一物体受任意力作用下落到同一处所 D 时所获得的速度。在垂线 DF 上取

DR，它比 DF 等于该均匀力比在处所 D 的另一个力。作矩形 $PDRQ$，分割面积 $ABFD$ 等于该矩形，则 A 为另一个物体所由之下落的处所。因为作矩形 $DRSE$，由于面积 $ABFD$ 比面积 $DFGE$ 等于 VV 比 $2VI$，所以等于 $\frac{1}{2}V$ 比 I，即等于总速度的一半比下落物体受变化力作用产生的速度增量；用类似方法，面积 $PQRD$ 比面积 $DRSE$ 等

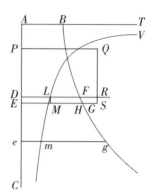

于总速度的一半比下落物体受均匀力作用产生的速度增量；而由于这些增量（考虑到初始时间的相等性）正比于产生它们的力，即正比于纵坐标 DF、DR，因而正比于新生面积 $DFGE$、$DRSE$；所以，整个面积 $ABFD$、$PQRD$ 相互间的比正比于总速度的一半；所以，由于这些速度相等，它们也相等。

推论Ⅱ. 如果任意物体被由任意处所 D 以给定速度向上或向下抛出，并且所受到的向心力的规律已给定，则它在任意其他场所，如 e 的速度，可以这样求出：作纵坐标 eg，取该速度比物体在处所 D 的速度等于其平方为矩形 $PQPD$，再加上曲线面积 $DFge$，如果处所 e 低于处所 D；或减同一面积 $DFge$，如果处所 e 高于 D 的直线，比其平方刚好等于矩形 $PQRD$ 的直线。

推论Ⅲ. 时间也可以这样求得：作纵坐标 em 反比于 $PQRD$ 加或减 $DFge$ 的平方根，取物体掠过线段 De 的时间比另一物体受均匀力由 P 下落到达到 D 所用的时间等于曲线面积 $DLme$ 比乘积 $2PD \cdot DL$。因为，物体受均匀力作用掠过线段 PD 的时间比同一物体掠过线段 PE 所用的时间等于 PD 与 PE 比值的平方根；即（极小线段 DE 刚刚产生）等于 PD 与 $PD+\frac{1}{2}DE$ 或 $2PD$ 与 $2PD+DE$ 的比值，由减法，它比物体掠过小线段 DE 所用的时间，等于 $2PD$ 比 DE，所以，等于乘积 $2PD \cdot DL$ 比面积 $DLME$；两个物体掠过极小线段 DE 的时间比物体以变化运动掠过线段 De

的时间，等于面积 $DLME$ 比面积 $DLme$；所以，上述时间中的第一个与最后一个的比等于乘积 $2PD \cdot DL$ 比面积 $DLme$。

第八章　受任意类型向心力作用的物体环绕轨道的确定

命题 40　定理 13

如果一个物体受任意一种向心力的作用以某种方式运动，而另一物体沿一条直线上升或下落，且在某一相同高度上它们的速度相等，则在一切相等高度上它们的速度都相等。

令一物体由 A 通过 D 和 E 落向中心 C，令另一物体由 V 沿曲线 $VIKk$ 运动，以 C 为中心，取任意半径作同心圆 DI、EK 与直线 AC 相交于 D 和 E，与曲线 VIK 相交于 I 和 K。作 IC 与 KE 交于 N，并在 IK 上作垂线 NT；令两同心圆的间距 DE 或 IK 为极小；设在 D 与 I 的两物体速度相等。因为距离 CD 和 CI 相等，在 D 和 I 处的向心力也必相等。用等长短线 DE 和 IN 表示这些向心力；将长 IN（由定律推论 II）分解为两个力，NT 与 IT，则力 NT 的作用沿线段 NT 的方向，与物体的路径相垂直，对物体在该处的速度无影响或改变，只把它拉开直线方向，使它连续偏离轨道切线，沿曲线路径 $ITKk$ 运行。所以该力只起到这种作用。而另一个力 IT 作用于物体的运动方向上，全部用于对它加速，在极短时间里产生的加速度正比于该时间，所以在相同的时间里，物体在 D 和 I 的加速度正比于线段 DE、IT（如果取新生线段 DE、IN、IK、IT、NT 的最初比值）；而在不等的时间里加速度正比于这些线段与时间的乘积。但由于速度相等（在 D 和 I），物体掠过 DE 和 IK 所用的时间正比于 DE 和 IK 的长度，所以物体在通过线段 DE 和 IK 时的加速度正比于 DE 与 IT，以及 DE 与 IK 的乘积；即等于 DE 的平方比乘积 $IT \cdot IK$。而 $IT \cdot IK$ 等于

IN 的平方，即等于 DE 的平方；所以，物体在由 D 和 I 运动到 E 和 K 时产生的加速度相等。所以，物体在 E 和 K 的速度也相等。由相同的理由知，它们在以后任何相等的距离上总是相等的。 证毕。

又由相同的理由，在与中心相同距离处速度相等的物体，在上升到相同距离处时，递减的速度也相等。 证毕。

推论 I. 一个物体不论是悬于一根弦上摆动，或是被迫沿一光洁、完全平滑的表面做曲线运动，而另一物体沿直线上升或下落，只要它们在某一相同高度处速度相等，则它们在所有相同高度处的速度都相等，因为在摆动物体的弦上，或在容器完全平滑的表面上，所发生的情形与横向力 NT 的影响相同，它既不使物体加速也不使之减速，只是迫使它偏离直线运动。

推论 II. 设量 P 是物体由中心所能上升到的最大距离，不论是通过摆动，或是沿曲线转动，或是由曲线上某一点以其在该点的速度向上抛出。令量 A 为物体由其轨道上任意一点到中心的距离；再令向心力总是正比于量 A 的幂 A^{n-1}，该幂的指数 $n-1$ 是任意数减一，则在任意高度 A，物体的速度正比于 $\sqrt{P^n - A^n}$，因而是给定的。因为由命题 39，沿直线上升或下落的物体的速度等于该值。

命题 41 问题 28

设任意类型的向心力以及曲线图形的面积均为已知，求物体在其上运动的曲线以及沿此曲线运动的时间。

令任意向心力指向中心 C，要求出曲线 $VIKR$。有一已知圆 VR，其中心是 C，任意半径是 CV；由同一中心作另两个任意圆 ID、KE，分别与曲线相交于 I 和 K，与直线 CV 相交于 D 和 E。然后作直线 $CNIX$ 与圆 KE、VR 分别相交于 N 和 X，作直线 CKY 与圆 VR 相交于 Y。令点 I 与 K 无限接近；令物体由 V 通过 I 和 K 运动到 k；再令点 A 为另一物体开始下落的处所，使到达 D 时的速度等于第一个物体在 I 的速度。以下方法与命题 39

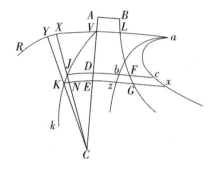

相同，在最短给定时间内掠过的短线段 IK 将正比于该速度，因而也正比于其平方等于面积 $ABFD$ 的直线，所以正比于时间的 $\triangle ICK$ 可以求出，所以 KN 反比于高度 IC；即（如果给定任意量 Q，高度 IC 等于 A）正比于 $\dfrac{Q}{A}$。令该量 $\dfrac{Q}{A}$ 等于 Z，设 Q 的大小在某一情形下使得

$$\sqrt{ABFD}：Z＝IK：KN，$$

则在所有情形下

$$\sqrt{ABFD}：Z＝IK：KN，$$

即

$$ABFD：ZZ＝IK^2：KN^2，$$

由减法，

$$(ABFD-ZZ)：ZZ＝IN^2：KN^2，$$

所以

$$\sqrt{ABFD-ZZ}：Z \text{ 或 } \sqrt{ABFD-ZZ}：\dfrac{Q}{A}＝IN：KN，$$

$$A \cdot KN＝\dfrac{Q \cdot IN}{\sqrt{ABKD-ZZ}}。$$

由于

$$(YX \cdot XC)：(A \cdot KN)＝CX^2：AA，$$

所以有

$$YX \cdot XC＝\dfrac{Q \cdot IN \cdot CX^2}{AA\sqrt{ABFD-ZZ}}，$$

所以，在垂线 DF 上分别连续取 Db、Dc 等于 $\dfrac{Q}{2\sqrt{ABFD-ZZ}}$、$\dfrac{Q \cdot CX^2}{2AA\sqrt{ABFD-ZZ}}$，画出曲线 ab、ac，焦点 b 和 c，再由点 V 作直线 AC 的垂线 Va，分割曲线面积 $VDba$、$VDca$，并画出纵坐标 Ez、Ex。因为乘积 $Db \cdot IN$ 或 $DbzE$ 等于乘积 $A \cdot KN$ 的一半，或等于 $\triangle ICK$；而乘积

$DC \cdot IN$ 或 $DcxE$ 等于乘积 $YX \cdot XC$ 的一半，或等于 $\triangle XCY$；即，因为 $VDba$、VIC 的新生面积元 $Dbze$、ICK 总是相等，而 $VDca$、VCX 的新生面积元 $DcxE$、XCY 总是相等，所以产生的面积 $VDba$ 将等于产生的面积 VIC，因而正比于时间，而产生的面积 $VDca$ 等于产生的扇形 VCX。所以，如果给定任意时间，其间物体由 V 开始运动，则正比于该时间的面积 $VDba$ 也就给定，因而物体的高度 CD 或 CI 也就给定，面积 $VDca$ 和与之相等的扇形 VCX 以及扇形张角 $\angle VCI$ 也都给定。而由已知的 $\angle VCI$，高度 CI，也可以求知物体在该时间之末时的处所。　　　　　证毕。

推论 I. 因此，很容易找出物体的最大和最小高度，即曲线的回归点。因为当直线 IK 与 NK 相等时，即面积 $ABFD$ 等于 ZZ 时，回归点通过中心对曲线 VIK 的垂线 IC。

推论 II. 也容易求出曲线在任意处所与直线 IC 的夹角 $\angle KIN$；通过给定的物体的高度 IC，即通过使该角的正弦比半径等于 KN 比 IK，也就是等于 Z 比面积 $ABFD$ 的平方根。

推论 III. 如果通过中心 C 和顶点 V 作一条圆锥曲线 VRS，由其上任意一点，如 R，作切线 RT 与主轴 CV 的延长线交于点 T，连接 CR。作直线 CP 等于横坐标 CT，使 $\angle VCP$ 正比于扇形 VCR；如果指向中心的

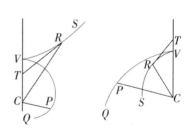

向心力反比于物体到中心距离的立方，且由处所 V 以适当速度沿垂直于直线 CV 的方向抛出一物体，则该物体总是沿着点 P 所在的曲线 VPQ 运动；如果圆锥曲线 VRS 是双曲线，则物体将落入中心；但如果它是椭圆，物体将连续升高，越来越远直至无限。反之，如果物体以任意速度脱离处所 V，则根据它是直接落向中心，或是直接脱离而去，可判明图形 VRS 是双曲线或椭圆，该曲线可以用给定比率增大或减小 $\angle VCP$ 求出。在向心力变成离心力时，物体将直接沿曲线 VPQ 离去，该曲线可以取 $\angle VCP$ 正比于椭圆扇形 VRC，取长度 CP 等于长度 CT，由上述相同方法求出。所有这些都可由上述命题通过某一曲线的面积求出，其方法十分容易，为求简捷在此从略。

命题 42 问题 29

已知向心力规律，求由给定处所以给定速度沿给定直线方向抛出的物体的运动。

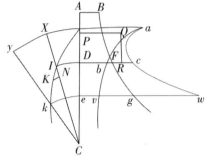

假设条件与上述三个命题相同，令物体在处所 I 抛出，方向沿着小线段 IK，速度与另一物体在均匀向心力作用下由处所 P 下落到 D 处所获得的速度相同；令该均匀力比物体在 I 处所受到的最初推动力等于 DR 比 DF。

令该物体向 k 运动；关于中心 C 以 CR 为半径作圆 ke，与直线 PD 相交于 e，再作曲线 BFg、abv、acw 的纵坐标 eg、ev、ew。由给定矩形 $PDRQ$ 和第一个物体所受到的向心力的定律，曲线 BFg 可通过命题 27 的作图及其推论 I 求出。然后由给定 $\angle CIK$ 求出新生线段 IK、KN 的比；因而，由命题 28 的作图法，求出量 Q 以及曲线 abv、acw；所以，在任意时间 $Dbve$ 终了，物体的高度 Ce 或 Ck，与扇形 XCy 相等的面积 $Dcwe$，以及 $\angle ICK$ 都可以求出，即可以找到物体所在的处所 k。　　　　　证毕。

在以上几个命题中我们假设向心力随其到中心的距离而依照某种可以任意设定的规律变化，但在到中心相同距离处向心力处处相等。

迄此所讨论的物体运动都是沿着不动轨道运动。现在我们要在环绕力的中心的轨道上的物体运动中增加某些内容。

第九章　沿运动轨道的物体运动；回归点运动

命题 43 问题 30

使一物体沿一环绕力的中心转动的曲线运动，其方式与另一物体沿同

一静止曲线运动相同。

在固定轨道 VPK 上，令物体 P 由 V 向 K 做环绕运动。由中心 C 连续作 Cp 等于 CP，使 $\angle VCp$ 正比于 $\angle VCP$；直线 Cp 掠过的面积比直线 CP 在同一时间里掠过的面积 VCP，等于直线 Cp 掠过的速度比直线 CP 掠过的速度，即等于 $\angle VCp$ 比 $\angle VCP$，所以其比值为已知，因而正比于时间。因为在固定平面上直线 Cp 掠过的面积正比于时间，所以物体在适当的向心力作用下，可以与点 P 一起在曲线上旋转，而此曲线则由同一个点 P 以刚刚阐述过的方法在一个固定平面上画出。使 $\angle VCu$ 等于 $\angle PCp$，直线 Cu 等于 CV，图形 uCp 等于图形 VCP，则物体总是位

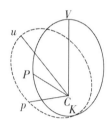

于点 P，沿旋转图形 uCp 的图边运动，画出其（旋转）$\overset{\frown}{up}$ 所需时间，与另一物体 P 在固定图形 VPK 上画出相似且相等的 $\overset{\frown}{VP}$ 所用时间相同。然后，由命题 6 推论 V 找出使物体得以沿着由点 P 在固定平面上画出的轨道旋转的向心力，问题即解决。 证毕。

命题 44 定理 14

使一个物体沿固定轨道运动的力，与使另一个物体沿一相同的旋转轨道做相同运动的力的差，反比于其共同高度的三次方而变化。

令固定轨道上的部分 VP、PK 相似且相等于旋转轨道上的部分 up、

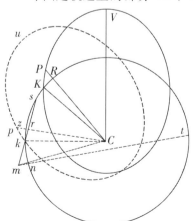

pk；设点 P 与 K 间的距离为最小。由点 k 作垂线 kr 到直线 pC，并延长到 m，使 mr 比 kr 等于 $\angle VCp$ 比 $\angle VCP$。因为物体的高度 PC 与 pC、KC 与 kC 总是相等，所以线段 PC 与 pC 的增量或减量总是相等；如果把两个物体在处所 P 和 p 的运动分别分解为二（由定律推论 II），其一指向中心，或沿着直线 PC、pC，而另一个则与前一个相垂

直，沿着垂直于直线 PC、pC 的方向；则指向中心的运动相等，而物体 p 的横向运动与物体 P 的横向运动的比，等于直线 pC 的角运动比直线 PC 的角运动，即等于 $\angle VCp$ 比 $\angle VCP$。所以，在同一时间里，物体 P 由两方面的运动到达点 K，而物体 p 则以指向中心的相同运动由点 p 相等地运动到 C；所以，当该时间终止时，它将位于通过点 k 与直线 pC 相垂直的直线 mkr 上某处，而其横向运动将使它获得一个到直线 pC 的距离，该距离比另一物体 P 所获得的到直线 PC 的距离，等于物体 p 的横向运动比另一个物体 P 的横向运动。由于 kr 等于物体 P 到直线 PC 的距离，而 mr 比 kr 等于 $\angle VCp$ 比 $\angle VCP$，即等于物体 p 的横向运动比物体 P 的横向运动，所以在该时间终了时，物体 p 将位于处所 m。之所以如此，是因为如果物体 p 和 P 在直线 pc 和 PC 上做相等的运动，则在该方向上受到相等的作用力。但如果取 $\angle pCn$ 比 $\angle pCk$ 等于 $\angle VCp$ 比 $\angle VCP$，nC 等于 kC，在此情形下，物体 p 在时间终了时将的确在 n；如果 $\angle nCp$ 大于 $\angle kCp$，即，如果轨道 upk 以大于直线 CP 被携带前进速度的 2 倍运动，不论是前进或是后退，则物体 p 比物体 P 受到的作用力大。如果轨道的后退运动较慢，则受到的力小。二力的差将正比于在给定时间间隔内物体受该力差的作用所通过的处所的间距 mn。关于中心 C 以间距 cn 或 ck 为半径作圆与直线 mr、mn 的延长线相交于 s、t，则乘积 $mn \cdot mt$ 等于乘积 $mk \cdot ms$，所以 mn 等于 $\dfrac{mk \cdot ms}{mt}$。但由于在给定时间里，$\triangle pck$、$\triangle pCn$ 的大小已知，而 kr 和 mr，以及它们的差 mk，它们的和 ms，反比于高度 pC，所以乘积 $mk \cdot ms$ 反比于高度 pC 的平方。而且 mt 正比于 $\dfrac{1}{2}mt$，即正比于高度 pC。这些都是新生线段的最初比值。所以，$\dfrac{mk \cdot ms}{mt}$，即新生的短线段 mn，以及与它成正比的力的差，反比于高度 pC 的立方。　　　　　　证毕。

推论 I. 在处所 P 与 p 或 K 与 k 的力的差，比物体在与物体 P 于固定轨道上掠过 $\overset{\frown}{PK}$ 相同的时间内由 R 做圆周运动到 K 所受到的力，等于新生

线段 mn 比新生 $\overgroup{RK}$ 的正矢，即等于 $\dfrac{mk \cdot ms}{mt}$ 比 $\dfrac{rk^2}{2kc}$，或等于 $mk \cdot ms$ 比 rk 的平方；也就是说，如果取给定量 F 和 G 的比值等于 $\angle VCP$ 比 $\angle VCp$，则二力之比等于 $GG-FF$ 比 FF。所以，如果由中心 C 以任意半径 CP 或 Cp 作一圆周扇形等于面积 VPC，等于在任意给定的时间内物体沿固定轨道做环绕运动其到中心的半径所掠过的面积，则两个力，其一使物体 P 沿固定轨道运动，另一使物体 p 沿运动轨道运动，它们的差，与在面积 VPC 被掠过的同时使另一物体到中心的半径均匀掠过该扇形的向心力的比，等于 $GG-FF$ 比 FF。因为该扇形与面积 pCk 的比等于它们被掠过的时间的比。

推论Ⅱ. 如果轨道 VPK 是椭圆，其焦点为 C，上回归点是 V，设有另一椭圆 upk 相似且相等于它，使得 pc 总是等于 PC，$\angle VCp$ 比 $\angle VCP$ 为给定比值 G 比 F；令 A 等于高度 PC 或 pC，$2R$ 等于椭圆的通径，则使物体在运动椭圆轨道上运动的力将正比于 $\dfrac{FF}{AA}+\dfrac{RGG-RFF}{A^3}$，反之亦然。令使物体沿固定轨道运动的

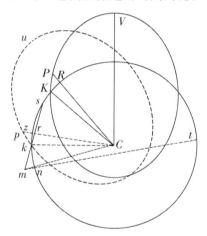

力以量 $\dfrac{FF}{AA}$ 表示，则在 V 的力为 $\dfrac{FF}{CV^2}$。然而，使一物体在距离 CV 处以与物体在椭圆轨道上 V 处相同速度做圆周运动的力，比在回归点 V 作用于做椭圆运动的物体的力，等于该椭圆通径的一半比该圆直径的一半 CV，所以等于 $\dfrac{RFF}{CV^3}$；而与此相比等于 $GG-FF$ 比 FF 的力，等于 $\dfrac{RGG-RFF}{CV^3}$；这个力（由本命题推论Ⅰ）正是物体 P 在 V 处沿固定椭圆 VPK 运动所受到的力与物体 p 在运动椭圆 upk 上所受的力的差。由本命题知，在任意其他高度 A 上该差与其自身在高度 CV 上的比等于 $\dfrac{1}{A^3}$ 比 $\dfrac{1}{CV^3}$，因而该差在每一高度 A 上都正比于 $\dfrac{RGG-RFF}{A^3}$。所以在物体沿固定椭圆 VPK 所受的力 $\dfrac{FF}{AA}$

上，加上差 $\dfrac{RGG-RFF}{A^3}$，其和就是物体在同一时刻沿运动椭圆 upk 运动所

受到的力 $\dfrac{FF}{AA}+\dfrac{RGG-RFF}{A^3}$。

推论Ⅲ. 如果固定轨道 VPK 是椭圆，其中心在力的中心 C，设有一运动椭圆 upk 与之相似、相等而且共心；该椭圆的通径是 $2R$，横向通径即长轴是 $2T$；而且总有 $\angle VCp$ 比上 VCP 等于 G 比 F，则在相同时间里，使物体在固定轨道和运动轨道上运动的力分别等于 $\dfrac{FFA}{T^3}$ 和 $\dfrac{FFA}{T^3}+$ $\dfrac{RGG-RFF}{A^3}$。

推论Ⅳ. 如果令物体的最大高度 CV 为 T，轨道 VPK 在 V 处的曲率半径，即弯曲度相同的圆的半径为 R，使物体在处所 V 沿任意固定曲线 VPK 运动的向心力为 $\dfrac{VFF}{TT}$，在另一处所 P 的力为 X，高度 CP 为 A；且取 G 比 F 等于 $\angle VCp$ 比 $\angle VCP$；则一般地，使同一物体在同一时间沿同一曲线 upk 做同一种圆运动的向心力，等于力 $X+\dfrac{VRGG-VRFF}{A^3}$ 的和。

推论Ⅴ. 给定物体沿固定轨道的运动，则其绕力的中心的角运动也以给定比值增加或减少，所以物体在新的向心力作用下所环绕的新的固定轨道可以求出。

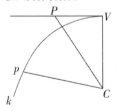

推论Ⅵ. 如果作不定长度的直线 VP 垂直于位置已定的直线 CV，作 CP 及与之相等的 Cp，使 $\angle VCp$ 与 $\angle VCP$ 有给定比值，则使物体沿点 p 连续画出的曲线 Vpk 运动的力，将反比于高度 Cp 的立方。因为物体 P 在没有力作用于它时，其惯性使它沿直线 VP 匀速前进，在加上指向中心 C 且反比于高度 CP 或 Cp 的立方的力后，物体（如刚才证明的）将偏离其直线运动而进入曲线 Vpk。但该曲线 Vpk 与命题41推论Ⅲ中的曲线 VPQ 相同，物体在这种力吸引下将直接上升。

命题 45　问题 31

求非常接近于圆的轨道的回归点的运动。

本问题用算术方法求解，把物体在固定平面上沿运动椭圆(如在命题 44 推论Ⅱ和推论Ⅲ中那样)运动所画出的轨道，简化为求回归点的轨道图形；然后找出物体在固定平面上所画轨道的回归点。但要使轨道的图形相同，需使轨道得以画出的向心力相互之间在相同的高度上成正比。令点 V 是最高的回归点，T 是最大高度 CV，A 是其他高度 CP 或 Cp，X 是高度差 $CV-CP$；则使物体沿绕其焦点 C 转动的椭圆运动(如命题 44 推论Ⅱ那样)的力，在推论Ⅱ中等于 $\dfrac{FF}{AA}+\dfrac{RGG-RFF}{A^3}$，即等于 $\dfrac{FFA+RGG-RFF}{A^3}$，以 $T-X$ 代替 A，即变为 $\dfrac{RGG-RFF+TFF-FFX}{A^3}$。用类似方法，任何其他向心力都可以化为分母是 A^3 的分数，而分子可以通过合并同类项变为相似。这可以通过举例加以说明。

例 1. 设向心力是均匀的，因而正比于 $\dfrac{A^3}{A^3}$，或者，在分子中以 $T-X$ 代替 A，正比于 $\dfrac{T^3-3TTX+3TXX-X^3}{A^3}$。然后合并分子中的对应项，即使已知项与已知项相比，未知项与未知项相比，它变为

$$(RGG-RFF+TFF) : T^3 = -FFX : (-3TTX+3TXX-X^3)$$
$$= -FF : (-3TT+3TX-XX).$$

由于假设该轨道极为接近于圆，令它与圆相重合。因为在此情形下 R 与 T 相等，X 无限缩小，则最后的比为

$$GG : T^2 = -FF : 3TT,$$

以及
$$GG : FF = TT : 3TT = 1 : 3;$$

所以，G 比 F，即 $\angle VCp$ 比 $\angle VCP$，等于 $1 : \sqrt{3}$。由于在固定椭圆中，当物体由上回归点落到下回归点时，将掠过一个，如果可以这样说的话，$180°$ 的角，而另一个在运动椭圆中的物体，处于我们所讨论的固定平面上，

在其由上回归点落到下回归点时，掠过 $\dfrac{180°}{\sqrt{3}}$ 的 $\angle VCp$。之所以如此，是因为这个由受均匀向心力作用的物体画出的轨道相似于物体在固定平面上沿运动椭圆运动所画出的轨迹。通过这种项的比较，使这些轨道相似，但这不是普适的，仅当它们非常近似于圆时才成立。所以，一个物体，当它在均匀向心力作用下沿近圆轨道运动时，由上回归点到下回归点总是关于中心掠过一个 $\dfrac{180°}{\sqrt{3}}$，即 $103°55'23''$ 的角，然后再由下回归点掠过相同角度回到上回归点；循环往复以至无限。

例 2. 设向心力在正比于高度 A 的任意次幂，例如，A^{n-3} 或 $\dfrac{A^n}{A^3}$；在此，$n-3$ 与 n 表示幂的任意指数，可以是整数或分数，有理数或无理数，正数或负数。用我的收敛级数方法把分子 A^n 或 $(T-X)^n$ 化为不确定级数

$$T^n - nXT^{n-1} + \frac{nn-n}{2}XXT^{n-2}，等等。$$

将这些项与另一个分子的项

$$RGG - RFF + TFF - FFX，$$

作比较，它即变为

$$(RGG - RFF + TFF) : T^n - FF : \left(-nT^{n-1} + \frac{nn-n}{2}XT^{n-2}\right),$$

等等，当轨道趋近于圆时取最后比值，上式变为

$$RGG : T^n = -FF : -nT^{n-1},$$

或

$$CC : T^{n-1} = FF : n^{n-1},$$

而且

$$GG : FF = T^{n-1} : nT^{n-1} = 1 : n;$$

所以 G 比 F，即 $\angle VCp$ 比 $\angle VCP$，等于 1 比 $\sqrt{n}$。由于物体在椭圆中由上回归点落到下回归点时掠过的 $\angle VCP$ 为 $180°$，而在由一物体受正比于幂 A^{n-3} 的向心力作用下运动所画出的近圆轨道上，物体由上回归点下落到下回归点时掠过的 $\angle VCp$ 等于 $\dfrac{180°}{\sqrt{\pi}}$，物体由下回归点返回上回归点时又重复

该角，循环往复以至无限。如果向心力正比于物体到中心的距离，即正比于 A，或 $\dfrac{A^4}{A^3}$，则 n 等于 4，而 $\sqrt{n}$ 等于 2；所以上下回归点之间的角度为 $\dfrac{180^\circ}{2}$，或 90°。所以，物体在掠过圆的四分之一部分后到达下回归点，掠过下一个四分之一部分后又到达上回归点，循环往复以至无限。这种情形也出现在命题 10 中。因为受这种向心力作用的物体沿固定椭圆运动，轨道的中心就是力的中心。如果向心力反比于距离，即正比于 $\dfrac{1}{A}$ 或 $\dfrac{A^2}{A^3}$，则 $n=2$，所以上下回归点间的角度为 $\dfrac{180^\circ}{\sqrt{2}}$，或 $127^\circ16'45''$；所以受这种向心力作用的物体将持续重复这一角度，不断由上回归点到下回归点，又由下回归点到上回归点。而如果向心力反比于高度的 11 次幂的 4 次方根，即反比于 $A^{\frac{11}{4}}$，因而正比于 $\dfrac{1}{A^{\frac{11}{4}}}$，或正比于 $\dfrac{A^{\frac{1}{4}}}{A^3}$，$n$ 等于 $\dfrac{1}{4}$，则 $\dfrac{180^\circ}{\sqrt{n}}$ 等于 360°；所以物体离开其上回归点连续运动，在完成一个环绕周期后到达下回归点，再环绕一周后又回到上回归点，如此不断地重复。

例 3. 取 m 和 n 表示高度的幂的指数，b 和 c 为任意给定数，设向心力正比于 $(bA^m + cA^n) \div A^3$，即正比于 $[b(T-X)^m + c(T-X)^n] \div A^3$，或（由上述收敛级数方法）正比于

$$[bT^n + cT^n - mbXT^{m-1} - ncXT^{n-1} + \frac{mm-n}{2}bXXT^{m-2} + \frac{nn-2}{2} -$$
$$cXXT^{n-2}, \cdots] \div A^3;$$

比较分子中的项，得到

$$(RGG - RFF + TFF) : (6T^m + cT^n)$$

$$= -FF : \left(-mbT^{m-1} - ncT^{n-1} + \frac{mm-m}{2}bXT^{m-2} + \frac{nn-n}{2}cXT^{n-2}\right),$$

等等。当轨道接近于圆时取最后比值，得到

$$GG : (bT^{m-1} + cT^{n-1}) = FF : (mbT^{m-1} + ncT^{n-1});$$

以及，

$$GG : FF = (bT^{m-1} + cT^{n-1}) : (mbT^{n-1} + ncT^{n-1})。$$

令最大高度 CV 或 T 在算术上等于1，则该比例式变为，

$$GG : FF = (b+c) : (mb+nc) = 1 : \frac{mb+nc}{b+c}。$$

因而 G 比 F，即 $\angle VCp$ 比 $\angle VCP$，等于1比 $\sqrt{\dfrac{mb+nc}{b+c}}$。所以，由于在固定椭圆上，$\angle VCP$ 介于上下回归点之间，为 $180°$，而 $\angle VCp$ 在由物体受正比于 $\dfrac{bA^m+cA^n}{A^3}$ 的向心力作用画出的轨道上介于相同的回归点之间，将等于一个 $\sqrt{\dfrac{b+c}{mb+nc}} \, 180°$ 的角。由相同的理由，如果向心力正比于 $\dfrac{bA^m-cA^n}{A^3}$，则回归点之间的角等于 $180° \sqrt{\dfrac{b-c}{mb-nc}}$。对于较困难的情形也可以用相同的方法求解这种问题。向心力所正比的量必须分解成分母为 A^3 的收敛级数。然后设该运算中出现的已知分子与未知分子的比，等于分子 $RGG-RFF+TFF-FFX$ 比同一分子中的未知部分。再舍去多余的量，令 T 为1，即可得到 G 与 F 的比例式。

推论 I. 如果向心力正比于高度的任意次幂，则这个幂可以由回归点的运动求出；反之亦然。即，如果物体返回同一个回归点的整个角运动，比其环绕一周或 $360°$ 的角运动，等于数 m 比数 n，且高度为 A，则力将正比于高度 A 的幂 $A^{\frac{nn}{mm}-3}$，该幂的指数是 $\dfrac{nn}{mm}-3$。这种情形出现在第二个例子中。由此易于理解该力在其距中心最远处的减小最多不能超过高度比的立方，否则，受这种力作用的物体一旦离开上回归点开始下落，将再也不能到达下回归点或最低高度，而是沿着命题41推论Ⅲ所讨论的曲线落向中心。但如果它离开下回归点后能稍稍上升，它将决不会回到上回归点，而是沿着同一推论和命题45推论Ⅳ所讨论的曲线无限上升。所以，当在距中心最远处力的减小大于高度比的立方时，物体一旦离开其回归点，便或是落向中心，或是逃逸到无限远，这由其开始运动时是下落或是上升来决定。但如果在距中心最远处力的减小或是小于高度比的立方，或是随高度

的任意比率而增加，则物体决不会落向中心，而是在某一时刻到达下回归点；反之，如果物体交替地由其一个回归点到另一个回归点不断上升或下降，决不到达中心，则力或是在距中心最远处增大，或是其减小小于高度比的立方；物体由一个回归点到另一个回归点的时间越短，该力与该立方比值的比就越大。如果物体回到或离开上回归点前经过 8、4、2 或 $1\frac{1}{2}$ 周的上升和下降，即，如果 m 比 n 为 8、4、2 或 $1\frac{1}{2}$ 比 1，则 $\frac{nn}{mm}-3$ 为 $\frac{1}{64}-$ 3、$\frac{1}{16}-3$、$\frac{1}{4}-3$ 或 $\frac{4}{9}-3$；则力正比于 $A^{\frac{1}{64}-3}$、$A^{\frac{1}{16}-3}$、$A^{\frac{1}{4}-3}$ 或 $A^{\frac{4}{9}-3}$，即反比于 $A^{3-\frac{1}{64}}$、$A^{3-\frac{1}{16}}$、$A^{3-\frac{1}{4}}$ 或 $A^{3-\frac{4}{9}}$。如果物体每运行一周回到同一个回归点，该回归点没有移动，则 m 比 n 等于 1 比 1，所以 $A^{\frac{nn}{mm}-3}$ 等于 A^{-2} 或 $\frac{1}{AA}$；所以力的减小是高度的平方比值，与以前证明相同。如果物体经过 $\frac{3}{4}$、$\frac{2}{3}$、$\frac{1}{3}$ 或 $\frac{1}{4}$ 周的运行回到同一个回归点，则 m 比 n 等于 $\frac{3}{4}$、$\frac{2}{3}$、$\frac{1}{3}$ 或 $\frac{1}{4}$ 比 1，所以 $A^{\frac{nn}{mm}-3}$ 等于 $A^{\frac{16}{9}-3}$、$A^{\frac{9}{4}-3}$、A^{9-3} 或 A^{16-3}；所以力反比于 $A^{\frac{11}{9}}$ 或 $A^{\frac{3}{4}}$，或正比于 A^6 或 A^{13}。最后，如果物体由其下回归点再回到同一个下回归点运行了整整一周又零三度，因而该回归点每当物体运行一周后向前移三度，则 m 比 n 等于 363° 比 360°，或 121 比 120，所以 $A^{\frac{nn}{mm}-3}$ 等于 $A^{-\frac{29\,523}{14\,641}}$，因而向心力反比于 $A^{\frac{29\,523}{14\,641}}$，或近似反比于 $A^{2\frac{1}{243}}$。所以向心力的减小比率略大于平方比率，但它接近平方比率比接近立方比率要强 $59\frac{4}{3}$ 倍。

推论 II. 如果一个物体受反比于高度平方的向心力作用，沿焦点位于力的中心的椭圆运动；有一个新的外力增强或减弱这个向心力，则该外力引起的回归点运动将（由第三个例子）可以求出；反之：如果使物体沿椭圆环绕的力正比于 $\frac{1}{AA}$，而外力正比于 cA，则净剩力正比于 $\frac{A-cA^4}{A^3}$，（由第三个例子知）b 等于 1，m 等于 1，n 等于 4，则两回归点间角度等于

$180°\sqrt{\dfrac{1-c}{1-4c}}$。设该外力比使物体环绕椭圆的另一个力为该外力的 357.45

倍，即 c 为 $\dfrac{100}{35745}$，A 或 F 等于 1；则 $180°\sqrt{\dfrac{1-c}{1-4c}}$ 等于 $180°\sqrt{\dfrac{35\ 645}{35\ 345}}$ 或

180.7623°，即 $180°45'44''$。所以，物体离开上回归点后，要运动 $180°45'44''$ 才

到达下回归点，再重复这一角运动回到上回归点，所以每运行一周上回归

点向前移动 $1°31'28''$。月球回归点的移动约为该数值的 2 倍。

　　物体的轨道平面通过力的中心的运动就讨论到此。现在要讨论在偏心

平面上的运动。因为过去研究各物体运动的作者在考虑这类物体的上升或

下落时，不是仅限于垂直方向上，而是涉及给定平面的所有倾斜角度；出

于同样理由，我们在此要研究受任意力作用倾向中心的物体在偏心平面上

的运动。假定这些平面完全光滑平坦，对在其上运动的物体没有任何阻

碍。而且，在这些证明中，我将不用物体在其上滚动或滑动，因而是物体

的切面的平面，而代之以与它们相平行的平面，物体的中心在其上运动并

画出轨道。此后我还将用相同方法研究弯曲表面上的运动。

第十章　物体在给定表面上的运动物体的摆动运动

命题 46　问题 32

　　设任意种类的向心力，力的中心以及物体在其上运动的平面均为已

知，而且曲线图形的面积可以求出，求一物体以给定速度沿位于上述平面

上的给定直线方向脱离一给定处所的运动。

　　令 S 为力的中心，SC 为该中心到给定平面的最近距离，P 为由处所 P

出发沿直径 PZ 方向运动的物体，Q 为沿着曲线运动的同一物体，而 PQR

为要在给定平面上求出的曲线本身。连接 CQ、QS，如果在 QS 上取 SV 正

比于把物体吸引向中心 S 的力，作 VT 平行于 CQ 并与 SC 相交于 T，则力

SV 可以分解为二（由定律推论 II），力 ST 和力 TV，其中 ST 沿垂直于平面的直线方向吸引物体，完全不改变它在该平面上的运动，而力 TV 的作用与平面本身的位置相重合，直接把物体吸引向平面上已知点 C，所以力 SV 使得物体在平面上运动犹如力 ST 被除去一样，物体就像是在自由空间中受力

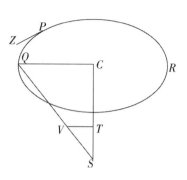

TV 的单独作用围绕中心 C 运动。而已知使物体 Q 在自由空间中围绕中心 C 运动的向心力 TV，即可求出（由命题 42）物体画出的曲线 PQR，物体在任何时刻的位置 Q，以及物体在该处所 Q 的速度。反之亦然。　　　　证毕。

命题 47　定理 15

设向心力正比于物体到中心的距离，则所有沿任意平面运动的物体都画出椭圆，而且在相同时间里完成环绕；而沿直线运动的物体则往返交替，在相同时间里完成各自的往复周期。

设前述命题的所有条件均成立，把在任意平面 PQR 上运动的物体 Q 吸引向中心 S 的力 SV，正比于距离 SQ；则由于 SV 与 SQ、TV 与 CQ 成正比，在轨道平面上把物体吸引向已知点 C 的力 TV 正比于距离 CQ。所以，把出现在平面 PQR 上诸物体吸引向点 C 的力，按距离的比，等于相同物体被各自吸引向中心 S 的力；所以，诸物体将在任意平面 PQR 上围绕点 C 在相同时间里沿相同图形运动，如同它们在自由空间中绕中心 S 运动一样；所以（由命题 10 推论 II 和命题 38 推论 II）它们在相同时间里或是在该平面上画出围绕中心 C 的椭圆，或是沿通过该平面上的中心 C 的直线往返运动；在所有情形下完成相同的时间周期。　　　　证毕。

附　注

在弯曲表面上物体的上升或下降运动与我们刚才讨论的运动有密切关系。设想在任意平面上作若干曲线，并使之沿任意给定的通过力的中心的

轴旋转；画出若干曲面，做此类运动的物体的中心总是在这些表面上。如果这些物体通过斜向上升和下降而来回摆动，则它们的运动在通过转动轴的诸平面上进行，因而也在通过转动形成曲面的诸曲线上进行。所以，对于这些情形，只要考虑诸曲线中的运动就足够了。

命题 48 定理 16

如果一只轮子直立于一只球的外表面，并绕其轴沿球上大圆滚动，则轮子边缘任意一点自其与球接触时起所掠过的曲线路径（该曲线路径可称为摆线或外摆线）的长度，与自该接触时刻起它所通过的球的弧的一半的正矢的 **2** 倍的比，等于球与轮直径之和比球的半径。

命题 49 定理 17

如果轮子直立于球的内表面，并绕其轴沿球上大圆滚动，则轮子边缘上任意一点自其与球接触后所掠过的曲线路径的长度，与自接触后整个时间里它所通过的球的弧的一半的正矢的 **2** 倍的比，等于球与轮直径的差比球的半径。

令 ABL 为球，C 是其中心，BPV 是立于球上的轮子，E 是轮子中心，B 是接触点，P 是轮边缘上任意一点。设该轮沿大圆 ABL 由 A 经过 B 向 L 滚动，滚动方式总是使 AB、PB 相等，同时轮边缘上给定点 P 画出曲线路径 AP。令 AP 为自轮子在 A 与球接触后画出的全部曲线路径，则该曲线路径的长度 AP 比 $\frac{1}{2}\overset{\frown}{PB}$ 的正矢的 2 倍等于 $2CE$ 比 CB。因为令直线 CE（必要时延长）与轮相交于 V，连接 CP、BP、EP、VP；延长 CP，并在其上作垂线 VF。令 PH、VH 相交于 H，与轮相切于 P 和 V，并使 PH 在 C 分割 VF，在 VP 上作垂线 CI、HK。由中心 C 为任意半径作圆 nom，与直线 CP 相交于 n，与轮子边缘 BP 相交于 o，与曲线路径 AP 相交于 m；由中心 V 以 Vo 为半径作圆与 VP 延长线交于 q。

因为滚动中总是围绕接触点 B 转动，则直线 BP 垂直于轮上点 P 所画

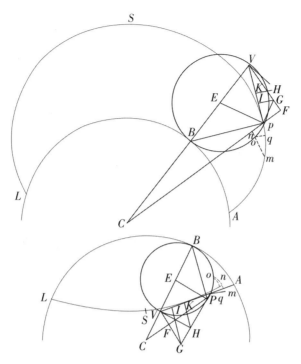

出的曲线 AP，所以直线 VP 与此曲线相切于 P。令圆 nom 的半径逐渐增加或减小，使得它最终与距离 CP 相等；由于趋于零的图形 $Pnomq$ 与图形 $PFGVI$ 相似，趋于零的短线段 Pm、Pn、Po、Pq 的最后比值，即曲线 AP、直线 CP、圆弧 $\overset{\frown}{BP}$ 和直线 VP 暂时增量的比值，将分别与直线 PV、PF、PG、PI 的增量相等。但由于 VF 垂直于 CF，VH 垂直于 CV，所以 $\angle HVG$、$\angle VCF$ 相等；$\angle VHG$（因为四边形 $HVEP$ 在 V 与 P 的角是直角）等于 $\angle CEP$，$\triangle VHG$ 与 $\triangle CEP$ 相似，因而有

$$EP : CE = HG : HV \text{ 或 } HG : HP = KI : PK,$$

由加法或减法，

$$CB : CE = PI : PK,$$

以及 $$CB : 2CE = PI : PV = Pq : Pm。$$

所以直线 VP 的增量，即直线 $BV-VP$ 的增量，比曲线 AP 的增量，等于给定比值 CB 比 $2CE$，所以（由引理 4 推论）由这些增量所产生的长度 $BV-$

VP 与 AP 的比值也相同。但如果 BV 是半径，VP 是 $\angle BVP$ 或 $\frac{1}{2}\angle BEP$ 的余弦，因而 $BV-VP$ 是同一个角的正矢，则在该半径为 $\frac{1}{2}BV$ 的轮子上，$BV-VP$ 等于 $\frac{1}{2}\overset{\frown}{BP}$ 的正矢的 2 倍。所以 AP 比 $\frac{1}{2}\overset{\frown}{BP}$ 的正矢的 2 倍等于 $2CE$ 比 CB。   证毕。

为便于区分，我们把前一个命题中的曲线 AP 称为球外摆线，而后一命题中的另一个曲线称为球内摆线。

推论 Ⅰ. 如果画出整条摆线 ASL，并在 S 处二等分，则 PS 部分的长度比长度 PV（当 EB 是半径时，它是 $\angle VBP$ 正弦的 2 倍）等于 $2CE$ 比 CB，因而比值是给定的。

推论 Ⅱ. 摆线 AS 半径的长度与轮子 BV 直径的比等于 $2CE$ 比 CB。

命题 50　问题 33

使摆动物体沿给定摆线摆动。

在以 C 为中心的球 QVS 内作摆线 QRS，并在 R 加以二等分，与球表面在两边的极点 Q 和 S 相交。作 CR 在 O 等分 $\overset{\frown}{QS}$，并延长到 A，使得 CA

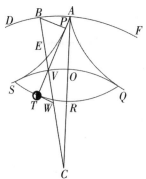

比 CO 等于 CO 比 CR。围绕中心 C 以 CA 为半径作外圆 DAF，并在此圆内由半径为 AO 的轮画两个半摆线 AQ、AS 与内圆相切于 Q 和 S，与外圆相交于 A。由点 A 置一长度等于直线 AR 的细线，把物体 T 系于其上并使之这样在两个半摆线 AQ、AS 之间摆动：每当摆离垂线 AR 时，细线 AP 的上部与它所摆向的半摆线 APS 压合，像固体那样紧贴在该曲线上，而同一根细线上未接触半摆线的其余部分 PT 仍保持直线状态。则重物 T 沿给定摆线 QRS 摆动。   证毕。

因为，令细线 PT 与摆线 QRS 相交于 T，与圆 QOS 相交于 V，作 CV；由极点 P 和 T 向细线的直线部分作垂线 BP、TW，分别与直线 CV

相交于 B 和 W。显然,由相似图形 AS、SR 的作图和产生知,垂线 PB、TW 从 CV 上截下的长度 VB、VW,分别等于轮子直径 OA、OR。所以 TP 比 VP(当 $\frac{1}{2}BV$ 是半径时,它是 $\angle VBP$ 正弦的 2 倍)等于 BW 比 BV,或 $AO+OR$ 比 AO,即(由于 CA 与 CO,CO 与 CR,以及由除法 AO 与 OR 均成正比)等于 $CA+CO$ 比 CA,或者,如果在 E 二等分 BV,则等于 $2CE$ 比 CB,所以(由命题 49 推论 I),细线 PT 的直线部分总是等于摆线 PS 弧长,而整个细线 APT 总是等于摆线 APS 的一半,即(由命题 49 推论 II)等于长度 AR;反之,如果细线总是等于长度 AR,则点 T 总是沿摆线 QRS 运动。   证毕。

推论. 因为细线 AR 等于半摆线 AS,所以它与外球半径 AC 的比,等于相同的半摆线 SR 比内球半径 CO。

命题 51   定理 18

如果球面各处的向心力都指向球心 C,且在所有处所都正比于各处到球心的距离;当单独受该力作用的物体 T 沿摆线 QRS 摆动(按上述方法)时,所有的摆动,不管它们多么不同,其摆动时间都相等。

在切线 TW 的延长线上作垂线 CX,连接 CT。因为迫使物体 T 倾向 C 的向心力正比于距离 CT,将该力(由定律推论 II)分解为两部分 CX、TX,其中 CX 把物体从 P 拉开,使细线 PT 张紧,而细线的阻力使之完全抵消,不产生其他作用,而另一个力 TX 是横向拉力,或把物体拉向 X,使之沿摆线的运动加速。所以容易理解,正比于该加速力的物体的加速度,在每一时刻都正比于长度 TX,即(因为 CV 与 WV、TX 与 TW 成正比,而且都是给定的)正比于长度 TW,也即(由命题 39 推论 I)正比于摆线 TR 的弧长。所以,如果两个摆 APT、Apt 到垂线 AR 的距离不相等,令它

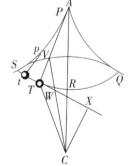

们同时下落,则它们的加速度总是正比于它们所掠过的 $\overset{\frown}{TR}$、$\overset{\frown}{tR}$。但运动开

始时它们所掠过的部分正比于加速度，即正比于运动开始时它们将要掠过的全部距离，因而它们将要掠过的余下部分，以及其后的加速度，也正比于这些部分，也正比于全部距离，等等。所以，加速度，以及由此产生的速度，以及这些速度所掠过的部分，以及将要掠过的部分，都总是正比于全部余下的距离；所以，未掠过的部分相互间维持一个给定比值，将一同消失，即两个摆动物体将在同时到达垂线 AR；另一方面，由于摆在最低处所 R 沿摆线减速上升，在所经过各处又受到它们下落时的加速力的阻碍，因而容易理解它们在上升或下落经过相同弧长时的速度相等，因而需用时间相等；所以，由于摆线置于垂线两侧的部分 RS 和 RQ 相似且相等，因此两个摆在相同时间里完成其摆动的全部或一半。   证毕。

推论. 在摆线上 T 处使物体 T 加速或减速的力，与同一物体在最高处所 S 或 Q 的全部重量的比，等于摆线 TR 的弧长比 $\overset{\frown}{SR}$ 或 $\overset{\frown}{QR}$。

命题 52　问题 34

求摆在各处所的速度，以及完成全部与部分摆动的时间。

围绕任意中心 G，以等于摆线 RS 的弧长为半径画半圆 HKM，并为半

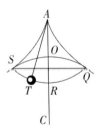

径 GK 所等分。如果向心力正比于处所到中心的距离指向中心 G，且在圆 HIK 上的力等于在球 QOS 表面上指向其中心的向心力，在摆 T 由最高处所 S 下落的同时，一个物体，比如 L，从 H 向 G 下落；则由于作用于二物体上的力在开始时相等，且总是正比于将要掠过的空间

TR、LG，所以，如果 TR 与 LG 相等，则在处所 T 和 L 也相等，因而易于理解这些物体在开始时掠过相等的空间 ST、HL，以后仍在相等的力作用下继续掠过相等的空间。所以，由命题 38，物体掠过 $\overset{\frown}{ST}$ 的时间比一次摆动的时间，等于物体 H 到达 L 所用时间 $\overset{\frown}{HI}$ 比物体 H 将到达 M 所用时间半圆 HKM。而摆在处所 T 的速度比其在最低处 R 的速度，即物体 H 在处所 L 的速度比其在处所 G 的速度，或者线段 HL 的瞬时增量比线段 HG（$\overset{\frown}{HI}$、$\overset{\frown}{HK}$ 以均匀速度增加）的瞬时增量，等于纵坐标 LI 比半径 GK，

或等于 $\sqrt{SR^2 - TR^2}$ 比 SR。所以，由于在不相等的摆动中相同时间里掠过的弧长正比于整个摆动弧长，则由给定时间，一般可以得到所有摆动的速度和所掠过的弧长。这是求解问题的第一步。

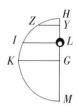

现在令任意摆锤沿由不同的球内画出的不同摆线摆动，它们受到的绝对力也不同；如果任意球 QOS 的绝对力为 V，则推动球面上摆锤的加速力，在摆锤直接向球心运动时，将正比于摆锤到球心的距离与球的绝对力的乘积，即正比于 $CO \cdot V$。所以，正比于该加速力 $CO \cdot V$ 的短线段 HY 可以在给定时间内画出，而如果作垂线 YZ 与球面相交于 Z，则新生弧长 HZ 可表示该给定时间。但该新生弧长 HZ 正比于乘积 $GH \cdot HY$ 的平方根，因而正比于 $\sqrt{GH \cdot CO \cdot V}$ 而变化。因而沿摆线 QRS 的一次全摆动的时间(它正比于半圆 HKM，后者直接表示一次全摆动；反比于以类似方式表示给定时间的弧长 HZ)将正比于 GH 而反比于 $\sqrt{GH \cdot CO \cdot V}$ 即，因为 GH 与 SR 相等，正比于 $\sqrt{\dfrac{SR}{CO \cdot V}}$，或(由命题 50 推论)正比于 $\sqrt{\dfrac{AR}{AC \cdot V}}$。所以，沿所有球或摆线的摆动、在某种绝对力驱使下，其变化正比于细线长度的平方根，反比于摆锤悬挂点到球心的距离的平方根，还反比于球的绝对力的平方根。   证毕。

推论 I．因此可以将物体的摆动、下落和环绕时间作相互比较。因为，如果在球内画出摆线的轮子的直径等于球的半径，则摆线成为通过球心的直线，而摆动变为沿该直线的上下往返。因而可求出物体由任一处所下落到球心的时间，以及物体在任意距离上绕球心匀速环绕四分之一周所用的时间。因为该时间(由情形 2)比在任意摆线上的半摆动时间等于

$$1 : \sqrt{\dfrac{AR}{AC \cdot V}}。$$

推论 II．由此还可以推出克里斯托弗·雷恩爵士和惠更斯先生关于普通摆线的发现。因为，如果球的直径无限增大，则其球面将变成平面，向心力沿垂直于该平面的方向均匀作用，而我们的摆线则变得与普通摆线相

同，但在此情形中介于该平面与画出摆线的点之间的摆线弧长等于介于相同平面和点之间的轮子的半弧长正矢的 4 倍，与克里斯托弗·雷恩爵士的发现相同。而介于这样的两条摆线之间的摆将在相等时间里沿一条相似且相等的摆线摆动，一如惠更斯先生所证明的。重物体的下落时间与一次摆动时间相同，这也是惠更斯先已证明的。

这里证明的几个命题，适用于地球的真实构造。如果使轮子沿地球大圆滚动，则轮边的钉子的运动将画出一条球外摆线；在地下矿井或深洞中的摆将画出球内摆线，这些摆动都可以相同时间进行，因为重力（第三卷将要讨论）随其离开地球表面而减弱：在地表之上正比于到地球中心距离的平方根，在地表之下正比于该距离。

命题 53 问题 35

已知曲线图形的面积，求使物体沿给定曲线做等时摆动的力。

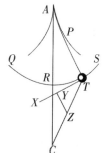

令物体 T 沿任意给定曲线 $STRQ$ 摆动，曲线的轴 AR 通过力的中心 C。作 TX 与曲线相切于物体 T 的任意处所，并在该切线 TX 上取 TY 等于弧长 TR。该弧长可用普通方法由图形面积求得。由点 Y 作直线 YZ 垂直于切线，作 CT 与 YZ 相交于 Z，则向心力将正比于直线 TZ。   证毕。

因为，如果把物体由 T 吸引向 C 的力以正比于它的直线 TZ 来表示，则该力可以分解为两个力 TY、YZ，其中 YZ 沿细绳 PT 的长度方向拉住物体，对其运动变化完全没有作用，而另一个力 TY 直接沿曲线 $STRQ$ 方向对物体的运动加速或减速。所以，由于该力正比于将要掠过的空间 TR，则掠过两次摆动的两个成正比部分（一个较大，一个较小）的物体的加速或减速，将总是正比于这些部分，因而同时掠过这些部分。而在相同时间内连续掠过正比于整个摆程的部分的物体，将在相同时间内掠过整个摆程。

证毕。

推论 I. 如果物体 T 由直细绳 AT 悬挂在中心 A，掠过圆弧 $\overset{\frown}{STRQ}$,

同时受平行向下的任意力的作用，该力与均匀重力的比等于 $\overgroup{TR}$ 比其正弦 TN，则各种摆动的时间相等。因为 TZ、AR 相等，$\triangle ATN$、$\triangle ZTY$ 相似，所以 TZ 比 AT 等于 TY 比 TN；即，如果均匀的重力由给定长度 AT 表示，则使摆动等时的力 TZ 比重力 AT 等于与 TY 相等的弧长 $\overgroup{TR}$ 比该弧的正弦 TN。

推论Ⅱ. 在时钟里，如果通过某种机械把力加在维持运动的摆上，并将它与重力这样复合，使得指向下的合力总是正比于一条直线，该直线等于 $\overgroup{TR}$ 与半径 AR 的乘积除以正弦 TN，则整个摆动具有等时性。

命题 54　问题 36

已知曲线图形的面积，求物体沿着位于经过力的中心的平面上的曲线在任意向心力作用下上升或下降的时间。

令物体由任意处所 S 下落，沿着经过力的中心 C 的平面上的给定曲线 $STtR$ 运动。连接 CS，并把它分为无数相等部分，令 Dd 为其中之一。以 C 为中心，以 CD、Cd 为半径作圆 DT、dt 与曲线 $STtR$ 相交于 T 和 t。由于向心力的规律已给定，物体开始下落的高 CS 也已给定，则物体在任意其他高度 CT 的速度可以求出（由命题 39）。而物体掠过短线段 Tt 的时间正比于该线段，即正比于 $\angle tTC$ 的正割而反比于速度。令正比于该时间的纵坐标 DN 在点 D 垂直于直线 CS，由于 Dd 已给定，则乘积 $Dd \cdot DN$，即面积 $DNnd$，将正比于同一时间。所以，如果 PNn 是点 N 连续接触的曲线，其渐近线 SQ 与直线 CS 垂直，则面积 $SOPND$ 将正比于物体下落经过曲线 ST 所用的时间；所以求出该面积也就求出了时间。　　　　　　　　　　　证毕。

命题 55　定理 19

如果物体沿任意曲线表面运动，该表面的轴通过力的中心，由物体作轴的垂线，并由轴上任意给定点作与之相等的平行线，则该平行线围成的面积正比于时间。

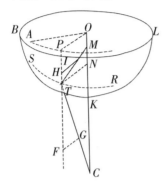

令 BKL 为曲线表面，T 是在其上运动的物体，STR 是物体在同一表面上掠过的曲线，S 是曲线的起点，OMK 是曲线表面的轴，TN 是由物体作向轴的垂线，OP 是由轴上给定点 O 作出的与之相等的平行线，AP 是旋转线 OP 所在平面 AOP 上一点 P 掠过的路径，A 是该路径对应于点 S 的起点；TC 是由物体作向中心的直线，TG 是其上与使物体倾向于中心 C 的力成正比的部分；TM 是垂直于曲面的直线，TI 是其上正比于物体压迫表面的力的部分，该力又受到表面上指向 M 的力的反抗；PTF 是平行于轴且通过物体的直线，而 GF、IF 是由点 G、I 向它所作的垂线且平行于 $PHTF$，则由半径 OP 做运动开始后掠过的面积 AOP 正比于时间。因为，力 TG（由定律推论 II）分解为两个力 TF、FG；而力 TI 分解为力 TH、HI；但力 TF、TH 作用在与平面 AOP 相垂直的直线 PF 方向上，对垂直于该平面方向以外的运动变化无影响。所以，物体的运动，就其在平面位置相同方向上而言，即画出曲线在平面上投影 AP 的点 P 的运动，如同力 TF、TH 不存在一样，而物体的运动只受力 FG、HI 的作用，即与物体在平面 AOP 上受指向中心 O 的向心力作用画出曲线 AP 一样，该力等于力 FG 与 HI 的和。而受该力作用所掠过的面积 AOP（由命题 1）正比于时间。   证毕。

推论. 由相同理由，如果物体受指向两个或更多位于同一条直线上 CO 上的中心的若干力的作用，并在自由空间中掠过任意曲线 ST，相应的面积 AOP 总是正比于时间。

命题 56 问题 37

已知曲线图形面积，以及指向一给定中心的向心力的规律，和其轴通过该中心的曲面，求物体在该曲面上以给定速度沿曲面上的给定方向离开给定点所画出的曲线。

保留上述图形，令物体 T 离开给定处所 S，沿位置已定的直线方向，进入要求的曲线 STR，其在平面 BDO 上的正交投影是 AP。由物体在高度 SC 的速度，可以求出它在任意高度 TC 的速度。从该速度令物体在给定时刻掠过其轨迹的一小段 Tt，它在平面 AOP 上的投影是 Pp。连接 Op，并在曲面上围绕中心 T 以 Tt 为半径作一个小圆，该圆在平面 AOP 上的

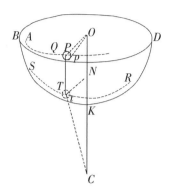

投影是椭圆 pQ。因为该小圆 Tt 的大小，以及它到轴 CO 的距离 TN 或 PO 已给定，椭圆 pQ 的形状、大小以及它到直线 PO 的距离也就给定。由于面积 POp 正比于时间，而时间已给定，因而 $\angle POp$ 也给定，所以椭圆与直线 Op 的公共交点，以及曲线投影 APp 与直线 OP 的夹角 $\angle OPp$ 都可以求出。而由此（比较命题 41 与其推论 Ⅱ）即易于看出确定曲线 APp 的方法。然后由若干投影点 P 向平面 AOP 作垂直线 PT 与曲面相交于 T，即可得到曲面上各点 T。　　　　　　　　　　　　　　　　　　证毕。

第十一章　受向心力作用物体的相互吸引运动

至此为止我论述的都是物体被吸引向不动中心的运动；虽然自然界中很可能不存在这种事情。因为吸引是针对物体的，而根据第三定律，被吸引与吸引物体的作用是相反且相等的，这使得两个物体，不论是被吸引者还是吸引者，都不是真正的静止，而两者（由定律推论Ⅳ）是相互吸引，绕公共重心旋转。如果有更多物体，不论它们是受到一个物体的吸引，它们也吸引它，还是它们之间相互吸引，这些物体都将这样运动，使得它们的公共重心或是静止，或是沿直线做匀速运动。所以我现在来讨论相互吸引物体的运动，把向心力看作是吸引作用，虽然从物理学严格性上说它们也许应更准确地称为推斥作用。但这些命题只被看作是纯数学的，所以我把

物理考虑置于一边，用所熟悉的表达方式，使我所要说的更易于为数学读者理解。

命题 57　定理 20

两个相互吸引的物体，围绕它们的公共重心，也相互围绕对方，描出相似图形。

因为物体到它们公共重心的距离与物体成反比，所以相互间有给定比值；比值的大小与物体间的全部距离也成固定比值。这些距离随着物体绕其公共端点以均匀角速度运动，因为位于同一条直线上，所以它们不会改变相互间的倾向。但相互间有给定比的直线，也随物体绕其端点在平面上做均匀角速度运动，这平面或是相对于它们静止，或是做没有角运动的移动，而直线关于这些端点所画出的图形完全相似。所以，这些距离旋转画出的图形都是相似的。

命题 58　定理 21

如果两个物体以某种力相互吸引，且绕公共重心旋转，则在相同力作用下，绕其中一个被固定物体旋转所得到的图形，相似且相等于这种相互环绕运动作出的图形。

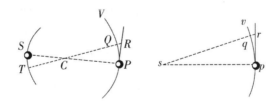

令物体 S 和 P 围绕它们的公共重心 C 旋转，方向是由 S 向 T 以及由 P 向 Q。由给定点 s 连续作 sp、sq 等于且平行于 SP、TQ，则点 p 绕固定点 s 旋转所作曲线 pqv 将相似于且相等于物体 S 和 P 相互环绕所作的图形；因此，由定理 20，也相似于相同物体围绕它们的公共引力中心 C 旋转所得的曲线 ST 和 PQV；而且这也可以由线段 SC、CP 与 SP 或相互间给

定比推知。

情形 1：公共重心 C(由定律推论Ⅳ)或是静止，或是匀速直线运动。首先设它静止，两物体位于 s 和 p，在 s 处的不动，在 p 处的另一个运动，与物体 S 和 P 的情况相似。作直线 PR 和 pr 与曲线 PQ 和 pq 相交于 p 和 q，并延长 CQ 和 sq 到 R 和 r。因为图形 $CPRQ$、$sprq$ 相似，RQ 比 rq 等于 CP 比 sp，所以有给定比值。所以如果把物体 P 吸引向物体 S，因而也吸引向其间的引力中心 C 的力比把物体 p 吸引向中心 s 的力取相同比值，则这些力在相同时间里通过正比于该力的间隔 RQ、rq 把物体由切线 PR、pr 吸引向 $\overgroup{PQ}$、$\overgroup{pq}$；所以后一种力(指向 s)使物体 p 沿曲线 pqv 旋转，它与第一个力推动物体 P 旋转所沿的曲线 PQV 相似；它们的环绕在相同时间内完成。但由于这些力相互比值不等于 CP 与 sp 的比值，而是(因为物体 S 与 s，P 与 p，以及距离 SP 与 sp 的相等性)相等，物体在相同时间内由切线所作的曲线也相等；所以物体 p 通过更大的间隔 rq 被吸引，需要正比于该间隔平方根的更长的时间；因为，由引理 10，运动开始时掠过的距离正比于时间的平方。然后，设物体 p 的速度比物体 P 的速度等于距离 sp 与距离 CP 比值的平方根，使得相互间有简单比值的 $\overgroup{pq}$、$\overgroup{PQ}$ 可以在正比于距离平方根的时间画出；而物体 P、p 总是受到相同的力吸引，将绕固定中心 C 和 s 画出相似图形 PQV、pqv，其中后一图形 pqv 相似且相等于物体 P 绕运动物体 S 旋转所画出的图形。   证毕。

情形 2：设公共重心，以及物体在其间相互运动的空间，沿直线匀速运动，则(由定律推论Ⅵ)在此空间中所有运动都与前一情形相同，所以物体相互间运动所画出的图形也相似且相等于图形 pqv，如前所述。   证毕。

推论Ⅰ．所以两个以正比于其距离的力相互吸引的物体，(由命题 10)都绕其公共重心，以及相互环绕对方，画出共心的椭圆；反之，如果画出这样的图形，则力正比于距离。

推论Ⅱ．两个物体，其力反比于距离的平方，(由命题 11、命题 12、命题 13)都环绕其公共重心，以及相互环绕对方，画出圆锥曲线；其焦点在图形环绕的中心。反之，如果画出这样的图形，则向心力反比于距离的平方。

推论Ⅲ. 绕公共重心旋转的两个物体，其伸向该中心或对方的半径所掠过的面积正比于时间。

命题 59　定理 22

两个物体 S 和 P 绕其公共重心 C 运动的周期，比其中一个物体 P 绕另一个保持固定的物体 S，并作出相似且相等于二物体相互环绕所作图形的运动的周期，等于 $\sqrt{S}$ 比 $\sqrt{(S+P)}$。

因为，由前一命题的证明，画出任意相似弧 $\overset{\frown}{PQ}$ 和 $\overset{\frown}{pq}$ 的时间的比等于 $\sqrt{CP}$ 比 $\sqrt{SP}$ 或 $\sqrt{sp}$，即等于 $\sqrt{S}$ 比 $\sqrt{S+P}$。将该比值叠加，画出整个相似弧 $\overset{\frown}{PQ}$ 和 $\overset{\frown}{pq}$ 的时间的和，即画出整个图形的总时间，等于同一比值，$\sqrt{S}$ 比 $\sqrt{S+P}$。　　　　　　　　　　　　　　证毕。

命题 60　定理 23

如果两个物体 P 和 S 以反比于它们的距离的平方的力相互吸引，绕它们的公共重心旋转，则其中一个物体，如 P，绕另一个物体 S 旋转所画出的椭圆的主轴，与同一个物体 P 以相同周期环绕固定了的另一个物体 S 运动所画成的椭圆的主轴，二者之比等于两个物体的和 $S+P$ 比该和与另一个物体 S 之间的两个比例中项中的前一项。

因为，如果画出的椭圆是相等的，则由前一定理知，它们的周期正比于物体 S 与物体的和 $S+P$ 的比的平方根。令后一椭圆的周期按相同比例减小，则周期相等；但由命题 15，该椭圆的主轴将按前一比值的 $\frac{3}{2}$ 次幂减小，即它的立方等于 S 比 $S+P$，因而它的轴比另一椭圆的轴等于 $S+P$ 与 S 比 $S+P$ 之间的两个比例中项中的前一个之间的比。反之，绕运动物体画出的椭圆的主轴比绕不动物体画出的椭圆主轴等于 $S+P$ 比 S $+P$ 与 S 之间的两个比例中项中的前一项。　　　　　　证毕。

命题 61　定理 24

　　如果两个物体以任意种类的力相互吸引，不受其他干扰或阻碍，以任意方式运动，则它们的运动等同于它们并不相互吸引，而都受到位于它们的公共重心的第三个物体的相同的力的吸引，而且该吸引力的规律，就物体到公共重心的距离，以及两物体之间的距离而言，是相同的。

　　因为使物体相互吸引的力，在指向物体的同时，也指向位于物体之间连线上的公共引力中心，所以与从其间的物体上所发出的力相同。　　证毕。

　　又，因为其中一个物体到公共中心的距离与两物体间距离的比值已给定，当然也就可以求出一个距离的任意次幂与另一个距离的同次幂的比值；还可以求出一个距离以任意方式与给定量组合而任意导出的新量，与另一个距离以相同方式与数量相同且与该距离和第一个距离有相同比值的量所复合而成的另一个新的量的比值。所以，如果一个物体受另一个物体的吸引力正比或反比于两物体间的相互距离，或正比于该距离的任意次幂；或者，正比于该距离以任意方式与给定量所复合而成的量；则使同一个物体为公共引力中心所吸引的相同的力，也以相同方式正比或反比于被吸引物体到公共引力中心的距离，或正比于该距离的任意次幂；或者，最后，正比于以相同方式由该距离与类似的已知量的复合量。即，吸引力的规律对这两种距离而言是相同的。　　　　　　　　　　　　证毕。

命题 62　问题 38

　　求相互间吸引力反比于距离平方的两个物体自给定处所下落的运动。

　　由上述定理，物体的运动方式与它们受置于公共重心的第三个物体吸引相同；由命题假设该中心在运动开始时是固定的，所以（由定律推论Ⅳ）它总是固定的。所以物体的运动(由问题 25)可以由与它们受指向该中心的力推动的相同方式求出；由此即得到相互吸引物体的运动。　　　　证毕。

命题 63　问题 39

求两个以反比于其距离的平方的力相互吸引的物体自给定处所以给定速度沿给定方向的运动。

开始时物体的运动已给定，因而可以求出公共重心的均匀运动，以及随该垂心沿直线做匀速运动的空间的运动，以及最初或开始时物体相对于该空间的运动。（由定律推论 V 和前一定理）物体随后在该空间中的运动，其方式与该空间和公共重心保持静止，以及两物体间没有吸引力，而受位于公共重心的第三个物体的吸引相同。所以在此运动空间中，每个离开给定处所以给定速度沿给定方向运动，且受到指向该垂心的向心力作用的物体的运动，可以由问题 9 和问题 26 求出，同时还可以求出另一个物体绕同一垂心的运动。将此运动与该空间以及在其中环绕的物体的整个系统的匀速直线运动合成，即得到物体在不动空间中的绝对运动。　　　　　证毕。

命题 64　问题 40

设物体相互间吸引力随其到中心距离的简单比值而增加，求各物体相互间的运动。

设前两个物体 T 和 L 的公共重心是 D，则由定理 21 推论 I 知，它们画出以 D 为中心的椭圆，由问题 5 可以求出椭圆的大小。

设第三个物体 S 以加速力 ST、SL 吸引前两个物体 T 和 L，它也受到它们的吸引。

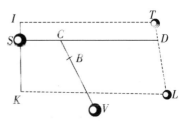

力 ST（由运动定律推论 II）可以分解为力 SD、DT；而力 SL 可分解为力 SD 和 DL。力 DT、DL 的合力是 TL，它正比于使两物体相互吸引的加速力，将该力加在物体 T 和 L 的力上，前者加于前者，后者加于后者，得到的合力仍与先前一样正比于距离 DT 和 DL，只是比先前的力大；所以（由命题 10 推论 I，命题 4 推论 I 和推论 VIII）它与先前的力一样使物体画出椭圆，但运动得更快。余下的加速力 SD 和 DL，通过其运动力 $SD\cdot T$ 和

$SD \cdot L$，沿平行于 DS 的直线 TI 和 LK 同样吸引物体，完全不改变物体相互间的位置，只能使它们同等地趋近直线 IK，该直线通过物体 S 的中心，且垂直于直线 DS。但这种向直线 IK 的趋近受到阻止，物体 T 和 L 在一边，而物体 S 在另一边组成的系统以适当速度绕公共重心 C 旋转。在这种运动中，由于运动力 $SD \cdot T$ 与 $SD \cdot L$ 的和正比于距离 CS，物体 S 倾向于重心 C，并围绕该中心画出椭圆；而由于 CS 与 CD 成正比，点 D 画出与之对应的类似椭圆。受到运动 $SD \cdot T$ 和 $SD \cdot L$ 吸引力的物体 T 和 L，如前面所说，前者对应前者，后者对应后者，同等地沿平行直线 TI 和 LK 的方向，（由定律推论Ⅴ和推论Ⅵ）绕运动点 D 画出各自的椭圆。　　证毕。

如果再加上第四个物体 V，由同样的理由可以证明，该物体与点 C 围绕公共重心 B 画出椭圆；而物体 T、L 和 S 绕重心 D 和 C 的运动不变，只是速度加快了。运用相同方法还可以随意加上更多的物体。　　证毕。

即使物体 T 和 L 相互吸引的加速力大于或小于它们按距离比例吸引其他物体的加速力，上述情形仍成立。令所有加速吸引力相互间的比等于吸引物体距离的比，则由以前的定理容易推知，所有物体都在一个不动平面上以相同周期围绕它们的公共重心 B 画出不同的椭圆。　　证毕。

命题 65　定理 25

力随其到中心距离的平方而减小的物体，相互间沿椭圆运动；而由焦点引出的半径掠过的面积极近似于与时间成正比。

在前一命题中我们已证明了沿椭圆精确进行的运动情形。力的规律与该情形的规律相距越远，物体运动间的相互干扰越大；除非相互距离保持某种比例，否则按该命题所假设的规律相互吸引的物体不可能严格沿椭圆运动。不过，在下述诸情形中轨道与椭圆差别不大。

情形 1：设若干小物体围绕某个很大的物体在距它不同距离上运动，且指向每个物体的力正比于其距离。因为（由定律推论Ⅳ）它们全体的公共重心或是静止，或是匀速运动，设小物体如此之小，以至于根本不能测出大物体到该重心的距离；因而大物体以无法感知的误差处于静止或匀速运动状态中；而小物体绕大物体沿椭圆运动，其半径掠过的面积正比于时间；如果我们排除由大物体到公共重心间距所引入的误差，或由小物体相互间作用所引入的误差的话。可以使小物体如此缩小，使该间距和物体间的相互作用小于任意给定值；因而其轨道成为椭圆，对应于时间的面积没有不小于任意给定值的误差。   证毕。

情形 2：设一个系统，其中若干小物体按上述情形绕一个极大物体运动，或设另一个相互环绕的二体系统做匀速直线运动，同时受到另一个距离很远的极大物体的推动而偏向一侧。因为沿平行方向推动物体的加速不改变物体相互间的位置，只是在各部分维持其间的相互运动的同时，推动整个系统改变其位置，所以相互吸引物体之间的运动不会因该极大物体的吸引而有所改变，除非加速吸引力不均匀，或相互间沿吸引方向的平行线发生倾斜。所以，设所有指向该极大物体的加速吸引力反比于它和被吸引物体间距离的平方，通过增大极大物体的距离，直到由它到其他物体所作的直线长度之间的差，以及这些直线相互间的倾斜都可以小于任意给定值，则系统内各部分的运动将以不大于任意给定值的误差继续进行。由于各部分间距离很小，整个被吸引的系统如同一个物体，它像一个物体一样因而受到吸引而运动，即它的重心将围绕该极大物体画出一条圆锥曲线（如果该吸引较弱则画出抛物线或双曲线，如果吸引较强则画出椭圆），而且由极大物体指向该系统的半径将正比于时间掠过面积，而由前面假设知，各部分间距离所引起的误差很小，并可以任意缩小。   证毕。

由类似的方法可以推广到更复杂的情形，以至于无限。

推论 I. 在情形 2 中，极大物体与二体或多体系统越是趋近，则该系统内各部分相互间运动的摄动越大，因为由该极大物体作向各部分的直线相互间倾斜变大，而且这些直线比例不等性也变大。

推论 II. 在各种摄动中，如果设系统所有各部分指向极大物体的加速吸引力相互之间的比不等于它们到该极大物体的距离的平方的反比，则摄动最大；尤其当这种比例不等性大于各部分到极大物体距离的不等性时更是如此。因为，如果沿平行线方向同等作用的加速力并不引起系统内部分运动的摄动，而当它不能同等作用时，当然必定要在某处引起摄动，其大小随不等性的大小而变化。作用于某些物体上的较大推斥力的剩余部分并不作用于其他物体，必定会使物体间的相互位置发生改变。而这种摄动叠加到由于物体间连线的不等性和倾斜而产生摄动上，将使整个摄动更大。

推论Ⅲ. 如果系统中各部分沿椭圆或圆周运动，没有明显的摄动，且它们都受到指向其他物体的加速力的作用，则该力十分微弱，或在很近处沿平行方向近于同等地作用于所有部分之上。

命题 66   定理 26

三个物体，如果它们相互吸引的力随其距离的平方而减小，且其中任意两个倾向于第三个的加速吸引力反比于相互间距离的平方，两个较小的物体绕最大的物体旋转，则两个环绕物体中较靠内的一个作向最靠内且最大物体的半径，环绕该物体所掠过的面积更接近于正比于时间，画出的图形更接近于椭圆，其焦点位于两个半径的交点，如果该最大物体受到这吸引力的推动，而不是像它完全不受较小物体的吸引，因而处于静止；或者像它被远为强烈，或远为微弱的力所吸引，或在该吸引力作用下被远为强烈，或远为微弱地推动所表现的那样的话。

由前一命题的第二个推论不难得出这一结论，但也可以用某种更严格、更一般的方法加以证明。

情形 1： 令小物体 P 和 S 在同一平面上围绕最大物体 T 旋转，物体 P 画出内轨道 PAB，S 画出外轨道 ESE。令 SK 为物体 P 和 S 的平均距离；物体 P 在平均距离处指向 S 的加速吸引力由直线 SK 表示。作 SL 比 SK 等于 SK 的平方比 SP 的平方，则 SL 是物体 P 在任意距离 SP 处指向 S 的

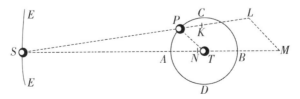

加速吸引力。连接 PT，作 LM 平行于它并与 ST 相交于 M；将吸引力 SL 分解（由定律推论Ⅱ）为吸引力 SM、LM。这样，物体 P 受到三个吸引力的作用。其中之一指向 T，来自物体 T 和 P 的相互吸引。该力使物体 P 以半径 PT 环绕物体 T，掠过的面积正比于时间，画出的椭圆焦点位于物体 T 的中心；这一运动与物体 T 处于静止或受该吸引力而运动无关，这可以由命题 11 以及定理 21 的推论Ⅱ和推论Ⅲ知道。另一个力是吸引力 LM，由于它由 P 指向 T，因而叠加在前一个力上，产生的面积，由定理 21 推论Ⅲ知，也正比于时间。但由于它并不反比于距离 PT 的平方，在叠加到前一个力上后，产生的复合力将使平方反比关系发生变化；复合力中这个力的比例相对于前一个力越大，变化也越大，其他方面则保持不变。所以，由命题 11 和定理 21 推论Ⅱ，画出以 T 为焦点的椭圆的力本应指向该焦点，且反比于距离 PT 的平方，而使该关系发生变化的复合力将使轨道 PAB 由以 T 为焦点的椭圆轨道发生变化；该力的关系变化越大，轨道的变化也越大，而且第二个力 LM 相对于第一个力的比例也越大，其他方面保持不变。而第三个力 SM 沿平行于 ST 的方向吸引物体 P，与另两个力合成的新力不再直接由 P 指向 T；这种方向变化的大小与第三个力相对于另两个力的比例相同，其他方面保持不变，因此，使物体 P 以半径 TP 掠过的面积不再正比于时间；相对于该正比关系发生变化的大小与第三个力相对于另两个力的比例的大小相同。然而这第三个力加剧了轨道 PAB 相对于前两种力造成的相对于椭圆图形的变化：首先，力不是由 P 指向 T；其次，它不反比于距离 PT 的平方。当第三个力尽可能地小，而前两个力保持不变时，掠过的面积最为接近于正比于时间；而当第二和第三两个力，特别是第三个力，尽可能地小，第一个力保持先前的量不变时，轨道 PAB 最接近于上述椭圆。

令物体 T 指向 S 的加速吸引力以直径 SN 表示；如果加速吸引力 SM 与 SN 相等，则该力沿平行方向同等地吸引物体 T 和 P，完全不会引起它们相互位置的改变，由定律推论Ⅵ，这两个物体之间的相互运动与该吸引力完全不存在时一样。由类似的理由，如果吸引力 SN 小于吸引力 SM，

则 SM 被吸引力 SN 抵消掉一部分，而只有（吸引力）剩余的部分 MN 干扰面积与时间的正比性和轨道的椭圆图形。再由类似的方法，如果吸引力 SN 大于吸引力 SM，则轨道与正比关系的摄动也由吸引力差 MN 引起。在此，吸引力 SN 总是由于 SM 而减弱为 MN，第一个吸引力与第二个吸引力完全保持不变。所以，当 MN 为零或尽可能小时，即当物体 P 和 T 的加速吸引力尽可能接近于相等时，亦即吸引力 SN 既不为零，也不小于吸引力 SM 的最小值，而是等于吸引力 SM 的最大值和最小值的平均值，即既不远大于也不远小于吸引力 SK 之时，面积与时间最接近于正比关系，而轨道 PAB 也最接近于上述椭圆。   证毕。

情形 2：令小物体 P、S 围绕大物体 T 在不同平面上旋转。在轨道 PAB 平面上沿直线 PT 方向的力 LM 的作用与上述相同，不会使物体 P 脱离该轨道平面。但另一个力 NM，沿平行于 ST 的直线方向作用（因而，当物体 S 不在交点连线上时，倾向于轨道 PAB 的平面），除引起所谓纵向摄动之外，还产生另一种所谓横向摄动，把物体 P 吸引出其轨道平面。在任意给定物体 P 和 T 的相互位置情形下，这种摄动正比于产生它的力 MN；所以，当力 MN 最小时，即（如前述）当吸引力 SN 既不远大于也不远小于吸引力 SK 时，摄动最小。   证毕。

推论 I. 所以，容易推知，如果几个小物体 P、S、R 等围绕极大物体 T 旋转，则当大物体与其他物体相互间都受到吸引和推动（根据加速吸引力的比值）时，在最里面运动的物体 P 受到的摄动最小。

推论 II. 在三个物体 T、P、S 的系统中，如果其中任意两个指向第三个的加速吸引力反比于距离的平方，则物体 P 以 PT 为半径围绕物体 T 掠过面积时，在会合点 A 及其对点 B 附近时快于掠过方照点 C 和 D。因为，每一种作用于物体 P 而不作用于物体 T 的力，都不沿直线 PT 方向，根据其方向与物体的运动方向相同或是相反，对它掠过面积加速或减速。这就是力 NM。在物体由 C 向 A 运动时，该力指向运动方向，对物体加速；在物体到达 D 时，该力与运动方向相反，对物体减速；然后直到物体运动到 B，它才与运动方向同向；最后物体由 B 到 C 时它又与运动方向反向。

推论Ⅲ. 由相同理由知，在其他条件不变时，物体 P 在会合点及其对点比在方照点运动得快。

推论Ⅳ. 在其他条件不变时，物体 P 的轨道在方照点比在会合点及其对点弯曲度大。因为物体运动越快，偏离直线路径越少。此外，在会合点及其对点，力 KL 或 NM 与物体 T 吸引物体 P 的力方向相反，因而使该力减小；而物体 P 受物体 T 吸引越小，偏离直线路径越少。

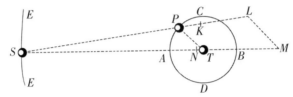

推论Ⅴ. 在其他条件不变时，物体 P 在方照点比在会合点及其对点距物体 T 更远，不过这仅在不计偏心率变化时才成立。因为如果物体 P 的轨道是偏心的，当回归点位于朔望点时，其偏心率（如将在推论Ⅸ中计算的）最大，因而有可能出现这种情况，当物体 P 的朔望点接近其远回归点时，它到物体 T 的距离大于它在方照点的距离。

推论Ⅵ. 因为使物体 P 滞留在其轨道上的中心物体 T 的向心力，在方照点由于力 LM 的加入而增强，而在朔望点由于减去力 KL 而削弱，又因为力 KL 大于 LM，因而削弱的多于增强的；而且，由于该向心力（由命题4推论Ⅱ）正比于半径 TP，反比于周期的平方，所以不难推知力 KL 的作用使合力比值减小；因此设轨道半径 PT 不变，则周期增加，并正比于该向心力减小比值的平方根；因此，设半径增大或减小，则由命题4推论Ⅵ，周期以该半径的 $\frac{3}{2}$ 次幂增大或减小。如果该中心物体的吸引力逐渐减弱，被越来越弱地吸引的物体 P 将距中心物体 T 越来越远；反之，如果该力越来越强，它将距 T 越来越近。所以，如果使该力减弱的远物体 S 的作用由于旋转而有所增减，则半径 TP 也相应交替地增减；而随着远物体 S 的作用的增减，周期也随半径的比值的 $\frac{3}{2}$ 次幂，以及中心物体 T 的向心力的减弱或增强比值的平方根的复合比值而增减。

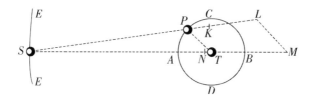

推论Ⅶ. 由前面证明的还可以推知，物体 P 所画椭圆的轴，或回归线的轴，随其角运动而交替前移或后移，只是前移较后移为多，因此总体直线运动是向前移的。因为，在方照点力 MN 消失，把物体 P 吸引向 T 的力由力 LM 和物体 T 吸引物体 P 的向心力复合而成。如果距离 PT 增加，第一个力 LM 近似于以距离的相同比例增加，而另一个力则以正比于距离比值的平方减少；因此两个力的和的减少小于距离 PT 比值的平方；因此由命题 45 推论Ⅰ，将使回归线，或者等价地，使上回归点后移。但在会合点及其对点使物体 P 倾向于物体 T 的力是力 KL 与物体 T 吸引物体 P 的力的差，而由于力 KL 极近似于随距离 PT 的比值而增加，该力差的减少大于距离 PT 比值的平方；因此由命题 45 推论Ⅰ，使回归线前移。在朔望点和方照点之间的地方，回归线的运动取决于这两种因素的共同作用，因此它按两种作用中较强的一项的剩余值比例前移或后移。所以，由于在朔望点力 KL 几乎是力 LM 在方照点的 2 倍，剩余在力 KL 一方，因而回归线向前移。如果设想两个物体 T 和 P 的系统为若干物体 S、S、S，等等在各边所环绕，分布于轨道 ESE 上，则本结论与前一推论便易于理解了，因为由于这些物体的作用，物体 T 在每一边的作用都减弱，其减少大于距离比值的平方。

推论Ⅷ. 但是，由于回归点的直线或逆行运动决定于向心力的减小，即决定于在物体由下回归点移向上回归点过程中，该力大于或是小于距离 TP 比值的平方；也决定于物体再次回到下回归点时向心力类似的增大；所以，当上回归点的力与下回归点的力的比值较之距离平方的反比值有最大差值时，该回归点运动最大。不难理解，当回归点位于朔望点时，由于相减的力 KL 或 $NM-LM$ 的缘故，其前移较快；而在方照点时，由于相加的力 LM，其后移较慢。因为前行速度或逆行速度持续时间很长，所以这种不等性相当明显。

推论 IX. 如果一个物体受到反比于它到任意中心的距离的平方的力的阻碍，环绕该中心运动；在它由上回归点落向下回归点时，该力受到一个新的力的持续增强，且超过距离减小比值的平方，则该总是被吸引向中心的物体在该新力的持续作用下，将比它单独受随距离减小的平方而减小的力的作用更倾向于中心，因而它画出的轨道比原先的椭圆轨道更靠内，而且在下回归点更接近于中心。所以，新力持续作用下的轨道更为偏心。如果随着物体由下回归点向上回归点运动再以与上述的力的增加的相同比值减小向心力，则物体回到原先的距离上；而如果力以更大比值减小，则物体受到的吸引力比原先要小，将迁移到较大的距离，因而轨道的偏心率增大得更多。所以，如果向心力的增减比值在第一周中都增大，则偏心率也增大；反之，如果该比值减小，则偏心率也减小。

所以，在物体 T、P、S 的系统中，当轨道 PAB 的回归点位于方照点时，上述增减比值最小，而当回归点位于朔望点时最大。如果回归点位于方照点，该比值在回归点附近小于距离比值的平方，而在朔望点大于距离比值的平方；而由该较大比值即产生的回归线运动，正如前面所述。但如果考虑上下回归点之间的整个增减比值，它还是小于距离比值的平方。下回归点的力比上回归点的力小于上回归点到椭圆焦点的距离与下回归点到同一焦点的距离的比值的平方；反之，当回归点位于朔望点时，下回归点的力比上回归点的力大于上述距离比值的平方。因为在方照点，力 LM 叠加在物体 T 的力上，复合力比值较小；而在朔望点，力 KL 减弱物体 T 的力，复合力比值较大。所以，在回归点之间运动的整个增减比值，在方照点最小，在朔望点最大；所以，回归点在由方照点向朔望点运动时，该比值持续增大，椭圆的偏心率也增大；而在由朔望点向方照点运动时，比值持续减小，偏心率也减小。

推论 X. 我们可以求出纬度误差。设轨道 EST 的平面不动，由上述误差的原因可知，两个力 NM、ML 是误差的唯一和全部原因，其中力 ML 总是在轨道 PAB 平面内作用，不会干扰纬度方向的运动；而力 NM，当

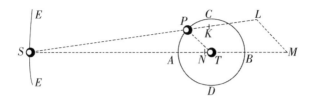

交会点位于朔望点时，也作用于轨道的同一平面，此时也不会影响纬度运动。但当交会点位于方照点时，它对纬度运动有强烈干扰，把物体持续吸引出其轨道平面；在物体由方照点向朔望点运动时，它减小轨道平面的倾斜，而当物体由朔望点移向方照点时，它又增加轨道平面的倾斜。所以，当物体到达朔望点时，轨道平面倾斜最小，而当物体到达下一个交会点时，它又恢复到接近于原先的值。但如果物体位于方照点后的八分点（45°），即位于 C 和 A、D 和 B 之间，则由于刚才说明的原因，物体 P 由任一交会点向其后 90°点移动时，轨道平面倾斜逐渐减小；然后，在物体由下一个 45°向下一个方照点移动时，倾斜又逐渐增加；其后，物体再由下一个 45°向交会点移动时，倾斜又减小。所以，倾斜的减小多于增加，因而在后一个交会点总是小于前一个交会点。由类似理由，当交会点位于 A 和 D、B 和 C 之间的另一个八分点时，轨道平面倾斜的增加多于减少。所以，当交会点在朔望点时倾斜最大。在交会点由朔望点向方照点运动时，物体每次接近交会点，倾斜都减小，当交会点位于方照点同时物体位于朔望点时倾斜达到最小值；然后它又以先前减小的程度增加，当交会点到达下一个朔望点时恢复到原先值。

推论 XI. 因为，当交会点在方照点时，物体 P 被逐渐吸引离开其轨道平面，又因为该吸引力在它由交会点 C 通过会合点 A 向交会点 D 运动时是指向 S 的，而在它由交会点 D 通过对应点 B 移向交会点 C 时，方向又相反，所以，在离开交会点 C 的运动中，物体逐渐离开其原先的轨道平面 CD，直至它到达下一个交会点，因而在该交会点上，由于它到原先平面 CD 距离最远，因此它将不在该平面的另一个交会点 D，而在距物体 S 较近的一个点通过轨道 EST 的平面，该点即该交会点在其原先处所后的新处所。而由类似理由，物体由一个交会点向下一个交会点运动时，交会点也向后退移。所以，位于方照点的交会点逐渐退移；而在朔望点没有干扰纬度运动的因素，交会点不动；在这两种处所之间两种因素兼而有之，交会点退移较慢。所以，交会点或是逆行，或是不动，总是后移，或者说，在每次环绕中都向后退移。

推论ⅩⅡ. 在物体 P、S 的会合点，由于产生摄动的力 NM、ML 较大，上述诸推论中描述的误差总是略大于对点的误差。

推论ⅩⅢ. 由于上述诸推论中误差和变化的原因与比例同物体 S 的大小无关，所以即使物体 S 大到使两物体 P 和 T 的系统环绕它运动上述情形也会发生。物体 S 的增大使其向心力增大，导致物体 P 的运动误差增大，也使在相同距离上所有误差都增大，在这种情形下，误差要大于物体 S 环绕物体 P 和 T 的系统运动的情形。

推论ⅩⅣ. 但是，当物体 S 极为遥远时，力 NM、ML 极其接近于正比于力 SK 以及 PT 与 ST 的比值；即，如果距离 PT 与物体 S 的绝对力都给定，反比于 ST^3，由于力 NM、ML 是前述各推论中所有误差和作用的原因，则如果物体 T 和 P 仍与先前相同，只改变距离 ST 和物体 S 的绝对力，所有这些作用都将极为接近于正比于物体 S 的绝对力，反比于距离 ST 的立方。所以，如果物体 P 和 T 的系统绕远物体 S 运动，则力 NM、ML 以及它们的作用将（由命题 4 推论Ⅱ）反比于周期的平方。所以，如果物体 S 的大小正比于其绝对力，则力 NM、ML 及其作用将正比于由 T 看远物体 S 的视在直径的立方；反之亦然。因为这些比值与上述复合比值相同。

推论ⅩⅤ. 如果轨道 ESE、PAB 保持其形状比例及相互间夹角不变，而只改变其大小，且物体 S 和 T 的力或者保持不变，或者以任意给定比例变化，则这些力（即物体 T 的力，它迫使物体 P 由直线运动进入轨道 PAB，以及物体 S 的力，它使物体 P 偏离同一轨道）总是以相同方式和相同比例起作用。因而，所有的作用都是相似而且是成比例的。这些作用的时间也是成比例的；即，所有的直线误差都比例于轨道直径，角误差保持不变；而相似直线误差的时间，或相等的角误差的时间，正比于轨道周期。

推论 XVI. 如果轨道图形和相互间夹角给定，而其大小、力以及物体的距离以任意方式变化，则我们可以由一种情形下的误差以及误差的时间非常近似地求出其他任意情形下的误差和误差时间。这可以由以下方法更简捷地求出。力 NM、ML 正比于半径 TP，其他条件不变；这些力的周期作用(由引理 10 推论 II)正比于力以及物体 P 的周期的平方。这正是物体 P 的直线误差；而它们到中心 T 的角误差(即回归点与交会点的运动，以及所有视在经度和纬度误差)在每次环绕中都极近似于正比于环绕时间的平方。令这些比值与推论 XII 中的比值相乘，则在物体 T、P、S 的任意系统中，P 在非常接近处环绕 T 运动，而 T 在很远处环绕 S 运动，由中心 T 观察到的物体 P 的角误差在 P 的每次环绕中都正比于物体 P 的周期的平方，而反比于物体 T 的周期的平方。所以回归点的平均直线运动与交会点的平均运动有给定比值；因而这两种运动都正比于物体 P 的周期，反比于物体 T 的周期的平方。轨道 PAB 的偏心率和倾角的增大或减小对回归点和交会点的运动没有明显影响，除非这种增大或减小确乎为数极大。

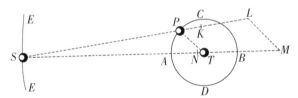

推论 XVII. 由于直线 LM 有时大于，有时又小于半径 PT，令力 LM 的平均量由半径 PT 来表示，则该平均量比平均力 SK 或 SN(它也可以由 ST 来表示)等于长度 PT 比长度 ST。但使物体 T 维持其环绕 S 的轨道上的平均力 SN 或 ST 与使物体 P 维持在其环绕 T 的力的比值，等于半径 ST 与半径 PT 的比值，和物体 P 环绕 T 的周期的平方与物体 T 环绕 S 的周期的平方的比值的复合。因而，平均力 LM 比使物体 P 维持在其环绕 T 的轨道上的力(或使同一物体 P 在距离 PT 处围绕不动点 T 做相同周期运动的力)等于周期的平方比值。因而周期给定，同时距离 PT、平均力 LM 也给定；而这个力给定，则由直线 PT 和 MN 的对比也可非常近似地得出

力 MN。

推论 XVIII. 利用物体 P 环绕物体 T 的相同规律，设许多流动物体在相同距离处环绕物体 T 运动；它们的数目如此之多，以至于首尾相接，形成圆形流体圈，或圆环，其中心在物体 T；这个环的各个部分在与物体 P 相同的规律作用下，在距物体 T 更近处运动，并在它们自己以及物体 S 的会合点及其对点运动较快，而在方照点运动较慢。该环的交会点或它与物体 S 或 T 的轨道平面的交会点在朔望点静止；但在朔望点以外，它们将退行，或逆行运动，在方照点时速度最大，而在其他处所较慢。该环的倾角也变化，每次环绕中它的轴都摆动，环绕结束时轴又回到原先的位置，唯有交会点的岁差使它做少许转动。

推论 XIX. 设球体 T 包含若干非流体物体，被逐渐扩张其边缘延伸到上述环处，沿球体边缘开挖一条注满水的沟道，该球绕其自身的轴以相同周期匀速转动，则水被交替地加速或减速（如前一推论那样），在朔望点速度较快，方照点较慢，在沟道中像大海一样形成退潮和涨潮。如果撤去物体 S 的吸引，则水流没有潮涨和潮落，只沿球的静止中心环流。球做匀速直线运动，同时绕其中心转动时与此情形相同（由定律推论 V），而球受直线力均匀吸引时也与此情形相同（由定律推论 VI）。但当物体 S 对它有作用时，由于吸引力的变化，水获得新的运动；距该物体较近的水受到的吸引较强，而较远的吸引较弱。力 LM 在方照点把水向下吸引，并一直持续到朔望点；而力 KL 在朔望点向上吸引水，并一直持续到方照点；在此，水的涨落运动受到沟道方向的导引，以及些微的摩擦除外。

推论 XX. 设圆环变硬，球体缩小，则水的涨落运动停止；但环面的倾斜运动和交会点岁差不变。令球与环共轴，且旋转时间相同，球面接触环的内侧并连为整体，则球参与环的运动，而整体的摆动、交会点的退移一如我们所述，与所有作用的影响完全相同。当交会点在朔望点时，环面倾角最大。在交会点向方照点移动时，其影响使倾角逐渐减小，并在整个球运动中引入一项运动。球使该运动得以维持，直至环引入相反的作用抵消这一运动，并入相反方向的新的运动。这样，当交会点位于方照点时，使倾角减小的运动达到最大值，在该方照点后八分点处倾角有最小值；当交会点位于朔望点时，倾斜运动有最大值，在其后的八分点处斜角最大。对于没有环的球，如果它的赤道地区比极地地区略高或略密一些，则情形与此相同，因为赤道附近多出的物体取代了环的地位。虽然我们可以设球的向心力任意增大，使其所有部分像地球上各部分一样竖直向下指向中心，但这一现象与前述各推论却少有改变，只是水位最高和最低处有所不同，因为这时水不再靠向心力维系在其轨道内，而是靠它所沿着流动的沟道维系。此外，力 LM 在方照点吸引水向下最强，而力 KL 或 NM－LM 在朔望点吸引水向上最强。这些力的共同作用使水在朔望点之前的八分点不再受到向下的吸引，而转为受到向上吸引；而在该朔望点之后的八分点不再受到向上的吸引，而转为向下的吸引。因此，水的最大高度大约发生在朔望点后的八点分，其最低高度大约发生在方照点之后的八分点，只是这些力对水面上升或下降的影响可能由于水的惯性或沟道的阻碍而有些微推延。

推论 XXI. 由同样的理由，球上赤道地区的过剩物质使交会点退移，因此这种物质的增多会使逆行运动增大，而减少则使逆行运动减慢，除去这种物质则逆行停止。因此，如果除去较过剩者更多的物质，即如果球的赤道地区比极地地区凹陷，或物质稀薄，则交会点将前移。

推论 XXII. 所以，由交会点的运动可以求出球的结构。即，如果球的极地不变，其(交会点的)运动逆行，则其赤道附近物体较多；如果该运动是前行的，则物质较少。设一均匀而精确的球体最初在自由空间中静止，由于某种侧面施加于其表面的推斥力使其获得部分转动和部分直线运动。由于该球相对于其通过中心的所有轴是完全相同的，对一个方向的轴比对另一任意轴没有更大的偏向性，则球自身的力决不会改变球的转轴，或改变转轴的倾角。现在设该球如上述那样在其表面相同部分又受到一个新的推斥力的斜向作用，由于推斥力的作用不因其到来的先后而有所改变，则这两次先后到来的推斥力冲击所产生的运动与它们同时到达效果相同，即与球受到由这二者复合而成的单个力的作用而产生的运动相同(由定律推论Ⅱ)，即产生一个关于给定倾角的轴的转动。如果第二次推斥力作用于第一次运动的赤道上任意其他处所，情形与此相同，而第一次推斥力作用在由第二次作用所产生的运动的赤道上的任意一点上的情形也与此完全相同；所以两次推斥力作用于任意处的效果均相同，因为它们产生的旋转运动与它们同时共同作用于由这两次冲击分别单独作用所产生的运动的赤道的交点上所产生的运动相同。所以，均匀而完美的球体并不存留几种不同的运动，而是将所有这些运动加以复合，化简为单一的运动，并总是尽其可能地绕一根给定的轴做单向匀速转动，轴的倾角总是维持不变。向心力不会改变轴的倾角或转动的速度。因为如果设球被通过其中心的任意平面分为两个半球，向心力指向该中心，则该力总是同等地作用于这两个半球，所以不会使球围绕其自身的轴的转动有任何倾向。但如果在该球的赤道和极地之间某处添加一堆像山峰一样的物质，则该堆物质通过其脱离运动中心的持续作用，干扰球体的运动，并使其极点在球面上游荡，围绕其自身以及其对点运动画出圆形，极点的这种巨大偏移运动无法纠正，除非把此山移到二极之一，在此情形中，由推论 XXI，赤道的交会点顺行；或移至赤道地区，这种情形中，由推论 XX，交会点逆行；或者，最后一种方法，在轴的另一边加上另一座新的物质山堆，使其运动得到平衡；这样，交会点或是顺行，或是逆行，这要由山与新增的物质是近于极地或是近于赤道来决定。

命题 67   定理 27

在相同的吸引力规律下，较外的物体 S，以它伸向较内的物体 P 与 T 的公共重心点 O 的半径环绕该重心运动，比它以伸向最里面最重的物体 T 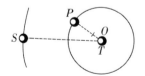的半径环绕该物体 T 的运动，所掠过的面积更近于正比于时间，画出的轨道更近于以该重心为焦点的椭圆。

因为物体 S 指向 T 和 P 的吸引力复合成其绝对吸引力，它更近于指向物体 T 和 P 的公共重心 O，而不是最大的物体 T；它更近于反比于距离 SO 的平方，而不是距离 ST 的平方；这稍作考虑即可明白。　　　　　　证毕。

命题 68　定理 28

在相同的吸引力规律下，如果最里面最大的物体像其他物体一样也受到该吸引力的推动，而不是处于静止，完全不受吸引力作用，或者，不是被或是极强或是极弱地吸引而或是极强或是极弱地被推动，则最外面的物体 S，以其伸向较内的物体 P 和 T 的公共重心的半径，围绕该重心所掠过的面积更近于正比于时间，其轨道也更近于以该重心为焦点的椭圆。

该定理可以用与命题 66 相同的方法证明，但由于它冗长繁琐，我在此略过。可以用如下简便方法来考虑。由前一命题的证明易知，物体 S 受到两个力的共同作用而倾向的中心，非常接近于另两个物体的公共重心，如果该中心与该公共重心重合，而且这三个物体的公共重心是静止的，物体 S

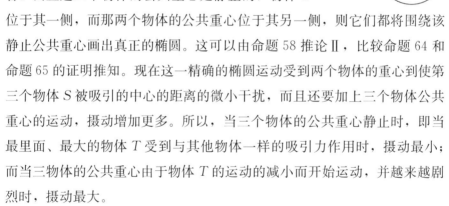

位于其一侧，而那两个物体的公共重心位于其另一侧，则它们都将围绕该静止公共重心画出真正的椭圆。这可以由命题 58 推论 II，比较命题 64 和命题 65 的证明推知。现在这一精确的椭圆运动受到两个物体的重心到使第三个物体 S 被吸引的中心的距离的微小干扰，而且还要加上三个物体公共重心的运动，摄动增加更多。所以，当三个物体的公共重心静止时，即当最里面、最大的物体 T 受到与其他物体一样的吸引力作用时，摄动最小；而当三物体的公共重心由于物体 T 的运动的减小而开始运动，并越来越剧烈时，摄动最大。

推论. 如果若干小物体绕大物体旋转，容易推知，如果所有物体都受到正比于其绝对力、反比于距离平方的加速力的相互吸引和推动，如果每个轨道的焦点都位于所有较靠里面物体的公共重心上（即，如果第一个和最靠里面的轨道的焦点位于最大和最里面物体的重心上，第二个轨道的焦点位于最里面两个物体的公共重心上，第三个轨道的焦点位于最里面的三个物体的公共重心上，依此类推），而不是最里面的物体处于静止，而且是所有轨道的公共焦点，则轨道接近于椭圆，面积的生成也比较均匀。

命题 69 定理 29

在若干物体 *A*、*B*、*C*、*D*，等等的系统中，如果其中一个，如 *A*，吸引所有其他物体 *B*、*C*、*D*，等等，加速力反比于它到吸引物体距离的平方；而另一个物体，如 *B*，也吸引所有其他物体 *A*、*C*、*D*，等等，加速力也反比于它到吸引物体的距离的平方；则吸引物体 *A* 和 *B* 的绝对力相互间的比就等于这些力所属的物体 *A* 和 *B* 的比。

因为，由假设知，所有物体 *B*、*C*、*D* 指向物体 *A* 的加速吸引力在距离相同时相等；由类似方法知所有物体指向 *B* 的加速吸引力在距离相同处也相等。而物体 *A* 的绝对吸引力比物体 *B* 的绝对吸引力，等于所有物体指向物体 *A* 的绝对吸引力比在相同距离处所有物体指向物体 *B* 的绝对吸引力；物体 *B* 指向物体 *A* 的加速吸引力比物体 *A* 指向物体 *B* 的加速吸引力也与此相等。但是，物体 *B* 指向物体 *A* 的加速吸引力比物体 *A* 指向物体 *B* 的加速吸引力等于物体 *A* 的质量比物体 *B* 的质量；因为运动力（由定义 2、定义 7 和定义 8）正比于加速力乘以被吸引的物体，且由第三定律相互间是相等的，所以物体 *A* 的绝对加速力比物体 *B* 的绝对加速力等于物体 *A* 的质量比物体 *B* 的质量。   证毕。

推论 I. 如果系统 *A*、*B*、*C*、*D* 中的每一个物体都独自以反比于它到吸引物体的距离的平方的加速力吸引其他物体，则所有这些物体的绝对力之间的比等于它们自身的比。

推论 II. 由类似理由，如果系统 *A*、*B*、*C*、*D* 中的每一个物体都独自吸引其他物体，其加速力或是反比或是正比于它到吸引物体的任意次幂；或者，该力按某种共同规律由它到吸引物体间的距离来决定；则易知这些物体的绝对力正比于物体自身。

推论 III. 在一系统中力正比于距离的平方而减少，如果小物体沿椭圆绕一个极大物体运动，它们的公共焦点位于极大物体的中心，椭圆形状极为精确；而且，伸向该极大物体的半径精确地正比于时间掠过半径；则这些物体的绝对力相互间的比，或是精确地或是接近于等于物体的比，反之亦然。这可以由命题 68 的推论与本命题的推论 Ⅰ 比较得证。

附　注

由这些命题自然使我们推知向心力与这种力通常所指向的中心物体之间类似之处；因为有理由认为被指向物体的向心力应当由这些物体的性质和量来决定，如我们在磁体实验中所见到的那样。当这种情形发生时，我们必须通过赋予它们中每一个以适当的力来计算物体的吸引，再求出它们的总和。我在此使用的**吸引**一词是广义的，指物体所造成的相互趋近的一切企图，不论这企图来自物体自身的作用，由于发射精气而相互靠近或推移；或来自以太，或空气，或任意媒介的相互作用，不论这媒介是物质的还是非物质的，以任意方式促使处于其中的物体相互靠拢。我使用**推斥**一词同样是广义的，在本书中我并不想定义这些力的类别或物理属性，而只想研究这些力的量的数学关系，一如我们以前在定义中所声明的那样。在数学中，我们研究力的量以及它们在任意设定条件下的相互关系，而在物理学中，则要把这些关系与自然现象作比较，以便了解这些力在哪些条件下对应着吸引物体的哪些类型。做完这些准备工作之后，我们就更有把握去讨论力的本质、原因和关系。现在，让我们再来研究用哪些力可以使由具有吸引能力的部分组成的球体必定按上述方式相互作用，以及因此会产生哪些类型的运动。

第十二章　球体的吸引力

命题 70　定理 30

如果指向球面每一点的相等的向心力随到这些点的距离的平方减小，则该球面内的小球将不会受到这些向心力的吸引。

令 $HIKL$ 为球面，P 是球面内的小球。通过 P 向球面作两条直线

HK、IL，截取极短弧$\overset{\frown}{HI}$、$\overset{\frown}{KL}$；因为（由引理7推论Ⅲ）△HPI、△LPK

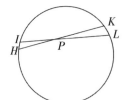

相似，所以这些弧正比于距离 HP、LP；落在由通过 P 的直线在球面上所限定的$\overset{\frown}{HI}$和$\overset{\frown}{KL}$之内的那些粒子，正比于这些距离的平方。所以这些粒子作用于物体 P 上的力相互间相等。因为力正比于粒子，反比于距离的平方，这两个比值复合成相等的比值1：1，所以吸引相等，但作用于相反方向上，相互抵消。由类似理由，整个球面产生的吸引由于反向吸引而全部抵消。所以物体 P 完全不受这些吸引力的作用。　　　证毕。

命题 71　定理 31

在相同条件下，球面外小球受到的指向球面中心的吸引力反比于它到该中心距离的平方。

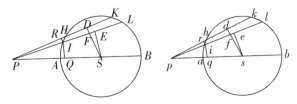

令 AHKB、ahkb 为围绕中心 S、s 的两个相等的球面，它们的直径分别为 AB、ab；令 P 和 p 为二球面外直径延长线上的小球。由小球作直线 PHK、PIL、phk、pil，在大圆 AHB、ahb 上截取相等弧长 HK、hk、IL、il，并作这些直线的垂线 SD、sd、SE、se、IR、ir，其中 SD、sd 分别与 PL、pl 交于 F 和 f。再在直径上作垂线 IQ、iq。现在令∠DPE、∠dpe 消失；因为 DS 与 ds、ES 与 es 相等，故可以取直线 PE、PF 与 pe、pf，以及短线段 DF、df 相等；因为当∠DPE、∠dpe 共同消失时，它们的比值是相等的比值。由此可得：

$$PI：PF=RI：DF$$

以及　　　　　　　　$$pf：pi=df：ri 或 DF：ri。$$

将对应项相乘，

$$(PI \cdot pf)：(PF \cdot pi)=RI：ri$$

$$= \overset{\frown}{IH} : \overset{\frown}{ih}(\text{由引理 } 7 \text{ 推论Ⅲ})。$$

又，
$$PI : PS = IQ : SE$$

以及
$$ps : pi = se : q \text{ 或 } SE : iq。$$

因而，
$$(PI \cdot ps) : (PS \cdot pi) = IQ : iq。$$

将其对应项与前面相似的比例式相乘：

$$(PI^2 \cdot pf \cdot ps) : (pi^2 \cdot PF \cdot PS) = (HI \cdot IQ) : (ih \cdot iq)，$$

即，等于当半圆 AKB 围绕其直径 AB 旋转时 $\overset{\frown}{IH}$ 所掠过的环面，比当半圆 akb 围绕其直径 ab 旋转 $\overset{\frown}{ih}$ 所掠过的环面。而由假设条件知，使这些环面沿指向它们的方向吸引小球 P 和 p 的力正比于环面自身，反比于环面到小球的距离的平方，即等于 $pf \cdot ps$ 比 $PF \cdot PS$。又，这些力与其沿直线 PS、ps 指向球心的斜向部分(由运动定律推论Ⅱ中那样力的分解得到)的比，等于 PI 比 PQ，以及 pi 比 pq；即(由于 $\triangle PIQ$ 与 $\triangle PSF$，以及 $\triangle piq$ 与 $\triangle psf$ 相似)等于 PS 比 PF 以及 ps 比 pf。所以，吸引小球 P 指向 S 的吸引力比吸引小球 p 指向 s 的力，等于 $\dfrac{PF \cdot pf \cdot ps}{PS}$ 比 $\dfrac{pf \cdot PF \cdot PS}{ps}$，即等于 ps^2 比 PS^2。而且，由类似理由，$\overset{\frown}{KL}$、$\overset{\frown}{kl}$ 旋转生成的环面吸引小球的力的比也等于 PS^2 比 ps^2。在球面上，只要取 sd 等于 SD，se 等于 SE，则所分割的环面对小球的吸引力的比总是有相同的比值。所以，把它们再组合起来，整个球面作用于小球的力的比也有相同比值。　　　　证毕。

命题 72　定理 32

如果指向球上若干点的相等的向心力随其到这些点的距离的平方而减小，而且球的密度以及球直径与小球到球中心的比值为给定值，则使小球被吸引的力正比于球半径。

因为，设想两个小球分别受到两个球的吸引，一个吸引一个，另一个吸引另一个，且它们到球心的距离分别正比于球的直径；则球可以分解为与小球所在位置相对应的相似粒子。则一个小球对球各相似粒子的吸引比其他小球对其他球同样多的相似粒子的吸引，等于正比于各部分间的比值与反比于距离平方的比值的复合比。而各粒子正比于球，即正比于直径的立方，而距离正比于直径；所以第一个比值正比于后一个比值的二次反比，变成直径与直径的比值。   证毕。

推证Ⅰ. 如果多个小球绕由同等吸引的物质组成的球做圆周运动，且到球中心的距离正比于它们的直径，则环绕周期相等。

推论Ⅱ. 反之，如果周期相等，则距离正比于直径。这两个推论可由命题 4 推论Ⅲ得证。

推论Ⅲ. 如果两个物体形状相似密度相等，其上各点的相等的向心力随到这些点的距离的平方的增大而减少，则使处于相对于两个物体相似位置上的小球受吸引的力之间的比，等于物体的直径的比。

命题 73   定理 33

如果已知球上各点相等的向心力随到这些点的距离的平方而减小，则球内小球受到的吸引力正比于它到中心的距离。

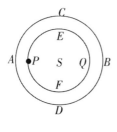

在以 S 为中心的球 $ACBD$ 中，置入一小球 P；围绕同一中心 S，以间隔 SP 为半径作一内圆 $PEQF$。易知（由命题 70）共心球组成的球面差 $AEBF$ 对于其上的物体 P 不发生作用，吸引力被反向吸引所抵消，所以只剩下内球 $PEQF$ 的吸引力，而（由命题 72）该吸引力正比于距离 PS。   证毕。

附　注

我在此设想的构成固体的表面，并不是纯数学面，而是极薄的壳体，其厚度几乎为零；即，当壳体的数目不断增加时，最终构成球的新生壳体的厚度无限减小。同样地，构成线、面和体的点也可看作是一些相等的粒子，其大小也是完全不可想象的。

命题 74 定理 34

在相同条件下，球外的小球受到的吸引力反比于它到球心的距离的平方。

设该球分割为无数共心球面，各球面对小球的吸引（由命题 71）反比于小球到球心的距离的平方。通过求和，这些吸引力的和，即整个球对小球的吸引力，也等于相同比值。   证毕。

推论 I. 均匀球在相同距离处的吸引力的比等于球自身的比。因为（由命题 72）如果距离正比于球的直径，则力的比等于直径的比。令较大的距离以该比值减小，使距离相等，则吸引力以该比值的平方增大；所以它与其他吸引力的比等于该比值的立方，即等于球的比值。

推论 II. 在任意距离处吸引力正比于球，反比于距离的平方。

推论 III. 如果位于均匀球外的小球受到的吸引力反比于它到球心距离的平方，而球由吸引粒子组成，则每个粒子的力将随小球到每个粒子的距离的平方而减小。

命题 75 定理 35

如果加在已知球上的各点的向心力随到这些点的距离的平方而减小，则另一个相似的球也受到它的吸引，该力反比于两球心距离的平方。

因为，每个粒子的吸引反比于它到吸引球的中心的距离的平方（由命题 74），因而该吸引力如同出自一个位于该球心的小球。另一方面，该吸引力的大小等于该小球自身所受到的吸引，如同它受到被吸引球上各粒子以等于它吸引它们的力吸引它一样。而小球的吸引（由命题 74）反比于它到被吸引球的中心的距离的平方；所以，与之相等的球的吸引的比值相同。

证毕。

推论 I. 球对其他均匀球的吸引正比于吸引的球除以它们的中心到被它们吸引的球的中心距离的平方。

推论 II. 被吸引的球也能吸引时情形相同。因为一个球上若干点吸引另一个球上若干点的力，与它们被后者吸引的力相同；由于在所有吸引作用中（由定律Ⅲ），被吸引的与吸引的点二者同等作用，吸引力由于它们的相互作用而加倍，而其比例保持不变。

推论Ⅲ. 在涉及物体围绕圆锥曲线的焦点运动时，如果吸引的球位于焦点，物体在球外运动，则上述诸结论均成立。

推论Ⅳ. 如果环绕运动发生在球内，则仅有物体绕圆锥曲线的中心运动才满足上述结论。

命题 76　定理 36

如果若干球体（就其物质密度和吸引力而言）相互间由其中心到表面的同类比值完全不相似，但各球在其到中心给定距离处是相似的，而且各点的吸引力随其到被吸引物体的距离的平方而减小，则这些球体中的一个吸引其他球体的全部的力反比于球心距离的平方。

设若干同心相似球 AB、CD、EF，等等，其中最里面的一个加上最外

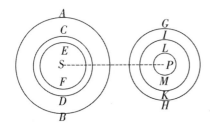

面的一个所包含的物质其密度大于球心，或者减去球心处密度后余下同样稀薄的物质，则由命题 75，这些球体将吸引其他相似的同心球 GH、IK、LM 等，其中每一个对其他一个的吸引力反比于距离 SP 的平方。运用相加或相减方法，所有这些力的总和，或者其中之一与其他的差，即整个球体 AB（包括所有其他同心球或它们的差）的合力吸引整个球体 GH（包括所有其他同心球或它们的差）也等于相同比值。令同心球数目无限增加，使物质密度同时使吸引力在沿由球面到球心的方向上按任意给定规律增减；并通过增加无吸引作用的物质补足不足的密度，使球体获得所期望的任意形状；而由前述理由，其中之一吸引其他球体的力同样反比于距离的平方。　　　　　　　　　　　　　　　　证毕。

推论Ⅰ. 如果有许多此类的球，在一切方面相似，相互吸引，则每个球体对其他一个球体的加速吸引作用，在任意相等的中心距离处，都正比

于吸引球体。

推论Ⅱ. 在任意不相等的距离处，正比于吸引球体除以两球心距离的平方。

推论Ⅲ. 一个球相对于另一个球的运动吸引，或二者间的相对重量，在相同的球心距离处，共同正比于吸引的与被吸引的球，即正比于这两个球的乘积。

推论Ⅳ. 在不同的距离处，正比于该乘积，反比于两球心距离的平方。

推论Ⅴ. 如果吸引作用由两个球相互作用产生，上述比例式依然成立，因为两个力的相互作用仅使吸引作用加倍，比例式保持不变。

推论Ⅵ. 如果这样的球绕其他静止的球转动，每个球绕另一个球转动，而且静止球与运动球球心的距离正比于静止球的直径，则环绕周期相同。

推论Ⅶ. 如果周期相同，则距离正比于直径。

推论Ⅷ. 在绕圆锥曲线焦点的运动中，如果具有上述条件和形状的吸引球位于焦点上，上述结论成立。

推论Ⅸ. 如果具有上述条件的运动球也能吸引，结论依然成立。

命题 77　定理 37

如果球心各点的向心力正比于这些点到被吸引物体的距离，则两个相互吸引的球的复合力正比于两球心间的距离。

情形 **1**：令 $AEBF$ 为一个球体，S 是其中心，P 是被它吸引的小球，$PASB$ 为球体通过小球中心的轴，EF、ef 是分割球体的两个平面，与该轴垂直，而且在球的两边到球心的距离相等，G 和 g 是二平面与轴的交点，H 是平面 EF 上任意一点。点 H 沿直线 PH 方向作用于小球 P 的向心力正比于距离 PH；而（由定律推论Ⅱ）沿直线 PG 方向或指向球心 S 的力，也正比于长度 PG。所以，平面 EF 上所有点（即整个平面）向中心 S 吸引小球 P 的力正比于距离 PG 乘以这些点的数目，即正比于由平面 EF

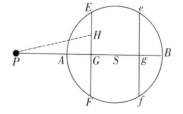

和距离 PG 构成的立方体。由相似方法，使小球 P 被吸引向球心 S 的平面 ef 的力，正比于该平面乘以其距离 Pg，或正比于相等平面 EF 乘以距离 Pg；这两个平面的力的和正比于平面 EF 乘以距离的和 $PG＋Pg$，即正比于该平面乘以中心到小球距离 PS 的 2 倍；即正比于平面 EF 的 2 倍乘以球心到小球距离 PS，或正比于相等平面 $EF＋ef$ 乘以相同距离。而由类似理由，整个球体上球心两边到球心距离相同的所有平面的力，都正比于这些平面的和乘以距离 PS，即正比于整个球体与距离 PS 的乘积。　　证毕。

情形 2：设小球 P 也吸引球体 $AEBF$。由相同理由，则使球体被吸引的力也正比于距离 PS。　　证毕。

情形 3：设另一球体包含无数小球 P。因为使每个小球被吸引的力正比于小球到第一个球心的距离，同样也正比于第一个球，因而这个力好像是从一个位于球心的小球所发出的一样，则使第二个球体中所有小球被吸引的力，即整个第二个球被吸引的力，也如同是受到位于第一个球心的小球所发生的吸引力一样；所以正比于两个球心之间的距离。　　证毕。

情形 4：令两球相互吸引，则吸引力加倍，但比例不变。　　证毕。

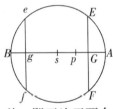

情形 5：令小球 P 置于球体 $AEBF$ 内，因为平面 ef 作用于小球的力正比于该平面与距离 pg 所围成的立方体；而平面 EF 的相反的力正比于它与距离 PG 所围成的立方体；二者的复合力正比于两个立方体的差，即正比于两个相等平面的和乘以距离的差的一半；即，正比于该和乘以 pS，小球到球心的距离。而且，由类似理由，通过整个球体的所有平面 EF、ef 的吸引力，即整个球体的吸引力，正比于所有平面的和，或正比于整个球体，也正比于 pS，小球到球体中心的距离。　　证毕。

情形 6：如果由无数小球 p 组成的新球体置于第一个球体 $AEBF$ 之内，可以证明，与前述相同，不论是一个球体吸引另一个，或是二者相互吸引，吸引力都正比于两球心的距离 pS。　　证毕。

命题 78　定理 38

设有二球体，由球心到球面方向上既不相似也不相等，但到中心相等距离处均相似；而且每个点的吸引力正比于它到被吸引物体的距离，则使两个这样的球体相互吸引的全部的力正比于两球心之间的距离。

这可以由前一个命题得证，与命题 76 可由命题 75 得证一样。

推论. 以前在命题 10 和命题 64 中所证明的物体绕圆锥曲线运动的结论，当吸引作用来自具有上述条件的球体的力，以及被吸引物体也是同类球体时，均都成立。

附　注

至此我已解释了吸引的两种基本情形，即当向心力随距离的比的平方而减小，或随距离的简单比值而增大，使物体在这两种情形下都沿圆锥曲线转动，并组合成球体，其向心力按同样规律随其到球心的距离而增减，一如球体内各部分那样；这一点极为重要。至于其他情形，其结论有欠优雅和重要，如果把它们像上述情形一样详加论述则有失繁冗。以下我宁可用一种普适的方法对它们作总体的解释和求解。

引理 29

如果围绕中心 S 画一任意圆周 AEB，又绕中心 P 画两个圆周 EF 和 ef，并与第一个圆分别相交于 E 和 e，与直线 PS 分别相交于 F 和 f，再在 PS 上作垂线 ED、de，则如果弧长 EF、ef 的距离无限减小，趋于零的线段 Dd 与趋于零的线段 Ff 的最后比值等于线段 PE 比线段 PS。

如果直线 Pe 与 $\overparen{EF}$ 相交于 q；而直线 Ee 与趋于零的 $\overparen{Ee}$ 重合，并延长与直线 PS 相交于 T；再由 S 向 PE 作垂线 SG，则，因为 $\triangle DTE$、$\triangle dTe$、$\triangle DES$ 相似，

$$Dd : Ee = DT : TE = DE : ES;$$

又因为 $\triangle Eeq$、$\triangle ESG$（由引理 8 和引理 7 推论Ⅲ）相似，

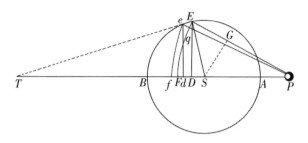

$$Ee : eq \text{ 或 } Ee : Ff = Es : SG。$$

将两比例式对应项相乘，

$$Dd : Ff = DE : SG = PE : PS$$

（因为 $APDE$、$APGS$ 相似）。 证毕。

命题 79 定理 39

设一表面 $EFfe$ 的宽度无限缩小，并刚好消失，而同一个表面绕轴 PS 转动产生一个球状凹凸形体，其各部分受到相等的向心力，则形体吸引位于 P 的小球的力，等于立方 $DE^2 \cdot Ff$ 的比值与使位于 Ff 处给定部分吸引同一个小球的力的比值的复合比值。

首先考虑 $\overset{\frown}{FE}$ 旋转而成的球面 EF 的力，该弧在某处，比如 r 被直线 de 分割，这样 $\overset{\frown}{rE}$ 旋转而成的面的圆环部分将比例于短线 Dd，而球体的半径

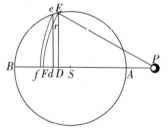

PE 保持不变，正如阿基米德在他的著作《论球体和圆柱体》中所证明的那样。直线 PE 或 Pr 分布于整个圆锥体表面，圆环面的力沿着直线 PE 或 Pr 的方向，比例于该圆环本身；即，正比于短线 Dd，或者，等价地，正比于球体的已知半径 PE 与短线段 Dd 的乘积；但该力沿直线 PS 方向指向球心 S，小于 PD 与 PE 的比值，所以正比于 $PD \cdot Dd$。现在，设线段 DF 被分割成无数个相等的粒子，每个粒子都以 Dd 表示，则表面 FE 也被分割成同样多个圆环；它们的力正比于所有乘积 $PD \cdot Dd$ 的总和，即正比于 $\frac{1}{2}PF^2 - \frac{1}{2}PD^2$，所以正比于 DE^2。再将表面 FE 乘以高度 Ef，则立体

$EFfe$ 作用于小球 P 的力正比于 $DE^2 \cdot Ff$；即，如果这个力已知，则正比于其上任一给定粒子 Ff 在距离 PF 处作用于小球 P 的力。而如果这个力为未知，则立体 $EFfe$ 的力将正比于立体 $DE^2 \cdot Ff$ 乘以该未知力。 证毕。

命题 80　定理 40

如果以 S 为中心的球体 ABE 上若干相等部分都受到相等的向心力作用，而且在球 AB 的直径上置一小球，并在直径上取若干点 D，在其上作垂线 DE 与球体相交于 E。如果在这些垂线上取长度 DN 正比于量 $\dfrac{DE^2 \cdot PS}{PF}$，同时也正比于球体内位于轴上的一粒子在距离 PE 处作用于小球的力，则使小球被吸引向球体的全部力正比于球体 AB 的轴与点 N 的轨迹曲线 ANB 所围成的面积 ANB。

设前一引理和定理的作图成立，把球体 AB 的轴分割为无数相等粒子 Dd，则整个球体分为同样多的凹凸圆片 $EFfe$；作垂线 dn。由前一定理，圆片 $EFfe$ 吸引小球 P 的力正比于 $DE^2 \cdot Ff$ 与一个粒子在距离

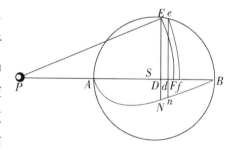

PE 或 PF 处作用于小球的力的乘积。但（由上述引理）Dd 比 Ff 等于 PE 比 PS，所以 Ff 等于 $\dfrac{PS \cdot Dd}{PE}$；而 $DE^2 \cdot Ff$ 等于 $Dd \cdot \dfrac{DE^2 \cdot PS}{PE}$；所以圆片 $EFfe$ 的力正比于 $Dd \cdot \dfrac{DE^2 \cdot PS}{PE}$ 与一个粒子在距离 PF 处的作用力的乘积，即，由命题知，正比于 $DN \cdot Dd$，或正比于趋于零的面积 $DNnd$。所以，所有圆片作用于小球的总力正比于所有面积 $DNnd$，即整个球的力正比于整个面积 ANB。　　　　　　　　　　　　　证毕。

推论Ⅰ．如果指向若干粒子的向心力在所有距离上都相等，而且 DN 正比于 $\dfrac{DE^2 \cdot PS}{PE}$，则球体吸引小球的全部力正比于面积 ANB。

推论 Ⅱ. 如果各粒子的向心力反比于它到被吸引小球的距离，而且 DN 正比于 $\dfrac{DE^2 \cdot PS}{PF^2}$，则整个球体对小球 P 的吸引力正比于面积 ANB。

推论 Ⅲ. 如果各粒子的向心力反比于被它吸引的小球的距离的立方，而且 DN 正比于 $\dfrac{DE^2 \cdot PS}{PF^4}$，则整个球体对小球的吸引力正比于面积 ANB。

推论 Ⅳ. 一般地，如果指向球体若干粒子的向心力反比于量 V，而且 DN 正比于 $\dfrac{DE^2 \cdot PS}{PE \cdot V}$，则整个球体吸引小球的力正比于面积 ANB。

命题 81　问题 41

在上述条件下，求面积 ANB。

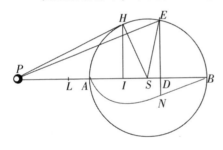

由点 P 作直线 PH 与球体相切于 H；在轴 PAB 上作垂线 HI，在 L 二等分 PI；则（由欧几里得《几何原本》第二卷命题 12）PE^2 等于 $PS^2 + SE^2 + 2PS \cdot SD$。但因为 $\triangle SPH$ 和 $\triangle SHI$ 相似，SE^2 或 SH^2 等于乘积 $PS \cdot IS$。所以，PE^2 等于 PS 与 $PS + SI + 2SD$ 的乘积，即 PS 与 $2LS + 2SD$ 的乘积，也即 PS 与 $2LD$ 的乘积。而且，DE^2 等于 $SE^2 - SD^2$，或等于 $SE^2 - LS^2 + 2LS \cdot LD - LD^2$，即 $2LS \cdot LD - LD^2 - LA \cdot LB$。由于 $LS^2 - SE^2$ 或 $LS^2 - SA^2$（由欧几里得《几何原本》第二卷命题 6）等于 $LA \cdot LB$，所以，把 DE^2 以 $2LS \cdot LD - LD^2 - LA \cdot LB$ 代替，则正比于长度 DN（由前一命题推论 Ⅳ）的量 $\dfrac{DE^2 \cdot PS}{PE \cdot V}$ 可以分解为三部分

$$\frac{2SLD \cdot PS}{PE \cdot V} - \frac{LD^2 \cdot PS}{PE \cdot V} - \frac{ALB \cdot PS}{PE \cdot V};$$

如果以向心力的反比值代替 V，以 PS 与 $2LD$ 的比例中项代替 PE，则这三部分即变成同样多的曲线的纵坐标，曲线的面积可由普通方法求出。

证毕。

例1. 如果指向球体各粒子的向心力反比于距离，以距离 PE 代替 V，$2PS \cdot LD$ 代替 PE^2，则 DN 正比于 $SL - \frac{1}{2}LD - \frac{LA \cdot LB}{2LD}$。设 DN 等于其 2 倍 $2SL - LD - \frac{LA \cdot LB}{LD}$，则纵坐标的已知部分 $2SL$ 与长度 AB 构成长方形面积 $2SL \cdot AB$；其不确定部分 LD 以连续运动垂直通过同一长度，并在其运动中通过增减其一边或另一边的长度使之总是等于长度 LD，作出面积 $\frac{LB^2 - LA^2}{2}$，即面积 $SL \cdot AB$；它被从前一个面积 $2SL \cdot AB$ 中减去后，余下面积 $SL \cdot AB$。但用相同方法垂直地连续通过同一长度的第三部分 $\frac{LA \cdot LB}{LD}$，将画出一个双曲线的面积，从面积 $SL \cdot AB$ 中减去它后就余下要求的面积 ANB。由此得到本问题的作图法。在点 L、A、B 作垂线 Ll、Aa、Bb，使 Aa 等于 LB，Bb 等于 LA。以 Ll 和 LB 为渐近线，通过点 a、b 作双曲线 ab。作弦线 ba，则所围的面积 aba 就是要求的面积 ANB。

例2. 如果指向球体各粒子的向心力反比于距离的立方，或（是同一回事）正比于该立方除以一个任意给定平面，以 $\frac{PE^3}{2AS^2}$ 代替 V，以 $2PS \cdot LD$ 代替 PE^2，则 DN 正比于 $\frac{SL \cdot AS^2}{PS \cdot LD} - \frac{AS^2}{2PS} - \frac{LA \cdot LB \cdot AS^2}{2PS \cdot LD^2}$，即（因为 PS、AS、SI 连续成正比）正比于 $\frac{LSI}{LD} - \frac{1}{2}SI - \frac{LA \cdot LB \cdot SI}{2LD^2}$。

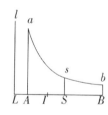

将这三部分通过长度 AB，第一部分 $\frac{SL \cdot SI}{LD}$ 产生双曲线的面积，第二部分 $\frac{1}{2}SI$ 产生面积 $\frac{1}{2}AB \cdot SI$，第三部分 $\frac{LA \cdot LB \cdot SI}{2LD^2}$ 产生面积 $\frac{LA \cdot LB \cdot SI}{2LA} - \frac{LA \cdot LB \cdot SI}{2LB}$，即 $\frac{1}{2}AB \cdot SI$。从第一个面积中减去第二个和第三个面积的和，则余下的即是要求的面积 ANB。由此得本问题的

作图法。在点 L、A、S、B，作垂线 Ll、Aa、Ss、Bb，其中设 Ss 等于 SI；通过点 s，以 Ll、LB 为渐近线作双曲线 asb 与垂线 Aa、Bb 分别相交于 a 和 b；从双曲线面积 $AasbB$ 中减去面积 $2SA \cdot SI$，即得到要求的面积 ANB。

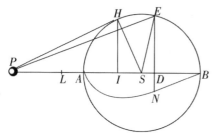

例 3. 如果指向球体各粒子的向心力随其到各粒子的距离的四次方而减小，以 $\dfrac{PE^4}{2AS^3}$ 代替 V，以 $\sqrt{2PS+LD}$ 代替 PE，则 DN 正比于 $\dfrac{SI^2 \cdot SL}{\sqrt{2SI}} \cdot \dfrac{1}{\sqrt{LD^3}} - \dfrac{SI^2}{2\sqrt{2SI}} \cdot \dfrac{1}{\sqrt{LD}} - \dfrac{SI^2 \cdot LA \cdot LB}{2\sqrt{2SI}} \cdot \dfrac{1}{\sqrt{LD^5}}$。将这三部分通过长度 AB，产生以下三个面积：$\dfrac{2SI^2 \cdot SL}{\sqrt{2SI}}$ 产生 $\left(\dfrac{1}{\sqrt{LA^3}} - \dfrac{1}{\sqrt{LB}} \right)$，

$\dfrac{SI^2}{\sqrt{2SI}}$ 产生 $\sqrt{LB-\sqrt{LA}}$，$\dfrac{SI^2 \cdot LA \cdot LB}{3\sqrt{2SI}}$ 产生 $\left(\dfrac{1}{\sqrt{LA^3}} - \dfrac{1}{\sqrt{LB}} \right)$。经过化简后得到 $\dfrac{2SI^2 \cdot SL}{LI}$、$SI^2$ 和 $SI^2 + \dfrac{2SI^3}{3LI}$。从第一项中减去后两项，得到 $\dfrac{4SI^3}{3LI}$。

所以小球所受到的指向球体中心的总力正比于 $\dfrac{SI^3}{PI}$，即反比于 $PS^3 \cdot PI$。

证毕。

运用相同方法可以求出位于球体内小球受到的吸引力，但采用下述定理将更为简便。

命题 82 定理 41

一个以 S 为球心、以 SA 为半径的球体，如果取 SI、SA、SP 为连续正比项，则位于球体内任意位置 I 的小球所受到的吸引力，与位于球体外 P 处的所受到力的比，等于两者到球心的距离 IS、PS 的比值的平方根，与在这两处 P 和 I 指向球心的向心力的比值的平方根的复合比。

如果球体各粒子的向心力反比于被它们吸引的小球的距离，则整个球

体吸引位于 I 处的小球的力，比它吸引

位于 P 处的小球的力，等于距离 SI 与

距离 SP 的比值的平方根，以及位于球

心的任意粒子在 I 处产生的向心力与同

一粒子在 P 处产生的向心力的比值二

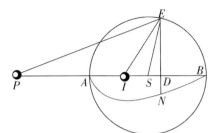

者的复合比。即，反比于距离 SI、SP 相互间比值的平方根。这两个比值

的平方根复合成相等比值，所以整个球体在 I 处与在 P 处产生的吸引相

等。由类似计算，如果球上各粒子的力反比于距离的平方，则可以发现 I

处的吸引力比 P 处的吸引力等于距离 SP 比球体半径 SA。如果这些力反

比于距离比值的立方，在 I 处和 P 处吸引力的比将等于 SP^2 比 SA^2；如果

反比于比值的四次方，则等于 SP^3 比 SA^3。所以，由于在最后一种情形中

P 处的吸引力反比于 $PS^2 \cdot PI$，在 I 处的吸引力将反比于 $SA^3 \cdot PI$，即因

为 SA^3 给定，反比于 PI。用相同方法可依次类推至于无限。该定理的证

明如下：

保留上述作图，一个小球在任意处所 P，其纵坐标 DN 正比于

$\dfrac{DE^2 \cdot PS}{PE \cdot V}$。所以，如果画出 IE，则任意其他处所的小球，如 I 处，其纵

坐标(其他条件不变)正比于 $\dfrac{DE^2 \cdot IS}{IE \cdot V}$。设由球体任意点 E 发出的向心力在

距离 IE 和 PE 处的比为 PE^n 比 IE^n(在此，数值 n 表示 PE 与 IE 的幂

次)，则这些纵坐标变为 $\dfrac{DE^2 \cdot PS}{PE \cdot PE^n}$ 和 $\dfrac{DE^2 \cdot IS}{IE \cdot IE^n}$，相互间比值为 $PS \cdot IE \cdot$

IE^n 比 $IS \cdot PE \cdot PE^n$。因为 SI、SE、SP 是连续正比的，$\triangle SPE$、$\triangle SEI$

相似；因而 IE 比 PE 等于 IS 比 SE 或 SA。以 IS 与 SA 的比值代替 IE 与

PE 的比值，则纵坐标比值变为 $PS \cdot IE^n$ 与 $SA \cdot PE^n$ 的比值。但 PS 与

SA 的比值是距离 PS 与 SI 的比值的平方根，而 IE^n 与 PE^n 的比值(因为

IE 比 PE 等于 IS 比 SA)是在距离 PS、IS 处吸引力的比值的平方根。所

以，纵坐标，进而纵坐标画出的面积，以及与它成正比的吸引力之间的比

值，是这些比值的平方根的复合比。   证毕。

命题 83   问题 42

求使位于球体中心处一小球被吸引向任意一球冠的力。

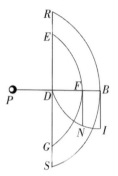

令 P 为球体中心处物体，$RBSD$ 为平面 RDS 与球表面 RBS 之间的球冠。令 DB 为由球心 P 画出的球面 EFG 分割于 F，并将球冠分割为 $BREFGS$ 与 $FEDG$ 两部分。设该球冠不是纯数学的而是物理的表面，具有某种厚度，但又是完全无法测度的。令该厚度为 O，则（由阿基米德所证明的）该表面正比于 $PF \cdot DF \cdot O$。

再设球上各粒子吸引力反比于距离的某次幂，其指数为 n；则表面 EFG 吸引物体 P 的力将（由命题 79）正比于 $\dfrac{DE^2 \cdot O}{PF^n}$，即正比于 $\dfrac{2DF \cdot O}{PF^{n-1}} - \dfrac{DE^2 \cdot O}{PF^n}$。令垂线 FN 乘以 O 正比于这个量，则纵坐标 FN 连续运动通过长度 DB 所画出的曲线面积 BDI，将正比于整个球冠吸引物体 P 的力。   证毕。

命题 84   问题 43

求不在球心处而在任意一球冠轴上的小球受该球冠吸引的力。

令物体 P 位于球冠 EBK 的轴 ADB 上，受到球冠的吸引。围绕中心 P 以 PE 为半径画球面 EFK，它把球冠分为两部分：$EBKFE$ 和 $EFKDE$。用命题 81 求出第一部分的力，再由命题 83 求出后一部分的力，两力的和就是整个球冠 $EBKDE$ 的力。   证毕。

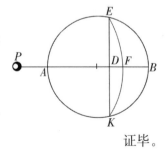

附   注

叙述完球体的吸引力后，应该接着讨论由吸引的粒子以类似方法组成的其他物体的吸引定律；但我的计划不拟专门讨论它们。只需补述若干与这些物体的力以及由此产生的运动有关的普适命题即足以敷用，因为这些知识在哲学研究中用处不大。

第十三章　非球形物体的吸引力

命题85　定理42

如果一个物体受到另一个物体的吸引，而且该吸引作用在它与吸引物体相接触时远大于它们之间有极小间隔时，则吸引物体各粒子的力，在被吸引物体离开时，以大于各粒子的距离比值的平方而减小。

如果力随着到各粒子的距离的平方而减小，则指向球体的吸引力（由命题74）应反比于被吸引物体到球心距离的平方，不会由于接触而有显著增大，而如果在被吸引物体离开时，吸引力以更小的比率减小，则更不可能增大。所以，本命题在吸引球体的情形中是显而易见的。在凹形球壳吸引外部物体的情形中也是一样。而当球壳吸引位于其内部的物体时则更是如此，因为吸引作用在通过球壳的空腔时被扩散，受到反向吸引力的抵消，因而在接触处甚至没有吸引作用。如果在这些球体或球壳远离接触点处移去任意部分，并在其他任意地方增补新的部分，也就对吸引物体作了随意的改变；但在远离接触点处增补或移去的部分对两物体接触而产生的吸引作用没有明显增强。所以本命题对于所有形状的物体都适用。　　　　　证毕。

命题86　定理43

如果组成吸引物体的粒子的力，在吸引物体离开时，随它到各粒子距离的三次方或多于三次方而减小，则在接触点的吸引力远大于吸引物体与被吸引物体相互分离时的情形，尽管分离的间隔极小。

当被吸引小球向这种吸引球靠近并接触时，吸引力无限增大，这已在问题 41 的第二和第三个例子的求解中表明。靠近凹形球壳的物体的吸引（通过比较这些例子和定理 41）也是一样，不论被吸引物体是置于球壳之外，还是放在空腔内。而通过移去球体或球壳上接触点以外任意地方的吸引物质，使吸引物体变为预期的任意形状，本命题仍将普遍适于所有物体。   证毕。

命题 87　定理 44

如果两个物体相似，并包含吸引作用相同的物质，分别吸引两个正比于这些物体且位置与它们相似的小球，则小球指向整个物体的加速吸引将正比于小球指向物体的与整体成正比且位置相似的粒子的加速吸引。

如果把物体分为正比于整体的粒子，且在其中位置相似，则指向一个物体中任一粒子的吸引力比指向另一个物体中对应粒子的吸引力，等于指向第一个物体中若干粒子的吸引力比指向另一个物体中对应粒子的吸引力；而且，通过比较知，也等于指向整个第一个物体的吸引力比指向整个第二个物体的吸引力。   证毕。

推论 I. 如果随着被吸引小球距离的增加，各粒子的吸引力按距离的任意次幂的比率减小，则指向整个物体的加速吸引力将正比于物体，反比于距离的幂，如果各粒子的力随被吸引小球的距离的平方而减小，而且物体正比于 A^3 和 B^3，则物体的立方边，以及被吸引小球到物体的距离正比于 A 和 B；而指向物体的加速吸引将正比于 $\dfrac{A^3}{A^2}$ 和 $\dfrac{B^3}{B^2}$，即正比于物体的立方边 A 和 B。如果各粒子的力随着被吸引小球距离的立方减小，则指向整个物体的加速吸引将正比于 $\dfrac{A^3}{A^3}$ 和 $\dfrac{B^3}{B^3}$，即相等。如果力随四次方减小，则指向物体的吸引正比于 $\dfrac{A^3}{A^4}$ 和 $\dfrac{B^3}{B^4}$，即反比于立方边 A 和 B。其他情形依次类推。

推论 II. 另一方面，由相似物体吸引位置相似小球的力，可以求出在被吸引小球离开时各粒子的吸引力减小的比率，如果这种减小仅仅正比或反比于距离的某种比率的话。

命题 88　定理 45

如果任意物体中相等粒子的吸引力正比于到该粒子的距离，则整个物体的力指向其重心；对于由相似且相等物质构成，且球心在重心上的球体，它的力的情况相同。

令物体及 $RSTV$ 的粒子 A、B 以正比于距离 AZ、BZ 的力吸引任意小球 Z，两粒子是相等的；如果它们不相等，则力共同正比于这些粒子与距离 AZ、BZ，或者(如果可以这样说的话)正比于这些粒子分别乘以它们的距离 AZ、BZ。以 $A \cdot AZ$ 和 $B \cdot BZ$ 表示这些力。连接 AB，并在 G 被分割，使 AG 比 BG 等于粒子

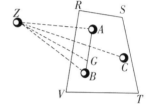

B 比粒子 A，则 G 为 A 和 B 二粒子的公共重心。力 $A \cdot AZ$ 可以(由定律推论Ⅱ)分解为力 $A \cdot GZ$ 和 $A \cdot AG$；而力 $B \cdot BZ$ 可以分解为 $B \cdot GZ$ 和 $B \cdot BG$。因为 A 垂直于 B，BG 垂直于 AC，力 $A \cdot AG$ 与 $B \cdot BG$ 相等，所以沿相反方向作用而相互抵消，只剩下力 $A \cdot GZ$ 和 $B \cdot GZ$，它们由 Z 指向中心 G，复合为力 $(A+B) \cdot GZ$；即它等同于吸引粒子 A 和 B 一同置于其公共重心上组成一只较小的球体所产生的力。

由相同理由，如果加上第三个粒子 C，它的力与指向中心 G 的力 $(A+B) \cdot GZ$ 复合，形成指向位于 G 的球体与粒子 C 的公共重心的力，即指向三个粒子 A、B、C 的公共重心，等同于该球体与粒子 C 同置于它们的公共重心组成一更大的球体；可以照此类推至于无限。所以任意物体 $RSTV$ 的所有粒子的合力与该物体保持其重心不变而变为球体形状后相同。

证毕。

推论. 被吸引物体 Z 的运动与吸引物体 $RSTV$ 变为球体后相同；所以，不论该吸引物体是静止，还是做匀速直线运动，被吸引物体都将沿中心在吸引物体重心上做椭圆运动。

命题 89　定理 46

如果若干物体由其力正比于相互间距离的相等粒子组成，则使任意小球被吸引的所有力的合力指向吸引物体的公共重心，而且其作用与这些吸引物体保持其公共重心不变而组成一只球体相同。

本命题的证明方法与前一命题相同。

推论. 所以被吸引物体的运动，与吸引物体保持其公共重心不变而组成一只球体后相同。所以，不论吸引物体的公共重心是静止，还是做匀速直线运动，被吸引物体都将沿其中心在吸引物体公共重心上做椭圆运动。

命题 90　问题 44

如果指向任意圆周上各点的向心力相等，并随距离的任意比率而增减，求使一小球被吸引的力，即该小球位于一条与圆周平面成直角且穿过圆心的直线上某处。

设一圆周圆心为 A，半径为 AD，处在以直线 AP 为垂线的平面上；所要求的是使小球 P 被吸引指向同一圆周的力。由圆上任一点 E 向被吸引小球 P 作直线 PE。在直线 PA 上取 PF 等于 PE，并在 F 作垂线 FK，正比于 E 点吸引小球 P 的力。再令曲线 IKL 为点 K 的轨迹。令该曲线与圆周平面相交于 L。在 PA 上取 PH 等于 PD，作垂线 HI 与曲线相交于 I，则小球 P 指向圆周的吸引力将正比于面积 $AHIL$ 乘以高度 AP。　　　　　　　　证毕。

因为，在 AE 上取极小线段 Ee，连接 Pe，又在 PE、PA 上取 PC、Pf，二者都等于 Pe。因为在上述平面上以 A 为圆心、AE 为半径的圆上任意点 E 吸引物体 P 的力，设正比于 FK，所以该点把物体吸引向 A 的力正比于 $\dfrac{AP \cdot FK}{PF}$；整圆把物体 P 吸引向 A 的力共同正比于该圆和 $\dfrac{AP \cdot FK}{PF}$；而该圆又正比于半径 AE 与宽 Ee 的乘积，该乘积又（因为 PE

与 AE、Ee 与 CE 成正比)等于乘积 $PE \cdot CE$ 或 $PE \cdot Ef$；所以该圆把物体 P 吸引向 A 的力共同正比于 $PE \cdot Ff$ 和 $\dfrac{AP \cdot FK}{PF}$，即正比于 $Ff \cdot FK \cdot AP$，或正比于面积 $FKkf$ 乘以 AP。所以，对于以 A 为圆心、AD 为半径的圆，把物体 P 吸引向 A 的力的总和，正比于整个面积 $AHIKL$ 乘以 AP。   证毕。

推论 I. 如果各点的力随距离的平方减小，即如果 FK 正比于 $\dfrac{1}{PF^2}$，因而面积 $AHIKL$ 正比于 $\dfrac{1}{PA} - \dfrac{1}{PH}$，则小球 P 指向圆的吸引力正比于 $1 - \dfrac{PA}{PH}$，即正比于 $\dfrac{AH}{PH}$。

推论 II. 一般地，如果在距离 D 的点的力反比于距离的任意次幂，即如果 FK 正比于 $\dfrac{1}{D^n}$，因而面积 $AHIKL$ 正比于 $\dfrac{1}{PA^{n-1}} - \dfrac{1}{PH^{n-1}}$，则小球 P 指向圆的吸引力正比于 $\dfrac{1}{PA^{n-2}} - \dfrac{PA}{PH^{n-1}}$。

推论 III. 如果圆的直径无限增大，数 n 大于 1，则小球 P 指向整个无限平面的吸引力反比于 PA^{n-2}，因为另一项 $\dfrac{PA}{PH^{n-1}}$ 已变为零。

命题 91   问题 45

求位于圆形物体轴上的小球的吸引力，指向该圆形物体上各点的向心力随距离的某种比率减小。

令小球 P 位于物体 $DECG$ 的轴 AB 上，受到该物体的吸引。令与该轴垂直的任意圆 RFS 分割

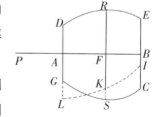

该物体，圆半径 FS 在一穿过轴的平面 $PALKB$ 上，在 FS 上(由命题 90)取长度 FK 正比于使小球被吸引向该圆的力。令点的轨迹为曲线 LKI，与最外面的圆 AL 和 BI 的平面相交于 L 和 I，则小球指向物体的吸引力正比

于面积 $LABI$。证毕。

推论Ⅰ. 如果物体是由平行四边形 $ADEB$ 绕轴 AB 旋转而成的圆柱体，而且指向其上各点的向心力反比于到各点距离的平方，则小球 P 指向该圆柱体的吸引正比于 $AB-PE+PD$。因为纵坐标 FK（由命题 90 推论

Ⅰ）正比于 $1-\dfrac{PF}{PR}$。该量的第一部分乘以长度

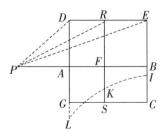

AB，表示面积 $1 \cdot AB$；另一部分 $\dfrac{PF}{PR}$ 乘以长度

PB，表示面积 $1 \cdot (PE-AD)$（这易于由曲线

LKI 的面积求得）；用类似方法，同一部分乘

以长度 PA 表示面积 $1 \cdot (PD-AD)$，乘以 PB 与 PA 的差 AB，表示面积差 $1 \cdot (PE-PD)$。由第一项 $1 \cdot AB$ 中减去最后一项 $1 \cdot (PE-PD)$，余下的面积 $LABI$ 等于 $1 \cdot (AB-PE+PD)$。所以吸引力正比于该面积 $AB-PE+PD$。

推论Ⅱ. 还可以求出椭圆体 $AGBC$ 吸引位于其外且在轴 AB 上的物体 P 的力。令 $NKRM$ 为一圆锥曲线，其垂直于 PE 的纵坐标 ER 总是等于线

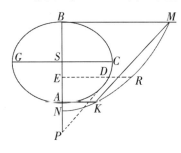

段 PD 的长度，PD 由向该纵坐标与椭圆体的交点 D 连续画出。由该椭圆体的顶点 A、B 向其轴 AB 作垂线 AK、BM，分别等于 AP、BP，与圆锥曲线相交于 K 和 M；连接 KM，分割出面积 $KMRK$。令 S 为椭圆体的中心，SC 为其长半轴，则该椭圆体吸引物体 P 的力比以 AB 为直径的球体吸引同一物体的力等于

$\dfrac{AS \cdot CS^2 - PS \cdot KMRK}{PS^2 + CS^2 - AS^2}$ 比 $\dfrac{AS^2}{3PS^2}$。运用同一原理可以计算出椭圆体球冠的力。

推论Ⅲ. 如果小球位于椭球内部的轴上，则吸引力正比于它到球心的距离。这可以容易地由下述理由推出，无论该小球是在轴上还是在其他已知直径上。令 $AGOF$ 为吸引椭球，球心为 S，P 是被吸引物体。通过物体

P 作半径 SPA，再作两条直线 DE、FG 与椭球交于 D 和 E，F 和 G；令 PCM、HLN 为与外面的椭球共心且相似的两个内椭球的表面，其中第一

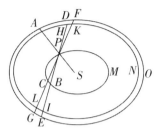

个通过物体 P，并与直线 DE、FG 分别相交于 B 和 C；后者与相同直线分别交于 H 和 I，K 和 L。令所有椭球共轴，且直线被两边截下的部分 DP 和 BE、FP 和 CG、DH 和 IE、FK 和 LG 分别相等；因为线段 DE、PB 和 HI 在同一点被二等分，直线 FG、PC 和 KL 也在同一点被二等分。现设 DPF、EPG 表示以无限小对顶角 $\angle DPF$、$\angle EPG$ 画出的相反圆锥曲线，则线段 DH、EI 也为无限小。由椭球表面分割的圆锥曲线的局部 $DHKF$、$GLIE$，根据线段 DH 和 EI 的相等性知，相互间的比等于到物体 P 距离的平方，因而对该物体吸引相同。由类似理由，如果把空间 DPF、$EGCB$ 用无数与上述椭球相似且共轴的椭球加以分割，则得到的所有粒子也都在两边对物体 P 施加同等反向的吸引。所以，圆锥曲线 DPF 与圆锥曲线局部 $EGCB$ 的力相等，而且由于反向作用而相互抵消。这一情形适用于所有内椭球 $PCBM$ 以外的物质的力。所以，物体 P 只受到内椭球 $PCBM$ 的吸引，因此(由命题 72 推论Ⅲ)它的吸引力比整个椭球 $AGOD$ 对物体 A 的吸引力等于距离 PS 比距离 AS。　　　　　　　　　　　　证毕。

命题 92　　问题 46

已知吸引物体，求指向其上各点向心力减小的比率。

该已知物体必定是球体、圆柱体或某种规则形状物体，它对应于某种减小率的吸引力规律可以由命题 80、81 和 91 求出。然后，通过实验，可以测出在不同距离处的吸引力，求出整个物体的吸引规律，由此，即可求得不同部分的力的减小比率；问题得解。

命题 93　　定理 47

如果物体的一边是平面，其余各边都无限伸展，由吸引作用相等的相

等粒子组成。当到该物体的距离增大时，其力以大于距离的平方的某次幂的比率减小，一个置于该平面某一侧之前的小球受到整个物体的吸引，则随着到平面距离的增大，整个物体的吸引力将按一个幂的比率减小，幂的底是小球到平面的距离，其指数比距离的幂指数小 3。

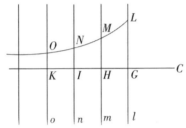

情形 1：令 LGl 为标界物体的平面。物体位于平面指向 I 一侧，令物体分解为无数平面 mHM、nIN、oKO 等等，都与 GL 平行。首先设被吸引物体 C 置于物体之外。作 $CGHI$ 垂直于这些平面，并令物体中各点的吸引力按距离的幂的比率减小，幂指数是不小于 3 的数 n。因而（由命题 90 推论 Ⅲ）任意平面 mHM 吸引点 C 的力反比于 CH^{n-2}。在平面 mHM 上取长度 HM 反比于 CH^{n-2}，则该力正比于 HM。以类似方法，在各平面 lGL、nlN、oKO 等上取长度 GL、IN、KO 等，反比于 CG^{n-2}、CI^{n-2}、CK^{n-2} 等，这些平面的力正比于如此选取的长度，所以力的和正比于长度的和，即整个物体的力正比于向着 OK 无限延伸的面积 $GLOK$。而该面积（由已知求面积方法）反比于 CG^{n-3}，所以整个物体的力反比于 CG^{n-3}。 证毕。

情形 2：令小球 C 置于平面 lGL 的在物体内的另一侧，取距离 CK 等于距离 CG。在平行平面 lGL、oKO 之间的物体局部 $LGloKO$ 对位于其正中的小球 C，既不从一边又不从另一边吸引，相对点的反向作用由于相等而抵消，所以小球只受到位于平面 OK

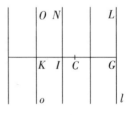

以外的物体的吸引。而该吸引力（同情形 1）反比于 CK^{n-3}，即反比于 CG^{n-3}（因为 CG、CK 相等）。 证毕。

推论 Ⅰ．如果物体 $LGIN$ 的两侧以两个无限的平行平面 LG、IN 为边，它的吸引力可以由整个无限物体 $LGKO$ 的吸引力中减去无限延伸至 KO 的较远部 $NIKO$ 求得。

推论 Ⅱ．如果移去该物体较远的部分，则由于其吸引较之较近部分的吸引小得不可比拟，较近处部分的吸引，将随着距离的增大，近似地以幂 CG^{n-3} 的比率减小。

推论Ⅲ. 如果任意有限物体，以平面为其一边，吸引置于平面中间附近的小球，小球与平面间的距离较之吸引物体的尺度极小；且吸引物体由均匀部分构成，其吸引力随大于距离的四次方的幂减小；则整个物体的吸引力将极近似于以一个幂的比率减小，幂的底是该极小距离，指数比前一指数小 3。但该结论不适用于物体的组成粒子的吸引力随距离的三次幂减小的情形；因为，在此情形中，推论Ⅱ中无限物体的较远部分的吸引总是无限大于较近部分的吸引。

附　注

如果一物体被垂直吸引向已知平面，由已知的吸引定律求解该物体的运动；这一问题可以(由命题 39)求出物体沿直线落向平面的运动，再(由定律推论Ⅱ)将该运动与沿平行于该平面的直线方向的运动相复合。反之，如果要求沿垂直方向指向平面的吸引力的定律，这种吸引力使物体沿一已知曲线运动，则问题可以沿用第三个问题的方法求解。

不过，如果把纵坐标分解为收敛级数，运算可以简化。例如，底数 A 除以纵坐标长度 B 为任意已知角数，该长度正比于底的任意次幂 $A^{\frac{m}{n}}$；求使一物体沿纵坐标方向被吸引向或推斥开该底的力，物体在该力作用沿纵坐标上端画出的曲线运动；设该底增加了一个极小的部分 O，把纵坐标 $(A+O)^{\frac{m}{n}}$ 分解为无限级数 $A^{\frac{m}{n}}+\frac{m}{n}OA^{\frac{m-n}{n}}+\frac{mm-mn}{2nn}OOA^{\frac{m-2n}{n}}$ 等等，设吸引力正比于级数中 O 为二次方的项，即正比于 $\frac{mm-mn}{2nn}OOA^{\frac{m-2n}{n}}$。所以要求的力正比于 $\frac{mm-mn}{nn}A^{\frac{m-2n}{n}}$，或者等价地，正比于 $\frac{mm-mn}{nn}B^{\frac{m-2n}{n}}$。如果纵坐标画出抛物线，$m=2$，而 $n=1$，力正比于已知量 $2B^{\circ}$，因而是已知的。所以，在已知力作用下物体沿抛物线运动，正如伽利略所证明的那样。如果纵坐标画出双曲线，$m=0-1$，$n=1$，则力正比于 $2A^{-3}$ 或 $2B^{3}$；所以正比于纵坐标的立方的力使物体沿双曲线运动。对此类命题的讨论到此为止，下面我将论述一些与迄此未涉及的运动有关的命题。

第十四章　受指向极大物体各部分的向心力推动的极小物体的运动

命题 94　定理 48

如果两个相似的中介物相互分离，其间隔空间以两平行平面为界，一个物体受垂直指向两中介物之一的吸引力或推斥力的作用通过该空间，而不受其他力的推动或阻碍；在距平面距离相等处吸引力是处处相等的，都指向平面的同一侧方向；则该物体进入其中一个平面的入射角的正弦比自另一平面离开的出射角的正弦为一给定比值。

情形 1：令 Aa 和 Bb 为两个平行平面，物体自第一个平面 Aa 沿直线 GH 进入，在穿越整个中介空间过程中受到指向作用介质的吸引或推斥，令曲线 HI 表示该作用，而物体又沿直线 IK 方向离开。作 IM 垂直于物体

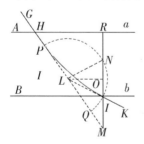

离开的平面 Bb，与入射直线 GH 的延长线相交于 M，与入射平面 Aa 相交于 R；延长出射直线 KI 与 HM 相交于 L。以 L 为圆心、LI 为半径作圆，与 HM 相交于 P 和 Q，与 MI 的延长线相交于 N，首先，如果吸引力或推斥力是均匀的，曲线 HI（伽利略曾证明过）是抛物线，其性质是，已知通径乘以直线 M 等于 HM 的平方，而且直线 HM 在 L 处被二等分。

如果作 MI 的垂线 LO，则 MO 与 OR 相等，加上相等的 ON、OI，整个 MN、IR 也相等。所以，由于 IR 已知，MN 也已知，乘积 $MI \cdot MN$ 比通径乘以 IM，即比 HM^2 也为一已知比值。但乘积 $MI \cdot MN$ 等于乘积 $MP \cdot MQ$，即比平方差 $ML^2 - PL^2$ 或 LI^2；而 HM^2 与其四分之一的平方

ML^2 有给定比值；所以，$ML^2 - LI^2$ 与 ML^2 的比值是给定的，把 LI^2 与 ML^2 的比值加以变换，其平方根 LI 比 ML 也是给定值。而在每个三角形中，如 $\triangle LMI$，角的正弦正比于对边，所以入射角 $\angle LMR$ 的正弦比出射角 $\angle LIR$ 的正弦是给定的。 证毕。

情形 2：设物体先后通过以平行平面 $AabB$、$BbcC$ 等隔开的若干空间，在其中它分别受到均匀力的作用，但在不同空间中力也不同；由刚才所证

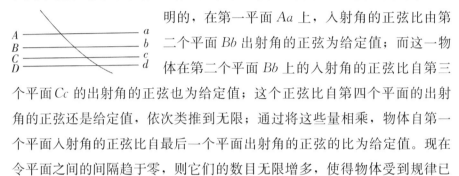

明的，在第一平面 Aa 上，入射角的正弦比由第二个平面 Bb 出射角的正弦为给定值；而这一物体在第二个平面 Bb 上的入射角的正弦比自第三个平面 Cc 的出射角的正弦也为给定值；这个正弦比自第四个平面的出射角的正弦还是给定值，依次类推到无限；通过将这些量相乘，物体自第一个平面入射角的正弦比自最后一个平面出射角的正弦的比为给定值。现在令平面之间的间隔趋于零，则它们的数目无限增多，使得物体受到规律已知的吸引力或推斥力的作用连续运动，它自第一个平面入射角的正弦与自最后一个平面同样为已知的出射角的正弦的比，也是给定值。 证毕。

命题 95 定理 49

在相同条件下，物体入射前的速度与出射后的速度的比等于出射角的正弦比入射角的正弦。

取 AH 等于 Id，作垂线 AG、dK 与入射线 GH 和出射线 IK 相交于 G 和 K。在 GH 上取 TH 等于 IK，在平面 Aa 上作垂线 Tv。（由定律推论 Ⅱ）将物体运动分解为两部分，一部分垂直于平面 Aa、Bb、Cc 等，另一部分与它们平行。沿垂直于这些平面方向作用的吸引力或推斥力对沿平行方向的运动无影响，所以在相等时间里物体沿该方

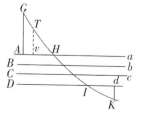

向的运动通过直线 AG 与点 K 以及点 I 与直线 dK 之间的相等的平行间隔；即在相等的时间里画出相等的直线 GH 和 IK。所以入射前的速度比出射后的速度等于 GH 比 IK 或 TH，即等于 AH 或 Id

比 vH，即（设 TH 或 IK 为半径）等于出射角的正弦比入射角的正弦。

命题 96　定理 50

在相同条件下，且入射前的运动快于入射后的运动，则如果入射线是连续偏折的，物体将最终被反射出来，且反射角等于入射角。

设物体与前面一样在平行平面 Aa、Bb、Cc 等等之间通过，画出抛物线弧；令这些弧为 HP、PQ、QR 等。又令入射线 GH 这样倾斜于第一个平面 Aa，使得入射角正弦比正弦与之相等的圆半径，等于同一个入射角正弦比由平面 Dd 进入空间 $DdeE$ 的出射角的正弦；因为现在该出射角正弦与上述半径相等，出射角成为直角，因而出射线与平面 Dd 重合。令物体在 R 点到达该平面；因为出射线与平面重合，所以物体不可能再达到平面

Ee。但它也不可能沿出射线 Rd 前进，因为它总是受到入射介质的吸引或推斥。所以，它将在平面 Cc 和 Dd 之间返回，画出一个顶点在 R（由伽利略的证明推知）的抛物线弧，以与在 Q 入射的相同角度与平面 Cc 相交于 q；然后沿与入射弧 $\overset{\frown}{QP}$、$\overset{\frown}{PH}$ 等相似且相等的抛物线弧 $\overset{\frown}{ap}$、$\overset{\frown}{ph}$ 等行进，与其余平面以与入射时在 P、H 等处相同的角度在 P、h 等处相交，最后在 h 以与在 H 处进入同一平面相同的倾斜离开第一个平面。现设平面 Aa、Bb、Cc 等的间隔无限缩小，数目无限增多，使按已知规律作用的吸引或推斥力连续变化；则出射角总是等于对应的入射角，直至最后出射角等于入射角。　　　　　　　　　　　　　　　　　证毕。

附　注

这些吸引作用极为类似于斯奈尔（Snell）发现的光的反射角和折射角有给定正割比，因而也像笛卡儿所证明的那样有给定正弦比。因为木星卫星的现象已经表明，许多天文学家已经证实，光是连续传播的，从太阳到地球大约需要 7 分钟或 8 分钟。而且，空气中的光束［最近格里马尔迪（Grimaldi）发现，我本人也试验过，光通过小孔射入暗室］经过物体的棱边

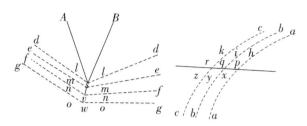

时，不论物体是透明的还是不透明的(如金币、银币或铜币的圆形成方形边缘，或刀、石块、玻璃的边缘)都像受到它们的吸引一样而围绕物体弯曲或屈折；最靠近物体的光弯曲得最厉害，如像受到最强烈的吸引一样；我也十分仔细地观察了这一现象。距离物体较远的光束弯曲较小；反而远的光束则向相反方向弯曲，形成三个彩色条纹。图中 s 表示刀口，或任意一种楔形 AsB；$gowog$、$fnunf$、$emtme$、$dlsld$ 是沿着 $\overgroup{owo}$、$\overgroup{nun}$、$\overgroup{mtm}$、$\overgroup{lsl}$ 向刀口弯曲的光束；弯曲的大小程度随到刀口的距离而定。由于光束的这种弯曲发生在刀口以外的空气中，因而落在刀口上的光束必定在接触刀口之前已首先弯曲。落在玻璃上的光束情形也相同。所以，折射不是发生在入射点，而是由光束逐渐的、连续的弯曲造成的；折射部分发生于光束接触玻璃前的空气中，部分发生于(如果我没有想错)入射以后的玻璃中；如图中所示，光束 $ckzc$、$biyb$、$ahxa$ 落在 r、q、p，弯曲发生在 k 和 z、i 和 y、h 和 x 之间。所以，因为光线的传播与物体的运动相类似，我认为把下述命题付诸光学应用是不会有错的，在此完全不考虑光线的本质，或探究它们究竟是不是物体，只是假定物体的路径极其相似于光线的路径而已。

命题 97 问题 47

设在任意表面上入射角的正弦与出射角的正弦的比为给定值，且物体路径在表面附近的偏折发生于极小空间内，可以看作是一个点，求能使所有自一给定处所发出的小球会聚到另一给定处所的面。

令 A 为小球所要发散的处所，B 为它们所要会聚的处所；CDE 为一曲线，当它绕轴 AB 旋转时即得到所求曲面；D、E 为曲线上两个任意点；

EF、EG 为物体路径 AD、DB 上的垂线，令点 D 趋近点 E；使 AD 增加
的线段 DF 与使 DB 减少的线段 DG 的比，等
于入射正弦与出射正弦的比。所以，直线 AD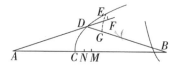
的增加量与直线 DB 的减少量的比为给定值；
因而，如在轴 AB 上任取一点 C，使曲线 CDE 必定经过该点，再按给定比
值取 AC 的增量 CM 比 BC 的减量 CN，以 A、B 为圆心，AM、BN 为半
径作两个圆相交于点 D，则该点 D 与所要求的曲线 CDE 相切，而且通过
使它在任意处相切，可求出曲线。   证毕。

推论 I. 通过使点 A 或 B 某些时候远至无穷，某些时候又趋向点 C 的
另一侧，可以得到笛卡儿在《光学》(Optics) 和《几何学》(Ceometry) 中所画
的与折射有关的图形。笛卡儿对此发明秘而不宣，我在此昭示于世。

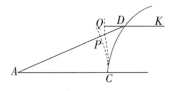
推论 II. 如果一个物体按某种规律沿直线
AD 的方向落在任意表面 CD 上，将沿另一直
线 DK 的方向弹出；由点 C 作曲线 CP、CQ
总是与 AD、DK 垂直；则直线 PD、QD 的增
量，因而由增量产生的直线 PD、QD 本身相互间的比，将等于入射正弦与
出射正弦的比。反之亦然。

命题 98　问题 48

在相同条件下，如果绕轴 **AB** 作任意吸引表面 **CD**，规则的或不规则
的，且由给定处所 **A** 出发的物体必定经过该面，求第二个吸引表面 **EF**，
它使这些物体会聚于一给定处所 **B**。

令连线 AB 与第一个面交于 C、与第二个面交于 E，点 D 为一任意点。
设在第一个面上的入射正弦与出射正弦的比，以及在第二个面上的出射正
弦与入射正弦的比，等于任意
给定量 M 比另一任意给定量
N；延长 AB 到 G，使 BG 比
CE 等于 M−N 比 N；延长 AB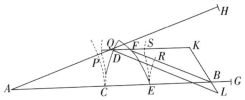

到 H，使 AH 等于 AG；延长 DF 到 K，使 DK 比 DH 等于 N 比 M。连接 KB，以 D 为圆心、DH 为半径画圆与 KB 延长线相交于 L，作 BF 平行于 DL；则点 F 与直线 EF 相切，当它绕轴 AB 转动时，即得到要求的面。

设曲线 CP、CQ 分别处处垂直于 AD、DF，曲线 ER、ES 垂直于 FB、FD，因而 QS 总是等于 CE；而且（由命题 97 推论 Ⅱ）PD 比 QD 等于 M 比 N，所以等于 DL 比 DK 或 FB 比 FK；由相减法，等于 $DL-FB$ 或 $PH-PD-FB$ 比 FD 或 $FQ-QD$；由相加法，等于 $PH-FB$ 比 FQ，即（因为 PH 与 CG，QS 与 CE 相等），等于 $CE+BG-FR$ 比 $CE-FS$。而（因为 BG 比 CE 等于 $M-N$ 比 N）$CE+BG$ 比 CE 等于 M 比 N；所以，由相减法，FR 比 FS 等于 M 比 N；所以（由命题 97 推论 Ⅱ）表面 EF 把沿 DF 方向落于其上的物体沿直线 FR 弹射到处所 B。　　　　　　　　证毕。

附　注

用同样的方法可以推广到三个或四个面。但在所有形状中，球形最适于光学应用。如果望远镜的物镜由两片球形玻璃制成，它们之间充满水，则利用水的折射来纠正玻璃外表面造成的折射误差到足够精度不是不可能的。这样的物镜比凸透镜或凹透镜好，不仅由于它们易于制作，精度高，还由于它们能精确折射远离镜轴的光线。但不同光线有不同的折射率，致使光学仪器终究不能用球形或任何其他形状而臻于完美。除非能纠正由此产生的误差，否则校正其他误差的所有努力都将是徒劳的。

第二卷 物体(在阻滞介质中)的运动

第一章 受与速度成正比的阻力作用的物体运动

命题1 定理1

如果一个物体受到的阻力与其速度成正比，则阻力使它损失的运动正比于它在运动中所掠过的距离。

因在每个相等的时间间隔里损失的运动都正比于速度，即正比于掠过距离的微小增量，所以通过加以复合知，整个时间中损失的运动正比于掠过的距离。   证毕。

推论. 如果该物体不受任何引力作用，仅靠其惯性力推动在自由空间中运动，并且已知其开始运动时的全部运动，以及它掠过部分路程后剩余的运动，则也可以求出该物体能在无限时间中所掠过的总距离，因为该距离比现已掠过的距离等于开始时的总运动比该运动中已损失的部分。

引理1

正比于其差的几个量连续正比。

令 $A:(A-B)=B:(B-C)=C:(C-D)$，等等；

则由相减法，

$$A:B=B:C=C:D，等等。$$ 证毕。

命题2 定理2

如果一个物体受到正比于其速度的阻力，并只受其惯性力的推动而运动，通过均匀介质，把时间分为相等的间隔，则在每个时间间隔的开始时的速度形成几何级数，而其间掠过的距离正比于该速度。

情形1：把时间分为相等间隔；如果设在每个间隔开始时阻力以正比于速度的一次冲击对物体作用，则每个间隔里速度的减少量都正比于同一个速度。所以这些速度正比于它们的差，因而（由第二卷引理 1）连续正比。所以，如果越过相等的间隔数把任意相等的时间部分加以组合，则在这些时间开始时的速度正比于从一个连续级数中越过相等数目的中间项取出的项。但这些项的比值是由中间项相等比值重复组合得到的，因而是相等的。所以正比于这些项的速度，也构成几何级数，令相等的时间间隔趋于零，其数目趋于无限，使阻力的冲击变得连续；则在相等时间间隔开始时连续正比的速度这时也连续正比。

情形2：由相减法，速度的差，即每个时间间隔中所失去的速度部分正比于总速度；而每个时间间隔中掠过的距离正比于失去的速度部分（由第一卷命题 1），因而也正比于总距离。

推论. 如果关于直角渐近线 AC、CH 作双曲线 BG，再作 AB、DG 垂直于渐近线 AC，把运动开始时物体的速度和介质阻力用任意已知线段 AC 表示，而若干时间以后的用不定直线 DC 表示，则时间可以由面积 $ABGD$ 表示，该时间中掠过的距离可以由线段 AD 表示。因为，如果该面积随着点 D 的运动而与时间一样均匀增加，则直线 DC 将按几何比率随速度一同减少；而在相同时间里所画出的直线 AC 部分，也将以相同比率减少。

命题 3　问题 1

求在均匀介质中沿直线上升或下落的物体的运动，其所受阻力正比于其速度，还有均匀重力作用于其上。

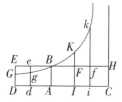

设物体上升，令任意给定矩形 $BACH$ 表示重力；而直线 AB 另一侧的矩形 $BADE$ 表示上升开始时的介质阻力。通过点 B，围绕直角渐近线 AC、CH 作一双曲线，分别与垂线 DE、de 相交于 G、g；上升

的物体在时间 $DGgd$ 内掠过距离 $EGge$，在时间 $DGBA$ 内掠过整个上升距离 EGB，在时间 $ABKI$ 内掠过下落距离 BFK，在时间 $IKki$ 内掠过下落距离 $KFfk$；而物体在此期间的速度（正比于介质阻力）分别为 $ABED$、$ABed$、0、$ABFI$、$ABfi$；物体下落所获得的最大速度为 $BACH$。

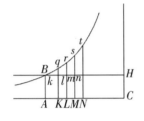

因为，把矩形 $BACH$ 分解为无数小矩形 Ak、Kl、Lm、Mn 等，它们将正比于在同样多相等时间间隔内产生的速度增量，则 0，Ak，Al、Am、An 等正比于总速度，因而（由假设）正比于每个时间间隔开始时的介质阻力。取 AC 比 AK，或 $ABHC$ 比 $ABkK$ 等于第二个时间间隔开始时的重力比阻力；则从重力中减去阻力，$ABHC$、$KkHC$、$LlHC$、$MmHC$ 等，将正比于在每个时间间隔开始时使物体受到作用的绝对力，因而（由定律Ⅰ）正比于速度的增量，即正比于矩形 Ak、Kl、Lm、Mn 等，因而（由第一卷引理1）组成几何级数。所以，如果延长直线 Kk、Ll、Mm、Nn 等使之与双曲线相交于 q、r、s、t 等，则面积 $ABqK$、$KqrL$、$LrsM$、$MstN$ 等将相等，因而与相等的时间以及相等的重力相似。但面积 $ABqK$（由第一卷引理7推论Ⅲ和引理8）比面积 Bkq 等于 Kq 比 $\frac{1}{2}kq$，或 AC 比 $\frac{1}{2}AK$，即等于重力比第一个时间间隔中间时刻的阻力。由类似理由，面积 $qKLr$、$rLMs$、$sMNt$ 等比面积 $qklr$、$rlms$、$smnt$ 等，等于重力比第二、第三、第四等时间间隔中间时刻的阻力。所以，由于相等面积 $BAKq$、$qKLr$、$rLMs$、$sMNt$ 等相似于重力，面积 Bkg、$qklr$、$rlms$、$smnt$ 等也相似于每个时间间隔中间时刻的阻力，即（由假设）相似于速度，也相似于掠过的距离。取相似量以及面积 Bkq、Blr、Bms、Bnt 等的和，它将相似于掠过的总距离；而面积 $ABqK$、$ABrL$、$ABsM$、$ABtN$ 等也与时间相似。所以，下落的物体在任意时间 $ABrL$ 内掠过距离 Blr，在时间 $LrtN$ 内掠过距离 $rlnt$。 证毕。

上升运动的证明与此相似。

推论Ⅰ．物体下落所能得到的最大速度比任意已知时间内得到的速度，等于连续作用于它之上的已知重力比在该时间末阻碍它运动的阻力。

推论Ⅱ. 时间作算术级数增加时，物体在上升中最大速度与速度的和，以及在下落中它们的差，都以几何级数减少。

推论Ⅲ. 在相等的时间差中，掠过的距离的差也以相同几何级数减少。

推论Ⅳ. 物体掠过的距离是两个距离的差，其一正比于开始下落后的时间，另一个则正比于速度；而这两个（距离）在开始下落时相等。

命题 4　问题 2

设均匀介质中的重力是均匀的，并垂直指向水平面，求其中受正比于速度的阻力作用的抛体的运动。

令抛体自任意处所 D 沿任意直线 DP 方向抛出，在运动开始时的速度以长度 DP 表示。自点 P 向水平线 DC 作垂线 PC，与 DC 相交于 A，使 DA 比 AC 等于开始向上运动时抛体所受到的介质阻力的垂直分量比重力；或（等价地）使得 DA 与 DP 的乘积比 AC 与 CP 的乘积等于开始运动时的全部阻力比重力。以 DC、CP 为渐近线作任意双曲线 $GTBS$ 与垂线 DG、AB 相交于 G 和 B；作平行四边形 $DGKC$，其边 GK 与 AB 相交于 Q。取一段长度 N，使它与 QB 的比等于 DC 比 CP；在直线 DC 上任意

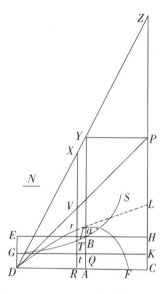

点 R 作其垂线 RT，与双曲线相交于 T，与直线 EH、GK、DP 相交于 I、t 和 V；在该垂线上取 Vr 等于 $\dfrac{tGT}{N}$，或等价地，取 Rr 等于 $\dfrac{GTIE}{N}$；抛体在时间 $DRTG$ 内将到达点 r，画出曲线 $DraF$，即点 r 的轨迹；因而将在垂线 AB 上的点 a 达到其最大高度；以后即向渐近线 PC 趋近，它在任意点 r 的速度正比于曲线的切线 rL。　　　　　　　　　　　　　　　证毕。

因为　　　　　　　　$V:QB=DC:CP=DR:RV,$

所以 RV 等于 $\dfrac{DR \cdot QB}{N}$，而且 Rr（即 $RV-Vr$ 或 $\dfrac{DR \cdot QB-tGT}{N}$）等于

$\dfrac{DR \cdot AB-RDGT}{N}$。现在令面积 $RDGT$ 表示时间，且把物体的运动（由定律推论 II）分为两部分，一为向上的，另一为水平的。由于阻力正比于运动，把它也分解为与这两种运动成正比且方向相反的两部分，因而表示水平方向运动的长度（由第二卷命题 2）正比于线段 DR，而高度（由第二卷命题 3）正比于面积 $DR \cdot AB-RDGT$，即正比于线段 Rr。但在运动刚开始时面积 $RDGT$ 等于乘积 $DR \cdot AQ$，因而该线段 Rt（或 $\dfrac{DR \cdot AB-DR \cdot AQ}{N}$）比 DR 等于 $AB-AQ$ 或 QB 比 N，即等于 CP 比 DC，所以等于开始时向上的运动比水平的运动。由于 Rr 总是正比于高度，DR 总是正比于水平长度，而开始运动时 Rr 比 DR 等于高度比长度，由此可以推出，Rt 比 DR 总是等于高度比长度，所以物体将沿点 F 的轨迹曲线 $DraF$ 运动。　　　　　　　　　　　　证毕。

推论 I. Rr 等于 $\dfrac{DR \cdot AB}{N}-\dfrac{RDGT}{N}$；所以，如果延长 RT 到 X，使 RX 等于 $\dfrac{DR \cdot AB}{N}$，即，如果作平行四边形 $ACPY$，作 DY 与 CP 相交于 Z，再延长 RT 与 DY 相交于 X，则 Xr 等于 $\dfrac{RDGT}{N}$，因而正比于时间。

推论 II. 如果按几何级数选取无数个线段 CR，或等价地，取无数个线段 ZX，则有同样多个线段 Xr 按算术级数与之对应。所以曲线 $DraF$ 很容易用对数表作出。

推论 III. 如果以 D 为顶点作一抛物线，把直径 DG 向下延长，其通径比 $2DP$ 等于运动开始时的全部阻力比重力，则物体由处所 D 沿直线 DP 方向在均匀阻力的介质中画出曲线 $DraF$ 的速度，与它由同一处所 D 沿同一直线 DP 方向在无阻力介质中画出一抛物

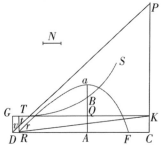

线的速度相同。因为在运动刚开始时，该抛

物线的通径为 $\frac{DV^2}{Vr}$；而 Vr 等于 $\frac{tGT}{N}$ 或

$\frac{DR \cdot Tt}{2N}$。如果作一条直线与双曲线 GTS 相

切于 G，则它平行于 DK，因而 Tt 等于

$\frac{GK \cdot DR}{DC}$，而 N 等于 $\frac{QB \cdot DC}{CP}$。所以 Vr 等

于 $\frac{DR^2 \cdot CK \cdot CP}{2DC^2 \cdot QB}$，即（由于 DR 与 DC、DV

与 DP 成正比）等于 $\frac{DV^2 \cdot CK \cdot CP}{2DP^2 \cdot QB}$；通径

$\frac{DV^2}{Vr}$ 等于 $\frac{2DP^2 \cdot QB}{CK \cdot CP}$，即（因为 QB 与 CK、

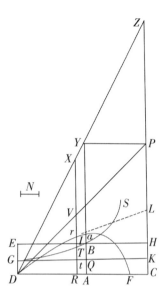

DA 与 AC 成正比）等于 $\frac{2DP^2 \cdot DA}{AC \cdot CP}$，所以通径比 $2DP$ 等于 $DP \cdot DA$ 比

$CP \cdot AC$；即等于阻力比重力。   证毕。

推论Ⅳ. 如果从任意处所 D 以给定速度抛出一物体，抛出方向沿着位
置已定的直线 DP，且在运动开始时介质阻力为已知，则可以求出物体画
出的曲线 $DraF$。因为速度已知，则容易求出抛物线的通径。再取 $2DP$ 比
该通径等于引力比阻力，即可求出 DP。然后在 DC 上取 A，使 $CP \cdot AC$
比 $DP \cdot DA$ 等于重力比阻力，即求得点 A，因此得到曲线 $DraF$。

推论Ⅴ. 反之，如果已知曲线 $DraF$，则可以求出物体在每一个处所 r
的速度和介质的阻力。因为 $CP \cdot AC$ 与 $DP \cdot DA$ 比值已知，则开始运动
时的介质阻力，以及抛物线的通径可以求出。因而也可以求出开始运动时
的速度，再由切线 rL 的长度即可求得与它成正比的任意处所 r 的速度以及
与该速度成正比的阻力。

推论Ⅵ. 由于长度 $2DP$ 比抛物线的通径等于在 D 处的引力比阻力，由
速度的增加可知阻力也以相同比率增加，而抛物线通径以该比率的平方增
加，容易推知长度 $2DP$ 仅以该简单比率增加，所以它总是正比于速度；

∠CDP 的变化对它的增减没有影响，除非速度也变化。

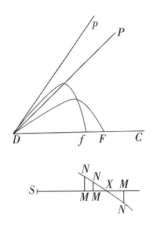

推论Ⅶ. 由此得到一种与该现象很近似的求曲线 DraF 的方法，因而可以求出被抛射物体受到的阻力和速度。由处所 D 沿不同角度∠CDP 和∠CDp 以相同速度抛出两个相等的物体，测知它们落在地平面 DC 上的位置 F、f。然后在 DP 或 Dp 上任取一段长度表示 D 处的阻力，它与重力的比为任意比值，令该比值以任意长度 SM 表示。然后，由该假设长度 DP 计算出长度 DF、Df；再由计算出的比值 $\frac{Ff}{DF}$ 减去由实验测出的同一比值；令该差值以垂线 MN 表示。通过不断设定阻力与引力的新比值 SM 得到新的差 MN，重复两到三次，在直线 SM 的一侧画出正差值，另一侧画出负差值；通过点 N、N、N 画出规则曲线 NNN，与直线 SMMM 相交于 X，则 SX 就是要求的阻力与重力的实际比值。由该比值可以计算出长度 DF；而那个与假设长度 DP 的比等于实验测出的长度 DF 与刚计算出的长度 DF 的比的长度，就是 DP 的实际长度。求出这些以后，就既可以得到物体画出的曲线 DraF，又可以得到物体在任一处所的速度和阻力。

附 注

不过，物体的阻力正比于速度，与其说是物理实际，不如说是数学假设。在完全没有黏度的介质中，物体受到的阻力都正比于速度的平方。因为，运动速度较快的物体在较短时间内把占较大速度中较多比例的运动传递给等量的介质；而在相同时间里，由于受到扰动的介质数量较多，被传递的运动正比于该比例的平方；而阻力（由定律Ⅱ和定律Ⅲ）正比于被传递的运动。所以，让我们看看这一阻力定律带来什么样的运动。

第二章　受正比于速度平方的阻力作用的物体运动

命题 5　定理 3

如果一物体受到的阻力正比于其速度的平方，在均匀介质中运动时只受其惯性力的推动；按几何级数取时间值，并将各项由小到大排列；则每个时间间隔开始时的速度是同一个几何级数的倒数；而每个时间间隔内物体越过的距离相等。

由于介质的阻力正比于速度的平方，而速度的减少正比于阻力；如果把时间分为无数相等间隔，则各间隔开始时速度的平方正比于上述速度的差。令这些时间间隔为直线 CD 上选取的 AK、KL、LM 等等，作

垂线 AB、Kk、Ll、Mm 等等，与以 C 为中心，以 CD、CH 为直角渐近线的双曲线 $BklmG$ 相交于 B、k、l、m 等等；则 AB 比 Kk 等于 CK 比 CA，由相减法，$AB-Kk$ 比 Kk 等于 AK 比 CA，交换之，$AB-Kk$ 比 AK 等于 Kk 比 CA，所以等于 $AB \cdot Kk$ 比 $AB \cdot CA$。所以既然 AK 和 $AB \cdot CA$ 是已知的，$AB-Kk$ 正比于 $AB \cdot Kk$；最后，当 AB 与 Kk 重合时正比于 AB^2。由类似理由，$Kk-Ll$、$Ll-Mm$ 等等都分别正比于 Kk^2、Ll^2 等等。所以线段 AB、Kk、Kl、Mm 等等的平方正比于它们的差；所以，既然前面已证明速度的平方正比于它们的差，则这两个级数量是相似的。由此还可以推知这些线段掠过的面积与这些速度掠过的距离也是相似级数。所以，如果以线段 AB 表示第一个时间间隔 AK 开始时的速度，以线段 Kk 表示第二个时间间隔 KL 开始时的速度，以面积 $AKkB$ 表示第一个时间内掠过的长度，以后的速度可以由以下线段 Ll、Mm 等等来表示，掠过的长度可以由面积 Kl、Lm 等等来表示。经过组合后，如果以 AM 表示全部时间，即各间隔总和，以 $AMmB$ 表示全部长度，即其各部分之总和，设时

间 AM 被分割为部分 AK、KL、LM 等等，使得 CA、CK、CL、CM 等按几何级数排列，则这些时间部分也按相同几何级数排列，而对应的速度 AB、Kk、Ll、Mm 等等则按相同级数的倒数排列，而相应的空间 Ak、KJ、Lm 等等都是相等的。证毕。

推论 I. 可以推知，如果以渐近线上任意部分 AD 表示时间，以纵坐标 AB 表示该时间开始时的速度，而以纵坐标 DG 表示结束的速度；以邻近的双曲线面积 ABGD 表示掠过的全部距离；则任意物体在相同时间里以初速度 AB 通过无阻力介质的距离，可以由乘积 AB·AD 表示。

推论 II. 由此，可以求出在阻抗介质中掠过的距离，方法是它与物体在无阻力介质中以均匀速度 AB 掠过的距离的比，等于双曲线面积 ABGD 比乘积 AB·AD。

推论 III. 也可以求出介质的阻力。在运动刚开始时，它等于一个均匀向心力，该力可以使一个物体在无阻力介质中的时间 AC 内获得下落速度 AB。因为如果作 BT 与双曲线相切于 B，与渐近线相交于 T，则直线 AT 等于 AC，它表示该均匀分布的阻力完成抵消速度 AB 所需的时间。

推论 IV. 由此还可以求出该阻力与重力或其他任何已知向心力的比。

推论 V. 反之，如果已知该阻力与任何已知向心力的比值，则可以求出时间 AC，在该时间内与阻力相等的向心力可以产生正比于 AB 的速度；由此也可以求出点 B，通过它可以画出以 CH、CD 为渐近线的双曲线；还可以求出距离 ABGD，它是物体以开始运动时的速度 AB 在任意时间 AD 内掠过均匀阻力介质的距离。

命题 6 定理 4

均匀而相等的球体受到正比于速度平方的阻力，在惯性力的推动下运动，它们在反比于初始速度的时间内掠过相同的距离，而失去的速度部分正比于总速度。

以 CD、CH 为直角渐近线作任意双曲线 BbEe，与垂线 AB、ab、DE、de 相交于 B、b、E、e；令垂线 AB、DE 表示初速度，线段 Aa、Dd 表示时间。因而(由假设)Aa 比 Dd 等于 DE 比 AB，也(由双曲线性质)等于 CA 比 CD；经过组合知，等于 Ca 比 Cd。所以，面积 $ABba$、$DEed$，即掠过的距离，相互间相等，而初速度 AB、DE 正比于末速度 ab、de；所以，由相减法，正比于速度所失去的部分 $AB-ab$、$DE-de$。　　　　证毕。

命题 7　定理 5

如果球体的阻力正比于速度的平方，则在正比于初速度、反比于初始阻力的距离内，它们失去的运动正比于其全部，而掠过的距离正比于该时间与初速度的乘积。

因为运动所失去的部分正比于阻力与时间的乘积，所以该部分应正比于全部阻力与应正比于运动的时间的乘积，所以时间正比于运动、反比于阻力。所以在以该比值选取的时间间隔内，物体所失去的运动部分总是正比其全部，因而余下的速度也总正比于初速度。因为速度的比值是给定的，所以它们所掠过的距离正比于初速度与时间的乘积。　　　　证毕。

推论Ⅰ. 如果速度相同的物体其阻力正比于直径的平方，则不论均匀球体以什么样的速度运动，在掠过正比于其直径的距离后，它所失去的运动部分都正比于其全部。因为每个球的运动都正比于其速度与质量的乘积，即正比于速度与其直径立方的乘积；阻力(由假设)则正比于直径的平方与速度的平方的乘积；而时间(由假设)与前者成正比，与后者成反比；所以，正比于时间与速度的距离也正比于直径。

推论Ⅱ. 如果速度相同的物体的阻力正比于其直径的 $\frac{3}{2}$ 次幂，则以任意速度运动的均匀球体在掠过正比于其直径 $\frac{3}{2}$ 次幂的距离后，所失去的运动部分正比于其全部。

推论Ⅲ. 一般而言，如果速度相同的物体受到的阻力正比于直径的任意次幂，则以任意速度运动的均匀球体，在失去其运动的部分正比于总运动量时，所掠过的距离正比于直径的立方除以该幂。令球体直径为 D 和

E，如果在速度相等时阻力正比于 D^n 和 E^n，则在球体以任意速度运动并失去其运动的部分正比于全部时，它所掠过的距离正比于 D^{3-n} 和 E^{3-n}，而所余下的速度相互间的比值等于开始时的比值。

推论Ⅳ. 如果球是不均匀的，较密的球所掠过的距离的增加正比于密度，因为在相等速度下，运动正比于密度，而时间（由假设）也正比于运动增加，球所掠过的距离则正比于时间。

推论Ⅴ. 如果球在不同的介质中运动，在其他条件相同时，在阻力较大的介质中，距离正比于该较大阻力减少，因为时间（由假设）的减少正比于增加的阻力，而距离正比于时间。

引理 2

任一生成量（genitum）的瞬（moment）等于各生成边（generating sides）的瞬乘以这些边的幂指数，再乘以它们的系数，然后再求总和。

我称之为生成量的任意量，不是由若干分立部分相加或相减形成的，而是在算术上由若干项通过相乘、相除或求方根产生或获得的；在几何上则由求容积和边，或求比例外项和比例中项形成。这类量包括有乘积、商、根、长方形、正方形、立方体、边的平方和立方以及类似的量。在此，我把这些量看作是变化的和不确定的，可随连续的运动或流动增大或减小。所谓瞬，即指它们的瞬时增减；可以认为，呈增加时瞬为正值，呈减少时瞬为负值。但应注意这不包括有限小量。有限小量不是瞬，却正是瞬所产生的量，我们应把它们看作是有限的量所刚刚新生出的份额。在此引理中我们也不应将瞬的大小，而只应将瞬的初始比，看作是新生的。如果不用瞬，则可以用增加或减少（也可以称作量的运动、变化和流动）的速率，或相应于这些速率的有限量来代替，效果相同。所谓生成边的系数，指的是生成量除以该生成边所得到的量。

因此，本引理的含义是，如果任意量 A、B、C 等等由于连续的流动而增大或减小，而它们的瞬或与它们相应的率化率以 a、b、c 来表示，则生成量 AB 的瞬或变化等于 $aB+bA$；乘积 ABC 的瞬等于 $aBC+bAC+$

cAB；而这些变量所产生的幂 A^2、A^3、A^4、$A^{\frac{1}{2}}$、$A^{\frac{3}{2}}$、$A^{\frac{1}{3}}$、$A^{\frac{2}{3}}$、A^{-1}、A^{-2}、$A^{-\frac{1}{2}}$ 的瞬分别为 $2aA$、$3aA^2$、$4aA^3$、$\frac{1}{2}aA^{-\frac{1}{2}}$、$\frac{3}{2}aA^{\frac{1}{2}}$、$\frac{1}{3}aA^{\frac{2}{3}}$、$\frac{3}{2}aA^{-\frac{1}{3}}$、$-aA^{-2}$、$-2aA^{-3}$、$-\frac{1}{2}aA^{-\frac{3}{2}}$；一般地，任意幂 $A^{\frac{n}{m}}$ 的瞬为 $\frac{n}{m}aA^{\frac{n-m}{m}}$。生成量 A^2B 的瞬为 $2aAB+bA^2$；生成量 $A^3B^4C^2$ 的瞬为 $3aA^2B^4C^2+4bA^3B^3C^2+2cA^3B^4C$；生成量 $\frac{A^3}{B^2}$ 或 A^3B^{-2} 的瞬为 $3aA^2B^{-2}-2bA^3B^{-3}$；依此类推。本引理可以这样证明：

情形 1：任一长方形，如 AB，由于连续的流动而增大，当边 A 和 B 尚缺少其瞬的一半 $\frac{1}{2}a$ 和 $\frac{1}{2}b$ 时，等于 $A-\frac{1}{2}a$ 乘以 $B-\frac{1}{2}b$，或者 $AB-\frac{1}{2}aB-\frac{1}{2}bA+\frac{1}{4}ab$；而当边 A 和 B 长出半个瞬时，乘积变为 $A+\frac{1}{2}a$ 乘以 $B+\frac{1}{2}b$，或者 $AB+\frac{1}{2}aB+\frac{1}{2}bA+\frac{1}{4}ab$。将此乘积减去前一个乘积，余下差 $aB+bA$。所以当变量增加 a 和 b 时，乘积增加 $aB+bA$。 证毕。

情形 2：设 AB 恒等于 G，则容积 ABC 或 CG（由情形 1）的瞬为 $gC+cG$，即（以 AB 和 $aB+bA$ 代替 G 和 g）$aBC+bAC+cAB$。不论乘积有多少变量，瞬的求法与此相同。 证毕。

情形 3：设变量 A、B 和 C 恒相等，则 A^2，即乘积 AB 的瞬 $aB+bA$ 变为 $2aA$；而 A^3，即容积 ABC 的瞬 $aBC+bAC+cAB$ 变为 $3aA^2$。同样地，任意幂 A^n 的瞬是 naA^{n-1}。 证毕。

情形 4：由于 $\frac{1}{A}$ 乘以 A 是 1，则 $\frac{1}{A}$ 的瞬乘以 A，再加上 $\frac{1}{A}$ 乘以 a，就是 1 的瞬，即等于零。所以，$\frac{1}{A}$ 或 A^{-1} 的瞬是 $\frac{-a}{A^2}$。一般地，由于 $\frac{1}{A^n}$ 乘 A^n 等于 1，$\frac{1}{A^n}$ 的瞬乘以 A^n 再加上 $\frac{1}{A^n}$ 乘以 naA^{n-1} 等于零，所以 $\frac{1}{A^n}$ 或 A^{-n} 的瞬是 $-\frac{na}{A^{n+1}}$。 证毕。

情形 5：由于 $A^{\frac{1}{2}}$ 乘以 $A^{\frac{1}{2}}$ 等于 A，$A^{\frac{1}{2}}$ 的瞬乘以 $2A^{\frac{1}{2}}$ 等于 a（由情形 3），所以 $A^{\frac{1}{2}}$ 的瞬等于 $\dfrac{a}{2A^{\frac{1}{2}}}$ 或 $\dfrac{1}{2}aA^{-\frac{1}{2}}$。推而广之，令 $A^{\frac{m}{n}}$ 等于 B，则 A^m 等于 B^n，所以 maA^{m-1} 等于 nbB^{n-1}，maA^{-1} 等于 nbB^{-1}，或 $nbA^{-\frac{m}{n}}$；所以 $\dfrac{m}{n}aA^{\frac{n-m}{n}}$ 等于 b，即等于 $A^{\frac{m}{n}}$ 的瞬。证毕。

情形 6：所以，生成量 A^mB^n 的瞬等于 A^m 的瞬乘以 B^n，再加上 B^n 的瞬乘以 A^m，即 $maA^{m-1}B^n+nbB^{n-1}A^m$；不论幂指数 m 和 n 是整数还是分数，是正数还是负数。对于更高次幂也是如此。证毕。

推论 I. 对于连续正比的量，如果其中一项已知，则其余项的变化率正比于该项乘以该项与已知项间隔项数。令 A、B、C、D、E、F 连续正比；如果 C 为已知，则其余各项的瞬之间的比为 $-2A$、$-B$、D、$2E$、$3F$。

推论 II. 如果在四个正比量里两个中项为已知，则端项的变化率正比于该端项。这同样适用于已知乘积的变量。

推论 III. 如果已知两个平方的和或差，则变量的瞬反比于该变量。

附 注

我在 1672 年 12 月 10 日致科林斯[1]先生的信中，曾谈到一种切线方法，我猜测它与司罗斯[2]当时尚未发表的方法是相同的，这封信中说：

这是一种普适方法的特例或更是一种推论，它不仅可以毫不困难地推广到求作无论是几何的还是力学的曲线的切线，或与直线及其他曲线有关的方法中，还可用于解决有关曲率、面积、长度、曲线的重心等困难问题；它还不（像许德[3]的求极大值与极小值方法那样）仅限于不含不尽根量

---

① John Collins，1625—1683，英国代数学家。未受过大学教育，1667 年当选为英国皇家学会会员。曾与当时的科学家（主要是数学家）有大量书信交往。

② Rene-Francois de Sluse，1622—1685，法国业余数学家，与巴斯卡、惠更斯、瓦里斯等有大量书信交往，1674 年当选为英国皇家学会会员。

③ Johan van Waveren Hudde，1628—1704，荷兰数学家。英译本误作 Hudden。

的方程，把我的方法和这种方法联合运用于求解方程，可将它们化简为无穷级数。

以上是那封信中的一段话。其中最后几句是针对我在 1671 年写成的一篇关于这项专题研究的论文的。这个普适方法的基础已包含在上述引理中。

命题 8　定理 6

如果均匀介质中的物体在重力的均匀作用下沿一条直线上升或下落，将它所掠过的全部距离分为若干相等部分，并将各部分起点（根据物体上升或下落，在重力中加上或减去阻力）与绝对力对应起来，则这些绝对力组成几何级数。

令已知线段 AC 表示重力，不定线段 AK 表示阻力，二者的差 KC 表示下落物体的绝对力；线段 AP 表示物体速度，它是 AK 和 AC 的比例中项，因

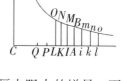

而正比于阻力的平方根，短线段 KL 表示给定时间间隔中阻力的增量，而短线段 PQ 表示速度的瞬时增量；以 C 为中心，以 CA、CH 为直角渐近线，作双曲线 BNS 与垂线 AB、KN、LO 相交于 B、N 和 O。因为 AK 正比于 AP^2，所以其中一个的瞬 KL 正比于另一个的瞬 $2AP \cdot PQ$，即正比于 $AP \cdot KC$，因为速度的增量 PQ（由定律 II）正比于产生它的力 KC。将 KL 的比值乘以 KN 的比值，则乘积 $KL \cdot KN$ 正比于 $AP \cdot KC \cdot KN$，即（因为乘积 $KC \cdot KN$ 已知）正比于 AP，但双曲线 $KNOL$ 的面积与矩形 $KL \cdot KN$ 的最后比值，在点 K 与 L 重合时，变为相等比值。所以，双曲线趋于零的面积正比于 AP。所以整个双曲线面积 $ABOL$ 由总是正比于速度 AP 的间隔组成；因而它本身也正比于速度掠过的距离。现将该距离分为若干相等部分 $ABMI$、$IMNK$、$KNOL$ 等，则对应的绝对力 AC、IC、KC、LC 等构成几何级数。　　　　　　　　　　　　　　证毕。

由类似理由，在物体的上升中，在点 A 的另一侧取相等面积 $ABmi$、$imnk$、$knol$ 等等，则可以推知绝对力 AC、iC、kC、lC 等连续成正比。所

以，如果整个上升和下降距离分为相等部分，则所有的绝对力 lC、kC、iC、AC、IC、KC、LC 等构成连续正比。 证毕。

推论 I. 如果以双曲线面积 $ABNK$ 表示掠过的距离，则重力物体的速度和介质的阻力，可以分别用线段 AC、AP 和 AK 表示；反之亦然。

推论 II. 物体在无限下落中所能达到的最大速度可以用线段 AC 表示。

推论 III. 如果对应于已知速度的介质阻力为已知，则可以求出最大速度。方法是令它比该已知速度等于重力比该已知阻力的平方根。

命题 9 定理 7

在相同条件下，如果取圆与双曲线张角的正切正比于速度，再取一适当大小的半径，则物体上升到最高处所的总时间正比于圆的扇形，而由最高处下落的总时间正比于双曲线的扇形。

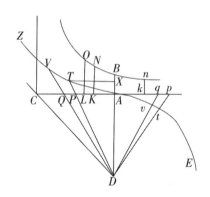

在表示重力的直线 AC 上作与之相等的垂线 AD，以 D 为圆心、AD 为半径作一个四分之一圆 AtE，再作直角双曲线 AVZ，其轴为 AK，顶点为 A，渐近线为 DC。作 Dp、DP，则圆扇形 AtD 正比于上升到最高处所的总时间；

而双曲线扇形 ATD 则正比于由该最高处下落的总时间；如果这成立，则切线 Ap、AP 正比于速度。

情形 1: 作 Dvq 在扇形 ADt 和 $\triangle ADp$ 上切下变化率或同时掠过的小间隔 tDv 和 qDp。由于这些间隔（因为属于共同角 $\angle D$）正比于边的平方，间隔 tDv 正比于 $\dfrac{qDp \cdot tD^2}{pD^2}$，即（因为 tD 已知）正比于 $\dfrac{qDp}{pD^2}$。但 pD^2 等于 $AD^2 + Ap^2$，即 $AD^2 + AD \cdot Ak$，或者 $AD \cdot Ck$；而 qDp 等于 $\dfrac{1}{2} AD \cdot Pq$。

所以扇形间隔 tDv 正比于 $\dfrac{pq}{Ck}$，即正比于速度的减小量 pq，反比于减慢速

度的力 Ck；所以正比于对应于速度减量的时间间隔。通过组合，在扇形 ADt 中所有间隔 tDv 的总和正比于对应于不断变慢的速度 Ap 所失去的每一个小间隔 Pq 的时间间隔的总和，直到该趋于零的速度消失；即整个扇形 ADt 正比于上升到最高处所的时间。 证毕。

情形 2：作 DQV 在扇形 DAV 和 $\triangle DAQ$ 上割下小间隔 TDV 和 PDQ；这两个小间隔相互间的比等于 DT^2 比 DP^2，即（如果 TX 与 AP 平行）等于 DX^2 比 DA^2 或 TX^2 比 AP^2；由相减法，等于 DX^2-TX^2 比 DA^2-AP^2，但由双曲线性质知，DX^2-TX^2 等于 AD^2；而由命题所设条件，AP^2 等于 $AD \cdot AK$。所以两间隔相互间的比等于 AD^2 比 $AD^2-AD \cdot AK$，即等于 AD 比 $AD-AK$ 或 AC 比 CK；所以扇形的间隔 TDV 等于 $\dfrac{PDQ \cdot AC}{CK}$；所以（因为 AC 与 AD 已知）等于 $\dfrac{PQ}{CK}$，即正比于速度的增量，反比于产生该增量的力；所以正比于对应于该增量的时间间隔。通过组合知，使速度 AP 产生全部增加量 PQ 的总时间间隔，正比于扇形 ATD 的间隔，即总时间正比于整个扇形。 证毕。

推论 I. 如果 AB 等于 AC 的四分之一，则在任意时间内物体下落所掠过的距离，比物体以其最大速度 AC 在同一时间内匀速运动所掠过的距离，等于表示下落掠过的距离的面积 $ABNK$ 比表示时间的面积 ATD。因为

$$AC : AP = AP : AK$$

由本卷引理 2 推论 I，

$$LK : PQ = 2AK : AP = 2AP : AC,$$

所以

$$LK : \frac{1}{2}PQ = AP : \frac{1}{4}AC \text{ 或 } AP : AB,$$

而由于

$$KN : AC \text{ 或 } KN : AD = AD : CK,$$

将对应项相乘，

$$LKNO：DPQ＝AP：CK。$$

如上所述，

$$DPQ：DTV＝CK：AC。$$

所以，　　　　　　　$$LKNO：DTV＝AP：AC；$$

即，等于落体速度比它在下落中所能获得的最大速度。所以，由于面积 $ABNK$ 和 ATD 的变化率 $LKNO$ 和 DTV 正比于速度，在同一时间里产生的这些面积的所有部分正比于同一时间里掠过的距离；所以自下落开始后产生的整个面积 $ABNK$ 和 ADT，正比于下落的全部距离。　　　　证毕。

推论Ⅱ. 物体上升所掠过的距离情况相同，也就是说，总距离比同一时间中以均匀速度 AC 掠过的距离，等于面积 $ABnK$ 比扇形 ADt。

推论Ⅲ. 物体在时间 ATD 内下落的速度，比它同一时间里在无阻力空间中所可能获得的速度，等于△APD 比双曲线扇形 ATD，因为在无阻力介质中速度正比于时间 ATD，而在有阻力介质中正比于 AP，即正比于△APD。而在刚开始下落时，这些速度与面积 ATD、APD 一样，都是相等的。

推论Ⅳ. 由同样理由，上升速度比物体相同时间里在无阻力空间中所损失的上升运动，等于△ApD 比圆扇形 AtD，或等于直线 Ap 比 $\overset{\frown}{At}$。

推论Ⅴ. 所以，物体在有阻力介质中下落所获得的速度 AP，比它在无阻力空间中下落获得最大速度 AC 所需时间，等于扇形 ADT 比△ADC；而物体在无阻力介质中由于上升而失去速度 Ap 的时间，比它在有阻力介质中上升失去相同速度所需时间，等于 $\overset{\frown}{At}$ 比切线 Ap。

推论Ⅵ. 由已知时间可以求出上升或下落的距离。因为物体无限下落的最大速度是已知的（由第二卷定理 6 推论Ⅱ和推论Ⅲ），因而也可以求出物体在无阻力空间中下落获得这一速度所需要的时间。取扇形 ADT 或 ADt 比△ADC 等于已知时间比刚求出的时间，即可以求出速度 AP 或 Ap，以及面积 $ABNK$ 或 $ABnk$，它与扇形 ADT 或 ADt 的比等于所求距离与前面求出的在已知时间内以最大速度匀速运动掠过的距离的比。

推论Ⅶ. 采用反向推导，由已知上升或下落的距离 $ABnk$ 或 $ABNK$，

可以求出时间 ADt 或 ADT。

命题 10　问题 3

设均匀重力垂直指向地平面，阻力正比于介质密度与速度平方的乘积，求使物体沿任意给定曲线运动的各点介质密度，以及物体的速度和各点的介质阻力。

令 PQ 为与纸平面垂直的平面；$PFHQ$ 为一曲线，与该平面相交于点 P 和 Q；物体沿此曲线由 F 到 Q 经过四个点 G、H、I、K；GB、HC、ID、KE 是由这四点向地平面作的四条平行纵坐标，落向地平线 PQ 上的垂点 B、C、D、E；令纵坐标间距 BC、CD、DE 相等。由点 G 和 H 作直线 GL、HN 与曲线相切于点 G、H，并与纵坐标向上的延长线 CH、DI 相交于 L 和 N；作出平行四边形 $HCDM$。则物体掠过 $\overset{\frown}{GH}$、$\overset{\frown}{HI}$ 的时间，正比于物体在该时间里由切点下落的高度 LH、NI 的平方根；而速度正比于掠过的长度 GH、HI，反比于时间。令 T 和 t 表示时间，$\dfrac{GH}{T}$ 和 $\dfrac{HI}{t}$ 表示速度，则时间 t 内速度的减量为 $\dfrac{GH}{T}-\dfrac{HI}{t}$。该减量是由阻碍物体的阻力和对它加速的重力所产生的。伽利略曾证明过，掠过距离 NI 的落体所受重力产生的速度，可以使它在相同时间里掠过 2 倍的距离，即速度 $\dfrac{2NI}{t}$。但如果物体掠过的是 $\overset{\frown}{HI}$，这个力只使弧增加长度 $HI-HN$，或者 $\dfrac{MI\cdot NI}{HI}$，所以产生速度 $\dfrac{2MI\cdot NI}{t\cdot HI}$。将这一速度加上前述减量，就可以得阻力单独产生的速度减量，即 $\dfrac{GH}{T}-\dfrac{HI}{t}+\dfrac{2MI\cdot NI}{t\cdot NI}$。由于在同一时间里重力使落体产生速度 $\dfrac{2NI}{t}$，则阻力比重力等于 $\dfrac{GH}{T}-\dfrac{HI}{t}+\dfrac{2MI\cdot NI}{t\cdot HI}$ 比 $\dfrac{2NI}{t}$ 或者 $\dfrac{t\cdot GH}{T}-HI+\dfrac{2MI\cdot NI}{HI}$ 比 $2NI$。

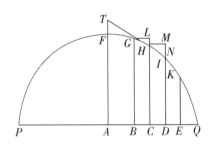

现设横坐标 CB、CD、CE 为 $-o$、o、$2o$，纵坐标 CH 为 P；MI 为任意级数 $Qo+Ro^2+So^2+\cdots$。则级数中第一项以后的所有项，即 $Ro^2+So^2+\cdots$，等于 NI；而纵坐标 DI、EK 和 BG 则分别为 $P-Qo-Ro^2-So^3-\cdots$，$P-2Qo-4Ro^2-8So^3-\cdots$，以及 $P+Qo-Ro^2+So^3-\cdots$。取纵坐标的差 $BG-CH$ 与 $CH-DI$ 的平方，再加上 BC 与 CD 的平方，即得到 $\widehat{GH}$、$\widehat{HI}$ 的平方 $oo+QQoo-2QRo^3+\cdots$，以及 $oo+QQoo+2QRo^3+\cdots$，它们的根 $o\sqrt{1+QQ-\dfrac{QRoo}{1+QQ}}$ 与 $o\sqrt{1+QQ+\dfrac{QRoo}{1+QQ}}$ 就是 $\widehat{GH}$ 和 $\widehat{HI}$。而且，如果是纵坐标 GH 中减去纵坐标 BG 与 DI 的和的一半，由纵坐标 DI 中减去纵坐标 CH 与 EK 的和的一半，则余下 Roo 与 $Roo+3So^3$，这是 $\widehat{GI}$ 和 $\widehat{HK}$ 的正矢。它们正比于短线段 LH 和 NI，因而正比于无限小时间 T 和 t 的平方；因而比值 $\dfrac{t}{T}$ 正比于 $\dfrac{R+3So}{R}$ 或 $\dfrac{R+\frac{3}{2}So}{R}$ 的平方变化；在 $\dfrac{t \cdot GH}{T}-HI+\dfrac{2MI \cdot NI}{HI}$ 中代入刚才求出的 $\dfrac{t}{T}$、GH、HI、MI 和 NI 的值，得到 $\dfrac{3Soo}{2R} \cdot \sqrt{1+QQ}$。由于 $2NI$ 等于 $2Roo$，则阻力比重力等于 $\dfrac{3Soo}{2R} \cdot \sqrt{1+QQ}$ 比 $2Roo$，即等于 $3S\sqrt{1+QQ}$ 比 $4RR$。

速度等于一物体自任意处所 H 沿切线 HN 方向在真空中画出抛物线的速度，该抛物线的直径为 HC，通径为 $\dfrac{HN^2}{NI}$ 或 $\dfrac{1+QQ}{R}$。

阻力正比于介质密度与速度平方的乘积，因而介质密度正比于阻力，反比于速度平方，即正比于 $\dfrac{3S\sqrt{1+QQ}}{4}$，反比于 $\dfrac{1+QQ}{R}$，即正比于

$$\frac{S}{R\sqrt{1+QQ}}$$

证毕。

推论 I. 如果将切线 HN 向两边延长，使它与任意纵坐标 AF 相交于 T，则 $\dfrac{HT}{AC}$ 等于 $\sqrt{1+QQ}$，因而由上述推导知可以替代 $\sqrt{1+QQ}$。由此，阻力比重力等于 $3S \cdot HT$ 比 $4RR \cdot AC$，速度正比于 $\dfrac{HT}{AC\sqrt{R}}$，介质密度正比于 $\dfrac{S \cdot AC}{R \cdot HT}$。

推论 II. 由此，如果像通常那样曲线 $PFHQ$ 由底或横坐标 AC 与纵坐标 CH 的关系来决定，纵坐标的值分解为收敛级数，则本问题可利用级数的前几项简单地解决，如下例所示。

例 1. 令 $PFHQ$ 为直径 PQ 上的半圆，求使抛体沿此曲线运动的介质密度。

在 A 二等分直径 PQ，并令 AQ 为 n，AC 为 a，CH 为 e，CD 为 o，则 DI^2 或 $AQ^2 - AD^2 = nn - aa - 2ao - oo$，或 $ee - 2ao$，oo；用我们的方法求出根，得到

$$DI = e - \frac{ao}{e} - \frac{oo}{2e} - \frac{aaoo}{2e^3} - \frac{ao^3}{2e^3} - \frac{a^3o^3}{2e^5} - \cdots。$$

在此取 nn 等于 $ee + aa$，则

$$DL = ee - \frac{ao}{e} - \frac{nnoo}{2e^3} - \frac{anno^3}{2e^5} - \cdots。$$

在此级数中我用这一方法区分不同的项：不含无限小 o 的项为第一项，含该量一次方的为第二项，含二次方的为第三项，三次方的为第四项；依此类推以至无限。其第一项在这里是 e，总是表示位于不确定量 o 的起点的纵坐标 CH 的长度。第二项是 $\dfrac{ao}{e}$，表示 CH 与 DN 的差，被 □$HCDM$ 切下的短线段 MN；因而总是决定着切线 HN 的位置；在此，方法是取 $MN:HM=\dfrac{ao}{e}:o=a:e$。第三项是 $\dfrac{nnoo}{2e^3}$，表

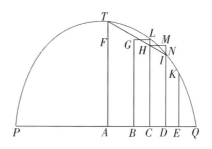

示位于切线与曲线之间的短线段 IN，它决定切角 IHN，或曲线在 H 的曲率。如果该短线段 IN 有确定量，则它由第三项与其以后无限多个项决定。但如果该短线段无限缩短，则以后的项比第三项为无限小，可以略去。第四项决定曲率的变化；第五项是该变化的变化，等等。顺便指出，由此我们得到了一种不容轻视的方法，利用这一级数可以求解曲线的切线和曲率问题。

现在，将级数

$$e - \frac{ao}{e} - \frac{nnoo}{2e^3} - \frac{anno^3}{2e^3} - \cdots,$$

与级数

$$P - Qo - Roo - So^3 - \cdots,$$

作一比较，以 e、$\frac{a}{e}$、$\frac{nn}{2e^3}$ 和 $\frac{ann}{2e^5}$ 代替 P、Q、R 和 S，以 $\sqrt{1+\frac{aa}{ee}}$ 或 $\frac{n}{e}$ 代替 $\sqrt{1+QQ}$，则得到介质和密度正比于 $\frac{a}{ne}$，即（因为 n 为已知）正比于 $\frac{a}{e}$ 或 $\frac{AC}{CH}$，即正比于切线 HT 的长度，它由 PQ 上的垂直半径截得；而阻力比重力等于 $3a$ 比 $2n$，即等于 $3AC$ 比圆的直径 PQ；速度则正比于 $\sqrt{CH}$。所以，如果物体自处所 F 以一适当速度沿平行于 PQ 的直线运动，介质中各点 H 的密度正比于切线 HT 的长度，且注意点 H 处的阻力比重力等于 $3AC$ 比 PQ，则物体将画出圆的四分之一 FHQ。 证毕。

但如果同一物体由处所 P 沿垂直于 PQ 的直线运动，且在开始时沿着半圆 PFQ 的弧，则必须在圆心 A 的另一侧选取 AC 或 a；所以它的符号也应改变，以 $-a$ 代替 $+a$。对应的介质密度正比于 $-\frac{a}{e}$。但自然界中不存在负密度，即使物体运动加速的密度；所以，不可能使物体自动由 P 上升画出圆的四分之一 PF，要获得这一效应，物体应能在推动的介质中而不是在有阻力的介质中，得到加速。

例 2. 令曲线 PFQ 为抛物线，其轴垂直于地平线 PQ，求使抛体沿该曲线运动的介质密度。

由抛物线性质，乘积$-PQ\cdot DQ$等于纵坐标DI与某个已知直线的乘积；即，如果该直线是b，而PC为a，PQ为c，CH为e，CD为o，则乘积

$$(a+o)(c-a-o)=ac-aa-2ao+co-oo=b\cdot DI;$$

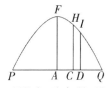

所以，$DI=\dfrac{ac-aa}{b}+\dfrac{c-2a}{b}\cdot o-\dfrac{oo}{b}$。现在，以该级数中第二项$\dfrac{c-2a}{b}o$代替$Qo$，以第三项$\dfrac{oo}{b}$代替$Roo$。但由于没有更多的项，第四项的系数$S$是零，因此介质的密度所正比的量$\dfrac{S}{R\sqrt{1+QQ}}$是零。所以，在介质密度为零的地方，抛体沿抛物线运动。这正是伽利略所证明了的。   证毕。

例3. 令曲线AGK为双曲线，其渐近线NX垂直于地平面AK，求使抛体沿此曲线运动的介质密度。

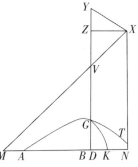

令MX为另一条渐近线，与纵坐标DG的延长线相交于V；由双曲线性质，XV与VG的乘积是已知的，DN与VX的比值也是已知的，所以DN与VG的乘积也为已知。令该乘积为bb；作$\square DNXZ$，令BN为a，BD为o，NX为c；令已知比值VZ比ZX或DN为$\dfrac{m}{n}$，则DN等于$a-o$，VG等于$\dfrac{bb}{a-o}$，VZ等于$\dfrac{m}{n}(a-o)$，而GD或$NX-VZ-VG$等于

$$c-\frac{m}{n}a+\frac{m}{n}o-\frac{bb}{a-b}。$$

把项$\dfrac{bb}{a-o}$分解为收敛级数

$$\frac{bb}{a}+\frac{bb}{aa}o+\frac{bb}{a^3}oo+\frac{bb}{a^4}o^3\cdots,$$

则GD等于

$$c-\frac{m}{n}a-\frac{bb}{a}+\frac{m}{n}o-\frac{bb}{aa}o-\frac{bb}{a^3}o^2-\frac{bb}{a^4}o^3-\cdots,$$

该级数第二项 $\frac{m}{n}o-\frac{bb}{aa}o$ 就是 Qo，第三项 $\frac{bb}{a^3}o^2$ 改变符号就是 Ro^2，第四项 $\frac{bb}{a^4}o^3$ 改变符号就是 So^3，它们的系数 $\frac{m}{n}-\frac{bb}{aa}$、$\frac{bb}{a^3}$ 和 $\frac{bb}{a^4}$ 就是前述规则中的 Q、R 和 S，完成这一步后，得到介质的密度正比于

$$\frac{\dfrac{bb}{a^4}}{\dfrac{bb}{a^3}\sqrt{1+\dfrac{mm}{nn}-\dfrac{2mbb}{n}+\dfrac{b^4}{aa}}}$$

或者

$$\frac{1}{\sqrt{aa+\dfrac{mm}{nn}aa-\dfrac{2mbb}{n}+\dfrac{b^4}{aa}}},$$

即，如果在 VZ 上取 VY 等于 VG，则正比于 $\frac{1}{XY}$。因为 aa 与 $\frac{m^2}{n^2}a^2-\frac{2mbb}{n}+\frac{b^4}{aa}$ 是 XZ 和 ZY 的平方。但阻力与重力的比值等于 $3XY$ 与 $2YG$ 的比值；而速度则等于可使该物体画出一抛物体的速度，其顶点为 G，直径为 DG，通径为 $\frac{XY^2}{VG}$。所以，设介质中各点 G 的密度反比于距离 XY，而且任意点 G 的阻力比重力等于 $3XY$ 比 $2YG$；当物体由点 A 出发以适当速度运动时，将画出双曲线 AGK。 证毕。

例 4. 设 AGK 是一条双曲线，其中心为 X，渐近线为 MX、NX，使得画出矩形 $XZDN$ 后，其边 ZD 与双曲线相交于 G，与渐近线相交于 V，VG 反比于线段 ZX 或 DN 的任意次幂 DN^n，幂指数为 n，求使抛体沿此曲线运动的介质密度。

分别以 A、O、C 代替 BN、BD、NX，令 VZ 比 XZ 或 DN 等于 d 比 e，且 VG 等于 $\frac{bb}{DN^n}$，

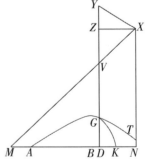

则 DN 等于 $A-O$，VG 等于 $\dfrac{bb}{(AG)^n}$，VZ 等于 $\dfrac{d}{e}(A-O)$，GD 或 $NX-VZ$

$-VG$ 等于 $C-\dfrac{d}{e}A+\dfrac{d}{e}O-\dfrac{bb}{(A-O)^n}$。将项 $\dfrac{bb}{(A-O)^n}$ 分解为无穷级数

$$\frac{bb}{A^n}+\frac{nbb}{A^{n+1}}\cdot O+\frac{nn+n}{2A^{n+2}}\cdot bbO^2+\frac{n^3+3nn+2n}{6A^{n+3}}\cdot bbO^3+\cdots,$$

则 CD 等于

$$C-\frac{d}{e}A-\frac{bb}{A^n}+\frac{d}{e}O-\frac{nbb}{A^{n+1}}O-\frac{nn+n}{2A^{n+2}}bbO^2-\frac{n^3+3nn+2n}{6A^{n+3}}bbO^3+\cdots,$$

该级数的第二项 $\dfrac{d}{e}O-\dfrac{nbb}{2A^{n+1}}O$ 就是 Qo，第三项 $\dfrac{nn+n}{2A^{n+2}}bbO^2$ 是 Roo，第四项

$\dfrac{n^3+3nn+2n}{6A^{n+3}}bbO^3$ 是 So^3，因此在任意处所 G 介质的密度 $\dfrac{S}{R\sqrt{1+QQ}}$ 等于

$$\frac{n+2}{3\sqrt{A^2+\dfrac{dd}{ee}A^2-\dfrac{2dnbb}{eA^n}A+\dfrac{nnb^4}{A^{2n}}}},$$

所以，如果 VZ 上取 VY 等于 $n\cdot VG$，则密度正比于 XY 的倒数。因为 A^2

与 $\dfrac{dd}{ee}A^2-\dfrac{2dnbb}{eA^n}A+\dfrac{nnb^4}{A^{2a}}$ 是 XZ 和 ZY 的平方。而同一处所 G 的介质阻力比

重力等于 $3S\cdot\dfrac{XY}{A}$ 比 $4RR$，即等于 XY 比 $\dfrac{2nn+2n}{n+2}VG$。速度则与使物体沿

一条抛物线的相同，该抛物线顶点是 G，直径为 GD，通径为 $\dfrac{1+QQ}{R}$ 或

$\dfrac{2XY^2}{(nn+n)\cdot VG}$。$\qquad\qquad\qquad\qquad\qquad\qquad\qquad\qquad$ 证毕。

附　注

由与本命题推论 I 相同的方法，可得出介质的密度正比于 $\dfrac{S\cdot AC}{R\cdot HT}$，如

果阻力正比于速度 V 的任意次幂 V^n，则介质密度正比于

$$\frac{S}{R^{\frac{1-n}{2}}}\cdot\left(\frac{AC}{HT}\right)^{n-1}$$

所以，如果能求出一条曲线，使得 $\dfrac{S}{R^{\frac{4-n}{2}}}$ 与 $\left(\dfrac{HT}{AC}\right)^{n-1}$，或 $\dfrac{S^2}{R^{4-n}}$ 与 $(1+QQ)^{n-1}$

的比值为已知，则在阻力正比于速度 V 的任意次幂 V^n 的均匀介质中，物体将沿此曲线运动。现在还是让我们回到比较简单的曲线上来。

由于在无阻力介质中只存在抛物线运动，而这里所描述的双曲线运动是由连续阻力产生的，所以很明显，抛体在均匀阻力介质中的轨道更近于双曲线而不是抛物线。这样的轨道曲线当然属于双曲线类型，但它的顶点距渐近线较远，而在远离顶点处较之这里所讨论的双曲线距渐近线更近。然而，其间的差别并不太大，在实用上可以足够方便地以后者代替前者，也许这些比双曲线更有用，虽然它更精确，但同时也更复杂。具体应用按下述方法进行。

作 $\square XYGT$，则直线 GT 将与双曲线相切于 G，因而在 G 点介质密度反比于切线 GT，速度正比于 $\sqrt{\dfrac{GT^2}{GV}}$，阻力比重力等于 GT 比 $\dfrac{2nn+2n}{n+2} \cdot GV$。

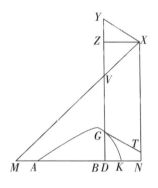

所以，如由处所 A 抛出的物体沿直线 AH 的方向画出双曲线 AGK，延长 AH 与渐近线 NX 相交于 H，作 AI 与它平行并与另一条渐近线 MX 相交于 I，则 A 处介质密度反比于 AH，物体速度正比于 $\sqrt{\dfrac{AH^2}{AI}}$，阻力比重力等于 AH 比 $\dfrac{2nn+2n}{n+2} \cdot AI$。由此得出以下规则。

规则 1. 如果 A 点的介质密度以及抛出物体的速度保持不变，而角 NAH 改变，则长度 AH、AI、HX 不变。所以，如果在任何一种情况下

求出这些长度，则由任意给定角∠NAH 可
以很容易求出双曲线。

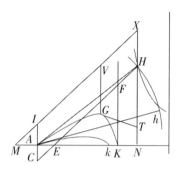

规则 2. 如果∠NAH 与 A 点的介质密
度保持不变，抛出物体的速度改变，则长度
AH 维持不变；而 AI 则反比于速度的平方
改变。

规则 3. 如果∠NAH、物体在 A 点的速
度以及加速引力保持不变，而 A 点的阻力与运动引力的比以任意比率增
大，则 AH 与 AI 的比值也以相同比率增大；而上述抛物线的通径保持不
变，与它成正比的长度 $\frac{AH^2}{AI}$ 也不变；因而 AH 以同一比率减小，而 AI 则
以该比率的平方减小。但当体积不变而比重减小，或当介质密度增大，或
当体积减小，而阻力以比重量更小的比率减小时，阻力与重量的比增大。

规则 4. 因为在双曲线顶点附近的介质密度大于处所 A 的，所以要求
平均密度，应先求出切线 GT 的最小值与切线 AH 的比值，而 A 点的密度
的增加应大于这两条切线的和的一半与切线 GT 最小值的比值。

规则 5. 如果长度 AH、AI 已知，要画出图形 AGK，则延长 HN 到
X，使 HX 比 AI 等于 n+1 比 1；以 X 为中心，MX、NX 为渐近线，通
过点 A 画出双曲线，使 AI 比任意直线 VG 等于 XV^n 比 Xl^n。

规则 6. 数 n 越大，物体由 A 上升的双曲线就越精确，而向 K 下落的
就越不精确；反之亦然。双曲线是这二者的平均，并比所有其他曲线都简
单。所以，如果双曲线属于这一类，要找出抛体落在通过点 A 的任意直线
上的点 K，令 AN 延长与渐近线 MX、NX 相交于 M、N，取 NK 等
于 AM。

规则 7. 由此现象得到一种求这条双曲线的简便方法。令两个相等物体
以相同速度沿不同角度 HAK、hAk 抛出，落在地平面上的点 K 和 k 处；
记下 AK 与 Ak 比值，令其为 d 比 e。作任意长度的垂线 AI，并任意设定
长度 AH 或 Ah，然后用作图法，或使用直尺与指南针，收集 AK、Ak 的

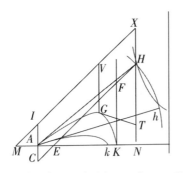
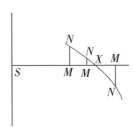

长度(用规则 6)。如果 AK 与 Ak 的比值等于 d 与 e 比值，则 AH 长度选取正确。如果不相等，则在不定直线 SM 上取 SM 等于所设 AH 的长；作垂线 MN 等于二比值的差 $\dfrac{AK}{Ak}-\dfrac{d}{e}$ 再乘以任意已知直线。由类似方法，得到若干 AH 的假设长度，对应有不同的点 N；通过所有这些点作规则曲线 $NNXN$，与直线 $SMMM$ 相交于 X。最后，设 AH 等于横坐标 SX，再由此找出长度 AK；则这些长度比 AI 的假设长度，以及这最后假设的长度 AH，等于实验测出的 AK 比最后求得的长度 AK，它们就是所要求的 AI 和 AH 的真正长度，而求出这些后，也就可求出处所 A 的介质阻力，它与重力的比等于 AH 比 $\dfrac{4}{3}AL$。令介质密度按规则 4 增大，如果刚求出的阻力也以同样比率增大，则结果更为精确。

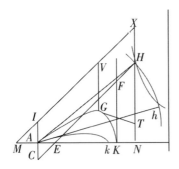

规则 8. 已知长度 AH、HX，求直线 AH 的位置，使以该已知速度抛出的物体能落在任意点 K 上。在点 A 和 K，作地平线的垂直线 AC、KF；把 AC 竖直向下画，并等于 AI 或 $\dfrac{1}{2}HX$。以 AK、KF 为渐近线画一条双曲线，它的共轭线通过点 C；以 A 为圆心、间隔 AH 为半径画一圆与该双曲线相交于点 H；则沿直线 AH 方向抛出的物体将落在点 K 上。　　　　　　证毕。

　　因为给定长度 AH 的缘故，点 H 必定在画出的圆图上，作 CH 与 AK 和 KF 相交于 E 和 F；因为 CH、MX 相平行，AC 与 AI 相等，所以 AE

等于 AM；因而也等于 KN，而 CE 比 AE 等于 FH 比 KN，所以 CE 与 FH 相等。所以点 H 又落在以 AK、KF 为渐近线的双曲线上，其共轭曲线通过点 C；因而找出了该双曲线与所画出的圆周的公共交点。　　证毕。

应当说明的是，不论直线 AKN 与地平线是平行还是以任意角倾斜，上述方法都是相同的；由两个交点 H、h 得到两个角 $\angle NAH$、$\angle NAh$；在力学实践中，一次只要画一个圆就足够了，然后用长度不定的直尺向点 C 作 CH，使其在圆与直线 FK 之间的部分 FH 等于位于点 C 与直线 AK 之间的部分 CE 即可。

有关双曲线的结论都很容易应用于抛物线。因为如果以 $XAGK$ 表示一条抛物线，在顶点 X 与一条直线 XV 相切，其纵坐标 IA、VG 正比于横坐标 XL、XV 的任意次幂 XI^n、XV^n；作 XT、GT、AH，使 XT 平行于 VG，令 GT、AH 与抛物线相切于 G 和 A，则由任意处所 A，沿直线 AH 方向，以一适当速度抛出的物体，在各点 G 的介质密度反比于切线 GT 时，将画出这条抛物线。在此情形下，在 G 点的速度将等于物体在无阻力空间中画出抛物线的速度，该抛物线以 G 为顶点，VG 向下的延长线为直径，$\dfrac{2GT^2}{(nn-n)}VG$ 为通径。而 G 点的阻力比重力等于 GT 比 $\dfrac{2nn-2n}{n-2}\cdot VG$。所以，如果 NAK 表示地平线，点 A 的介质密度与抛出物体的速度不变，则不论 $\angle NAH$ 如何改变，长度 AH、AI、HX 都保持不变；因而可以求出抛物线的顶点 X，以及直线 XL 的位置；如果取 VG 比 IA 等于 XV^n 比 XI^n，则可求得抛物线上所有的点 G，这正是抛体所经过的轨迹。

第三章　物体受部分正比于速度、部分正比于速度平方的阻力的运动

命题 11　定理 8

如果物体受到部分正比于其速度、部分正比于其速度的平方的阻力，在均匀的介质中只受到惯性力的推动而运动，而且把时间按算术级数划分，则反比于速度的量，在增加某个给定量后，变为几何级数。

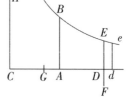

以 C 为中心：$CADd$ 和 CH 为直角渐近线画双曲线 BEe，令 AB、DE、de 平行于渐近线 CH。在渐近线 CD 上令 A、G 为已知点；如果由双曲线面积 $ABED$ 表示的时间均匀增加，则以 GD 为其倒数的长度 DF 与给定直线 CG 所共同组成的长度 CD 所表示的速度按几何级数增加。

因为，令小面积 $DEed$ 为时间的最小增量，则 Dd 反比于 DE，因而正比于 CD。所以 $\frac{1}{GD}$ 的减量 $\frac{Dd}{GD^2}$（由第二卷引理 2）也正比于 $\frac{CD}{GD^2}$ 或 $\frac{CG+GD}{GD^2}$，即正比于 $\frac{1}{GD}+\frac{CG}{GD^2}$。所以，当时间 $ABED$ 均匀地增加给定间隔 $EDde$ 时，$\frac{1}{GD}$ 以与速度相同的比率减小。因为速度减量正比于阻力，即（由题设）正比于两个量的和，其中之一正比于速度，另一个正比于速度的平方；而 $\frac{1}{GD}$ 的减量正比于量 $\frac{1}{GD}$ 和 $\frac{CG}{GD^2}$，其中第一项是 $\frac{1}{GD}$ 本身，后一项 $\frac{CG}{GD^2}$ 正比于 $\frac{1}{GD^2}$；所以 $\frac{1}{GD}$ 正比于速度，二者的减量是类似的。如果量 GD 反比于 $\frac{1}{GD^2}$，并增加给定量 CG，则当时间 $ABED$ 均匀增加时，其和 CD 按几何

级数增加。 证毕。

推论Ⅰ. 如果点 A 和 G 已知，双曲线面积 $ABED$ 表示时间，则速度由 GD 的倒数 $\dfrac{1}{GD}$ 表示。

推论Ⅱ. 取 GA 比 GD 等于任意时间 $ABED$ 开始时速度的倒数比该时间结束时速度的倒数，则可以求出点 G。求出该点后，则可由任意给定的其他时间求出速度。

命题 12　定理 9

在相同条件下，如果将掠过的距离分为算术级数，则速度在增加一个给定量后变为几何级数。

设在渐近线 CD 上已知点 R，作垂线 RS 与双曲线相交于 S，令掠过的距离以双曲线面积 $RSED$ 表示，则速度正比于长度 GD，该长度与给定线 CG 组成的长度 CD，当距离 $RSED$ 按算术级数增加时，按几何级数减小。

因为，空间增量 $EDde$ 为给定量，GD 的减量短线 Dd 反比于 ED，因而正比于 CD，即正比于同一个 CD 与给定长度 CG 的和。而在掠过给定空间间隔 $DdeE$ 所需的正比于速度的时间中，速度的减量正比于阻力乘以时间，即

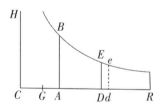

正比于两个量的和，反比于速度，这两个量中之一正比于速度，另一个正比于速度的平方；因而正比于两个量的和，其中一个是给定的，另一个正比于速度。所以，速度以及直线 GD 二者的减量正比于给定量与一个减小量的乘积；而因为两个减量相似，两个减小的量，即速度与线段 GD，也总是相似的。 证毕。

推论Ⅰ. 如果以长度 GD 表示速度，则掠过的距离正比于双曲线面积 $DESR$。

推论Ⅱ. 如果任意设定点 R，则通过取 GR 比 GD 等于开始时的速度比掠过距离 $RSED$ 后的速度，则可以求出点 G。求得点 G 后，即可由给定速

度求出距离；反之亦然。

推论Ⅲ. 由于由给定时间（由第二卷命题 11）可以求出速度，而（由本命题）距离又可以由给定速度推出，所以由给定时间可以求出距离；反之亦然。

命题 13 定理 10

设一物体受竖直向下的均匀重力作用沿一直线上升或下落；受到的阻力同样部分正比于其速度，部分正比于其平方；如果作几条平行于圆和双曲线直径且通过其共轭直径端点的直线，而且速度正比于平行线上始自一给定点的线段，则时间正比于由圆心向线段端点所作直线截取的扇形面积；反之亦然。

情形 1：首先设物体上升，以 D 为圆心、以任意半径 DB 画圆的四分之一 $\overset{\frown}{BETF}$，通过半径 DB 的端点 B 作不定直线 BAP 平行于半径 DF。在该直线上设有已知点 A，取线段 AP 正比于速度。由于阻力的一部分正比于速度，另一部分正比于速度的平方，令整个阻力正比于 $AP^2+2BA \cdot AP$。连接 DA、DP 与圆相交于 E 和 T，令 DA^2 表示重力，使得重力比 P 处的阻力等于 DA^2 比 $AP^2+2BA \cdot AP$；则整个上升时间正比于圆的扇形 EDT。

作 DVQ，分割出速度 AP 的变化率 PQ，以及对应于给定时间变化率的扇形 DET 的变化率 DTV，则速度的减量 PQ 正比于重力 DA^2 与阻力 $AP^2+2BA \cdot AP$ 的和，即（由欧几里得《几何原本》第二卷命题 12）正比于 DP^2。而正比于 PA 的面积 DPQ 正比于 DP^2，面积 DTV 比面积 DPQ 等于 DT^2 比 DP^2，因而 DTV 正比于给定量 DT^2。所以，面积 EDT 减去给定间隔 DTV 后，均匀地随着未来时间的比率减小，因而正比于整个上升时间。 证毕。

情形 2：如果物体的上升速度像前一情形那样以长度 AP 表示，则阻力正比于 $AP^2+2BA \cdot AP$；而如果重力小得不足以用 DA^2 表示，则可以

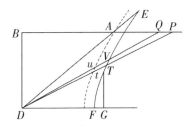

这样取 BD 的长度，使 $AB^2 - BD^2$ 正比于重力，再令 DF 垂直且等于 DB，通过顶点 F 画出双曲线 $FTVE$，其共轭半径为 DB 和 DF，曲线与 DA 相交于 E，与 DP、DQ 相交于 T 和 V；则整个上升时间正比于双曲线扇形 TDE。

因为在已知时间间隔中产生的速度减量 PQ 正比于阻力 $AP^2 + 2BA \cdot AP$ 与重力 $AB^2 - BD^2$ 的和，即正比于 $BP^2 - BD^2$，但面积 DTV 比面积 DPQ 等于 DT^2 比 DP^2；所以，如果作 CT 垂直于 DF，则上述比等于 GT^2 或者 $GD^2 - DF^2$ 比 BD^2，也等于 GD^2 比 BP^2，由相减法知，等于 DF^2 比 $BP^2 - BD^2$。所以，由于面积 DPQ 正比于 PQ，即正比于 $BP^2 - BD^2$，因而面积 DTV 正比于给定量 DF^2。所以，面积 EDT 在每一个相等的时间间隔内，通过减去同样多的间隔 DTV，将均匀减小，因而正比于时间。

证毕。

情形3：令 AP 为下落物体的速度，$AP^2 + 2BA \cdot AP$ 为阻力，$BD^2 - AP^2$ 为重力，$\angle DBA$ 为直角。如果以 D 为中心、B 为顶点，作直角双曲线 $BETV$ 与 DA、DP 和 DQ 的延长线相交于 E、T、V，则该双曲线的扇形 DET 正比于整个下落时间。

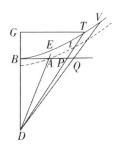

因为速度的增量 PQ，以及正比于它的面积 DPQ，正比于重力减去阻力的剩余，即正比于 $BD^2 - AB^2 - 2BA \cdot AP - AP^2$ 或 $BD^2 - BP^2$；而面积 DTV 比面积 DPQ 等于 DT^2 比 DP^2，所以等于 GT^2 或 $GD^2 - BD^2$ 比 BP^2，也等于 $GD^2 - BD^2$，由相减法，等于 BD^2 比 $BD^2 - BP^2$，因此由于面积 DPQ 正比于 $BD^2 - BP^2$，面积 DTV 正比于给定量 BD^2。所以面积 EDT 在若干相等的时间间隔内，加上同样多的间隔 DTV 后，将均匀增加，因而正比于下落时间。 证毕。

推论. 如果以 D 为中心、以 DA 为半径，通过顶点 A 作一个 $\overset{\frown}{At}$ 与 $\overset{\frown}{ET}$ 相似，其对角也是 $\angle ADT$，则速度 AP 比物体在时间 EDT 内在无阻力空

间由于上升所失去或由于下落所获得的速度，等于 $\triangle DAP$ 的面积比扇形 DAt 的面积，因而该速度可以由已知的时间求出。因为在无阻力的介质中速度正比于时间，所以也正比于这个扇形；在有阻力介质中，它正比于该三角形；而在这两种介质中，当它很小时，趋于相等，扇形与三角形也是如此。

附　注

还可以证明这种情形，物体上升时，重力小得不足以用 DA^2 或 $AB^2 + BD^2$ 表示，但又大于以 $AB^2 - DB^2$ 来表示，因而只能用 AB^2 表示。不过我在此拟讨论其他问题。

命题 14　定理 11

在相同条件下，如果按几何级数取阻力与重力的合力，则物体上升或下落所掠过的距离，正比于表示时间的面积与另一个按算术级数增减的面积的差。

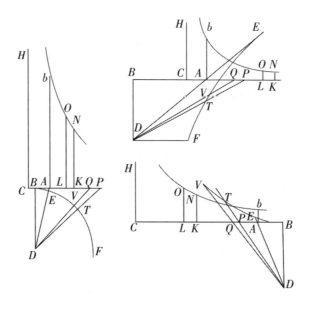

取 AC（在三个图中）正比于重力，AK 正比于阻力；如果物体上升，这二者取在点 A 的同侧，如果物体下落，则取在两侧。作垂线 Ab，使它比 DB 等于 DB^2 比 $4BA \cdot CA$；以 CK、CH 为直角渐近线作双曲线 bN；再作 KN 垂直于 CK，则面积 $AbNK$ 在力 CK 按几何级数取值时按算术级数增减，所以物体到其最大高度的距离正比于面积 $AbNK$ 减去面积 DET 的差。

因为 AK 正比于阻力，即正比于 $AP^2 \cdot 2BA \cdot AP$；设任意给定量 Z，取 AK 等于 $\dfrac{AP^2 + 2BA \cdot AP}{Z}$；则（由第二卷引理 2）$AK$ 的瞬 KL 等于

$$\frac{2PQ \cdot AP + 2BA \cdot PQ}{Z} \text{ 或者 } \frac{2PQ \cdot BP}{Z}，\text{ 而面积 } AbNK \text{ 的瞬等于}$$

$$\frac{2PQ \cdot BP \cdot LO}{Z} \text{或者} \frac{PQ \cdot BP \cdot BD^3}{2Z \cdot CK \cdot AB}。$$

情形 1：如果物体上升，重力正比于 $AB^2 + BD^2$，BET 是一个圆，则正比于重力的直线 AC 等于 $\dfrac{AB^2 + BD^2}{Z}$，而 DP^2 或 $AP^2 + 2BA \cdot AP + AB^2 + BD^2$ 等于 $AK \cdot Z + AC \cdot Z$ 或 $CK \cdot Z$；所以面积 DTV 比面积 DPQ 等于 DT^2 或 DB^2 比 $CK \cdot Z$。

情形 2：如果物体上升，重力正比于 $AB^2 - BD^2$，则直线 AC 等于 $\dfrac{AB^2 - BD^2}{Z}$，而 DT^2 比 DP^2 等于 DF^2 或 DB^2 比 $BP^2 - BD^2$ 或 $AP^2 + 2BA \cdot AP + AB^2 - BD^2$，即，比 $AK \cdot Z + AC \cdot Z$ 或 $CK \cdot Z$。所以面积 DTV 比面积 DPQ 等于 DB^2 比 $CK \cdot Z$。

情形 3：由相同理由，如果物体下落，因而重力正比于 $BD^2 - AB^2$，直线 AC 等于 $\dfrac{BD^2 - AB^2}{Z}$，则面积 DTV 比面积 DPQ 等于 DB^2 比 $CK \cdot Z$，与前述相同。

所以，由于这些面积总是取这同一个比值，如果不用不变的面积 DTV 表示时间的瞬，而代之以任意确定的矩形 $BD \cdot m$，则面积 DPQ，即 $\dfrac{1}{2}BP \cdot PQ$，比 $BD \cdot m$ 等于 $CK \cdot Z$ 比 BD^2，因而 $PQ \cdot BD^3$ 等于 $2BD \cdot$

$m \cdot CK \cdot Z$，而以前求出的面积 $AbNK$ 的瞬 $KLON$ 变成 $\dfrac{BP \cdot BD \cdot m}{AB}$。由

面积 DET 减去它的瞬 DTV 或 $BD \cdot m$，则余下 $\dfrac{AP \cdot BD \cdot m}{AB}$。所以，瞬的

差，即面积的差的瞬，等于 $\dfrac{AP \cdot BD \cdot m}{AB}$，因此 $\left(\text{因为} \dfrac{BD \cdot m}{AB} \text{给定量}\right)$ 正

比于速度 AP，即正比于物体在上升或下落中掠过距离的瞬。所以，两面

积的差，与正比于瞬且与之同时开始又同时消失的距离的增减，是成正

比的。　　　　　　　　　　　　　　　　　　　　　　　　　　　证毕。

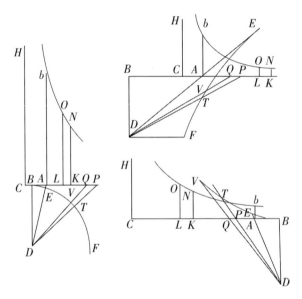

推论. 如果以 M 表示面积 DET 除以直线 BD 所得到的长度；再取一

个长度 V，使它比长度 M 等于线段 DA 比线段 DE；则物体在有阻力介质

中上升或下落的总距离，比在无阻力介质中相同时间内由静止开始下落的

距离，等于上述面积差比 $\dfrac{BD \cdot V^2}{AB}$；因而可以由给定时间求出。因为在无

阻力介质中距离正比于时间的平方，或正比于 V^2；又因为 BD 与 AB 是已

知的，故也即正比于 $\dfrac{BD \cdot V^2}{AB}$。该面积等于面积 $\dfrac{DA^2 \cdot BD \cdot M^2}{DE^2 \cdot AB}$，$M$ 的瞬

是 m；所以该面积的瞬是 $\dfrac{DA^2 \cdot BD \cdot 2M \cdot m}{DE^2 \cdot AB}$。而该瞬比上述二面积 DET

与 $AbNK$ 的差的瞬，即比 $\dfrac{AP \cdot BD \cdot m}{AB}$，等于 $\dfrac{DA^2 \cdot BD \cdot M}{DE^2}$ 比 $\dfrac{1}{2} BD \cdot$

AP，或等于 $\dfrac{DA^2}{DE^2}$ 乘以 DET 比 DAP；因此，当面积 DET 与 DAP 极小时，

比值为 1。所以，当所有这些面积都极小时，面积 $\dfrac{BD \cdot V^2}{AB}$ 以及面积 DET

与 $AbNK$ 的差，有相等的瞬，因此二者相等。由于在下落开始与上升终了

时的速度相等，因而在两种介质中所掠过的距离，是趋于相等的，所以二

者相比等于面积 $\dfrac{BD \cdot V^2}{AB}$ 比面积 DET 与 $AbNK$ 的差；而且，由于在无阻

力介质中距离连续正比于 $\dfrac{BD \cdot V^2}{AB}$，而在有阻力介质中，距离连续正比于

面积 DET 与 $AbNK$ 的差；由此必然推导出在两种介质中，相同时间内所

掠过的距离的比，等于面积 $\dfrac{BD \cdot V^2}{AB}$ 比面积 DET 与 $AbNK$ 的差。　　证毕。

附　注

　　球体在流体中受到的阻力部分来自黏滞性，部分来自摩擦，部分来自
介质密度。其中来自流体密度的那部分阻力，我已讨论过，是正比于速度
的平方的；另一部分来自流体的黏滞性，它是均匀的，或正比于时间的
瞬；因此，我们现在可以进而讨论这种物体运动，它受到的阻力部分来自
一个均匀的力，或正比于时间的瞬，部分正比于速度的平方。不过早在本
卷的命题 8 和命题 9 及其推论中，就已经为解决这种问题彻底扫清了道路。
因为在这些命题中，可以将上升物体的重力所带来的均匀阻力，代之以介
质的黏滞性所产生的均匀阻力，前提是物体只受惯性力的推动；而当物体
沿直线上升时，可把均匀力叠加在重力上，当物体沿直线下落时，则从中
减去。还可以进而讨论受到部分是均匀的、部分正比于速度、部分正比于
同一速度的平方的阻力的物体的运动。而我在本卷的命题 13 和 14 中为此

铺平了道路，其中，只要用介质黏滞性产生的均匀阻力代替重力，或者像以前那样，代之以二者的合力。我们还有其他问题要讨论。

第四章　物体在阻滞介质中的圆运动

引理 3

令 *PQR* 为一螺旋线，它以相同角度与所有的半径 *SP*、*SQ*、*SR* 等相交。作直线 *PT* 与螺旋线相交于任意点 *P*，与半径 *SQ* 相交于 *T*；作 *PO*、*QO* 与螺旋线垂直，并相交于 *O*，连接 *SO*：如果点 *P* 和 *Q* 趋于重合，则

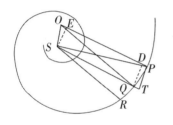

∠*PSO* 成为直角，而乘积 *TQ*·*2PS* 与 *PQ*² 的最后的比成为相等的比。

因为，由直角 ∠*OPQ*、∠*OQR* 中减去相等的 ∠*SPQ*、∠*SQR*，余下的 ∠*OPS*、∠*OQS* 仍相等。所以，通过点 *O*、*P*、*S* 的圆必定也通过点 *Q*。令点 *P* 与 *Q* 重合，则该圆在 *P*、*Q* 重合处与螺旋线相切，因而与直线 *OP* 垂直相交。所以，*OP* 成为该圆的直径，而 ∠*OSP* 位于半圆上，所以是直角。　　　　　　　　　　　　　　　　　　证毕。

作 *QD*、*SE* 垂直于 *OP*，则几条线最后的比等于

$$TQ : PQ = TS : PE \text{ 或 } PS : PE = 2PQ : 2PS;$$

以及　　　　　　　　　　$$PD : PQ = PQ : 2PO;$$

将相等比式中对应项相乘，

$$TQ : PQ = PQ : 2PS.$$

因而　　　　　　　　　　$$PQ^2 = TQ \cdot 2PS.$$　　　　　　　　证毕。

命题 15　定理 12

如果各点的介质密度反比于由该点到不动中心的距离，且向心力正比

于密度的平方，则物体沿一螺旋线运动，该线以一给定角度与所有指向中心的半径相交。

设所有条件与前述引理相同，延长 SQ 到 V，使得 SV 等于 SP。令物体在任意时间内在有阻力介质中掠过极短弧 $\overset{\frown}{PQ}$，而在 2 倍的时间里掠过极短弧 $\overset{\frown}{PR}$；而阻力造成的弧的减量，或它们与在无阻力介质中相同时间内所掠过的弧的差，相互间的比值正比于生成它们的时间

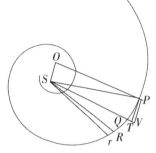

的平方；所以 $\overset{\frown}{PQ}$ 的减量是 $\overset{\frown}{PR}$ 的减量的四分之一。因而，如果取面积 QSr 等于面积 PSQ，则 $\overset{\frown}{PQ}$ 的减量也等于矩线 Rr 的一半；所以阻力与向心力之间的比等于短线 $\frac{1}{2}Rt$ 与同时生成的 TQ 的比。因为物体在点 P 受到的向心力反比于 SP^2，而（由第一卷引理 10）该力所产生的短线 TQ 正比于一个复合量，它正比于该力以及掠过 $\overset{\frown}{PQ}$ 所用的时间的平方（在此我略去阻力，因为它比起向心力来为无限小），由此导出 $TQ \cdot SP^2$，即（由第二卷引理 3）$\frac{1}{3}PQ^2 \cdot SP$，正比于时间的平方，因而时间正比于 $PQ \cdot \sqrt{SP}$；而在该时间里物体掠过 $\overset{\frown}{PQ}$ 的速度正比于 $\dfrac{PQ}{PQ \cdot \sqrt{SP}}$ 或 $\dfrac{1}{\sqrt{SP}}$，即反比于 SP 的平方根。而且由相同理由，掠过 $\overset{\frown}{QR}$ 的速度反比于 SQ 的平方根。现在，$\overset{\frown}{PQ}$ 与 QR 的比等于速度的比，即等于 SQ 比 SP 的平方根，或等于 SQ 比 $\sqrt{SP \cdot SQ}$；而因为 $\angle SPQ$、$\angle SQr$ 相等，面积 PSQ、QSr 相等，$\overset{\frown}{PQ}$ 比 $\overset{\frown}{Qr}$ 等于 SQ 比 SP。取正比部分的差，得到 $\overset{\frown}{PQ}$ 比 $\overset{\frown}{Qr}$ 等于 SQ 比 $SP - \sqrt{SP \cdot SQ}$ 或 $\frac{1}{2}VQ$，因为点 P 与 Q 重合时，$SP - \sqrt{SP \cdot SQ}$ 与 $\frac{1}{2}VQ$ 的最终比值是相等比值。由于阻力产生的 $\overset{\frown}{PQ}$ 的减量或其 2 倍 Rr，正比于阻力与时间的平方的乘积，所以阻力正比于 $\dfrac{Rr}{PQ^2 \cdot SP}$。取 PQ 比 Rr 等于 SQ 比 $\frac{1}{2}VQ$，因而 $\dfrac{Rr}{PQ^2 \cdot SP}$ 正比于 $\dfrac{\frac{1}{2}VQ}{PQ \cdot SP \cdot SQ}$ 或正比于 $\dfrac{\frac{1}{2}QS}{OP \cdot SP^2}$。因为点 P

与 Q 重合时，SP 与 SQ 也重合，$\triangle PVQ$ 成为一直角三角形；又因为 $\triangle PVQ$、$\triangle PSO$ 相似，PQ 比 $\frac{1}{2}VQ$ 等于 OP 比 $\frac{1}{2}OS$。所以诸 $\frac{QS}{OP \cdot SP^2}$ 正比于阻力，即正比于点 P 的介质密度与速度平方的乘积。抽去速度的平方部分，即 $\frac{1}{SP}$，则余下 P 处的介质密度，它正比于 $\frac{OS}{OP \cdot SP}$。令螺旋线为已知的，因为 OS 比 OP 为已知，点 P 处介质密度正比于 $\frac{1}{SP}$。所以在密度反比于距离 SP 的介质，物体将沿该螺旋线运动。   证毕。

推论 I. 在任意处所 P 的速度，恒等于物体在无阻力介质中受相同向心力以相同距离做圆周运动的速度。

推论 II. 如果距离 SP 已知，则介质密度正比于 $\frac{OS}{OP}$，但如果距离未知，则介质密度正比于 $\frac{OS}{OP \cdot SP}$。所以螺旋线适用于任何介质密度。

推论 III. 在任意处所 P 的阻力比同一处所的向心力等于 $\frac{1}{2}OS$ 比 OP。

因为二力相互间的比等于 $\frac{1}{2}Rr$ 比 TQ，或等于 $\frac{\frac{1}{4}VQ \cdot PQ}{SQ}$ 比 $\frac{\frac{1}{2}PQ^2}{SP}$，即等于 $\frac{1}{2}VQ$ 比 PQ，或 $\frac{1}{2}OS$ 比 OP，所以给定了螺旋线，也就给定了阻力与向心力的比值；反之，由该比值也可求出螺旋线。

推论 IV. 除非阻力小于向心力的一半，否则物体不会沿螺旋线运动。令阻力等于向心力的一半，螺旋线与直线 PS 重合，在该直线上，物体落向中心，其速度比先前讨论过的沿抛物线(由第一卷定理 10)在无阻力介质中下落的速度，等于 1 比 2 的平方根。所以下落时间反比于速度，因而是给定的。

推论 V. 因为在到中心距离相等处，螺旋线 PQR 上的速度等于直线 SP 上的速度，螺旋线的长度比直线 PS 的长度为给定值，即等于 OP 比 OS；沿螺旋线下落的时间与沿直线下落的时间的比也为相同比值，因而是给定的。

推论 Ⅵ. 如果由中心引出两条任意半径作两个圆；保持二圆不变，使螺旋线与半径 PS 的交角任意改变；则物体在两个圆之间沿螺旋线环绕的圈数正比于 $\dfrac{PS}{OS}$，或正比于螺旋线与半径 PS

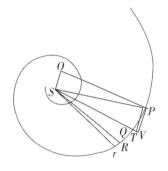

夹角的正切；而同一环绕的时间正比于 $\dfrac{OP}{OS}$，即正比于同一个角的正割，或反比于介质密度。

推论 Ⅶ. 如果物体在密度反比于处所到中心距离的介质中沿任意曲线绕该中心运动，

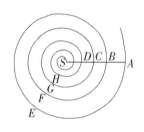

且在 B 点与第一个半径 AS 的交角与在 A 点相同，其速度与在 A 点的速度的比正比于到中心的距离的平方根（即等于 AS 比 AS 与 BS 的比例中项），则该物体将连续掠过无数个相似的环绕轨道 BFC、CGD 等，将半径 AS 分割为连续正比的部分 AS、BS、CS、DS 等。但环绕周期正比于轨道周长 AEB、BFC、CGD 等，反比于在这些轨道起点 A、B、C 等处的速度，即正比于 $AS^{\frac{3}{2}}$、$BS^{\frac{3}{2}}$、$CS^{\frac{3}{2}}$。而物体到达中心的总时间比第一个环绕的时间，等于所有连续正比项 $AS^{\frac{3}{2}}$、$BS^{\frac{3}{2}}$、$CS^{\frac{3}{2}}$ 等直至无穷的和，比第一项 $AS^{\frac{3}{2}}$，即非常近似地等于第一项 $AS^{\frac{3}{2}}$ 比前两项的差 $AS^{\frac{3}{2}} - BS^{\frac{3}{2}}$，或 $\dfrac{2}{3}AS$ 比 AB。因而容易求出总时间。

推论 Ⅷ. 由此也可以足够近似地推出，物体在密度均匀或按任意设定规律变化的介质中的运动。以 S 为中心，以连续正比的半径 SA、SB、SC 等画出数目相同的圆；设在以上讨论的介质中，在任意两个圆之间的环绕时间，比在相同圆之间在拟定介质中的环绕时间，近似等于这两个圆之间拟定介质的平均密度，比上述介质的平均密度；而且在上述介质中上述螺旋线与半径 AS 的交角的正割正比于在拟定介质中新螺旋与同一半径的交角的正割；以及在两个相同的圆之间环绕的次数都近似正比于交角的正切；如果在每两个圆之间的情形处处如此，则物体的运动连续通过所有的圆。由此方法可以毫不困难地求出物体在任意规则介质中环绕的运动和时间。

推论Ⅸ. 虽然这些偏心运动是沿近似于椭圆的螺旋线进行的，但如果假设这些螺旋线的若干次环绕是在相同距离进行的，而且其倾向于中心的程度与上述螺旋线是相同的，则也可以理解物体是怎样沿着这螺旋线运动的。

命题 16　定理 13

如果介质在各处的密度反比于由该处到不动中心的距离，而向心力反比于同一距离的任意次幂，则物体沿螺旋线的环绕与所有指向中心的半径都以给定角度相交。

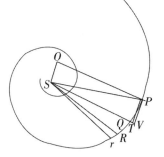

本命题的证明与前一命题相同。因为如果在 P 处的向心力反比于距离 SP 的任意次幂 SP^{n+1}，其指数为 $n+1$，则与前者相同，可以推知物体掠过任意弧 $\overset{\frown}{PQ}$ 的时间正比于 $PQ \cdot PS^{\frac{1}{2}n}$；而 P 处的阻力正比于 $\dfrac{Rr}{PQ^2 \cdot SP^n}$，

或正比于 $\dfrac{\left(1-\frac{1}{2}n\right) \cdot VQ}{PQ \cdot SP^n \cdot SQ}$，因而正比于 $\dfrac{\left(1-\frac{1}{2}n\right) \cdot OS}{PQ \cdot SP^{n+1}}$，即

$\left[$因为 $\dfrac{\left(1-\frac{1}{2}n\right) \cdot OS}{OP}$ 是给定量$\right]$ 反比于 SP^{n+1}。所以，由于速度反比于 $SP^{\frac{1}{2}n}$，P 处的密度反比于 SP。　　　　　　　　　　　　证毕。

推论Ⅰ. 阻力比向心力等于 $\left(1-\frac{1}{2}n\right) \cdot OS$ 比 OP。

推论Ⅱ. 如果向心力反比于 SP^3，则 $1-\frac{1}{2}n$ 等于 0；因而阻力与介质密度均为零，情形与第一卷命题 9 相同。

推论Ⅲ. 如果向心力反比于半径 SP 的任意次幂，其指数大于 3，则正阻力变为负值。

附　注

本命题与前一命题均与不均匀密度的介质有关，它们只适用于物体运动如此之小的场合，以至于对物体一侧的介质密度高出另一侧的部分可以不予考虑。此外，等价地，我还设阻力正比于密度。所以，在阻力不正比于密度的介质中，密度必须迅速增加或减小，使得阻力的超出或不足部分得以抵消或补充。

命题 17　问题 4

一个物体的速度规律已知，沿一条已知螺旋线环绕，求介质的向心力和阻力。

令螺旋线为 PQR。由物体掠过极小弧段 $\overset{\frown}{PQ}$ 的速度可以求出时间；而由正比于向心力的高度 TQ，以及时间的平方，可以求出向心力。然后由相同时间间隔中画出的面积 PSQ 和 QSR 的差 RSr，可以求出物体的变慢；而由这一变慢可以求出阻力和介质密度。

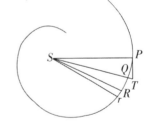

命题 18　问题 5

已知向心力规律，求使一物体沿已知螺旋线运动的介质各处的密度。

由向心力必定可以求出各处的速度，然后由速度的变慢可以求出介质密度。这与前一命题相同。

不过，我在本卷命题 10 和引理 2 中已解释过处理这类问题的方法，不拟再向读者详细介绍这些繁琐的问题。现在我将增加某些与运动物体的力以及该运动发生于其中的介质的密度和阻力有关的内容。

第五章　流体密度和压力；流体静力学

流体定义

流体是这样一种物体，它的各部分能屈服于作用于其上的力，而且这种屈服能使它们相互间轻易地发生运动。

命题 19　定理 14

盛装在任意静止容器内的均匀而静止并且在各方向上都受到压迫的流体的各部分(不考虑凝聚力、重力以及一切向心力)，在各方面上都受到相等的压力，停留在各自的处所，不会因该压力而产生运动。

情形 1：令流体盛装于球形容器 *ABC* 内，各方面均匀受到压迫，则该压力不会使流体的任何部分运动。因为，如果任意部分 *D* 运动，则各边上到球心距离相等的类似部分必定都在同时也做类似的运动，因为它们所受到的压力都是相似而且相等的；而不是由于这种压力而产生的运动都是不可能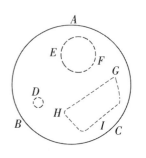

的。而如果这些部分都向中心附近运动，则流体必定向球心集聚，这与题设矛盾；如果它们远离球心而去，则流体必定向球面集聚，这也与题设矛盾。它们不能向任何方向运动，只能保持其到中心的不变距离，因为相同的理由可以使它们向相反方向运动；而同一部分不可能同时向相反的两个方向运动，所以流体的各部分都不会离开其处所。　　　　　　证毕。

情形 2：该流体的所有球形部分在各方向上都受到相等的压力。因为令 *EF* 为流体的球体部分，如果它不是受到各方面相等的压力，则压力较小方面会增加压力直到各方面压力相等，而该部分(由情形 1)将停留在其位置上。但在压力增加之前，它们不会离开原先的位置(由情形 1)；而由流体定义,增加新的压力后它们将会由这些位置运动。这两个结论相互矛盾。所以球体 EF 各方向上受不等压力的说法是错误的。 证毕。

情形 3:此外,球的不同部分的压力也相等。因为球体毗邻部分在接触点相互施加相等的压力(由定律Ⅲ),但(由情形 2)它们向各方面都施以相同的压力,所以球体的任意两个不毗邻的部分,由于能与这二者都接触的中介部分的作用,相互间也施以相等的压力。 证毕。

情形 4:流体的所有部分处处压力相等。因为任意两个部分都与球体的某些点保持接触,它们对这些球体部分的压力相等(由情形 3),因而受到的反作用也相等(由定律Ⅲ)。 证毕。

情形 5:由于流体的任意部分 GHI 被封闭在流体的其余部分内,如同盛装在容器之中一样,对各方面的压力相等,而且它的各部分也相互间同等压迫,因而相互间维持静止;所以说流体的所有部分 GHI 向各方面施加压力,相互间也同等地压迫,而且相互间保持静止。 证毕。

情形 6:如果流体盛装在一个屈服物质或非刚体的容器中,且各方面压力不相等,则由流体定义,容器也将向较大的压力屈服。

情形 7:所以,在非流动的或刚体容器中,流体不会向一个方向维持较其他方向更大的压力,而是在短时间内向它屈服;因为容器的刚性边壁不会随流体一同屈服,而屈服的流体会压迫容器的对边,这样各方面的压力趋于相等。而因为流体一旦屈服于压力较大的部分而运动,即受到容器对面边壁阻力的抗衡,使一瞬间各方面的压力变为相等,不发生局部运动;由此知,流体的各部分(由情形 5)相互间同等压迫,维持静止。 证毕。

推论. 所以流体各部分相互之间的运动不可能由于外表面所传递的压力而有所改变,除非该表面的形状发生改变,或由于流体所有各部分间相互压力较强或较弱,使它们相互间的滑移有或多或少的困难。

命题 20 定理 15

如果球形流体的所有部分在到球心距离相等处是均匀的,置于 一同心的瓶上,都被吸引向球心,则该瓶所承受的是一个柱体的重量,其底等于

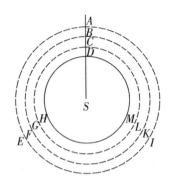

球的表面，而高度则等于覆盖的流体高度。

令 DHM 为瓶的表面，AEI 为流体的上表面。把流体分为等厚度的同心球壳，相应的是无数个球面 BFK、CGL 等；设重力只作用于每个球壳的外表面，而且对球面上相等的部分作用相等。因而上表面 AEI 只受到其自身重力的作用，这个力使上表面的所有部分，以及第二个表面 BFK（由第二卷命题 19），根据其大小而受到相等的压力。类似地，第二个表面 BFK 也受到其自身的重力作用，该力叠加在前一种力上使压力加倍。而第三个表面 CGL 则根据该力的大小，在其自身重力之外又受到这一压力的作用，使它的压力增为 3 倍。用类似的方法，第四个表面的压力是 4 倍，第五个表面是 5 倍压力，依次类推。所以作用于每个表面的压力并不正比于上层流体的体积量，而是正比于到达流体上表面的层数，等于最低层乘以层数，即等于一个体积的重量，它与上述柱体的最后的比（当层数无限增加，层厚无限减小，使由下表面到上表面的重力作用变得连续时）是相等的比。所以，下表面承受着上述柱体的重量。　　证毕。

由类似理由，流体的重力按到中心的距离的任意给定比率减小，以及流体的上部稀薄，而下部稠密，都是本命题的明证。　　　　　　　证毕。

推论 I. 瓶并未受到其上的流体全部重量的压力，只承受本命题中所述的那一部分压力；其余压力为球形流体的拱曲表面所承受。

推论 II. 压力的量在到中心距离相等处总是相等的，既不论表面受到的力是平行于地平面，或是垂直于它，或与它斜向相交，也不论流体是由受压表面沿直线向上涌出，或是自蜿蜒曲折的洞穴和隧道斜向流出，也不论这些通道是规则或不规则的，是宽是窄。这些条件都不能使压力有任何改变，这可以由将本定理应用到若干种流体的情形得到证明。

推论 III. 由同一证明还可以推出（由第二卷命题 19），重流体各部分自身相互间不会因其上部重量的压力而运动，因凝聚而产生的运动除外。

推论 IV. 如果一个比重相同又不会压缩的另一个物体没入流体中，它将不会因其上部的重量而发生运动：它既不下沉亦不上浮，外形也不改变。如果它是球体，尽管有此压力它仍保持球形，如果它是立方体，则仍保持立方体，既不论它是柔软的或是流体的，也不论它是在该流体中自由游动或沉入底部。因为流体内部各部分与没入其中的部分状态相同；而具有相同的尺度、外形和比重的没入物体，其情形都与此相似。如果没入的物体保持其重量，分解而转变成流体，则这个物体如果原先是上浮的、下沉的，或受某种压力变为新形状的，都将类似地仍然上浮、下沉或变为新形状，这是因为其重力和其运动的其他原因得以维持。但是(由第二卷命题 19 情形 5)它现在应是静止的，保持其原形。所以与上一种情形相同。

推论 V. 如果物体的比重大于包围着它的流体，它将下沉；而比重较轻的则上浮，所获得的运动和外形变化正比于其重力所超出或不足部分。因为超出或不足的部分其效果等同于一个冲击，它可以使与流体各部分取得的平衡受到作用；这与天平一边的重量增减的情形相类似。

推论 VI. 所以在流体内的物体有两种重力：其一是真实和绝对的，另一种是表象的、普通的和相对的。绝对重力是使物体竖直向下的全部的力；相对和普通的重力是重力的超出部分，它使物体比周围的流体更强烈地竖直向下。第一种重力使流体和物体的所有部分被吸引在适当的处所，所以它们的重力合在一起即构成总体的重量。因为全体合在一起就是重量，正如盛满液体的容器那样；全体的重量等于所有部分的重量的和，是由所有部分组成的。另一种重力并不使物体被吸引在其处所，即通过相互比较，它们并不超出，但阻碍相互的下沉倾向，使其像没有重量那样滞留在原处。空气中比空气轻的物体，一般被认为是没有重量的。而重于空气的物体通常是有重量的，因为它们不能为空气的重量所承担。普通重量无非是物体的重量超出空气重量的部分。因而没有重量的物体，一般也称为轻物体，它们轻于空气，被向上托起，但这只是相对的轻，不是真实的，因为它们在真空中仍是下沉的。同样，在水中，物体由其重量决定下沉或上浮，相对地表现出重或是轻；它们相对的、表象的重或轻正是它们的真实重量超出或不足于水的重量的部分。不过那些重于流体而不下沉，轻于流体而不上浮的物体，虽然它们的真实重量增加了总体重量，但一般而言，它们在水中没有相对重量。这些情形可以做类似的证明。

推论Ⅶ. 已证明的结论适用于与所有其他向心力有关的场合。

推论Ⅷ. 所以，如果介质受到其自重或任意其他向心力的作用，在其中运动的物体受到同一种力的更强烈的作用，则两种力的差正是运动力，在前述命题中，我都称之为向心力。但如果该物体受此力作用较轻，则力的差变为离心力，而且只能按离心力来处理。

推论Ⅸ. 但是，由于流体的压力不改变没入其中的物体的形状，因此（由第二卷命题 19 推论）也不改变其内部各部分相互间的位置关系；因而，如果动物没入流体中，而且所有的知觉是由各部分的运动产生的，则流体既不伤害浸入的躯体，也不刺激任何感觉，除非躯体受到压迫而蜷缩。所有为流体所包围的物体系统都与此情形相同。系统的所有部分都像在真空中一样受到同一种运动的推动，只保留相对重量；除非流体或多或少地阻碍它们的运动，或在压力下被迫与之结合。

命题 21　定理 16

令任意流体的密度正比于压力，其各部分受反比于到中心距离平方的向心力的吸引竖直向下，则如果该距离是连续正比的，则在相同距离处的流体密度也是连续正比的。

令 ATV 表示流体的球形底面，S 是球心，SA、SB、SC、SD、SE、SF 等是连续正比的距离。作垂线 AH、BI、CK、DL、EM、FN 等，正比于 A、B、C、D、E、F 处的介质密度，则这些处所的比重正比于 $\dfrac{AH}{AS}$、$\dfrac{BI}{BS}$、$\dfrac{CK}{CS}$ 等，或者完全等价地，正比于 $\dfrac{AH}{AB}$、$\dfrac{BI}{BC}$、$\dfrac{CK}{CD}$ 等。首先设这些重力由 A 到 B、由 B 到 C、由 C 到 D 等都是均匀的，连续的，而在点 B、C、D 等处形成减量台阶。将这些重力乘以高度 AB、BC、CD 等即得到压力 AH、BI、CK 等，它们作用于底 ATV（由第二卷定理 15）。所以，部分 A

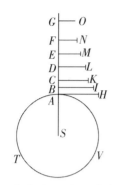

承受着 AH、BI、CK、DL 等直至无限的所有压力；部分 B 承受着除第一层 AH 以外的所有压力；而部分 C 承受着除前两层以外的所有压力；依此类推。所以第一部分 A 的密度 AH 比第二部分 B 的密度 BI，等于 $AH+BI+CK+DL+\cdots$ 的和比 $BI+CK+DL+\cdots$ 的和。而第二部分 B 的密度 BI 比第三部分 C 的密度 CK，等于 $BI+CK+DL+\cdots$ 的和比 $CK+DL+\cdots$ 的和。所以

这些和正比于它们的差 AH、BI、CK 等等，因而是连续正比的。而由于在处所 A、B、C 等的密度正比于 AH、BI、CK 等，因此它们也是连续正比的。间隔地取值，在连续正比的距离 SA、SC、SE 处，密度 AH、CK、EM 也连续正比。由类似理由，在连续正比的任意距离 SA、SD、SG 处，密度 AH、DL、GO 也是连续正比的。现在令 A、B、C、D、E 等点重合，使由底 A 到流体顶部的比重级数变为连续的，则在连续正比的任意距离 SA、SD、SG 处，相应也连续正比的密度 AH、DL、GO 仍将维持连续正比。   证毕。

推论. 如果 A、E 两处的流体密度为已知，则可以求出任意其他处所 Q 的密度。以 S 为中心，围绕直角渐近线 SQ、SX 作双曲线与垂线 AH、EM、QT 相交于 a、e 和 q，与渐近线 SX 的垂线 HX、MY、TZ

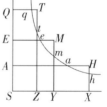

相交于 h、m 和 t。作面积 $YmtZ$ 比已知面积 $YmhX$ 等于给定面积 $EeqQ$ 比给定面积 $EeaA$；延长直线 Zt 截取线段 QT 正比于密度。因为，如果直线 SA、SE、SQ 是连续正比的，则面积 $EeqQ$、$EeaA$ 相等，而与它们正比的面积 $YmtZ$、$XhmY$ 也相等；而直线 SX、SY、SZ，即 AH、EM、QT 连续正比，如它们所应当的那样。如果直线 SA、SE、SQ 按其他次序成连续正比序列，则由于正比的双曲线面积，直线 AH、EM、QT 也按相同的次序构成连续正比序列。

命题 22　定理 17

令任意流体的密度正比于压力，其各部分受反比于到中心距离平方的重力作用而竖直向下，则如果按调和级数取距离，在这些距离上的流体密度构成几何级数。

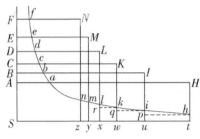

令 S 为中心，SA、SB、SC、SD、SE 为按几何级数取的距离。作垂线 AH、BI、CK 等，它们都正比于 A、B、C、D、E 等处的流体密度，而对应的比重则正比于 $\dfrac{AH}{SA^2}$、

$\dfrac{BI}{SB^2}$、$\dfrac{CK}{SC^2}$，等。设这些重力是均匀连续的，第一个由 A 到 B，第二个由 B 到 C，第三个由 C 到 D，等等，它们乘以高度 AB、BC、CD、DE 等，或者等价地，乘以距离 SA、SB、SC 等，正比于这些高度，则得到表示压力的 $\dfrac{AH}{SA}$、$\dfrac{BI}{SB}$、$\dfrac{CK}{SC}$，等，所以，由于密度正比于这些压力的和，则密度的差 $AH-BI$、$BI-CK$ 等正比于这些和 $\dfrac{AH}{SA}$、$\dfrac{BI}{SB}$、$\dfrac{CK}{SC}$ 的差。以 S 为中心，SA、Sr 为渐近线画任意双曲线，与垂线 AH、BI、CK 等相交于 a、b、c 等，与垂线 Ht、Iu、Kw 相交于 h、i、k；则密度的差 tu、uw 等将正比于 $\dfrac{AH}{SA}$、$\dfrac{BI}{SB}$ 等，即正比于 Aa、Bb 等。因为，由双曲线的特性，SA 比 AH 或 SA 比 St 等于 th 比 Aa，因而 $\dfrac{AH \cdot th}{SA}$ 等于 Aa。由类似理由，$\dfrac{BI \cdot ui}{SB}$ 等于 Bb，等等。但 Aa、Bb、Cc 等是连续正比的，因而也正比于它们的差 $Aa-Bb$、$Bb-Cc$ 等，所以矩形 tp，uq 等也正比于这些差；也正比于矩形的和 $tp+uq$ 乘 $tp+uq+wr$ 与差 $Aa-Cc$ 或 $Aa-Dd$ 的和的比。设这些项中的若干个与所有差的和，如 $Aa-Ff$，正比于所有矩形 $zthn$ 的

和。无限增加项数，减小点 A、B、C 等之间的距离，则这些矩形等于双曲线面积 $zthn$，因而差 $Aa-Ff$ 正比于该面积。现按调和级数取任意距离 SA、SD、SF，则差 $Aa-Dd$、$Dd-Ff$ 相等；所以面积 $thlx$、$xlnz$ 正比于这些差，而且相互相等，而密度 St、Sx、Sz，即 AH、DL、FN 则连续正比。 证毕。

推论. 如果已知流体的两个密度 AH、BI，则可以求出对应于其差 tu 的面积 $thiu$；因而取面积 $thnz$ 比该已知面积 $thiu$ 等于差 $Aa-Ff$ 比差 $Aa-Bb$，即可求出任意高度 SF 的密度 FN。

附 注

由类似理由可以证明，如果流体各部分的重力正比于它们到中心距的立方、反比于距离 SA、SB、SC 等的平方$\left(\text{即}\dfrac{SA^3}{SA^2}\text{、}\dfrac{SA^3}{SB^2}\text{、}\dfrac{SA^3}{SC^2}\right)$减小，并按算术级数取值，则密度 AH、BI、CK 等构成几何级数。而如果重力正比于距离的四次幂、反比于距离的立方$\left(\text{即}\dfrac{SA^4}{SA^3}\text{、}\dfrac{SA^4}{SB^3}\text{、}\dfrac{SA^4}{SC^3}\text{等}\right)$减小，按算术级数取值，则密度 AH、BI、CK 等也构成几何级数。依次类推可至无限。而且，如果流体各部分的重力在所有距离处都是相同的，距离为算术级数，则密度也是几何级数，正如哈雷博士所发现的那样。如果重力正比于距离，而距离的平方为算术级数，则密度仍是几何级数。依次类推可至无限。当流体因压迫而集聚，其密度正比于压迫力；或者，等价地，当流体所占据的空间反比于这个力时，上述情形均成立。还可以设想一些其他的凝聚规律，如凝聚力的立方正比于密度的四次幂，或力的比值的立方等于密度比值的四次幂；在此情形下，如果重力反比于流体到中心距离的平方，则密度反比于距离的立方。设压力的立方正比于密度的五次幂；如果重力反比于距离的平方，则密度反比于距离的 $\dfrac{3}{2}$ 次幂。设压力正比于密度的平方，重力反比于距离的平方，则密度反比于距离。但就我们的空气而言，这个关系取自实验，它的密度精确地，至少是极为近似地正比于压力；因而地球大气中的空气密度正比于上面全部空气的重量，即正比于气压计中的水银高度。

命题 23　定理 18

如果流体由相互离散的粒子组成，密度正比于压力，则各粒子的离心力反比于它们中心之间的距离。反之，如果各粒子是相互离散的，离散力反比于它们中心间的距离的平方，则由此组成的弹性流体，其密度正比于压力。

设流体贮存于立方空间 ACE 中，然后被压缩入较小的立方空间 ace；在这两个空间中各粒子维持着相似的相互位置关系，距离正比于立方的边

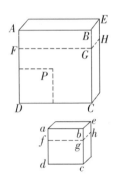

AB、ab；而介质的密度反比于包含的空间 AB^3、ab^3。在大立方体 ABCD 的平面边取一正方形 DP 等于小立方体的平面边 ab；由题设知，正方形 DP 压迫其内部流体的压力，比正方形 db 压迫其内部流体的压力，等于两种介质相互间的比，即等于 ab^3 比 AB^3。但正方形 DB 压迫其内部流体的压力比正方形 DP 压迫其内部相同流体的压力，等于正方形 DB 面积比正方形 DP 面积，即等于 AB^2 比 ab^2。所以两式的对应项相乘，正方形 DB 压迫流体的压力比正方形 db 压迫其内部流体的压力等于 ab 比 AB。作平面 FGH、fgh 通过两个立方体的内部，把流体分为两部分，这两部分相互间的压力等于它们受到平面 AC、ac 的压力，即相互比值等于 ab 比 AB，因而承受该压力的离心力也有相同比值。在两个立方空间中，被平面 FGH、fgh 隔开的粒子数目相同，位置相似，所有的粒子产生的作用于全体的力正比于各粒子间相互作用的力。所以在大立方体中被平面 FGH 隔开的各粒子间的作用力，比在小立方体中被平面 fgh 隔开的各粒子间的作用力，等于 ab 比 AB，即反比于各粒子之间的距离。　　　　　　　　　　证毕。

反之，如果某一粒子的力反比于距离，即反比于立方体的边 AB、ab，则力的和也为相同比值，而边 DB、db 的压力正比于力的和；因而正方形

DP 的压力比边 DB 的压力等于 ab^2 比 AB^2。将比例式中对应项相乘，得到正方形 DP 的压力比边 db 的压力等于 ab^3 比 AB^3；即在一个中的压力比在另一个中的压力等于前者的密度比后者的密度。 证毕。

附 注

由类似理由，如果各粒子的离心力反比于其中心之间距离的平方，则压力的立方正比于密度的四次幂。如果离心力反比于距离的三次或四次幂，则压力的立方正比于密度的五次或六次幂。一般地，如果 D 是距离，E 是受压流体的密度，离心力反比于距离的任意次幂 D^n，其指数为 n，则压力正比于幂 E^{n+2} 的立方根，其幂指数为 $n+2$；反之亦然。所有这些要求离心力仅发生于相邻接的粒子之间，或相距不远者，磁体提供了一个这方面的例子。磁体的力会因为间隔的铁板而减弱，几乎终止于该铁板；因为远处的物体受磁体的吸引不如受铁板的吸引强，参照此方法，各粒子排斥与它同类型的邻近粒子，而对较远处的则无作用，则这种粒子所组成的流体与本命题所讨论的流体相同。如果粒子的力向所有方向无限扩散，则要构成具有相同密度的较大量的流体，需要更大的凝聚力。但弹性流体究竟是否由这种相互排斥的粒子组成，这是个物理学问题。我们在此只对由这种粒子组成的流体的性质做出证明，哲学家们不妨对这个问题作一讨论。

第六章 摆体的运动与阻力

命题 24 定理 19

几个摆体的摆动中心到悬挂中心的距离均相等，则摆体的物质的量的比等于它们在真空中重量的比与摆动时间比的平方的乘积。

因为一个已知的力在已知时间内所能使已知物体产生的速度正比于该力和时间，反比于物体，力或时间越大，或物体越小，则所产生的速度越大。这是第二运动定律所阐明的。如果各摆长度相同，在到摆距离相等处运动力正比于重量，则如果两个摆体掠过相等弧度，把这两个弧度分为若干相等部分；由于摆体掠过弧的对应部分所用的时间正比于总摆动时间，摆过各对应部分的速度相互间的比，正比于运动力和总摆动时间，反比于物质的量；所以物质的量正比于摆动的力和时间，反比于速度。但速度反比于时间，因而时间正比于而速度反比于时间的平方，因而物质的量正比于运动力和时间的平方，即正比于重量与时间的平方。 证毕。

推论 I. 如果时间相等，则各自物质的量正比于重量。

推论 II. 如果重量相等，则物质的量正比于时间的平方。

推论 III. 如果物质的量相等，则重量反比于时间的平方。

推论 IV. 完全等价地，由于时间的平方正比于摆长，所以如果时间与物质的量都相等，则重量正比于摆长。

推论 V. 一般地，摆体的物质的量正比于重量和时间的平方，反比于摆长。

推论 VI. 但在无阻力介质中，摆体的物质的量正比于相对重量和时间的平方，反比于摆长。因为前面已证明，相对重量是物体在任意重介质中的运动力，所以它在无阻力介质中的作用与真空中的绝对重量相同。

推论 VII. 由此得到一种方法，用以比较物体各自所含物质的量，以及同一物体在不同处所的重量，以了解重力变化情况。我通过极为精密的实验发现，物体所含物质的量总是正比于它们的重量。

命题 25 定理 20

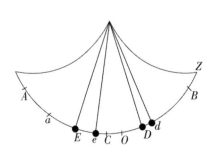

在任意介质中受到的阻力正比于时间的瞬的摆体，与在比重相同的无阻力介质中运动的摆体，它们在相同时间内摆动都画出一条摆线，而且共同掠过成正比的弧段。

令物体 D 在无阻力介质中摆动时，

在任意时间内画出的一段摆线弧为 AB。在 C 点二等分该弧，使 C 为其最低点，则物体在任意处所 D、d 或 E 受到的加速力，正比于弧长 $\overset{\frown}{CD}$、$\overset{\frown}{Cd}$ 或 $\overset{\frown}{CE}$。令该力以这些弧表示；由于阻力正比于时间的瞬，因而是已知的，令它以摆线弧的已知段 $\overset{\frown}{CO}$ 表示，取 $\overset{\frown}{Od}$ 比 $\overset{\frown}{CD}$ 等于 $\overset{\frown}{OB}$ 比 $\overset{\frown}{CB}$，则摆体在有阻力介质中的 d 点受到的力为力 $\overset{\frown}{Cd}$ 超出阻力 $\overset{\frown}{CO}$ 的部分，以 $\overset{\frown}{Od}$ 表示，它与摆体 D 在无阻力介质中的处所 D 受到的力的比，等于 $\overset{\frown}{Od}$ 比 $\overset{\frown}{CD}$；而在处所 B，等于 $\overset{\frown}{OB}$ 比 $\overset{\frown}{CB}$。所以如果两个摆体 D、d 自处所 B 处受到这两个力的推动，由于在开始时力正比于 $\overset{\frown}{CB}$ 和 $\overset{\frown}{OB}$，则开始的速度与所掠过的弧比值相同，令该弧为 $\overset{\frown}{BD}$ 和 $\overset{\frown}{Bd}$，则余下的 $\overset{\frown}{CD}$、$\overset{\frown}{Od}$ 比值也相同。所以正比于 $\overset{\frown}{CD}$、$\overset{\frown}{Od}$ 的力在开始时也保持相同比值，因而摆体以相同比值共同摆动。所以力、速度和余下的 $\overset{\frown}{CD}$、$\overset{\frown}{Od}$ 总是正比于总弧长 $\overset{\frown}{CB}$、$\overset{\frown}{OB}$，而余下的弧是共同掠过的。所以两个摆体 D 和 d 同时到达处所 C 和 O；在无阻力介质中的摆动到达处所 C，而另一个在有阻力介质中的摆动到达处所 O。现在，由于在 C 和 O 的速度正比于 $\overset{\frown}{CB}$、$\overset{\frown}{OB}$，摆体仍以相同比值掠过更远的弧。令这些弧为 $\overset{\frown}{CE}$ 和 $\overset{\frown}{Oe}$。在无阻力介质中的摆体 D 在 E 处受到的阻力正比于 $\overset{\frown}{CE}$，而在有阻力介质中的摆体 d 在 e 处受到的阻力正比于力 $\overset{\frown}{Ce}$ 与阻力 CO 的和，即正比于 $\overset{\frown}{Oe}$；所以两摆体受到的阻力正比于 $\overset{\frown}{CB}$、$\overset{\frown}{OB}$，即正比于 $\overset{\frown}{CE}$、$\overset{\frown}{Oe}$；所以以相同比值变慢的速度的比也为相同的已知比值。所以速度以及以该速度掠过的弧相互间的比总是等于 $\overset{\frown}{CB}$ 和 $\overset{\frown}{OB}$ 的已知比值。所以，如果整个弧长 $\overset{\frown}{AB}$、$\overset{\frown}{aB}$ 也按同一比值选取，则摆体 D 和 d 同时掠过它们，在处所 A 和 a 同时失去全部运动。所以整个摆动是等时的，或在同一时间内完成的；而共同掠过弧长 $\overset{\frown}{BD}$、$\overset{\frown}{Bd}$ 或 $\overset{\frown}{BE}$、$\overset{\frown}{Be}$，正比于总弧长 $\overset{\frown}{BA}$、$\overset{\frown}{Ba}$。　证毕。

推论. 所以在有阻力介质中，最快的摆动并不发生在最低点 C，而是发生在掠过的总弧长 $\overset{\frown}{Ba}$ 的二等分点 O。而摆体由该点摆向点 a 的减速度与它由 B 落向 O 的加速度相同。

命题 26　定理 21

受阻力正比于速度的摆体，沿摆线做等时摆动。

如果两个摆体到悬挂中心的距离相等，摆动中掠过的弧长不相等，但在对应弧段的速度的比等于总弧长的比，则正比于速度的阻力的比也等于该弧长比。所以，如果在正比于弧长的重力产生的运动力上叠加或减去这些阻力，则得到的和或差的比也为相同的比值；而由于速度的增量或减量正比于这些和或差，速度总是正比于总弧长；所以，如果速度在某种情况下正比于总弧长，则它们总是保持相同比值。但在运动开始时，当摆体开始下落并掠过弧时，此刻正比于弧的力所产生的速度正比于弧。所以，速度总是正比于尚未掠过的总弧长，而这些弧将在同一时间内画出。　证毕。

命题 27　定理 22

如果摆体的阻力正比于速度的平方，则在有阻力介质中摆动的时间，与在比重相同但无阻力介质中摆动的时间的差，近似地正比于摆动掠过的弧长。

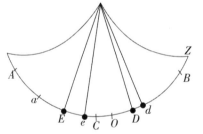

令等长摆在有阻力介质中掠过不等弧长 $\overset{\frown}{A}$、$\overset{\frown}{B}$，则沿 $\overset{\frown}{A}$ 摆动的物体的阻力比在 $\overset{\frown}{B}$ 上对应部分摆动的物体的阻力等于速度平方的比，即近似等于 AA 比 BB。如果 $\overset{\frown}{B}$ 的阻力比 $\overset{\frown}{A}$ 的阻力等于 AB 比 AA，则沿 $\overset{\frown}{A}$ 和 $\overset{\frown}{B}$ 的摆动时间相等（由前一命题）。所以 $\overset{\frown}{A}$ 的阻力 AA 或 $\overset{\frown}{B}$ 的阻力 AB 在 $\overset{\frown}{A}$ 上引起的时间超过在无阻力介质中的时间；而阻力 BB 在 $\overset{\frown}{B}$ 上引起的时间超过在无阻力介质中的时间，而这些超出量近似地正比于有效力 AB 和 BB，即正比于 $\overset{\frown}{A}$ 和 $\overset{\frown}{B}$。　　　证毕。

推论 I. 因此，由在有阻力介质中不相等的弧摆动时间可以求出在比重相同的无阻力介质中的摆动时间，因为这个时间差比沿短弧摆动时间超出在无阻力介质中的时间等于两个弧的差比短弧。

推论 II. 短弧摆动更近于等时性，极小的摆动其时间近似等于在无阻力介质中的时间。而做较大弧摆动所需时间略长，因为在摆体下落中受到使时间延长的阻力，与下落所掠过的长度相比，较之随后的上升所遇到的使时间缩短的阻力变大了。不过，摆动时间的长度似乎因介质的运动而延长。因为减速的摆体其阻力与速度比值较小，而加速的摆体该比值较匀速运动为大；因为介质从摆体获得某种运动，与它们做同向运动，在前一种受到的推动较强，后一情形较弱；造成摆体运动的快慢变化。所以就与速度相比较而言，在摆体下落时阻力较大，而上升时较小；这二者导致时间的延长。

命题 28　定理 23

如果摆体沿摆线摆动，阻力正比于时间的变化率，则阻力与重力的比，等于下落所掠过的整个弧长减随后上升的弧长的差值比摆长的 2 倍。

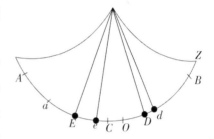

令 $\overset{\frown}{BC}$ 表示下落掠过的弧长，$\overset{\frown}{Ca}$ 为上升弧长，$\overset{\frown}{Aa}$ 为二弧的差，其他条件与命题 25 的作图和证明相同，则摆体在任意处所 D 受到的作用力比阻力等于 $\overset{\frown}{CD}$ 比 $\overset{\frown}{CO}$，后者是差 $\overset{\frown}{Aa}$ 的一半。所以，在摆线的起点或最高点，摆体所受到的作用力，即重力，比阻力等于最高点与最低点 C 之间的摆线弧比 $\overset{\frown}{CO}$，即（把它们都乘以 2）等于整个摆弧或摆长的 2 倍比 $\overset{\frown}{Aa}$。　　　　证毕。

命题 29　问题 6

设沿摆线摆动的摆体的阻力正比于速度的平方，求各处的阻力。

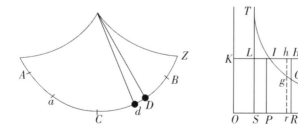

令 $\overset{\frown}{Ba}$ 为一次全摆动的弧长，C 为摆线最低点，CZ 为整个摆线的半长，

等于摆长。要求在任意处所 D 摆体的阻力。在 O、S、P、Q 点分割直线 OQ，使(作垂线 OK、ST、PI、QE，以 O 为中心，OK、OQ 为渐近线，作双曲线 $TIGE$ 与垂线 ST、PI、QE 相交于 T、I 和 E，通过点 I 作 KF，平行于渐近线 OQ，与渐近线 OK 相交于 K，与垂线 ST 和 QE 相交于 L 和 F)双曲线面积 $PIEQ$ 比双曲线面积 $PITS$ 等于摆体下落掠过的 $\overset{\frown}{BC}$ 比上升掠过的 $\overset{\frown}{Ca}$，以及面积 IEF 比面积 ILT 等于 OQ 比 OS。然后以垂线 MN 截取双曲线面积 $PINM$，使该面积比双曲线面积 $PIEQ$ 等于 CZ 比下落掠过的 $\overset{\frown}{BC}$。如果垂线 RG 截取双曲线面积 $PIGR$，使它比面积 $PIEQ$ 等于任意 $\overset{\frown}{CD}$ 比整个下落弧长 $\overset{\frown}{BC}$，则在任意处所 D 的阻力比重力等于面积 $\frac{OR}{OQ}IEF-IGH$ 比面积 $PINM$。

因为，在处所 Z、B、D、a 重力作用于摆体的力正比于 $\overset{\frown}{CZ}$、$\overset{\frown}{CB}$、$\overset{\frown}{CD}$、$\overset{\frown}{Ca}$，而这些弧正比于面积 $PINM$、$PIEQ$、$PIGR$、$PITS$；令这些面积分别表示这些弧和力。令 Dd 为摆体下落中掠过的极小距离，以极小面积 $RGgr$ 表示，夹在平行线 RG、rg 之间。延长 rg 到 h，使 $GHhg$ 和 $RGgr$ 为面积 IGH、$PIGR$ 的瞬时减量，则面积 $\frac{OR}{OQ}IEF-IGH$ 的增量 $GHhg-\frac{Rr}{OQ}IEF$，或者 $Rr \cdot HG-\frac{Rr}{OQ}IEF$，比面积 $PIGR$ 的减量 $RGgr$ 或 $Rr \cdot RG$，等于 $HG-\frac{IEF}{OQ}$ 比 RG；因而等于 $OR \cdot HG-\frac{OR}{OQ}IEF$ 比 $OR \cdot GR$ 或 $OP \cdot PI$，即(因为 $OR \cdot HG$、$OR \cdot HR-OR \cdot GR$、$ORHK-OPIK$、$PIHR$ 和 $PIGR+IGH$ 相等)等于 $PIGR+IGH-\frac{OR}{OQ}IEF$ 比 $OPIK$。所以，如果面积 $\frac{OR}{OQ}IEF-IGH$ 称为 Y，且已知面积 $PIGR$ 的减量 $RGgr$，则面积 Y 的增量正比于 $PIGR-Y$。

如果以 V 表示摆体在 D 处受重力作用的力，它正比于将要掠过的 $\overset{\frown}{CD}$，以 R 表示阻力，则 $V-R$ 为摆体在 D 处受到的总力，所以速度增量正比于 $V-R$ 与产生它的时间间隔的乘积。而速度本身又正比于同时所掠过的距离增量而反比于同一个时间间隔。所以，由于命题规定阻力正比于速度平方，阻力增量(由第二卷引理 2)正比于速度与速度增量的乘积，即正比于距离的瞬与 $V-R$ 的乘积；所以，如果给定距离增量正比于 $V-R$，即如果以 $PIGR$ 表示力 V，以任意其他面积 Z 表示阻力，则正比于 $PIGR-Z$。

所以，面积 $PIGR$ 按照给定的负瞬而均匀减小，而面积 Y 则以 $PIGR$ $-Y$ 的比率增大，面积 Z 按 $PIGR-Z$ 的比率增大。所以，如果面积 Y 和 Z 是同时开始的，且在开始时是相等的，则它们通过增加相等的量而持续相等；而又以相似的方式减去相等的变化率而减小，并一同消失。反之，如果它们同时开始和消失，则它们有相同的瞬，因而总是相等。因为，如果阻力 Z 增加，则摆体上升所掠过的 $\overset{\frown}{Ca}$ 和速度都减少；而运动和阻力都消失的点向点 C 趋近，因而阻力比面积 Y 消失得快。当阻力减小时，则又发生相反的过程。

面积 Z 产生和消失于阻力为零之处，即运动开始处，$\overset{\frown}{CD}$ 等于 $\overset{\frown}{Ca}$，而直线 RG 落在直线 QE 上；以及运动终止处，$\overset{\frown}{CD}$ 等于 $\overset{\frown}{CB}$，而直线 RG 落在直线 ST 上。面积 Y 或 $\frac{OR}{OQ}IEF-IGH$ 也产生和消失于阻力为零之处，所以在该处 $\frac{OR}{OQ}IEF$ 和 IGH 相等，即(如第 0996 页右图)在该处直线 RG 先后落在直线 QE 和 ST 上。所以这些面积同时产生和消失，因而总是相等。因此，面积 $\frac{OR}{OQ}IEF-IGH$ 等于表示阻力的面积 Z，它比表示重力的面积 $PINM$，等于阻力比重力。   证毕。

推论 I. 在最低处所 C，阻力比重力等于面积 $\frac{OR}{OQ}IEF$ 比面积 $PINM$。

推论 II. 在面积 $PIHR$ 比面积 IEF 等于 OR 比 OQ 处，阻力有最大值。因为在此情形下它的瞬(即 $PIGR-Y$)为零。

推论 III. 也可以求出在各处的速度，它正比于阻力的平方根变化，而且在运动开始时等于在无阻力介质中沿相同摆线摆动的摆体速度。

但是，由于在本命题中求解阻力和速度很困难，我们拟补充下述命题。

命题 30 定理 24

如果直线 **aB** 等于摆体所掠过的摆线弧长，在其上任意点 **D** 作垂线 **DK**，该垂线比摆长等于摆体在该点受到的阻力比重力，则在整个下落过程和随后的整个上升过程摆体所掠过的弧差乘以相同的弧的和的一半等于所有垂线构成的面积 **BKa**。

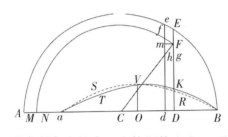

令一次全摆动掠过的摆线弧长以与它相等的直线 *aB* 表示，而摆体在真空中掠过的弧长以长度 *AB* 表示。在 *C* 点二等分 *AB*，则 *C* 表示该摆线的最低点，而 *CD* 正比于重力所产生的力，它使摆体在点 *D* 受到沿摆线切线方向的作用，与摆长的比等于在 *D* 点的力比重力。所以，令该力以长度 *CD* 表示，而重力以摆长表示；如果在 *DE* 上取 *DK* 比摆长等于阻力比重力，则 *DK* 表示阻力。以 *C* 为中心、间隔 *CA* 或 *CB* 为半径画半圆 *BEeA*。令物体在极短时间里掠过距离 *Dd*；作垂线 *DE*、*de* 与半圆相交于 *E*、*e*，则它们正比于摆体在真空中由点 *B* 下落到 *D* 和 *d* 所获得的速度。这已由第一卷命题 52 证明过。所以，令这些速度以垂线 *DE*、*de* 表示；令 *DF* 为摆体在有阻力介质中由 *B* 下落到 *D* 的速度。如以 *C* 为圆心、间隔 *CF* 为半径画圆 *FfM* 与直线 *de* 和 *AB* 相交于 *f* 和 *M*，则 *M* 为这样的处所，如果摆体此后在上升中不受阻力作用可到达于此，*df* 为其在 *d* 点获得的速度。因此，如果 *Fg* 表示摆体掠过极短距离 *Dd* 由于介质阻力而失去速度的瞬；而取 *CN* 等于 *Cg*；则 *N* 也是这样一个处所，如果摆体不再受到阻力，它可以上升到该处，而 *MN* 表示由速度损失造成的上升减量。作 *Fm* 垂直于 *df*，则阻力 *DK* 造成的速度 *DF* 的减量 *Fg*，比力 *CD* 产生的同一速度的增量 *fm*，等于作用力 *DK* 比作用力 *CD*。但因为△*Fmf*、△*Fhg*、△*FDC* 相似，*fm* 比 *Fm* 或 *Dd* 等于 *CD* 比 *DF*；将对应项相乘，得到 *Fg* 比 *Dd* 等于 *DK* 比 *DF*。而 *Fh* 比

Fg 也等于 DF 比 CF；也将对应项相乘，得到 Fh 或 MN 比 Dd 等于 DK 比 CF 或 CM；所以，所有 $MN \cdot CM$ 的和等于所有 $Dd \cdot DK$ 的和。在动点 M 设直角纵坐标总是等于不定直线 CM，它在连续运动中与整个长度 Aa 相乘；该运动中产生的四边形，或相等的矩形 $Aa \cdot \frac{1}{2}aB$，等于所有的 $MN \cdot CM$ 的和，因而等于所有 $Dd \cdot DK$ 的和，即等于面积 $BKVTa$。

证毕。

推论. 由阻力的规律，以及 $\overset{\frown}{Ca}$、$\overset{\frown}{CB}$ 的差 Aa，可以近似求出阻力与重力的比。

因为，如果阻力 DK 是均匀的，则图形 $BKTa$ 是 Ba 和 DK 构成的矩形，因而 $\frac{1}{2}Ba$ 与 Ao 构成的矩形等于 Ba 与 DK 构成的矩形，而 DK 等于 $\frac{1}{2}Aa$。所以，由于 DK 表示阻力，摆长表示重力，则阻力比重力等于 $\frac{1}{2}Aa$ 比摆长；这与本卷命题 28 的证明完全相同。

如果阻力正比于速度，则图形 $BKTa$ 近似于椭圆。因为，如果摆体在无阻力介质中的一次全摆动掠过弧长 $\overset{\frown}{BA}$，则其在任意点 D 的速度应正比于直径 AB 上的圆的纵坐标。所以，由于 Ba 是在有阻力介质中、BA 是在无阻力介质中近似正比于时间掠过的，因此在 Ba 上各点的速度比在长度 BA 上对应点的速度近似等于 Ba 比 BA，而在有阻力介质中点 D 的速度正比于在直径 Ba 上画出的椭圆弧的纵坐标；所以图形 $BKVTa$ 近似于椭圆。由于假设阻力正比于速度，令 OV 在中点 O 的阻力；以中心 O、半轴 OB、OV 画椭圆 $BRVSa$，近似等于图形 $BKVTa$ 及其相等矩形 $Aa \cdot BO$。所以 $Aa \cdot BO$ 比 $OV \cdot BO$ 等于该椭圆面积比 $OV \cdot BO$，即 Aa 比 OV 等于半圆面积比半径的平方，或近似等于 11：7；所以 $\frac{7}{11}Aa$ 比摆长等于摆动体的阻力比其重力。

如果阻力 DK 正比于速度平方变化，则图形 $BKVTa$ 极近似于抛物线，

其顶点是 V。轴为 OV，因而近似等于 $\frac{2}{3}Ba$ 和 OV 构成的矩形。所以 $\frac{1}{2}Ba$

乘以 Aa 等于 $\frac{2}{3}Ba \cdot OV$，所以 OV 等于 $\frac{3}{4}Aa$；所以点 O 对摆体的阻力比

其重力等于 $\frac{3}{4}Aa$ 比摆长。

我的这些结论其精度足敷实际应用。因为将椭圆或抛物线 $BRVSa$ 在中点 V 与图形 $BKVTa$ 合并，该图形如果在指向 BRV 或 VSa 一侧较大，则在另一侧较小，因而近似与之相等。

命题 31　定理 25

如果在所有与掠过弧成正比的部分对摆体的阻力按给定比率增大或减小，则下落掠过的弧与随后上升所掠过的弧长的差也将按同一比率增大或减小。

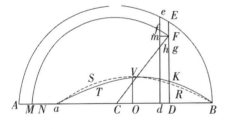

因为该差是由于介质阻力对摆体的减速造成的，因而应正比于总减速和与之成正比的减速阻力。在前一命题中直线 $\frac{1}{2}aB$ 与 $\overset{\frown}{CB}$、$\overset{\frown}{Ca}$ 的差 Aa 构成的矩形等于面积 $BKTa$。而如果长度 aB 不变，则该面积正比于纵坐标 DK 增大或减小，即正比于阻力，因而正比于长度 aB 与阻力的乘积。所以 Aa 与 $\frac{1}{2}aB$ 组成的矩形正比于 aB 与阻力的乘积，所以 Aa 正比于阻力。　　　　　　　　　　　　　　　　　　　　证毕。

推论 I. 如果阻力正比于速度，则在相同介质中弧差正比于掠过的总弧长；反之亦然。

推论 II. 如果阻力正比于速度平方变化，则该差正比于该弧长的平方变化；反之亦然。

推论 III. 一般地，如果阻力正比于速度的三次或其他任意次幂，则该差正比于整个弧长的相同次幂变化；反之亦然。

推论Ⅳ. 如果阻力部分正比于速度的一次幂，部分正比于它的平方变化，则该差部分正比于整个弧长的一次幂，部分正比于其平方变化；反之亦然。因而，阻力及速度间的规律和比率与该差及弧长间的规律和比率总是相同的。

推论Ⅴ. 所以，如果摆相继掠过不相等的弧，并能找出该差相对于该弧长的增量或减量比率，则也可以求出阻力相对于较大或较小速度的增量或减量比率。

总　注

由这些命题，我们可以通过在介质中摆体的摆动来求介质阻力。我用下述实验求空气阻力。系在牢固钩子上的细线，下悬一木质球，球重 $57\frac{7}{22}$ 盎司，直径 $6\frac{7}{8}$ 英寸，钩与球摆动中心的间距为 $10\frac{1}{2}$ 英尺。在悬线上距悬挂点 10 英尺 1 英寸处作一标记点；并在与该点等长的地方置一把刻有寸度数的直尺，我就用这套装置观察摆所掠过的长度。然后记下球失去其运动的 $\frac{1}{8}$ 部分的摆动次数。如果将摆由其垂直位置拉开 2 英寸，然后放开，则在其整个下落中掠过一个 2 英寸的弧，而在由该下落和随后的上升组成的第一次全摆动中，掠过差不多 4 英寸弧，摆经过 164 次摆动失去其运动的 $\frac{1}{8}$ 部分，这样，在它最后一次上升中掠过 $1\frac{3}{4}$ 英寸弧。如果它第一次下落掠过的弧长为 4 英寸，则经过 121 次全摆动失去其运动的 $\frac{1}{8}$ 部分，在其最后一次上升中掠过弧长 $3\frac{1}{2}$ 英寸。如果第一次下落掠过弧长为 8 英寸、16 英寸、32 英寸或 64 英寸，则它分别经过 69 次、$35\frac{1}{2}$ 次、$18\frac{1}{2}$ 次、$9\frac{2}{3}$ 次摆动失去其运动的 $\frac{1}{8}$ 部分。所以，在第一、二、三、四、五、六次情况中，第一次下落与最后一次上升所掠过的弧长的差分别是 $\frac{1}{4}$ 英寸、$\frac{1}{2}$

英寸、1 英寸、2 英寸、4 英寸、8 英寸。在每次情况中以摆动次数除差，则在掠过弧长为 $3\frac{3}{4}$ 英寸、$7\frac{1}{2}$ 英寸、15 英寸、30 英寸、60 英寸、120 英寸的平均摆动中，下落与随后上升掠过的弧长的差分别为 $\frac{1}{656}$ 英寸、$\frac{1}{242}$ 英寸、$\frac{1}{69}$ 英寸、$\frac{4}{71}$ 英寸、$\frac{8}{37}$ 英寸、$\frac{24}{29}$ 英寸。在幅度较大的摆动中这些差近似正比于掠过弧长的平方，而在较小幅度的摆动中略大于该比率；所以（由第二卷命题 31 推论 II）球的阻力在运动很快时近似正比于速度的平方，而在运动较慢时略大于该比率。

现在令 V 表示每次摆动中的最大速度，A、B、C 为给定量，设弧长差等于 $AV+BV^{\frac{3}{2}}+CV^2$。由于在摆线中最大速度正比于摆动掠过弧长的 $\frac{1}{2}$，而在圆周中则正比于该弧的 $\frac{1}{2}$ 弦，所以弧长相等时摆线上速度大于圆周上的速度，比值为弧的 $\frac{1}{2}$ 比其弦；但圆运动时间大于摆线运动，其比值反比于速度；因此该项弧差（正比于阻力与时间平方的乘积）在两种曲线上近似相等并不难理解：摆线运动中，该差一方面近似正比于弧与弦的比值的平方而随阻力增加，因为速度按该简单比值增大；另一方面又以同一平方比值随时间的平方减小。所以要在摆线中作此项观察，必须取与圆周运动得到的相同的弧差，并设最大速度近似正比于半摆弧或全弧，即正比于数 $\frac{1}{2}$、1、2、4、8、16。所以在第二、四、六次情况中，V 取 1、4 和 16；而在第二次情况中弧差 $\frac{\frac{1}{2}}{121}=A+B+C$；在第四次情况中，$\frac{2}{35\frac{1}{2}}=44+8B+16C$；在第六次情况中，$\frac{8}{9\frac{2}{3}}=16A+64B+256C$。解这些方程得到 $A=0.0000916$，$B=0.0010847$，$C=0.0029558$。所以弧差正比于 $0.0000916V+0.0010847V^{\frac{3}{2}}+0.0029558V^2$；因而由于（把第二卷命题 30 应用到该情况中)在速度为 V 的摆弧的中间，球阻力比其重量等于 $\frac{7}{11}AV+\frac{7}{10}BV^{\frac{3}{2}}+\frac{3}{4}CV^2$ 比摆长，代入刚才求出的数值，球阻力比其重量等于 $0.0000583V+0.0007593V^{\frac{3}{2}}+0.0022169V^2$ 比悬挂中心与直尺之间的摆长，即比 121 英寸，所以由于 V 在第二次情况中为 1，第四次为 4，第六次为 16，则阻力比球重量在第二次情况中等于 $0.0030345 : 121$，第四次为 $0.041748 : 121$，第六次为 $0.61705 : 121$。

在第六次情况中，细线上标记的点所掠过的弧长为 $120-\dfrac{8}{9\frac{2}{3}}$，或 $119\frac{5}{29}$ 英寸。由于半径为 121 英寸，而悬挂点与球心之间的摆长为 126 英寸，因此球心掠过的弧长为 $124\frac{3}{31}$ 英寸。由于空气阻力的原因，摆体的最大速度并不落在掠过弧的最低点处，而是接近于全弧的中点处，该速度近似等于球在无阻力介质中下落掠过上述弧的半长，即 $62\frac{3}{62}$ 英寸，所获得的速度，以及沿上述化简摆运动而得到的摆线运动的速度；所以该速度等于该球由相当于该弧的正矢的高度下落而获得的速度。但摆线的正矢比 $62\frac{3}{62}$ 英寸的弧等于同一段弧比 252 英寸摆长的 2 倍，所以等于 15.278 英寸。所以摆的速度等于同一物体下落掠过 15.278 英寸的空间所获得的速度。所以球以该速度受到的阻力比其重量等于 $0.617\,05 : 121$，或(如果只取阻力正比于速度的平方)等于 $0.567\,52 : 121$。

我通过流体静力学实验发现，该木质球的重量比与它体积相同的水球的重量等于 $55 : 97$；由于 $121 : 213.4$ 也有相同比值，当这样的水球以上述速度运动时遇到的阻力，比其重量等于 $0.567\,52 : 213.4$，即等于 $1 : 376\frac{1}{50}$。由于水球在以均匀速度连续掠过的 30.556 英寸的长度的时间内，其重量可以产生下落水球的全部速度，所以在同一时间里均匀而连续

作用的阻力将完全抵消一个速度，它与另一个的比为 $1：376\frac{1}{50}$，即总速

度的 $\dfrac{1}{376\frac{1}{50}}$ 部分。所以在该球以均匀速度连续运动掠过其半径的长度，或

$3\frac{7}{16}$ 英寸所需的时间里，它失去其运动的 $\dfrac{1}{3\,342}$ 部分。

我还记录了摆失去其运动的 $\frac{1}{4}$ 部分的摆动次数。在下表中，上面一行

数字表示第一次下落掠过的弧长，单位是英寸；中间一行表示最后一次上

升掠过的弧长；下面一行是摆动次数。之所以说明这个实验，在于它比上

述失去运动 $\frac{1}{8}$ 部分的实验更精确。有关计算留给有兴趣的读者。

第一次下落	2	4	8	16	32	64
最后一次上升	$1\frac{1}{2}$	3	6	12	24	48
摆动次数	374	272	$162\frac{1}{2}$	$83\frac{1}{8}$	$41\frac{2}{3}$	$22\frac{2}{3}$

随后，我将一个直径 2 英寸、重 $26\frac{1}{4}$ 盎司的铅球系在同一根细线上，

使球心与悬挂点间距 $10\frac{1}{2}$ 英尺，记录运动失去其给定部分的摆动次数。以

下第一个表表示失去总运动 $\frac{1}{8}$ 部分的摆动次数，第二个表为失去总运动的

$\frac{1}{4}$ 的摆动次数。

第一次下落	1	2	4	8	16	32	64
最后一次上升	$\frac{7}{8}$	$\frac{7}{4}$	$3\frac{1}{2}$	7	14	28	56
摆动次数	226	228	193	140	$90\frac{1}{2}$	53	30
第一次下落	1	2	4	8	16	32	64
最后一次上升	$\frac{3}{4}$	$1\frac{1}{2}$	3	6	12	24	48
摆动次数	510	518	420	318	204	121	70

取第一个表中的第三、五、七次记录，分别以 1、4、16 表示这些观察

中的最大速度，并像前面一样取量 V，则在第三次观察中有 $\dfrac{\frac{1}{2}}{193}=A+B+$

C，第五次有 $\dfrac{2}{90\frac{1}{2}}=4A+8B+16C$，第七次中有 $\dfrac{8}{30}=16A+64B+256C$。

解这些方程得到 $A=0.001414$，$B=0.000297$，$C=0.000879$。因此，以速度 V 摆动的球其阻力比其重量 $26\frac{1}{4}$ 盎司等于 $0.0009V+0.000208V^{\frac{3}{2}}+$ $0.000659V^2$ 比摆长 121 英寸。如果只取阻力的正比于速度平方的部分，则它与重量的比等于 $0.000\,659V^2$：121 英寸。而在第一次实验中阻力的这一部分比木球的重量 $57\frac{7}{22}$ 盎司等于 $0.002217V^2$：121；因此木球的阻力比铅球的阻力（它们的速度相同）等于 $57\frac{7}{22}$ 乘以 0.002217 比 $26\frac{1}{4}$ 乘以 0.000659，即 $7\frac{1}{3}$：1。两球的直径分别为 $6\frac{7}{8}$ 英寸和 2 英寸，它们的平方相互间的比为 $47\frac{1}{4}$：4，或约等于 $11\frac{13}{16}$：1。所以这两个速度相等的球的阻力的比小于直径比的平方。但我们还没有考虑细线的阻力，它当然相当大，应当从已求出的摆的阻力中减去。我无法精确求出它的值，但发现它大于较小的摆的总阻力的 $\frac{1}{3}$ 部分；因此在减去细线的阻力后，球的阻力的比近似等于直径比的平方，因为 $\left(7\frac{1}{3}-\frac{1}{3}\right):\left(1-\frac{1}{3}\right)$，或 $10\frac{1}{2}$：1 与直径的比的平方 $11\frac{13}{16}$：1 差别极小。

由细线阻力的变化率较之大球的为小，我又以直径 $18\frac{3}{4}$ 英寸的球做了实验。悬挂点与摆心之间的摆长为 $122\frac{1}{2}$ 英寸，悬挂点与线上标记点间距 $109\frac{1}{2}$ 英寸，在摆第一次下落中标记点掠过弧长 32 英寸。在最后一次上升中同一标记点掠过弧长 28 英寸，中间摆动 5 次。弧长的和，或平均摆动总长 60 英寸；弧差 4 英寸。其 $\frac{1}{10}$ 部分，或在一次平均摆动中下落与上升的弧差为 $\frac{2}{5}$ 英寸。这样，半径 $109\frac{1}{2}$ 比半径 $122\frac{1}{2}$，等于标记点在一次平均摆动中掠过的总弧长 60 英寸比球心在一次平均摆动中掠过的总弧长 $67\frac{1}{8}$ 英寸；差 $\frac{2}{5}$ 与新的差 0.4475 的比值也与之相同。如果掠过的弧长不变，摆长按 $126：122\frac{1}{2}$ 的比值增加，则摆动时间增加，摆动速度按同一比值的平方变慢；使得下落与随后上升掠过的弧长的差 0.4475 保持不变。如果掠过的弧长按 $124\frac{3}{31}：67\frac{1}{8}$ 增加，则差 0.447 5 按该比值的平方增加，变为 1.5295，如果设摆的阻力正比于速度的平方情况也与此相同。所以，如果摆掠过的总弧长为 $124\frac{3}{31}$ 英寸，悬挂点与摆心间距 126 英寸，则下落与随后上升的弧长差为 1.5295 英寸。该差乘以摆球的重量 208 盎司，得 318.136。又，在上述木质球摆中，当摆心到悬挂点长为 126 英寸、总摆弧长 $124\frac{3}{31}$ 英寸时，下降与上升的弧差为 $\frac{126}{121}$ 乘以 $\frac{8}{9\frac{2}{3}}$。该值乘以摆球重量 $57\frac{7}{22}$ 盎司，得 49.396。我将差乘以重量目的在于求阻力。因为该差由阻力引起，并正比于阻力反比于重量。所以阻力的比等于数 318.136 比 49.396。但小球阻力中正比于速度平方的部分，与总阻力的比等于 0.56752 比 0.61675，即等于 45.453 比 49.396。而在较大球中阻力的相同部分几乎等于总阻力，所以这些部分间的比近似等于 318.136 比 45.453，即等于 7：1。但球的直径为 $18\frac{3}{4}$ 和 $6\frac{7}{8}$ 英寸。它们的平方 $351\frac{9}{16}$ 与 $47\frac{17}{64}$ 间的比等于 7.438：1，即近似于球阻力 7 和 1 的比。这些比值的差不可能大于细线产生的阻力。所以对于相等的球，阻力中正比于速度平方的部分，在速度相同情况下，也正比于球直径的平方。

不过，我在这些实验中使用的最大球不是完全球形的，因而在上述计算中，出于简捷，忽略了一些细小差别：在一个不十分精确的实验中不必为计算的精确性而担心。所以我希望再用更大更多形状更精确的球做实验，因为真空中的情形取决于此。如果按几何比选取球，设其直径为 4 英寸、8 英寸、16 英寸、32 英寸，可以由实验数据按该级数推论出使用更大的球时所发生的情况。

为比较不同流体的阻力，我做了以下尝试。我制作了一个木箱，长 4 英尺，宽 1 英尺，高 1 英尺。该木箱不用盖子，注满泉水，其中浸入摆体，在水中使其摆动。我发现重 $166\frac{1}{6}$ 盎司、直径 $3\frac{5}{8}$ 英寸的铅球在其中的摆动情况如下表所示；由悬挂点到细线上某个标记点的摆长为 126 英寸，到摆心长 $134\frac{3}{8}$ 英寸。

第一次下落标记点弧长，单位英寸	64	32	16	8	4	2	1	$\frac{1}{2}$	$\frac{1}{4}$
最后一次上升弧长，单位英寸	48	24	12	6	3	$1\frac{1}{2}$	$\frac{3}{4}$	$\frac{3}{8}$	$\frac{3}{16}$
正比于失去运动的弧长差，单位英寸	16	8	4	2	1	$\frac{1}{2}$	$\frac{1}{4}$	$\frac{1}{8}$	$\frac{1}{16}$
水中的摆动次数		$\frac{29}{60}$	$1\frac{1}{3}$	3	7	$11\frac{1}{4}$	$12\frac{2}{3}$	$13\frac{1}{3}$	
空气中的摆动次数		$85\frac{1}{2}$	287	535					

在第四列实验中失去相同运动的摆动次数空气中为 535，水中为 $1\frac{1}{5}$。空气中的摆动的确快于在水中的摆动。但如果在水中的摆动按这样的比率加快，使摆的运动在两种介质中相等，所得到的摆在水中的摆动次数却仍

然是 $1\frac{1}{5}$，与此同时失去与以前相同的运动量；因为阻力增大了，时间的平方却按同一比值的平方减小。所以，速度相等的摆，在空气中经过 535 次，在水中经过 $1\frac{1}{5}$ 次摆动，所损失的运动相等。所以摆在水中的阻力比其在空气中的阻力等于 $535：1\frac{1}{5}$。这是第四列实验情况反映的总阻力的比。

令 $AV+CV^2$ 表示球在空气中以最大速度 V 摆动时下落与随后上升掠过的弧差；由于在第四列情况中最大速度比第一列情况中的最大速度等于 $1：8$；在第四列情况中的弧差比第一列情况中的弧差等于 $\dfrac{2}{535}：\dfrac{16}{85\frac{1}{2}}$，或等于 $85\frac{1}{2}：4280$；在这两个情况中分别以 1 和 8 代表速度，$85\frac{1}{2}$ 和 4280 代表弧差，则 $A+C=85\frac{1}{2}$，$8A+64C=4280$ 或 $A+8C=535$；然后解这些方程，得 $7C=449\frac{1}{2}$ 即 $C=64\frac{3}{14}$，$A=21\frac{2}{7}$；所以正比于 $\frac{7}{11}AV+\frac{3}{4}CV^2$ 的阻力变为正比于 $13\frac{6}{11}V+48\frac{9}{56}V^2$。所以在第四列情形中，速度为 1，总阻力比其正比于速度平方的部分等于 $13\frac{6}{11}V+48\frac{9}{56}V^2$ $\left(\text{或 } 61\frac{13}{17}：48\frac{9}{56}\right)$；因而摆在水中的阻力比在空气中的阻力正比于速度平方的部分（该部分在快速运动时是唯一值得考虑的），等于 $61\frac{13}{17}：48\frac{9}{56}$ 乘以 $535：1\frac{1}{5}$，即 $571：1$。如果在水中摆动时全部细线没入水中，其阻力将更大；于是在水中的摆动阻力，即其正比于速度平方的部分（快速运动物体唯一需要考虑的），比完全相同的摆以相同速度在空气中摆动的阻力，约等于 $850：1$，即近似等于水的密度比空气密度。

在此计算中，我们也应该取摆在水中的阻力正比于速度平方的部分；

不过我发现(这也许看起来很奇怪)水中阻力的增加大于速度比值的平方。我在考察其原因时想到,水箱相对于摆球的体积而言太窄了,这窄度限制了水屈服于摆球的运动。因为当我将一个直径仅 1 英寸的摆球浸入水中时,阻力几乎以正比于速度的平方增加。我又做了一个双球摆实验,其较轻靠下面的一个在水中摆动,而较大在上面的一个被固定在细线上刚好高于水面的地方,在空气中摆动,它能维持摆的运动,使之持续长久。这套装置的实验结果如下表所示:

第一次下落弧长	16	8	4	2	1	$\frac{1}{2}$	$\frac{1}{4}$
最后一次上升弧长	12	6	3	$1\frac{1}{2}$	$\frac{3}{4}$	$\frac{3}{8}$	$\frac{3}{16}$
正比于损失运动量的弧差	4	2	1	$\frac{1}{2}$	$\frac{1}{4}$	$\frac{1}{8}$	$\frac{1}{16}$
摆动次数	$3\frac{3}{8}$	$6\frac{1}{2}$	$12\frac{1}{12}$	$21\frac{1}{5}$	34	53	$62\frac{1}{5}$

为比较两种介质的阻力,我还试验过铁摆在水银中的摆动。铁线长约 3 英尺,摆球直径约 $\frac{1}{3}$ 英寸。在铁线刚好高于水银处,固定了一个大得使摆足以运动一段时间的铅球。然后在一个约能盛 3 磅水银的容器中交替注满水银和普通水,以使摆在这两种不同的流体中相继摆动,找出它们的阻力比值。实验表明,水银的阻力比水的阻力约为 13∶1 或 14∶1,即等于水银密度比水密度。然后我又用了稍大的球,其中一个直径约 $\frac{1}{2}$ 英寸或 $\frac{2}{3}$ 英寸,得出的水银阻力比水阻力约为 12∶1 或 10∶1。但前一个实验更为可靠,因为在后一个实验中容器相对于浸入其中的摆球太窄;容器应当与球一同增大。我拟以更大的容器用熔化的金属以及其他冷的和热的液体重复这些实验;但我没有时间全部重复;此外,由上述所说的,似乎足以表明快速运动的物体其阻力近似正比于它们运动于其中的流体的密度。我不是说精确地,因为密度相同的流体,黏滞性大的其阻力无疑大于滑润的,

如冷油大于热的，热油大于雨水，而雨水大于酒精。但在很容易流动的流体中，如在空气、食盐水、酒精、松节油和盐类溶液中，通过蒸馏滤去杂质并被加热的油、矾油、水银和熔化的金属中，以及那些通过摇晃容器对它们施加压力可以使运动保持一段时间，并在倒出来时容易分解成液滴的液体中，我不怀疑已建立的规则能足够精确地成立，特别当实验是用较大的摆体并运动较快时更是如此。

最后，由于某些人认为存在着某种极为稀薄而精细的以太介质，可以自由穿透所有物体的孔隙；而这种穿透物体孔隙的介质必定会引起某种阻力；为了检验物体运动中所受到的阻力究竟是只来自它们的外表面，抑或是其内部各部分也受到作用于表面的阻力的作用，我设计了以下实验。我把一只圆松木箱用 11 英尺长的细绳悬起来，通过一钢圈挂在一钢制钩子上，构成上述长度的摆。钩子的上侧为锋利的凹形刀刃，使得钢圈的上侧在该刀刃上能更自由地运动；细绳系在钢圈的下侧。制成摆以后，我把它由垂直位置拉开约 6 英尺的距离，并处在垂直于钩刃的平面上，这样可使摆在摆动时钢圈不会在钩子上滑动和偏移；因为悬挂点位于钢圈与钩刃的接触点，是应当保持不动的。我精确记录了摆拉开的位置，然后加以释放，并记下了第一、第二、第三次摆动所回到的位置。这一过程我重复了多次，以尽可能精确地记录摆动位置。然后我在箱子中装满铅或其他近在手边的重金属。但开始时，我称量了空箱子的重量，以及缠在箱子上的绳子，和由钩子到箱子之间绳子的一半的重量。因为在摆自垂直位置被拉开时，悬挂摆的绳子总是以其一半重量作用于摆。在此重量之上我又加上了箱内空气的重量。空箱的总重量约为装满金属后箱重的 $\frac{1}{78}$。由于箱子装满金属后会把绳子拉长，增加摆长，我又适当缩短绳子使它在摆动时的摆长与空箱摆动时相同。然后把摆拉到第一次记录的位置处，释放之，数得大约经过 77 次摆动，箱子回到第二个记录位置，再经过相同摆动次数回到第三个位置，其后摆动同样次数回到第四个位置。由此我得到结论，装满重物的箱子所受到的阻力，与空箱阻力的比值不大于 78：77。因为如果阻力相等，则装满的箱子的惯性比空箱的惯性大 78 倍，这将使它的摆动运动持续相同倍数的时间，因而应在 78 次摆动后回到标记点。但实际上是在 77 次摆动后回到标记点的。

所以，令 A 表示箱子外表面受到的阻力，B 为对空箱内表面的阻力，如果速度相同的物体内各部分的阻力正比于物质，或正比于受到阻力的粒子数，则 $78B$ 为装满的箱子内部所受到的阻力；因而空箱的全部阻力 $A+B$ 比满箱的总阻力 $A+78B$，等于 77：78，由减法，$A+B$ 比 $77B$ 等于 77：1；因而 $A+B$ 比 B 等于 77：1，再由减法，A 比 B 等于 5928：1。所以空箱内部的阻力要小于其外表面阻力的 5000 倍以上。该结果来自这样的假设，即装满的箱子其较大的阻力不是来自任何其他的未知原因，而只能是某种稀薄流体对箱内金属的作用所致。

这个实验是凭记忆描述的，原始记录已遗失；我不得不略去一些已遗忘的细节；我又没有时间再将实验重做一次。我第一次实验时，钩子太软，装满的箱很快就停止摆动。我发现原因是钩子不足以承受箱子的重量，致使摆动过程中钩子时左时右地弯曲。后来我又做了一只足够坚硬的钩子，悬挂点不再移动，即得到上述所有情形。

第七章　流体的运动及其对抛体的阻力

命题 32　定理 26

设两个相似的物体系统由数目相同的粒子组成，一一对应的粒子相似而且成正比，位置相似，而相互间密度有给定比值；令它们各自在正比的时间内开始运动(即在一个系统内的粒子相互间运动，另一个系统内的粒子相互间运动)。如果同一系统内的粒子只在反弹的瞬时相互接触，相互间既不吸引也不排斥，只受到反比于对应粒子的直径、正比于速度平方的加速力，则这两个系统中的粒子将在成正比的时间里维持各自之间的相似

运动。

相似的物体在相似的位置，意味着将一个系统中的粒子与另一个系统中相对应的粒子作比较，当它们各自之间做相似运动时，在成正比的时间之末处于相似的位置上。因而时间是成正比的，其间相对应的粒子掠过相似轨迹的相似且成正比的部分。所以，如果设两个这样的系统，其对应粒子由于在开始时做相似的运动，则将维持这种相似的运动与另一个粒子相遇；因为如果它们不受到力的作用，由第一运动定律知，将沿直线做匀速运动。但如果它们相互间受到某种力的作用，而且这些力反比于对应粒子的直径、正比于速度的平方，且因为这些粒子位置相似，受力成正比，则使对应粒子受到推动，且由所有作用力复合而成的总力(由运动定律推论Ⅱ)将有相似的方向，而且其作用效果与由各粒子相似的中心位置所发出的力相同；而且这些合力相互间的比等于复合成它们的各力的比，即反比于对应粒子的直径，正比于速度的平方，所以将使对应粒子持续掠过该轨迹。如果这些中心是静止的，上述结论成立(由第一卷命题4推论Ⅰ和推论Ⅷ)；但如果它们是运动的，由移动的相似性知，它们在系统粒子中的位置关系保持相似，使得粒子画出图形所引入的变化也保持相似。所以，对应于相似粒子的运动保持相似，直至它们第一次相遇；由此产生相似的碰撞和反弹；而这又导致粒子之间的相似运动(由于刚才说明的原因)，直到它们再次相互碰撞。这个过程不断重复直至无限。   证毕。

推论Ⅰ. 如果两个物体，它们与系统的对应部分相似且位置也相似，以类似的方式在它们之间按成正比的时间运动，它们的大小以及速度的比等于对应部分大小以及密度的比，则这些物体将在正比的时间内以类似方式维持运动，因为两个系统以及两个部分的多数情形是完全相同的。

推论Ⅱ. 如果两个系统中所有相似的且位置相似的部分相互间静止，其中两个最大的分别在两个系统中保持对应，开始沿位置相似的直线以任意相似的方式运动，则它们将激发系统中其余部分的类似运动，并将在这些部分中以类似方式按正比时间维持运动，因而将掠过正比于其直径的距离。

命题 33   定理 27

在同样条件下，系统中较大的部分受到的阻力正比于其速度的平方、其直径的平方，以及系统中该部分的密度。

因为阻力部分来自系统各部分间相互作用的向心力或离心力，部分来自各部分与较大部分间的碰撞与反弹。第一部分阻力相互间的比等于产生它们的总运动力的比，即等于总加速力与相应部分的物质的量的乘积的比，即（由假设）正比于速度的平方，反比于对应部分间的距离，正比于对应部分的物质的量。因而，由于一个系统中各部分间距比另一个系统各部分的间距，等于前一个系统的粒子或部分的直径比另一个系统的对应粒子或部分的直径，而且由于物质的量正比于各部分的密度与直径的立方，所以阻力相互间的比正比于速度的平方与直径的平方以及系统各部分的密度。   证毕。

后一种阻力正比于对应的反弹次数与反弹力的乘积，但反弹次数的比正比于对应部分的速度反比于反弹间距。而反弹力正比于速度与对应部分的大小和密度的乘积，即正比于速度与这些部分的直径立方以及密度的乘积。所以综合所有这些比值，对应部分阻力间的比正比于速度的平方与直径的平方以及各部分密度的乘积。   证毕。

推论 I . 所以，如果这些系统是两个弹性系统，与我们的空气相似，它们各部分间保持静止；而两个相似物质的大小与密度正比于流体的部分，被沿着位置相似的直线方向抛出；流体粒子相互作用的加速力反比于被抛出物质的直径，正比于其速度的平方；则二物体将在正比的时间内在流体中激起相似的运动，并将掠过相似的且正比于其直径的距离。

推论 II . 在同一种流体中快速运动的抛体遇到的阻力近似正比于其速度的平方。因为如果远处的粒子相互作用的力随速度平方增大，则抛体受到的阻力精确正比于同一个比的平方，所以在一种介质中，如果其各部分处于相互间无作用的距离上，则阻力精确正比于速度的平方。设有三种介质 A、B、C，由相似相等且均匀分布于相等距离上的部分组成。令介质 A

和 B 的各部分相互分离，作用力正比于 T 和 V；令介质 C 的部分间完全没有作用。如果四个相等的物体 D、E、F、G 运动进入介质中，前两个物体 D 和 E 进入前两种介质 A 和 B，另两个物体 F 和 G 进入第三种介质 C；如果物体 D 的速度比物体 E 的速度，以及物体 F 的速度比物体 G 的速度，等于力 T 与 V 的比值的平方根，则物体 D 的阻力比物体 E 的阻力，以及物体 F 的阻力比物体 G 的阻力，等于速度的平方比；所以物体 D 的阻力比物体 F 的阻力等于物体 E 的阻力比物体 G 的阻力。令物体 D 与 F 速度相等，物体 E 与 G 速度也相等；以任意比率增加物体 D 和 F 的速度，按相同比率的平方减小介质 B 的粒子的力，则介质 B 将任意趋近介质 C 的形状和条件；所以大小相等的且速度相等的物体 E 和 G 在这些介质中的阻力将连续趋于相等，使得其间的差最终小于任意给定值。所以，由于物体 D 和 F 的阻力的比等于物体 E 和 G 的阻力的比，它们也将以相似的方式趋于相等的比值。所以，当物体 D 和 F 以极快速度运动时，受到的阻力极近于相等；因而由于物体 F 的阻力正比于速度的平方，物体 D 的阻力也近似正比于同一值。

推论Ⅲ. 在弹性流体中运动极快的物体其阻力几乎与流体各部分间没有离心力因而不相互远离无异，只是这要求流体的弹性来自粒子的向心力，而物体的速度如此之大，不允许粒子有足够时间相互作用。

推论Ⅳ. 在其相距较远的各部分无相互远离运动的介质中，由于相似且等速的物体的阻力正比于其直径的平方，因而以极快的相等速度运动的物体，其在弹性介质中所受的阻力近似正比于其直径的平方。

推论Ⅴ. 由于相似、相等、等速的物体在密度相同、其粒子不相互远离的介质中，将在相等的时间内撞击等量的物质，不论组成介质的粒子是大是小，是多是少，因而对这些物质施加相等的运动量，反过来（由定律Ⅲ）又受到前者等量的反作用，即受到相等的阻力；所以，也可以说，在密度相同的弹性流体中，当物体以极快速度运动时，它们的阻力几乎相等，不论流体是由较大的或细微的部分所组成，因为速度极大的抛体，其阻力并不因为介质的细微而明显减小。

推论Ⅵ. 对于弹性力来自粒子的离心力的流体，上述结论均成立。但如果这种力来自某种其他原因，如来自粒子像羊毛球或树枝那样的膨胀，或任何其他原因，使得粒子相互间的自由运动受到阻碍，则由于介质的流体性变小，阻力比上述推论为大。

命题 34   定理 28

在由相等且自由分布于相等距离上的粒子所组成的稀薄介质中，直径相等的球或柱体沿柱体的轴向以相等速度运动，则球的阻力仅为柱体阻力的一半。

由于不论是物体在静止介质中运动，抑或介质粒子以相同速度撞击静止物体，介质对物体的作用都是相同的（由定律推论 V），让我们假设物体是静止的，看看它受到运动介质的什

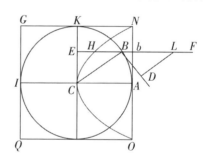

么样的推力。令 $ABKI$ 表示球体，球心为 C，半径为 CA，令介质粒子以给定速度沿平行于 AC 的直线方向作用于球体；令 FB 为这些直线中的一条，在 FB 上取 LB 等于半径 CB，作 BD 与球相切于 B。在 KC 和 BD 上作垂线 BE、LD，则一个介质粒子沿 FB 方向斜向地在 B 点撞击球体的力，比同一个粒子与柱体 $ONGQ$（围绕球体的轴 ACI 画出）垂直相遇于 b 的力，等于 LD 比 LB，或 BE 比 BC。又，该力沿其入射方向 FB 或 AC 推动球体的效率，比相同的力沿其确定方向，即沿直接撞冲球体的直线 BC 方向，推动球体的效率，等于 BE 比 BC。连接这些比式，一个粒子沿直线 FB 方向斜向落在球体上推动该球沿其入射方向运动的效果，比同一粒子沿同一直线垂直落在柱体上推动它沿同一方向运动的效果，等于 BE^2 比 BC^2。所以，如果在垂直于柱体 NAO 的圆底面且等于半径 AC 的 bE 上取 bH 等于 BE^2 比 CB，则 bH 比 bE 等于粒子撞击球体的效果比它撞击柱体的效果。所以，由所有直线 bH 组成的立方体比由所有直线 bE 组成的立方体等于所有粒子作用于球体的效果比所有粒

子作用于柱体的效果。但这些立方体中的前一个是抛物面的，其顶点在 C，主轴为 CA，通径为 CA，而后一个立方体是一个与抛物面外切的柱体。所以，介质作用于球体的总力是它作用于柱体总力的一半。所以如果介质粒子是静止的，柱体和球体以相等速度运动，则球体的阻力为柱体阻力的一半。   证毕。

附　注

用同样方法可以比较其他形状物体的阻力，并可以求出最适于在有阻力介质中维持其运动的物体形状。如在以 O 为中心、OC 为半径的圆形底面 $CEBH$ 上，取高度 OD，可以作一平截头圆锥体 $CBGF$，它沿轴向向 D 方运动所受到的阻力小于任何底面与高度均相同的平截头圆锥体；在 Q 二等分高度 OD，延长 OQ 到 S，使 QS 等于 QC，则 S 为已求出的平截头锥体的顶点。

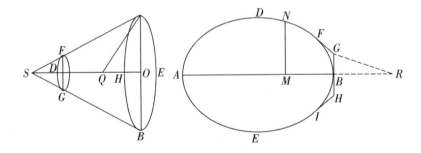

顺便指出，由于 $\angle CSB$ 总是锐角，由上述可知，如果立方体 $ADBE$ 是由椭圆形或卵形线 $ADBE$ 围绕其轴 AB 旋转所成，而形成的图形又在点 F、B 和 I 与三条直线 FG、GH、HI 相切，使得 GH 在切点 B 与轴垂直，而 FG、HI 与 GH 的夹角 $\angle FGB$、$\angle BHI$ 为 $135°$，则由图形 $ADFGHIE$ 围绕同一个轴 AB 旋转所成的立方体，其阻力小于前述立方体，当二者都沿其轴 AB 方向运动，且以各自的极点 B 为前沿时。我认为本命题在造船中有用。

如果图形 $DNFG$ 是这样的曲线，当由其上任意点 N 作垂线 NM 落于

轴 AB 上，且由给定点 G 作直线 GR 平行于在 N 与该图形相切的直线，与轴延长线相交于 R 时，MN 比 GR 等于 GR^3 比 $4BR \cdot GB^2$，此图形围绕其轴 AB 旋转所成的立方体，当在上述稀薄介质中由 A 向 B 运动时，所受到的阻力小于任何其他长度与宽度均相同的圆形立方体。

命题 35 问题 7

如果一种稀薄介质由极小、静止、大小相等且自由分布于相等距离处的粒子组成，求一球体在这种介质中匀速运动所受到的阻力。

情形 1：设一有相同直径与高度的圆柱体沿其轴向在同一种介质中以相同速度运动；设介质的粒子落在球或柱体上以尽可能大的力反弹回来。由于球体的阻力（由前一命题）仅为柱体阻力的一半，而球体比柱体等于 $2:3$，且柱体把垂直落于其上的粒子以最大的力反弹回来，传递给它们的速度是其自身的 2 倍；可知柱体匀速运动掠过其轴长的一半时，传递给粒子的运动比柱体的总运动，等于介质密度比柱体密度；而球体在向前匀速运动掠过其直径长度时，传递给粒子相同的运动量；在它匀速掠过其直径的 $\frac{2}{3}$ 的时间内，它传递给粒子的运动比球体的总运动等于介质的密度比球体密度。所以，球遇到的阻力，与在它匀速通过其直径的 $\frac{2}{3}$ 的时间内使其全部运动被抵消或产生出来的力的比，等于介质的密度比球体的密度。

情形 2：设介质粒子碰撞球体或柱体后并不反弹，则与粒子垂直碰撞的柱体把自己的速度直接传递给它们，因而遇到的阻力只有前一情形的一半，而球体遇到的阻力也只有其一半。

情形 3：设介质粒子以某种既不是最大、也不为零的平均速度自球体反弹回来，则球的阻力为第一种情形的阻力与第二种情形的阻力的比例中项。   证毕。

推论 I．如球体与粒子都是无限坚硬的，而且完全没有弹性力，因而也没有反弹力，则球体的阻力比在该球在掠过其直径的 $\frac{4}{3}$ 的时间内使其全部运动被抵消或产生的力，等于介质的密度比球体密度。

推论Ⅱ. 其他条件不变时，球体阻力正比于速度平方变化。

推论Ⅲ. 其他条件不变时，球体阻力正比于直径平方变化。

推论Ⅳ. 其他条件不变时，球体阻力正比于介质密度变化。

推论Ⅴ. 球体阻力正比于速度平方、直径平方以及介质密度三者的乘积。

推论Ⅵ. 因此可以这样表示球体的运动及其阻力：令 AB 为时间，在其中球体由于均匀维持的阻力而失去全部运动，作 AD、BC 垂直于 AB。令 BC 为全部运动，通过点 C 以 AD、AB 为渐近线作双曲线 CF。延长 AB 到任意点 E。作垂线 EF 与双曲线相交于 F。作平行四边形 $CBEG$，作 AF 交 BC 于 H。如果球体在任意时间 BE 内，在无阻力介质中以其初始运动

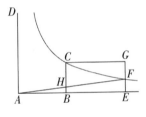

BC 均匀掠过由平行四边形表示的距离 $CBEG$，则在有阻力介质中相同时间内掠过由双曲线面积表示的距离 $CBEF$；在该时间末它的运动由双曲线的纵坐标 EF 表示，失去的运动部分为 FG。在同一时间之末其阻力由长度 BH 表示，失去的阻力部分为 CH。所有这些可以由第二卷命题 5 推论Ⅰ和推论Ⅲ导出。

推论Ⅶ. 如果在时间 T 内球体受均匀阻力 R 的作用失去其全部运动 M，则相同的球体在时间 t 内，在阻力 R 正比于速度平方减小的有阻力介质中失去其运动 M 的 $\dfrac{tM}{T+t}$ 部分，而余下 $\dfrac{TM}{t+T}$ 部分；所掠过的距离比它在相同时间 t 内以均匀运动 M 所掠过的距离，等于数 $\dfrac{T+t}{T}$ 的对数乘以数 2.302585092994，比数 $\dfrac{t}{T}$，因为双曲线面积 $BCFE$ 比矩形 $BCGE$ 也是该数值。

附　注

在本命题中，我已说明了在不连续介质中球形抛体的阻力及受阻滞情

形，而且指出这种阻力与在球体以均匀速度掠过其直径的 $\frac{2}{3}$ 长度的时间内能使球体总运动被抵消或产生的力的比等于介质密度比球体密度，条件是球体与介质粒子是完全弹性的，并受到最大反弹力的作用；当球体与介质粒子无限坚硬因而反弹力消失时，这种力减弱为一半。但在连续介质中，如水、热油、水银，球体在其中通过时并不直接与所有产生阻力的所有流体粒子相碰撞，而只是压迫邻近它的粒子，这些粒子压迫稍远的，它们再压迫其他粒子，如此等等；在这种介质中阻力又减小一半。在这些极富流动性的介质中，球体的阻力与在它以均匀速度掠过其直径的 $\frac{8}{3}$ 倍所用的时间内使其全部运动被抵消或产生的力的比，等于介质的密度比球体的密度。我将在下面证明这一点。

命题 36　问题 8

求自柱形桶底部孔洞中流出的水的运动。

令 $ACDB$ 为柱形容器，AB 为其上端开口，CD 为平行于地平面的底，EF 为桶底中间的圆孔，C 为圆孔中心，GH 为垂直于地平面的桶轴。再设柱形冰块 $APQB$ 体积与桶容积相等，并且是共轴的，以均匀运动连续下落，其各部分一旦与表面 AB 接触，即融化为水，受其重量驱使流入桶中，并且在下落中形成水柱 $ABNFEM$，通过孔洞 EF 并刚好将它填满。令冰块均匀下落的速度和在圆 AB 内的连续水流速度等于水下落掠过距离 IH 所获得的速度；令 IH 与 HG 位于同一条直线上；通过点 I 作直线 KL 平行于地平线，与冰块的两侧边相交于 K 和 L。则水自孔洞 EF 流出的速度与自 I 流过距离 IG 所 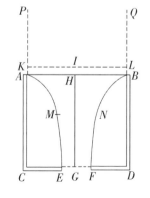 获得的速度相等。所以，由伽利略定理，IG 比 IH 等于水自孔洞流出速度比水在圆 AB 的流速的平方，即等于圆 AB 与圆 EF 比值的平方；这两个圆都反比于在相同时间里通过它们并完全把它们填满的水流速度。我们现在考虑的是水流向地平面的速度，不考虑与之平行使水流各部分相互趋近的运动，因为它既不是由重力产生的，也不改变重力引起的使水流向地平面的运动。我们的确要假定水的各部分有些微凝聚力，它使水在下落过程中以与地平面相平行的运动相互趋近以保持单一的水柱，防止它们分裂为几个水柱；但由这种凝聚力产生的平行于地平面的运动不在我们讨论之列。

情形 1：设包围着水流 $ABNFEM$ 的水桶总容积都充满了冰，水像流过漏斗那样自冰中穿过。如果水只是非常接近于冰，但不与之接触；或者等价地，如果冰面足够光滑，水虽然与它接触，却可以在其上自由滑移，完全不受到阻力；则水仍将像以前一样以相同速度自孔洞 EF 中穿过，而水柱 $ABNFEM$ 的总重量仍是把水自孔洞挤出的动力，桶底则支撑着环绕该水柱的冰的重量。

现设桶中的冰融化为水；流出的水保持不变，因为其流速仍像从前一样不变。它之所以不变小，是因为融化了的冰也倾向于下落；它之所以不变大，是因为已成为水的冰不可能克服其他水的下落而独自上升。在流动的水中同样的力永远只应产生同样的速度。

但在位于桶底的孔洞，由于流水粒子有斜向运动，必使水流速度略大于从前。因为现在水的粒子不再全部垂直地通过该孔洞，而是自桶侧边的所有方面流下，向孔洞集聚，以斜向运动通过它；并且在聚集向孔洞时汇集成一股水流，其在孔洞下侧的直径略小于在孔洞处的直径；它的直径与孔洞的直径的比等于 $5:6$，或极近于 $5\frac{1}{2}:6\frac{1}{2}$，如果我的测量正确的话。

我制作了一块薄平板，在中间穿凿一个孔洞，圆洞直径约为 $\frac{5}{8}$ 英寸。为了不对流出的水加速使水流更细，我没有把这块平板固定在桶底，而是固定在桶边，使水沿平行于地平面的方向涌出。然后将桶注满水，放开孔洞使水流出；在距孔洞约半英寸处极精确地测得水流的直径为 $\frac{21}{40}$ 英寸。所以该圆洞的直径与水流的直径的比极近似地等于 25：21。所以，水流经孔洞时自所有方面收缩，在流出水桶后该集聚作用使水流变得更小，这种变小使水流加速直到距孔洞半英寸处，在该距离处水流比孔洞处为小，而速度更大，其比值为 25.25：21.21，或非常近似于 17：12，即约为 $\sqrt{2}$：1。现在，由此实验可以肯定，在给定的时间内，自桶底孔洞流出的水量等于在相同时间内以上述速度自另一个圆洞中自由流出的水量，后者与前者直径的比为 21：25。所以，通过孔洞本身的水流的下落速度近似等于一重物自桶内静止水的一半高度落下所获得的速度。但水在流出后更受到集聚作用的加速，在它到达约为孔洞直径的距离处时，所获得的速度与另一个速度的比约为 $\sqrt{2}$：1；一个重物差不多要从桶内静止水的全部高度处下落才能获得这一速度。

　　所以，在以下的讨论中，水流的直径我们以称为 EF 的较小孔洞表示。设另一个平面 VW 在孔洞 EF 的上方，与孔平面平行，到孔洞的距离为同一孔洞的直径，并被凿出一个更大的洞 ST，其大小刚好使流过下面孔洞 EF 的水把它填满。

所以该孔洞的直径与下面孔洞直径的比约为25：21。通过这一方法，水将垂直流过下面的孔洞；而流出的水量取决于这最后一个孔洞的大小，将极近似地与本问题的解相同。可以把两个半面之间的空间与下落的水流看作是桶底。为了使解更简单和数学化，最好只取下平面为桶底，并假设水像通过漏斗那样自冰块中流过，经过下平面上的孔洞 EF 流出水桶，并连续地保持其运动，而冰块保持静止。所以在以下讨论中令 ST 为以 Z 为中心的圆洞直径，桶中的水全部自该孔洞流出。而令 EF 为另一个孔洞直径，水流过它时把它全部充满，不论流经它的水是自上面的孔洞 ST 来，还是像穿过漏斗那样自桶冰块中间而来。令上孔洞 ST 的直径比下孔洞 EF 的直径约为 25：21，令两个孔洞所在平面之间距离等于小孔洞的直径 EF，则自孔洞 ST 向下流过的水的速度，与一物体自高度 IZ 的一半下落到该孔洞时所获得的速度相同；而两种流经孔洞 EF 的水流速度，都等于一物体自整个高度 IG 自由下落所获得的速度。

情形 2： 如果孔洞 EF 不在桶底中间，而是在其他某处，则如果孔洞大小不变，水流出的速度与从前相同。因为虽然重物沿斜线下落到同样的高度比沿垂直线下落需要的时间要长，但在这两种情形中它所获得的下落速度相同；正如伽利略所证明的那样。

情形 3： 水自桶侧边孔洞流出的速度也相同。因为，如果孔洞很小，使得表面 AB 与 KL 之间的间隔可以忽略不计，而沿水平方向流出的水流形成一抛物线图形；由该抛物线的通径可以知道，水流的速度等于一物体自桶内静止水高度 IG 或 HG 下落所获得的速度。因为，我通过实验发现，如果孔洞以上静止水高度为 20 英寸，而孔洞高出一与地平面平行的平面也是 20 英寸，则由此孔洞喷出的水流落在此平面上的点，到孔洞平面的垂直距离极近似于 37 英寸。而没有阻力的水流应落在该平面上 40 英寸处，抛物线状水流的通径应为 80 英寸。

情形 4： 如果水流向上喷出，其速度也与上述相同。因为向上喷出的小股水流，以垂直运动上升到 GH 或 GI，即桶中静止水的高度；它所受到的微小空气阻力在此忽略不计；所以它喷出的速度与它从该高度下落获得的速度相等。静止水的每个粒子在所有方面都受到相等的压力（由第二卷命题 19），并总是屈服于该压力，倾向于以相等的力向某处涌出，不论是通过桶底的孔洞下落，或是自桶侧边的孔洞沿水平方向喷出，或是导入管道自管道上侧的小孔涌出。这一结果不仅仅是从理论推导出来的，也是由上述著名实验所证明了的，水流出的速度与本命题中所导出的结果完全相同。

情形 5： 不论孔洞是圆形、方形、三角形或其他任何形状，只要面积与圆形相等，水流的速度都相等，因为水流速度不决定于孔洞形状，只决定于孔洞在平面 KL 以下的深度。

情形 6： 如果桶 ABDC 的下部为静止水所淹没，且静止水在桶底以上的高度为 GR，则在桶内的水自孔洞 EF 涌入静止水的速度等于水自高度

IR 落下所获得的速度，因为桶内所有低于静止水表面的水的重量都受到静止水的重量的支撑而平衡，因而对桶内水的下落运动无加速作用。该情形通过实验测定水流出的时间也可以得到证明。

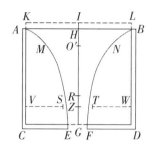

推论 I. 因此，如果水的深度 CA 延长到 K，使 AK 比 CK 等于桶底任意位置上的孔洞的面积与圆 AB 的面积的比的平方，则水流速度将等于水自高度 KC 自由下落所获得的速度。

推论 II. 使水流的全部运动得以产生的力等于一个圆形水柱的重量，其底为孔洞 EF，高度为 2GI 或 2CK，因为在水流等于该水柱时，它由其自身重量自高度 GI 落下所获得的速度等于它流出的速度。

推论 III. 在桶 ABDC 中所有水的重量比其中驱使水流出的部分的重量，等于圆 AB 与 EF 的和比圆 EF 的 2 倍。因为令 IO 为 IH 与 IG 的比例中项，则自孔洞 EF 流出的水，在水滴自 I 下落掠过高度 IG 的时间内，等于以圆 EF 为底、2IG 为其高的柱体，即等于以 AB 为底、2IO 为高的柱体。因为圆 EF 比圆 AB 等于高度 IH 比高度 IG 的平方根，即等于比例中项 IO 比 IG。而且，在水滴自 I 下落掠过高度 IH 的时间内，流出的水等于以圆 AB 为底、2IH 为高的柱体；在水滴自 I 下落经过 H 到 G 掠过高度差 HG 的时间内，流出的水，即立方体 ABNFEM 内所包含的水，等于柱体的差，即等于以 AB 为底、2HO 为高的柱体。所以，桶 ABDC 中所有的水比装在上述立方体 ABBNFEM 中的下落的水，等于 HG 比 2HO，即等于 HO+OG 比 2HO，或者 IH+IO 比 2IH。但装在立方体 ABN-FEM 中的所有水的重量都用于把水逐出水桶，因而桶中所有水的重量比该部分使水外流的重量等于 IH+IO 比 2IH，所以等于圆 EF 与 AB 的和比圆 EF 的 2 倍。

推论 IV. 桶 ABDC 中所有水的重量比另一部分由桶底支撑着的水的重量，等于圆 AB 与 EF 的和比这二者的差。

推论 V. 该桶底支撑着的部分的重量比用于使水流出的重量等于圆 AB

与 EF 的差比小圆 EF，或等于桶底面积比孔洞的 2 倍。

推论Ⅵ. 重量中压迫桶底的部分比垂直压迫的总重量等于圆 AB 比圆 AB 与 EF 的和，或等于圆 AB 比圆 AB 的 2 倍减去桶底面积的差。因重量中压迫桶底的部分比桶中水的总重量等于圆 AB 与 EF 的差比这二者的和（由本命题推论Ⅳ）；而桶中水总重量比垂直压迫桶底的水总重量等于圆 AB 比圆 AB 与 EF 的差。所以，将二比例式中对应项相乘，压迫桶底的重量部分比垂直压迫桶底的所有水的重量等于圆 AB 比圆 AB 与 EF 的和，或比圆 AB 的 2 倍减桶底的差。

推论Ⅶ. 如果在孔洞 EF 的中间置一小圆片 PQ，它也以 G 为圆心，平行于地平面，则该小圆片支撑的水的重量大于以该小圆片为底、高为 GH 的水柱重量的 $\frac{1}{3}$。因为仍令 AB-NFEM 为下落的水柱，其轴为 GH，令所有对该水柱顺利而迅速地下落无影响的水都冻结，包括水柱周围的与小圆片之上的。令 PHQ 为小圆片之上冻结的水柱，其顶点为 H，高为 GH。设这样的水柱因其自身重量而下落，且既不依附也不压迫 PHQ，而是完全没有摩擦地与之自由滑动，除在开始下落时紧挨着冰柱顶点的水柱或许会发生凹形。由于围绕着下落水柱的冻结水 AMEC、BNFD，其内表面 AME、BNF 向着该下落水柱弯曲，因而大于以小圆片 PQ 为底、高为 GH 的圆锥体，即大于底与高相同的柱体的 $\frac{1}{3}$。所以，小圆片所支撑的水柱的重量，大于该圆锥的重量，即大于柱体的 $\frac{1}{3}$。

推论Ⅷ. 当圆 PQ 很小时，它所支撑的水的重量似乎小于以该圆为底、高为 HG 的水柱重量的 $\frac{2}{3}$。因为，在上述诸条件下，设以该小圆片为底的半椭球体，其半轴或高为 HG。该图形等于柱体的 $\frac{2}{3}$，被包含在冻结水柱 PHQ 之内，其重量为小圆片所支撑。因为水的运动虽然是直接向下的，但该柱的外表面必定与底 PQ 以某种锐角相交，水在其下落中被连续加速，这种加速使水流变细。所以，由于该角小于直角，该水柱的下部将位于半椭球之内，其上部则为一锐角或集于一点；因为水流是自上而下的，水在顶点的水平运动必定无限大于它流向地平线的运动。而且该圆 PQ 越小，柱体的顶部越尖锐；由于圆片无限缩小时，$\angle PHQ$ 也无限缩小，因而柱体位于半椭球之内。所以柱体小于半椭球，或小于以该小圆片为底、高为 GH 的柱体的 $\dfrac{2}{3}$ 部分。所以小圆片支撑水的力等于该柱体的重量，而周围的水则被用以驱使水流出孔洞。

推论 Ⅸ. 当圆 PQ 很小时，它所支撑的水的重量非常接近于以该圆为底、高为 $\dfrac{1}{2} GH$ 的水柱的重量；这个重量在数学上意味着上面提到的圆锥体和半椭球体之间的重量。但是，如果 PQ 不是很小，相反，它增大到与孔 EF 相等，则它将支撑在它之上的全部的水的重量，即它将支撑以它为底、高度为 GH 的水柱的重量。

推论 Ⅹ.（就我所知）小圆片所支撑的重量比以该小圆片为底、高为 $\dfrac{1}{2} GH$ 的水柱重量，等于 EF^2 比 $EF^2 - \dfrac{1}{2} PQ^2$，或非常接近等于圆 EF 比该圆减去小圆片 PQ 的一半的差。

引理 4

如果一个圆柱体沿其长度方向匀速运动，则它所受到的阻力完全不因为其长度的增加或减少而改变，因而它的阻力等于一个直径相同、沿垂直于圆面方向匀速运动的圆的阻力。

因为柱体的边根本不向着运动方向；当其长度无限缩小为零时即变为圆。

命题 37　定理 29

如果一圆柱体沿其长度方向在被压缩的、无限的和非弹性的流体中匀速运动，则其横截面所引起的阻力比在其运动过 **4** 倍长度的时间内使其全

部运动被抵消或产生的力，近似等于介质的密度比柱体密度。

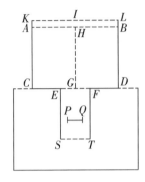

令桶 $ABDC$ 以其底 CD 与静止水面接触，水自桶内通过垂直于地平面的柱形管道 $EFTS$ 流入静止水；令小圆片 PQ 与地平面平行地置于管道中间任意处；延长 CA 到 K，使 AK 比 CK 等于管道 EF 的孔洞减去小圆片 PQ 的差比圆 AB 的平方，则（由第二卷命题 36 情形 5、情形 6 和推论 I）水通过小圆片与桶之间的环形空间的流动速度与水下落掠过高度 KC 或 IC 所获得的速度完全相同。

（由第二卷命题 36 推论 X）如果桶的宽度是无限的，使得短线段 HI 消失，高度 IC、HG 相等，则流下的水压迫小圆片的力比以该小圆片为底、高为 $\frac{1}{2}IC$ 的水柱的重量，非常接近于 EF^2 比 $EF^2 - \frac{1}{2}PQ^2$。因为通过整个管道均匀流下的水对小圆片 PQ 的压力无论它置于管道内何处都是一样的。

现设管道口 EF、ST 关闭，令小圆片在被自所有方向压缩的流体中上升，并在上升时推挤其上方的水通过小圆片与管道壁之间的空间向下流动，则小圆片上升的速度比流下的水的速度，等于圆 EF 与 PQ 的差比圆 PQ；而小圆片上升的速度比这两个速度的和，即比向下流经上升小圆片的水的相对速度，等于圆 EF 与 PQ 的差比圆 EF，或等于 $EF^2 - PQ^2$ 比 EF^2。令该相对速度等于小圆片不动时使上述水通过环形空间的速度，即等于水下落掠过高度 IG 所获得的速度，则水对该上升小圆片的作用与以前相同（由定律推论 V），即上升小圆片的阻力比以该小圆片为底、高为 $\frac{1}{2}IG$ 的水柱的重量，近似等于 EF^2 比 $EF^2 - \frac{1}{2}PQ^2$。而该小圆片的速度比水下落掠过高度 IG 所获得的速度，等于 $EF^2 - PQ^2$ 比 EF^2。

若令管道宽度无限增大，则 $EF^2 - PQ^2$ 与 EF^2，以及 EF^2 与 $EF - \frac{1}{2}PQ^2$ 之间的比最后变为等量的比，所以这时小圆片的速度等于水下落掠

过高度 IG 所获得的速度；其阻力则等于以该小圆片为底、高为 IG 的一半的水柱重量，该水柱自此高度下落必能获得小圆片上升的速度；且在此下落时间内，水柱可以此速度运动过其 4 倍的距离。而以此速度沿其长度方向运动的柱体的阻力与小圆片的阻力相同(由第二卷引理 4)，因而近似等于在它掠过 4 倍长度时产生其运动的力。

如果柱体长度增加或减小，则其运动，以及掠过其 4 倍长度所用的时间，也按相同比增加或减小，因而使如此增加或减小的运动得以抵消或产生的力保持不变，因为时间也按相同比增加或减少了；所以该力仍等于柱体的阻力，因为(由第二卷引理 4)该阻力也保持不变。

如果柱体的密度增加或减小，则其运动，以及使其运动得以在相同时间内产生或抵消的力，也按相同比增加或减小，因而任意柱体的阻力比该柱体在运动过其 4 倍长度的时间内使其全部运动得以产生或抵消的力，近似等于介质密度比柱体密度。   证毕。

流体必须是因压缩而连续的；之所以需要它连续和非弹性，是因为压缩产生的压力可以即时传播；而作用于运动物体上的相等的力不会引起阻力的变化。由物体运动所产生的压力在产生流体各部分的运动中被消耗掉，由此产生阻力，但由流体的压缩而产生的压力，不论它多么大，只要它是即时传播的，就不产生流体的局部运动，不会对在其中的运动产生任何改变；因而它既不增加也不减小阻力。这可以由本命题的讨论得到证明，压缩产生的流体作用不会使在其中运动的物体的后部压力大于前部，因而不会使阻力减小。如果压缩力的传播无限快于受压物体的运动，则前部的压缩力不会大于后部的压缩力。而如果流体是连续和非弹性的，则压缩作用可以得到无限快的即时传播。

推论 I. 在连续的无限介质中沿其长度方向匀速运动的柱体，其阻力正比于速度平方、直径平方以及介质密度的乘积。

推论 II. 如果管道的宽度不无限增加，柱体沿其长度方向在管道内的静止介质中运动，其轴总是与管道轴重合，则其阻力比在它运动过其 4 倍

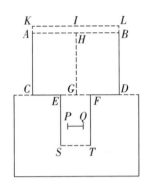

长度的时间内能使其全部运动产生或被抵消的力，等于 EF^2 比 $EF^2 - \frac{1}{2}PQ^2$，乘以 EF^2 比 $EF^2 - PQ^2$ 的平方，再乘以介质密度比柱体密度。

推论Ⅲ. 相同条件下，长度 L 比柱体 4 倍长度等于 $EF^2 - \frac{1}{2}PO^2$ 比 EF^2 乘以 $EF^2 - PQ^2$ 比 EF^2 的平方，则柱体阻力比柱体运动过长度 L 时间内使其全部运动得以产生或抵消的力，等于介质密度比柱体密度。

附 注

在本命题中，我们只讨论了由柱体横截面引起的阻力，而忽略了由斜向运动所产生的阻力。因为，与第二卷命题36情形1一样，斜向运动使桶中的水自所有方向向孔洞 EF 集聚，对水自该孔洞流出有阻碍作用。在本命题中，水的各部分受到水柱前端的压力，斜向运动屈服于这种压力，向所有方向扩散，阻碍水通过水柱前端附近流向后部，迫使流体从较远处流过；它使阻力的增加，大致等于它使水流出水桶的减少，即近似等于25：21的平方。仍与第二卷命题 36 情形 1 一样，我们令桶中所有围绕着水柱的水都冻结，使水的各部分能垂直而从容地通过孔洞 EF，而其斜向运动与无用部分都没有运动，在本命题中，则设水的各部分能尽可能直接而迅速地屈服于斜向运动并做出反应，使斜向运动得以消除，水的各部分可以自由穿过水柱，只有其横截面能够产生阻力。因为不能使柱体前端变尖，除非使其直径变小，所以必须假设做斜向和无用运动并产生阻力的流体部分，在柱体两端保持相互静止和连接，并与柱体连接在一起。

令 $ABDC$ 为一矩形，AE 和 BE 为两段抛物线弧，其轴为 AB，其通径与柱体下落以获得运动速度所掠过的空间 HG 的比，等于 HG 比 $\frac{1}{2}AB$。

令 DF 与 CF 为另两段围绕轴 CD 的抛物线弧，其通径为前者的 4 倍；将这样的图形围绕轴 EF 旋转得到一个立方体，其中部 $ABDC$ 是我们刚讨论

过的圆柱体，其两端部分 *ABE* 和
CDF 则包含着相互静止的流体部
分，并固化为两个坚硬物体与圆柱
体的两端粘连在一起形成一头一
尾。如果这样的立方体 *EACFDB*

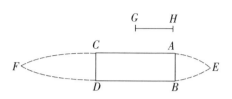

沿其长轴 *FE* 向着 *E* 的方向运动，则其阻力近似等于我们在本命题中所讨
论的情形，即阻力与在它匀速运动过长度 4*AC* 的时间内能使柱体的全部运
动被抵消或产生的力的比，近似等于流体密度比柱体密度，而且（由第二
卷命题 36 推论Ⅶ）该阻力与该力的比至少为 2∶3。

引理 5

　　**如果先后将宽度相等的圆柱体、球体和椭球体放入柱形管道中间，并
使它们的轴与管道轴重合，则这些物体对流过管道的水的阻碍作用相等。**
　　因为介于管道壁与圆柱体、球体和椭球体之间使水能通过的空间是相
等的；而自相等空间流过的水相等。
　　如在第二卷命题 36 推论Ⅶ中已解释过的那样，本引理的条件是，所有
位于圆柱体、球体或椭球体上方的水，其流动性对于水尽可能快地通过该
空间不是必要的，都是被冻结起来的。

引理 6

　　在相同条件下，上述物体受到流经管道的水的作用是相等的。
　　这可以由第二卷引理 5 和第三定律证明，因为水与物体间的相互作用
是相等的。

引理 7

　　**如果管道中的水是静止的，这些物体以相等速度沿相反方向在管道中
运动，则它们相互间的阻力是相等的。**
　　这可以由前一引理得到证明，因为它们之间的相对运动保持不变。

附　注

所有凸起的圆形物体，其轴与管道轴相重合，都与此情形相同。或大或小的摩擦会产生某些差别，但我们在这些引理中假设物体是十分光滑的，而介质的黏性与摩擦为零；能够以其斜向和多余运动干扰、阻碍水流过管道的流体部分，像冻结的水那样被固定起来，并以前一命题的附注中所解释的方式与物体的力和后部相粘连，相互间保持静止；因为在后面我们要讨论横截面极大的圆形物体所可能遇到的极小阻力问题。

浮在流体上的物体做直线运动时，会使流体将其前部抬起，而将其后部下沉，钝形物体尤其如此，因而它们遇到的阻力略大于头尾都是尖形的物体。在弹性流体中运动的物体，如果其前后均为钝形，在其前部聚集起稍多的流体，而在其后部则使之稍稀薄，因而它所遇到的阻力也略大于头尾都是尖形的物体。但在这些引理和命题中，我们不讨论弹性流体，而只讨论非弹性流体；不讨论漂浮在流体表面的物体，而讨论深浸于其中的物体。一旦知道了物体在非弹性流体中的阻力，就可以再略为增加一些阻力，作为物体在像空气那样的弹性流体中，以及在像湖泊和海洋那样的静止流体表面上，受到的阻力。

命题 38　定理 30

如果一个球体在压缩了的无限的非弹性流体中匀速运动，则其阻力比在它掠过其直径的 $\frac{8}{3}$ 长度的时间内使其全部运动被抵消或产生的力，极近似地等于流体的密度比该球体的密度。

因为球体比其外接圆柱体等于 2∶3，因而在柱体掠过其直径 4 倍长度的时间内使同一柱体全部运动被抵消的力，可以在球体掠过柱体直径 $\frac{2}{3}$，即球体直径的 $\frac{8}{3}$ 长度的时间内，抵消球体的全部运动。现在，柱体的阻力比这个力极近似地等于流体的密度比柱体或球体的密度（由第二卷命题

37),而球体阻力等于柱体的阻力(由第二卷引理 5、引理 6、引理 7)。

证毕。

推论Ⅰ. 在压缩了的无限介质中,球体阻力正比于速度平方、直径平方与介质密度的乘积。

推论Ⅱ. 球体以其相对重量在有阻力介质中下落所能获得的最大速度,与相同重量的球体在无阻力介质中下落时所获得的速度相等,掠过的距离比其直径的 $\frac{4}{3}$ 等于球密度比介质密度。因为球体以其下落所获得的速度运动时,掠过的距离比其直径的 $\frac{8}{3}$ 等于球体密度比流体密度;而它的产生这一运动的重力比在球以相同速度掠过其直径的 $\frac{8}{3}$ 的时间内,产生同样运动的力,等于流体密度比球体密度;因而(由本命题)重力等于阻力,不能使球加速。

推论Ⅲ. 如果给定球的密度和它开始运动时的速度,以及球在其中运动的静止压缩流体的密度,则可以求出任意时间球体的阻力和速度,以及它所掠过的空间(由第二卷命题 35 推论Ⅶ)。

推论Ⅳ. 球在压缩、静止且密度与它自身相同的流体中运动时,在掠过其 2 倍直径的长度之前已失去其运动的一半(也由第二卷命题 35 推论Ⅶ)。

命题 39　定理 31

如果一球体在密封于管道中的压缩流体中运动,其阻力比在它掠过直径的 $\frac{8}{3}$ 长度的时间内使其全部运动被抵消或产生的力,近似等于管口面积比管口减去球大圆一半的差,与管口面积比管口减去球大圆的差,以及流体密度比球体密度的乘积。

这可以由第二卷命题 37 推论Ⅱ以及与前一命题相同的方法得到证明。

附　注

在以上两个命题中，我们假设（与以前在第二卷引理 5 中一样）所有在球之前的、其流动性能使阻力作同样增加的水都已冻结。这样，如果这些水变为流体，它将多少会使阻力增加。但在这些命题中这种增加如此之小，可以忽略不计，因为球体的凸面与水的冻结所产生的效果几乎完全相同。

命题 40　问题 9

由实验求出一球体在具有理想的流动性和压缩了的介质中运动的阻力。

令 A 为球体在真空中的重量，B 为在有阻力介质中的重量，D 为球体直径，F 为某一距离，它比 $\frac{4}{3}D$ 等于球体密度比介质密度，即等于 A 比 $A-B$。若 G 为球以重量 B 在无阻力介质中下落掠过距离 F 所用的时间，而 H 为该下落所获得的速度，则由第二卷命题 38 推论 II，H 为球体以重量 B 在有阻力介质中所能获得的最大下落速度；而当球体以该速度下落时，它遇到的阻力等于其重量 B；由第二卷命题 38 推论 I 可知，以其他任意速度运动时的阻力比重量 B 等于该速度与最大速度 H 的比的平方。

这正是流体物质的惰性所产生的阻力。由其弹性、黏性和摩擦所产生的阻力，可以由以下方法求出。

令球体在流体中以其重量 B 下落；P 表示下落时间，以秒为单位，若时间 G 是以秒给定的话。求出对应于 $0.434\ 294\ 481\ 9\dfrac{2P}{G}$ 的对数的绝对数 N，令 L 为数 $\dfrac{N+1}{N}$ 的对数，则下落所获得的速度为 $\dfrac{N-1}{N+1}H$，所掠过的高度为 $\dfrac{2PF}{G}-1.386\ 294\ 361\ 1F+4.605\ 170\ 186LF$。如果流体有足够深度，可以略去 $4.605\ 170\ 186LF$ 项；而 $\dfrac{2PE}{G}-1.386\ 294\ 361\ 1F$ 为掠过的近似

高度。这些公式可以由第二卷命题 9 及其推论推出，其前提是球体所遇到的阻力仅来自物质的惰性。如果它确实遇到了其他任何类型的阻力，则下落将变慢，并可由变慢时间量求出这种新的阻力的量。

为便于求得在流体中物体下落的速度，我制成了如下表格，其第一列表示下落时间；第二列表示下落所获得的速度，最大速度为 100 000 000；第三列表示在这些时间内下落掠过的距离，$2F$ 为物体在时间 G 内以最大速度掠过的距离；第四列表示在相同时间里以最大速度掠过的距离。第四列中的数为 $\dfrac{2P}{G}$，由此减去数 1.386 294 4 − 4.605 170 2L，即得到第三列数；要得到下落掠过的距离必须将这些数乘以距离 F。此处加上第五列数值，表示物体以其相当重量的力 B 在真空中相同时间内下落所掠过的距离。

时间 P	物体在流体中的下落速度	在流体中掠过的空间	以最大速度掠过的空间	在真空中下落掠过的空间
0.001G	99 999 $\dfrac{29}{30}$	0.000 001F	0.002F	0.000 01F
0.01G	999 967	0.000 1F	0.02F	0.000 1F
0.1G	9 966 799	0.009 983 4F	0.2F	0.01F
0.2G	19 737 532	0.039 736 1F	0.4F	0.04F
0.3G	29 131 261	0.088 681 5F	0.6F	0.09F
0.4G	37 994 896	0.155 907 0F	0.8F	0.16F
0.5G	46 211 716	0.240 229 0F	1.0F	0.25F
0.6G	53 704 957	0.340 270 6F	1.2F	0.36F
0.7G	60 436 778	0.454 540 5F	1.4F	0.49F
0.8G	66 403 677	0.581 507 1F	1.6F	0.64F
0.9G	71 629 787	0.719 660 9F	1.8F	0.81F
1G	76 159 416	0.867 561 7F	2F	1F
2G	96 402 758	2.650 005 5F	4F	4F
3G	99 505 475	4.618 657 0F	6F	9F
4G	99 932 930	6.614 376 5F	8F	16F
5G	99 990 920	8.613 796 4F	10F	25F

续表

时间 P	物体在流体中的下落速度	在流体中掠过的空间	以最大速度掠过的空间	在真空中下落掠过的空间
6G	99 998 771	10.613 717 9F	12F	36F
7G	99 999 834	12.613 707 3F	14F	49F
8G	99 999 980	14.613 705 9F	16F	64F
9G	99 999 997	16.613 705 7F	18F	81F
10G	99 999 999 $\frac{3}{5}$	18.613 705 6F	20F	100F

附　注

为由实验求出阻力，我制作了一个方形木桶，其内侧长和宽均为 9 英寸，深 $9\frac{1}{2}$ 英尺，盛满雨水；又制备了一些包含有铅的蜡球，我记录了这些球下落的时间，下落高度为 112 英寸。1 立方英尺雨水重 76 磅；1 立方英寸雨水重 $\frac{9}{36}$ 盎司，或 $253\frac{1}{3}$ 格令；直径 1 英寸的水球在空气中重 132.645 格令，在真空中重 132.8 格令；其他任意球体的重量正比于它在真空中的重量超出其在水中重量的部分。

实验 1. 一个在空气中重 $156\frac{1}{4}$ 格令的球，在水中重 77 格令，在 4 秒钟内掠过全部 112 英寸高度。经多次重复这一实验，该球总是需用完全相同的 4 秒钟。

该球在真空中重 $156\frac{13}{38}$ 格令，该重量超出其在水中的重量部分为 $79\frac{13}{38}$ 格令，因此球的直径为 0.842 24 英寸。水的密度比该球的密度，等于该出超部分比球在真空中的重量；而球直径的 $\frac{8}{3}$ 倍（即 2.245 97 英寸）比距离 2F 也等于该值，所以 2F 应为 4.425 6 英寸。现在，该球在真空中以其全部重量 $156\frac{13}{38}$ 格令向下落，1 秒钟内掠过 $193\frac{1}{3}$ 英寸；而在无阻力的水中以其重量 77 格令在相同时间内掠过 95.219 英寸；它在掠过 2.212 8 英寸的 G 时刻获得它在水中下落所可能达到的最大速度 H，而时间 G 比 1 秒钟等于距离 $F2.212 8$ 英寸与 95.219 英寸之比的平方根，所以时间 G 为 0.152 44 秒。而且，在该时间 G 内，球以该最大速度 H 可掠过距离 $2F$，即 4.425 6 英寸；所以球在 4 秒钟内将掠过 116.124 5 英寸的距离。减去距离 1.386 294 4F，或 3.067 6 英寸，则余下 113.056 9 英寸的距离，这就是球在盛于极宽容器中的水里下落 4 秒钟所掠过的距离。但由于上述木桶较窄，该距离应按一比值减小，该比值为桶口比它超出球大圆的一半的差值的平方根，乘以桶口比它超出球大圆的差值，即等于 1：0.991 4。求出该值，即得到 112.08 英寸距离，它是球在盛于该木桶中的水里下落 4 秒钟所应掠过的距离，应与理论计算接近，但实验给出的是 112 英寸。

实验 2. 三个相等的球，在空气和水中的重量分别为 $76\frac{1}{3}$ 格令和 $5\frac{1}{16}$ 格令，令它们先后下落；在水中每个球都用 15 秒钟下落掠过 112 英寸高度。

通过计算，每个球在真空中重 $76\frac{5}{12}$ 格令，该重量超出其在水中重量部分为 $71\frac{17}{48}$ 格令；球直径为 0.812 96 英寸；该直径的 $\frac{8}{3}$ 倍为 2.167 89 英寸；距离 $2F$ 为 2.321 7 英寸；在无阻力水中，重 $5\frac{1}{16}$ 格令的球 1 秒钟内掠过的距离为 12.808 英寸，求出时间 G 为 0.301 056 秒。所以，一个球体以其 $5\frac{1}{16}$ 格令的重量在水中下落所能获得的最大速度，在时间 0.301 056 秒内掠过距离 2.321 7 英寸；在 15 秒内掠过 115.678 英寸。减去距离 1.386 294 4F，或 1.609 英寸，余下距离 114.069 英寸；所以这就是当桶很宽时球在相同时间内所应掠过的距离。但由于桶较窄，该距离应减去 0.895 英寸，所以该距离余下 113.174 英寸，这就是球在这个桶中 15 秒钟内所应下落的近似距离。而实验值是 112 英寸。差别不大。

实验 3. 三个相等的球，在空气和水中分别为 121 格令和 1 格令，令其先后下落；它们分别在 46 秒、47 秒和 50 秒内通过 112 英寸的距离。

由理论计算，这些球应在约 40 秒内完成下落。但它们下落得较慢，其原因究竟是在较慢的运动中惰性力产生的阻力在其他原因产生的阻力中所占比较小；或是由于小水泡妨碍球的运动；或是由于天气或放之下沉的手较温暖而使蜡稀疏；或者，还是因为在水中称量球体重量有未察觉的误差，我尚不能肯定。所以，球在水中重量应有若干格令，这时实验才有明确而可靠的结果。

实验 4. 我是在得到前述几个命题中的理论之前开始上述流体阻力的实验研究的。其后，为了对所发现的理论加以检验，我又制作了一个木桶，其内侧宽 $8\frac{2}{3}$ 英寸，深 $15\frac{1}{3}$ 英尺。然后又制作了四个包含着铅的蜡球，每一个在空气中的重量都是 $139\frac{1}{4}$ 格令，在水中重 $7\frac{1}{8}$ 格令。把它们放入水中，并用一只半秒摆测定下落时间。球是冷却的，并在称量和放入水中之前已冷却多时；因为温暖会使蜡稀疏，进而减少球在水中的重量；而变得稀疏的蜡不会因为冷却而立即恢复其原先的密度。在放之下落之前，先把它们都没入水中：以免其某一部分露出水面而在开始下落时产生加速。当它们投入水中并完全静止后，极为小心地放手令其下落，以免受到手的任何冲击。它们先后以 $47\frac{1}{2}$ 次、$48\frac{1}{2}$ 次、50 次和 51 次摆动的时间下落掠过 15 英尺 2 英寸的高度。但实验时的天气比称量时略寒冷，所以我后来又重做了一次；这一次的下落时间分别是 49 次、$49\frac{1}{2}$ 次、50 次和 53 次摆动；第三次实验的时间是 $49\frac{1}{2}$ 次、50 次、51 次和 53 次摆动。经过几次实验，我认为下落时间以 $49\frac{1}{2}$ 次和 50 次摆动最常出现。下落较慢的情况，可能是由于碰到桶壁而受阻造成的。

现在按我们的理论来计算。球在真空中重 $139\frac{2}{5}$ 格令，该重量超出其

在水的重量 $132\frac{11}{40}$ 格令；球直径为 0.998 68 英寸；该直径的 $\frac{8}{3}$ 倍为 2.663 15 英寸；距离2F 为 2.806 6 英寸；重 $7\frac{1}{8}$ 格令的球在无阻力的水中 1 秒钟可以掠过 9.881 64 英寸；时间 G 为 0.376 843 秒。所以，球在其重量 $7\frac{1}{8}$ 格令的力作用下，以其在水中下落所能获得的最大速度运动，在 0.376 843 秒内可以掠过 2.806 6 英寸长的距离，1 秒内可以掠过 7.447 66 英寸。25 秒或 50 次摆动内，距离为 186.191 5 英寸。减去距离1.386 294F，或 1.9454 英寸，余下距离184.246 1 英寸，这便是该球体在该时间内在极大的桶中所下落的距离。因为我们的桶较窄，令该空间按桶口比该桶口超出球大圆的一半的平方，乘以桶口比桶口超出球大圆的比值缩小，即得到距离 181.86 英寸，这就是根据我们的理论，球应在 50 次摆动时间内在桶中下落的近似距离。而实验结果是，在 $49\frac{1}{2}$ 次或 50 次摆动内，掠过距离 182 英寸。

实验 5. 四个球在空气中重 $154\frac{3}{8}$ 格令，水中重 $21\frac{1}{2}$ 格令，下落时间为 $28\frac{1}{2}$ 次、29 次、$29\frac{1}{2}$ 次和 30 次，有几次是 31 次、32 次和 33 次摆动，掠过的高度为 15 英尺 2 英寸。

按理论计算它们的下落时间应为大约 29 次摆动。

实验 6. 五个球，在空气中重 $212\frac{3}{8}$ 格令，水中重 $79\frac{1}{2}$ 格令，几次下落时间为 15 次、$15\frac{1}{2}$ 次、16 次、17 次和 18 次摆动，掠过高度为 15 英尺 2 英寸。

按理论计算它们的下落时间应为大约 15 次摆动。

实验 7. 四个球，在空气中重 $293\frac{3}{8}$ 格令，水中重 $35\frac{7}{8}$ 格令，几次下落时间为 $29\frac{1}{2}$ 次、30 次、$30\frac{1}{3}$ 次、31 次、32 次和 33 次摆动，掠过高度

为 15 英尺 $1\frac{1}{2}$ 英寸。

按理论计算，它们的下落时间应为约 28 次摆动。

这些球重量相同，下落距离相同，但速度却有快有慢，我认为原因如下：当球被释放并开始下落时，会绕其中心摆动，较重的一侧最先下落，并产生一个摆动运动。较之完全没有摆动的下沉，球通过其摆动传递给水较多的运动；而这种传递使球自身失去部分下落运动；因而随着这种摆动的或强或弱，下落中受到的阻碍也就或大或小。此外，球总是偏离其向下摆动的一侧，这种偏离又使它靠近桶壁，甚至有时与之发生碰撞。球越重，这种摆动越剧烈；球越大，它对水的推力越大。所以，为了减小球的这种摆动，我又制作了新的铅和蜡球，把铅封在极靠近球表面的一侧；并且用这样的方式加以释放，在开始下落时尽可能使其较重的一侧处于最高点。这一措施使摆动比以前大为减小，球的下落时间不再如此参差不齐，如下列实验所示。

实验 8. 四个球在空气中重 139 格令，水中重 $6\frac{1}{2}$ 格令，令其下落数次，大多数时间都是 51 次摆动，再也没有超过 52 次或少于 50 次，掠过高度为 182 英寸。

按理论计算，它们的下落时间应为 52 次摆动。

实验 9. 四只球在空气中重 $273\frac{1}{4}$ 格令，水中重 $140\frac{3}{4}$ 格令，几次下落时间从未少于 12 次摆动，也从未超过 13 次摆动。掠过高度 182 英寸。

按理论计算，这些球应在约 $11\frac{1}{3}$ 次摆动中完成下落。

实验 10. 四只球，在空气中重 384 格令，水中重 $119\frac{1}{2}$ 格令，几次下落时间为 $17\frac{3}{4}$ 次、18 次、$18\frac{1}{2}$ 次和 19 次摆动，掠过高度 $181\frac{1}{2}$ 英寸。在落到桶底之前，第 19 次摆动时，我曾听到几次它们与桶壁相撞。

按理论计算，它们的下落时间应为约 $15\frac{5}{9}$ 次摆动。

实验 11. 三只球，在空气中重 48 格令，水中重 $3\frac{29}{32}$ 格令，几次下落时间为 $43\frac{1}{2}$ 次、44 次、$44\frac{1}{2}$ 次、45 次和 46 次摆动，多数为 44 次和 45 次摆动，掠过高度约为 $182\frac{1}{2}$ 英寸。

按理论计算，它们的下落时间应为约 $46\frac{5}{9}$ 次摆动。

实验 12. 三只相等的球，在空气中重 141 格令，在水中重 $4\frac{3}{8}$ 格令，几次下落时间为 61 次、62 次、63 次、64 次和 65 次摆动，掠过高度为 182 英寸。

按理论计算，它们应在约 $64\frac{1}{2}$ 次摆动内完成下落。

由这些实验可以看出，当球下落较慢时，如第二、第四、第五、第八、第十一和第十二次实验，下落时间与理论计算吻合很好；但当下落速度较快时，如第六、第九和第十次实验，阻力略大于速度平方。因为球在下落中略有摆动；而这种摆动，对于较轻而下落较慢的球，由于运动较弱而很快停止；但对于较大而下落较快的球，摆动持续时间较长，需要经过若干次摆动后才能为周围的水所阻止。此外，球运动越快，其后部受流体压力越小；如果速度不断增加，最终它们将在后面留下一个真空空间，除非流体的压力也能同时增加。因为流体的压力应正比于速度的平方增加（由第二卷命题 32 和命题 33），以维持阻力的相同的平方比关系。但由于这是不可能的，运动较快的球其后部的压力不如其他方位的大；而这种压力的缺乏导致其阻力略大于速度的平方。

由此可知我们的理论与水中落体实验是一致的。余下的是检验空气中的落体。

实验 13. 1710 年 6 月，有人在伦敦圣保罗大教堂顶上同时落下两只球，一只充满水银，另一只充满空气；下落掠过的高度是 220 英尺。当时用一只木桌，其一边悬挂在铁铰链上，另一边由木棍支撑。两只球放在该桌面上，由一根延伸到地面的铁丝拉开木棍实现两球同时向地面下落；这样，当木棍被拉掉时，仅靠铰链支撑的桌子绕着铰链向下跌落，而球开始下落。在铁丝拉开木棍的同一瞬间，一只秒摆开始摆动。球的直径和重量，以及下落时间列于下表：

充满水银的球			充满空气的球		
重　量	直　径	下落时间	重　量	直　径	下落时间
格令	英寸	秒	格令	英寸	秒
908	0.8	4	510	5.1	$8\frac{1}{2}$
983	0.8	4−	642	5.2	8
866	0.8	4	599	5.1	8
747	0.75	4+	515	5.0	$8\frac{1}{4}$
808	0.75	4	483	5.0	$8\frac{1}{2}$
784	0.75	4+	641	5.2	8

不过观测到的时间必须加以修正；因为水银球（按伽利略的理论）在 4 秒时间内可掠过 257 英尺，而 220 英尺只需要 $3\frac{42}{60}$ 秒。因此，在木棍被拉开时木桌并不像它所应当的那样立即翻转；这一迟缓在开始时阻碍了球体的下落。因为球放在桌子中间，而且的确距轴而不是距木棍较近。因此下落时间延长了约 $\frac{18}{60}$ 秒；应通过减去该时间进行修正，对大球尤其如此，由于球直径较大，在转动的桌子上停留时间较其他球更长。修正以后，六个较大球的下落时间变为 $8\frac{12}{60}$ 秒、$7\frac{42}{60}$ 秒、$7\frac{42}{60}$ 秒、$8\frac{57}{60}$ 秒、$8\frac{12}{60}$ 秒和 $7\frac{42}{60}$ 秒。

所以充满空气的第五只球，其直径为 5 英寸，重 483 格令，下落时间为 $8\frac{12}{60}$ 秒，掠过距离 220 英尺。与此球体积相同的水重 16 600 格令；体积

相同的空气重 $\frac{16\,600}{860}$ 格令或 $19\frac{3}{10}$ 格令；所以该球在真空中重 $502\frac{3}{10}$ 格令；

该重量与体积等于该空气的重量的比，为 $502\frac{3}{10} : 19\frac{3}{10}$；而 $2F$ 比该球直

径的 $\frac{8}{3}$，即比 $13\frac{1}{3}$ 英寸，也等于该值。因此，$2F$ 等于 28 英尺 11 英寸。

一只以其 $502\frac{3}{10}$ 格令的全部重量在真空中下落的球，在 1 秒钟内可掠过

$193\frac{1}{3}$ 英寸；而以重量 483 格令下落则掠过 185.905 英寸；以该 483 格令

重量在真空中下落，在 $57\frac{58}{60}$ 秒的时间内可掠过距离 F 或 14 英尺 $5\frac{1}{2}$ 英

寸，并获得它在空气中下落所能达到的最大速度。以这一速度，该球在

$8\frac{12}{60}$ 秒时间内掠过 245 英尺 $5\frac{1}{3}$ 英寸。减去 $1.386\,3F$ 或 20 英尺 $5\frac{1}{2}$ 英寸，

余下 225 英尺 5 英寸。所以，按我们的理论，这一距离是球应在 $8\frac{12}{60}$ 秒内

下落完成的。而实验结果为 220 英尺。差别是微不足道的。

将其他充满空气的球做类似计算，结果列于下表：

球的重量	直　　径	自 220 英尺高处下落时间		按理论计算所应掠过距离		差　　值	
格令	英寸	秒	秒下单位	英尺	英寸	英尺	英寸
510	5.1	8	12	226	11	6	11
642	5.2	7	42	230	9	10	9
599	5.1	7	42	227	10	7	10
515	5	7	57	224	5	4	5
483	5	8	12	225	5	5	5
641	5.2	7	42	230	7	10	7

实验 14. 1719 年 7 月，德萨古里耶博士[①]曾用球形猪膀胱重做过这种实验。他把潮湿的膀胱放入中空的木球中，在膀胱中吹满空气，使之成为球状，待膀胱干燥后取出。然后令之自同一教堂拱顶的天窗上下落，即自 272 英尺高处下落；同时令一重约 2 磅的铅球下落。与此同时，站在教堂顶部球下落处的人观察整个下落时间；另一些人则在地面观察铅球与膀胱球下落的时间差。时间是由半秒摆测量的。其中在地面上的一台计时机器每秒摆动 4 次；另一台制作精密的机器也是每秒摆动 4 次。站在教堂顶部的人中有一个也掌握着一台这样的机器；这些仪器设计成可以随心所欲地停止或开始运动。铅球的下落时间约 $4\frac{1}{4}$ 秒；加上上述时间差后即可得到膀胱球的下落时间。在铅球落地后，五只膀胱球晚落地的时间，第一次为 $14\frac{3}{4}$ 秒、$12\frac{3}{4}$ 秒、$14\frac{5}{8}$ 秒、$17\frac{3}{4}$ 秒和 $16\frac{7}{8}$ 秒；第二次为 $14\frac{1}{2}$ 秒、$14\frac{1}{4}$ 秒、14 秒、19 秒和 $16\frac{3}{4}$ 秒。加上铅球下落的时间 $4\frac{1}{4}$ 秒，得到五只球下落的总时间，第一次为 19 秒、17 秒、$18\frac{7}{8}$ 秒、22 秒和 21 秒；第二次为 $18\frac{3}{4}$ 秒、$18\frac{1}{4}$ 秒、$18\frac{1}{4}$ 秒、$23\frac{1}{4}$ 秒和 21 秒。在教堂观测到的时间，第一次为 $19\frac{3}{8}$ 秒、$17\frac{1}{4}$ 秒、$18\frac{3}{8}$ 秒、$22\frac{1}{8}$ 秒和 $21\frac{5}{8}$ 秒；第二次为 19 秒、$18\frac{5}{8}$ 秒、$18\frac{3}{8}$ 秒、24 秒和 $21\frac{1}{4}$ 秒。不过膀胱球并不总是直线下落，它有时在空气中飘动，在下落中左右摇摆。这些运动使下落时间延长了，有时增加半秒，有时竟增加整整一秒。在第一次实验中，第二只和第四只膀胱球下落最直，第二次实验中的第一只和第三只也最直。第五只膀胱球有些皱纹，这使它受到一些阻碍。我用极细的线在膀胱球外圆缠绕两圈测出它

---

① Desaguliers, John Theophilus, 1683—1744, 英国科学家, 曾做过大量自然哲学实验, 涉及热学、力学、光学和电学等, 并正确指出牛顿的"运动"(momentum＝mv)与莱布尼茨的"运动"(vis viva＝mv^2)的区别, 对于验证牛顿理论做出很大贡献。

们的直径。在下表中我比较了实验结果与理论结果；空气与雨水的密度比取 1∶860，并代入理论中求得球在下落中所应掠过的距离。

膀胱重量	直　径	下落掠过 272 英尺所用时间	在该时间按理论所应掠过的高度		理论与实验的差	
格令	英寸	秒	英尺	英寸	英尺	英寸
128	5.28	19	271	11	−0	1
156	5.19	17	272	$10\frac{1}{2}$	+0	1
$137\frac{1}{2}$	5.3	18	272	7	+0	7
$97\frac{1}{2}$	5.26	18	272	4	+5	4
$99\frac{1}{8}$	5	$21\frac{1}{8}$	282	0	+10	0

所以，我们的理论可以在极小的误差以内求出球体的空气和水中所遇到的阻力；该阻力对于速度与大小相同的球而言，正比于流体的密度。

我们曾在本卷第六章的附注里通过摆实验证明过，在空气、水和水银中运动的相等的且速度相等的球，其阻力正比于流体密度。在此，我们通过空气和水中的落体更精确地做了证明。因为摆的每次摆动都会激起流体的运动，阻碍它的返回运动；而由于这种运动，以及悬挂摆体的细线所产生的阻力，使摆体的总阻力大于在落体实验中所得到的阻力。因为在该附注所讨论的摆实验中，一个密度与水相同的球，在空气中掠过其半径长度时，会失去其运动的 $\frac{1}{3\,342}$ 部分，而由本卷第七章中所推导并由落体实验所验证的理论，同样的球掠过同样长度所失去的运动部分为 $\frac{1}{4\,586}$，条件是设水与空气的密度比为 860∶1。所以，摆实验中求出的阻力（由刚才说明的原因）大于落体实验中求出的阻力；其比值约为 4∶3。不过，由于在空气、水和水银中摆动的阻力是出于相同的原因而增加的，因此这些介质之间的阻力比，由摆实验与由落体实验验证是同样精确的。由所有这些可以得出结论，在其他条件相同的情况下，即使在极富流动性的任意流体中运动的物体，其阻力仍正比于流体的密度。

在完成了这些证明和计算之后，我们就可以来求一个在任意流体中被抛出的球体在给定时间内所失去的运动部分大约是多少。令 D 为球直径，V 是它开始时的运动速度，T 是时间，在其内球以速度 V 在真空中所掠过的距离比距离 $\frac{8}{3}D$ 等于球密度比流体密度；则在该流体中被抛出的球，在另一个时间 t 失去其运动的 $\frac{tV}{T+t}$ 部分，余下 $\frac{TV}{T+t}$ 部分；所掠过的距离比在相同时间内以相同的速度 V 在真空中掠过的距离，等于数 $\frac{T+t}{T}$ 的对数乘以数 2.302 585 093 比数 $\frac{t}{T}$，这是由命题 35 推论Ⅶ所给出的结果。运动较慢时阻力略小，因为球形物体比直径相同的柱形物体更有利于运动。运动较快时阻力略大，因为流体的弹性力与压缩力并不正比于速度平方增大。不过我不拟讨论这微小的差别。

虽然通过将空气、水、水银以及类似的流体无限分割，可使之精细化，变为具有无限流体性的介质，但它们对抛出的球的阻力不会改变。因为前述诸命题所讨论的阻力来自物质的惰性，而物质惰性是物体的基本属性，总是正比于物质的量。分割流体的确可以减小由于黏滞性和摩擦产生的阻力部分，但这种分割完全不能减小物质的量；而如果物质的量不变，其惰性力也不变；因此相应的阻力也不变，并总是正比于惰性力。要减小这项阻力，物体掠过于其中的空间的物质必须减少；在天空中，行星与彗星在其间向各方向自由穿行，完全察觉不到它们的运动变慢，所以天空中必定完全没有物质性的流体存在，除了其中也许存在着某种极其稀薄的气体与光线。

抛体在穿过流体时会激起流体运动，这种运动是由抛体前部的流体压力大于其后部流体的压力造成的；就它与各种物质密度的比而言，这种运动在极富流动性的介质中绝不小于在空气、水和水银中。由于这种压力差正比于压力的量，它不仅激起流体的运动，还作用于抛体，使其运动受阻；所以，在所有流体中，这种阻力正比于抛体在流体中所激起的运动；

即使在最精细的以太中，该阻力与以太密度的比值，也绝不会小于它在空气、水和水银中与这些流体密度的比值。

第八章　通过流体传播的运动

命题 41　定理 32

只有在流体粒子沿直线排列的地方，通过流体传播的压力才会沿着直线方向。

如果粒子 a、b、c、d、e 沿一条直线排列，压力的确可以由 a 沿直线传播到 e；但此后粒子 e 将斜向推动斜向排列的粒子 f 和 g，而粒子 f 和 g 除非得到位于其后的粒子 h 和 k 的支撑，否则无法忍受该传播过来的压力；但这些支撑着它们的粒子又受到它们的压力；这些粒子如果得不到位于更远的粒子 l 和 m 的支撑并对之传递压力的话；将也不能忍受这项压力，依此类推至于无限。所以，一旦压力传递给不沿直线排列的粒子，它将向两侧偏移，并斜向传播到无限；在压力开始斜向传递后，在到达更远的不沿直线排列的粒子时，会再次向两侧偏移直线方向；每当压力传播时遇到不是精确沿直线排列的粒子时，都发生这种情形。　　　　　　　　　　　　证毕。

推论. 如果压力的任何部分在流体中由一给定点传播时，遇到任意障碍物，则其余未受阻碍的部分将绕过该障碍物而进入其后的空间。

这也可以由以下方法加以证明。如果可能的话，令压力由点 A 沿直线方向向任意一侧传播；障碍物 $NBCK$ 在 BC 处开孔，令所有压力受到阻挡，唯有其圆锥形部分 APQ 通过圆孔 BC。令圆锥体 APQ 被横截面 de、fg、hi 分割为平截头体。当传播压力的锥体 ABC 在 de 而推动位于其后的平截头锥体 $degf$ 时，该平截头锥体又在 fg 面推动其后的平截头锥体 $fgih$，而该平截头锥体又推动第三个平截头锥体，以至于无限；这样，（由定律Ⅲ）当第一个平截头锥体 *degf* 推动并压迫第二个平截头锥体时，由于第二个平截头锥体 *fgih* 的反作用，它在 *fg* 面也受到同样大小的推动和压力，所以平截头锥体 *defg* 受到来自两方面，即受到锥体 *Ade* 与平截头锥

体 *fhig* 的压迫；因而（由第二卷命题 19 情形 6）不能保守其形状，除非它受到来自所有方面的相等压力。所以，它向 *de*、*fg* 两侧扩展的力，等于它在 *de*、*fg* 面上所受到的压力；而在这两侧（没有任何黏滞性与硬度，具有完全流动性）如果没有周围的流体抵抗这种扩展力，则它将向外膨胀。所以，它在 *df*、*eg* 两边以与压迫平截头锥体 *fgih* 相等的力压迫周围流体；因此，压力由边 *df*、*ef* 向两侧传播入空间 *NO* 和 *KL*，其大小与由 *fg* 面传播向 *PQ* 的压力相同。　　　　　　　　　　证毕。

命题 42　定理 33

所有在流体中传播的运动自直线路径扩散而进入静止空间。

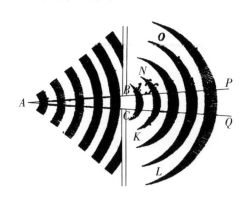

情形 1：令运动由点 *A* 通过孔 *BC* 传播，如果可能的话，令它在圆锥空间中沿自点 *A* 扩散的直线传播。先来设这种运动是在静止水面上的波；令 *de*、*fe*、*hi*、*kl* 等为各水波的顶点，相互间由同样多的波谷或凹处隔开。因波脊处的水高于流体 *KL*、*NO* 的静止部分，它将由这些波脊顶部 *e*、*g*、*i*、*l* 等及 *d*、*f*、*h*、*k* 等从两侧向着 *KL* 和 *NO* 流下；而因为在波谷的水低于流体 *KL*、*NO* 的静止部分，这些静止水将流向波谷。在第一种流体中波脊向两侧扩大，向 *KL* 和 *NO*

传播。因为由 A 向 PQ 的波运动是由波脊连续流向紧挨着它们的波谷带动的，因而不可能快于向下流动的速度；而两侧向 KL 和 NO 流下的水必定也以相同速度行进，因此，水波向 KL 和 NO 两边的传播速度，等于它们由 A 直接传播向 PQ 的速度。所以指向 KL 和 NO 两侧的整个空间中将充满膨胀波 $rfgr$、$shis$、$tklt$、$vmnv$，等等。   证毕。

任何人都可以在静止水面上以实验证明这一情形。

情形 2：设 de、fg、hi、kl、mn 表示在弹性介质中由点 A 相继向外传播的脉动。设脉动是通过介质的相继压缩与舒张实验传播的，每个脉动密度最大的部分呈球面分布，球心为 A，相邻脉动的间隔相等。令直线 de、fg、hi、kl 等表示通过孔 BC 传播的脉动的最大密度的部分；因为这里的介质密度大于 KL 和 NO 两侧空间的密度，介质将与向脉动之间的稀薄间隔扩充一样也向 KL 和 NO 两个方向的空间扩展；因此，介质总是在脉冲处密集，而在间隔处稀疏，进而参与脉动运动。而因为脉动的传播是由介质的密集部分向毗邻的稀薄间隔连续舒张引起的；由于脉动沿两侧向介质的静止部分 KL 和 NO 以近似的速度舒张，所以脉动自身向所有方向膨胀而进入静止部分 KL 和 NO，其速度几乎与由中心 A 直接向外传播相同，所以将充满整个空间 $KLON$。   证毕。

这也可以由实验证明，我们能隔着山峰听到声音，而且，如果这声音通过窗户进入室内，扩散到屋内的所有部分，则可以在每一个角落听到；这不是由对面墙壁反射回来的，而是由窗户直接传入的，可以由我们的感官判明。

情形 3：最后，设任意一种运动自 A 通过孔 BC 传播。由于这种运动传播的原因是邻近中心 A 的介质部分扰动并压迫较远的介质部分所造成的；而且由于被压迫的部分是流体，因而运动沿所有方向向受压迫较小的空间扩散：它们将由于随后的扩散而传向静止介质的所有部分，在指向 KL 和 NO 两个方向上与先前指向直线方向 PO 的相同；由此，所有的运动，一旦它通过孔 BC，将开始自行扩散，并将与在其源头与中心一样，由此直接向所有方向传播。   证毕。

命题 43 定理 34

每个在弹性介质中颤动的物体都沿直线向所有方向传播其脉动；而在非弹性介质中，则激发出圆运动。

情形 1：颤动物体的各部分交替地前后运动，在向前运动时压迫并驱使最靠近其前面的介质部分，并通过脉动使之紧缩密集；在向后运动时则又使这些紧缩的介质重又舒张，发生膨胀。因此靠着颤动物体的介质部分也往复运动，其方式与颤动物体的各部分相同；而由与该物体的各部分推动介质相同的原因，介质中受到类似颤动推动的部分也转而推动靠近它们的其他介质部分，这些其他部分又以相似方式推动更远的部分，直至无限。与第一部分介质在向前时被压缩、在向后时又被舒张方式相同，介质的其他部分也在向前时被压缩、向后时膨胀，所以它们并不总是在一瞬间里同时向前或向后运动（因为如果是这样的话它们将维持相互间的既定距离，不可能发生交替的压缩和舒张）；而由于在被压缩的地方相互趋近，舒张的地方相互远离，所以当它们一部分向前运动时另一部分则向后运动，以至于无限。这种向前的运动产生压缩作用，就是脉动，因为它们在传播运动中会冲击阻挡在前面的障碍物；因而颤动物体随后所产生的脉动将沿直线方向传播；而且由于各次颤动间隔的时间是相等的，在传播过程中又在近似相等的距离上形成不同脉动。虽然颤动物体各部分的往复运动是沿固定而确定的方向进行的，但由前述命题，颤动在介质中引起的脉动却是向所有方向扩展的；并将自颤动物体像颤动的手指在水面激起的水波那样，沿共心的近似球面向所有方向传播，水波不仅随着手指的运动而前后推移，还沿环绕着手指的共心圆向四面八方传播，因为水的重力起到了弹性力的作用。

情形 2：如果介质是非弹性的，则由于其各部分不能因颤动物体的振动部分所产生的压力而压缩，运动将即时地向着介质中最易于屈服的部分传播，即向着颤动物体所留下空洞的部分传播。这种情形与抛体在任意介质中的运动相同。屈服于抛体的介质不向无限远处移动，而是以圆运动绕向抛体后部的空间。所以一旦颤动物体移向某一部分，屈服于它的介质即以圆运动趋向它留下的空洞部分；而且物体回到其原先位置时，介质又被它从该位置逐开，回到自己原先的位置。虽然颤动物体并不牢固坚硬，而是十分柔软的，尽管它不能通过其颤动而推动不屈服于它的介质，却仍能维持其给定的大小，则离开物体受压部分的介质总是以圆运动绕向屈服于它的部分。 证毕。

推论. 因此，那种认为火焰通过周围介质沿直线方向传播其压力的看法是错误的。这种压力不可能只来自火焰部分的推力，而是来自整体的扩散。

命题 44 定理 35

在管道或水管中，如果水交替地沿竖直管子 *KL*、*MN* 上升和下降；一只摆，其在悬挂点与摆动中心之间的摆长等于水在管道中长度的一半，则水的上升与下落时间与摆的摆动时间相等。

我沿管道及其竖直管子的轴测出水的长度，并使之等于这些轴长的和；水摩擦管壁所引起的阻力忽略不计。所以，令 *AB*、*CD* 表示竖直管子

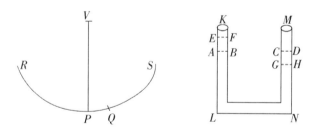

中水的平均高度；当水在管子 *KL* 中上升到高度 *EF* 时，在管子 *MN* 中的水将下降到高度 *GH*。令 *P* 为摆体，*VP* 为悬线，*V* 为悬挂点，*RPQS* 为摆掠过的摆线，*P* 为其最低点，*PQ* 为等于高度 *AE* 的一段弧长。使水的运动交替加速和变慢的力，等于一只管子中水的重量减去另一只管子中水的重量；因此，当管子 *KL* 中的水上升到 *EF* 时，另一只管子中的水下降到 *GH*，上述力是水 *EABF* 的重量的 2 倍，因而水的总重量等于 *AE* 或

PQ 比 VP 或 PR。而使物体 P 在摆线上任意位置 Q 加速或变慢的力，（由第一卷命题 51 推论）比其总重量等于它到最低点 P 的距离 PQ 比摆线长 PR。所以，掠过相等距离 AE、PQ 的水和摆的运动力，正比于被运动的重量；所以，如果开始时水和摆是静止的，则这些力将使它们做等时运动，并且是共同往返的交替运动。   证毕。

推论 I. 水升降往复总是在相等时间内进行的，不论这种运动是强烈或微弱。

推论 II. 如果管道中水的总长度为 $6\frac{1}{9}$ 法国尺（法国单位），则水下降时间为 1 秒，而上升时间也为 1 秒，循环往复以至于无限；因为在该计量单位下 $3\frac{1}{18}$ 法国尺长的摆的摆动时间为 1 秒。

推论 III. 如果水的长度增大或减小，则往复时间正比于长度比的平方根增加或缩短。

命题 45 定理 36

波速的变化正比于波宽[①]的平方根。

这可以从下一个命题得到证明。

命题 46 问题 10

求波速。

做一只摆，其悬挂点与摆动中心间距等于波的宽度，在摆完成一次摆动的时间内，波前进的距离约等于其波宽。

我所谓的波宽，指横截面上波谷的最深处的间距，或波脊顶部的间距。令 $ABCDEF$ 表示在静止水面上相继起伏的波；令 A、C、E 等为波峰；B、D、F 等为间隔的波谷。因为波运动是由水的相继起伏实现的，所以其中的 A、C、E 等点在某一时刻是最高点，随后即变为最低点；而使

---

① 即波长。

最高点下降或最低点上升的
运动力，正是被抬起的水的

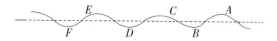

重量，因此这种交替起伏类似于管道中水的往复运动，因而遵从相同的上升和下降的时间规律；所以（由第二卷命题 44），如果波的最高点 A、C、E 和最低点 B、D、F 的间距等于任意摆长的 2 倍，则最高点 A、C、E 将在一次摆动时间内变为最低点，而另一次摆动时间内又升到最高点。所以每通过一个波，摆将发生两次摆动；即波在两次摆动的时间里掠过其宽度；但对于 4 倍于该长度的摆，其摆长等于波宽，则在该时间内摆动一次。

证毕。

推论 I. 波宽等于 $3\frac{1}{18}$ 法国尺，则波在 1 秒时间内通过其波宽的距离；

因此 1 分钟内将推进 $183\frac{1}{3}$ 法国尺的距离；而 1 小时约为 11 000 法国尺。

推论 II. 大的或小的波，其速度正比于波宽的平方根而增大或减小。

上述结论以水各部分沿直线起伏为前提；但实际上，这种起伏更表现为圆；所以我在本命题中给出的时间只是近似值。

命题 47 　定理 37

如果脉动在流体中传播，则做交替最短往复运动的相邻近的流体粒子，总是按摆动规律被加速或减速。

令 AB、BC、CD 等表示相继脉动的相等距离；ABC 为相继脉动由 A 传播到 B 的直线运动方向；E、F、G 为直线 AC 静止介质的三个间距相等的物理点；Ee、Ff、Gg 为三个极小的相等距离，上述三点在每次振动中交替往返于其间；ε、φ、γ 为相同点的任意中间位置；EF、FG 为物理短线，或这些点与随后移入的处所 εφ、φγ 和 ef、fg 之间的介质的线性部分。作直线 PS 等于直线 Ee，在 O 点将它二等分，并以 O 为圆心、OP 为半径作圆 SIPi。令一次振动的总时间及其成正比的部分由该圆的周长及其成正比的部分表示。使得当任意时间 PH 或 PHsh 结束时，如果作 HL 或

hl 垂直于 PS，并取 $E\varepsilon$ 等于 PL 和 Pl，则物理点 E 位于 ε。这样，按该规律做往复运动的点 E，在由 E 经过 ε 到 e，再通过 ε 回到 E 的过程中，将在一次摆动时间内完成一次振动，而且加速与减速程度相同。我们现在要证明介质的不同物理点会受到这种运动的推动。那么，让我们设一种介质中有这样一种受激于任意原因的运动，看看会发生什么情况。

在圆 $PHSh$ 上取相等的 $\overset{\frown}{HI}$、$\overset{\frown}{IK}$ 或 $\overset{\frown}{hi}$、$\overset{\frown}{ik}$，它们与圆周长的比，等于直线 EF、FG 比整个脉动间隔 BC，作垂线 IM、KN 或 im、kn；因为点 E、F、G 受到相继的推动做相似运动，在脉动由 B 移动到 C 的同时，它们完成一次往复振动；如果 PH 或 $PHSh$ 为 E 点开始运动后的时间，则 PI 或 $PHSi$ 为点 F 开始运动以后的时间，而 PK 或 $PHSk$ 为点 G 开始运动以后的时间；所以，当点前移时 $E\varepsilon$、$F\phi$、$G\gamma$ 分别等于 PL、PM、PN，而当点返回时，又分别等于 Pl、Pm、Pn。所以，当点前移时，$\varepsilon\gamma$ 或 $EG+G\gamma-E\varepsilon$ 等于 $EG-LN$，而当它们返回时，则等于 $EG+ln$。但 $\varepsilon\gamma$ 是处所 $\varepsilon\gamma$ 的介质宽度或 EG 部分的膨胀；因而在前移时该部分的膨胀比其平均膨胀等于 $EF-LN$ 比 EG；而在返回时，则等于 $EG+ln$ 或 $EG+LN$ 比 EG。所以，由于 LN 比 KH 等于 IM 比半径 OP，而 KH 比 EG 等于周长 $PHShP$ 比 BC；即如果以 V 代表周长等于脉动间隔 BC 的圆的半径，则上述比等于 OP 比 V；将比例式对应项相乘，得到 LN 比 EG 等于 IM 比 V；EG 部分的膨胀，或位于处所 $\varepsilon\gamma$ 的物理点 F 的伸展范围，比其在原先处所 FG 相同部分的平均膨胀，在前移时等于 $V-IM$ 比 V，而在返回时等于 $V+im$ 比 V。因此，点 F 在处所 $\varepsilon\gamma$ 的弹性力比其在处所 EG 的平均弹性力，在前移时等于 $\dfrac{1}{V-IM}$ 比 $\dfrac{1}{V}$，而在返回时等于 $\dfrac{1}{V+im}$ 比 $\dfrac{1}{V}$。由相同理由，物理点 E 和 G 与平均弹性力的比，在前移时等于 $\dfrac{1}{V-HL}$ 和 $\dfrac{1}{V-KN}$ 比 $\dfrac{1}{V}$；力的差与介质平均弹性力的比等于 $\dfrac{HL-KN}{VV-V\cdot HL-V\cdot KN+HL\cdot KN}$ 比 $\dfrac{1}{V}$，即等于 $\dfrac{HL-KN}{VV}$ 比 $\dfrac{1}{V}$，或等于 $HL-KN$ 比 V；如果我们设（因为振动范围极

小)HL 和 KN 无限小于量 V 的话。所以，由于量 V 是给定的，力差正比于 $HL-KN$，即（因为 $HL-KN$ 正比于 HK，而 OM 正比于 OI 或 OP；HK 和 OP 是给定的）正比于 OM；即，如果在 Ω 二等分 Ff，则正比于 $\Omega\phi$。由相同的理由，物理点 ε 和 γ 上弹性的差，在物理短线 $\varepsilon\gamma$ 返回时，正比于 $\Omega\phi$。而该差（即点 ε 的弹性超出点 γ 的弹性力部分）正是使其间的介质

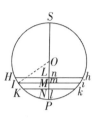

物理短线 $\varepsilon\gamma$ 在前移时被加速，以及返回时被减速的力；所以物理短线 $\varepsilon\gamma$ 的加速力正比于它到振动中间位置 Ω 的距离。所以（由第一卷命题 38）PI 正确地表达了时间；而介质的线性部分 $\varepsilon\gamma$ 则按照上述规律运动，即按照摆振动规律运动；这种情形，对于组成介质的所有线性部分都是相同的。   证毕。

推论. 由此可知，传播的脉动数与颤动物体的振动次数相同，在传播过程中没有增加。因为物理短线 $\varepsilon\gamma$ 一旦回到其原先位置即处于静止；在颤动物体的脉动，或该物体传播而来的脉动到达它之前，将不再运动。所以，一旦脉动不再由颤动物体传播过来，它将回到静止状态，不再运动。

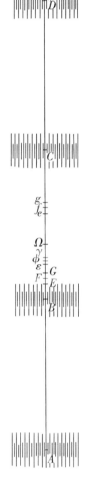

命题 48   定理 38

设流体的弹性力正比于其密度，则在弹性流体中传播的脉动速度正比于弹性力的平方根，反比于密度的平方根。

情形 1：如果介质是均匀的，介质中脉动间距相等，但在一种介质中其运动强于在另一种介质中，则对应部分的收缩与舒张正比于该运动；不过这种正比关系不是十分精确。然而，如果收缩与舒张不是极大，则误差难以察觉；所以，该比例可认为是物理精确的。这样，弹性运动力正比于

收缩与舒张；而相同时间内相等部分所产生的速度正比于该力。所以脉动的相对的对应部分同时往返，通过的距离正比于其收缩与舒张，速度则正比于该空间；所以，脉动在一次往返时间内前进的距离等于其宽度，并总是紧接着其前一个脉动进入它所遗留的位置，所以，因为距离相等，脉动在两种介质中以相等速度行进。

情形 2：如果脉动的距离或长度在一种介质中大于另一种介质，设对应的部分在每次往复运动中所掠过的距离正比于脉动宽度，则它们的收缩和舒张是相等的；因而，如果介质是均匀的，则以往复运动推动它们的运动力也是相等的。现在这种介质受该力的推动正比于脉动宽度；而它们每次往返所通过的距离比例也相同，而且一次往返所用时间正比于介质的平方根与距离的平方根的乘积，所以正比于距离。而脉动在一次往返的时间内所通过的距离等于其宽度，即它们掠过的距离正比于时间，因而速度相同。

情形 3：在密度与弹性力相等的介质中，所有脉动速度相同。如果介质的密度或弹性力增大，则由于运动力与弹性力同比增大，物质的运动与密度同比增大，产生像从前一样的运动所需的时间正比于密度的平方根增大，却又正比于弹性力的平方根减小。所以脉动的速度仍反比于介质密度的平方根，正比于弹性力的平方根。　　　　　　　　　　证毕。

本命题可以在以下问题的求解中得到进一步澄清。

命题 49　问题 11

已知介质的密度和弹性力，求脉动速度。

设介质像空气一样受到其上部的重量的压迫；令 A 为均匀介质的高度，其重量等于其上部的重量，密度与传播脉动的压缩介质相同。做一只摆，自悬挂点到摆动中心的长度是 A；在摆完成一次往复全摆动的时间内，脉动行进的距离等于半径为 A 的圆周长。

因为，在第二卷命题 47 的作图和证明中，如果在每次振动中掠过距离 PS 的任意物理短线 EF，在每次往返的端点 P 和 S 都受到等于其重量的弹性力的作用，则它的振动时间与它在长度等于 PS 的摆线上摆动的时间相同；这是因为相等的力在相同或相等的时间内推动相等的物体通过相等的距离。所以，由于摆动时间正比于摆长的平方根，而摆长等于摆线的半弧长，一次振动的时间比长度为 A 的摆的摆动时间，等于长度 $\frac{1}{2}PS$ 或 PO 与长度 A 的比的平方根。但推动物

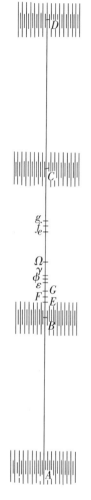

理短线 EG 的弹性力，当它位于端点 P、S 时，（在第二卷命题 47 的证明中）比其弹性力，等于 $HL-KN$ 比 V，即（由于这时 K 落在 P 上）等于 HK 比 V；所有的这种力，或等价地，压迫短线 EG 的上部重量，比短线的重量，等于上部重量的高度比短线的长度 EG；所以，取对应项的乘积，则使短线 EG 在点 P 和 S 受到作用的力比该短线的重量等于 $HK \cdot A$ 比 $V \cdot EG$，或等于 $PO \cdot A$ 比 VV，因为 HK 比 EG 等于 PO 比 V。所以，由于推动相等的物体通过相等的距离所需的时间反比于力的平方根，受弹性力作用而产生的振动时间，比受重量冲击而产生的振动时间，等于 VV 与 $PO \cdot A$ 的比的平方根，而比长度为 A 的摆的摆动时间，等于 VV 与 $PO \cdot A$ 的比的平方根，与 PO 与 A 的比的平方根的乘积，即等于 V 比 A。而在摆的一次往复摆动中，脉动行进的空间等于其宽度 BC，所以脉动通过距离 BC 的时间比摆的一次往复摆动时间等于 V 比 A，即等于 BC 比半径为 A 的圆周长。但脉动通过距离 BC 的时间比它通过等于该圆周长的长度也为相同比值，所以在这样的一次摆动时间内，脉动行进的长度等于该圆周长。

证毕。

推论 I. 脉动的速度等于一个重物体在相同加速运动的下落中，落下高度 A 的一半时所获得的速度。因为如果脉动以该下落获得的速度行进，

则在该下落时间内，掠过的距离等于整个高度 A；所以，在一次往复摆动中，脉动行进的距离等于半径为 A 的圆的周长，因为下落时间比摆动时间等于圆半径比其周长。

推论 Ⅱ. 由于高度 A 正比于流体的弹性力，反比于其密度，所以脉动速度反比于密度的平方根，正比于弹性力的平方根。

命题 50　问题 12

求脉动距离。

在任意给定时间内，求出产生脉动的颤动物体的振动次数，以该数除在相同时间内脉动所通过的距离，得到的商即一个脉动的宽度。　　证毕。

附　注

上述几个命题适用于光和声音的运动；因为光是沿直线传播的，它当然不能只包括一个孤立的作用（由第二卷命题 41 和命题 42）。至于声音，由于它们是由颤动物体产生的，无非是在空气中传播的空气脉动（由第二卷命题 43）；这可以通过响亮而低沉的声音激励附近的物体震颤得到证实，像我们听鼓声所体验的那样；因为快速而短促的颤动不易于激发。而众所周知的事实是，声音落在绷张在发声物体上的同音弦上时，可以激发这些弦的颤动。这还可以由声音的速度证实；因为雨水与水银的比重相互间的比约为 $1:13\frac{2}{3}$，当气压计中的水银高度为 30 英寸时，空气与水的比重比值约为 $1:870$，所以空气与水银的比重比值为 $1:11\,890$。所以，当水银高度为 30 英寸时，均匀空气的重量应足以把空气压缩到我们所看到的密度，其高度必定等于 356 700 英寸或 29 725 英尺；这正是我在前一命题作图中称之为 A 的那个高度。半径为 29 725 英尺的圆其周长为 186 768 英尺。而由于长 $39\frac{1}{5}$ 英寸的摆完成一次往复摆动的时间为 2 秒，这一个所共知的事实意味着长 29 725 英尺或 356 700 英寸的摆，做一次同样的摆动需

$190\frac{3}{4}$ 秒。所以，在该时间内，声音可行进 186 768 英尺，因而 1 秒内传播 979 英尺。

但在此计算中，我没有考虑空气粒子的大小，而它们是即时传播声音的。因为空气的重量比水的重量等于 1∶870，而盐的密度约为水的 2 倍；如果设空气粒子的密度与水或盐相同，而空气的稀薄状况系由粒子间隔所致，则一个空气粒子的直径比粒子中心间距约等于 1∶9 或 1∶10，而比粒子间距约为 1∶8 或 1∶9。所以，根据上述计算，声音在 1 秒内传播的距离，应在 979 英尺上再加 $\frac{979}{9}$，或约 109 英尺，以补偿空气粒子体积的作用，则声音在 1 秒时间行进约 1 088 英尺。

此外，空气中飘浮的蒸汽是另一种情形不同的根源，如果要从根本上考虑声音在真实空气中的传播运动，它还很少被计入在内。如果蒸汽保持静止，则声音的传播运动在真实空气中变快，该加快部分正比于物质缺乏的平方根。因而，如果大气中含有 10 成真正的空气，1 成蒸汽，则声运动正比于 11∶10 的平方根加快，或比它在 11 成真实空气中的传播极近似于 21∶20。所以上面求出的声音运动应加入该比值，这样得出声音在 1 秒时间里行进 1 142 英尺。

这些情形可以在春天和秋天看到，那时空气由于气候的温暖而稀薄，这使得其弹性力较强。而在冬天，寒冷使空气密集，其弹性力略为减弱，声运动正比于密度的平方根变慢；另一方面，在夏天时则变快。

实验测定的声音在 1 秒时间内行进 1 142 英尺或 1 070 法国尺单位。

知道了声音速度，也可以知道其脉动间隔。M. 索维尔①通过他做的实验发现，一根长约 5 巴黎尺的开口管子发出的声音，其音调与每秒振动 100 次的提琴弦的声调相同。所以在声音 1 秒时间内通过的 1 070 巴黎尺的

---

① Sauveur, Joseph, 英译本误作 M. Sauveur, 1653—1716, 法国物理学家，曾任路易十四宫廷教师，主要从事声学的各种实验研究。本实验当完成于 1713 年以前，牛顿在本书中对索维尔的结论做了纠正。

空间中，有大约 100 个脉动；因而一个脉动占据约 $10\frac{7}{10}$ 巴黎尺的空间，即约为管长的 2 倍。由此来看，所有开口管子发出的声音，其脉动宽度很可能都等于管长的 2 倍。

此外，第二卷命题 47 的推论还解释了声音为什么随着发声物体的停止运动而立即消失，以及为什么在距发声物体很远处听到的声音并不比在近处持续更长久。还有，由前述原理，还使我们易于理解声音是怎样在话筒里得到极大增强的；因为所有的往复运动在返回时都被发声机制所增强。而在管子内部，声音的扩散受到阻碍，其运动衰减较慢，反射较强；因而在每次返回时都得到新的运动的推动而增强。这些都是声音的主要现象。

第九章 流体的圆运动

假 设

由于流体各部分缺乏润滑而产生的阻力，在其他条件不变的情况下，正比于使该流体各部分相互分离的速度。

命题 51 定理 39

如果一根无限长的固体圆柱体在均匀而无限的介质中，沿一位置给定的轴均匀转动，且流体只受到该柱体的激发而转动，流体各部分在运动中保持均匀，则流体各部分的周期正比于它们到柱体的轴的距离。

令 AFL 为围绕轴 S 均匀转动的圆柱体，令同心圆 BGM、CHN、DIO、EKP 等把流体分为无限个厚度相同的同心柱形固体层。因为流体是均匀的，邻接的层相互间的压力（由假设）正比于它们相互间的移动，也正比于产生该压力的相邻接的表面。如果任意一层对其内侧的压力大于或小于对其外侧的压力，则较强的压力将占优势，并对该层的运动产生加速或减速，这取决于它与该层的运动方向是一致还是相反。所以，每一层的运动都能保持均匀，两侧的压力相等而方向相反。所以，由于压力正比于邻接表面，并正比于相互间的移动，该移动将反比于表面，即反比于该表面到轴的距离。但围绕轴的角运动差正比于该移动除以距离，或正比于该移动而反比于该移动除以距离；亦即，将这两个比式相乘，反比于距离的平方。所以，如果作无限直线 $SABCDEQ$ 不同部分上的垂线 Aa、Bb、Cc、Dd、Ee 等，则反比于 SA、SB、SC、SD、SE 等的平方，设一条双曲线通过这些垂线的端点，则这些差的和，即总角运动，将正比于对应线段 Aa、Bb、Cc、Dd、Ee 的和，即（如果无限增加层数而减小其宽度，以构成均匀介质的流体）正比于与该和相似的双曲线面积 AaQ、BbQ、CcQ、DdQ、EeQ 等；而时

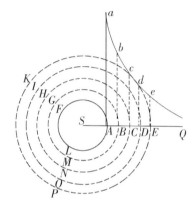

间则反比于角运动，也反比于这些面积。所以，任意粒子 D 的周期，反比于面积 DdQ，即（由已知的求曲线面积法）正比于距离 SD。　　　　证毕。

推论 I．流体粒子的角运动反比于它们到柱体轴的距离，而绝对速度相等。

推论 II．如果流体盛在无限长柱体容器中，流体内又置一柱体，两柱体绕公共轴转动，且它们的转动时间正比于直径，流体各部分保持其运动，则不同部分的周期时间正比于到柱体轴的距离。

推论 III．如果在柱体和这样运动的流体上增加或减去任意共同的角运动量，则因为这种新的运动不改变流体各部分间的相互摩擦，各部分间的运动也不变；因为各部分间的移动决定于摩擦。两侧的摩擦方向相反，各部分的加速并不多于减速，将维持其运动。

推论 IV．如果从整个柱体和流体的系统中消去外层圆柱的全部角运动，即得到静止柱体内的流体运动。

推论 V．如果流体与外层圆柱体是静止的，内侧圆柱体均匀转动，则

会把圆运动传递给流体，并逐渐传遍整个流体；运动将逐渐增加，直至流体各部分都获得推论Ⅳ中求出的运动。

推论Ⅵ. 因为流体倾向于把它的运动传播得更远，其激发将会带动外层圆柱与它一同运动，除非该柱体受反向力作用；它的运动一直要加速到两个柱体的周期相等。但如果外柱体受力而固定不动，则它产生阻碍流体运动的作用；内柱体除非受某种作用于其上的外力推动而维持其运动，否则它将逐渐停留。

所有这些可以通过在静止深水中的实验加以证实。

命题 52　定理 40

如果在均匀无限流体中，固体球绕一给定的方向的轴均匀转动，流体只受这种球体的激发而转动；且流体各部分在运动中保持均匀；则流体各部分的周期正比于它们到球心的距离。

情形 1： 令 *AFL* 为绕轴 *S* 均匀转动的球，共心圆 *BGM*、*CHN*、*DIO*、

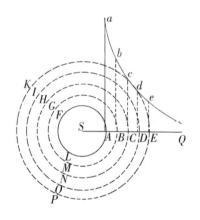

EKP 等把流体分为无数个等厚的共心球层。设这些球层是固体的。因为流体是均匀的，邻接球层间的压力（由假设）正比于相互间的移动，以及受该压力的邻接表面，如果任一球层对其内侧的压力大于或小于对外侧的压力，则较大的压力将占优势，使球层的速度被加速或减速，这取决于该力与球层运动方向一致或相反。所以每一球层都保持其均匀运

动，其必要条件是球层两侧压力相等，方向相反。所以，由于压力正比于邻接表面，还正比于相互间的移动，而移动又反比于表面，即反比于表面到球心距离的平方。但围绕轴的角运动差正比于移动除以距离，或正比于移动反比于距离；即，将这些比式相乘，反比于距离的立方。所以，如果在无限直线 *SABCDEQ* 的不同部分作垂线 *Aa*、*Bb*、*Cc*、*Dd*、*Ee* 等，反比

于差的和 SA、SB、SC、SD、SE 等即全部角运动的立方，则将正比于对应线段 Aa、Bb、Cc、Dd、Ee 等的和，即（如果使球层数无限增加，厚度无限减小，构成均匀流体介质）正比于相似于该和的双曲线面积 AaQ、BbQ、CcQ、DdQ、EeQ 等；其周期则反比于角运动，还反比于这些面积。所以，任意球层 DIO 的周期时间反比于面积 DdQ，即（由已知求面积法）正比于距离 SD 的平方。这正是首先要证明的。

情形 2： 由球心作大量非给定直线，它们与轴所成角为给定的，相互间的差相等；设这些直线绕轴转动，球层被分割为无数圆环；则每一个圆环都有四个圆环与它邻接，即其内侧一个，外侧一个，两边还各有一个。现在，这些圆环不能受到相等的力推动，内环与外环的摩擦方向相反，除非运动的传递按情形 1 所证明的规律进行。这可以由上述证明得出。所以，任意一组由球沿直线向外延伸的圆环，都将按情形 1 的规律运动，除非设它受到两边圆环的摩擦。但根据该规律，运动中不存在这种情况，所以不会阻碍圆环按该规律运动。如果到球的距离相等的圆环在极点的转动比在黄道点快或慢，则如果慢，相互摩擦使其加速，而如果快，则使其减速；致使周期时间逐渐趋于相等，这可以由情形 1 推知。所以这种摩擦完全不阻碍运动按情形 1 的规律进行，因此该规律是成立的，即不同圆环的周期时间正比于它们到球心的距离的平方。这是要证明的第二点。

情形 3： 现设每个圆环又被横截面分割为无数构成绝对均匀流体物质的粒子；因为这些截面与圆运动规律无关，只起产生流体物质的作用，圆运动规律将像从前一样维持不变。所有极小的圆环都不因这些截面而改变其大小和相互摩擦，或都做相同的变化。所以，原因的比例不变，效果的比例也保持不变，即运动与周期时间的比例不变。 证毕。

如果由此而产生的正比于圆运动的向心力，在黄道点大于极点，则必定有某种原因发生作用，把各粒子维系在其轨道上，否则在黄道上的物质总是飞离中心，并在涡旋外侧绕极点转动，再由此以连续环绕沿轴回到极点。

推论 I. 因此流体各部分绕球轴的角运动反比于它们到球心的距离的

平方，其绝对速度反比于同一平方除以它们到轴的距离。

推论Ⅱ. 如果球体在相似而无限的且匀速运动的静止流体中绕位置给定的轴均匀转动，则它传递给流体的转动运动类似于涡旋的运动，该运动将向无限远逐渐传播；并且，该运动将在流体各部分中逐渐增加，直到各部分的周期时间正比于它们到球的距离的平方。

推论Ⅲ. 因为涡旋内部由于其速度较大而持续压迫并推动外部，并通过该作用把运动传递给它们，与此同时外部又把相同的运动量传递给更远的部分，并保持其运动量持续不变，不难理解该运动逐渐由涡旋中心向外围转移，直到它相当平复并消失于其周边无限延伸的边际。任意两个与该涡旋共心的球面之间的物质绝不会被加速，因为这些物质总是把它由靠近球心处所得到的运动传递给靠近边缘的物质。

推论Ⅳ. 所以，为了维持涡旋的相同运动状态，球体需要从某种动力来源获得与它连续传递给涡旋物质的相等的运动量。没有这一来源，不断把其运动向外传递的球体和涡旋内部，无疑将逐渐地减慢运动，最后不再旋转。

推论Ⅴ. 如果另一只球在距中心某距离处漂浮，并在同时受某力作用绕一给定的倾斜轴匀速转动，则该球将激起流体像涡旋一样地转动；起初这个新的小涡旋将与其转动球一同绕另一中心转动；同时它的运动传播得越来越远，逐渐向无限延伸，方式与第一个涡旋相同。出于同样原因，新涡旋的球体被卷入另一个涡旋的运动，而这另一个涡旋的球又被卷入新涡旋的运动，使得两只球都绕某个中间点转动，并由于这种圆运动而相互远离，除非有某种力维系着它们。此后，如果使二球维持其运动的不变作用力中止，则一切将按力学规律运动，球的运动将逐渐停止（由本命题推论Ⅲ和推论Ⅳ谈到的原因），涡旋最终将完全静止。

推论Ⅵ. 如果在给定处所的几只球以给定速度绕位置已知的轴均匀转动，则它们激起同样多的涡旋并伸展至无限。因为根据与任意一个球把其运动传向无限远处的相同的道理，每个分离的球都把其运动向无限远传播；这使得无限流体的每一部分都受到所有球的运动的作用而运动。所以各涡旋之间没有明确分界，而是逐渐相互介入；而由于涡旋的相互作用，球将逐渐离开其原先位置，正如前一推论所述；它们相互之间也不可能维持一确定的位置关系，除非有某种力维系着它们。但如果持续作用于球体使之维持运动的力中止，涡旋物质(由本命题推论Ⅲ和推论Ⅳ中的理由)将逐渐停止，不再做涡旋运动。

推论Ⅶ. 如果类似的流体盛贮于球形容器内，并由于位于容器中心处的球的均匀转动而形成涡旋；球与容器关于同一根轴同向转动，周期正比于半径的平方；则流体各部分在其周期实现正比于到涡旋中心距离的平方之前，不会做既不加速亦不减速的运动。除了这种涡旋，由其他方式构成的涡旋都不能持久。

推论Ⅷ. 如果这个盛有流体和球的容器保持其运动，此外还绕一给定轴做共同角运动转动，则因为流体各部分间的相互摩擦不由于这种运动而改变，各部分之间的运动也不改变；因为各部分之间的移动决定于这种摩擦。每一部分都将保持这种运动，来自一侧阻碍它运动的摩擦等于来自另一侧加速它运动的摩擦。

推论Ⅸ. 所以，如果容器是静止的，球的运动为已知，则可以求出流体运动。因为设一平面通过球的轴，并做反方向运动；设该转动与球转动时间的和比球转动时间等于容器半径的平方比球半径的平方；则流体各部分相对于该平面的周期时间将正比于它们到球心距离的平方。

推论Ⅹ. 所以，如果容器围绕一个与球相同的轴运动，或以已知速度绕不同的轴运动，则流体的运动也可以求知。因为，如果由整个系统的运动减去容器的角运动，由推论Ⅷ知，则余下的所有运动保持相互不变，并可以由推论Ⅺ求出。

推论Ⅺ. 如果容器与流体是静止的，球以均匀运动转动，则该运动将逐渐由全部流体传递给容器，容器则被它带动而转动，除非它被固定住；流体和容器则被逐渐加速，直到其周期时间等于球的周期时间。如果容器受某力阻止或受不变力均匀运动，则介质将逐渐地趋近于推论Ⅷ、推论Ⅸ、推论Ⅹ所讨论的运动状态，而绝不会维持在其他状态。但如果这种使球和容器以确定运动转动的力中止，则整个系统将按力学规律运动，容器和球体在流体的中介作用下，将相互作用，不断把其运动通过流体传递给对方，直到它们的周期时间相等，整个系统像一个固体一样地运动。

附　注

以上所有讨论中，我都假定流体由密度和流体性均匀的物质组成；我所说的流体是这样的，不论球体置于其中何处，都可以以其自身的相同运动，在相同的时间间隔内，向流体内相同距离连续传递相似且相等的运动。物质的圆运动使它倾向于离开涡旋轴，因而压迫所有在它外面的物质。这种压力使摩擦增大，各部分的分离更加困难；导致物质流动性的减小。又，如果流体位于任意一处的部分密度大于其他部分，则该处流动性减小，因为此处能相互分离的表面较少。在这些情形中，我假定所缺乏的流动性为这些部分的润滑性或柔软性，或其他条件所补足，否则流动性较小处的物质将连接更紧，惰性更大，因而获得的运动更慢，并传播得比上述比值更远。如果容器不是球形，粒子将不沿圆周而是沿对应于容器外形的曲线运动，其周期时间将近似于正比于它们到中心的平均距离的平方。在中心与边缘之间，空间较宽处运动较慢，而较窄处较快；否则，流体粒子将由于其速度较快而不再趋向边缘；因为它们掠过的弧线曲率较小，离开中心的倾向随该曲率的减小而减小，其程度与随速度的增加而增加相同。当它们由窄处进入较宽空间时，稍稍远离了中心，但同时也减慢了速度；而当它们离开较宽处而进入较窄空间时，又被再次加速。因此每个粒子都被反复减速和加速。这正是发生在坚硬容器中的情形；至于无限流体中的涡旋的状态，已在本命题推论Ⅵ中熟知。

我之所以在本命题中研究涡旋的特性，目的在于想了解天体现象是否可以通过它们做出解释；这些现象是这样的，卫星绕木星运行的周期正比于它们到木星中心距离的 $\frac{3}{2}$ 次幂；行星绕太阳运行也遵从相同的规律。就已获得的天文观测资料来看，这些规律是高度精确的。所以如果卫星和行星是由涡旋携带绕木星和太阳运转的,则涡旋必定也遵从这一规律。但我们在此发现,涡旋各部分周期正比于它们到运动中心距离的平方;该比值无法减小并化简为 $\frac{3}{2}$ 次幂,除非涡旋物质距中心越远其流动性越大,或流体各部分缺乏润滑性所产生的阻力(正比于使流体各部分相互分离的行进速度),以大于速度增大比率的比率增大。但这两种假设似乎是不合理的。粗糙而流动着的部分若不受中心的吸引,必倾向于边缘。在本章开头,我虽然为了证明的方便,曾假设阻力正比于速度,但实际上,阻力与速度的比很可能小于这一比值;有鉴于此,涡旋各部分的周期将大于它们与其到中心距离平方的比值。如果像某些人所设想的那样,涡旋在近中心处运动较快,在某一界限处较慢,而在近边缘处又较快,则不仅得不到 $\frac{3}{2}$ 次幂关系,也得不到其他任何确定的比值关系。还是让哲学家去考虑怎样由涡旋来说明 $\frac{3}{2}$ 次幂的现象吧。

命题 53　定理 41

为涡旋所带动的物体,若能在不变轨道上环绕,则其密度与涡旋相同,且其速度与运动方向遵从与涡旋各部分相同的规律。

如果设涡旋的一小部分是固着的,其粒子或物理点相互间维持既定的位置关系,则这些粒子仍按原先的规律运动,因为密度、惯性及形状都没有改变。又,如果涡旋的一个固着或固体部分的密度与其余部分相同,并被融化为流体,则该部分也仍遵从先前的规律,其变得有流动性的粒子间相互运动除外。所以,由于粒子间相互运动完全不影响整体运动,可以忽略不计,则整体的运动与原先相同。而这一运动,与涡旋中位于中心另一侧距离相等处的部分的运动相同;因为现融化为流体的固体部分与该涡旋的另一部分完全相似,所以,如果一块固体的密度与涡旋物质相同,则与它所处的涡旋部分做相同运动,与包围着它的物质保持相对静止。如果它密度较大,则它比原先更倾向于离开中心,并将克服把它维系在其轨道上并保持平衡的涡旋力，离开中心，沿螺旋线运行，不再回到相同的轨道上。由相同的理由，如果它密度较小，则将趋向中心。所以，如果它与流体密度不同，则绝不可能沿不变轨道运动。而我们在此情形中，也已经证明它的运行规律与流体到涡旋中心距离相同或相等的部分相同。

推论Ⅰ. 在涡旋中转动并总是沿相同轨道运行的固体，与携带它运动的流体保持相对静止。

推论Ⅱ. 如果涡旋是密度均匀的，则同一个物体可以在距涡旋中心任意远处转动。

附　注

由此看来，行星的运动并非由物质涡旋所携带；因为，根据哥白尼的假设，各行星沿椭圆绕太阳运行，太阳在其公共焦点上；由行星指向太阳的半径所掠过的面积正比于时间。但涡旋的各部分绝不可能做这样的运动。因为，令 AD、BE、CF 表示三个绕太阳 S 的轨道，其中最外的圆 CF

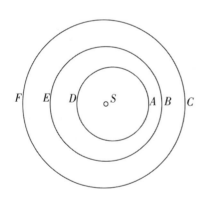

与太阳共心；令里面两圆的远日点为 A、B，近日点为 D、E。这样，沿轨道 CF 运动的物体，其伸向太阳的半径所掠过的面积正比于时间，做匀速运动。根据天文学规律，沿轨道 BE 运动的物体，在远日点 B 较慢，在近日点 E 较快；而根据力学规律，涡旋物质在 A 和 C 之间的较窄空间里的运动应当快于它在 D 和

F 之间较宽的空间，即在远日点较慢而在近日点较快。这两个结论是相互矛盾的。以火星的远日点室女座为起点标记火星与金星轨道间的距离，比以双鱼座为起点标记的相同轨道间的距离，大约为 3∶2；因而这两个轨道之间的物质，在双鱼座起点处的速度应大于在室女座起点处，比值为 3∶2；因为在一次环绕中，相同的物质的量在相同时间里所通过的空间越窄，则在该空间里的速度越大。所以，如果地球与携带它运转的天体物质

是相对静止的，并共同绕太阳转动，则地球在双鱼座起点处的速度比在室女座起点处的速度，也应为 3：2。所以太阳的周日运动，在室女座起点处应长于 70 分钟，在双鱼座的起点处则应短于 48 分钟；然而，经验观测结果正相反，太阳在双鱼座起点的运动却快于在室女座起点；所以地球在室女座起点的运动快于在双鱼座起点的运动；这使得涡旋假说与天文现象严重对立，非但无助于解释天体运动，反而把事情弄糟。这些运动究竟是怎样在没有涡旋的自由空间中进行的，可以在第一卷中找到解答；我将在下一卷中对此做进一步论述。

第三卷 宇宙体系（使用数学的论述）

在前两卷中，我已奠定了哲学的基本原理；这些原理不是哲学的，而是数学的；由此可以在哲学探索中进行推理。这些原理是某些运动和力的定律和条件，这些运动和力主要是与哲学有关的；为不使它们流于枯燥贫乏，我还曾不时引入哲学附注加以说明，指出某些事物具有普适特性，它们似乎是哲学的主要依靠；诸如物体的密度和阻力，完全没有物体的空间，以及光和声音的运动，等等。现在，我要由同样的原理来证明宇宙体系的结构。为使这一课题能为更多人所了解，我的确曾使用通俗的方法来写这第三卷；但后来，考虑到未很好掌握这些原理的人可能不容易认识有关结论的意义，也无法排除沿袭多年的偏见，所以，为避免由这些说明引发争论，我采取了把本卷内容纳入命题形式（数学方式的）的办法，读者必须首先掌握前两卷中提出的原理，才能阅读本卷；我并不主张所有人都把前两卷中的命题逐条研习，因为它们为数过多太费时间，甚至对于通晓数学的人而言也是如此。如果读者仔细读过定义、运动定律和第一卷的前三章，即已足够。他可以直接阅读本卷，至于在本卷中引述的前两卷中的其他命题，读者在遇到时需随时查阅。

哲学中的推理规则

规则 I

寻求自然事物的原因，不得超出真实和足以解释其现象者。

为达此目的，哲学家们说，自然不做徒劳的事，解释多了白费口舌，言简意赅才见真谛，因为自然喜欢简单性，不会响应于多余原因的侈谈。

规则 II

因此对于相同的自然现象，必须尽可能地寻求相同的原因。

例如人与野兽的呼吸，欧洲与美洲的石头下落，炊事用火的光亮与阳光，地球反光与行星反光。

规则 III

物体的特性，若其程度既不能增加也不能减少，且在实验所及范围内为所有物体共有，则应视为一切物体的普遍属性。

因为，物体的特性只能通过实验为我们所了解，我们认为是普适的属性只能是实验上普适的，只能是既不会减少又绝不会消失的。我们当然既不会因为梦幻和凭空臆想而放弃实验证据，也不会背弃自然的相似性，这种相似性应是简单的，首尾一致的。我们无法逾越感官而了解物体的广延，也无法由此而深入物体内部；但是，因为我们假设所有物体的广延是可感知的，所以也把这一属性普遍地赋予所有物体。我们由经验知道许多物体是硬的；而全体的硬度是由部分的硬度所产生的，所以我们恰当地推断，不仅我们感知的物体的粒子是硬的，而且所有其他粒子都是硬的。说所有物体都是不可穿透的，这不是推理而来的结论，而是感知的。我们发现拿着的物体是不可穿透的，由此推断出不可穿透性是一切物体的普遍性质。说所有物体都能运动，并赋予它们在运动时或静止时具有某种保持其状态的能力(我们称之为惯性)，只不过是由我们曾见到过的物体中所发现的类似特性而推断出来的。全体的广延、硬度、不可穿透性、可运动性和惯性，都是由部分的广延、硬度、不可穿透性、可运动性和惯性所造成的；因而我们推断所有物体的最小粒子也都具有广延、硬度、不可穿透性、可运动性，并赋予它们以惯性性质。这是一切哲学的基础。此外，物体分离的但又相邻接的粒子可以相互分开，是观测事实；在未被分开的粒子内，我们的思维能区分出更小的部分，正如数学所证明的那样。但如此区分开的，以及未被分开的部分，能否确实由自然力分割并加以分离，我们尚不得而知。然而，只要有哪怕是一例实验证明，由坚硬的物体上取下的任何未分开的小粒子被分割开来了，我们就可以沿用本规则得出结论，已分开的和未分开的粒子实际上都可以分割为无限小。

最后，如果实验和天文观测普遍发现，地球附近的物体都被吸引向地球，吸引力正比于物体各自所包含的物质；月球也根据其物质的量被吸引向地球；而另一方面，我们的海洋被吸引向月球；所有的行星相互吸引；彗星以类似方式被吸引向太阳；则我们必须沿用本规则赋予一切物体以普遍相互吸引的原理。因为一切物体的普遍吸引是由现象得到的结论，所以它比物体的不可穿透性显得有说服力；后者在天体活动范围内无法由实验或任何别的观测手段加以验证。我肯定重力不是物体的基本属性；我说到固有的力时，只是指它们的惯性。这才是不会变更的。物体的重力会随其远离地球而减小。

规则 IV

在实验哲学中，在出现其他的或可排除命题，或可使之变得更加精确的现象之前。我们必须将由现象所归纳出的命题视为完全正确的或基本正确的，而不管想象所可能得到的与之相反的种种假说。

我们必须遵守这一规则，使假说不至于脱离归纳出的结论。

现　象

现象 I

木星的卫星，由其伸向木星中心的半径所掠过的面积，正比于运行时间；设恒星静止不动，则它们的周期时间正比于到其中心距离的 $\frac{3}{2}$ 次幂。

这是天文观测事实。因为这些卫星的轨道虽不是与木星共心的圆，但却相差无几；它们在这些圆上的运动是均匀的。所有天文学家都公认木星卫星的周期时间正比于其轨道半径；下表也证实了这一点。

木星卫星的周期

1 天 18 小时 27 分 34 秒，3 天 13 小时 13 分 42 秒，7 天 42 分 36 秒，16 天 16 小时 32 分 9 秒。

木星卫星到木星中心的距离

观测值	1	2	3	4	
波莱里①的观测	$5\frac{2}{3}$	$8\frac{2}{3}$	14	$24\frac{2}{3}$	木星半径
唐利②用千分仪的观测	5.52	8.78	13.47	24.72	
卡西尼③用望远镜的观测	5	8	13	23	
卡西尼通过卫星交食的	$5\frac{2}{3}$	9	$14\frac{23}{60}$	$25\frac{3}{10}$	
由周期推算值	5.667	9.017	14.384	25.299	

庞德先生曾使用最精确的千分仪按下述方法测出木星直径及其卫星的距角。他用 15 英尺长的望远镜中的千分仪，在木星到地球的平均距离上，测出木卫四到木星的最大距角为大约 $8'16''$。木卫三的距角用 123 英尺长望远镜中的千分仪测出，在木星到地球的同一个距离上，该距角为 $4'42°$。在木星到地球的同一个距离上，由其周期时间推算出另两颗卫星的距角为 $2'56''47'''$ 和 $1'51''6'''$。

木星的直径由 123 英尺望远镜的千分仪测量过多次，在木星到地球的平均距离上，它总是小于 $40''$，但从未小于 $38''$，一般为 $39''$。在较短的望远镜内为 $40''$ 或 $41''$；因为木星的光由于光线折射率的不同而略有扩散，该扩散与木星直径的比，在较长、较完善的望远镜中较小，而在较短、性能差些的镜中较大。还用长望远镜观测过木卫一和木卫三两星通过木星星体

---

① Borelli，1608—1679，意大利天文学家，生理学家，数学家，最先提出彗星沿抛物线运动 (1665)。

② Townly，Richard，1625—1707，英国自然哲学家，曾对千分仪做出重大改进。

③ Cassimi，G. D.，1625—1712，法国天文学家，为巴黎天文台首任台长。

的时间，从初切开始到终切开始，以及从初切结束到终切结束。由木卫一通过木星来看，在其到地球的平均距离上，木星直径为 $37\frac{1}{8}''$，而由木卫三则给出 $37\frac{3}{8}''$。还观测过木卫一的阴影通过木星的时间，由此得出木星在其到地球的平均距离上直径约为 $37''$。我们设木星直径极为近似于 $37\frac{1}{4}''$，则木卫一、木卫二、木卫三和木卫四的距角分别为木星半径的 5.965、9.494、15.141 和 26.63。

现象 II

土星卫星伸向土星中心的半径，所掠过的面积正比于运行时间；设恒星静止不动，则它们的周期时间正比于它们到土星中心距离的 $\frac{3}{2}$ 次幂。

因为，正如卡西尼由其本人的观测所推算的，卫星到土星中心的距离与它们的周期时间如下：

土星卫星的周期时间

1 天 21 小时 18 分 27 秒，2 天 17 小时 41 分 22 秒，4 天 12 小时 25 分 12 秒，15 天 22 小时 41 分 14 秒，79 天 7 小时 48 分 00 秒。

土星卫星到土星中心的距离（按半径计算）

观测值	$1\frac{19}{20}$	$2\frac{1}{2}$	$3\frac{1}{2}$	8	24
由周期推算值	1.93	2.47	3.45	8	23.35

一般由观测推算出土卫四到土星中心的最大距角非常近似于其半径的 8 倍。但用装在惠更斯先生精度极高的 123 英尺望远镜中的千分仪发现，该卫星到土星中心的最大距角为其半径的 $8\frac{7}{20}$ 倍。由此观测与周期推算卫星到土星中心的距离为土星环半径的 2.1 倍、2.69 倍、3.75 倍、8.7 倍和 25.35 倍。同一望远镜观测到土星直径比环直径等于 3：7；1719 年 5 月

28—29 日，测得土星环直径为 $43''$；因此，当土星处于到地球的平均距离上时，环直径为 $42''$，土星直径为 $18''$。这些结果是在极长的高精度望远镜中测出的，因为在这样的望远镜中，天体的像与像边缘的光线扩散比值较大，而在较短的望远镜中该值较小。

所以，如果排除所有的虚光，土星的直径将不大于 $16''$。

现象 Ⅲ

五颗行星，水星、金星、火星、木星和土星，在其各自的轨道上环绕太阳运转。

水星与金星绕太阳运行，可以由它们像月球一样的盈亏证明。当它们呈满月状时，相对于我们而言高于或远于太阳；当它们呈亏状时，它们处于太阳的一侧或另一侧相同高度上；当它们呈新月状时，它们则低于我们或在我们与太阳之间；有时它们直接处于太阳之下，看上去像通过太阳表面的斑点。火星在与太阳的会合点附近时呈满月状，在方照点时呈凸月状，这表明它绕太阳运转。木星和土星也同样绕太阳运动，它们在所有位置上都是满月状；因为卫星的阴影时常出现在它们的表面上，这表明它们的光亮不是自己发出的，而是借自太阳。

现象 Ⅳ

设恒星静止不动，则五颗行星以及地球环绕太阳(或太阳环绕地球)的周期，正比于它们到太阳平均距离的 $\frac{3}{2}$ 次幂。

这个比率最先由开普勒发现，现已为所有天文学家接受；因为无论是太阳绕地球转，还是地球绕太阳转，周期时间是不变的，轨道尺度也是不变的。至于周期时间的测量，所有天文学家都是一致的。但在轨道尺度方面，开普勒和波里奥[①]的观测推算比所有其他天文学家都精确；对应于周

---

① BoulHau，Ismael，1605—1694，法国数学家、天文学家。

期值的平均距离与它们的预期值不同，但相差无几，而且绝大部分介于它们之间；如下表所示。

行星和地球绕太阳运动周期时间（按天计算，太阳保持静止）

♄	♃	♂
10 759.275	4 332.514	686.978 5

♁	♀	☿
365.256 5	224.617 6	87.969 2

行星与地球到太阳的平均距离

	♄	♃	♂
开普勒的结果	951 000	519 650	152 350
波里奥的结果	954 198	522 520	152 350
按周期计算结果	954 006	520 096	152 369

	♁	♀	☿
开普勒的结果	100 000	72 400	38 806
波里奥的结果	100 000	72 398	38 585
按周期计算结果	100 000	72 333	38 710

水星与金星到太阳的距离是无可怀疑的，因为它们是由行星到太阳的距角推算出的；至于地球以外的行星的距离，有关的争论都已被木星卫星的交食所平息，因为通过交食可以确定木星投影的位置，由此即可求出木星的日心经度长度，再通过比较其日心经度长度与地心经度长度，即可求出其距离。

现象 V

行星伸向地球的半径，所掠过的面积不与时间成正比；但它们伸向太阳的半径所掠过的面积正比于运行时间。

因为相对于地球而言，它们有时顺行，有时驻留，有时逆行。但从太阳看上去，它们总是顺行的，其运动接近于匀速，也就是说，在近日点稍快，远日点稍慢，因而能保持掠过面积的相等性。这在天文学家中是人所共知的命题，尤其是它可以由木星卫星的交食加以证明；前面已经指出，通过这些交食，可以确定木星的日心经度长度以及它到太阳的距离。

现象 Ⅵ

月球伸向地球中心的半径所掠过的面积正比于运行时间。

这可以由将月球的视在运动与其直径相比较得出。月球的运动确实略受太阳作用的干扰，但误差小而且不明显，我在罗列诸现象时予以忽略。

命　题

命题 1　定理 1

使木星卫星连续偏离直线运动，停留在适当轨道上运动的力，指向木星的中心，反比于从这些卫星的处所到木星中心距离的平方。

本命题的前一部分由现象Ⅰ和第一卷命题 2 或命题 3 证明；后一部分则由现象Ⅰ和第一卷命题 4 推论Ⅵ证明。

环绕土星的卫星，可以由现象Ⅰ推知相同结论。

命题 2　定理 2

使行星连续偏离直线运动，停留在其适当轨道上运动的力，指向太阳，反比于这些行星到太阳中心距离的平方。

本命题的前一部分可以由现象 Ⅴ 和第一卷命题 2 证明；后一部分可以由现象Ⅳ和第一卷命题 4 推论Ⅵ证明。但该部分可以极高精度由远日点的静止加以证明；因为对距离的平方反比关系的极小偏差（由第一卷命题 45 推论Ⅰ）都足以使每次环绕中的远日点产生明显运动，而多次环绕则会产生巨大误差。

命题 3　定理 3

使月球停留在环绕地球轨道的力指向地球，反比于它到地球中心距离的平方。

本命题前一部分可以由现象 VI 和第一卷命题 2 或命题 3 证明；后一部分则可由月球的远地点运动极慢证明；月球在每次环绕中远地点前移 $3°3'$，可以忽略不计。因为（由第一卷命题 45 推论 I），如果月球到地心距离比地球半径等于 D 比 1，则导致该运动的力反比于 $D^{2\frac{4}{243}}$，即反比于 D 的幂，指数为 $2\frac{4}{243}$；也就是说，略大于平方反比关系，但它接近平方反比关系比接近立方反比关系强 $59\frac{3}{4}$ 倍。而由于这项增加是太阳作用引起的（以后将讨论），在此略去不计。太阳的作用把月球自地球吸引开，约正比于月球到地球的距离；因而（由第一卷命题 45 推论 II）它比月球的向心力等于 $2:357.45$，或接近如此，即等于 $1:178\frac{29}{40}$。如果忽略如此之小的太阳力，则余下使月球停留在其轨道上的力，它反比于 D^2；如果像下一个命题中那样把该力与重力作对比，这一点即可得到更充分的说明。

推论. 设月球向地球表面下落时，它受到的引力反比于其高度的平方增大，如果将使月球停留在其轨道上的平均向心力先按比 $177\frac{29}{40}:178\frac{29}{40}$，继之按地球半径的平方比月球与地球中心的平均距离增大，则可以得到月球处于地球表面上时的向心力。

命题 4　定理 4

月球吸引地球，这一重力使它连续偏离直线运动，停留在其轨道上。

月球在朔望点到地球的平均距离，以地球半径计，托勒密和大多数天文学家推算为 59，凡德林（Vendelin）和惠更斯为 60，哥白尼为 $60\frac{1}{3}$，司特里特①为 $60\frac{2}{5}$，而第谷为 $56\frac{1}{2}$。但是第谷以及所有引用他的折射表的人，都认为阳光和月光的折射(与光的本性不合)大于恒星光的折射，在地平面附近约大 4 分或 5 分，这样使月球地平视差增大了相同数值，即使整个视差增大了 $\frac{1}{12}$ 或 $\frac{1}{15}$。纠正该项误差，即得到距离约为地球半径的 $60\frac{1}{2}$ 倍，接近于其他人的数值。我们设在朔望点的平均距离为地球半径的 60 倍；设月球的一次环绕，参照恒星时间，为 27 天 7 小时 43 分钟，与天文学家的数值相同；地球周长为 123 249 600 巴黎尺(法国度量制)。如果月球丧失其全部运动，受使其停留在轨道上的力(由第三卷命题 3 推论)的作用而落向地球，则它 1 分钟时间内掠过的距离为 $15\frac{1}{12}$ 巴黎尺。这可以由第一卷命题 36，或(等价地)由第一卷命题 4 推论Ⅸ推算出来。因为月球在地球半径的 60 倍处 1 分钟所掠过的轨道弧长的正矢约为 $15\frac{1}{12}$ 巴黎尺，或更准确地说为 15 英尺 1 英寸 $1\frac{4}{9}$ 分。因此，由于月球被引向地球的力正比于距离平方增加，当它在地球表面上时，该力为其在轨道上的 60×60 倍，而在地表附近，物体以该力下落时，1 分钟内掠过的距离为 $60\times60\times15\frac{1}{12}$ 巴黎尺；1 秒钟所掠过的距离为 $15\frac{1}{12}$ 英尺；或精确地说，为 15 英尺 1 英寸 $\frac{4}{9}$ 分。使地球表面上物体下落的正是这个力；因为正如惠更斯先生所发现的，在巴黎的经度上，秒摆的摆长为 3 巴黎尺 $8\frac{1}{2}$ 分。重物体在 1 秒钟内下落的距离比这种摆长的一半等于圆的周长比其直径的平方(惠更斯先生已经证明过)，所以为 15 巴黎尺 1 寸 $1\frac{7}{9}$ 分。所以，使月球停留在其轨道上的力，在月球落到地球表面上时，变为等于我们所看到的重力。所以

---

① Streete，Thomas，1622—1689，英国天文学家。

（由第三卷规则 I 和规则 II），使月球停留在其轨道上的力，与我们通常所称的重力完全相同；因为，如果重力是另一种不同的力，则落向地球的物体会受到这两种力的共同作用而使速度加倍，1 秒钟内掠过的距离则应为 $30\frac{1}{6}$ 巴黎尺，这与实验相冲突。

本推算以假设地球静止不动为基础；因为如果地球和月球都绕太阳运动，同时又绕它们的公共重心转动，则月球与地球中心间距离为地球半径的 $60\frac{1}{2}$ 倍；这可以由第一卷命题 60 推算出来。

附　注

本命题的证明可用下述方法作更详尽的解释。设若干个月球绕地球运动，像木星或土星体系那样；这些月球的周期时间（按归纳理由）应与开普勒发现的行星运动规律相同；因而由本卷命题 1，它们的向心力应反比于它们到地球中心距离的平方。如果其中轨道最低的一个很小，且与地球如此接近，几乎碰到最高的山峰顶尖，则使它停留在其轨道上的力，接近等于地面物体在该山顶上的重量，并可以由上述计算求出。如果同一个小月球失去使之维系在轨道上的离心力，并不再继续向前运动，则它将落向地球，下落速度与重物体自同一座山顶部实际下落速度相同，因为使二者下落的作用力是相等的。如果使最低轨道上的月球下落的力与重力不同，而该月球又像山顶上的地面物体那样被吸引向地球，则它应以 2 倍速度下落，因为它受到这两种力的共同作用。所以，由于这两种力，即重物体的重力和月球的向心力，都指向地球中心，相似而且相等，它们只能（由第三卷规则 I 和规则 II）有一个相同的原因。所以，使月球停留在其轨道上的力正是我们通常所说的重力，否则该小月球处在山顶时或者没有重力，或者以重物体下落速度的 2 倍下落。

命题 5　定理 5

木星的卫星被吸引向木星；土星的卫星被吸引向土星；各行星被吸引

向太阳；这些重力使它们偏离直线运动，停留在曲线轨道上。

因为木星卫星绕木星的运动，土星卫星绕土星的运动，以及水星、金星与其他行星绕太阳的运动，与月球绕地球的运动是同一种类的现象，所以，由第三卷规则Ⅱ，必须归于同一种类的原因；尤其是，业已证明这些环绕运动所依赖的力都是指向木星、土星和太阳中心的，以及这些力随着远离木星、土星和太阳按相同比率减小，而按同样的规律，远离地球的物体，其重力也作同样的减小。

推论Ⅰ. 有一种重力作用指向所有行星和卫星；因为，毫无疑问，金星、水星以及其他星球，与木星和土星都是同一类星体。而由于所有的吸引（由定律Ⅲ）都是相互的，木星也为其所有卫星所吸引，土星为其所有卫星所吸引，地球为月球所吸引，太阳也为其所有的行星所吸引。

推论Ⅱ. 指向任意一颗行星的重力反比于由该处所到该行星中心距离的平方。

推论Ⅲ. 由本命题推论Ⅰ和推论Ⅱ，所有的行星相互间也吸引。因此，当木星和土星接近其交会点时，它们之间的相互作用会明显干扰对方的运动。所以太阳干扰月球的运动；太阳与月球都干扰海洋的运动，这将在以后解释。

附　注

迄此为止，我们称使天体停留在其轨道上的力为向心力；但现已弄清，它不是别的，而是一种起吸引作用的力，此后我们即称为引力。因为根据规则1、2和4，使月球停留在其轨道上的向心力可以推广到所有行星和卫星。

命题6　定理6

所有物体都被吸引向每一个行星；物体对于任意一个行星的重量，在到该行星中心距离相等处，正比于物体各自所包含的物质的量。

很久以来人们就已观测到，所有种类的重物体（除去空气的微小阻力造成的不等性和减速)从相同的高度落到地面的时间相等；而时间的相等性是由摆以很高精度测定的。我曾用金、银、铅、玻璃、沙子、食盐、木块、水和小麦做过实验。我用两只相等的圆形木盒做摆，一只摆填充以木块，在另一只摆的摆动中心悬挂相同重量(尽可能地)的金。木盒所系的细绳都等于 11 英尺，使两只摆的重量与形状完全相同，受到的空气阻力也相等。把它们并排放在一起，长时间地观察它们同时往复的相等振动。因而(由第二卷命题 24 推论Ⅰ和推论Ⅵ)金的物质的量比木的物质的量等于所有作用于金的运动力比所有作用于木的运动力，即等于一个的重量比另一个的重量：对于其他物体也是如此。由这些相等重量的物体实验，我可以辨别出不到千分之一的物质差别，如果有这种差别的话。然而，毫无疑问，指向行星的引力的特性与指向地球的相同，因为，如果设想把地球物体送入月球轨道，同时使月球失去其所有运动，然后使两者同时落向地球，则由以前所证明的可以肯定，在相同时间内物体掠过的距离与月球相等，因而，其与月球物质的量的比，等于它们的重量比。还有，木星卫星的环绕时间正比于它们到木星中心距离的 $\frac{3}{2}$ 次幂，它们指向木星的加速引力反比于它们到木星中心距离的平方，即距离相等时力也相等。所以，如果设这些卫星自相同高度落向木星，则它们将像我们的地球物体那样，在相同时间内掠过相等距离。由相同理由，如果太阳行星自相同距离落向太阳，它们也应在相同时间内掠过相等距离。但不相等物体的相等加速力正比于物体，即行星趋向太阳的重量正比于其物质的量。而且，木星及其卫星趋向太阳的重量正比于它们各自的物质的量，这可以由木星卫星极为规则的运动(由第一卷命题 65 推论Ⅲ)得到证明。因为，如果这些物体中的某几个按其物质的量的比例受太阳的吸引比其他物体更强，则卫星运动会受到不相等吸引力的干扰(第二卷命题 65 推论Ⅱ)。如果在到太阳相等距离处，任何卫星按其物质的量的比例受太阳的吸引力的确大于木星所受的吸引力比其物质的量，设为任意给定量 d 比 e，则太阳中心与木星卫星轨道中心间距将总是大于太阳中心与木星中心间距，约正比于上述比值的平方根，如我过去的计算那样。而如果卫星受太阳的吸引力偏小，偏小值为 e 比 d，则卫星轨道中心到太阳的距离小于木星中心到太阳的距离，偏小值为同一比值的平方根。所以，如果在到太阳相等的距离处，任何卫星指向太阳的加速引力大于或小于木星指向太阳的加速引力的 $\dfrac{1}{1\,000}$ 部分，则卫星轨道中心到太阳的距离将比木星到太阳距离大或小总距离的 $\dfrac{1}{2\,000}$ 部分，即为木星最远卫星到木星中心距离的 $\dfrac{1}{5}$；这将使轨道的偏心变得非常明显。但卫星轨道与木星是共心的，因而木星的加速引力，以及其所有卫星指向太阳的加速引力是相等的。由相同理由，土星与其卫星指向太阳的重量，在到太阳距离相等处，正比于它们各自的物质的量；月球与地球指向太阳的重量，也没有什么不同，精确地正比于它们所包含的物质的量。而按本卷命题5推论Ⅰ和Ⅲ，它们必定有重量。

此外，每个行星所有部分指向任意其他行星的重量，其相互间的比等于各部分的物质的量的比；因为，如果某些部分的重量比其物质的量偏大或偏小，则整个行星将根据其所含主要成分的种类，重于或轻于它与总体的物质的量的比。这些部分在行星内部或外部是无关紧要的；因为，举例来说，设与我们在一起的地球物体被举高到月球轨道，并与月球物体作比较；如果这种物体的重量比月球以外部分的重量分别等于一个或另一个物体的物质的量，而比其内部部分的重量则偏大或偏小，那么相类似地，这些物体的重量比整个月球的重量也将偏大或偏小；这与我们以上的证明相对立。

推论Ⅰ. 物体的重量不取决它的形状和结构，因为如果重量随形状而改变，则相等的物质将会随形状的变化而变重或变轻，这与经验完全不合。

推论Ⅱ. 一般地，地球附近的物体都受地球的吸引；在到地心相等距离处，所有物体的重量正比于各自包含的物质的量。这正是我们实验所及范围内所有物体的本性，因而（由第三卷规则Ⅲ）也是所有物体的本性。如果以太，或任何其他物体，是完全没有重量的，或所受吸引小于其物质的量，则，因为(根据亚里士多德、笛卡儿等人的理论)这些物体与其他物体除物质形状以外并没有什么区别，通过一系列由形状到形状的变化，它最终可以变成与受吸引比其物质的量最大的物体条件相同的物体；而反过来，获得其最初形状的最重的物体，也将可以逐渐失去其重量。因此，重量决定于物体的形状，并且随形状的改变而改变，而这与业已证明的上一推论相矛盾。

推论Ⅲ. 一切空间都不是被相等地占据着，因为如果所有空间都被相等地占据着，则在空气中流淌的流体，由于物体密度极大，其比重将不会小于水银、金或任何其他密度最大的物质的比重；因而，无论是金或其他任何物体，都不可能在空气中下落；因为，除非物体的比重大于流体比重，否则它是不会在流体中下落的。而如果在任何给定空间中的物质的量可以因稀释而减小，又何以阻止它减小到无限？

推论Ⅳ. 如果所有物体的所有固体粒子密度相同，且不能不通过微孔而稀释，则虚空、空间或真空必须得到承认。我所说的相同密度的物体，指其惯性比其体积相等者。

推论Ⅴ. 引力的性质与磁力不同，因为磁力并不正比于被吸引的物质。某些物体受磁石吸引较强，另一些较弱，而大多数物体则完全不被磁石吸引。同一个物体的磁力可以增强或减弱；而且远离磁石时它不正比于距离的平方而是几乎正比于距离的立方减小，我这个判断得自较粗略的观察。

命题 7   定理 7

对于一切物体存在着一种引力，它正比于各物体所包含的物质的量。

我们以前已证明，所有行星相互间有吸引力；我们还证明过，当它们相互分离时，指向每个行星的引力反比于由各行星的处所到该行星距离的平方。因此(由第一卷命题 69 及其推论)指向所有行星的引力正比于它们所包含的物质的量。

此外，任意一颗行星 A 的所有部分都受到另一颗行星 B 的吸引，其每一部分的引力比整体的引力等于该部分的物质的量比总体的物质的量，而（由定律Ⅲ）每个作用都有一个相等的反作用，因而反过来看，行星 B 也受到行星 A 所有部分的吸引，其指向任一部分的引力比指向总体的引力等于该部分的物质的量比总体的物质的量。   证毕。

推论Ⅰ. 所以，指向任意一颗行星全体的引力由指向其各部分的引力复合而成。磁和电的吸引为我们提供了这方面的例子；因为指向总体的所有吸引力是由指向各部分的吸引力合成的。如果我们设想一颗较大的行星由许多较小的行星组合成球体而形成，则引力方面的情况也不难理解；因为在此很明显地整体的力必定是由各组成部分的力合成的。如果有人提出反驳，认为根据这一规律，地球上所有的物体必定都是相互吸引的，但却不曾在任何地方发现这种引力；我的回答是，因为指向这些物体的引力比指向整个地球的引力等于这些物体比整个地球，因而指向物体的引力必定远小于能为我们的感官所察觉的程度。

推论Ⅱ. 指向任意物体的各个相同粒子的引力，反比于到这些粒子距离的平方；这可以由第一卷命题 74 推论Ⅲ证明。

命题 8   定理 8

在两个相互吸引的球体内，如果环绕球心的所有层面以及到球心相等距离处的物质是相似的，则一个球相对于另一个球的重量反比于两球的距离的平方。

我在发现指向整个行星的引力由指向其各部分的引力复合而成，而且指向其各部分的引力反比于到该部分距离的平方之后，仍不能肯定，在合力由如此之多的分力组成的情况下，究竟距离的平方反比关系是精确成立，还是近似如此，因为有可能这一在较大距离上足以精确成立的比例关系在行星表面附近时会失效，在该处粒子间距离是不相等的，而且位置也不相似。但借助于第一卷命题 75 和命题 76 及其推论，我最终满意地证明了本命题的真实性，如我们现在所看到的。

推论Ⅰ. 由此我们可以求出并比较各物体相对于不同行星的重量，因为沿圆轨道绕行星转动的物体的重量（由第一卷命题 4 推论 Ⅱ）正比于轨道直径、反比于周期的平方，而它们在行星表面，或在距行星中心任意远处的重量（由本命题）将正比于距离的平方而变大或变小。金星绕太阳运动周期为 224 天 $16\frac{3}{4}$ 小时；木卫四绕木星周期为 16 天 $16\frac{8}{15}$，小时；惠更斯卫星绕土星周期为 15 天 $22\frac{2}{3}$ 小时；而月球绕地球周期为 27 天 7 小时 43 分；将金星到太阳的平均距离与木卫四到木星中心的最大距角 8′16″、惠更斯卫星到土星中心距角 3′4″，以及月球到地球距角 10′33″做一比较，通过计算，我发现相等物体在到太阳、木星、土星和地球的中心相等距离处，其重量之间的比分别等于 1、$\frac{1}{1\,067}$ 和 $\frac{1}{169\,282}$。因为随着距离的增大或减小，重量按平方关系减小或增大，相等的物体相对于太阳、木星、土星和地球的重量，在到它们的中心距离为 10 000、997、791 和 109 时，即物体刚好在它们的表面上时，分别正比于 10 000、943、529 和 435。这一重量在月球表面上为多少，将在以后求出。

推论Ⅱ．用类似方法可以求出各行星物质的量，因为它们的物质的量在到其中心距离相等处正比于引力，即在太阳、木星、土星和地球上，分别正比于 1、$\frac{1}{1\,067}$、$\frac{1}{3\,021}$ 和 $\frac{1}{169\,282}$。如果太阳视差大于或小于 10″30‴，则地球的物质的量必定正比于该比值的立方增大或减小。

推论Ⅲ．我们也可以求出行星的密度，因为（由第一卷命题 72）相等且相似的物体相对于相似球体的重量，在该球体表面上，正比于球体直径，因而相似球体的密度正比于该重量除以球直径。而太阳、木星、土星和地球直径相互间的比为 10 000、997、791 和 109，指向它们的重量比分别为 10 000、943、529 和 435；所以，它们的密度比为 100、$94\frac{1}{2}$、67 和 400。在此计算中，地球密度并不取决于太阳视差，而是由月球视差求出的，因此是可靠的。所以，太阳密度略大于木星，木星密度大于土星，而地球密度是太阳的 4 倍，因为太阳很热，处于一种稀薄状态。以后将会看到，月球密度大于地球。

推论Ⅳ. 其他条件不变时，行星越小，其密度即按比率越大，因为这样可以使它们各自的表面引力近于相等。类似地，在其他条件相同时，它们距太阳越近，密度越大，所以木星密度大于土星，而地球密度大于木星；因为各行星被分置于到太阳不同距离处，使得它们按其密度的程度，享受太阳热量的较大或较小比。地面上的水，如果送到土星轨道的地方，则会变为冰，而在水星轨道处，则会变为蒸汽而飞散；因为正比于太阳热的阳光，在水星轨道处是我们的 7 倍，我曾用温度计发现，7 倍于夏日阳光的热会使水沸腾。毋庸置疑，水星物质必定适应其热度，因此其密度大于地球物质；这是由于对于较密的物质，自然的作用需要更强的热。

命题 9　定理 9

在行星表面以下，引力近似正比于到行星中心的距离减小。

如果行星由均匀密度物质构成，则本命题精确成立（由第一卷命题 73）。因此，其误差不会大于密度均差所产生的误差。

命题 10　定理 10

行星在天空中的运动将持续极长的时间。

在第二卷命题 40 的附注中，我曾证明冻结成冰的水球在空气中自由运动时，掠过其半径的长度时空气阻力使其失去总运动的 $\frac{1}{4\,586}$ 部分；同样的比率适用于所有球，不论它有多大，速度多快。但地球的密度比它仅由水组成要大得多，我的证明如下：如果地球只是由水组成的，则凡是密度小于水的物体，因其比重较小，将漂浮在水面上。根据这一理由，如果一个由地球物质组成的球体四周为水所包围，则由于它的密度小于水，将会在某处漂浮起来，而水则下沉聚集到相反的一侧。而我们地球的状况是，其表面很大部分为海洋所包围。如果地球密度不大于水，则应在海洋中漂浮起来，并根据它稀疏的程度，在洋面上或多或少地露出，而海洋中的水则流向相反的一侧。由同样的理由，太阳的黑斑，漂浮在发光物质的上面，轻于这种物质；而不论行星是如何构成的，只要它是流体物质，所有更重的物质都将沉入中心。所以，由于我们地球表面上的普通物质为水的重量的 2 倍，在较深处的矿井中，物质约重 3 倍，或 4 倍，甚至 5 倍，所以，地球的总物质的量约比它由水构成时重 5 倍或 6 倍；尤其是，我已证明过，地球密度约比木星大 4 倍。所以，如果木星密度比水略大，则在 30 天里，在木星掠过 459 个半径长度的空间内，它在与空气密度相同的介质中约失去其运动的 $\frac{1}{10}$ 部分。但由于介质阻力正比于其重量或密度减小，使得为水银重量 $\frac{5}{68}$ 的水其阻力也为水银的 $\frac{5}{68}$；而空气又为水重量的 $\frac{1}{860}$ 倍，其阻力也为水的 $\frac{1}{860}$；所以在天空中，由于行星于其中运动的介质的重量极小，其阻力几乎为零。

在第二卷命题 22 的附注中，曾证明在地面以上 200 英里高处，空气密度比地面空气密度小，其比值为 30∶0.000 000 000 000 399 8，或近似等于 75 000 000 000 000∶1，所以如果木星在密度等于该上层空气密度的介质中运动，则 100 万年中，介质阻力只使它失去百万分之一部分的运动。在地球附近的空间中，阻力只由空气、薄雾和蒸汽产生。如果用装在容器底部的空气泵仔细地抽去，则在容器内下落的重物体是完全自由的，没有任何可察觉的阻力；金与最轻的物体同时下落，速度是相等的；虽然它们通过的空间长达 4 英尺、6 英尺或 8 英尺，却在同时到达瓶底；实验证明了这一点。所以，在天空中完全没有空气和雾气，行星和彗星在这样的空间中不受明显的阻力作用，将在其中运动极长的时间。

假设 I

宇宙体系的中心是不动的。

所有人都承认这一点。只不过有些人认为是地球，而另一些认为是太阳处于这个中心。让我们来看看由此会导致什么结果。

命题 11 定理 11

地球、太阳以及所有行星的公共重心是不动的。

因为(由定律推论Ⅳ)该重心或是静止的,或做匀速直线运动;而如果该重心是运动的,则宇宙的重心也运动,这与假设相矛盾。

命题 12 定理 12

太阳受到一个连续运动的推动,但从来不会远离所有行星的公共重心。

因为(由第三卷命题 8 推论Ⅱ)太阳的物质的量比木星的物质的量等于1 067∶1;木星到太阳的距离比太阳半径略大于该比率,所以木星与太阳的共同重心将落在位于太阳表面以内的一点上。由同样理由,由于太阳物质的量比土星物质的量等于3 021∶1,土星到太阳的距离比太阳半径略小于该比率,所以土星与太阳的公共重心位于太阳内略靠近表面的一点上。应用相同的计算原理,我们会发现,即使地球与所有的行星都位于太阳的同侧,全体的公共重心到太阳中心的距离也很难超出太阳直径。而在其他情形中,这两个中心间距总是更小;所以,由于该重心保持静止,太阳会因为行星的不同位置而游移不定,但绝不会远离该重心。

推论. 因此,地球、太阳以及所有行星的公共重心,可以看作是宇宙的中心;因为地球、太阳和所有的行星相互吸引,因而像运动定律所说的那样,根据各自吸引力的大小而持续地相互推动,不难理解,它们的运动中心不能看作是宇宙的静止中心。如果把某物体置于该中心,能使其他物体受它的吸引最大(根据常识),则优先权非太阳莫属;但因为太阳本身也在运动,固定点只能选在太阳中心相距最近处,而且当太阳密度和体积变大时,该距离会变得更小,因而使太阳运动更小。

命题 13 定理 13

行星沿椭圆轨道运动,其公共焦点位于太阳中心,而且伸向该中心的

半径所掠过的面积正比于运行时间。

我们以前在现象一节中已讨论过这些运动。我们既已知道这些运动所依据的原理，就由这些原理推算天空中的运动。因为行星相对于太阳的重量反比于它们到太阳中心距离的平方，如果太阳静止，各行星间无相互作用，则行星轨道为椭圆，太阳在其一个焦点上；由第一卷命题 1 和命题 11 以及命题 13 推论 I 知，它们掠过的面积正比于运行时间。但行星之间的相互作用如此之小，可以加以忽略；而由第一卷命题 66，这种相互作用对行星绕运动着的太阳运动的干扰，小于假设太阳处于静止时所造成的影响。

实际上，木星对土星的作用不能忽略，因为木星指向土星的引力比其指向太阳的引力（在相等距离处，由第三卷命题 8 推论 II）等于 1∶1 067，因而在木星和土星的交会点，由于土星到木星的距离比土星到太阳的距离约等于 4∶9，所以土星指向木星的引力比土星指向太阳的引力等于 81∶16×1 067 或约等于 1∶211。由此而在土星与木星交会点产生的土星轨道摄动是如此明显，令天文学家们迷惑不解。由于土星在交会点的位置的变化，它的轨道偏心率有时增大，有时减小；它的远日点有时顺行，有时逆行，而且其平均运动交替地加速和放慢；然而它绕太阳运动的总误差，虽然是由如此之大的力产生的，却几乎可以通过把它的轨道的低焦点置于木星与太阳的公共重心（由第一卷命题 67）上而完全避免（平均运动除外），所以该误差在最大时很少超过 2 分钟；而平均运动中，最大误差则很少超过每年 2 分钟。但在木星与土星交会点处，太阳指向土星，木星指向土星，以及木星指向太阳的加速引力，相互间的比约为 16、81 和 $\dfrac{16 \times 81 \times 3021}{25}$ 或 156 609；因而太阳指向土星与木星指向土星的引力差，比木星指向太阳的引力约为 65∶156 609，或为 1∶2 409。但土星干扰木星运动的最大能力正比于这个差，所以木星轨道的摄动远小于土星。其余行星的轨道，除了地球轨道受月球的明显干扰外，其摄动都远小得多。地球与月球的公共重心沿以太阳为焦点的椭圆运动，其伸向太阳的半径所掠过的面积正比于运动时间。而地球又绕该重心做每月一周的运动。

命题 14　定理 14

行星轨道的远日点和交会点是不动的。

远日点不动可以由第一卷命题 11 证明；轨道平面不动可以由第一卷命题 1 证明。如果轨道平面是固定的，其交会点必定也是固定的。实际上行星与彗星在环绕运动中的相互作用会造成移动，但它们极小，在此可以不予考虑。

推论 I. 恒星是不动的，因为观测表明它们与行星的远日点和轨道交会点保持不变位置。

推论 II. 由于在地球年运动中看不到恒星的视差，它们必由于相距极远而不对我们的宇宙产生任何明显的作用。更不用说恒星无处不在地分布于整个天空，由第一卷命题 70 知，它们的反向吸引作用抵消了相互作用。

附　注

由于接近太阳的行星(即水星、金星、地球和火星)如此之小，致使相互间的作用力很小，因而它们的远日点和交会点必定是固定的，除非受到木星和土星以及更远物体作用的干扰。由此我们可以用引力理论求得，行星远日点相对恒星的微小前移，正比于各行星到太阳距离的 $\frac{3}{2}$ 次幂。这样，如果火星的远日点在 100 年时间里相对于恒星前移 $33'20''$，则地球、金星和水星的远日点在 100 年里分别前移 $17'40''$、$10'53''$ 和 $4'16''$。由于这些运动很不明显，所以在本命题中予以忽略了。

命题 15　问题 1

求行星轨道的主径。

由第一卷命题 15，它们正比于周期的 $\frac{3}{2}$ 次幂，而根据该卷命题 60，它们各自按太阳与行星的物质的量的和的三次方根与太阳的物质的量的三次方根的比而增大。

命题 16　问题 2

求行星轨道的偏心率和远日点。

本问题可以由第一卷命题 18 求解。

命题 17　定理 15

行星的周日运动是均匀的，月球的天平动是由这种周日运动产生的。

本命题可以由定律 I 和第一卷命题 66 推论 XXII 证明。在现象一节中已指出，木星相对于恒星的转动为 9 小时 56 分，火星为 24 小时 39 分，金星约为 23 小时，地球为 23 小时 56 分，太阳为 $25\frac{1}{2}$ 天，月球为 27 天 7 小时 43 分。太阳表面黑斑回到日面相同位置的时间，相对于地球为 $27\frac{1}{2}$ 天，所以，相对于恒星太阳自转需 $25\frac{1}{2}$ 天。但因为由月球均匀自转而产生的太阳日长达一个月，即等于它在轨道上环绕一周的时间，所以月球朝向轨道上焦点的面几乎总是相同的；但随着该焦点位置的变化，该面也朝一侧或另一侧偏向处于低焦点的地球，这就是月球的经度天平动；而纬度天平动是由月球纬度以及自转轴对黄道平面的倾斜所引起的。这一月球天平动理论，N. 默卡特[①]先生在 1676 年初出版的《天文学》一书中，已根据我写给他的信做了详尽阐述。土星最外层的卫星似乎也与月球一样地自转，总是以相同的一面朝向土星，因为它在环绕土星运动中，每当接近轨道东部时，即很难发现，并逐渐完全消失；正如 M. 卡西尼所注意到的那样，这可能是由于此时朝向地球的一面上有些黑斑所致。木星最远的卫星似乎也做类似的运动，因为在它背向木星的一面上有一个黑斑，而每当该卫星在木星与我们眼睛之间通过时，它看上去总是像在木星上似的。

---

① N. Mercator，1619—1687，丹麦数学家、天文学家。

命题 18　定理 16

行星的轴小于与该轴垂直的直径。

行星各部分相等的引力，如果不使它产生自转，则必使它成为球形。自转运动使远离轴的部分在赤道附近隆起；如果行星物质处于流体状态，则这种向赤道的隆起使那里的直径增大，并使指向两极的轴缩短。所以木星直径(根据天文学家们公认的观测)在两极方向小于东西方向。由同样理由，如果地球在赤道附近不高于两极，则海洋将在两极附近下沉，而在赤道隆起，并将那里的一切置于水下。

命题 19　问题 3

求行星的轴与垂直于该轴的直径的比。

1635 年，我们的同胞，诺伍德①先生测出伦敦与约克(York)之间的距离为 905 751 英尺，纬度差为 2°28′，求出一纬度的长为 367 196 英尺，即 57 300 巴黎托瓦兹②。M. 皮卡德③测出亚眠（Amiens）与马尔瓦新（Malvoisine)之间的子午线弧为22′55″推算出每度弧长为 57 060 巴黎托瓦兹。老 M. 卡西尼测出罗西隆 (Roussillon)的科里乌尔(Collioure)镇到巴黎天文台之间的子午线距离；他的儿子把这一距离由天文台延长到敦刻尔克的西塔德尔 (Citadel Of Dunkirk)，总距离为 486 156 $\frac{1}{2}$ 托瓦兹。科里乌尔与敦刻尔克之间的纬度差为 8°3′11 $\frac{5}{6}$″，因此每度弧长为 57 061 巴黎托瓦兹。由这些测量可以得出地球周长为 123 249 600 巴黎尺，半径为 19 615 800 巴黎尺，假设地球为球形。

在巴黎的纬度上，前面已说过，重物体一秒时间内下落距离为 15 巴黎

---

① Norwood，Richard，1590—1665，英国数学家、航海家。
② Toise，法国旧时长度单位，等于 1.949 米。
③ J.Picard，1620—1682，英译本误作 M.Picard，法国天文学家。

尺 1 寸 1 $\frac{7}{9}$ 分，即 2 173 $\frac{7}{9}$ 分。物体的重量会由于周围空气的重量而变轻。设由此损失的重量占总重量的 $\frac{1}{11\,000}$ 部分；则该重物体在真空中下落时 1 秒钟内掠过 2 174 分。

在长为 23 小时 56 分 4 秒的恒星日中，物体在距中心 19 615 800 巴黎尺处做匀速圆周运动，每秒钟掠过弧长 1 433.6 巴黎尺；其正矢为 0.052 365 16 巴黎尺，或 7.540 64 分。所以，在巴黎纬度上，使物体下落的力比物体在赤道上由于地球周日运动而产生的离心力等于 2 174∶7.540 64。

物体在赤道的离心力比在巴黎 48°50′10″ 的纬度上使物体沿直线离开的力，等于半径与该纬度的余弦的比的平方，即等于 7.540 64∶3.267。把这个力叠加到在巴黎纬度使物体由其重量而下落的力上，则在该纬度上，物体受未减少的引力作用而下落，1 秒钟将掠过 2 177.267 分，或 15 巴黎尺 1 寸 5.267 分。在该纬度上的总引力比物体在地球赤道处的离心力等于 2 177.269∶7.540 64，或等于 289∶1。

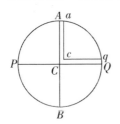

所以，如果 APBQ 表示地球形状，它不再是球形的，而是由绕短轴 PQ 的转动而形成的椭球；AC-Qqca 表示注满水的管道，由极点 Qq 经过中心 Cc 通向赤道 Aa；则在管道的 ACca 段中水的重量比在另一段 QCcq 中水的重量等于 289∶288，因为自转运动产生的离心力维持并抵消了 $\frac{1}{289}$ 部分的重量（在一段之中），另外 288 份的水维持着其余重量。通过计算（由第一卷命题 91 推论 Ⅱ）我发现，如果地球物质都是均匀的，而且没有运动，其轴 PQ 比直径 AB 等于 100∶101，处所 Q 指向地球的引力比同一处所 Q 指向以 PC 或 QC 为半径、以 C 为球心的球体的重力，等于 126∶125。由相同理由，处所 A 指向由椭圆 APBQ 围绕轴 AB 转动所形成的椭球的引力，比同一处所 A 指向半径为 AC、球心为 C 的球体的引力，等于 125∶126。而处所 A 指向地球的引力是指向该椭球体与指向该球体的引力的比例中项；因为，当球直径 PQ 按 101∶

100 的比例减小时，即变为地球的形状；而这样的形状，其垂直于两个直径 AB 和 PQ 的第三个直径也按相同比例减小，即变为所说的椭球形状；在这种情形中，A 处的引力都按近似相同的比例减小。所以，A 处指向球心为 C、半径为 AC 的球体的引力，比 A 处指向地球的引力，等于 126：$125\frac{1}{2}$。而处所 Q 指向以 C 为球心、以 QC 为半径的球体的引力，比处所 A 指向以 C 为球心、AC 为半径的球体的引力，等于直径的比（由第一卷命题 72），即等于 100：101。所以，如果把三个比，126：125，126：$125\frac{1}{2}$，以及 100：101 连乘，即得到处所 Q 指向地球的引力比处所 A 指向地球的引力，等于$(126\times126\times100)：\left(125\times125\frac{1}{2}\times101\right)$，或等于 501：500。

由于（第一卷命题 91 推论Ⅲ）在管道的任意一段 $ACca$ 或 $QCcq$ 中，引力正比于由其处所到地球中心的距离，如果这两段由平行等距的横截面加以分割，生成的部分正比于总体，则在 $ACca$ 段中任意一个部分的重量比另一段中相同数目的部分的重量，等于它们的大小乘以加速引力的比，即等于 101：100 乘以 500：501，或等于 505：501。所以，如果 $ACca$ 段中每一部分的由自转产生的离心力比相同部分的重量，等于 4：505，使得在被分为 505 等份的每一部分的重量中，离心力可以抵消其中 4 份，则余下的重量在两段管道中保持相等，因而流体可以维持平衡而静止。但第一部分的离心力比同一部分的重量等于 1：289，即应占 $\frac{4}{505}$ 的离心力，实际占 $\frac{1}{289}$。所以，我认为，由比例的规则，如果 $\frac{4}{505}$ 的离心力使得管道 $ACca$ 段中水的高度比 $QCcq$ 段中水的高度能高出其总高度的 $\frac{1}{100}$ 部分，则 $\frac{1}{289}$ 的离心力将只能使 $ACca$ 段中水的高度比另一段 $QCcq$ 中水的高度高出 $\frac{1}{289}$ 部分；所以地球在赤道的直径比它在两极的直径为 230：229。由于根据皮卡德的测算，地球的平均直径为 19615800 巴黎尺，或 3923.16 英里（5000 巴

黎尺为 1 英里），所以地球在赤道处比在两极处高出 85 472 巴黎尺，或

$17\frac{1}{10}$ 英里。其赤道处高约 19 658 600 巴黎尺，而两极处约 19 573 000 巴黎尺。

如果在自转中密度与周期保持不变，则大于或小于地球的行星，其离心力比引力，进而两极直径比赤道直径，也都类似地保持不变。但如果自转运动以任何比加快或减慢，则离心力近似地以同一比例的平方增大或减小；因而直径的差也非常近似地以同一比率的平方增大或减小。如果行星的密度以任何比增大或减小，则指向它的引力也以同样比例增大或减小：相反地，直径的差正比于引力的增大而减小，正比于引力的减小而增大。所以，由于地球相对于恒星的自转时间为 23 小时 56 分，而木星为 9 小时 56 分，它们的周期平方比为 29∶5，密度比为 400∶$94\frac{1}{2}$，木星的直径差

比其短直径为 $\frac{29}{5}\left(\times\frac{400}{94\frac{1}{2}}\times\frac{1}{229}\right)$∶1，或近似为 1∶$9\frac{1}{3}$。所以木星的东西

直径比其两极直径约为 $10\frac{1}{3}$∶$9\frac{1}{3}$，所以，由于它的最大直径为 $37''$，其两极间的最小直径为 $33''25'''$，加上大约 $3''$ 的光线不规则折射，该行星的视在直径为 $40''$ 和 $36''25'''$，相互间的比值极近似于 $11\frac{1}{6}$∶$10\frac{1}{6}$。在此，假定木星星体的密度是均匀的。但如果该行星在赤道附近的密度大于在两极附近的密度，其直径比可能为 12∶11，或 13∶12，也许为 14∶13。

1691 年，卡西尼发现，木星的东西向直径约比另一直径大 $\frac{1}{15}$ 部分。庞德先生在 1719 年用他的 123 英尺望远镜配以优良的千分仪，测得木星两种直径如下：

时　间		最大直径	最小直径	直径的比
日	时	部　分	部　分	
一月　28	6	13.40	12.28	23∶11

续表

时 间		最大直径	最小直径	直径的比
日	时	部 分	部 分	
二月 6	7	13.12	12.20	$13\frac{3}{4} : 12\frac{3}{4}$
三月 9	7	13.12	12.08	$12\frac{2}{3} : 11\frac{2}{3}$
四月 9	9	13.32	11.48	$14\frac{1}{2} : 13\frac{1}{2}$

所以本理论与现象是一致的；因为该行星在赤道附近受太阳光线的加热较强，因而其密度比两极处略大。

此外，地球的自转会使引力减小，因而赤道处的隆起高于两极（设地球物质密度均匀），这可以由与下述命题相关的摆实验证实。

命题 20　问题 4

求地球上不同区域处物体的重量并加以比较。

因为在不等长管道段中的水 $ACQqca$ 的重量相等；各部分的重量正比于整段的重量，且位置相似者相互间重量比等于总重量比，因而它们的重量相等；在各段中位置相似的相等部分，其重量的比等于管道长的反比，即反比于 230 : 229。这种情形适用于所有与管

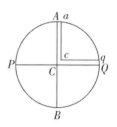

道中的水位置相似的均匀相等的物体，它们的重量反比于管长，即反比于物体到地心的距离。所以，如果物体置于管道最顶端，或置于地球表面上，则它们的重量的比等于它们到地心距离的反比。由同样理由，置于地球表面任意其他处所的物体，其重量反比于到地球中心的距离。所以，只要假设地球是椭球体，该比值即已给定。

由此即得到定理，由赤道移向两极的物体其重量增加近似正比于 2 倍纬度的正矢。或者，与之等价地，正比于纬度正弦的平方；而子午线上纬度弧长也大致按相同比增大。所以，由于巴黎纬度为 $48°50'$，赤道纬度为 $00°00'$，两极纬度为 $90°$；这些弧的 2 倍的正矢分别为 11334、00000 和

20000，半径为10000；极地引力比赤道引力为230∶229；极地引力的出超比赤道引力等于1∶229；巴黎纬度的引力出超比赤道引力为 $\left(1 \times \dfrac{11\,334}{20\,000}\right)$：229，或等于5 667∶2 290 000。所以，该处总引力比另一处总引力等于 2 295 667∶2 290 000。所以，由于时间相等的摆长正比于引力，在巴黎纬度上秒摆摆长为3巴黎尺8 $\dfrac{1}{2}$ 分，或考虑到空气的重量，为3巴黎尺8 $\dfrac{5}{9}$ 分，而在赤道，时间相同的摆长要短1.087分。用类似的计算可制成下表：

处所纬度	摆 长		每度子午线长度	处所纬度	摆 长		每度子午线长度
度	尺	分	托瓦兹	度	尺	分	托瓦兹
0	3	7.468	56 637	6	3	8.461	57 022
5	3	7.482	56 642	7	3	8.494	57 035
10	3	7.526	56 659	8	3	8.528	57 048
15	3	7.596	56 687	9	3	8.561	57 061
20	3	7.692	56 724	50	3	8.594	57 074
25	3	7.812	56 769	55	3	8.756	57 137
30	3	7.948	56 823	60	3	8.907	57 196
35	3	8.099	56 882	65	3	9.044	57 250
40	3	8.261	56 945	70	3	9.162	57 295
1	3	8.294	56 958	75	3	9.258	57 332
2	3	8.327	56 971	80	3	9.329	57 360
3	3	8.361	56 984	85	3	9.372	57 377
4	3	8.394	56 997	90	3	9.387	57 382
45	3	8.428	57 010				

　　此表表明，每度子午线长的不均匀性极小，因而在地理学上可把地球形状视为球形；如果地球密度在赤道平面附近略大于两极处的话，则尤其

如此。

今天，有些到遥远的国家做天文观测的天文学家发现，摆钟在赤道附近的确比在我们这里走得慢些。首先是在 1672 年，M. 里歇尔[①]在凯恩岛(island of Cayenne)注意到了这一点；当时是 8 月份，他正观测恒星沿子午线的移动，他发现他的摆钟相对于太阳的平均运动每天慢 2 分 28 秒。于是他制作了一只时间为秒的单摆，用一只优良的钟校准，并测量该单摆的长度；在整整 10 个月里他坚持每星期测量。回到法国后，他把这只摆的长度与巴黎的摆长$\left(长 3 巴黎尺 8\frac{3}{5}分\right)$做了比较，发现它短了 $1\frac{1}{4}$ 分。

后来，我们的朋友哈雷博士，约在 1677 年到达圣赫勒拿岛（island of St. Helena），他发现在伦敦制作相同的摆钟到那里后变慢了。他把摆杆缩短了 $\frac{1}{8}$ 寸或 $1\frac{1}{2}$ 分；为此，由于在摆杆底部的螺纹失效，他在螺母和摆锤之间垫了一只木圈。

嗣后，在 1682 年，法林(M. Varin)和德斯海斯(M. des Hayes)发现，在巴黎皇家天文台摆动为 1 秒的单摆长度为 3 巴黎尺 $8\frac{5}{9}$ 分。而用相同的手段在戈雷岛(island of Goree)测量时，等时摆的长度为 3 巴黎尺 $6\frac{5}{9}$ 分，比前者短了 2 分。同一年里，他们又在瓜达罗普和马丁尼古岛(islands of Guadaloupe and Martinico)发现，在这些岛的等时摆长为 3 巴黎尺 $6\frac{1}{2}$ 分。

以后，小 M. 库普莱(M. Couplet)在 1697 年 7 月，在巴黎皇家天文台把他的摆钟与太阳的平均运动校准，使之在相当长时间里与太阳运动吻合。次年 11 月，他到里斯本，发现他的钟在 24 小时里比原先慢 2 分 13 秒；再次年 3 月，他到达帕雷巴(Paraiba)，发现他的钟比在巴黎 24 小时里慢 4 分 12 秒；他断定在里斯本的秒摆要比巴黎短 $2\frac{1}{2}$ 分，而在帕雷巴短

---

① M. Richer，1630—1696，法国天文学家、物理学家。

$3\frac{2}{3}$分。如果他计算的差值为 $1\frac{2}{3}$ 分和 $2\frac{5}{9}$ 分的话，他的工作将更出色，因为这些差值才对应于时间差 2 分 13 秒和 4 分 12 秒，但这位先生的观测太粗糙了，使我们无法相信。

后来在 1699 年和 1700 年，M. 德斯海斯再次航行美洲，他发现在凯恩岛和格林纳达(Granada)岛秒摆略短于 3 巴黎尺 $6\frac{1}{2}$ 分；而在圣克里斯托弗岛(island of St. Christopher)为 3 巴黎尺 $6\frac{3}{4}$ 分；在圣多明戈岛(island of St. Domingo)为 3 巴黎尺 7 分。

1704 年，费勒[①]在美洲的皮尔托·贝卢(Puerto Bello)发现，那里的秒摆仅为 3 巴黎尺 $5\frac{7}{12}$ 分，比在巴黎几乎短 3 分；但这次观测是失败的，因为他后来到达马丁尼古岛时，发现那里的等时摆长为 3 巴黎尺 $5\frac{10}{12}$ 分。

帕雷巴在南纬 $6°38'$，皮尔托·贝卢为北纬 $9°33'$，凯恩、戈雷、瓜达罗普、马丁尼古、格林纳达、圣克里斯托弗和圣多明戈诸岛分别为北纬 $4°55'$、$14°40'$、$15°00'$、$14°44'$、$12°06'$、$17°19'$ 和 $19°48'$，巴黎秒摆的长度比在这些纬度上的等时摆所超出的长度略大于在上表中所求出的值。所以，地球在赤道处应略高于上述推算，地心处的密度应略大于地表，除非热带地区的热也许会使摆长增加。

因为，M. 皮卡德曾发现，在冬季冰冻天气下长 1 英尺的铁棒，放到火中加热后，长度变为 1 英尺 $\frac{1}{4}$ 分。后来，M. 德拉希尔发现在类似严冬季节长 6 英尺的铁棒放到夏季阳光下暴晒后伸长为 6 英尺 $\frac{2}{3}$ 分。前一种情形中的热比后一种强，而在后一情形中也热于人体表面；因为在夏日阳光下暴晒的金属能获得相当可观的热度。但摆钟的杆从未受过夏日阳光的暴

①　Feuille，Louis，1660—1732，法国天文学家、植物学家。

晒，也未获得过与人体表面相等的热；因而，虽然 3 英尺长的摆钟杆在夏天的确会比冬天略长一些，但差别很难超过 $\frac{1}{4}$ 分。所以，在不同环境下等时摆钟摆长的差别不能解释为热的差别；法国天文学家并没有错。虽然他们的观测之间一致性并不理想，但其间的误差是可以忽略的；他们的一致之处在于，等时摆摆长在赤道比在巴黎天文台短，差别不小于 $1\frac{1}{4}$ 分，不大于 $2\frac{2}{3}$ 分。M. 里歇尔在凯恩岛给出的观测是，差为 $1\frac{1}{4}$ 分。这一差值为 M. 德斯海斯的观测所纠正，变为 $1\frac{1}{2}$ 分或 $1\frac{3}{4}$ 分。其他人精度较差的观测结果约为 2 分。这种不一致可能部分由于观测误差，部分则由于地球内部部分的不相似性，以及山峰的高度；还部分地来自空气温度的差异。

我用的一根 3 英尺长的铁棒，在英格兰，冬天比夏天短 $\frac{1}{6}$。因为在赤道处酷热，从 M. 里歇尔的观测结果 $1\frac{1}{4}$ 分中减去这个量，尚余 $1\frac{1}{12}$ 分，这与我们先前在本理论中得到的 $1\frac{87}{1\,000}$ 符合极好。M. 里歇尔在凯恩岛的实验在整整 10 个月里每周都重复，并把他所发现的摆长与记在铁棒上的在法国的长度相比较。这种勤勉与谨慎似乎正是其他观测者所缺乏的。我们如果采用这位先生的观测，则地球在赤道比在极地处高，差值约为 17 英里，这证实了上述理论。

命题 21　定理 17

二分点总是后移的，地轴通过公转运动中的章动，每年两次接近黄道，两次回到原先的位置。

本命题通过第一卷命题 66 推论 XX 证明；而章动的运动必定极小，的确难以察觉。

命题 22 定理 18

月球的一切运动及其运动的一切不相等性，都是以上述诸原理为原因的。

根据第一卷命题 65，较大行星在绕太阳运动的同时，可以使较小的卫星绕它们自己运动，这些较小的卫星必定沿椭圆运动，其焦点在较大行星的中心。但它们的运动受到太阳作用的若干种方式的干扰，并像月球那样使运动的相等性遭到破坏。月球（由第一卷命题 66 推论 Ⅱ、推论 Ⅲ、推论 Ⅳ 和推论 Ⅴ）运动越快，其伸向地球的半径同时所掠过的面积越大，则其轨道的弯曲越小，因而它在朔望点较在方照点距地球更近，除非这些效应受到偏心运动的阻碍；因为（由第一卷命题 66 推论 Ⅸ）当远地点位于朔望点时，偏心率最大，而在方照点时最小；因此月球在近地点的运动，在朔望点较在方照点运动更快，距我们更近，而它在远地点的运动，在朔望点较在方照点运动更慢且距我们更远。此外，远地点是前移的，而交会点则是后移的；而这并不是由规则造成的，而是由不相等运动造成的。因为（由第一卷命题 66 推论 Ⅶ 和推论 Ⅷ）远地点在朔望点时前移较快，在方照点时后移较慢；这种顺行与逆行的差造成年度前移。而交会点情况相反（由第一卷命题 66 推论 Ⅺ），它在朔望点是静止的，在方照点后移最快。还有，月球的最大黄纬（由第一卷命题 66 推论 Ⅹ）在月球的方照点大于在朔望点。月球的平均运动在地球的近日点较在其远日点为慢。这些都是天文学家已注意到的（月球运动的）基本不相等性。

但还有一些不相等性不为上述天文学家所知，它们对月球运动造成的干扰迄今我们尚无法纳入某种规律支配之下。因为月球远地点和交会点的速度或每小时的运动及其均差，以及在朔望点的最大偏心率与在方照点的最小偏心率的差，还有我们称之为变差的不相等性，是（由第一卷命题 66 推论 ⅩⅣ）在一年时间内正比于太阳的视在直径的立方而增减的。此外（由第一卷引理 10 推论 Ⅰ 和推论 Ⅱ，以及命题 66 推论 ⅩⅥ）变差是近似地正比于在朔望之间的时间的平方而增减的。但在天文学计算中，这种不相等性一般都归入月球中心运动的均差之中。

命题 23　问题 5

由月球运动导出木星卫星和土星卫星的不相等运动。

下述方法，运用第一卷命题 66 推论 XVI，由月球运动推算出木星卫星的对应运动。木星最外层卫星交会点的平均运动比月球交会点的平均运动，等于地球绕日周期与木星绕日周期的比的平方，乘以木星卫星绕木星的周期比月球绕地球的周期；所以，这些交会点在 100 年时间里后移或前移 8°24′。由同一个推论，内层卫星交会点平均运动比外层卫星交会点的平均运动等于后者的周期比前者的周期，因而也可以求出。而每个卫星上回归点的前移运动比其交会点的后移运动等于月球远地点的运动比其交会点的运动(由同一推论)，因而也可以求出，但由此求出的回归点运动必须按 5∶9 或 1∶2 减小，其原因我暂不能在此解释。每个卫星的交会点最大均差和上回归点的最大均差，分别比月球的交会点最大均差和远地点最大均差，等于在前一均差的环绕时间内卫星的交会点和上回归点的运动比在后一均差的环绕时间内月球的交会点和远地点的运动。木星上看其卫星的变差比月球的变差，由同一推论，等于这些卫星和月球分别在环绕太阳(由离开到转回)期间的总运动的比；所以最外层卫星[①]的变差不会超过 5″12‴。

命题 24　定理 19

海洋的涨潮和落潮是由太阳和月球的作用引起的。

由第一卷命题 66 推论 XIX 或 XX 可知，海水在每天都涨落各两次，月球日与太阳日一样，而且在开阔而幽深的海洋里的海水应在日、月到达当地子午线后 6 小时以内达到最大高度；地处法国与好望角之间的大西洋和埃塞俄比亚海东部海域就是如此；在南部海洋的智利和秘鲁沿岸也是如此；在这些海岸上涨潮约发生在第二、第三或第四小时，除非来自深海的潮水

---

①　指木卫四。

运动受到海湾浅滩的导引而流向某些特殊去处，延迟到第五、第六或第七小时，甚至更晚。我所说的小时是由日、月抵达当地子午线，或正好低于或高于地平线时起算的；月球日是月球通过其视在周日运动经过一天后再次回到当地子午线所需的时间，小时是该时间的$\frac{1}{24}$。日、月到达当地子午线时海洋涨潮力最大；但此时作用于海水的力会持续一段时间，并由于新的虽然较小但仍作用于它的力的加入而不断增强。这使洋面越来越高，直到该力衰弱到再也无法举起它为止，此时洋面达到最大高度。这一过程也许要持续一小时或两小时，而在浅海沿岸，常会持续约 3 小时，甚至更久。

太阳和月球激起两种运动，它们没有明显区别，却在两者之间合成一个复合运动。在日、月的会合点或对冲点，它们的力合并在一起，形成最大的涨潮和退潮。在方照点，太阳举起月球的落潮，或使月球的涨潮退落，它们的力的差造成最小的潮。因为（如经验告诉我们的那样）月球的力大于太阳的力，水的最大高度约发生在第三个月球小时。除朔望点和方照点外，单独由月球力引起的最大潮应发生在第三个月球小时，而单独由太阳引起的最大潮应发生在第三个太阳小时，这二者的复合力引起的潮应发生在一个中间时间，且距第三个月球小时较近。所以，当月球由朔望点移向方照点时，在此期间第三个太阳小时领先于第三个月球小时，水的最大高度也先于第三个月球小时到达，并以最大间隔稍落后于月球的八分点；而当月球由方照点移向朔望点时，最大潮又以相同间隔落后于第三个月球小时。这些情形发生于辽阔海面上；在河口处最大潮晚于海面的最大高度。

不过，太阳和月球的影响取决于它们到地球的距离；因为距离较近时影响较大，距离较远时影响较小，这种作用正比于它们视在直径的立方。所以在冬季时太阳位于近地点，其影响较大，且在朔望点时影响更大，而在方照点时则较夏季时影响小；每个月里，当月球处于近地点时，它引起的海潮大于此前或此后 15 天位于远地点时的情形。由此可知两个最大的海潮并不接连发生于两个紧接着的朔望点之后。

类似地，太阳和月球的影响还取决于它们相对于赤道的倾斜或距离；

因为，如果它们位于极地，则对水的所有部分吸引力不变，其作用没有涨落变化，也不会引起交替运动。所以当它们与赤道倾斜而趋向某一极点时，它们将逐渐失去其作用力，由此知它们在朔望点激起的海潮在夏至和冬至时小于春分和秋分时。但在二至方照点引起的潮大于在二分方照点，因为这时月球位于赤道，其作用力超出太阳最多。所以最大的海潮发生于这样的朔望点，最小的海潮发生于这样的方照点，它们与二分点差不多同时；经验也告诉我们，朔望大潮之后总是紧跟着一个方照小潮。但因太阳在冬季距地球较夏季近，所以最大和最小的潮常常出现在春分之前而不是之后，秋分之后而不是之前。

此外，日月的影响还受制于纬度位置。令 $ApEP$ 表示覆盖着深水的地球；C 为地心；P、p 为两极；AE 为赤道；F 为赤道外任一点；Ef 为过该点平行于赤道的直线；Dd 为赤道另一侧的对称平行线；L 为三小时前月球的位置；H 为正

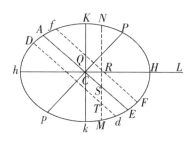

对着 L 的地球上的点；h 为反面对应点；K、k 为 90 度处的距离；CH、Ck 为海洋到地心的最大高度；CK、Ck 为最小高度；如果以 Hh、Kk 为轴作椭圆，并使该椭圆绕其长轴 Hh 旋转形成椭球 $HPKhpk$，则该椭球近似表达了海洋形状；而 CF、Cf、CD、Cd 则表示海洋在 Ef、Dd 处的高度。再者，在椭圆旋转时，任意点 N 画出圆 NM 与平行线 Ff、Dd 相交于任意处所 R、T，与赤道 AE 相交于 S，则 CN 表示位于该圆上所有点 R、S、T 上的海洋高度。所以，在任意点 F 的周日运动中，最大潮水发生于 F，月球由地平线上升到子午线之后 3 小时；此后最大落潮发生于 Q 处，月球落下 3 小时后；然后最大潮水又出现在 f，月球落下地平线到达子午线后 3 小时；最后，又是在 Q 处的最大落潮，发生于月球升起后的 3 小时；在 f 处的后一次大潮小于在 F 的前一次大潮。因为整个海洋可以分为两个半球形潮水，半球 KHk 在北半球，而 Khk 则在另一侧，我们不妨称之为北部海潮和南部海潮。这两个海潮总是相反的，以 12 个月球小时为

间隔交替地到达所有地方的子午线。北部国家受北部海潮影响较大，南部国家受南部海潮影响较大，由此形成海洋潮汐，在日月升起和落下的赤道以外的所有地方交替地由大变小，又由小变大。最大的潮发生于月球斜向着当地的天顶，到达地平线以上子午线之后 3 小时之时；而当月球改变位置，斜向着赤道另一侧时，较大的潮也变为较小的潮。最大的潮差发生在 2 时至 6 时；当月球上升的交会点在白羊座（Aries）第一星附近时尤其如此。所以经验告诉我们冬季的早潮大于晚潮，而在夏季时晚潮大于早潮；科勒普赖斯（Collepress）和斯多尔米（Sturmy）曾观察到，在普利茅斯（Plymouth）这种高差为 1 英尺，而在布里斯托（Bristol）为 15 英寸。

但以上所讨论的海潮运动会因交互作用力而发生某种改变，水一旦发生运动，其惯性会使这种运动持续一小段时间。因而，虽然天体的作用已经消失，但海潮还能持续一段时间。这种保持压缩运动的能力减小了交替的潮差，使紧随着朔望大潮的海潮变大，也使方照小潮之后的小潮变小。因此，普利茅斯和布里斯托的交替海潮差不至于超过 1 英尺或 15 英寸，而且这两个港口的最大潮不是发生在朔望后的第一天，而是在第三天。此外，由于潮水运动在浅水海峡中受到阻碍，使得某些海峡和河口处的最大潮发生于朔望后的第四天或第五天。

还有这种情况，来自海洋的潮通过不同海峡到达同一港口，而且通过某些海峡的速度快于通过其他海峡；在这种情形中，同一个海潮分为两个或更多相继而至的潮水，并复合为一种不同类型的新的运动。设两股相等的潮水自不同处所涌向同一港口，一个比另一个晚 6 小时；设第一股水发生于月球到达该港口子午线后第三小时。如果月球到达该子午线时正好在赤道上，则该处每 6 小时交替出现相等的潮，它们与同样多的相等落潮相遇，结果相互间保持平衡，这一天的水面平静安宁。如果随后月球斜向着赤道，则海洋中的潮如上所述交替地时大时小；这时，两股较大、两股较小的潮水将先后交替地涌向港口，两股较大的潮水将使水在介于它们中间的时刻达到最大高度；而在大潮与小潮的中间时刻，水面达到一平均高度，在两股小潮中间时刻水面只升到最低高度。这样，在 24 小时里，水面只像通常所见到的那样，不是两次，而只是一次达到最大高度，一次达到最低高度；而且，如果月球斜向着上极点，则最大潮位发生于月球到达子午线后第六小时或第三十小时；当月球改变其倾角时，即转为落潮。哈雷博士曾根据位于北纬 20°50′ 的敦昆王国（Kingdom of Tunquin）巴特绍港（port of Batsham）水手的观察，为我们提供了一个这样的例子：在这个港口，在月球通过赤道之后的一天内，水面是平静的；当月球斜向北方时，潮水开始涨落，而且不像在其他港口那样一天两次，而是每天只有一次；涨潮发生于月落时刻，而退潮则在月亮升起时。这种海潮随着月球的倾斜而增强，直到第七天或第八天；随后的 7 天或 8 天则按增强的比率逐渐减弱，在月球改变斜度，越过赤道向南时消失。此后潮水立即转为退潮；落潮发生在月落时刻，而涨潮则在月升时刻；直到月球再次通过赤道改变其倾斜。有两条海湾通向该港口和邻近水路，一条来自中国海（seas of China），介于大陆与吕卡尼亚岛（island of Leuconia）之间；另一条则来自印度洋（Indian Sea），介于大陆与波尔诺岛（island of Borneo）之间。但是否真的两股潮水通过这两条海湾而来，一条在 12 小时内由印度洋而来，另一条在 6 小时内由中国海而来，使得在第三个月球小时和第九个月球小时时会合在一起，产生这种运动；或者，还是由于这些海洋的其他条件造成的，我留待那些邻近海岸的人们去观测判断。

这样，我已解释了月球运动与海洋运动的原因。现在可以考虑与这些运动的量有关的问题了。

命题 25　问题 6

求太阳干扰月球运动的力。

设 S 表示太阳，T 表示地球，P 表示月球，$CADB$ 为月球轨道。在 SP 上取 SK 等于 ST；令 SL 比 SK 等于 SK 与 SP 的比的平方；作 LM 平行于 PT；如果设 ST 或

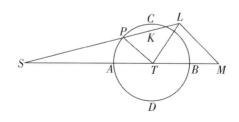

SK 表示地球向着太阳的加速引力，则 SL 表示月球向着太阳的加速引力，但这个力是由 SM 和 LM 两部分合成的，其中 SM 部分由 TM 表示，它干扰月球运动，正如我们曾在第一卷命题 66 及其推论所证明过的那样。由于地球和月球是绕它们的公共重心转动的，地球绕该重心的运动也受到类似力的干扰；但我们可以把这两个力的和与这两种运动的和当作发生于月球上来考虑，以线段 TM 和 ML 表示力的和，它与这二者都相似。力 ML（其平均大小）比使月球在 PT 处沿其轨道绕静止地球运动的向心力，等于月球绕地球运动周期与地球绕太阳运动周期的比的平方（由第一卷命题 66 推论 XXⅡ），即等于 27 天 7 小时 43 分比 365 天 6 小时 9 分的平方，或等于 1 000：178 725，或等于 $1：178\frac{29}{40}$。但在该卷命题 4 中，我们曾知道，如果地球和月球绕其公共重心运动，则其中一个到另一个的平均距离约为 $60\frac{1}{2}$ 个地球平均半径；而使月球在距地球 $60\frac{1}{2}$ 个地球半径的距离 PT 上沿其轨道绕静止地球转动的力，比使它在相同时间里在 60 个半径距离处转动的力，等于 $60\frac{1}{2}：60$，而这个力比地球上的重力非常近似于 $1：(60×60)$。所以，平均力 ML 比地球表面上的引力等于 $\left(1×60\frac{1}{2}\right)：\left(60×60×60×178\frac{29}{40}\right)$，或等于 1：638 092.6；因此，由线 TM、ML 的比例也可以求出力 TM；而它们正是太阳干扰月球运动的力。   证毕。

命题 26   问题 7

求月球沿圆形轨道运动时其伸向地球的半径所掠过面积的每小时增量。

我们曾在前面证明过，月球通过其伸向地球的半径掠过的面积正比于运行的时间，除非月球运动受到太阳作用的干扰；在此，我们拟求出其变化率的不相等性，或者受到这种干扰的面积或运动的每小时增量。为使计算简便，设月球轨道为圆形，除现在要考虑的情况外其余不相等性一概予以忽略；又因为距离太阳极远，可进一步设直线 SP 和 ST 是平行的。这样，力 LM 总是可以用其平均量 TP 代替，力 TM 也可以由其平均量 $3PK$ 代替。这些力（由定律推论 Ⅱ）合成力 TL；而通过在半径 TP 上作垂线

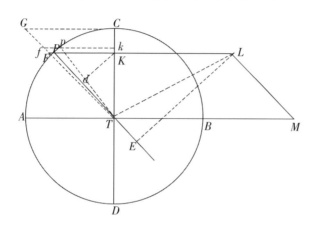

LE，这个力又可以分解为力 TE、EL，其中力 TE 的作用沿半径 TP 的方向保持不变，对于半径 TP 掠过的面积 TPC 既不加速也不减速；但 EL 沿垂直方向作用在半径 TP 上，它使掠过面积的加速或减速正比于它使月球的加速或减速。月球的这一加速，在其由方照点 C 移向会合点 A 过程中，在每一时刻都正比于生成加速力 EL，即正比于 $\dfrac{3PK \cdot TK}{TP}$，令时间由月球的平均运动，或（等价地）由 $\angle CTP$，或甚至由 $\overset{\frown}{CP}$ 来表示。垂直于 CT 作 CG 等于 CT；设直角弧 $\overset{\frown}{AC}$ 被分割为无限多个相等的部分 Pp 等，这些部分表示同样无限多个相等的时间部分。作 pk 垂直于 CT、TG，与 KP、kp 的延长线相交于 F、f；则 FK 等于 TK，而 Kk 比 PK 等于 Pp 比 Tp，即比值是给定的；所以 $FK \cdot Kk$，或面积 $FKkf$，将正比于 $\dfrac{3PK \cdot TK}{TP}$，即正比于 EL；合成以后，总面积 $GCKF$ 将正比于在整个时间 CP 中作用于月球的所有力 EL 的和而变化；所以也正比于该总和所产生的速度，即正比于掠过面积 CTP 的加速度，或正比于其变化率的增量。使月球在距离 TP 上绕静止地球以 27 天 7 小时 43 分的周期 $CADB$ 运行的力，应使落体

在时间 CT 内掠过长度 $\frac{1}{2}CT$，同时获得一个与月球在其轨道上相等的速度。这已由第一卷命题 4 推论 IX 证明过。但由于 TP 上的垂线 Kd 仅为 EL 的 $\frac{1}{3}$，在八分点处等于 TP 或 ML 的一半，所以在该八分点处力 EL 最大，超出力 ML 的比率为 3∶2；所以它比使月球绕静止地球在其周期时间运行的力，等于 $100 : \left(\frac{2}{3} \times 17872\frac{1}{2}\right)$ 或 $100 : 11915$；而在时间 CT 内所产生的速度等于月球速度的 $\frac{100}{11915}$ 部分；而在时间 CPA 内则按比率 CA 比 CT 或 TP 产生一个更大的速度。令在八分点处最大的 EL 力以面积 $FK \cdot Kk$，或与之相等的矩形 $\frac{1}{2}TP \cdot Pp$ 表示，则该最大力在任意时间 CP 内所产生的速度比另一个较小的力 EL 在相同时间所产生的速度，等于矩形 $\frac{1}{2}TP \cdot CP$ 比面积 $KCGF$；而在整个时间 CPA 内所产生的速度相互间的比等于矩形 $\frac{1}{2}TP \cdot CA$ 比 $\triangle TCG$，或等于直角弧 $\overset{\frown}{CA}$ 比半径 TP；所以，在全部时间内所产生的后一速度正比于月球速度的 $\frac{100}{11915}$ 部分。在这个正比于面积的平均变化率的月球速度上（设该平均变化率以数 11915 表示），加上或减去另一个速度的一半，则和 $11915+50$ 或 11965 表示在朔望点 A 面积的最大变化率；而差 $11915-50$ 或 11865 表示在方照点的最小变化率。所以，在相等的时间里，在朔望点与在方照点所掠过的面积的比等于 11965∶11865。如在最小变化率 11865 上再加上一个变化率，它比前两个变化率的差 100，等于四边形 $FKCG$ 比 $\triangle TCG$，或等价地，等于正弦 PK 的平方比半径 TP 的平方（即等于 Pd 比 TP），则所得到的和表示月球位于任意中间位置 P 时的面积变化率。

但上述结果仅在假设太阳和地球静止时才成立，这时的月球会合周期为 27 天 7 小时 43 分。但由于月球的实际会合周期为 29 天 12 小时 44 分，变化率增量必须按与时间相同的比率扩大，即按 1080853∶1000000 增大。

这样，原为平均变化率 $\frac{100}{11915}$ 部分的总增量，现在变为 $\frac{100}{11023}$ 部分，所以月球在方照点的面积变化率比在朔望点的变化率等于(11023−50)∶(11023+50)，或等于 10 973∶11 073；至于比月球在任意中间位置 P 的变化率，则等于10973∶(10973＋Pd)；即假设 $TP=100$。

所以，月球伸向地球的半径在每个相等的时间小间隔内掠过的面积，在半径为1的圆中，近似地正比于数 219.46 与月球到最近的一个方照点的 2 倍距离的正矢的和。在此设在八分点的变差为其平均量。但如果在该处的变差较大或较小，则该正矢也必须按相同比例增大或减小。

命题 27　问题 8

由月球的小时运动求它到地球的距离。

因为月球通过其伸向地球的半径所掠过的面积，在每一时刻都正比于月球的小时运动与月球到地球距离平方的乘积，所以月球到地球的距离正比于该面积的平方根，反比于其小时运动的平方根而变化。　　　　　证毕。

推论 I. 因此可以求出月球的视在直径，因为它反比于月球到地球的距离。请天文学家们验证这一规律与现象的一致程度。

推论 II. 因此也可以由该现象求出月球轨道，比迄今为止所做的更加精确。

命题 28　问题 9

求月球运动的无偏心率轨道的直径。

如果物体沿垂直于轨道的方向受到吸引，则它掠过的轨道，其曲率正比于该吸引力，反比于速度的平方，我取曲线曲率相互间的比，等于相切角的正弦或正切与相等的半径的最后的比，在此设这些半径是无限缩小的。月球在朔望点对地球的吸引力，是它对地球的引力减去太阳引力 $2PK$ 后的剩余(见第三卷命题 25 插图)，后者则为月球与地球指向太阳的加速引力的差。而月球在方照点时，该吸引力是月球指向地球的引力与太阳引力 KT 的和，后者使月球趋向于地球。设 N 等于 $\frac{AT+CT}{2}$，则这些吸引力近

似正比于 $\dfrac{178\,725}{AT^2}-\dfrac{2\,000}{CT\cdot N}$ 和 $\dfrac{178\,725}{CT^2}+\dfrac{1\,000}{AT\cdot N}$，或正比于 178 725 N·$CT^2$—2 000$AT^2$·$CT$ 和 178 725N·AT^2＋1 000CT^2·AT。因为，如果月球指向地球的加速引力可以用数 178 725 表示，则把月球拉向地球的，在方照点为 PT 或 TK 的平均力 ML，即为 1 000，而在朔望点的平均力 TM 即为 3 000；如果由这个力中减去平均力 ML，则余下 2 000，这正是我们在前面称之为 $2PK$ 的在朔望点把月球自地球拉开的力。但月球在朔望点 A 和 B 的速度比其在方照点 C 和 D 的速度，等于 CT 比 AT 与月球由伸向地球的半径在朔望点掠过面积的变化率比在方照点掠过面积的变化率的乘积；即等于 11 073CT：10 973AT。将该比式倒数的平方乘以前一个比式，则月球轨道在朔望点的曲率比其在方照点的曲率，等于 120 406 729×178 725AT^2·CT^2·N—120 406 729×2000AT^4·CT 比 122 611 329×178 725AT^2·CT^2·N＋122 611 329×1000CT^4·AT，即等于 2 151 969AT·CT·N—24 081AT^2 比 2 191 371AT·CN·N＋12 261CT^3。

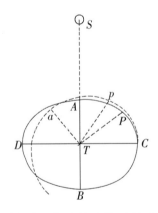

因为月球轨道形状是未知的，我们可以先设它为椭圆 $DBCA$，地球位于它的中心，且长轴 DC 在方照点之间，短轴 AB 在朔望点之间。由于该椭圆平面以一个角运动绕地球转动，就要求其曲率的轨道应在一个不含这种运动的平面上画出，就应考虑月球在这一平面上运动时画出的轨道的形状，也就是说，应考虑图形 Cpa，其上的每一个点 p 应这样求得：设 P 为椭圆上表示月球位置的点，作 Tp 等于 TP，并使得∠PTp 等于太阳自最后一个方照点 C 以来的视在运动；或者(等价地)使得∠CTp 比∠CTP 等于月球的会合环绕时间比它的环绕周期，或等于 29 天 12 小时 44 分比 27 天 7 小时 43 分。所以，如我们取∠CTa 比直角上 CTA 等于该比值，并取 Ta 长度与 TA 相等，即可使 a 位于轨道 Cpa 的上回归点，C 位于上回归点。但我通过计算发现，该轨道 Cpa 在顶点 a 的曲率与以 TA 为间隔、以

T 为中心的圆的曲率的差，比该椭圆在顶点 A 的曲率与同一个的曲率的差，等于 $\angle CTP$ 与 $\angle CTp$ 的比的平方；而椭圆在 A 的曲率比圆的曲率等于 TA 与 TC 的比的平方；该圆的曲率比以 T 为圆心、以 TC 为半径的圆的曲率等于 TC 比 TA；但后一圆的曲率比椭圆在 C 的曲率等于 TA 与 TC 的比的平方；而椭圆在顶点 C 的曲率与后一圆的曲率的差，比图形 Tpa 在顶点 C 的曲率与同一个圆的曲率的差，等于 $\angle CTp$ 与 $\angle CTP$ 的比的平方。所有这些关系都易于从切角及其差的正弦导出。但对这些比式作比较，我们即发现，图形 Cpa 在 a 处的曲率比其 C 处的曲率等于 $AT^3 - \dfrac{16\,824}{100\,000}$ $CT^2 \cdot AT$ 比 $CT^3 + \dfrac{16\,824}{100\,000}AT^2 \cdot CT$；在此，数 $\dfrac{16\,824}{100\,000}$ 表示 $\angle CTP$ 与 $\angle CTp$ 的平方差再除以较小的 $\angle CTP$ 的平方；或表示(等价地)时间 27 天 7 小时 43 分与 29 天 12 小时 44 分的平方差除以时间 27 天 7 小时 43 分的平方。

所以，由于 a 表示月球的朔望点，C 表示方照点，上述比值必定等于上面求出的月球轨道在朔望点的曲率与其在方照点的曲率的比值。所以，为求出比值 CT 比 AT，可将所得到的比式的外项与中项相乘，再除以 $AT \cdot CT$，得到如下方程：$2\,062.79CT^4 - 2\,151\,969N \cdot CT^3 + 368\,676N \cdot AT \cdot CT^2 + 36\,342AT^2 \cdot CT^2 - 362\,047N \cdot AT^2 \cdot CT + 2\,191\,371N \cdot AT^3 + 4\,051.4AT^4 = 0$。如果令项 AT 与 CT 的和 N 的一半为 1，x 是它们的差的一半，则 $CT = 1 + x$，$AT = 1 - x$。把这些值代入方程，求解以后得 $x = 0.007\,19$；因此，半径 $CT = 1.007\,19$，半径 $AT = 0.992\,81$，这两个数的比大约等于 $70\dfrac{1}{24} : 69\dfrac{1}{24}$。所以月球在朔望点到地球上的距离比其在方照点的距离(不考虑偏心率)等于 $69\dfrac{1}{24} : 70\dfrac{1}{24}$；或者取整数比，等于 $69 : 70$。

命题 29　问题 10

求月球的变差。

这种不相等性部分地归因于月球轨道的椭圆形状，部分地归因于由月球伸向地球的半径所掠过面积变化率的不相等性。如果月球 P 沿椭圆 $DBCA$ 绕处于该椭圆中心的静止地球转动，其伸向地球的半径 TP 掠过的面积 CTP 正比于运行时间；椭圆的最大半径 CT 比最小半径 TA 等于 70∶69，则 $\angle CTP$ 的正切比由方照点 C 起算的平均运动角的正切，等于椭圆半径 TA 比其半径 TC，或等于 69∶70。但月球由方照点行进到朔望点所掠过的面积 CTP，应以这种方式被加速，使得月球在朔望点的面积变化率比在方照点的面积变化率等于 11 073∶10 973；而在任意中间点 P 的变化率与在方照点变化率的差则应正比于 $\angle CTP$ 的正弦的平方；如果将 $\angle CTP$ 的正切按数 10973 与数 11 073 的比的平方根减小，即按 68.687 7∶69 减小，则可以足够精确地求出它。因此，$\angle CTP$ 的正切比平均运动的正弦等于 68.687 7∶70；在八分点处，平均运动等于 45°，$\angle CTP$ 将为 $44°27'28''$，当从 45°的平均运动中减去它后，将剩下最大变差 $32'32''$。所以，如果月球是由方照点到朔望点的，它应当仅掠过 90°的 $\angle CTA$。但由于地球的运动造成太阳视在前移，月球在赶上太阳之前需掠过一个大于直角的 $\angle CTa$，它与直角的比等于月球的会合周期比自转周期，即等于 29 天 12 小时 44 分比 27 天 7 小时 43 分。因此所有绕中心 T 的圆心角都要按相同比增大；而原为 $32'32''$ 的最大变差，按该比例增大后，变为 $35'10''$。

这就是在太阳到地球的平均距离上月球的变差，在此未考虑大轨道曲率的差别，以及在新月和月面呈凹形时太阳对月球的作用大于满月和月面呈凸形时。在太阳到地球的其他距离上，最大变差是一个比值复合，它正比于月球会合周期的平方（在一年中的月份是已知的），反比于太阳到地球距离的立方。所以，在太阳的远地点，如果太阳的偏心率比大轨道的横向半径为 $16\frac{15}{16}$∶1 000，则最大变差为 $33'14''$，而在近地点，则为 $37'11''$。

迄此我们研究了无偏心率的轨道变差，在其中月球在八分点到地球的距离正好是它到地球的平均距离。如果月球由于其轨道偏心率的存在而使它到地球的距离时远时近，则其变差也会时大时小。我将变差的这种增减留给天文学家们通过观测做出推算。

命题 30　问题 11

求在圆轨道上月球交会点的每小时运动。

令 S 表示太阳，T 为地球，P 为月球，NPn 为月球轨道，Npn 为该轨道在黄道平面上的投影；N、n 为交会点，$nTNm$ 为交会点连线的不定延长线；PI、PK 是直线 ST、Qq 上的垂线；Pp 是黄道面上的垂线；A、B 是月球在黄道面上的朔望点；AZ 是交会点连线 Nn 上的垂线；Q、q 是月球在黄道面上的方照点，pK 是方照点连线 Qq 上的垂线。太阳干扰月球运动的力(由第三卷命题25)由两部分组成，一部分正比于直线 LM，另一部分正比于直线 MT；前一个力使月球被拉向地球，而后一力则把它拉向太阳，方向是平行于连接地球与太阳的连线 ST。前一个力 LM 的作用沿着月球轨道平面的方向，因而对月球轨道上的位置变化无作用，在此不予考虑；后一个力 MT 使月球轨道平面受到干扰，其作用与力 $3PK$ 或 $3IT$ 相同。而且这个力(由第三卷命题25)比使月球沿圆轨道绕静止地球在其周期时间内以匀速转动的力，等于 $3IT$ 比该圆半径乘以数 178.725，或等于 IT 比半径乘以 59.575。但在此处，以及以后的所有计算中，我都假设月球到太阳的连线与地球到太阳的连线相平行；因为这两条连线的倾斜在某

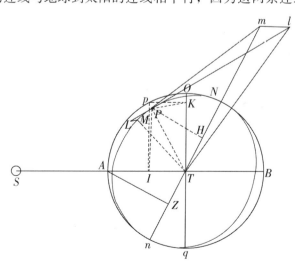

种情况下足以抵清一切影响，如同在另一些情况下使之产生一样；我们现在是在研究交会点的平均运动，不考虑这些不重要的却只会使计算变得繁杂的细节。

设 PM 表示月球在最小时间间隔内掠过的弧段，ML 为一短线，月球在相同时间内在上述的力 $3IT$ 的冲击下可掠过它的一半；连接 PL、MP，把它们延长到 m 和 l，并与黄道平面相交，在 Tm 上作垂线 PH。由于直线 ML 平行于黄道面，所以绝不会与该平面内的直线 ml 相交，因此它们也平行，因而△LMP、△lmp 相似。又因 MPm 在轨道平面内，当月球在处所 P 处运动时，点 m 落在通过轨道交会点 N、n 的直线 Nn 上。而因为使小线段 LM 的一半得以产生的力，若全部同时作用于点 P，则可以产生整个线段，使月球沿以 LP 为弦的弧运动；也就是说，可以使月球由平面 $MPmT$ 进入平面 $LPlT$；所以该力使交会点产生的角运动等于∠mTl。但 ml 比 mp 等于 ML 比 MP；而由于时间给定，MP 也给定，ml 正比于乘积 $ML \cdot mP$，即正比于乘积 $IT \cdot mP$。如果∠Tml 是直角，∠mTl 正比于 $\dfrac{ml}{Tm}$，则它正比于 $\dfrac{IT \cdot Pm}{Tm}$，即（因为 Tm 与 mP，TP 与 PH 是正比的）正比于 $\dfrac{IT \cdot PH}{TP}$；所以，因为 TP 给定，∠mTl 正比于 $IT \cdot PH$。但如果∠Tml 或∠STN 不是直角，则∠mTl 将更小，正比于∠STN 的正弦比半径，或 AZ 比 AT。所以，交会点的速度正比于 $IT \cdot PH \cdot AZ$，或正比于三个角∠TPI、∠PTN 和∠STN 正弦的乘积。

如果这些角是直角，像交会点在方照点、月球在朔望点那样，小线段 ml 将移到无限远处，∠mTl 与∠mPl 相等。但在这种情形中，∠mPl 比月球在相同时间内绕地球的视在运动所成的∠PTM，等于 $1 : 59.575$。因为∠mPl 等于∠LPM，即等于月球偏离直线路径的角度；如果月球引力消失，则该角可以由太阳引力 $3IT$ 在该给定时间内单独产生；而∠PTM 等于月球偏直线路径的角；如果太阳引力 $3IT$ 消失，则这个角也可以由停留在其轨道上的月球在相同时间内单独生成。这两个力（如上所述）相互间的比等于 1 : 59.575。所以由于月球的平均小时运动（相对于恒星）为 $32^m56^s27^{th}12\frac{1}{2}^{iv}$ [①]，在此情形中的交会点运动将为 $33^s10^{th}33^{iv}12^v$。但在其他情形中，小时运动比 $33^s10^{th}33^{iv}12^v$ 等于三个角 $\angle TPI$、$\angle PTN$ 和 $\angle STN$ 正弦(或月球到方照点的距离，月球到交会点的距离，以及交会点到太阳的距离)的乘积比半径的立方。而且每当某一个角的正弦由正变负或由负变正时，逆行运动必变为顺行运动，而顺行运动必变为逆行运动。因此，只要月球位于任意一个方照点与距该方照点最近的交会点之间，交会点总是顺行的。在其他情形中它都是逆行的，而由于逆行大于顺行，交会点逐月后移。

推论 I. 因此，如果由短弧 $\overset{\frown}{PM}$ 的端点 P 和 M 向方照点连线 Qq 作垂线 PK、Mk，并延长与交会点连线 Nn 相交于 D 和 d，则交会点的小时运动将正比于面积 $MPDd$ 乘以直线 AZ 的平方。因为令 PK、PH 和 AZ 为上述的三个正弦，即 PK 为月球到方照点距离的正弦，PH 为月球到交会

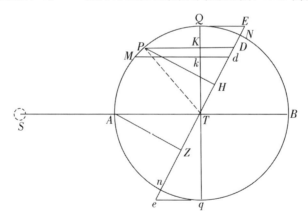

点距离的正弦，AZ 为交会点到太阳距离的正弦；交会点的速度正比于乘积 $PK \cdot PH \cdot AZ$。但 PT 比 PK 等于 PM 比 Kk；所以，因为 PT 和 PM 是给定的，Kk 正比于 PK。类似地，AT 比 PD 等于 AZ 比 PH，所以

---

① m、s、th、iv、v 均为角度单位，$1m=\frac{1}{60}$ 度，$1s=\frac{1}{60}m$，$1th=\frac{1}{60}s$，$1iv=\frac{1}{60}th$，$1v=\frac{1}{60}iv$。

PH 正比于乘积 $PD \cdot AZ$；将这些比式相乘，$PK \cdot PH$ 正比于立方容积 $Kk \cdot PD \cdot PZ$，而 $PK \cdot PH \cdot AZ$ 正比于 $Kk \cdot PD \cdot AZ^2$，即正比于面积 $PDdM$ 与 AZ^2 的乘积。   证毕。

推论 II. 在交会点的任意给定位置上，它们的平均小时运动为在朔望点月球小时运动的一半，所以比 $16^s 35^{th} 16^{iv} 36^v$ 等于交会点到朔望点距离正弦的平方比半径的平方，或等于 AZ^2 比 AT^2。因为，如果月球以均匀运动掠过半圆 QAq，则在月球由 Q 到 M 的时间内，所有面积 $PDdM$ 的和，将构成面积 $QMdE$，它以圆的切线 QE 为界；当月球到达点 n 时，这些面积的和又构成直线 PD 所掠过的面积 $EQAn$；但由于当月球由 n 前移到 q 时，直线 PD 将落在圆外，掠过以圆切线 qe 为界的面积 nqe，因为交会点原先是逆行的，现在变为顺行，该面积必须从前一个面积中减去，而由于它等于面积 QEN，所以剩下的是半圆 $NQAn$。所以，当月球掠过半圆时，所有的面积 $PDdM$ 的和也等于该半圆；当月球掠过一个整圆时，这些面积的和也等于该整圆面积。但当月球位于朔望点时，面积 $PDdM$ 等于 $\overarc{PM}$ 乘以半径 PT；而所有的与之相等的面积的总和，在月球掠过一个整圆的时间内，等于整个圆周乘以圆半径；这个乘积在圆面积增大一倍时，变为前一个面积的和的 2 倍。

所以，如果交会点以其在月球朔望点所获得的速度匀速运动，则它们掠过的距离为实际上的 2 倍；所以，如果它们是匀速运动的，则其平均运动所掠过的距离与它们实际上以不均匀运动所掠过的距离相等，但仅仅为它们以在月球朔望点获得的速度所掠过的距离的一半。因此，如果交会点在方照点，由于其最大小时运动为 $33^s 10^{th} 33^{iv} 12^v$，对应的平均小时运动为 $16^s 35^{th} 16^{iv} 36^v$。而由于交会点的小时运动处处正比于 AZ^2 与面积 $PDdM$ 的乘积，所以，在月球的朔望点，交会点的小时运动也正比于 AZ^2 与面积 $PDdM$ 的乘积，即（因为在朔望点掠过的面积 $PDdM$ 是给定的）正比于 AZ^2，所以，平均运动也正比于 AZ^2；所以，当交会点不在方照点时，该运动比 $16^s 35^{th} 16^{iv} 36^v$ 等于 AZ^2 比 AT^2。   证毕。

命题 31   问题 12

求月球在椭圆轨道上的交会点小时运动。

令 $Qpmaq$ 表示一个椭圆，其长轴为 Qq，短轴为 ab；$QAqB$ 是其外切圆；T 是位于这两个圆的公共中心的地球；S 是太阳，p 是沿椭圆运动的月球；pm 是月球在最小时间间隔内掠过的弧长；N 和 n 是交会点，其连线为 Nn；pK 和 mk 为轴 Qq 上的垂线，向两边的延长线与圆相交于 P 和 M，与交会点连线相交于 D 和 d。如果月球伸向地球的半径掠过的面积正比于运行时间，则椭圆交会点的小时运动将正比于面积 $pDdm$ 与 AZ^2 的乘积。

因为，令 PF 与圆相切于 P，延长后与 TN 相交于 F；pf 与椭圆相交于 p，延长后与同一个 TN 相交于 f，两条切线在轴 TQ 上相交于 Y；令 ML 表示在月球沿圆转动掠过 $\overset{\frown}{PM}$ 的时间内月球在上述力 $3IT$ 或 $3PK$ 作用下横向运动所掠过的距离；而 ml 表示在相同时间内月球受相同的力 $3IT$ 或 $3PK$ 作用沿椭圆转动的距离；令 LP 和 lp 延长与黄道面相交于 G 和 g，

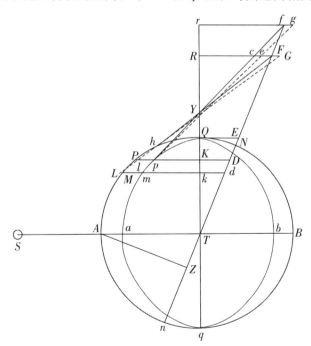

作 FG 和 fg，其中 FG 的延长线分别在 c、e 和 R 分割 pf、pg 和 TQ；fg 的延长线在 r 分割 TQ。因为圆上的力 $3IT$ 或 $3PK$ 比椭圆上的力 $3IT$ 或 $3pK$ 等于 PK 比 pK，或等于 AT 比 aT，前一个力产生的距离 ML 比后一个力产生的距离 ml 等于 PK 比 pK；即，因为图形 $PYKp$ 与 $FYRc$ 相似，等于 FR 比 cR。但（因为 $\triangle PLM$、$\triangle PGF$ 相似）ML 比 FG 等于 PL 比 PG，即（由于 Lk、PK、GR 相平行）等于 pl 比 pe，即（因为 $\triangle plm$、$\triangle cpe$ 相似）等于 lm 比 ce；其反比等于 LM 比 lm，或等于 FR 比 cR，FG 比 ce 也是如此。所以，如果 fg 比 ce 等于 fY 比 cY，即等于 Fr 比 cR（即等于 fr 比 FR 乘以 FR 比 cR，即等于 fT 比 FT 乘以 FG 比 ce），把两边的 FG 比 ce 消去，余下 fg 比 FG 和 fT 比 FT，所以 fg 比 FG 等于 fT 比 FT；所以，由 FG 和 fg 在地球 T 上所划分的角相等。但这些角（由我们在前述命题中所证明的）就是与月球在圆上掠过 $\overset{\frown}{PM}$、在椭圆上掠过 $\overset{\frown}{pm}$ 的同时交会点的运动；因而交会点在圆上的运动与其在椭圆上的运动相等。因此，可以说，如果 fg 比 ce 等于 fY 比 cY，即，如果 fg 等于 $\dfrac{ce \cdot fY}{cY}$，即有如此结果。但因为 $\triangle fgp$、$\triangle cep$ 相似，fg 比 ce 等于 fg 比 cp，所以 fg 等于 $\dfrac{ce \cdot fp}{cp}$；所以，实际上由 fg 划分的角比由 FG 所划分的前一个角，即交会点在椭圆上的运动比其在圆上的运动，等于 fg 或 $\dfrac{ce \cdot fp}{cp}$ 比前一个 fg 或 $\dfrac{ce \cdot fY}{cY}$，即等于 $fP \cdot cY$ 比 $fY \cdot cp$，或等于 fP 比 fY 乘以 cY 比 cp；即，如果 ph 平行于 TN，与 FP 相交于 h，则等于 Fh 比 FY 乘以 FY 比 FP，即等于 Fh 比 FP 或 Dp 比 DP，所以等于面积 $Dpmd$ 比面积 $DPMd$。所以，由于（由第三卷命题 30 推论 I ）后一个面积与 AZ^2 的乘积正比于交会点在圆上的小时运动，则前一个面积与 AZ^2 的乘积将正比于交会点在椭圆上的小时运动。   证毕。

推论. 所以，由于在交会点的任意给定位置上，在与月球由方照点运动到任意处所 m 的时间内，所有的面积 $pDdm$ 的和，就是以椭圆的切线

QE 为边界的面积 $mpQEd$；且在一次环绕中，所有这些面积的和，就是整个椭圆的面积；交会点在椭圆上的平均运动比交会点在圆上的平均运动等于椭圆比圆，即等于 Ta 比 TA，或 69：70。所以，由于（由第三卷命题 30 推论 Ⅱ）交会点在圆上的平均小时运动比 $16^s35^{th}16^{iv}36^v$ 等于 AZ^2 比 AT^2，如果取角 $16^s21^{th}3^{iv}30^v$ 比角 $16^s35^{th}16^{th}36^v$ 等于 69：70，则交会点在椭圆上的平均小时运动比 $16^s21^{th}3^{iv}30^v$ 等于 AZ^2 比 AT^2，即等于交会点到太阳距离的正弦的平方比半径的平方。

但月球伸向地球的半径在朔望点掠过面积的速度大于其在方照点掠过面积的速度，因此在朔望点时间被压缩了，而在方照点则被延展了；把整个时间合起来交会点的运动作了类似的增加或减少，但在月球的方照点面积变化率比在月球的朔望点面积变化率等于 10 973：11 073；因而在八分点的平均变化率比在朔望点的出超部分，以及比在方照点的不足部分，等于这两个数的和的一半 11 023 比它们的差的一半 50。因此，由于月球在其轨道上各相等的小间隔上的时间反比于它的速度，在八分点的平均时间比在方照点的出超时间，以及比在朔望点的不足时间，近似等于 11 023：50。但是我发现在月球由方照点到朔望点时，面积变化率大于在方照点的最小变化率的出超部分，近似正比于月球到该方照点距离的正弦的平方；所以在任意处所的变化率与在八分点的平均变化率的差，正比于月球到该方照点距离正弦的平方，与 45°正弦平方，或半径平方的一半的差；而在八分点与方照点之间各处所上时间的增量，与在该八分点到朔望点之间各处所上时间的减量，有相同比值。但在月球掠过其轨道上各相等小间隔的同时，交会点的运动正比于该时间加速或减速；这一运动，当月球掠过 PM 时，（等价地）正比于 ML，而 ML 正比于时间的平方变化。因此，交会点在朔望点的运动，在月球掠过其轨道上给定的小间隔的同时，正比于数 11 073 与数 11 023 的比值的平方而减小，而其减量比剩余运动等于 100：10 973；它比总运动近似等于 100：11 073。但在八分点与朔望点之间的处所上的减量，与在该八分点与方照点之间的处所上的增量，比该减量近似等于在这些处所上的总运动比在朔望点的总运动，乘以月球到该方照点距离正弦的平方与半径平方的一半的差，比半径平方的一半。所以，如果交会点在方照点，我们可取两个处所，一个在其一侧，另一个在另一侧，它们到八分点的距离，与另两个距离相等，一个是到朔望点，另一个是到方照点，并由在朔望点和八分点之间的两个处所的运动减量上，减去在该八分点与方照点之间的另两个处所的运动增量，则余下的减量将等于在朔望点的减量，这可以由计算而简单地证明；所以，平均减量，应该从交会点平均运动中减去，它等于在朔望点减量的 $\frac{1}{4}$。交会点在朔望点的总小时运动(设此时月球伸向地球的半径所掠过的面积正比于时间)为 $32^s42^{th}7^{iv}$。又，我们已经证明交会点运动的减量，在与月球以较大速度掠过相同的空间的时间内，比该运动等于 100 : 11 073；所以这一减量为 $17^{th}43^{iv}11^v$。由上面求出的平均小时运动 $16^s21^{th}30^v$ 中减去其 $\frac{1}{4}$（$4^{th}25^{iv}48^v$），余下 $16^s16^{th}37^{iv}42^v$，这就是它们的平均小时运动的正确值。

如果交会点不在方照点，设两个点分别在其一侧和另一侧，且到朔望点距离相等，则当月球位于这些处所时，交会点运动的和，比当月球在相同处所而交会点在方照点时它们的运动的和，等于 AZ^2 比 AT^2。而由于刚才论述的原因而产生的运动减小量，其相互间的比，以及余下的运动相互间的比，等于 AZ^2 比 AT^2；而平均运动正比于余下的运动。所以，在交会点的任意给定处所，它们的实际平均小时运动比 $16^s16^{th}37^{iv}42^v$ 等于 AZ^2 比 AT^2，即等于交会点到朔望点距离正弦的平方比半径的平方。

命题 32 问题 13

求月球交会点的平均运动。

年平均运动是一年中所有平均小时运动的和。设交会点位于 N，并每经过一个小时后都回到其原先的位置，使得它尽管有这样的运动，却相对于恒星保持位置不变；而与此同时，太阳 S 由于地球的运动看上去像是离开交会点，以均匀运动行进直到完成其视在年运动。令 $\overset{\frown}{Aa}$ 示给定短弧，它由总是伸向太阳的直线 *TS* 与圆 *NAn* 的交点在给定时间间隔内掠过；则平均小时运动（由上述证明）正比于 AZ^2，即（因为 *AZ* 与 *ZY* 成正比）正比于 *AZ* 与 *ZY* 的乘积，即正比于面积 *AZYa*；而从一开始算起的所有平均小时运动的和正比于所有面

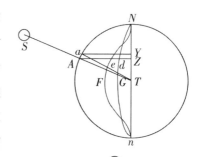

积 *aYZA* 的和，即正比于面积 *NAZ*。但最大的 *AZYa* 等于 $\overset{\frown}{Aa}$ 与圆半径的乘积，所以，在整个圆上所有这样的乘积的和与所有最大乘积的和的比，等于整个圆的面积比整个圆周长与半径的乘积，即等于 1：2。但对应于最大乘积的小时运动是 $16^s16^{th}37^{iv}42^v$，而在一个恒星年的 365 天 6 小时 9 分中，总和为 $39°38'7''5'''$，所以，其一半为 $19°49'3''55'''$，就是对应于整个圆的交会点平均运动。在太阳由 *N* 运动到 *A* 的时间内，交会点的运动比 $19°49'3''55'''$ 等于面积 *NAZ* 比整个圆。

这一结果是以交会点每经过一个小时都回到其原先位置为前提的，这样，经过一次完全环绕后，太阳在年终时又出现在它曾在年初时离开的同一个交会点上。但是，因为交会点的运动是同时进行的，所以太阳必定要提前与交会点相遇；现在我们来计算所缩短的时间。由于太阳在一年中要移动 360°，同一时间里交会点以其最大运动而移动 $39°38'7''55'''$，或 39.635 5°；在任意处所 *N* 的交会点平均运动比其在方照点的平均运动，等于 AZ^2 比 AT^2；太阳运动比交会点在 *N* 处的平均运动等于 $360AT^2$ 比 $39.635\,5AZ^2$，即等于 $9.082\,764\,6AT^2$ 比 AZ^2。所以，如果我们设整个圆的周长 *NAn* 分割成相等的短弧 $\overset{\frown}{Aa}$，则当圆静止时，太阳掠过短弧 $\overset{\frown}{Aa}$ 的时间，比当圆和交会点一起绕中心 *T* 转动时太阳掠过同一短弧的时间，等于 $9.082\,764\,6AT^2$ 与 $9.082\,764\,6AT^2+AZ^2$ 的反比；因为时间反比于掠过短弧的速度，而该速度又是太阳与交会点速度的和。所以，如果以扇形 *NTA* 表示太阳在交会点不动时掠过 $\overset{\frown}{NA}$ 的时间，而该扇形的无限小部分 *ATa* 表示它掠过短弧 $\overset{\frown}{Aa}$ 的小时间间隔；且（作 *aY* 垂直于 *Nn*）如果在 *AZ* 上取 *dZ* 为这样的长度，使得 *dZ* 与 *ZY* 的乘积比扇形的极小部分 *ATa* 等

于 AZ^2 比 9.082 764 6 $AT^2 + AZ^2$；也就是说，dZ 比 $\frac{1}{2}AZ$ 等于 AT^2 比

9.082 764 6 $AT^2 + AZ^2$；则 dZ 与 ZY 的乘积将表示在 $\overgroup{Aa}$ 被掠过的同时，由于交会点的运动而造成的时间减量；如果曲线 $NdGn$ 是点 d 的轨迹，则曲线面积 NdZ 在整个面积 NA 被掠过的同时将正比于总的时间流量；所以，扇形 NAT 超出面积 NdZ 的部分正比于总时间。但因为在短时间内的交会点运动与时间的比值亦较小，面积 $AaYZ$ 也必须按相同比减小；这可以在 AZ 上取线段 eZ 为这样的长度，使它比 AZ 等于 AZ^2 比 9.0827646 × $AT^2 + AZ^2$；因为这样的话 eZ 与 ZY 的乘积比面积 $AZYa$ 等于掠过 $\overgroup{Aa}$ 的时间减量比交会点静止时掠过它的总时间；所以，该乘积正比于交会点运动的减量。如果曲线 $NeFn$ 是点 e 的轨迹，则这种运动的减量的总和，总面积 NeZ，将正比于在掠过 $\overgroup{AN}$ 的时间内的总减量；而余下的面积 NAe 正比于余下的运动，这一运动正是在太阳与交会点以其复合运动掠过整个 $\overgroup{NA}$ 的时间内交会点的实际运动。现在，半圆面积比图形 $NeFn$ 的面积由无限级数方法求出约为 793 ：60。而对应于或正比于整个圆的运动为 $19°49'3''55'''$；因而对应于 2 倍图形 $NeFn$ 的运动为 $1°29'58''2'''$，把它从前一运动中减去后余下 $18°19'5''53'''$，这就是交会点在它与太阳的两个会合点之间相对于恒星的总运动；从太阳的年运动 $360°$ 中减去这项运动，余下 $341°40'54''7'''$，这是太阳在相同会合点之间的运动。但这一运动比 $360°$ 的年运动，等于刚才求出的交会点运动 $18°19'5''53'''$ 比其年运动，因此它为 $19°18'1''23'''$；这就是一个回归年中交会点的平均运动。在天文表中，它为 $19°21'21''50'''$。差别不足总运动的 $\frac{1}{300}$ 部分，它似乎是由于月球轨道的偏心率，以及它与黄道面的倾斜引起的。这个轨道的偏心率使交会点运动的加速过大；而另一方面，轨道的倾斜使交会点的运动受到某种阻碍，因而获得适当的速度。

命题 33　问题 14

求月球交会点的真实运动。

在正比于面积 $NTA-NdZ$(在第 1150 页图中)的时间内，该运动正比于面积 NAe，因而是给定的；但因为计算太困难，最好是使用下述作图求解。以 C 为中心，取任意半径 CD 作圆 $BEFD$；延长 DC 到 A 使 AB 比 AC 等于平均运动比交会点位于方照点的平均真实运动(即等于 $19°18'1''23'''$：$19°49'3''55'''$)；因而 BC 比 AC 等于这些运动的差 $0°31'2''3'''$ 比后一运动 $19°49'3''55'''$，即等于 $1:38\frac{3}{10}$。然后通过点 D 作不定直线 Gg，与圆相切于

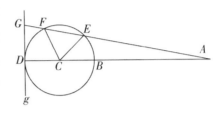

D；如果取 $\angle BCE$ 或 $\angle BCF$ 等于太阳到交会点距离的 2 倍，它可以通过平均运动求出，并作 AE 或 AF 与垂线 DG 相交于 C，取另一个角，使它比在朔望点之间的交会点总运动(即比 $9°11'3''$)等于切线 DG 比圆 BED 的总周长，并在它们由方照点移向朔望点时，在交会点的平均运动中加上这后一个角(可用 $\angle DAC$)，而在它们由朔望点移向方照点时，由平均运动中减去这个角，即得到它们的真实运动；因为由此求出的真实运动与设时间正比于面积 $NTA-NdZ$ 且交会点运动正比于面积 NAe 所求出的真实运动近似吻合；任何人通过验算都会发现，这正是交会点运动的半月均差。但还有一个月均差，只是它在求月球黄纬时是不必要的；因为既然月球轨道相对于黄道面倾斜的变差受两方面不等性的支配，一个是半月的，另一个是每月的，而这一变差的月不等性与交会点的月均差，能够相互抵消校正，所以在计算月球的黄纬时二者都可以略去不计。

推论. 由本命题和前一命题可知，交会点在朔望点是静止的，而在方照点是逆行的，其小时运动为 $16^s19^{th}26^{iv}$；在八分点交会点运动的均差为 $1°30'$；所有这些都与天文现象精确吻合。

附 注

马金(Machin)先生[①]、格列山姆(Gresham)学院的教授和亨利·彭伯顿博士[②]分别用不同方法发现了月球交会点运动。本方法的论述曾见诸其他场合。他们的论文，就我所看到的，都包括两个命题，而且相互间完全一致，马金先生的论文最先到达我的手中，所以收录如下。

月球交会点的运动

"命题 1"

"太阳离开交会点的平均运动由太阳的平均运动与太阳在方照点以最快速度离开交会点的平均运动的几何中项决定。

令 T 为地球的处所，Nn 为任意给定时刻的月球交会点连线，KTM 为其上的垂线，TA 为绕中心旋转的直线，其角速度等于太阳与交会点相互分离的角速度，使得界于静止直线 Nn 与旋转直线 TA 之间的角总是等于太阳与交会点间的距离。如果把任意直线 TK 分为 TS 和 SK 两部分，使它们的比等于太阳的平均小时运动比交会点在方照点的平均小时运动，再取直线 TH 等于 TS 部分与整个线段 TK 的比例中项，则该直线正比于太阳离开交会点的平均运动。

因为以 T 为中心，以 TK 为半径作圆 $NKnM$，并以同一个中心，以 TH 和 TN 为半轴作椭圆 $NHnL$；在太阳离开交会点通过 $\overset{\frown}{Na}$ 的时间内，如果作直线 Tba，则扇形面积 NTa 表示在相同时间内太阳与交会点的运动的

---

① John Machin，1686—1751，英国天文学家，曾任皇家学会秘书(1718—1747)，1712 年以委员身份参加皇家学会调查委员会，调查牛顿与莱布尼兹之间关于发明微积分优先权的争执。

② Henry Pemberton，1694—1771，英国物理学家、数学家，他是《原理》第三版的主持人，曾将《原理》译为英文，对宣传牛顿学说有过巨大贡献。

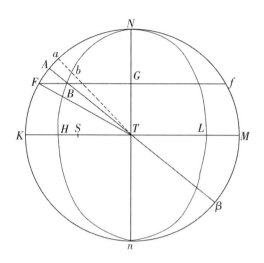

和。所以，令极短弧$\overset{\frown}{aA}$为直线Tba按上述规律在给定时间间隔内匀速转动所掠过，则极小扇形TAa正比于在该时间内太阳与交会点向两个不同方向运动的速度的和。太阳的速度几乎是均匀的，其不等性如此之小，不会在交会点的平均运动中造成最小的不等性。这个和的另一部分，即交会点速度的平均量，在离开朔望点时按它到太阳距离正弦的平方增大（由第三卷命题31推论），并在到达方照点同时太阳位于K时有最大值，它与太阳速度的比等于SK比TS，即等于（TK比TH的平方差，或）乘积$KH \cdot HM$比TH^2。但椭圆NBH将表示这两个速度的和的扇形ATa分为$ABba$和BTb两部分，且止比于速度。因为，延长BT到圆交于β，由点B向长轴作垂线BG，它向两边延长与圆相交于点F和f；因为空间$ABba$比扇形TBb等于乘积$AB \cdot B\beta$比BT^2（该乘积等于TA和TB的平方差，因为直线AB在T被等分，而在B未被等分），所以当空间$ABba$在K处为最大时，该比值与乘积$KH \cdot HM$比HT^2相等。但上述交会点的最大平均速度与太阳速度的比也等于这一比值；因而在方照点扇形ATa被分割成正比于速度的部分。又因为乘积$KH \cdot BM$比HT^2等于$FB \cdot Bf$比BG^2，且乘积$AB \cdot B\beta$等于乘积$FB \cdot B\beta$，所以在K处也是最大的小面积$ABba$比余下的扇形TBb等于乘积$AB \cdot B\beta$比BG^2。但这些面积的比总是等于乘积

$AB \cdot B\beta$ 比 BT^2；所以位于处所 A 的小面积 $ABba$ 按 BG 与 BT 的平方比值小于它在方照点的对应小面积，即按太阳到交会点距离的正弦的平方比值减小。所以，所有小面积 $ABba$ 的和，即空间 ABN，正比于在太阳离开交会点后掠过 $\overset{\frown}{NA}$ 的时间内交会点的运动；而余下的空间，即椭圆扇形 NTB，则正比于同一时间里的太阳平均运动。而因为交会点的平均年运动是在太阳完成其一个周期的时间内完成的，交会点离开太阳的平均运动比太阳本身的平均运动等于圆面积比椭圆面积，即等于直线 TK 比直线 TH，后者是 TK 与 TS 的比例中项；或者，等价地，等于比例中项 TH 比直线 TS。"

"命题 2"

"已知月球交会点的平均运动，求其真实运动。

令∠A 为太阳到交会点平均位置的距离，或太阳离开交会点的平均运动。如果取∠B，其正切比∠A 的正切等于 TH 比 TK，即等于太阳的平

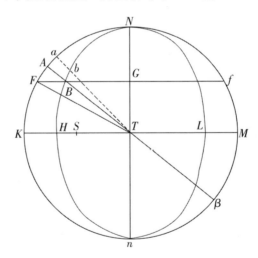

均小时运动与太阳离开交会点的平均小时运动的比的平方根，则当交会点位于方照点时，∠B 为太阳到交会点的真实距离。因为连接 FT，由前一命题的证明，∠FTN 为太阳到交会点平均位置的距离，而∠ATN 为太阳到交会点真实位置的距离，这两个角的正切的比等于 TK 比 TH。

推论. 因此，∠FTA 为月球交会点的均差；该角的正弦，即其在八分

点的最大值比半径等于 KH 比 $TK+TH$。但在其他任意处所 A 该均差的正弦比最大正弦等于 $\angle FTN + \angle ATN$ 的和的正弦比半径，即近似等于太阳到交会点平均位置的 2 倍距离（即 $2FTN$）的正弦比半径。"

"附　注"

"如果交会点在方照点的平均小时运动为 $16''16'''37^{iv}42^{v}$，即在一个回归年中为 $39°38'7''50'''$，则 TH 比 TK 等于数 9.082 764 6 与数 10.082 764 6 的比的平方根，即等于 18.652476 1：19.652 476 1。所以，TH 比 HK 等于 18.652476 1：1，即等于太阳在一个回归年中的运动比交会点的平均运动 $19°18'1''23\frac{2}{3}'''$。

但如果月球交会点在 20 个儒略年中的平均运动为 $386°50'15''$，如由观测运用月球理论所推算的那样，则交会点在一个回归年中的平均运动为 $19°20'31''58'''$，TH 比 HK 等于 $360°：19°20'31''5'''$，即等于 18.612 14：1，由此交会点在方照点的平均小时运动为 $16''18'''48^{iv}$。交会点在八分点的最大均差为 $1°29'57''$。"

命题 34　问题 15

求月球轨道相对于黄道平面的倾斜的每小时变差。

令 A 和 a 表示朔望点；Q 和 q 为方照点；N 和 n 为交会点；P 为月球在其轨道上的位置；p 为该位置在黄道面上的投影；mTL 与上述相同，为交会点的即时运动，如果在 Tm 上作垂线 PG，连接 pG 并延长与 Tl 相交于 g，再连接 Pg，则 $\angle PGg$ 为月球在 P 时月球轨道相对于黄道面的倾角；$\angle Pgp$ 为经过一个短时间间隔后的同一个倾角；所以 $\angle GDg$ 就是倾角的即时变差。但这个 $\angle GPg$ 比 $\angle GTg$ 等于 TG 比 PG 乘以 Pp 比 PG。所以，如果设时间间隔为 1 小时，则由于 $\angle GTg$（由第三卷命题 30）比角 $33''10'''33^{iv}$ 等于 $IT \cdot PG \cdot Az$ 比 AT^3，$\angle GPg$（或倾角的小时变差）比角 $33''10'''33^{iv}$ 等于 $IT \cdot Az \cdot TG \cdot \dfrac{Pp}{PG}$ 比 AT^3。　　　　　　　　　　证毕。

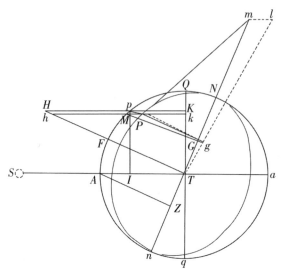

在此假定月球沿圆形轨道匀速运动。但如果轨道是椭圆的，交会点的平均运动将按短轴与长轴的比而减小，如前面所证明的那样；而倾角的变差也将按相同比例减小。

推论 I. 在 Nn 上作垂线 TF，令 pM 为月球在黄道面上的小时运动；在 QT 上作垂线 pK、Mk，并延长与 TF 相交于 H 和 h；则 IT 比 AT 等于 Kk 比 Mp；而 TG 比 Hp 等于 TZ 比 AT；所以，$IT \cdot TG$ 等于 $\dfrac{Kk \cdot Hp \cdot TZ}{Mp}$，即等于面积 $HpMh$ 乘以比值 $\dfrac{TZ}{Mp}$；所以倾角的小时变差比 $33''10'''33^{\mathrm{iv}}$ 等于面积 $HpMh$ 乘以 $AZ \cdot \dfrac{TZ}{Mp} \cdot \dfrac{Pp}{PG}$ 比 AT^3。

推论 II. 如果地球和交会点每经过一小时都被从新处所拉回并立即回到其原先的处所，使得其位置在一整个周期月内都是已知的，则在这个周期里倾角的总变差比 $33'10''33^{\mathrm{iv}}$ 等于在点 p 运转一周的时间内（考虑到要计入它们的符号＋或一）产生的所有的面积 $HpMh$ 的和，乘以 $AZ \cdot TZ \cdot \dfrac{Pp}{PG}$ 比 $Mp \cdot AT^3$，即等于整个圆 $QAqa$ 乘以 $AZ \cdot TZ \cdot \dfrac{Pp}{PG}$ 比 $2Mp \cdot AT^2$。

推论 III. 在交会点的给定位置上，平均小时变差（如果它均匀保持一整个月，即可以产生月变差）比 $33''10'''33^{\mathrm{iv}}$ 等于 $AZ \cdot TZ \cdot \dfrac{Pp}{PG}$ 比 $2AT^2$，或等

于 $Pp \cdot \dfrac{AZ \cdot TZ}{\frac{1}{2}AT}$ 比 $PG \cdot 4AT$，即（因为 Pp 比 PG 等于上述倾角的正弦比

半径，而 $\dfrac{AZ \cdot TZ}{\frac{1}{2}AT}$ 比 $4AT$ 等于 2 倍 $\angle ATn$ 的正弦比 4 倍半径）等于同一个

倾角的正弦乘以交会点到太阳的 2 倍距离的正弦比 4 倍的半径平方。

推论Ⅳ. 当交会点在方照点时，由于倾角的小时变差（由本命题）比角

$33''10'''33^{iv}$等于 $IT \cdot AZ \cdot TG \cdot \dfrac{Pp}{PG}$ 比 AT^3，即等于 $\dfrac{IT \cdot TG}{\frac{1}{2}AT} \cdot \dfrac{Pp}{PG}$ 比 $2AT$，

即等于月球到方照点 2 倍距离的正弦乘以 $\dfrac{Pp}{PG}$ 比 2 倍半径，而在交会点的这

一位置上，在月球由方照点移动到朔望点的时间内（即在走完此段距离所

需的 $177\dfrac{1}{6}$ 小时内），所有小时变差的和比同样多的 $33''10'''33^{iv}$ 角的和，或

比 $5\,878''$，等于月球到方照点所有 2 倍距离的正弦的和乘以 $\dfrac{Pp}{PG}$，比同样多

的直径的和，即等于直径乘以 $\dfrac{Pp}{PG}$ 比周长；即如果倾角为 $5°1'$，则等于

$\left(7 \times \dfrac{874}{10\,000}\right) : 22$，或等于 $278 : 10\,000$。所以，在上述时间内，由所有小

时变差组成的总变差为 $163''$ 或 $2'43''$。

命题 35　问题 16

求在给定时刻月球轨道相对于黄道平面的倾角。

令 AD 为最大倾角的正弦，AB 为最小倾角的正弦。在 C 处二等分 BD；以 C 为中心、BC 为半径作圆 BGD。在 AC 上取 CE 比 EB 等于 EB 比 2 倍 BA。如果在给定时刻取 $\angle AEG$ 等于交会点到方照点的 2 倍距离，并在 AD 上作垂线 GH，则 AH 即为所求的倾角的正弦。

因为 $GE^2 = GH^2 + HE^2 = BH \cdot HD + HE^2$

$$= HB \cdot BD + HE^2 - BH^2$$

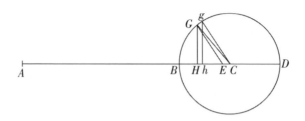

$$= HB \cdot BD + BE^2 - 2BH \cdot BE = BE^2 + 2EC \cdot BH$$

$$= 2EC \cdot AB + 2EC \cdot BH = 2EC \cdot AH;$$

所以，由于 $2EC$ 是已知的，GE^2 正比于 AH。现在令 AEg 表示在任意时间间隔之后交会点到方照点的 2 倍距离，则由于 $\angle GEg$ 是已知的，$\overset{\frown}{Gg}$ 正比于距离 GE。但 Hh 比 Gg 等于 GH 比 GC，所以 Hh 正比于乘积 $GH \cdot Gg$，或正比于 $GH \cdot GE$，即正比于 $\dfrac{GH}{GE} \cdot GE^2$，或正比于 $\dfrac{GH}{GE} \cdot AH$；即正比于 AH 与 $\angle AEG$ 的正弦的乘积。所以，如果在任意一种情况下，AH 为倾角的正弦，则它与倾角的正弦以相同的增量增大（由前一命题推论Ⅲ），因而总是与该正弦相等。而当点 G 落在点 B 或 D 上时，AH 等于这一正弦，所以它总是与之相等。　　　　　　　　　　　　　　证毕。

在本证明中，我设表示交会点到方照点距离 2 倍的 $\angle BEG$ 均匀增大；因为我无法详细地考查每一分钟的不等性。现在设 $\angle BEG$ 是直角，在此情形中，Gg 为交会点到太阳 2 倍距离的小时增量；则（由前一命题推论Ⅲ）在同一情形中倾角的小时变差比 $33''10'''33^{iv}$ 等于倾角的正弦 AH 乘以交会点到太阳距离的 2 倍（直角 $\angle BEG$ 的正弦）比半径的平方，即等于平均倾角的正弦 AH 比 4 倍半径；即，由于平均倾角约为 $5°8\dfrac{1}{2}'$，等于其正弦 896 比 4 倍半径 40 000，或等于 224：10 000。但对应于 BD 的总变差，即两个正弦的差比该小时变差等于直径 BD 比 $\overset{\frown}{Gg}$，即等于直径 BD 比半圆周长 BGD，乘以交会点由方照点移动到朔望点的时间 $2\,079\dfrac{7}{10}$ 小时比 1 小时，即等于 7：11 乘以 $2\,079\dfrac{7}{10}$：1。所以把所有这些比式复合，得到总变差

BD 比 $33''10'''33^{iv}$ 等于 $\left(224\times7\times2\ 079\dfrac{7}{10}\right)$：$110\ 000$，即 等 于 $29\ 645$：

$1\ 000$；由此得出变差 BD 为 $16'23\dfrac{1}{2}''$。

这就是不考虑月球在其轨道上的位置时的倾角的最大变差；因为，如果交会点在朔望点，倾角不因月球位置的变化而受影响。但如果交会点位于方照点，则月球在朔望点时的倾角比它在方照点时小 $2'43''$，如我们以前所证明的那样（前一命题推论Ⅳ）；而当月球在方照点时，由总平均变差中减去上述差值的一半 $1'21\dfrac{1}{2}''$，即余下 $15'2''$；而月球在朔望点时加上相同值，即变为 $17'45''$。所以，如果月球位于朔望点，交会点由方照点移动到朔望点的总变差为 $17'45''$；而且，如果轨道倾角为 $5°17'20''$ 时交会点位于朔望点，则当交会点位于方照点而月球位于朔望点时，倾角为 $4°59'35''$。所有这些都得到了观测的证实。

当月球位于朔望点，而交会点位于它们与方照点之间时，如果要求轨道的倾角，可令 AB 比 AD 等于 $4°59'35''$ 的正弦比 $5°17'20''$ 的正弦，取 $\angle AEG$ 等于交会点到方照点的 2 倍距离，则 AH 就是所要求的倾角的正弦。当月球到交会点的距离为 $90°$ 时，这一轨道倾角与其正弦是相等的。在月球的其他位置上，由于倾角的变差而引起的这种月份不等性，在计算月球黄纬时得到平衡，并可以通过交会点运动的月份不等性（像以前所说的那样）予以消除，因而在计算黄纬时可以忽略不计。

附　注

通过对月球运动的上述计算，我希望能证明运用引力理论可以由其物理原因推算出月球的运动。运用同一个理论我进一步发现，根据第一卷命题66 推论Ⅳ，月球平均运动的年均差是由于月球轨道受到变化着的太阳作用的影响所致。这种作用力在太阳的近地点较大，它使月球轨道发生扩张；而在太阳的远地点较小，这时轨道又得以收缩。月球在扩张的轨道上运动较慢，而在收缩的轨道上运动较快；调节这种不等性的年均差，在太阳的远地点和近地点都为零。在太阳到地球的平均距离上，它达到约 $11'50''$；在其他正比于太阳中心均差的距离上，在地球由远日点移向近日点时，它叠加在月球的平均运动上，而当地球在另外半圆上运行时，它应从其中减去。取大轨道半径为 1 000，地球偏心率为 $16\frac{7}{8}$，则该均差，当它取最大值时，按引力理论计算，为 $11'49''$。但地球的偏心率似乎应再大些，均差也应以与偏心率相同的比例增大。如果设偏心率为 $16\frac{11}{12}$，则最大均差为 $11'51''$。

我还发现，在地球的近日点，由于太阳的作用力较大，月球的远地点和交会点的运动比地球在远日点时要快，它反比于地球到太阳距离的立方；由此产生出这些正比于太阳中心均差的运动年均差。现在，太阳运动反比于地球到太阳距离的平方而变化；这种不等性所产生的最大中心均差为 $1°56'20''$，它对应于上述太阳的偏心率 $16\frac{11}{12}$。但如果太阳运动反比于距离的平方，则这种不等性所产生的最大均差为 $2°54'30''$；所以，由月球远地点和交会点的运动不等性所产生的最大均差比 $2°54'30''$，等于月球远地点的平均日运动和它的交会点的平均日运动分别与太阳的平均日运动的比。因此，其远地点平均运动的最大均差为 $19'43''$，交会点平均运动的最大均差为 $9'24''$。当地球由其近日点移向远日点时，前一项均差是增大的，后一项是减小的；而当地球位于另外半个圆上时，则情况相反。

通过同一个引力理论我还发现，当月球轨道的横向直径穿过太阳时，太阳对月球的作用略大于该直径垂直于地球与太阳的连线之时；因而月球的轨道在前一种情形中大于后一种情形。由此产生出月球平均运动的另一种均差，它决定于月球远地点相对于太阳的位置，当月球远地点位于太阳的八分点时最大，而当远地点到达方照点或朔望点时为零；当月球远地点由太阳的方照点移向朔望点时，该均差叠加在平均运动上，而当远地点由朔望点移向方照点时，则应从中减去。我称这种均差为半年均差，当远地点位于八分点时为最大，就我根据现象的推算，约达 $3'45''$；这正是它在太阳到地球的平均距离上的量值。但它反比于太阳距离的立方而增大或减小，所以当距离为最大时约 $3'34''$，距离最小时约 $3'56''$。而当月球远地点不在八分点时，它即变小，与其最大值的比等于月球远地点到最近的朔望点或方照点的 2 倍距离的正弦比半径。

按同样的引力理论，当月球交会点连线通过太阳时，太阳对月球的作用略大于该连线垂直于太阳与地球的连线时的作用；由此又产生出一种月球平均运动的均差，我称之为第二半年均差；它在交会点位于太阳的八分点时为最大，在交会点位于朔望点或方照点时为零；在交会点的其他位置上，它正比于两个交会点之一到最近的朔望点或方照点的 2 倍距离的正弦。如果太阳位于距它最近的交会点之后，它叠加在月球的平均运动上，而位于其前时则应从中减去；我由引力理论推算出，在有最大值的八分点，在太阳到地球的平均距离上，它达到 $47''$。在太阳的其他距离上，交会点位于八分点的最大均差反比于太阳到地球的距离的立方；所以在太阳的近地点它达到约 $49''$，而在远地点约为 $45''$。

由同样的引力理论，月球的远地点位于与太阳的会合处或相对处时，以最大速度顺行；而在与太阳成方照位置时为逆行；在前一种情形中，偏心率获得最大值，而在后一种情形中有最小值，这可以由第一卷命题66推论Ⅶ、推论Ⅷ和推论Ⅸ证明。这些不等性，由这几个推论可知，是非常大的、并产生出我称之为远地点半年均差的原理；就我根据现象所做的近似推算，这种半年均差的最大值可达约 $12°18'$。我们的同胞霍罗克斯[①]最先提出月球沿椭圆运动，地球位于其下焦点的理论。哈雷博士做了改进，把椭圆中心置于一个中心绕地球均匀转动的本轮之上；该本轮的运动产生了上述远地点的顺行和逆行，以及偏心率的不等性。设月球到地球的平均距离分为 100 000 等份，令 T 表示地球，TC 为占 5 505 等份的月球平均偏心率。延长 TC 到 B，使得最大半年均差 $12°18'$ 的正弦比半径 TC 正比于 CB；以 C 为中心、CB 为半径作圆 BDA，它即是所说的本轮，月球轨道的中心

---

① Horrox, Jeremiah, 1618—1641，又作 Horrocks。英国天文学家。

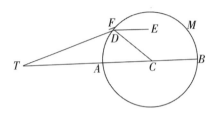

位于其上，并按字母 BDA 的顺序转动。取∠BCD 等于 2 倍年角差（argument），或等于太阳真实位置到月球远地点一次校正的真实位置的 2 倍距离，则 CTD 为月球远地点的半年均差，TD 为其轨道偏心率，它所指向的远地点位置现已得到二次校正。但由于月球的平均运动，其远地点的位置和偏心率，以及轨道长轴为 200 000 均为已知，由这些数据，通过人所共知的方法即可求出月球在其轨道上的实际位置以及它到地球的距离。

在地球位于近日点时，太阳力最大，月球轨道中心运动比在远日点时快，它反比于太阳到地球距离的立方。但是，因为太阳中心的均差是包含在年角差中的，月球轨道中心在本轮 BDA 上运动较快，反比于太阳到地球距离的平方。所以，如果设它反比于到轨道中 D 的距离，则运动更快。作直线 DE 指向经一次校正的月球远地点，即平行于 TC；取∠EDF 等于上述年角差减去月球远地点到太阳的顺行近地点距离的差；或者，等价地，取∠CDF 等于太阳实际近点角（anomaly）在 360° 中的余角；令 DF 比 DC 等于大轨道偏心率的 2 倍高度比太阳到地球的平均距离，与太阳到月球远地点的平均日运动比太阳到它自己的离地点的平均日运动的乘积，即等于 $33\frac{7}{8}$：1 000 乘以 $52'27''16'''$：$59'8''10'''$，或等于 3：100；设月球轨道的中心位于 F，绕以 D 为中心、以 DF 为半径的本轮转动，同时点 D 沿圆 DABD 运动：因为用这样的方法，月球轨道的中心即绕中心（掠过某种曲线），其速度近似于正比于太阳到地球距离的立方，一如它所应当的那样。

计算这种运动很困难，但用以下近似方法可变得容易些。像前面一样，设月球到地球的平均距离为 100 000 个等份，偏心率 TC 为 5 505 个等份，则 CB 或 CD 为 $1\,172\frac{3}{4}$ 等份，而 DF 为 $35\frac{1}{5}$ 等份，该线段在距离 TC 处对着地球上的张角，是由轨道中心自 D 向 F 运动时所产生的；将该线段 DF 沿平行方向延长 1 倍，在由月球轨道上焦点到地球的距离上相对于地球的张角与 DF 的张角相同，该张角是由上焦点的运动产生的；但在月球到地球的距离，这一 2 倍线段 $2DF$ 在上焦点处，在与第一个线段 DF 相平行的位置，相对于月球的张角，它是由月球的运动所产生的，因而可称之为月球中心的第二均差；在月球到地球的平均距离上，该均差近似正比于由直线 DF 与点 F 到月球连线所成夹角的正弦，其最大值为 $2'55''$。但由直线 DF 与点 F 到月球连线所成的夹角，既可以由月球的平均近点角减去 $\angle EDF$ 求得，也可以在月球远地点到太阳远地点的距离上叠加月球到太阳的距离求得；而且半径比这个角的正弦等于 $2'25''$ 比第二中心均差；如果上述和小于半圆，则应加上；而如果大于半圆，则应减去。由这一经过校正的月球在其轨道上的位置，可以求出月球在其朔望点的黄纬。

地球大气高达 35 英里或 40 英里，它折射了太阳光线。这种折射使光线散射并进入地球的阴影；这种在阴影边缘附近的弥散光展宽了阴影。因此，我在月食时，在这一由视差求出的阴影上增加了 1 分或 $1\frac{1}{2}$ 分。

不过，月球理论应得到现象的检验和证实，首先是在朔望点，其次是在方照点，最后是在八分点；愿意在格林尼治(Greenwich)英国皇家天文台做这项工作的人，无论是谁，都会发现，在旧历 1700 年 12 月的最后一天下午假设太阳和月球的下述平均运动是绝无错误的：太阳的平均运动为 ♂ $20°43'40''$，其远地点为 ⊕ $97°44'30''$；月球的平均运动为 ♒ $15°21'00''$，其远地点为 ♓ $8°20'00''$；其上升交会点为 ♌ $27°24'20''$；而格林尼治天文台与巴黎法国皇家天文台之间的子午线差为零时 9 分 20 秒；但月球及其远地点的平均运动尚无法足够精确地获得。

命题 36 问题 17

求太阳使海洋运动的力。

太阳干扰月球运动的力 ML 和 PT（由第三卷命题 25），在月球方照点，比地表重力，等于 $1:638\,092.6$；而在月球朔望点，力 $TM-LM$ 或 $2PK$ 是该量值的 2 倍。但在地表以下，这些力正比于到地心距离而减小，即正比于 $60\frac{1}{2}:1$；因而前一个力在地表上比重力等于 $1:38\,604\,600$；这个力使与太阳相距 90°处的海洋受到压迫。但另一个力比它大 1 倍，使不仅正对着太阳，而且正背着太阳处的海洋都被托起；这两个力的和比重力等于 $1:12\,868\,200$。因为相同的力激起相同的运动，无论它是在距太阳 90°处压迫海水，或是在正对着或正背着太阳处托起海水，上述力的和就是太阳干扰海洋的总力，它所起的作用与全部用以在正对着或正背着太阳处托起海洋，而在距太阳 90°处对海洋完全不发生作用，是一样的。

这正是太阳干扰任意给定处所的海洋的力。与此同时太阳位于该处的顶点，并处于到地球的平均距离上。在太阳的其他位置上，该托起海洋的力正比于太阳在当地地平线上 2 倍高度的正矢，反比于到地球距离的立方。

推论. 由于地球各处的离心力是由地球周日自转引起的，它比重力等于 $1:289$，它在赤道处托起的水面比在极地处高 85\,472 巴黎尺，这已经在命题 19 中证明过，因而太阳的力，它比重力等于 $1:12\,868\,200$，比该离心力等于 $289:12\,868\,200$，或等于 $1:44\,527$，它在正对着和正背着太阳处所能托起的海水高度，比距太阳 90°处的海面仅高出 1 巴黎尺 $113\frac{1}{30}$寸；因为该尺度比 85\,472 巴黎尺等于 $1:44\,527$。

命题 37　问题 18

求月球使海洋运动的力。

月球使海洋运动的力可以由它与太阳力的比求出，该比值可以由受动于这些力的海洋运动求出。在布里斯托尔（Bristol）下游 3 英里的埃文（Avon）河口处，春、秋季日、月朔望时水面上涨的高度（根据萨缪尔·斯多尔米的观测）达 45 英尺，但在方照时仅为 25 英尺。前一个高度是由这些力的和造成的，后一高度则由其差造成。所以，如果以 S 和 L 分别表示太阳和月球位于赤道且处于到地球平均距离处的力，则有 $L+S$ 比 $L-S$ 等于 $45：25$，或等于 $9：5$。

在普利茅斯(Plymouth)(根据萨缪尔·科里普莱斯的观测)潮水的平均高度约为 16 英尺，春、秋季朔望时比方照时高 7 英尺或 8 英尺。设最大高差为 9 英尺，则 $L+S$ 比 $L-S$ 等于 $20\frac{1}{2}：11\frac{1}{2}$，或等于 $41：23$；这一比与前一比吻合极好。但因为布里斯托尔的潮水很大，我们宁可以斯多尔米的观测为依据；所以，在获得更可靠的观测之前，还是使用 $9：5$ 的比值。

因为水的往复运动，最大潮并不发生于日、月朔望之时，而是像我们以前所说过的那样，发生于朔望后的第三小时，或(自朔望起算)紧接着月球在朔望后越过当地子午线第三小时，或宁可说是(如斯多尔米的观测)新月或满月那天后的第三小时，或更准确地说，是新月或满月后的第十二小时，因而落潮发生在新月或满月后的第四十三小时。不过在这些港口它们约发生在月球到达当地子午线后的第七小时；因而紧接着月球到达子午线，在月球距太阳或其方照点超前 18°或 19°时。所以，夏季和冬季中高潮并不发生在二至时刻，而发生于移出至点、其整个行程的约 $\frac{1}{10}$ 时，即约 $36°$ 或 $37°$ 时。由类似方法，最大潮发生于月球到达当地子午线之后，月球超过太阳或其方照点约自一个最大潮到紧接其后的另一个最大潮之间总行程的 $\frac{1}{10}$ 之时。设该距离为约 $18\frac{1}{2}°$；在该月球到朔望点或方照点的距离上，太阳力使受月球运动影响而产生的海洋运动的增加或减少，比在朔望点或方照点时要小，其比等于半径比该距离 2 倍的余弦，或比 37 度角的余弦；即比为 $10\,000\,000：7\,986\,355$；所以，在前面的比式中，S 的处所必须由 $0.798\,635\,5S$ 来代替。

还有，月球在方照点时，由于它倾斜于赤道，它的力必定减小；因为月球在这些方照点上，或不如说在方照点后 $18\frac{1}{2}°$ 上，相对于赤道的倾角为 23°13′；太阳与月球驱动海洋的力都随其相对于赤道的倾斜而约正比于倾角余弦的平方减小；因而在这些方照点上月球的力仅为 0.857 032 7L；因此我们得到 L+0.798 635 5S 比 0.857 032 7L−0.798 635 5S 等于 9：5。

此外，月球运动所沿的轨道直径，不考虑其偏心率，相互比为 69：70；因而月球在朔望点到地球的距离，比其在方照点到地球的距离，在其他条件不变的情况下，等于 69：70；而它越过朔望点 $18\frac{1}{2}°$，激起最大海潮时到地球的距离，以及它越过方照点 $18\frac{1}{2}°$，激起最小海潮时到地球的距离比平均距离，等于 69.098 747：$69\frac{1}{2}$ 和 69.897 345：$69\frac{1}{2}$。但月球驱动海洋的力反比于其距离的立方变化；因而在这些最大和最小距离上，它的力比它在平均距离上的力，等于 0.983 042 7：1 和 1.017 522：1。由此我们又得到 1.017 522 L×0.798 635 5S 比 0.983 042 7×0.857 032 7L−0.798 635 5S 等于 9：5；S 比 L 等于 1：4.481 5。所以，由于太阳力比重力等于 1：12 868 200，月球力比重力等于 1：2 871 400。

推论 I. 由于海水受太阳力的吸引能升高 1 英尺 $11\frac{1}{30}$ 英寸，月球力可使它升高 8 英尺 $7\frac{5}{22}$ 英寸；这两个力合起来可以使海水升高 $10\frac{1}{2}$ 英尺；当月球位于近地点时可高达 $12\frac{1}{2}$ 英尺，尤其是当风向与海潮方向相同时更是如此。这样大的力足以产生所有的海洋运动，并与这些运动的比相吻合；因为在那些由东向西自由而开阔的海洋中，如太平洋，以及位于回归线以外的大西洋和埃塞俄比亚海上，海水一般都可以升高 6 英尺、9 英尺、12 英尺或 15 英尺；但据说在极为幽深而辽阔的太平洋上，海潮比大西洋和埃塞俄比亚海的要大；因为要使海潮完全隆起，海洋自东向西的宽度至少需要 90°。在埃塞俄比亚海上，回归线以内的水面隆起高度小于温带，因为在非洲和南美洲之间的洋面宽度较窄。在开阔海面的中心，当其东、西两岸的水面未同时下落时不会隆起。尽管如此，在我们较窄的海域里，它们还是应交替起伏于沿岸；因此在距大陆很远的海岛上一般只有很小的潮水涨落。相反，在某些港口，海水轮流地灌入和流出海湾，波涛汹涌地奔突往返于浅滩之上，涨潮与落潮必定比一般情形大；如在英格兰的普利茅斯和切普斯托·布里奇(Chepstow Bridge)，法国诺曼底的圣米歇尔山和阿夫朗什镇(mountains of St. Michael，and the town of Avranches，in Normandy)，以及东印度的坎贝①和勃固②(Cambaia and Pegu in the East Indies)。在这些地方潮水如此汹涌，有时淹没海岸，有时又退离海岸数英里远。海潮的涨落受潮流和回流的作用总要使水面升高或下落 30 英尺、40 英尺或 50 英尺以上才停止。同样的道理可说明狭长的浅滩或海峡的情况，如麦哲伦海峡(Magellanic straits)和英格兰附近的浅滩。在这些港口和海峡中，由于潮流和回流极为汹涌使海潮得到极大增强。但面向幽深而辽阔海洋的陡峭沿岸，海潮不受潮流和回流的冲突影响而可以自由涨落，潮位比关系与太阳力和月球力相吻合。

推论 Ⅱ. 由于月球驱动海洋的力比重力等于 1∶2 871 400，很显然这种力在静力学或流体静力学实验，甚至在摆实验中都是微不足道的。仅仅在海潮中这种力才表现出明显的效应。

推论 Ⅲ. 因为月球使海洋运动的力比太阳的类似的力为 4.481 5∶1，而这些力(由第一卷命题 66 推论 ⅩⅣ)又正比于太阳和月球的密度与它们的视在直径立方的乘积，所以以月球密度比太阳密度等于 4.481 5∶1，而反比于月球直径的立方比太阳直径的立方；即$\left(\right.$由于月球与太阳平均视在直径为 $36'16\frac{1}{2}''$ 和 $32'12''$$\left.\right)$ 等于 4 891∶1 000。但太阳密度比地球密度等于 1 000∶4 000；因而月球密度比地球密度等于 4 891∶4 000，或等于11∶9。所以，月球比重大于地球比重，而且上面陆地较多。

推论 Ⅳ. 由于月球的实际直径(根据天文学家的观测)比地球的实际直

① 在今印度。
② 在今缅甸。

径等于 100∶365，月球的物质的量比地球的物质的量等于 1∶39.788。

推论 V. 月球表面的加速引力约比地球表面的加速引力小 3 倍。

推论 VI. 月球中心到地球中心的距离比月球中心到地球与月球的公共重心的距离为 40.788∶39.788。

推论 VII. 月球中心到地球中心的平均距离约为（在月球的八分点）$60\frac{2}{5}$ 个地球最大半径；因为地球的最大半径为 19 658 600 巴黎尺，而地球与月球中心的平均距离，为 $60\frac{2}{5}$ 个这种半径，等于 1 187 379 440 巴黎尺。这一距离（由本命题前一推论）比月球中心到地球与月球公共重心的距离为 40.788∶39.788；因而后一距离为 1 158 268 534 英尺。又由于月球相对于恒星的环绕周期为 27 天 7 小时 $43\frac{4}{9}$ 分，月球在 1 分钟时间内掠过的角度的正矢为 12 752 341 比半径 1 000 000 000 000 000；而该半径比该正矢等于 1 158 268 534 英尺比 14.770 635 3 英尺。所以，月球在使之停留在其轨道上的力作用下落向地球时，1 分钟时间内可掠过 14.770 635 3 英尺；如果把这个力按 $178\frac{29}{40}∶177\frac{29}{40}$ 的比增大，则可由命题 3 的推论求得在月球轨道上的总引力；月球在这个力的作用下，1 分钟时间内可下落 14.853 806 7 英尺。在月球到地球距离的 $\frac{1}{60}$ 处，即在距离地球中心 197 896 573 英尺处，物体因其重量而在 1 秒钟时间内可下落 14.853 806 7 英尺。所以，19 615 800 英尺的距离处，即在一个平均地球半径处，重物体在相同时间内可下落 15.111 75 英尺，或 15 英尺 1 寸 $4\frac{1}{11}$ 分。这是在 45°纬度处物体下落的情形。由以前在命题 20 中列出的表，在巴黎纬度上下落距离约略长 $\frac{2}{3}$ 分。所以，通过这些计算，重物体在巴黎纬度上的真空中 1 秒钟内可下落距离极接近于 15 巴黎尺 1 寸 $4\frac{25}{33}$ 分。如果从引力中减去由于地球自转而在该纬度上产生的离心力从而使之减小，则重物体 1 秒内可下落 15 英尺 $1\frac{1}{2}$ 分。这正是我们以前在命题 14 和 19 中得到的重物体在巴黎纬度上实际下落的速度。

推论Ⅷ. 在月球的朔望点，地球与月球中心的平均距离等于 60 个地球最大半径，再减去约 $\frac{1}{30}$ 个半径；而在月球的方照点，相同的中心距离为 $60\frac{5}{6}$ 个地球半径；因为由第三卷命题28，这两个距离比月球在八分点的平均距离等于 $69 \colon 69\frac{1}{2}$ 和 $70 \colon 69\frac{1}{2}$。

推论Ⅸ. 在月球的朔望点，地球与月球中心的平均距离是 $60\frac{1}{10}$ 个平均地球半径；而在月球的方照点，相同的平均中心距离为 61 个平均地球半径减去 $\frac{1}{30}$ 个半径。

推论Ⅹ. 在月球的朔望点，其平均地平视差在 $0°$、$30°$、$38°$、$45°$、$52°$、$60°$、$90°$ 的纬度上分别为 $57'20''$、$57'16''$、$57'14''$、$57'12''$、$57'10''$、$57'8''$、$57'4''$。

在上述计算中，我未考虑地球的磁力吸引，因为其量值极小而且未知；如果一旦能把它们求出来，则对于子午线的度数，不同纬度上等时摆的长度，海洋的运动规律，以及太阳和月球的视在直线求月球视差，都可以通过现象更准确地测定，我们也就有可能使这些计算更加精确。

命题 38 问题 19

求月球形状。

如果月球是与我们的海水一样的流体，则地球托起其最近点与最远点的力比月球使地球上正对着与正背着月球的海面被托起的力，等于月球指向地球的加速引力比地球指向月球的加速引力，再乘以月球直径比地球直径，即等于 $39.788 \colon 1$ 乘以 $100 \colon 365$，或等于 $1\,081 \colon 100$。所以，由于我

们的海洋被托起 $8\frac{3}{5}$ 英尺，月球流体即应被地球力托起 93 英尺；因此月球形状应是椭球，其最大直径的延长线应通过地球中心，并比与它垂直的直径长 186 英尺。所以，月球的这一形状必定是从一开始就具备了的。

推论. 因此，这正是月球指向地球的一面总是呈出现相同形状的原因；月球球体上其他任何位置上的部分都不能是静止的，而是永远处于恢复到这一形状的运动之中；但是，这种恢复运动，必定进行得极慢，因为激起这种运动的力极弱；这使得永远指向地球的一面，根据第三卷命题 17 中的理由，在被转向月球轨道的另一个焦点时，不能被立即拉回来而转向地球。

引理 1

如果 *APEp* 表示密度均匀的地球，其中心为 *C*，两极为 *P*、*p*，赤道为 *AE*；如果以 *C* 为中心、*CP* 为半径作球体 *Pape*，并以 *QR* 表示一个平面，它与由太阳中心到地球中心的连线成直角；再设位于该球外侧的地球边缘部分 *PapAPepE* 的各粒子，都倾向于离开平面 *QR* 的一侧或另一侧，离开的力正比于粒子到该平面的距离；则首先，位于赤道 *AE* 上，以及均匀分布于地球之外并以圆环形式环绕着地球的所有粒子的合力和作用，促使地球绕其中心转动，比赤道上距平面 *QR* 最远的点 **A** 处同样多的粒子的合力和作用，促使地球绕其中心做类似的转动，等于 **1：2**。该圆运动是以赤道与平面 *QR* 的公共交线为轴而进行的。

因为，以 *K* 为中心、*IL* 为直径作半圆 *INL*。设半圆周 *INL* 被分割为无数相等部分，由各部分 *N* 向直径 *IL* 作正弦 *NM*。则所有正弦 *NM* 的平方的和等于正弦 *KM* 的平方的和，而这两个和加在一起等于同样多个半径 *KN* 的平方的和；所以所有正弦 *NM* 的平方和仅为同样多个半径 *KN* 的平方和的一半。

现在设圆周 *AE* 被分割为同样多个小的相等部分，从每一个这样部分 *F* 向平面 *QR* 作垂线 *FG*，也从点 *A* 作垂线 *AH*，则使粒子 *F* 离开平面 *QR*

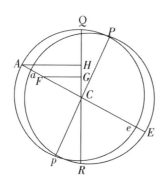

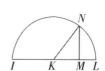

的力（由题设）正比于垂线 FG；而这个力乘以距离 CG 则表示粒子 F 推动地球绕其中心转动的能力。所以，一个粒子位于 F 的这种能力比位于 A 的能力等于 $FG \cdot GC$ 比 $AH \cdot HC$，即等于 FC^2 比 AC^2，因而所有粒子 F 在其适当处所 F 的总能力，比位于 A 的同样多的能力，等于所有 FC^2 的和比所有 AC^2 的和，即（由以上所证明过的）等于 $1 : 2$。　　　　证毕。

因为这些粒子是沿着离开平面 QR 的垂线方向发生作用的，并且在平面的两侧是相等的，它们将推动赤道圆周与坚固的地球球体一同绕既在平面 QR 上又在赤道平面上的轴转动。

引理 2

仍设相同的条件，则，其次，分布于球体各处的所有粒子推动地球绕上述轴转动的合力或能力，比以圆环形状均匀分布于赤道圆周 AE 上的同样多的粒子推动整个地球做类似转动的合力，等于 $2 : 5$。

因为，令 IK 为任意平行于赤道 AE 的小圆，令 L、l 为该圆上两个相等粒子，位于球体 $Pape$ 之外；在垂直于指向太阳的半径的平面 QR 上，作垂线 LM、lm，则这两个粒子离开平面 QR 的合力正比于垂线 LM、lm。作直线 Ll 平行于平面 $Pape$，并在 X 处二等分之；再通过点 X 作 Nn 平行于平面 QR，与垂线 LM、lm 相交于 N 和 n；再在平

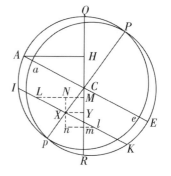

面 QR 上作垂线 XY。则推动地球沿相反方向转动的粒子 L 和 l 的相反的力正比于 $LM \cdot MC$ 和 $lm \cdot mC$，即正比于 $LN \cdot MC + NM \cdot MC$ 和 $LN \cdot mC - nm \cdot mC$，或 $LN \cdot MC + NM \cdot MC$ 和 $LN \cdot mC - NM \cdot mC$，而这二者的差 $LN \cdot Mm - NM \cdot (MC + mC)$ 正是二粒子推动地球转动的合力。这个差的正数部分 $LN \cdot Mm$，或 $2LN \cdot NX$，比位于 A 的两个同样大小的粒子的力 $2AH \cdot HC$，等于 LX^2 比 AC^2；其负数部分 $NM \cdot (MC + mC)$，或 $2XY \cdot CY$，比位于 A 的两个相同粒子的力 $2AH \cdot HC$，等于 CX^2 比 AC^2。因而，这两部分的差，即两个粒子 L 和 l 推动地球转动的合力，比上述位于处所 A 的两个粒子推动地球做类似转动的力，等于 $LX^2 - CX^2$ 比 AC^2。但如果设圆 IK 的周边 IK 被分割为无数个相等的小部分 L，则所有的 LX^2 比同样多的 IX^2 等于 $1 : 2$（由第三卷引理 1）；而比同样多的 AC^2 等于 IX^2 比 $2AC^2$；而同样多的 CX^2 比同样多的 AC^2 等于 $2CX^2$ 比 $2AC^2$。所以，在圆 IK 周边上所有粒子的合力比在 A 处同样多粒子的合力等于 $IX^2 - 2CX^2$ 比 $2AC^2$；所以（由第三卷引理 1）比圆 AE 周边上同样多粒子的合力等于 $IX^2 - 2CX$ 比 AC^2。

现在，如果设球直径 Pp 被分割为无数个相等部分，在其上对应有同样多个圆 IK，则每个圆周 IK 上的物质正比于 IX^2；因而这些物质推动地球的力正比于 IX^2 乘以 $IX^2 - 2CX^2$；因而同样多物质的力，如果它位于圆周 AE 上，则正比于 $AC^2 - CX^2$ 乘以 AC^2。所以，分布于球外所有圆环上所有物质粒子的总力，比位于最大圆周 AE 上同样多粒子的总力，等于所有的 IX^2 乘以 $IX^2 - 2CX^2$ 比同样多的 IX^2 乘以 AC^2，即等于所有的 $AC^2 - CX^2$ 乘以 $AC^2 - 3CX^2$ 比同样多的 IX^2 乘以 AC^2；即等于所有的 $AC^4 - 4AC^2 \cdot CX^2 + 3CX^4$ 比同样多的 $AC^4 - AC^2 \cdot CX^2$；即等于流数①为 $AC^4 - 4AC^2 \cdot CX^2 + 3CX^4$ 的总流积量，比流数为 $AC^4 - AC^2 \cdot CX^2$ 的总流积量；所以，运用流数方法知，等于 $AC^4 \cdot CX - \dfrac{4}{3}AC^2 \cdot CX^3 + \dfrac{3}{5}CX^5$ 比 $AC^4 \cdot$

---

① fluxion，流数，为牛顿所采用的量。

$CX - \dfrac{1}{3}AC^2 \cdot CX^3$；即，如果以总的 Cp 或 AC 代替 CX，则等于 $\dfrac{4}{15}AC^5$ 比 $\dfrac{2}{3}AC^5$；即等于 2∶5。 证毕。

引理 3

仍设相同条件，则，第三，由所有粒子的运动而产生的整个地球绕上述轴的转动，比上述圆环绕相同轴转动的运动，等于地球的物质比环的物质，再乘以 $\dfrac{1}{4}$ 圆周弧的平方的 3 倍比该圆直径平方的 2 倍，即等于物质与物质的比，乘以数 925 275 比数 1 000 000。

因为，柱体绕其静止轴的转动比与它一同旋转的内切球体的运动，等于四个相等的正方形比这些正方形中三个的内切圆，而该柱体的运动比环绕着球与柱体的公共切线的极薄的圆环的运动，等于 2 倍柱体物质比 3 倍环物质；而均匀连续围绕着柱体的环的运动，比同一个环绕其自身直径做周期相等的均匀转动运动，等于圆的周长比其 2 倍直径。

假设 Ⅱ

如果地球的其他部分都被除去，仅留下上述圆环单独在地球轨道上绕太阳做年度环绕，同时它环绕其自身的轴做日自转运动，该轴与黄道平面倾角为 $23\dfrac{1}{2}$，则不论该环是流体的，或是由坚硬而牢固物质所组成的，其二分点的运动都保持不变。

命题 39　问题 20

求二分点的岁差。

当交会点位于方照点时，月球交会点在圆轨道上的中间（middle）小时运动为 $16''35'''16^{iv}36^{v}$，其一半 $8''17'''38^{iv}18^{v}$（出于前面解释过的理由）为交会点在这种轨道上的平均小时运动，这种运动在一个回归年中为 $20°11'46''$。

所以，由于月球交会点在这种轨道上每年后移 $20°11'46''$，则如果有多个月球，每个月球的交会点的运动（由第一卷命题 66 推论 XVI）将正比于其周期，如果一个月球在一个恒星日内沿地球表面环绕一周，则该月球交会点的年运动比 $20°11'46''$，等于一个恒星日 23 小时 56 分比月球周期 27 天 7 小时 43 分，即等于 1 436：39 343。围绕着地球的月球环交会点也是如此，不论这些月球环是否相互接触，是否为流体而形成连续环，是否为坚硬不可流动的固体环。

那么，让我们令这些环的物质的量等于地球的整个外缘 $PapAPepE$，它们都在球体 $Pape$ 以外（见第三卷引理 2 插图）；因为该球体比地球外缘部分等于 aC^2 比 AC^2-aC^2，即（由于地球的最小半径 PC 或 aC 比地球的最大半径 AC 等于 229：230）等于 52 441：459；如果该环沿赤道环绕地球，并一同环绕直径转动，则环运动（由第三卷引理 3）比其内的球运动等于 459：52 441 再乘以 1 000 000：925 275，即等于 4 590：485 223；因而环运动比环与球体运动的和等于 4 590：489 813。所以，如果环是固着在球体上的，并把它的运动传递给球体，使其交会点或二分点后移，则环所余下的运动比前一运动等于 4 590：489 813；由此，二分点的运动将按相同比减慢。所以，由环与球体所组成的物体的二分点的年运动比运动 $20°11'46''$，等于 1 436：39 343 再乘以 4 590：489 813，即等于 100：292 369。但使许多月球的交会点（由于上述理由），因而使环的二分点后移的力（即在第三卷命题 30 插图中的力 $3IT$），在各粒子中都正比于这些粒子到平面 QR 的距离；这些力使粒子远离该平面：因而（由引理 2），如果环物质扩散到整个球的表面，形成 $PapAPepE$ 的形状，构成地球外缘部分，则所有粒子推动地球绕赤道的任意直径，进而推动二分点运动的合力或能力，将按 2：5 比以前减小。所以，现在二分点的年度逆行比 $20°11'46''$ 等于 10：73 092；即应为 $9''56'''50^{iv}$。

但因为赤道平面与黄道平面是斜交的，这一运动还应按正弦 91 706 $\left(\text{即 } 23\frac{1}{2}°\text{的余弦}\right)$ 比半径 100 000 的比值减小；余下的运动为 $9''7'''20^{iv}$，这就是由太阳力产生的二分点年度岁差。

但月球驱动海洋的力比太阳驱动海洋的力约为 4.481 5∶1，月球驱动二分点的力比太阳力也为相同比。因此，月球力使二分点产生的年度岁差为 $40''52'''52^{iv}$，二者的合力造成的总岁差为 $50''00'''12^{iv}$，这一运动与现象是吻合的；因为天文学观测给出的二分点岁差约为 $50''$。

如果地球在其赤道处高于两极处 $17\frac{1}{6}$ 英里，则其表面附近的物质较中心处稀疏；而二分点的岁差则随高差增大而增大，又随密度增大而减小。

迄此我们已讨论了太阳、地球、月球和诸行星系统的情形，以下需要研究的是彗星。

引理 4

彗星远于月球，位于行星区域。

天文学家们认为彗星位于月球以外，因为看不到它们的日视差，而其年视差表明它们落入行星区域；因为如果地球位于它们与太阳之间，则按各星座顺序沿直线路径运动的所有彗星，在其显现的后期比正常情况运行得慢或逆行；而如果地球相对于它们处在太阳的对面，则又比正常情况

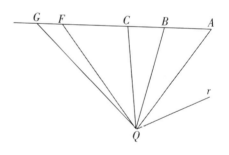

快；另一方面，沿各星座逆秩运动的彗星，如果地球介于它们与太阳之间，则在其显现的后期快于正常情况；而如果地球在其轨道的另一侧，则又太慢或逆行。这些现象主要是由地球相对于其运动路径的不同位置决定的，与行星的情形相同，行星运动看起来有时逆行，有时很慢，有时很快，顺行，这要由地球运动与行星运动的方向相同或相反来决定。如果地球与行星运动方向相同，但由于地球绕太阳的角运动较快，使得由地球伸向彗星的直线会聚于彗星以外部分，在地球上看来，由于彗星运动较慢，它显现出逆行；甚至即使地球慢于彗星，在减去地球的运动之后，彗星的

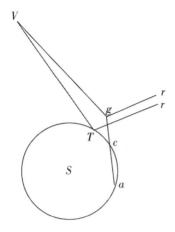

运动至少也显得慢了；但如果地球与彗星运动方向相反，则彗星运动将因此而明显加快；由这些视在的加速、变慢或逆行运动，可以用下述方法求出彗星的距离。令∠rQA、∠rQB、∠rQC为观测到彗星初次显现时的黄纬，∠rQF为其消失前所最后测出的黄纬。作直线ABC，其上由直线QA和QB、QB和QC所截开的部分AB、BC相互间的比等于前三次观测之间的两段时间的比。延长AC到G，使AC比AB等于第一次与最后一次观测之间的时间比第一次与第二次观测之间的时间；连接QG。如果彗星的确沿直线匀速运动，而地球或是静止不动，或是也类似地沿直线做匀速运动，则∠rQG为最后观测到彗星的黄纬，因而，彗星与地球运动的不等性即产生表示黄纬差的∠FQG，如果地球与彗星反向运动，则该角叠加在∠rQG上，彗星的视在运动加速；但如果彗星与地球同向运动，则它应从中减去，彗星运动或是变慢，或可能变为逆行，像我们刚才解释过的那样。所以，这个角主要由地球运动而产生，可恰当地视为彗星的视差，在此忽略不计彗星在其轨道上不相等运动所引起的增量或减量。由该视差可以这样推算出彗星距离。令S表示太阳，acT表示大轨道，a为第一次观测时地球的位置，C为第二次观测时地球的位置，T为最后一次观测彗星时地球的位置，Tr为作向白羊座首星的直线。取∠rTV等于∠rQF，即等于地球位于T时彗星的黄纬；连接ac并延长到g，使ag比ac等于AG比AC；则g为最后一次观测时，如果地球沿直线ac匀速运动所达到的位置。所以，如果作gr平行于Tr，并使角等于∠rQG，则该∠rgV等于由位置g所看到的彗星的黄纬，而∠TVg则为地球由位置g移到位置T所产生的视差；所以位置V为彗星在黄道平面上的位置。一般而言这个位置V低于木星轨道。

由彗星路径的弯曲度也可求出相同的结果；因为这些星体几乎沿大圆运动，而且速度极大；但在它们路径的末端，当其由视差产生的视在运动部分在其总视在运动中占很大比例时，它们一般地都偏离这些大圆，这时地球在一侧，而它们偏向另一侧；因为相对于地球的运动，这些偏折必定主要是由视差所产生的；偏折量如此之大，按我的计算，彗星隐没位置尚远低于木星。由此可推知，当它们位于近地点和近日点而接近我们时，通常低于火星和内层行星的轨道。

彗头的光亮也可进一步证实彗星的接近。因为天体的光亮是受之于太阳的，在远离时正比于距离的四次幂而减弱，即由于其到太阳距离的增加而正比于距离平方，又由于其视在直径的减小而正比于平方。所以，如果彗星的光的量与其视在直径是给定的，则其距离就可以取彗星到一颗行星的距离正比于它们的直径、反比于亮度的平方根而求出。在 1682 年出现的彗星，弗莱姆斯蒂德[①]先生使用 16 英尺望远镜配置千分仪，测出它的最小直径为 $2'00''$；但位于其头部中央的彗核或星体不超过这一尺度的 $\frac{1}{10}$，因而其直径只有 $11''$ 或 $12''$；但它的头部光亮和辉光却超过 1680 年的彗星，与第一星等或第二星等的恒星差不多。设土星及其环的亮度为其 4 倍；因为环的亮度几乎等于其内部的星体，星体的视在直径约为 $21''$，因而星体与环的复合亮度与一个直径 $30''$ 的星体相等，由此推知该彗星的距离比土星的距离，反比于 $1:\sqrt{4}$，正比于 $12'':30''$，即等于 $24:30$，或 $4:5$。另外，海威尔克(Hewelcke)告诉我们，1665 年 4 月的彗星，亮度几乎超过所有恒星，甚至比土星的光彩更加生动；因为该彗星比前一年年终时出现的另一颗彗星更亮，与第一星等的恒星差不多。其头部直径约 $6'$，但通过望远镜观测发现，其彗核仅与行星差不多，比木星还小；较之土星环内的星体，它有时略小，有时与之相等。所以，由于彗星头部直径很少超过 $8'$ 或 $12'$，而其彗核部分的直径仅为头部的 $\frac{1}{10}$ 或 $\frac{1}{15}$，这似乎表明彗星的视在尺度一般与行星相当。但由于它们的亮度常常与土星相近，而且有时还超过

---

① Flamsteed, John, 1646—1719, 英国天文学家，格林尼治天文台首任台长，以精密观测著称。

它，很明显所有的彗星在其近日点时或低于土星，或在其上不远处；有人认为它们差不多与恒星一样远，实在荒谬之至；因为如果真是如此，则彗星得自太阳的光亮绝不可能超过行星得自恒星的光亮。

迄此为止我们尚未考虑彗星由于其头部为大量浓密的烟尘所包围而显得昏暗，彗头在其中就像在云雾中一样总是暗淡无光。然而，物体越是为这种烟尘所笼罩，它必定越能接近太阳，这使得它所反射的光的量与行星不相上下。因此彗星很可能落到远低于土星轨道的地方，像我们通过其视差所证明的那样。但最重要的是，这一结论可以由彗尾加以证明，彗尾必定或是由彗星产生的烟尘在以太中扩散而反射阳光形成的，或是由其头部的光所形成的。如果是第一种情形，我们必须缩短彗星的距离，否则只能承认彗头产生的烟尘能以不可思议的速度在巨大的空间中传播和扩散；如果是后一情形，彗头和彗尾的光只能来自彗核。但是，如果设想所有这些光都聚集在其核部之内，则核部本身的亮度必远大于木星，尤其是当它喷射出巨大而明亮的尾部时。所以，如果它能以比木星小的视在直径反射出比木星多的光，则它必定受到多得多的阳光照射，因而距太阳极近；这一理由将使彗头在某些时候进入金星的轨道之内，即在这时，彗星湮没在太阳的光辉之中，像它们有时所表现的那样，喷射出像火焰一样的巨大而明亮的彗尾；因为，如果所有这些光都聚集到一颗星体上，它的亮度有时不仅会超过金星，还会超过由许多金星所合成的星体。

最后，由彗头的亮度也能推出相同结论。当彗星远离地球趋近太阳时其亮度增加，而在由太阳返向地球时亮度减少。因此，1665 年的彗星（根据海威尔克的观测），从它首次被发现时起，一直在失去其视在运动，因而已通过其近地点；但它头部的亮度却逐日增强，直至湮没在太阳光之中，彗星消失。1683 年的彗星（根据海威尔克的观测），约在 7 月底首次出现，其速度很慢，每天在其轨道上只前进约 40 分或 45 分；但从那时起，其日运动逐渐增快，直到 9 月 4 日，约达到 5°；因而，在这整个时间间隔里，该彗星是趋近地球的。这也可以由以千分仪对其头部直径的测量来证明；在 8 月 6 日，海威尔克发现它只有 6′5″，这还包括彗发（coma），而到

9 月 2 日，他发现已变为 9′7″；因而在其运动开始时头部远小于结束时，虽然在开始时，由于接近太阳，其亮度远大于结束时，正像海威尔克所指出的那样。所以在这整个时间间隔里，由于它是离开太阳的，尽管在靠近地球，但亮度却在减小。1618 年的彗星，约在 12 月中旬，1680 年的彗星，约在同一个月底，达到其最大速度，因而是位于近地点的，但它们的头部最大亮度，却出现在两周以前，当时它们刚从太阳光中显现，彗尾的最大亮度出现得更早些，那时距太阳更近。前一颗彗星的头部（根据赛萨特①的观测），12 月 1 日超过第一星等的恒星；12 月 16 日（位于近地点），其大小基本不变，但其亮度和光芒却大为减小；1 月 7 日，开普勒由于无法确定其彗头而放弃观测。12 月 12 日，弗莱姆斯蒂德先生发现，后一颗彗星的彗头距太阳只有 9°，亮度不足第三星等；12 月 15 日和 17 日，它达到第三星等，但亮度由于落日的余晖和云雾而减弱；12 月 26 日，它达到最大速度，几乎位于其近地点，出现在近于飞马座口(mouth of Pegasus)的地方，亮度为第三星等；1 月 3 日，它变为第四星等；1 月 9 日，第五星等；1 月 13 日，它被月光湮没，当时月光正在增强；1 月 25 日，它已不足第七星等。如果我们取在近地点两侧相等的时间间隔做比较，就会发现，在这两个时刻位置相距甚远但到地球距离相等，彗头所表现的亮度应该是相等的，在近地点趋向太阳的一侧时达到最大亮度，在另一侧消失。所以，由一种情况与另一种情况的巨大的亮度差，可以推断出，在太阳附近的大范围里出现的明亮彗星属于前一种情况，因为其亮度呈规则变化，并在彗头运动最快时最亮，因而位于近地点，除非它因继续靠近太阳而增大亮度。

推论 I. 彗星的光芒来自它对太阳光的反射。

推论 II. 由上述理由可类似地解释为什么彗星总是频繁出现在太阳附近而在其他区域很少出现。如果它们在土星以外是可见的，则应更频繁地出现于背向太阳一侧，因为在距地球更近的一些地方，太阳会使出现在其附近的彗星受到遮盖或湮没。然而，我通过考查彗星历史，发现在面向太

---

① J. B. Cysat，1586—1657，瑞士天文学家。

阳的一侧出现的彗星 4 倍或 5 倍于在背向太阳的一侧；此外，被太阳光辉所淹没的彗星无疑也绝不是少数：因为落入我们的天区的彗星，既不射出彗尾，又不为阳光所映照，无法为我们的肉眼所发现，直到它们距我们比距木星更近时为止。但是，在以极小半径绕太阳画出的球形天区中，远为更大的部分位于地球面向太阳的一侧；在这部分空间里彗星一般受到强烈照射，因为它们在大多数情况下都更接近太阳。

推论Ⅲ. 因此很明显地，天空中没有阻力存在；因为虽然彗星是沿斜向路径运行的，并有时与行星运动方向相反，但它们的运动方向有极大自由，并可以将运动保持极长时间，甚至在与行星逆向运动时也是如此。如果它们不是行星中的一种，沿着环形轨道做连续运动的话，则我的判断必错无疑；按某些作者的观点，彗星只不过是流星而已，其根据是彗星在不断变化，但是证据不足；因为彗头为巨大的气团所包围，该气团底层的密度必定最大，因而我们所看到的只是气团，而不是彗星星体本身。这和地球一样，如果从行星上看，毫无疑问，只能看到地球上云雾的辉光，很难透过云雾看到地球本身。这也和木星带一样，它们由木星上云雾组成，因为它们相互间的位置不断变化，我们很难透过它们看到木星实体；而彗星实体必定更是深藏在其浓厚的气团之内。

命题 40   定理 20

彗星沿圆锥曲线运动，其焦点位于太阳中心，由彗星伸向太阳的半径掠过的面积正比于时间。

本命题可以由第一卷命题 13 推论Ⅰ与第三卷命题 8、命题 12、命题 13 相比较而得证。

推论Ⅰ. 如果彗星沿环形轨道运动，则轨道是椭圆；而其周期比行星的周期等于它们主轴的 $\frac{3}{2}$ 次幂相比。因而彗星在其轨道上绝大部分路程中都较行星远，因而其长轴更长，完成环绕时间更长。因此，如果彗星轨道的主轴比土星轨道主轴长 4 倍，则彗星环绕时间比土星环绕时间，即比 30

年，等于 $4\sqrt{4}$(或 8)∶1，因而为 240 年。

推论Ⅱ. 彗星轨道与抛物线如此接近，以至于以抛物线代替之没有明显误差。

推论Ⅲ. 因而，由第一卷命题 16 推论Ⅶ，每颗彗星的速度，比在相同距离处沿圆轨道绕太阳旋转的行星的速度，近似等于行星到太阳中心的 2 倍距离与彗星到太阳中心距离的比的平方根。设大轨道的半径或地球椭圆轨道的最大半径包含 100 000 000 个部分，则地球的平均日运动掠过 1 720 212 个部分，小时运动为 71 675 $\frac{1}{2}$ 个部分。因而彗星在地球到太阳的平均距离处，以比地球速度等于 $\sqrt{2}$∶1 的速度运动时，日运动掠过 2 432 747 个部分，小时运动为 101 364 $\frac{1}{2}$ 个部分。而在较大或较小距离上，其日运动或小时运动比这一日运动或小时运动等于其距离的平方根的反比，因而也是给定的。

推论Ⅳ. 所以，如果该抛物线的通径 4 倍于大轨道半径，而该半径的平方设为包括 100 000 000 个部分，则彗星伸向太阳的半径每天掠过的面积为 1 216 373 $\frac{1}{2}$ 个部分，小时运动的面积为 50 682 $\frac{1}{4}$ 个部分。但是，如果其通径以任何比增大或缩小，则日运动或小时运动的面积将反比于该比值的平方根减小或增大。

引理 5

求一条通过任意个已知点的抛物线类曲线。

设这些点为 A、B、C、D、E、F 等，它们到任意给定直线 HN 的位置是给定的，作同样多条垂线 AH、BI、CK、DL、EM、FN 等。

情形 1：如果点 H、I、K、L、M、N 等的间隔 HI、IK、KL 等是相等的，取 b、$2b$、$3b$、$4b$、$5b$ 等为垂线 AH、BI、CK 等的一次差；其二次差为 c、$2c$、$3c$、$4c$ 等；三次差为 d、$2d$、$3d$、$4d$ 等；即，与 $AH-BI=b$ 一样，$BI-CK=2b$，$CK-DL=3b$，$DL+EM=4b$，$-EM+FN=5b$ 等；

于是，$b-2b=c$，依此类推，直至最后的差，在此为 f。然后，作任意垂线 RS，它可看作是所求曲线的纵坐标，为求该纵坐标长度，设间隔 HI、IK、KL、LM 等为单位长度，令 $AH=a$，$-HS=p$，$\frac{1}{2}p$ 乘以 $-IS=q$，$\frac{1}{3}q$ 乘以 $+SK=r$，$\frac{1}{4}r$ 乘以 $SL=s$，$\frac{1}{5}s$ 乘以 $+SM=t$；将这一方法不断使用直至最后一根垂线 ME，并在由 S 到 A 的诸项 HS、IS 等的前面加上负号；而在点 S 另一侧诸项 SK、SL 等的前面加上正号；正负号确定以后，$RS=a+bp+cq+dr+es+ft+\cdots$

情形 2：如果点 H、I、K、L 等的间隔 HI、IK 等不相等，取垂线 AH、BI、CK 等的一次差 b、$2b$、$3b$、$4b$、$5b$ 等，除以这些垂线间的间隔；再取它们的二次差 c、$2c$、$3c$、$4c$ 等，除以每两条垂线间的间隔；再取三次差 d、$2d$、$3d$ 等，除以每三条垂线间的间隔，再取四次差 e、$2e$ 等除以每四条垂线间的间隔，依次类推下去；即，按这种方法进行，$b=\dfrac{AH-BI}{HI}$，$2b=\dfrac{BI-CK}{IK}$，$3b=\dfrac{CK-DL}{KL}$ 等，则 $c=\dfrac{b-2b}{HK}$，$2c=\dfrac{2b-3b}{IL}$，$3c=\dfrac{3b-4b}{KM}$ 等，而 $d=\dfrac{c-2c}{HL}$，$2d=\dfrac{2c-3c}{IM}$ 等。求出这些差之后，令 $AH=a$，$-HS=p$，p 乘以 $-IS=q$，q 乘以 $+SK=r$，r 乘以 $+SL=s$，s 乘以 $+SM=t$；将这一办法一直使用到最后一根垂线 ME；则纵坐标 $RS=a+bp+cq+dr+es+ft+\cdots$

推论. 由此可以近似地求出所有曲线的面积；因为，只要求得了欲求其面积的曲线上的若干点，即可以设一抛物线通过这些点，该抛物线的面积即近似等于所求曲线的面积；而抛物线的面积总是可以用众所周知的几何方法求得的。

引理 6

彗星的某些观测点已知，求彗星在点间任意给定时刻的位置。

令 HI、IK、KL、LM（在前一插图中）表示各次观测的时间间隔，HA、IB、KC、LD、ME 为彗星的五次观测经度，HS 为由第一次观测到所求经度之间的给定时间，则如果设规则曲线 $ABCDE$ 通过点 A、B、C、D、E，由上述引理可以求出纵坐标 RS，而 RS 即为所求的经度。

用同样的方法，由五次观测可以求出彗星在任意给定时刻的经度。

如果观测经度的差很小，比如只有 $4°$或 $5°$，则三次或四次观测即足以求出新的经度和纬度；但如果差别很大，如有 $10°$或 $20°$，则应取五次观测。

引理 7

通过给定点 P 作直线 BC，其两部分为 PB、PC，两条位置已定的直线 AB、AC 与它相交，则 PB 与 PC 的比可求出。

设任意直线 PD 通过给定点 P 与两条已知直线中的一条 AB 相交；把它向另一条已知直线 AC 一侧延长到 E，使 PE 比 PD 为给定比值。令 FC 平行于 AD。作 CPB，则 PC 比 PB 等于 PE 比 PD。 证毕。

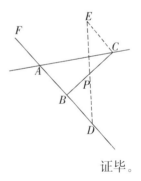

引理 8

令 ABC 为一抛物线，其焦点为 S。在 I 点被二等分的弦 AC 截取扇形 $ABCA$[①]，其直径为 $I\mu$，顶点为 μ，在 $I\mu$ 的延长线上取 μO 等于 $I\mu$ 的一半，连接 OS，并延长到 ξ，使 $S\xi$ 等于 $2SO$。设一彗星沿 CBA 运动，作 ξB 交 AC 于 E，则点 E 在弦 AC 上截下的一段近似正比于时间。

---

① 英译本为 $ABCI$，当误。

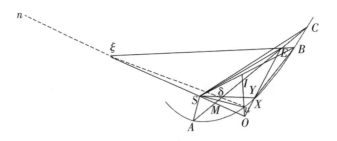

因为，如果连接 EO，与抛物线 $\overgroup{ABC}$ 相交于 Y，再作 μX 与同一段弧相切于顶点 μ，与 EO 相交于 X，则曲线面积 $AEX\mu A$ 比曲线面积 $ACY\mu A$ 等于 AE 比 AC；因而，由于 $\triangle ASE$ 比 $\triangle ASC$ 也为同一比值，整个面积 $ASEX\mu A$ 比整个面积 $ASCY\mu A$ 等于 AE 比 AC。但因为 ξO 比 SO 等于 3：1，而 EO 比 XO 为同一比值，SX 平行于 EB；因而，连接 BX，则 $\triangle SEB$ 等于 $\triangle XEB$。所以，如果在面积 $ASEX\mu A$ 上叠加上 $\triangle EXB$，再在得到的和中减去 $\triangle SEB$，余下的面积 $ASBX\mu A$ 仍等于面积 $ASEX\mu A$，因而比面积 $ASCY\mu A$ 等于 AE 比 AC。但面积 $ASBY\mu A$ 近似等于面积 $ASBX\mu A$；而该面积 $ASBY\mu A$ 比面积 $ASCY\mu A$ 等于掠过 $\overgroup{AB}$ 的时间比掠过整个 $\overgroup{AC}$ 的时间；所以，AE 比 AC 近似地为时间的比。　　　　证毕。

推论. 当点 B 落在抛物线顶点 μ 上时，AE 比 AC 精确地等于时间的比。

附　注

如果连接 $\mu\xi$ 与 AC 相交于 δ，在其上取 ξn 比 μB 等于 $27MI$ 比 $16M\mu$，作 Bn，则该 Bn 分割弦 AC 比以前更精确地正比于时间；但点 n 取在点 ξ 的外侧或内侧，应根据点 B 距抛物线顶点较点 μ 远或近来决定。

引理 9

直线 $I\mu$ 和 μM，以及长度 $\dfrac{AI^2}{4S\mu}$，相互间相等。

因为 $4S\mu$ 是属于顶点 μ 的抛物线的通径。

引理 10

延长 $S\mu$ 到 N 和 P，使 μN 等于 μI 的 $\frac{1}{3}$，SP 比 SN 等于 SN 比 $S\mu$；在彗星掠过 $\overset{\frown}{A\mu C}$ 的时间内，如果设它的运动速度等于 SP 的高度，则它掠过的长度等于弦 AC。

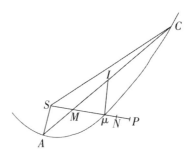

如果彗星在上述时间内在点 μ 的速度为假设它沿与抛物线相切于点 μ 的直线匀速运动的速度，则它以伸向点 S 的半径所掠过的面积等于抛物线面积 $ASC\mu A$；因而由所掠过切线的长度与长度 $S\mu$ 所围成的面积比长度 AC 和 SM 围成的面积，等于面积 $ASC\mu A$ 比 $\triangle ASC$，即等于 SN 比 SM。所以 AC 比在切线上掠过的长度等于 $S\mu$ 比 SN。但由于彗星的速度 SP（由第一卷命题 16 推论 Ⅵ）比速度 $S\mu$，等于 SP 与 $S\mu$ 的反比的平方根，即等于 $S\mu$ 比 SN，因而以该速度掠过的长度比在相同时间内在切线上掠过的长度，等于 $S\mu$ 比 SN。所以，由于 AC，以及以这个新速度所掠过的长度与在切线上掠过的长度有相同比值，它们之间也必定相等。   证毕。

推论. 所以，彗星以高度为 $S\mu + \frac{2}{3} I\mu$ 的速度运动时，在同一时间内可近似掠过弦 AC。

引理 11

如果彗星失去其所有运动，并由高度 SN 或 $S\mu + \frac{1}{3} I\mu$ 处向太阳落下，而且在下落中始终受到太阳均匀而持续的拉力，则在等于它沿其轨道掠过 $\overset{\frown}{AC}$ 所用的时间内，它下落的空间等于长度 $I\mu$。

因为在与彗星掠过抛物线 $\overset{\frown}{AC}$ 相等的时间内，它应（由前一引理）以高度 SP 处的速度掠过弦 AC；因而（由第一卷命题 16 推论 Ⅶ），如果设它在相同时间内在其自身引力作用下沿一半径为 SP 的圆运动，则它在该圆上掠过的长度比抛物线 $\overparen{AC}$ 的弦应等于 $1:\sqrt{2}$。所以，如果它以在高度 SP 处被吸引向太阳的重量自该高度落向太阳，则它（由第一卷命题 16 推论 IX）应在上述的一半时间内掠过上述弦的一半的平方，再除以 4 倍的高度 SP，即它应掠过空间 $\dfrac{AI^2}{4SP}$。但由于彗星在高度 SN 处指向太阳的重量比它在 SP 处指向太阳的重量等于 SP 比 $S\mu$，彗星以其在高度 SN 处的重量由该高度落向太阳时，应在相同时间内掠过距离 $\dfrac{AI^2}{4S\mu}$，即掠过等于长度 $I\mu$ 或 μM 的距离。   证毕。

命题 41 问题 21

由三个给定观测点求沿抛物线运动的彗星轨道。

这一问题极为困难，我曾尝试过许多解决方法；在第一卷的问题中，有几个就是我专门为此而设置的，但后来我发现了下述解法，它比较简单。

选择三个时间间隔近似相等的观测点，但应使彗星在一个时间间隔里的运动快于在另一间隔里，即使得时间的差比时间的和等于时间的和比 600 天，或使点 E 落在点 M 附近指向 I 而不是指向 A 的一侧。如果手头上没有这样的直接观测点，必须由第三卷引理 6 求出一个新的。

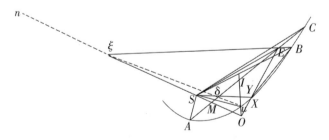

令 S 表示太阳；T、t、τ 表示地球在地球轨道上的三个位置；TA、tB、tC 为彗星的三个观测经度；V 为第一次观测与第二次观测的时间间

隔；W 为第二次与第三次的时间间隔；X 为在整个时间 $V+W$ 内彗星以其在地球到太阳的平均距离上运动的速度所掠过的长度，该长度可以由第三卷命题 40 推论 III 求出，而 tV 为落在弦 $T\tau$ 上的垂线。在平均观测经度 tB 上任取一点 B 作为彗星在黄道平面上的位置；由此处向太阳 S 作直线 BE，它比垂线 tV 等于 SB 与 St^2 的乘积比一直角三角形斜边的立方，该三角形一直角边为 SB，另一直角边为彗星在第二次观测时纬度相对于半径 tB 的正切。通过点 E(由引理 7)作直线 AEC，其由直线 TA 和 τC 所截的两段 AE 与 EC 相互间的比，等于时间 V 比 W，则 A 和 C 为彗星在第一次观测和第三次观测时在黄道平面上的近似位置，如果 B 设定在第二次观测位置的话。

在以 I 为二等分点的 AC 上，作垂线 Ii。通过 B 作 AC 的平行线。再设想作直线 Si 与 AC 相交于 λ，完成平行四边形 $il\lambda\mu$。取 $I\sigma$ 等于 $3I\lambda$；通过太阳 S 作虚线 $\sigma\xi$ 等于 $3S\delta+3i\lambda$。则删去字母 A、E、C、I，由点 B 向点 ξ 另作虚线 BE，使它比原先的 BE 等于距离 BS 与量 $S\mu+\frac{1}{3}i\lambda$ 的比的平方。通过点 E 再按与先前一样的规则作直线 AEC；即，使得其部分 AE 和 EC 相互间的比等于观测间隔 V 比 W。这样，A 和 C 即为彗星更准确的位置。

在以 I 为二等分点的 AC 上作垂线 AM、CN、IO，其中 AM 和 CN 为第一次观测和第三次观测纬度比半径 TA 和 τC 的正切。连接 MN，交 IO 于 O。像先前一样作矩形 $iI\lambda\mu$。在 IA 延长线上取 ID 等于 $S\mu+\frac{2}{3}i\lambda$。再在 MN 上向着 N 一侧取 MP，使它比以上求得的长度 X 等于地球到太阳的平均距离(或地球轨道的半径)与距离 OD 的比的平方根。如果点 P 落在 N 上，则 A、B 和 C 为彗星的三个位置，通过它们可以在黄道平面上作出彗星轨道。但如果 P 不落在 N 上，则在直线 AC 上取 CG 等于 NP，使点 G 和 P 位于直线 NC 的同侧。

用由设定点 B 求得点 E、A、C、G 相同的方法，可以由任意设定的其

他点 b 和 β 求出新的点 e、a、c、g 和 ε、α、κ、γ。再通过 C、g 和 γ 作圆 $Gg\gamma$，与直线 τC 相交于 Z，则 Z 为彗星在黄道平面上的一个点。在 AC、ac、$\alpha\kappa$ 上取 AF、af、$\alpha\phi$ 分别等于 CG、cg、$\kappa\gamma$；通过点 F、f 和 ϕ 作圆 $Ff\phi$，交直线 AT 于 X，则点 X 为彗星在黄道平面上的另一点，再在点 X 和 Z 上向半径 TX 和 τZ 作彗星的纬度切线，则彗星在其轨道上的两个点确定。最后，如果(由第一卷命题 19)作一条以 S 为焦点的抛物线通过这两个点，则该抛物线就是彗星轨道。   证毕。

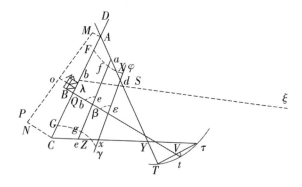

本问题作图的证明是以前述诸引理为前提的，因为根据引理 7，直线 AC 按时间的比例在 E 点被分割，像它在引理 8 中那样；而 BE，由引理 11，是黄道平面上直线 BS 或 $B\xi$ 的一部分，介于 $\overset{\frown}{ABC}$ 与弦 AEC 之间；MP(由第三卷引理 10 推论)则是该弧的弦长，彗星在其轨道上在第一次观测和第三次观测之间掠过它，因而等于 MN，在此设定 B 是彗星在黄道平面上的一个真实位置。

然而，如果点 B、b、β 不是任意选取的，而是接近真实的，则较为方便。如果可以粗略知道黄道平面上的轨道与直线 tB 的交角 $\angle AQt$，以该角关于 Bt 作直线 AC，使它比 $\frac{4}{3}T\tau$ 等于 SQ 与 St 的比的平方根；再作直线 SEB 使其部分 EB 等于长度 Vt，则点 B 可以确定，我们把它用于第一次观测。然后，消去直线 AC，再根据前述作图法重新画出 AC，进而求出长度 MP，并在 tB 上按下述规则取点 b：如果 TA 与 τC 相交于 Y，则距离 Yb 比距离 YB 等于 MP 比 MN 再乘以 SB 与 Sb 的比的平方根。如果愿意把相同的操作再重复一次的话，即可以求出第三个点 β；但如果按这一方法行事，一般地两个点即已足够；因为如果距离 Bb 极小，则可在点 F、f 和 G、g 求出后作直线 Ff 和 Gg，它们将在所求的点 X 和 Z 与 TA 和 τC 相交。

例. 我们来研究 1680 年的彗星。下表显示它的运动情况，是由弗莱姆斯蒂德观测记录，并由他本人做出推算的，哈雷博士根据该观测记录又做了校正。

	时 间		太阳经度	彗星	
	视在的	真实的		经度	北纬
	h m	h m s	° ′ ″	° ′ ″	° ′ ″
1680 年 12 月 12 日	4.46	4.46.0	♉ 1.51.23	♉ 6.32.30	8.28.0
21 日	6.32 ½	6.36.59	11.06.44	♒ 5.08.12	21.42.13
24 日	6.12	6.17.52	14.09.26	18.49.23	25.23.5
26 日	5.14	5.20.44	16.09.22	28.24.13	27.00.52
29 日	7.55	8.03.02	19.19.42	♓ 13.10.41	28.09.58
30 日	8.02	8.10.26	20.21.09	17.38.20	28.11.53
1681 年 1 月 5 日	5.51	6.01.38	26.22.18	♈ 8.48.53	26.15.7
9 日	6.49	7.00.53	♒ 0.29.02	18.44.04	24.11.56
10 日	5.54	6.06.10	1.27.43	20.40.50	24.43.52
13 日	6.56	7.08.55	4.33.20	25.59.48	22.17.28
25 日	7.44	7.58.42	16.45.36	♉ 9.35.0	17.51.11
30 日	8.07	8.21.53	21.49.58	13.19.51	16.42.18
2 月 2 日	6.20	6.34.51	24.46.59	15.13.53	16.04.1
5 日	6.50	7.04.41	27.49.51	16.59.06	15.27.3

可以把我的观测数据补充进来。

	视在时间	彗　　星	
		经度	北纬
	h m	° ′ ″	° ′ ″
1681 年 2 月 25 日	8.30	♉ 26.18.35	12.46.46
27 日	8.15	27.04.30	12.36.12
3 月　1 日	11.0	27.52.42	12.23.40
2 日	8.0	28.12.48	12.19.38
5 日	11.30	29.18.0	12.03.16
7 日	9.30	♊ 0.4.0	11.57.0
9 日	8.30	0.43.4	11.45.52

这些观测数据是用 7 英尺望远镜配以千分仪得到的，准线调在望远镜的焦点上；我们用这些仪器测定了恒星的相互位置，以及彗星相对于恒星的位置。令 A 表示英仙座（Perseus）左足的第四 o 亮星（贝耶尔[①]的 o 星），B 表示左腿第三 o 亮星（贝耶尔的 ζ 星），C 表示同侧第六 o 亮星（贝耶尔的 n 星），D、E、F、G、H、I、K、L、M、N、O、Z、α、β、γ、δ 表示同侧的其他较小的星；令 p、P、Q、R、S、T、V、X 表示对应于上述观测的彗星位置；设 AB 的距离为 $80\frac{7}{12}$ 部分，AC 为 $52\frac{1}{4}$ 部分；BC 为 $58\frac{5}{6}$；AD，$57\frac{5}{12}$；BD，$82\frac{6}{11}$；CD，$23\frac{2}{3}$；AE，$29\frac{4}{7}$；CE，$57\frac{1}{2}$；DE，$49\frac{11}{12}$；AI，$27\frac{7}{12}$；BI，$52\frac{1}{6}$；CI，$36\frac{7}{12}$；DI，$53\frac{5}{11}$；AK，$38\frac{2}{3}$；BK，43；CK，$31\frac{5}{9}$；FK，29；FB，23；FC，$36\frac{1}{4}$；AH，$18\frac{6}{7}$；DH，$50\frac{7}{8}$；BN，$46\frac{5}{12}$；CN，$31\frac{1}{3}$；BL，$45\frac{5}{12}$；NL，$31\frac{5}{7}$，而 HO

①　Bayer, Johaan, 1572—1625, 德国天文学家。

比 HI 等于 $7:6$，把它延长，自恒星 D 和 E 之间穿过，使得恒星 D 到该直线距离为 $\frac{1}{6}CD$。LM 比 LN 等于 $2:9$，延长之并通过恒星 H。这样恒星间的相互位置得到确定。

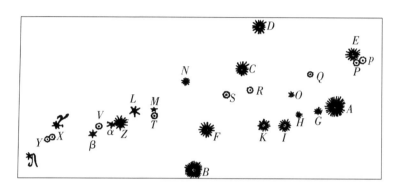

嗣后，庞德先生又再次观测了这些恒星的相互位置，得到的经度和纬度与下表相吻合。

恒　星	经　度	北　纬	恒　星	经　度	北　纬
	° ′ ″	° ′ ″		° ′ ″	° ′ ″
A	♉ 26. 41. 50	12. 8. 36	L	♉ 29. 33. 34	12. 7. 48
B	28. 40. 23	11. 17. 54	M	29. 18. 54	12. 7. 20
C	27. 58. 30	12. 40. 25	N	28. 48. 29	12. 31. 9
E	26. 27. 17	12. 52. 22	Z	29. 44. 48	11. 57. 13
F	28. 28. 37	11. 52. 22	α	29. 52. 3	11. 55. 48
G	26. 56. 8	12. 4. 58	β	♊ 0. 8. 23	11. 48. 56
H	27. 11. 45	12. 2. 1	γ	0. 40. 10	11. 55. 18
I	27. 25. 2	11. 53. 11	δ	1. 3. 20	11. 30. 42
K	27. 42. 7	11. 53. 26			

彗星相对于上述恒星的位置确定如下：

旧历 2 月 25 日，星期五，晚 8 点半，彗星位于 p 处，到 E 星的距离小于 $\frac{3}{13}AE$，大于 $\frac{1}{5}AE$，因而近似等于 $\frac{3}{14}AE$；角 ApE 稍钝，但几乎为直

角。因为由 A 向 pE 作垂线，彗星到该垂线的距离为 $\frac{1}{5}PE$。

同晚 9 点半，彗星位于 P 处，到 E 星距离大于 $\frac{1}{4\frac{1}{2}}AE$，小于 $\frac{1}{5\frac{1}{4}}AE$，因而近似为 $\frac{1}{4\frac{7}{8}}AE$，或 $\frac{8}{39}AE$。但彗星到由 A 作向 PE 的垂线距离为 $\frac{4}{5}PE$。

2 月 27 日，星期日，晚 8 点一刻，彗星位于 Q 处，到 O 星的距离等于 O 星与 H 星的距离；QO 的延长线自 K 星和 B 星之间穿过。由于云雾的干扰，我无法很准确地测定恒星位置。

3 月 1 日，星期二，晚 11 点，彗星位于 R 处，恰好位于 K 星和 C 星连线上，这使得直线 CRK 的 CR 部分略大于 $\frac{1}{3}CK$，略小于 $\frac{1}{3}CK+\frac{1}{8}CR$，因而等于 $\frac{1}{3}CK+\frac{1}{16}CR$，或 $\frac{16}{45}CK$。

3 月 2 日，星期三，晚 8 点，彗星位于 S 处，距 C 星约 $\frac{4}{9}FC$；F 星到直线 CS 的延长线距离为 $\frac{1}{24}FC$；B 星到同一条直线的距离为 F 星距离的 5 倍；直线 NS 的延长线自 H 和 I 之间穿过，与 I 星的距离为与 H 星的距离的五六倍。

3 月 5 日，星期六，晚 11 点半，彗星位于 T，直线 MT 等于 $\frac{1}{2}ML$，直线 LT 的延长线自 B 和 F 间穿过，与 B 的距离为与 F 的距离的四五倍，在 BF 线上 F 一侧截下 $\frac{1}{5}$ 或 $\frac{1}{6}$；MT 的延长线自空间 BF 以外 B 一侧通过，与 F 星的距离为与 B 星距离的 4 倍。M 是颗很小的星，很难为望远镜发现；但 L 星很暗，大约为第八星等。

3 月 7 日，星期一，晚 9 点半，彗星位于 V 处，直线 $V\alpha$ 的延长线自 B 和 F 之间穿过，在 BF 上 F 一侧截下 BF 的 $\frac{1}{10}$ 比直线 $V\beta$ 等于 5：4。彗星

到直线 $\alpha\beta$ 的距离为 $\frac{1}{2}V\beta$。

3月9日，星期三，晚8点半，彗星位于 X 处，直线 γX 等于 $\frac{1}{4}\gamma\delta$；由 δ 星作向直线 γX 的垂线为 $\gamma\delta$ 的 $\frac{2}{5}$。

同晚12点，彗星位于 Y 处，直线 γY 等于 $\gamma\delta$ 的 $\frac{1}{3}$，或略小一点，也许为 $\gamma\delta$ 的 $\frac{5}{16}$；由 δ 星作向直线 γY 的垂线约等于 $\gamma\delta$ 的 $\frac{1}{6}$ 或 $\frac{1}{7}$。但由于彗星极接近于地平线，很难辨认，因而其位置的确定精度不如以前的高。

我根据这些观测，通过作图和计算推算出彗星的经度和纬度；庞德先生通过校正恒星的位置也更准确地测定了彗星的位置，这些准确位置都已在前面的表中列出。我的千分仪虽然不是最好的，但其在经度和纬度方面的误差(由我的观测推算)很少超过1分。彗星(根据我的观测)的运动，在末期开始由它在2月底时掠过的平行线向北方明显地倾斜。

现在，为了由上述观测数据中推算出彗星的轨道，我选择了弗莱姆斯蒂德的三次观测(12月21日、1月5日和1月25日)；设地球轨道半径包括10 000部分，求出 St 为9 842.1部分，Vt 为455部分。然后，对于第一次观测，设 tB 为5 657部分，求得 SB 为9 747，第一次观测时 BE 为412，$S\mu$ 为9 503，$i\lambda$ 为413；第二次观测时 BE 为421，OD 为10 186，X 为8 528.4，PM 为8 450，MN 为8 475，NP 为25；由此，在第二次计算中得到，距离 tb 为5 640；这样，我最后算出距离 TX 为4 775，τZ 为11 322。根据这些数值求出的轨道，我发现，彗星的下降交会点位于 ♋，上升交会点位于 ♑ $1°53'$；其轨道平面相对于黄道平面的倾角为 $61°21\frac{1}{3}'$，顶点(或彗星的近日点)距交会点 $8°39'$，位于 ♐ $27°34'$，南纬 $7°34'$。通径为236.8；由彗星伸向太阳的半径每天掠过的面积，在设地球轨道半径的平方为100 000 000时，为93 585；彗星在该轨道上沿着星座顺序方向运动，在12月8日午后0时4分到达其轨道顶点或近日点。所有这些，我是使用直尺和罗盘，在一张很大的图上获得的，为适合地球轨道的半径（包含 10 000 个部分），该图取该半径等于 $16\frac{1}{3}$ 英寸；而各角的弦是在自然正弦表上求得的。

最后，为检验彗星是否确定在这一求出的轨道上运动，我用算术计算配合以直尺和罗盘，求出了它在该轨道上对应于观测时间的位置，结果列于下表：

	到太阳距离	计算经度	计算纬度	观测经度	观测纬度	经度差	纬度差
彗　星							
		° '	° '	° '	° '		
12月12日	2 792	♂ 6.32	$8.18\frac{1}{2}$	♂ 6.31 $\frac{1}{2}$	8.26	+1	$-7\frac{1}{2}$
29 日	8 403	♓ 13.13 $\frac{2}{5}$	28.00	♓ 13.11 $\frac{3}{4}$	28.10 $\frac{1}{12}$	+2	$-10\frac{1}{12}$
2月5日	16 669	♉ 17.00	15.29 $\frac{2}{3}$	♉ 16.59 $\frac{7}{8}$	15.27 $\frac{2}{5}$	+0	$+2\frac{1}{4}$
3月5日	21 737	29.19 $\frac{3}{4}$	12.4	29.20 $\frac{6}{7}$	12.3 $\frac{1}{2}$	-1	$+\frac{1}{2}$

但后来哈雷博士以算术计算法求出了比作图法精确得多的彗星轨道；其交会点在 ♋ 和 ♂ 1°53′ 之间摆动，轨道平面对黄道平面的倾角为 $61°20\frac{1}{3}′$，彗星也是在 12 月 8 日 0 时 4 分到达其近日点。他发现近日点到彗星轨道的下降交会点距离为 9°20′，抛物线的通径为 2430 部分；由这些数据通过精确的算术计算，他求出对应于观测时间的彗星位置，列于下表：

真实时间	到太阳距离	计算经度	计算纬度	经度	纬度
	彗　星			误　差	
d h m s		° ' "	° ' "	' "	' "
12月 12.4.46.	28 028	♂ 6.29.25	8.26.0bor.	-3.5	-2.0
21.6.37.	61 076	♒ 5.6.30	21.43.20	-1.42	+1.7
24.6.18.	70 008	18.48.20	25.22.40	-1.3	-0.25

续表

真实时间	彗　　星			误　　差	
	到太阳距离	计算经度	计算纬度	经度	纬度
d h m s		° ′ ″	° ′ ″	′ ″	′ ″
26. 5. 20.	75 576	28. 22. 45	27. 1. 36	−1. 28	+0. 44
29. 8. 3.	84 021	♓ 13. 12. 40	28. 10. 10	+1. 59	+0. 12
30. 8. 10.	86 661	17. 40. 5	28. 11. 20	+1. 45	−0. 33
1月 5. 6. 1½	101 440	♈ 8. 49. 49	26. 15. 15	+0. 56	+0. 8
9. 7. 0.	110 959	18. 44. 36	24. 12. 54	+0. 32	+0. 58
10. 6. 6.	113 162	20. 41. 0	23. 44. 10	+0. 10	+0. 18
13. 7. 9.	120 000	26. 0. 21	22. 17. 30	+0. 33	+0. 2
25. 7. 59.	145 370	♉ 9. 33. 40	17. 57. 55	−1. 10	+1. 25
30. 8. 22.	155 303	13. 17. 41	16. 42. 7	−2. 10	−0. 11
2月 2. 6. 35.	160 951	15. 11. 11	16. 4. 15	−2. 42	+0. 14
5. 7. 4½.	166 686	16. 58. 55	15. 29. 13	−0. 41	+2. 0
25. 8. 4.	202 570	26. 15. 46	12. 48. 0	−2. 49	+1. 10
3月 5. 11. 3.	216 205	29. 18. 35	12. 5. 40	+0. 35	+2. 14

这颗彗星早在 11 月时已出现，在萨克森的科堡(Coburg，in Saxony)，哥特弗里德·基尔希[①]先生于旧历这个月的 4 日、6 日和 11 日都做过观测；由观测到的该彗星相对于最接近的恒星的位置，有时是以 2 英尺镜获得的，有时是以 10 英尺镜获得的；由科堡与伦敦的经度差 11°；再由庞德先生观测的恒星位置，哈雷博士推算出彗星的位置如下：

出现在伦敦的时间，11 月 3 日 17 时 2 分，彗星在 ♌ 29°51′，北纬 1°17′45″。

---

① Gottfried Kirch，1639—1710，德国天文学家。他与他的妻子、儿子、女儿都是著名天文学家。

11 月 5 日 15 时 58 分，彗星位于 ♍ 3°23′，北纬 1°6′。

11 月 10 日 16 时 31 分，彗星距位于 ♌ 的两颗星距离相等，按贝耶尔的表示为 σ 和 τ；但它还没有完全到达二者的连线上，而与该线十分接近。在弗莱姆斯蒂德的星表中，当时 σ 星位于 ♍ 14°15′，约北纬 1°41′，而 τ 星是位于 ♍ 17°3$\frac{1}{2}$′，南纬 0°33$\frac{1}{2}$′；这两颗星的中点为 ♍ 15°39$\frac{1}{4}$′，北纬 0°33$\frac{1}{2}$′。令彗星到该直线的距离约为 10′ 或 12′；则彗星与该中点的经度差为 7′；纬度差为 7$\frac{1}{2}$′；因此，该彗星位于 ♍ 15°32′，约北纬 26′。

第一次观测到的彗星相对于某些小恒星的位置具有所期望的所有精度；第二次观测也足够精确。第三次观测精度最低，误差可能达 6′ 或 7′，但不会更大。该彗星的经度，在第一次也是最精确的观测中，按上述抛物线轨道计算，位于 ♌ 29°30′32″，其北纬为 1°25′7″，到太阳的距离为 115 546。

哈雷博士进一步指出，考虑到有一颗奇特的彗星以每 575 年的相等时间间隔出现过四次[即，在尤利乌斯·恺撒被杀后的 9 月份[①]；(在纪元)531 年，兰帕迪乌斯和奥里斯特斯(Lampadius and Orestes)执政；(在)1106 年的 2 月；以及 1680 年底；它每次出现都有很长很明亮的尾巴，只是在恺撒死后那一次，由于地球位置不方便，它的尾部没有这样惹人注目]，他推算出它的椭圆轨道，其长轴为 1 382 957 部分，在此，地球到太阳的平均距离为 10 000 部分；在该轨道上，彗星运行周期应为 575 年；其上升交会点在 ♋ 2°2′，轨道平面与黄道平面交角为 61°6′48″，彗星在该平面上的近日点为 ♐ 22°44′25″，到达该点时间为 12 月 7 日 23 时 9 分，在黄道平面上近日点到上升交会点的距离为 9°17′35″，其共轭轴为 18481.2，据此，他推算出彗星在这个椭圆轨道上的运动。由观测得到的，以及由该轨道计算出的彗星位置，都在下表中列出。

---

① 恺撒于公元前 44 年 3 月被刺杀。

真实时间	观测经度	观测北纬度	计算经度	计算纬度	经度误差	纬度误差
d h ′	° ′ ″	° ′ ″	° ′ ″	° ′ ″	′ ″	′ ″
11月 3.16.47	♌ 29.51.00	1.17.45	♌ 29.51.22	1.17.32N	+0.22	−0.13
5.15.37	♍ 03.23.00	1.06.00	♍ 03.24.32	1.06.09	+1.32	+0.9
10.16.18	15.32.00	0.27.00	15.33.02	0.25.070	+1.2	−1.53
16.17.0			♎ 08.16.45	0.53.07S		
18.21.34			18.52.15	1.26.54		
20.17.00			28.10.36	1.53.35		
23.17.05			♏ 13.22.42	2.29.00		
12月 12.04.46	♑ 06.32.30	8.28.00	♑ 06.31.20	8.29.06N	−1.10	+1.6
21.06.37	♒ 05.08.12	21.42.13	♒ 05.06.14	91.44.42	−1.58	+2.29
24.06.18	18.49.23	25.23.05	18.47.30	25.23.35	−1.53	+0.30
26.05.21	28.24.13	27.00.52	28.21.42	27.02.01	−2.31	+1.9
29.08.3	♓ 13.10.41	28.09.58	♓ 13.11.14	28.10.38	+0.33	+0.40
30.08.10	17.38.00	28.11.53	17.38.27	28.11.37	+0.7	−0.16
1月 05.06.1½	♈ 08.48.53	26.15.07	♈ 08.48.51	26.14.57	−0.2	−0.10
09.07.01	18.44.04	24.11.56	18.43.51	24.12.17	−0.13	+0.21
10.06.06	20.40.50	23.43.32	20.40.23	23.43.25	−0.27	−0.7
13.07.09	25.59.48	22.17.28	26.00.08	22.16.32	+0.20	−0.56
25.07.59	♉ 09.35.00	17.56.30	♉ 09.34.11	17.56.06	−0.49	−0.24
30.08.22	13.19.51	16.42.18	13.18.28	16.40.05	−1.23	−2.13
2月 02.06.35	15.13.53	16.04.01	15.11.59	16.02.17	−1.54	−1.54
05.07.4½	16.59.06	15.27.03	16.59.17	15.27.00	+0.11	−0.3
25.08.41	26.18.35	12.46.46	26.16.59	12.45.22	−1.36	−1.24
3月 01.11.10	27.52.42	12.23.40	27.51.47	12.22.28	−0.55	−1.12
05.11.39	29.18.00	12.03.16	29.20.11	12.02.50	+2.11	−0.26
09.08.38	♊ 00.43.04	11.45.52	♊ 00.42.43	11.45.35	−0.21	−0.17

对这颗彗星的观测，自始至终都与在刚才所说的轨道上计算出的彗星运动完全吻合，一如行星运动与由引力理论推算出的运动相吻合，这种一致性明白无误地显示出每次出现的都是同一颗彗星，而且它的轨道也已正确地得出。

在上表中我们略去了 11 月 16 日、18 日、20 日和 23 日的几次观测，因为它们不够精确。在这几天里，许多人都在观测这颗彗星。旧历 11 月 17 日，庞修(Ponthio)和他的同事在罗马于早晨 6 时（即伦敦 5 时 10 分）将准线对准恒星，测出彗星位于 ♎ 8°30′，南纬 0°41′。他们的观测记录可以在庞修发表的一篇关于这颗彗星的论文中找到。切里奥(Cellio)当时在场，他在致卡西尼的一封信中报告说，该彗星在同一时刻位于 ♎ 8°30′，南纬 0°30′。伽列特(Gallet)在阿维尼翁(Avignon)于同一小时（即在伦敦早晨 5 时 42 分）发现它位于 ♎ 8°30′8″，纬度为零。但根据理论计算，当时该彗星应位于 ♎ 8°16′45″，南纬 0°53′7″。

11 月 18 日，在罗马早晨 6 时 30 分（即伦敦 5 时 40 分），庞修观测到彗星位于 ♎ 13°30′，南纬 1°20′；而切里奥发现在 ♎ 13°60′，南纬 1°00′。但在阿维尼翁的早晨 5 时 30 分，伽列特看到它在 ♎ 13°00′，南纬 1°00′。在法国的拉弗累舍大学(University of La Fleche)，早晨 5 时（即伦敦的 5 时 9 分），安果(Ango)发现它位于两颗小恒星中间，其中一颗是室女座南肢右侧三颗星中位于中间的一颗，贝耶尔以 ψ 标记；另一颗是该肢上最靠外的一颗，贝耶尔记以 θ。因此，彗星当时位于 ♎ 12°46′，南纬 50′。哈雷博士告诉我，在新英格兰(New England)纬度为 $42\frac{1}{2}$°[①]的波士顿(Boston)，当天早晨 5 时（即伦敦早晨 9 时 44 分），该彗星位于约 ♎ 14°，南纬 1°30″。

11 月 19 日 $4\frac{1}{2}$ 时，在剑桥(Cambridge)发现，该彗星（根据一位年轻人的观测）距角宿一(Spica) ♍ 约西北 2°。当时角宿一位于 ♎ 19°23′47″，南纬 2°1′59″。同一天早晨 5 时，在新英格兰的波士顿，彗星距角宿一 ♍ 1°，纬度差为 40′。同一天，在牙买加岛(island of Jamaica)，它距角宿一 ♍ 1°。同一天，阿瑟·斯多尔(Arthur Storer)先生，在弗吉尼亚地区的马里兰(Maryland in the confines of Virginia)，在位于亨丁·克里克(Hunting

---

① 英译本误作 $42\frac{1}{2}′$。

Creek)附近的纬度为 $38\frac{1}{2}°$ 的帕图森河(river Patuxent)边,早晨 5 时(即伦敦 10 时),看到彗星刚好在角宿一♏之上,几乎与它重合,相互间距离约为 $\frac{3}{4}°$。比较这些观测后,我认为,在伦敦 9 时 44 分时,彗星位于♎ $18°50'$,南纬约 $1°25'$。而理论则给出♎ $18°52'15''$,南纬 $1°26'54''$。

11 月 20 日,帕多瓦(Padua)的天文学教授蒙特纳里[①],在威尼斯(Venice)早晨 6 时(即伦敦 5 时 10 分)看到彗星位于♎ $23°$,南纬 $1°30'$。同一天在波士顿,它距角宿一♏偏东 $4°$,因而大约位于♎ $23°24'$。

11 月 21 日,庞修及其同事在早晨 $7\frac{1}{4}$ 时观测到彗星位于♎ $27°50'$,南纬 $1°16'$;切里奥发现在♎ $28°$;安果在早晨 5 时发现在♎ $27°45'$;蒙特纳里发现在♎ $27°51'$。同一天,在牙买加岛,它位于♏起点处,纬度大约与角宿一♏相同,即 $2°2'$。同一天,在东印度(现在的印度奥里萨邦)巴拉索尔(Ballasore)的早晨 5 时(即伦敦的前一天夜里 11 时 20 分),彗星位于角宿一♏以东 $7°35'$,在角宿一与天秤座的连线上,因而位于♎ $26°58'$,南纬 $1°11'$;5 时 40 分以后(即伦敦早晨 5 时),它位于♎ $28°12'$,南纬 $1°16'$。根据理论计算,它应位于♎ $28°10'36''$,南纬 $1°53'35''$。

11 月 22 日,蒙特纳里发现彗星在♏ $2°33'$;但在新英格兰的波士顿发现它约在♏ $3°$,纬度几乎与以前相同,即 $1°30'$。同一天,在巴拉索尔早晨 5 时,观测到彗星位于♏ $1°50'$,所以在伦敦的早晨 5 时,彗星约在♏ $3°5'$。同一天早晨 $6\frac{1}{2}$ 时,胡克博士发现它约在♏ $3°30'$,位于角宿一♏和天狮座的连线上,但没有完全重合,而是略偏北一点。这一天,以及随后的几天,蒙特纳里也发现,由彗星向角宿一所作的直线从天狮座南侧很近处通过。天狮座与角宿一♏的连线在♏ $3°46'$ 处以 $2°25'$ 角与黄道平面相交;如果彗星位于该直线上的♏ $3°$ 处,则它的纬度应为 $2°26'$;但由于胡克和蒙特

---

① Montenari,Geminiano,1633—1687,意大利天文学家。

纳里都认为彗星位于该直线以北极小距离处，其纬度必定还要小些。在 20 日，根据蒙特纳里的观测，它的纬度几乎与角宿一$\text{\textmalefemale}$相同，即约 $1°30'$。但胡克、蒙特纳里和安果又都认为，这一纬度是连续增加的，因而在 22 日，它应明显大于 $1°30'$；取 $2°26'$ 和 $1°30'$ 两个极限值的中间值，则纬度应为 $1°58'$。胡克和蒙特纳里同意彗尾指向南宿一$\text{\textmalefemale}$。但胡克认为略偏向该星南侧，而蒙特纳里认为略偏北侧；因而，其倾斜很难发现；彗尾应平行于赤道，相对于对日点略偏北。

旧历 11 月 23 日，纽伦堡(Nuremberg)早晨 5 时（即伦敦早晨 $4\frac{1}{2}$ 时），齐默尔曼(Zimlnerman)先生看到彗星位于$\text{\textmalefemale}$ $8°8'$，南纬 $2°31'$，这一位置是由它相对于恒星位置推算的。

11 月 24 日日出之前，蒙特纳里发现彗星位于天狮座与角宿一$\text{\textmalefemale}$连线北侧的$\text{\textmalefemale}$ $12°52'$，因而其纬度略小于 $2°38'$；前面已说过，由于蒙特纳里、安果和胡克都认为这一纬度是连续增加的，所以在 24 日应略大于 $1°58'$，取其平均值，当为 $2°18'$，没有明显误差。庞修和伽列特则认为纬度是减小的；而切里奥，以及在新英格兰的观测者认为其纬度保持不变，即约为 $1°$ 或 $1\frac{1}{2}°$。庞修和切里奥的观测较粗糙，在测地平经度与纬度时尤其如此，伽列特的观测也一样。蒙特纳里、胡克、安果和新英格兰的观测者们采用的测量彗星相对于恒星位置的方法比较好，庞修和切里奥有时也用这种方法。同一天，在巴拉索尔早晨 5 时，彗星位于$\text{\textmalefemale}$ $11°45'$；因而在伦敦早晨 5 时，它约在$\text{\textmalefemale}$ $13°$，而根据理论计算，彗星这时应在$\text{\textmalefemale}$ $13°22'42''$。

11 月 25 日，日出以前，蒙特纳里看到彗星约在$\text{\textmalefemale}$ $17\frac{3}{4}°$；而切里奥同时发现彗星位于室女座右侧亮星与天秤座南端的连线上；这条直线与彗星路径相交于$\text{\textmalefemale}$ $18°36'$，而理论值约在$\text{\textmalefemale}$ $18\frac{1}{3}°$。

由所有这些易于看出，这些观测在其相互吻合的水准上而言，与理论也是一致的；这种一致性表明自 11 月 4 日至 3 月 9 日所出现的是同一颗彗星。该彗星的轨迹两次越过黄道平面，因而不是一条直线。它不是在天空中相对的位置上，而是在室女座末端与摩羯座（Capricom）起点上与黄道平面相交，间隔弧度约 98°；因而该彗星路径极大地偏离大圆轨道；因为在 11 月里，它向南偏离黄道平面至少为 3°；而在随后的 12 月时则向北倾斜达 29°；根据蒙特纳里的观测，彗星在其轨道上落向太阳与自太阳处扬起的相互间视在倾角在 30° 以上。这个彗星掠过九个星座，即自 ♌ 末端到 ♊ 首端，它在掠过 ♌ 座之后开始被发现；任何其他理论都无法解释彗星在如此大的天空范围内进行的规则运动。这一彗星的运动还是极不相等的；因为约在 11 月 20 日时，它每天掠过约 5°，然后在 11 月 26 日到 12 月 12 日之间速度放慢，在 $15\frac{1}{2}$ 天的时间里，它只掠过 40°，但随后它的速度又加快了，每天约掠过 5°，直至其运动再次减速。一个能在如此之大的空间范围内恰如其分地描述如此不相等的运动，又与行星理论具有相同定律，而且得到精确的天文学观测印证的理论，绝不可能是别的什么，只能是真理。

我绘制了一张插图，在彗星轨道的平面上表示出这一彗星的实际轨道，以及它在若干位置上喷射出的尾巴，这样做应该没有什么不妥之处。在这张图中，ABC 表示彗星轨道，D 为太阳，DE 为轨道轴，DF 为交会点连线，GH 为地球轨道球面与彗星轨道平面的交线，I 为彗星在 1680 年 11 月 4 日的位置；K 为其同年 11 月 11 日的位置；L 为其同年 11 月 19 日的位置；M 为 12 月 12 日的位置；N 为 12 月 21 日的位置；O 为 12 月 29 日的位置；P 为次年 1 月 5 日的位置；Q 为 1 月 25 日的位置；R 为 2 月 5 日的位置；S 为 2 月 25 日的位置；T 为 3 月 5 日的位置；V 为 3 月 9 日的位置。为了确定其彗尾长度，我进行了如下观测：

11 月 4 日和 6 日，彗尾未出现；11 月 11 日，彗尾刚刚出现，但在 10 英尺望远镜中长度不超过 $\frac{1}{2}$°；11 月 17 日，庞修发现彗尾长超过 15°；11 月 18 日，在新英格兰看到彗尾长达 30°，并直指太阳，延伸到位于 ♍ 9°54′ 的火星；11 月 19 日，在马里兰看到彗尾长为 15° 或 20°；12 月 10 日（根据

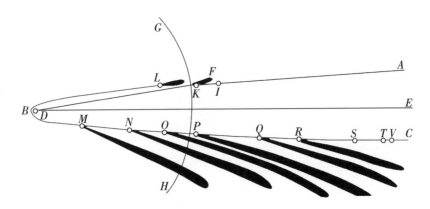

弗莱姆斯蒂德的观测），彗尾自蛇夫座（Ophiuchus）蛇尾与天鹰座（Aquila）南翼的 δ 星，即自贝耶尔星表上的 A、ω、b 星之间穿过。因而彗尾末梢在 ♑ $19\frac{1}{2}$°，北纬约 $34\frac{1}{4}$°。12 月 11 日，它上升到天箭座（Sagitta）头部（贝耶尔的 α、β 星），即 ♑ 26°43′，北纬38°34′。12 月 12 日，彗尾通过天箭座中部，没有延伸很远；尾端约在 ♒ 4°，北纬 $42\frac{1}{2}$°。不过读者必须清楚，这些都是彗尾中最亮的部分的长度，因为在晴朗的夜空里，也可能观测到较暗的光。12 月 12 日 5 时 40 分，根据庞修在罗马的观测，彗尾一直延伸到天鹅座（Swan）尾星以上 10°，彗尾边缘距这颗星 45′，指向西北。但在这前后彗尾上端的宽度约 3°；因而其中部约在该星南方 2°15′，其上端位于 ♓ 22°，北纬 61°；因此彗尾长约 70°。12 月 21 日，它几乎延伸到仙后座（Cassiopeia）的座椅上，等于到 β 星和 Schedir 星的距离，并使得它到这两个星中的一个的距离，等于这两个星之间的距离，因而彗尾末端在 ♈ 24°，纬度为 $47\frac{1}{2}$°。12 月 29 日，彗尾与 Scheat 座左侧接触，充满仙女座（Andromeda）北部两足间的空间，长达 54°；尾端位于 ♉ 19°，纬度为 35°。1 月 5 日，它触及仙女座右胸处的 π 星和左腰间的 μ 星；根据我们的观测，长约 40°；但已开始弯曲，凸部指向南方；并在彗头附近与通过太阳和彗头的圆成 4°夹角；而在末端则与该圆成 10°或 11°夹角；彗尾的弦与该圆夹角为 8°。1 月 13 日，彗尾位于 Alamech 与 Algol 之间，亮度仍足以看到；但位于英仙座(Perseus)旁 κ 星的末端已暗淡。彗尾末端到通过太阳与彗星的圆的距离为 $3°50'$，彗尾的弦与该圆夹角为 $8\frac{1}{2}°$。1 月 25 日和 26 日，彗尾亮度微弱，长约 $6°$ 或 $7°$；经过一个或两个夜晚后，在极为晴朗的天空，它延伸长度为 $12°$ 或更多，亮度很暗，难以看到；但它的轴仍精确地指向御夫座(Auriga)东肩上的亮星，因而偏离对日点北侧 $10°$ 角。最后，2 月 10日，我在望远镜中只看到 $2°$ 长的彗尾；因为更弱的光无法通过玻璃。但庞修写道，他在 2 月 7 日看到彗尾长达 $12°$。2 月 25 日，彗星失去彗尾直到消失。

现在，如果回顾一下前面讨论的彗星轨道，并充分顾及该彗星的其他现象，则人们应对彗星是像行星一样的坚硬、紧密、牢固和持久的星体的说法感到满意；因为，如果它们仅是地球、太阳和其他行星的蒸汽或雾气，则当它在太阳附近通过时便立即消散；因为太阳的热正比于其光线的密度，即反比于受照射处所到太阳距离的平方。所以，在 12 月 8 日，彗星位于其近日点，它到太阳的距离与地球到太阳的距离的比，约为 6∶1000，这时太阳给彗星的热比太阳给我们的热等于 1 000 000∶36 或 28 000∶1。我试验过，沸腾的水的热大于夏天阳光晒干土壤水分的热约 3 倍；红热的铁的热(如果我的猜测正确的话)又大于沸腾的水的热约 3 或 4 倍。所以，当彗星位于近日点时，晒干其土壤的太阳热约 2 000 倍于红热的铁的热。而在如此强烈的热中，蒸汽和薄雾，以及所有的挥发性物质，都会立即发散而消失。

所以，这颗彗星必定从太阳得到极大的热量，并能保持极长的时间；因为直径 1 英寸的铁球烧至红热后暴露在空气中，1 小时时间里很难失去所有的热；而更大的球将按照其直径的比例而保持更长的时间，因为其表面(与之接触的周围空气冷却速度即正比于它)与所含热物质的量的比值较小；所以，与我们的地球同样大的红热铁球，即直径约 40 000 000 英尺，将很难在数目相同的天数里，或在多于 50 000 年的时间里冷却。不过我推测由于某些尚不明了的原因，热量保持时间的增加要小于直径增大的比例；我企盼着用实验给出实际比值。

人们还进一步观察到，在 12 月里，彗星刚受到太阳加热之后，的确比其在 11 月里未到达近日点时射出长得多也亮得多的彗尾；一般而言，最长而最辉煌的彗尾总是发生在刚刚通过邻近太阳之处。所以，彗星接受的热导致了巨大的彗尾；由此，我想我可以推论，彗尾不是别的，正是极细微的蒸汽，它由于彗头或彗核接收的热而喷射出来。

不过，关于彗尾有三种不同的看法：有些人认为它只不过是太阳光通过被认为是透明的彗头后射出的光束；另一些人提出，彗尾是由彗头射向地球的光发生折射形成的；最后，还有一些人则设想，彗尾是由彗头所不断产生的云雾或蒸汽，它们总是向背对着太阳的方向放出。第一种看法不能为光学所接受；因为在暗室中看到的太阳光束，只不过是光束在弥漫于空气中的尘埃和烟雾粒子上反射的结果；因此，在浓烟密布的空气中，这种光束以很强的亮度显现，并对眼睛产生强烈作用；在比较纯净的空气中，光束亮度较弱，不易于被察觉；而在天空中，根本没有可以反射阳光的物质，因而绝不可能看到光束。光不是因为它成为光束，而是因为它被反射到我们的眼睛，才被看到的；因为视觉唯有光线落到眼睛上才得以产生；所以，在我们看见彗尾的地方，必定有某种反射光的物质存在，不然的话，由于整个天空是受太阳的光同等地照亮的，它的任何一部分都不可能显得比其他部分更亮些。第二种看法面临许多困难。我们看到的彗尾从来都不像常见的折射光那样带有斑斓的色彩；由恒星和行星射向我们的纯净的光表明，以太或天空介质完全不具备任何折射能力；因为，正像人们所指出的那样，埃及人（the Egyptians）有时看到恒星带有彗发，由于这种情况很罕见，我们宁可把它归因于云雾的折射；而恒星的跳耀与闪烁则应归因于眼睛与空气二者的折射；因为，当把望远镜放在眼睛前时，这种跳耀与闪烁便立即消失。由于空气与蒸腾的水汽的颤动，光线交替地在眼睛瞳孔狭小的空间里摆动；但望远镜物镜口径很大，不会发生这种事情；因此，闪烁是由于前一种情形造成的，在后一情形中则不存在；在后一情形中闪烁的消失证明通过天空正常照射过来的光没有经过任何可察觉的折射。可能会有人提出异议，说有的彗星看不到彗尾，因为它受到的光照很弱，而次级光则更弱，不能为眼睛所知觉，正因为如此，恒星的尾部不会出现。我们的回答是，利用望远镜可以使恒星的光增加 100 倍，但还是看不到尾巴；而行星的光更亮，也还是没有尾巴；但彗星有时有着巨大的彗尾，同时彗头却暗淡无光。这正是 1680 年彗星所发生的情形，当时，在 12 月里，它的亮度尚不足第二星等，但却射出明亮的尾巴，延伸长度达 40°、50°、60°或 70°甚至更长；其后，在 1 月 27 日和 28 日，当彗头变为第七星等的亮度时，彗尾（仍像上述的那样）却清晰可辨，虽然已经暗淡了，仍长达 6°或 7°，如果计入更难以看到的弱光，它甚至长达 12°以上。但在 2 月 9 日和 10 日，肉眼已看不到彗头，我在望远镜中还看到 2°长的彗尾。再者，如果彗尾是由于天体物质的颤动引起的，并根据其在天空中的位置偏向背离太阳的一侧，则在天空中的相同位置上彗尾的指向应当相同。但 1680 年的彗星，在 12 月 28 日 $8\frac{1}{2}$ 小时时，在伦敦看到位于 ⊬ 8°41′，北纬 28°6′；当时太阳在 ♉ 18°26′。而 1577 年的彗星，在 12 月 29 日位于 ⊬ 8°41′，北纬 28°40′，太阳也大约在 ♉ 18°26′。在这两种情形里，地球在天空的位置相同；但在前一情形彗尾（根据我的以及其他人的观测）向北偏离对日点的角度为 $4\frac{1}{2}$°；而在后一情形里（根据第谷的观测）却向南偏离 21°。所以，天体物质颤动的说法得不到证明，彗尾现象必定只能通过其他反光物质来解释。

彗尾所遵循的规律，也进一步证明彗尾由彗头产生，并指向背着太阳的部分：彗尾处在通过太阳的彗星轨道平面上，它们总是偏离对日点而指向彗头沿轨道运动时所留下的部分。对于位于该平面内的旁观者而言，彗尾出现在正对着太阳的部分；但当旁观者远离该平面时，这种偏离即明显起来，而且日益增大。在其他条件不变的情况下，彗尾对彗星轨道的倾斜较大，以及当彗头接近于太阳时，这种偏离较小，尤其当在彗头附近取这种偏离角时更是如此。没有偏离的彗尾看上去是直的，而有偏离的彗尾则以某种曲率弯折。偏离越大，曲率越大；而且在其他条件相同情况下，彗尾越大，曲率越大；因较短的彗尾其曲率很难察觉。在彗头附近偏离角较小，但在彗尾的另一端则较大。这是因为彗尾的凸侧对应着产生偏离的部分，位于自太阳引向彗头的无限直线上，而且位于凸侧的彗尾，比凹侧更长更宽，亮度更强，更鲜艳夺目，边缘也更清晰。由这些理由即易于明白彗尾的现象取决于彗头的运动，而不取决于彗头在天空被发现的位置；所以，彗尾并不是由天空的折射所产生的，而是彗头提供了形成彗尾的物质。因为，和在我们的空气中一样，热物体的烟雾，或是在该物体静止时垂直上升，或是当该物体斜向运动时沿斜向上升，在天空中也是如此，所有的物体被吸引向太阳，烟雾和水汽必定（像我们已说过的那样）自太阳方向升起，或是当带烟物体静止时垂直上升，或是当物体在其整个运动过程中不断离开烟雾的上部或较高部分原先升起的位置时而斜向上升；烟雾上升速度最快时斜度最小，即在放出烟雾的物体邻近太阳时，在其附近的烟雾斜度最小。但因为这种斜度是变化的，所以烟柱也随之弯曲；又因为在前面的烟雾放出较晚，即自物体上放出的时间较晚，因而其密度较大，必定反射的光较多，边界也更清晰。许多人描述过彗尾的突发性不确定摆动以及其不规则形状，关于此我不拟讨论，因为可能是由于我们的空气的对流，以及云雾的运动部分遮掩了彗尾所致；或者，也许是由于当彗星通过银河时把银河的某部分误认为是彗尾的一部分所致。

至于彗星的大气何以能提供足够多的蒸汽充满如此巨大的空间，我们不难由地球大气的稀薄性得到理解；因为在地表附近的空气占据的空间850 倍于相同重量的水，所以 850 英尺高的空气柱的重量与宽度相同但仅 1 英尺高的水柱相等。而重量等于 33 英尺高水柱的空气柱，其高度将伸达大气顶层；所以，如果在这整个空气柱中截去其下部 850 英尺高的一段，余下的上半部分重量与 32 英尺水柱相等；由此（以及由得到多次实验验证的假设，即空气压力正比于周围大气的重量，而重力反比于到地球中心距离的平方），运用第二卷命题 22 的推论加以计算，我发现，在地表以上一个地球半径的高度处，空气比地表处稀薄的程度，远大于土星轨道以内空间与一个直径 1 英寸的球形空间的比；因而，如果我们的大气层仅厚 1 英寸，稀薄程度与地表以上一个地球半径处相同，则它将可以充满整个行星区域，直至土星轨道，甚至更远得多。所以，由于极远处的空气极为稀薄，彗发或彗星的大气到其中心一般高于彗核表面 10 倍，而彗尾上升得更高，因而必极为稀薄；虽然由于彗星的大气密度很大，星体受到太阳的强烈吸引，空气和水汽粒子也同样相互吸引，在天空与彗尾中的彗星空气并没有极度稀薄到这种程度，但由这一计算来看，极小量的空气和水汽足以产生出彗尾的所有现象，这是不足为奇的；因为由透过彗尾的星光即足以说明它们的稀薄程度。地球的大气在太阳光的照耀下，虽然只有几英里厚，却不仅足以遮挡和淹没所有星辰的光，甚至包括月球本身，而最小的星星也可以透过同样被太阳照耀的厚度极大的彗星并为我们所看到，而且星光没有丝毫减弱。大多数彗尾的亮度，一般都不大于我们的 1～2 英寸厚的空气在暗室中对由百叶窗孔进入的太阳光束的反射亮度。

我们可以很近似地求出水汽由彗头上升到彗尾末端所用的时间，方法是由彗尾末端向太阳作直线，标出该直线与彗星轨道的交点；因为位于尾端的水汽如果是沿直线从太阳方向升起的，必定是在彗头位于该交点处时开始其上升的。的确，水汽并没有沿直线升离太阳，但保持了在它上升之前从彗星所得到的运动，并将这一运动与它的上升运动相复合，沿斜向上升；因而，如果我们作一平行于彗尾长度的直线相交于其轨道；或干脆（因为彗星做曲线运动）作一稍稍偏离彗尾直线或长度方向的直线，则可以得到这一问题的更精确的解。运用这一原理，我算出 1 月 25 日位于彗尾末端的水汽，是在 12 月 11 日以前由彗头开始上升的，因而整个上升过程用了 45 天；而 12 月 10 日所出现的整个彗尾，在彗星到达其近日点后的两天时间内已停止其上升。所以，蒸汽在邻近太阳处以最大速度开始上升。其后受其重力影响以不变的减速度继续上升；它上升得越高，就使彗尾加长得越多；持续可见的彗尾差不多全是由彗星到达其近日点以后升腾起的蒸汽形成的；原先升起的蒸汽形成彗尾末端，直到距我们的眼睛，以及距使它获得光的太阳太远以前，都是可见的，而那以后即不可见。同样道理，其他彗星的彗尾较短，很快消失，这些彗尾不是自彗头快速持续地上升而形成的，而是稳定持久的蒸汽和烟尘柱体，以持续许多天的缓慢运动自彗头升起，而且从一开始就加入了彗头的运动，随之一同通过天空。在此我们又有了一个理由，说明天空是自由的，没有阻力的，因为在天空中不仅行星和彗星的坚固星体，而且像彗尾那样极其稀薄的蒸汽，都可以以极大自由维持其高速运动，并且持续极长时间。

开普勒把彗尾上升归因于彗头大气，而把彗尾指向对日点归因于与彗尾物质一同被拖曳的光线的作用；在如此自由的空间中，像以太那样微细的物质屈服于太阳光线的作用，这想象起来并不十分困难，虽然这些光线由于阻力太大而不能使地球上的大块物质明显地运动。另一位作者猜想有一类物质的粒子具有轻力原理（principle of levity），如同其他物质具有重力一样；彗尾物质可能就属于前一种，它从太阳升起就是轻力在起作用；但是，考虑到地球物体的重力正比于物体的物质的量，因而对于相同的物质的量既不会太大也不会太小，我倾向于相信是由于彗尾物质很稀薄造成的。烟囱里的烟的上升是由混杂于其间的空气造成的。热气上升致使空气稀薄，因为它的比重减小了。进而在上升中裹携飘浮于其中的烟尘一同上升。为什么彗尾就不能以同样方式升离太阳呢？因为太阳光线在介质中除了发生反射和折射外，对介质不产生别的作用；反射光线的粒子被这种作用加热，进而使包含于其中的以太物质也加热。它获得的热使物质变得稀薄，而且，因为这种稀薄作用使原先落向太阳的比重减小，进而上升，并裹携组成彗尾的反光粒子一同上升。但蒸汽的上升又进一步受到环绕太阳运动的影响；其结果是，彗尾升离太阳，同时太阳的大气与其天空物质或者都保持静止，或者只是随着太阳的转动而以慢速度绕太阳运动。这些正是彗星在太阳附近时，其轨道弯度较大，彗星进入太阳大气中密度较大因而较重的部分，致使彗星上升的原因。根据这一解释，彗星必定放出有巨大长度的彗尾；因为这时升起的彗尾还保持着自身的适当运动，同时还受到太阳的吸引，必定与彗头一样沿椭圆绕太阳运动，而这种运动既使它总是追随着彗头，又自由地与彗头相连接。因为太阳吸引蒸汽脱离彗头而落向太阳的力并不比彗头吸引它们自彗尾下落的力更大。它们必定只能在共同的重力作用下，或是共同落向太阳，或是在共同的上升运动中减速；所以，(无论是出于上述原因或是其他原因)彗尾与彗头轻易地获得并自由地保持了相互间的位置关系，完全不受这种共同重力的干扰或阻碍。

所以，在彗星位于近日点时升起的彗尾将追随彗头延伸至极远处，并与彗头一同经过许多年的运动之后再次回到我们这里，或者干脆在此过程中逐渐稀薄而完全消失；因为在此之后，当彗头又落向太阳时，新而短的彗尾又会以缓慢运动而自彗头放出；而这彗尾又会逐渐地剧烈增长，当彗星位于近日点而落入太阳大气低层时尤其如此；因为在自由空间中的所有蒸汽总是处在稀薄和扩散的状态中，所以所有彗星的彗尾在其末端都比头部附近宽。而且，也不是不可能，逐渐稀薄扩散的蒸汽最终在整个天空中弥漫开来，又一点一点地在引力作用下向行星聚集，汇入行星大气。这与我们地球的构成绝对需要海洋一样，太阳热使海洋蒸发出足够量的蒸汽，集结成云雾，再以雨滴形式落回，湿润大地，使作物得以滋生繁茂；或者与寒冷一同集结在山顶上(正如某些哲学家所合理猜测的那样)，再以泉水或河流形式流回；看来对于海洋和行星上流体的保持来说彗星似乎是需要的，通过它的蒸发与凝结，行星上流体因作物的繁衍和腐败被转变为泥土而损失的部分，可以得到持续的补充和产生；因为所有的作物的全部生长都来自于流体，以后又在很大程度上腐变为干土；在腐败流体的底部总是能找到一种泥浆，正是它使固体的地球的体积不断增大；而如果流体得不到补充，必定持续减少，最终干涸殆尽。我还进一步猜想，正是主要来自于彗星的这种精气(spirit)，它确乎是我们空气中最小最精细也是最有用的部分，才是维持与我们同在的一切生命所最需要的。

彗星的大气，在脱离彗星进入彗尾进而落向太阳时，是无力而且收缩的，因而变得狭窄，至少在面对太阳的一面是如此；而在背离太阳的一面，当少量大气进入彗尾后，如果海威克尔所记录的现象准确的话，则又再次扩张。但它们在刚受太阳最强烈的加热后看上去最小，而这种情况下射出的彗尾最长也最亮；也许，在同一时刻，彗核为其大气底层又浓又黑的烟尘所包围，因为强烈的热所生成的烟都是既浓且黑。因此，上述彗星的头部在其到太阳与地球距离相等处，在通过其近日点后显得比以前暗；12 月里，彗星亮度一般为第三星等，但在 11 月里它为第一或第二星等；这使得看见这两种现象的人把前者当作比后者大的另一颗彗星。因为在 11 月 19 日，剑桥的一位年轻人看见了这颗彗星，虽然暗淡无光，但也与室女座角宿一相同；它这时的亮度还是比后来亮。而在旧历 11 月 20 日，蒙特纳里发现它超过第一星等，尾长超过 2°。斯多尔先生（在写给我的一封信中）说 12 月里彗尾体积最大也最亮，但彗头却小了，而且比 11 月日出前所见小得多；他推测这一现象的原因是，彗头原先有较大的物质的量，而以后则逐渐失去了。

我又由相同的理由发现，其他彗星的头部，在使其彗尾最大且最亮的同时，自己显得既暗又小。因为在巴西（Brazil），新历 1668 年 3 月 5 日，晚 7 时，瓦伦丁·艾斯坦瑟尔（Valetin Estancel）在地平线附近看到彗星，在指向西南方处彗头小得难以发现，但其上扬的彗尾如此之光亮，足以使站在岸上的人看到其倒影；它像一簇火焰自西向南延伸达 23°，几乎与地平线平行。但这一非常的亮度只持续了 3 天，以后即日见减弱；而且随着彗尾亮度的减弱，其体积却在增大；有人在葡萄牙（Portugal）也发现它跨越天空的 $\frac{1}{4}$，即 45°，横贯东西方向，极为明亮，虽然在这些地方还看不到整个彗尾，因为彗头尚潜藏在地平线以下；由其彗尾体积的增加和亮度的减弱来看，它当时正在离开太阳，而且距其近日点很近，与 1680 年彗星相同。我们还在《撒克逊编年史》（Saxon Chronicle）中读到，类似的彗星曾出现于 1106 年，"彗星又小又暗（与 1680 年彗星相同），但其尾部却极为明亮，像一簇巨大的火焰自东向北划过天空"，海威尔克也从达勒姆（Durham）的修道士西米昂（Simeon）那里看到相同的记录。这颗彗星出现在 2 月初傍晚的西南方天空；由此，由其彗尾的位置，我们推断其彗头在太阳附近。马修·帕里斯（Matthew Paris）说："它距太阳约 1 腕尺（cubit）远，自 3 点钟（不是 6 点钟）直到 9 点钟，伸出很长的尾巴。"亚里士多德在《气象学》(*Meteorology*)第六章第一节中描述过绚丽的彗星："看不到它的头部，因为它位于太阳之前，或者至少隐藏在阳光之中；但次日也有可能看到它了；因为，它只离开太阳很小一段距离，刚好落在它后面一点。头部散出的光因(尾部的)辉光太强而遮挡，还是无法看到。但以后(即如亚里士多德所说)(尾部的)辉光减弱，彗星(的头部)恢复了其本来的亮度；现在(尾部的)辉光延伸到天空的 $\frac{1}{3}$（即延伸到 $60°$）。这一现象发生于冬季（第 101 届奥林匹克运动会的第四年），并上升到奥利安(Orion)神[①]的腰部，在那里消失。"1618 年的彗星正是这样，它从太阳光下直接显现出来，带着极大的彗尾，亮度似乎等于，如果不是超过的话，第一星等；但后来，许多的其他彗星比它还亮，但彗尾却短；据说其中有些大如木星，还有的大如金星，甚至大如月亮。

我们已指出彗星是一种行星，沿极为偏心的轨道绕太阳运动；而且与没有尾部的行星一样，一般地，较小的星体沿较小的轨道运动，距太阳也较近，彗星中其近日点距太阳近的很可能一般较小，它们的吸引力对太阳作用不大。至于它们的轨道横向直径以及环绕周期，我留待它们经过长时间间隔后沿同一轨道回转过来时再比较求出。与此同时，下述命题会对这一研究有所助益。

命题 42　问题 22

修正以上求得的彗星轨道。

方法 1. 设轨道平面的位置是根据前一命题求出的；由极为精确的观测选出彗星的三个位置，它们相互间距离很大。设 A 表示第一次观测与第二次观测之间的时间间隔，B 为第二次与第三次之间的时间间隔；以这两段时间中之一彗星位于其近日点为方便，或至少距它不太远。由所发现的这些视在位置，运用三角学计算，求出彗星在所设轨道平面上的实际位置；

---

① 即猎户座。

再由这些求得的位置，以太阳的中心为焦点，根据第一卷命题 21，运用算术计算画出圆锥曲线。令由太阳伸向所求出的位置的半径所掠过的曲线面积为 D 和 E；即，D 为第一次观测与第二次观测之间的面积，E 为第二次与第三次之间的面积；再令 T 表示由第一卷命题 16 求出的以彗星速度掠过整个面积 $D+E$ 所需的总时间。

方法 2. 保持轨道平面对黄道平面的倾斜不变，令轨道平面交会点的经度增大 $20'$ 或 $30'$，把它称作 P。再由彗星的上述三个观测位置求出在这一新的平面上的实际位置（方法与以前一样）；并且也求出通过这些位置的轨道，在两次观测间由同一半径掠过的面积，称为 d 和 e；令 t 表示掠过整个面积和 $d+e$ 所需的总时间。

方法 3. 保持方法 1 中的交会点经度不变，令轨道平面对于黄道平面的倾角增加 $20'$ 或 $30'$，新的角称为 Q。再由彗星的上述三个视在位置求出它在这一新平面上的位置，并且也求出通过它们的轨道在几次观测之间掠过的两个面积，称为 δ 和 ε；令 τ 表示掠过总面积 $\delta+\varepsilon$ 所用的总时间。

然后，取 C 比 1 等于 A 比 B；G 比 1 等于 D 比 E；g 比 1 等于 d 比 e；γ 比 1 等于 δ 比 ε；令 S 为第一次观测与第三次观测之间的真实时间；适当选择符号 $+$ 和 $-$，求出这样的数 m 和 n，使得 $2G-2C=mG-mg+nG-n\tau$；以及 $2T-2S=mT-mt+nT-n\tau$ 成立。在方法 1 中，如果 I 表示轨道平面对黄道平面的倾角，K 表示交会点之一的经度，则 $I+nQ$ 为轨道平面对黄道平面的实际倾角，而 $K+mP$ 表示交会点的实际经度。最后，如果在方法 1、2 和 3 中分别以量 R、r 和 ρ 表示轨道的通径，以 $\frac{1}{L}$、$\frac{1}{l}$、$\frac{1}{\lambda}$ 表示轨道的横向直径，则 $R+mr-mR+n\rho-nR$ 为实际通径，而

$$\frac{1}{L+ml-mL+n\lambda-nL}$$

为彗星所掠过的实际轨道的横向直径；求出了轨道的横向直径也就可以求出彗星的周期。　　　　　　　　　　证毕。

但彗星的环绕周期，以及其轨道的横向直径只能通过对不同时间出现的彗星加以比较才能足够精确地求出。如果在经过相同的时间间隔后，发

现几个彗星掠过相同的轨道，我即可以由此推断它们都是同一颗彗星，沿同一条轨道运行；然后由它们的环绕时间即可以求出轨道的横向直径，而由此直径即可以求出椭圆轨道本身。

为达到这一目的，需要计算许多彗星的轨道，并假设这些轨道是抛物线，因为这种轨道总是与现象近似吻合：不仅 1680 年彗星的抛物线轨道，我比较后发现与观测相吻合，而且类似地 1664 年和 1665 年出现的那颗著名彗星，经海威尔克的观测，并由他本人的观测计算出的经度和纬度，也都吻合，只是精度较低。但由哈雷博士根据相同观测再次算出的彗星位置，以及由这些新位置确定的轨道来看，该彗星的上升交会点在 ♓ 21°13′55″，其轨道与黄道平面的交角为 21°18′40″；在该彗星轨道上，近日点估计距交会点 49°27′30″，其近日点位于 ♌ 8°40′30″，日心南纬 16°01′45″；彗星在伦敦时间旧历 11 月 24 日 11 时 52 分(下午)，或但泽(Danzig)13 时 8 分位于其近日点；如果设太阳到地球的距离包含 100 000 个部分，则抛物线的通径为 410 286。彗星在这一计算轨道上的近似位置与观测的吻合程度，体现在哈雷博士列出的表中。

但泽的 视在时间	彗星到恒星的 观测距离		观测位置			在轨道上的 计算位置		
d h m		° ′ ″			° ′ ″			° ′ ″
1664 年 12 月 03.18.29 $\frac{1}{2}$	天狮座中心 室女座角宿一	46.24.20 22.52.10	经度 南纬	♎	07.01.00 21.39.00	♎	07.01.29 21.38.50	
04.18.1 $\frac{1}{2}$	天狮座中心 室女座角宿一	46.02.45 23.52.40	经度 南纬	♎	06.15.00 22.24.00	♎	06.16.05 22.24.00	
07.17.48	天狮座中心 室女座角宿一	44.48.00 27.56.40	经度 南纬	♎	03.06.00 25.22.00	♍	03.07.33 25.21.40	
17.14.43	天狮座中心 猎户座右肩	63.15.15 45.43.30	经度 南纬	♌	02.56.00 49.25.00	♌	02.56.00 49.25.00	
19.09.25	南河三 鲸鱼座嘴部亮星	35.13.50 52.56.00	经度 南纬	♊	28.40.30 45.48.00	♊	28.43.00 45.46.00	

续表

但泽的视在时间	彗星到恒星的观测距离		观测位置			在轨道上的计算位置		
d h m		° ' "			° ' "			° ' "
20.09.53 $\frac{1}{2}$	南河三 鲸鱼座嘴部亮星	40.49.00 40.04.00	经度 南纬	♊	13.03.00 39.54.00	♊		13.05.00 39.53.40
21.09.9 $\frac{1}{2}$	猎户座右肩 鲸鱼座嘴部亮星	26.21.25 29.28.00	经度 南纬	♊	02.16.00 33.41.00	♊		02.18.30 33.39.40
22.09.00	猎户座右肩 鲸鱼座嘴部亮星	29.47.00 20.29.30	经度 南纬	♉	24.24.00 27.45.00	♉		24.27.00 27.46.00
26.07.58	白羊座亮星 毕宿五	23.20.00 26.44.00	经度 南纬	♉	09.00.00 12.36.00	♉		09.02.28 12.34.13
27.06.45	白羊座亮星 毕宿五	20.45.00 28.10.00	经度 南纬	♉	07.05.40 10.23.00	♉		07.08.45 10.23.13
28.07.39	白羊座亮星 毕宿五	18.29.00 29.37.00	经度 南纬	♉	05.24.45 08.22.50	♉		05.27.52 08.23.37
31.06.45	仙女座腰部 毕宿五	30.48.10 32.53.30	经度 南纬	♉	02.07.40 04.13.00	♉		02.08.20 04.16.25
1665 年 1 月 07.07.37 $\frac{1}{2}$	仙女座腰部 毕宿五	25.11.00 37.12.25	经度 北纬	♈	28.24.47 00.54.00	♈		28.24.00 00.53.00
1665 年 1 月 13.07.0	仙女座头部 毕宿五	28.07.10 38.55.20	经度 北纬	♈	27.06.54 03.06.50	♈		27.06.39 03.07.40
24.07.29	仙女座腰部 毕宿五	20.32.15 40.05.00	经度 北纬	♈	26.29.15 05.25.50	♈		26.28.50 05.26.00
2 月 07.08.37			经度 北纬	♈	27.04.46 07.03.29	♈		27.24.55 07.03.15
22.08.46			经度 北纬	♈	28.29.46 08.12.36	♈		28.29.58 08.10.25
3 月 01.08.16			经度 北纬	♈	29.18.15 08.36.26	♈		29.18.20 08.36.12
07.08.37			经度 北纬	♉	00.02.48 08.56.30	♉		00.02.42 08.56.56

1665 年初的 2 月，白羊座的第一星，以下称之为 γ，位于 ♈ 28°30'15"，北纬 7°8'58"；白羊座第二星位于 ♈ 29°17'18"，北纬 8°28'16"；另一颗第七星等的星，我称之为 A，位于 ♈ 28°24'45"，北纬 8°28'33"。旧历 2 月 7 日 7 时 30 分在巴黎(即 2 月 7 日 8 时 37 分在但泽)该彗星与 γ 星和 A 星构成三角形，直角顶点在 γ；彗星到 γ 星的距离等于 γ 星与 A 星的距离，即等于大圆的 1°19'46"；因而在平行 γ 星的纬度上它位于 1°20'26"。所以，如果从 γ 星的经度中减去 1°20'26"，则余下彗星的经度 ♈ 27°9'49"。A. 奥佐[①]由他的这一观测把彗星定位在 ♈ 27°0'附近；而根据胡克博士绘制的彗星运动图，它当时位于 ♈ 26°59'24"。我取这两端的中间值 ♈ 27°4'46"。

奥佐根据同一观测认为彗星位于北纬 7°4'或 7°5'；但他如取彗星与 γ 星的纬度差等于 γ 星与 A 星的纬度差，即 7°3'29"，将更好些。

2 月 22 日 7 时 30 分在伦敦，即但泽的 2 月 22 日 8 时 46 分，根据胡克博士的观测和绘制的星图，以及 P. 派蒂特[②]依据 A.奥佐的观测而以相同方式绘制的星图，彗星到 A 星的距离为 A 星到白羊座第一星间距离的 $\frac{1}{5}$，或 15'57"；彗星到 A 星与白羊座第一星连线的距离为同一个 $\frac{1}{5}$ 距离的 $\frac{1}{4}$，即 4'，因而，彗星位于 ♈ 28°29'46"，北纬 8°12'36"。

3 月 1 日伦敦 7 时 0 分，即但泽 3 月 1 日 8 时 16 分，观测到彗星接近白羊座第二星，它们之间的距离，比白羊座第一星与第二星之间的距离，根据胡克博士的观测，等于 4：45，而根据哥第希尼 (Gottignies)的观测，则为 2：23。因而，胡克博士认为彗星到白羊座第二星的距离为 8'16"，而哥第希尼认为是 8'5"；或者，取二者的平均值，为 8'10"。但根据哥第希尼的观测，当时彗星已越出白羊座第二星一天行程的四分之一或五分之一，即约 1'35"(他与 A.奥佐相当一致)，或者，根据胡克博士，没有这么大，也许只有 1'。因而，如果在白羊座第一星的经度上增加 1'，而其纬度上增

---

① Auzout，Adrien，1622—1691，法国天文学家。
② Petit，Pierre，1594—1677，法国天文学家、数学家。

加 $8'10''$，则得到彗星经度 Υ $29°18'$，纬度为北纬 $8°36'26''$。

3月7日巴黎7时30分，即但泽3月7日7时37分，M. 奥佐观测到彗星到白羊座第二星的距离等于该星到 A 星的距离，即 $52'29''$；彗星与白羊座第二星的经度差为 $45'$ 或 $46'$，或者，取平均值，$45'30''$；故而，彗星位于 Υ $0°2'48''$，在 P. 派蒂特依据 A. 奥佐的观测绘制的星图上，海威尔克测出彗星纬度为 $8°54'$。但这位制图师没能准确把握彗星运动末端的轨道曲率；海维留在 A. 奥佐自己根据观测绘制的星图上校正了这一不规则曲率，这样，彗星纬度为 $8°56'30''$。在进一步校正这种不规则性后，纬度变为 $8°56'$ 或 $8°57'$。

3月9日也曾发现过这颗彗星，当时它大约位于 ϖ $0°18'$ 北纬 $9°3\frac{1}{2}'$。

这颗彗星持续3个月可见。这期间它几乎掠过6个星座，有一天几乎掠过 $20°$。它的轨迹偏离大圆极大，向北弯折，并在运动末期改为直线逆行；尽管它的轨迹如此不同寻常，上表所载表明，理论自始至终与观测相吻合，其精度不小于行星理论与观测值的吻合程度；但我们还应在彗星运动最快时减去约 $2'$，在上升交会点与近日点的夹角中减去 $12'$，或使该角等于 $49°27'18''$。这两颗彗星（这一颗与前一颗）的年视差非常显著，这一视差值证明了地球在地球轨道上的年运动。

这一理论同样还由1683年的彗星运动得到证明，它出现了逆行，轨道平面与黄道平面几乎成直角，其上升交会点（根据哈雷博士的计算）位于 $\mathfrak{m}$ $23°23'$；其轨道平面与黄道交角为 $83°11'$；近日点位于 $\varkappa$ $25°29'30''$；如果地球包含 100 000 个部分，其近日点到太阳距离为 56 020；它到达近日点时间为7月2日3时50分。哈雷博士计算的彗星到轨道上位置与弗莱姆斯蒂德的观测值在下表中对比列出：

1683年赤道时间	太阳位置	彗星计算经度	计算纬度	彗星观测经度	观测纬度	经度差	纬度差
d h m	° ′ ″	° ′ ″	° ′ ″	° ′ ″	° ′ ″	′ ″	′ ″
7月 13.12.55	♌ 01.02.30	♋ 13.05.42	29.29.13	♋ 13.06.42	29.29.20	+1.00	+0.07
15.11.15	02.53.12	11.37.48	29.34.00	11.39.43	29.34.50	+1.55	+0.50
17.10.20	04.45.45	10.07.06	29.33.30	10.08.40	29.34.00	+1.34	+0.30
23.13.40	10.38.21	05.10.27	28.51.42	05.11.30	28.50.28	+1.03	−1.14
25.14.05	12.35.28	03.27.53	24.24.47	03.27.00	28.23.40	−0.53	−1.7
31.09.42	18.09.22	♊ 27.55.03	26.22.52	♊ 27.54.24	26.22.25	−0.39	−0.27
31.14.55	18.21.53	27.41.07	26.16.57	27.41.08	26.14.50	+0.1	−2.7
8月 02.14.56	20.17.16	25.29.32	25.16.19	25.28.46	25.17.28	−0.46	+1.9
04.10.49	22.02.50	23.18.20	24.10.49	23.16.55	24.12.19	−1.25	+1.30
06.10.09	21.16.45	20.42.21	22.47.05	20.40.32	22.49.05	−1.51	+2.0
09.10.26	26.50.52	16.07.57	20.06.37	16.05.55	20.06.10	−2.2	−0.27
15.14.01	♍ 02.47.13	03.30.48	11.37.33	03.26.18	11.32.01	−4.30	−5.32
16.15.10	03.48.02	00.43.07	09.34.16	00.41.55	09.34.13	−1.12	−0.3
18.15.44	06.45.33	♉ 24.52.53	05.11.15	♉ 24.49.05	05.09.11	−3.48	−2.4
			南		南		
22.14.44	09.35.49	11.07.14	05.16.58	11.07.12	05.16.58	−0.2	−0.3
23.15.52	10.36.48	07.02.18	08.17.09	07.01.17	08.16.41	−1.1	0.28
26.16.02	13.31.20	♈ 24.45.31	16.38.00	♈ 24.44.00	16.38.20	−1.31	+0.20

这一理论还得到了1682年彗星的逆行运动的进一步印证。其上升交会点(根据哈雷博士的计算)位于 ♉ 21°16′30″；轨道平面相对于黄道平面交角为 17°56′00″；近日点为 ♒ 2°52′50″；如果地球轨道半径为 100 000 个部分，其近日点到太阳距离为 58 328。彗星到达近日点时间为9月4日7时39分。弗莱姆斯蒂德先生的观测位置与我们的理论计算值对比列于下表：

1682年出现时间	太阳位置	彗星计算经度	计算纬度	彗星观测经度	观测纬度	经度差	纬度差
d h m	° ' "	° ' "	° ' "	° ' "	° ' "	' "	' "
8月 19.16.38	♍ 07.00.07	♌ 18.14.28	25.50.07	♌ 18.14.40	25.49.55	-0.12	+0.12
20.15.38	07.55.52	24.46.23	26.14.42	24.46.22	26.12.52	+0.1	+1.50
21.08.21	08.36.14	29.37.15	26.20.03	29.38.02	26.17.37	-0.47	+2.26
22.08.08	09.33.55	♍ 06.29.53	26.08.42	♍ 06.30.03	26.07.12	-0.10	+1.30
29.08.20	16.22.40	♎ 12.37.54	18.37.47	♎ 12.37.49	18.34.05	+0.5	+3.42
30.07.46	17.19.41	15.36.01	17.26.43	15.35.18	17.27.17	+0.43	-0.34
9月 01.07.33	19.16.09	20.30.53	15.13.00	20.27.04	15.09.49	+3.49	+3.11
04.07.22	22.11.28	25.42.00	12.23.48	25.40.58	12.22.00	+1.2	+1.48
05.07.32	23.10.29	27.00.46	11.33.08	26.59.24	11.33.51	+1.22	-0.43
08.07.16	26.05.58	29.58.44	09.26.46	29.58.45	09.26.43	-0.1	+0.3
09.07.26	27.05.09	♍ 00.44.10	08.49.10	♍ 00.44.04	08.48.25	+0.6	+0.45

　　1723 年出现的彗星逆行运动也证明了这一理论。该彗星的上升交会点［根据牛津天文学萨维里（Savilian）讲座教授布拉德雷[①]先生的计算］为 ♈ 14°16′，轨道与黄道平面交角 49°59′，其近日点位于 ♉ 12°15′20″，如果取地球轨道半径包含 1 000 000 个部分，则其近日点距太阳 998 651，到达近日点时间为 9 月 16 日 16 时 10 分。布拉德雷先生计算的彗星在轨道上的位置，与他本人、他的叔父庞德先生以及哈雷博士的观测位置并列于下表中。

1723年赤道时间	彗星观测经度	观测北纬	彗星计算经度	计算纬度	经度差	纬度差
d h m	° ' "	° ' "	° ' "	° ' "	"	"
10月 09.08.05	♒ 7.22.15	05.02.00	♒ 7.21.26	05.02.47	+49	-47
10.06.21	6.41.12	7.44.13	6.41.42	7.43.18	-50	+55
12.07.22	5.39.58	11.55.00	5.40.19	11.54.55	-21	+5
14.08.57	4.59.49	14.43.50	5.00.37	14.44.01	-48	-11

① Bradley, James, 1693—1762, 英国天文学家。

续表

1723 年 赤道时间	彗星观 测经度	观测 北纬	彗星计 算经度	计 算 纬度	经度差	纬度差
d h m	° ′ ″	° ′ ″	° ′ ″	° ′ ″	″	″
15.06.35	4.47.41	15.40.51	4.47.45	15.40.55	−4	−4
21.06.22	4.02.32	19.41.49	4.02.21	19.42.03	+11	−14
22.06.24	3.59.02	20.08.12	3.59.10	20.08.17	−8	−5
24.08.02	3.55.29	20.55.18	3.55.11	20.55.09	+18	+9
29.08.56	3.56.17	22.20.27	3.56.42	22.20.10	−26	+17
30.06.20	3.58.09	22.32.28	3.58.17	22.32.12	−8	+16
11 月 05.05.53	4.16.30	23.38.33	4.16.23	23.38.07	+7	+26
8.07.06	4.29.36	24.04.30	4.29.54	24。04.40	−18	−10
14.06.20	5.02.16	24.48.46	5.02.51	24.48.16	−35	+30
20.07.45	5.42.20	25.24.45	5.43.13	25.25.17	−53	−32
12 月 07.06.45	8.04.13	26.54.18	8.03.55	26.53.42	+18	+36

这些例子充分证明，由我们的理论推算出的彗星运动，其精度绝不低于由行星理论推算出的行星运动；因而，运用这一理论，我们可以算出彗星的轨道，并求出彗星在任何轨道上的环绕周期；至少可以求出它们的椭圆轨道横向直径和远日点距离。

1607 年的逆行彗星，其轨道的上升交会点（根据哈雷博士的计算）位于♉ 20°21′；轨道平面与黄道平面交角为 17°2′；其近日点位于♒ 2°16′；如果地球轨道半径包含 100 000 个部分，则其近日点到太阳距离为 58 680；彗星到达近日点时间为 10 月 16 日 3 时 50 分；这一轨道与 1682 年看到的彗星轨道极为一致。如果它们不是两颗不同的彗星，而是同一颗彗星，则它在 75 年时间内完成一次环绕；其轨道长轴比地球轨道长轴等于 $\sqrt[3]{75^2}$：1，或近似等于 1 778：100。该彗星远日点到太阳的距离比地球到太阳的平均距离约为 35：1；由这些数据即不难求出该彗星的椭圆轨道。但所有这些的先决条件都是假定经过 75 年的间隔后，该彗星将沿同一轨道回到原处，其他彗星似乎上升到更远的深处，所需要的环绕时间也更长。

但是，因为彗星数目很多，远日点到太阳的距离又很大，它们在远日点的运动又很慢，这使得它们相互间的引力对运动造成干扰；轨道的偏心率和环绕周期有时会略为增大，有时会略为减小。因而，我们不能期待同一颗彗星会精确地沿同一轨道以完全相同的周期重现；如果我们发现这些变化不大于由上述原因所引起者，即足以使人心满意足了。

由此又可以对为什么彗星不像行星那样局限在黄道带以内，而是漫无节制地以各种运动散布于天空各处做出解释；即，这样的话，彗星在远日点处运动极慢，相互间距离也很大，它们受相互间引力作用的干扰较小；因此，落入最低处的彗星，在其远日点运动最慢，而且也应上升得最高。

1680 年出现的彗星在其近日点到太阳的距离尚不到太阳直径的 $\frac{1}{6}$；因为它的最大速度发生于这一距太阳最近点，以及太阳大气密度的影响，它必定在此遇到某种阻力而减速；因而，由于在每次环绕中都被吸引得更接近于太阳，最终将落入太阳球体之上。而且，在其远日点，它运动最慢，有时更会进一步受到其他彗星的阻碍，其结果是落向太阳的速度减慢。这样，有些恒星，经过长时间地放出光和蒸汽的消耗后，会因落入它们上面的彗星而得到补充；这些老旧的恒星得到新鲜燃料的补充后即变为新的恒星，并焕发出新的亮度。这样的恒星是突然出现的，开始时光彩夺目，随后即慢慢消失。仙后座出现的正是这样一颗恒星：1572 年 11 月 8 日的时候，考尔耐里斯·杰马（Cornelius Gemma）还不曾看到它，虽然那天晚上他正在观测这片大空，而大空完全晴朗，但次日夜（11 月 9 日）他看到它比任何其他彗星都明亮得多，不亚于金星的亮度。同月 11 日第谷·布拉赫也看到它，当时它正处于最大亮度；那以后他发现它慢慢变暗，在 16 个月的时间里即完全消失。在 11 月里它首次出现时，其光度等于金星，12 月时亮度减弱了一些，与木星相同。1573 年 1 月，它已小于木星，但仍大于天狼星（Sirius），2 月底 3 月初时与天狼星相等。在 4 月和 5 月时它等于第二星等；6、7、8 月里为第三星等；9、10 和 11 月为第四星等；12 月和 1574 年 1 月为第五星等；2 月为第六星等；3 月完全消失。开始时其色泽鲜艳明亮，偏向于白光；后来有点发黄，1573 年 3 月变为红色，与火星或毕宿五

(Aldebaran)相同；5 月时变为灰白色，像我们看到的土星；以后一直保持这一颜色，只是越来越暗。巨蛇座(Serpentarius)右足上的星也是这样，开普勒的学生在旧历 1604 年 9 月 30 日观测到它，当时亮度超过木星，虽然前一天夜里还没见过它；自那时起它的亮度慢慢减弱，经过 15 或 16 个月后完全消失。据说正是一颗这样的异常亮星促使希帕克观测恒星，并绘制了恒星星表。至于另一些恒星，它们交替地出现、隐没，亮度逐渐而缓慢地增加，又很少超过第三星等，似乎属于另一种类，它们绕自己的轴转动，具有亮面与暗面，交替地显现这两个面。太阳、恒星和彗尾所放出的蒸汽，最终将在引力作用下落入行星大气，并在那里凝结成水和潮湿精气；由此再通过缓慢加热，逐渐形成盐、硫黄、颜料、泥浆、土壤、沙子、石头、珊瑚以及其他地球物质。

总　释

涡旋假说面临许多困难。每颗行星通过伸向太阳的半径掠过正比于环绕时间的面积，而涡旋各部分的周期应该正比于它们到太阳距离的平方；但要使行星周期获得到太阳距离的 $\frac{3}{2}$ 次幂的关系，涡旋各部分的周期应该正比于距离的 $\frac{3}{2}$ 次幂。而要使较小的涡旋围绕土星、木星以及其他行星的较小环绕得以维持，并在绕太阳的大涡旋中平稳且不受干扰地进行，太阳涡旋各部分的周期则应当相等；但太阳和行星绕其自身的轴的转动，又应当对应于属于它们的涡旋运动，因而与上述这些关系相去甚远。彗星的运动极为规则，是受制于与行星运动相同的规律支配的，但涡旋假说却完全无法解释，因为彗星以极为偏心的运动自由地通过同一天空中的所有部分，绝非涡旋说可以容纳。

在我们的空气中抛体只受到空气的阻碍。如果抽去空气，像在波意耳先生所制成的真空里面那样，阻力即消失；因为在这种真空里一片羽毛（a big of fine）与一块黄金的下落速度相等。同样的论证必定也适用于地球大气以上的天体空间；在这样的空间里，没有空气阻碍运动，所有的物体都畅通无阻地运动着；行星和彗星都依照上述规律沿着形状和位置已定的轨道进行着规则的环绕运动；然而，即便这些星体沿其轨道维持运动可能仅仅是由引力规律的作用，但它们绝不可能从一开始就由这些规律中自行获得其规则的轨道位置。

六颗行星在围绕太阳的同心圆上转动，运转方向相同，而且几乎在同一个平面上。有十颗卫星分别在围绕地球、木星和土星的同心圆上运动，而且运动方向相同，运动平面也大致在这些行星的运动平面上；鉴于彗星的行程沿着极为偏心的轨道跨越整个天空的所有部分，不能设想单纯力学原因就能导致如此多的规则运动；因为它们以这种运动轻易地穿越了各行星的轨道，而且速度极大；在远日点，它们运动最慢，滞留时间最长，相互间距离也最远，因而相互吸引造成的干扰也最小。这个最为动人的太阳、行星和彗星体系，只能来自一个全能全智的上帝（Being）的设计和统治。如果恒星都是其他类似体系的中心，那么这些体系也必定完全从属于上帝的统治，因为这些体系的产生只可能出自于同一份睿智的设计；尤其是，由于恒星的光与太阳光具有相同的性质，而且来自每个系统的光都可以照耀所有其他的系统；为避免各恒星的系统在引力作用下相互碰撞，他便将这些系统分置在相互很远的距离上。

上帝不是作为宇宙之灵而是作为万物的主宰来支配一切的；他统领一切，因而人们惯常称之为"我主上帝"（παλτοκράτωρ）或"宇宙的主宰"。须知神（God）是一个相对词，与仆人相对应，而且神性（Deity）也是指神对仆人的统治权，绝非有如那些认定上帝是宇宙之灵的人们所想象的那样，是指其自治权。至高无上的上帝作为一种存在物必定是永恒的、无限的、绝对完美的；但一种存在物，无论它多么完美，只要它不具有统治权，则不可称之以"我主上帝"；须知我们常说，我的上帝，你的上帝，以色列人的上帝，诸神之神，诸王之王；但我们不说我的永恒者，你的永恒者，以色列人的永恒者，神的永恒者；我们还不说，我的无限者，或我的完美者；所有这些称谓都与仆人一词不构成某种对应关系。上帝①这个词一般用以指君主；但没有一个君主是上帝。只有拥有统治权的精神存在者才能称其为上帝：一个真实的、至上的或想象的统治才意味着一个真实的、至上的或想象的上帝。他有真实的统治意味着真实的上帝是能动的，全能全智的存在物；而他的其他完美性，意味着他是至上的，最完美的。他是永恒的和无限的，无所不能的，无所不知的；即，他的延续从永恒直达永恒；他的显现从无限直达无限；他支配一切事物，而且知道一切已做的和当做的事情。他不是永恒和无限，但却是永恒的和无限的；他不是延续或空间，但他延续着而且存在着。他永远存在，且无所不在；由此构成了延续和空间。由于空间的每个单元都是**永存的**，延续的每个不可分的瞬间都是**无所不在的**，因而，万物的缔造者和君主不能是虚无和不存在。每个有知觉的灵魂，虽然分属于不同的时间和不同的感觉与运动器官，但仍是同一个不可分割的人。在延续中有相继的部分，在空间中有共存的部分，但这两者都不存在于人的人性和他的思维要素之中；它们更不存在于上帝的思维实体之中。每一个人，只要他是个有知觉的生物，在其整个一生以及其所有感官中，他都是同一个人。上帝也是同一个上帝，永远如此，处处如此。不论就**实效**而言，还是就**本质**而言，上帝都是无所不在的，因为没有本质就没有实效。一切事物都包含在他②之中并且在他之中运动；但却不相互

---

① Pocock 博士由阿拉伯语中表示君主(Lord)的词 du(间接格为 di)推演出拉丁词 Deus。在此意义上，《诗篇》82.6 和《约翰福音》10.35 中的国王(prices)称为神。而《出埃及记》4.16 和 7.1 中的摩西之兄亚伦称摩西为上帝，法老也称他为上帝。而在相同意义上已故国王的灵魂，在以前被异教徒称为神，但却是错误的，因为他们没有统治权。——英译本注

② 这是古代人的看法。如在西赛罗的《论神性》(De natupa deorum)第一章中的毕达哥拉斯，维吉尔《农事诗》(Georgics)第四章第 220 页和《埃涅阿斯记》(Aeneid)第六章第 721 页中的泰勒斯、阿那克西戈拉、维吉尔。斐洛在《寓言》(Allegories)第一卷开头。阿拉托斯在其《物象》(Phoeromena)开头。也见于圣徒的写作：如《使徒行传》17 章 27、28 节中的保罗，《约翰福音》14 章 2 节，《申命记》4 章 39 节和 10 章 14 节中的摩西。《诗篇》139 篇 7、8、9 节中的大卫。《列王记·上》8 章 27 节中的所罗门。《约伯记》22 章 12、13、14 节。《耶利米书》23 章 23、24 节。崇拜偶像的人认为太阳、月亮、星辰、人的灵魂以及宇宙的其他部分都是至上的上帝的各个部分，因而应当受到礼拜，但却是错误的。——英译本注

影响：物体的运动完全无损于上帝；无处不在的上帝也不阻碍物体的运动。所有的人都同意至高无上的上帝的存在是必要的。所有的人也都同意上帝必然**永远存在**而且**处处存在**。因此，他必是浑然一体的，他浑身是眼，浑身是耳，浑身是脑，浑身是臂，浑身都有能力感觉、理解和行动；但却是以一种完全不属于人类的方式，一种完全不属于物质的方式，一种我们绝对不可知的方式行事。就像盲人对颜色毫无概念一样，我们对全能的上帝感知和理解一切事物的方式一无所知。他绝对超脱于一切躯体和躯体的形状，因而我们看不到他，听不到他，也摸不到他；我们也不应当向着任何代表他的物质事物礼拜。我们能知道他的属性，但对任何事物的真正本质却一无所知。我们只能看到物体的形状和颜色，只能听到它们的声音，只能摸到它们的外部表面，只能嗅到它们的气味，尝到它们的滋味，但我们无法运用感官或头脑的任何反映获知它们的内在本质；而对上帝的本质更是一无所知。我们只能通过他对事物的最聪明、最卓越的设计，以及终极的原因来认识他；我们既赞颂他的完美，又敬畏并且崇拜他的统治：因为我们像仆人一样地敬畏他；而没有统治，没有庇佑，没有终极原因的上帝，与命运和自然无异。盲目的形而上学的必然性，当然也是永远存在而且处处存在的，但却不能产生出多种多样的事物。而我们随时随地可以见到的各种自然事物，只能来自一个必然存在着的存在物的观念和意志。无论如何，用一个比喻，我们可以说，上帝能看见，能说话，能笑，能爱，能恨，能盼望，能给予，能接受，能欢乐，能愤怒，能战斗，能设计，能劳作，能营造；因为我们关于上帝的所有见解，都是以人类的方式得自某种类比的，这虽然不完备，但也具有某种可取之处。我们对上帝的谈论就到这里，而要做到通过事物的现象了解上帝，实在是非自然哲学莫属。

迄此为止我们以引力作用解释了天体及海洋的现象，但还没有找出这种作用的原因。它当然必定产生于一个原因，这个原因穿越太阳与行星的中心，而且它的力不因此而受丝毫影响；它所发生的作用与它所作用着的粒子表面的量（像力学原因所惯常的那样）无关，而是取决于它们所包含的固体物质的量，并可向所有方向传递到极远距离，总是反比于距离的平方减弱。指向太阳的引力是由指向构成太阳的所有粒子的引力所合成的，而且在离开太阳时精确地反比于距离的平方，直到土星轨道，这是由行星的远日点的静止而明白无误地证明了的；而且，如果彗星的远日点也是静止的，这一规律甚至远及最远的彗星远日点。但我迄今为止还无能为力于从现象中找出引力的这些特性的原因，我也不构造假说；因为，凡不是来源于现象的，都应称其为假说；而假说，不论它是形而上学的或物理学的，不论它是关于隐秘的质的或是关于力学性质的，在实验哲学中都没有地位。在这种哲学中，特定命题是由现象推导出来的，然后才用归纳方法做出推广。正是由此才发现了物体的不可穿透性、可运动性和推斥力，以及运动定律和引力定律。对于我们来说，能知道引力的确存在着，并按我们所解释的规律起作用，并能有效地说明天体和海洋的一切运动，即已足够了。

现在我们再补充一些涉及某种最微细的精气的事情，它渗透并隐含在一切大物体之中；这种精气的力和作用使物体粒子在近距离上相互吸引，而且在相互接触时即粘连在一起，使带电物体的作用能延及较远距离，既能推斥也能吸引附近的物体，并使光可以被发射、反射、折射、衍射，并对物体加热；而所有感官之受到刺激，动物肢体在意志的驱使下运动，也是由于这种精气的振动，沿着神经的固体纤维相互传递，由外部感觉器官通达大脑，再由大脑进入肌肉。但这些事情不是寥寥数语可以解释得清的，而要精确地得到和证明这些电的和弹性精气作用的规律，我们还缺乏必要而充分的实验。

《自然哲学之数学原理》到此结束。

（王克迪 曲 炜译）

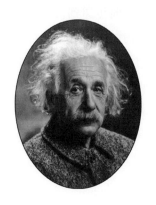

阿尔伯特·爱因斯坦(1879—1955)

生平与成果

天才并不总是立即被认识的。尽管阿尔伯特·爱因斯坦后来成为有史以来最伟大的理论物理学家，但当他在德国上小学时，他的校长告诉其父亲，"他干什么都不会有出息。"当爱因斯坦二十四五岁时，虽然他已从苏黎世的联邦综合技术大学毕业，取得了数学和物理教师的资格，但他找不到一个正式的教师职位。后来他已不期望在大学获得一个职位，只好在伯尔尼申请一个临时性工作。通过他一个同学的父亲的帮助，爱因斯坦在瑞士专利局找到一个公务员的职务，做专利的审查员。他一星期工作六天，年薪600美元。当他写苏黎世大学的物理学博士论文之时，他就是这样维持他的生活的。

1903年，爱因斯坦与他塞尔维亚族情人玛列娃·玛丽奇结婚，这一对小夫妻迁入伯尔尼的一套一居室的公寓房。两年后，她为他生了一个儿子汉斯·阿尔伯特。在汉斯出生前后的这个时期，或许是爱因斯坦一生中最快乐的时期。邻居们后来回忆说，他们看到年轻的父亲心不在焉地推着婴儿车在街上走。时而爱因斯坦会伸手到婴儿车中，拿出一个笔记本匆匆记下一点儿笔记。看来这个推着婴儿车散步的人的笔记本中有一些公式方程，它们导致相对论和原子弹的发展。

在专利局工作初期，爱因斯坦把他大部分空闲时间都用来研究理论物理学。他写了四篇重要并有深远影响的论文，其中提出了在探索和理解宇宙的漫长历史中若干最重要的思想，人类再不能像以前那样看待时间和空间了。爱因斯坦的工作使他获得1921年的诺贝尔物理学奖，以及大量的普遍的赞叹。

当爱因斯坦沉思宇宙的运作时，他得到一些理解的一闪念，它们太深奥了，难以用语言表达。爱因斯坦有一次说，"这些思想不是以任何语言的表述出现的，我几乎很少用语言文字来思考。一种想法出现，以后我才试图用语言文字表达它。"

爱因斯坦最终定居在美国，在那儿他公开提倡犹太复国主义与裁减和禁止核武器。但他始终保持对物理学的热情。直到他1955年去世，爱因斯坦一直在寻求一个统一场论，把引力现象与电磁现象用一组方程联系起来。今天的物理学家继续在寻求物理学的大统一理论，这是对爱因斯坦想象力的赞颂。爱因斯坦不仅使20世纪的科学思想发生了革命，而且还超越了20世纪。

1879年3月14日，阿尔伯特·爱因斯坦出生于德国符腾堡州的乌尔姆；他在慕尼黑长大。他是海尔曼·爱因斯坦和鲍林·柯赫的独子。他的父亲和叔叔开了一个电器工厂。他的家人认为阿尔伯特是一个笨拙的学生，因为他在学语言上有困难。(现在人们认为，他可能有诵读困难症。)传说当海尔曼问他儿子的小学校长将来最适合阿尔伯特的专业是什么时，该校长回答说，"这无关紧要。他干什么都不会有出息。"

爱因斯坦在学校中表现不佳。他不喜欢军训；作为天主教学校中少数犹太孩子之一，他为此感到难受。这种作为局外人的体验，在他一生中曾重复多次。

科学是爱因斯坦早年的爱好之一。他记得五岁左右时父亲给他看一个罗盘，他对磁针总是指向北方（即使盒子在旋转仍然如此）感到惊奇。爱因斯坦回忆说，在那一刻，他"感到在事物的后面深深地隐藏着某种东西"。

他早年的另一个爱好是音乐。在六岁左右，爱因斯坦开始学拉小提琴。这并非他天生的爱好；但当他学了几年之后，他认识到了音乐的数学结构，小提琴成了他终生的爱好，尽管他的音乐才能同他的热情并不相称。

当爱因斯坦十岁时，他的家人让他进鲁易特泊尔德中学，在那儿，据学者们介绍，他养成一种怀疑权威的精神。这个特性后来在爱因斯坦的科学家生涯中起了好的作用。他好怀疑的习惯使他容易对许多长期确立的科学假设提出疑问。

1895 年爱因斯坦试图跳过高中，直接通过苏黎世联邦综合技术大学的入学考试，他想在那儿获得一个电机工程学位。下面是他写的他当时的雄心：

> "如果我有好运通过考试，我将去苏黎世。为了学数学和物理学，我会在那儿呆四年。我设想我自己成为一名自然科学方面的教师，我要挑选理论科学。下面是使我做出这个计划的理由。首先是我倾向于抽象的和数学的思考，而我缺乏想象力和实际操作能力。"

爱因斯坦未能通过文科部分的考试，所以综合技术大学没有准许他入学。他的家人因此送他进瑞士阿劳的中学，希望这会给他进苏黎世综合技术大学的第二次机会。事情确实如此，1900 年爱因斯坦从综合技术大学毕业。差不多就在这个时候，他爱上了玛列娃·玛丽奇，1901 年她在未婚的情况下生下他们的第一个孩子，女儿丽瑟尔。人们对丽瑟尔的情况所知甚少，似乎她要么生下来就是残疾儿，要么在婴儿时期得了重病，然后托人收养，差不多在两岁时就夭亡了。爱因斯坦与玛丽奇在 1903 年结婚。

生下汉斯那年，即1905年，是爱因斯坦的奇迹年。他要担负起做父亲的责任，从事全时的专职工作，而仍能同时发表四篇划时代的科学论文，尽管他没有学术职位所能提供的一切有利条件。

在那年春天，爱因斯坦向德国期刊《物理学杂志》(*Annalen der Physik*)提交了三篇论文。这三篇论文都发表在该刊第17卷上。爱因斯坦说他第一篇论光量子的论文是"很具革命性的"。在这篇论文中，他考察了德国物理学家马克斯·普朗克所发现的量子(能量的基本单位)现象。爱因斯坦说明了光电效应，即对应于每一个发射出来的电子要由一特定量的能量来释放它。这就是量子效应，即发射出来的能量是固定的量，只能用整数表示。这一理论构成了量子力学很大一部分基础。爱因斯坦建议，可以把光看作是独立的能量粒子的集合，但惊人的是，他没有提供任何实验数据。他只是根据美学的理由，假设性地论证了光量子的存在。

起初，物理学家们对是否承认爱因斯坦的理论犹豫不定。它背离当时公认的科学观念太远了，远远超过了普朗克所发现的任何东西。正是这篇题为"关于光的产生和转化的试探性的观点"的论文，而不是他关于相对论的工作，使爱因斯坦荣获了1921年诺贝尔物理学奖。

在他的第二篇论文《分子大小的新测定法》——这是爱因斯坦的博士论文——和第三篇论文《热的分子运动论所要求的静液体中悬浮粒子的运动》中，爱因斯坦提出了测定原子的大小和运动的方法。他也说明了布朗运动，这是英国植物学家罗伯特·布朗在研究了悬浮在液体中的花粉的不规则的运动之后所描述的一种现象。爱因斯坦断言这种运动是由原子和分子间的碰撞所引起的。当时，原子是否存在仍然是科学界争论的问题，所以不能低估这两篇论文的重要性。爱因斯坦确认了物质的原子论。

在他1905年的最后一篇题为"论动体的电动力学"的论文中，爱因斯坦提出了后来称之为狭义相对论的理论。这篇文章读起来更像一篇议论文，而不像一篇科学论文。整篇论文没有注释、参考文献和引文。爱因斯坦在正好五个星期之内写了这篇9 000字的论文，然而科学史家认为文中的每一个字就像伊萨克·牛顿的《自然哲学之数学原理》(*Principia*)

一样意义深远并富有革命性。

正如牛顿对我们理解引力所做的贡献一样，爱因斯坦对我们今天的时空观做出了贡献，他在这个过程中推翻了牛顿的时间观念。牛顿宣称，"绝对的、真正的和数学的时间，它自身，按照它的本性，均等地流逝，与任何外部的事物无关。"爱因斯坦认为一切观测者都应该测量出同样的光速，不管他们本身运动得多快。爱因斯坦又断言，一个物体的质量不是不变的，而是随着物体的速度而增加。后来的实验证明，一个小粒子，加速到光速的 86%，具有的质量是它静止时的两倍。

相对论的另一个推论是可用数学表达的质能关系式，爱因斯坦把它表达为 $E=mc^2$。这个表达式——能量等于质量乘以光速的平方——使物理学家理解到，即使很微小量的物质也有潜力产生巨大的能量。所以，只要少数原子的质量的一部分完全转化为能量，也可以产生巨大的爆炸。因此，爱因斯坦的看来似乎平常的方程导致科学家设想原子的分裂（原子核裂变）的后果，并敦促政府去研制原子弹。1909 年，爱因斯坦受聘为苏黎世大学的理论物理学教授，三年后他实现了自己的雄心壮志，回到联邦综合技术大学任正教授。随之而来的是其他有声誉的学术职务与领导职位。在此期间，他一直继续研究引力理论以及广义相对论。但是，当他的学术地位持续上升时，他的婚姻和健康状况却开始恶化了。1914 年，他和玛列娃开始办理离婚手续，同年他受聘为柏林大学教授。当他后来病倒时，他的表姐爱尔莎护理他，使他恢复了健康，1919 年左右，他们结婚了。

狭义相对论使时间与质量概念发生了根本性的变化，广义相对论则使空间概念发生了根本性的变化。牛顿写道："绝对空间，按其本性，与任何外部的东西无关，永远保持相同并且是不能移动的。"牛顿空间是欧几里得的，无限的，并且没有边界。它的几何结构与占有它的物质完全无关。与此完全相反，爱因斯坦的广义相对论断言，一个物体的引力质量不仅作用于其他物体，而且还影响空间的结构。如果一个物体的质量足够大，它能使它周围的空间弯曲。在这样一个区域，光线也显得弯曲。

1919 年，阿瑟·爱丁顿爵士为了验证广义相对论，组织了两个远程考察队，一个去巴西，一个去西部非洲，去观测在 5 月 29 日日全食时通过一个大质量物体——太阳——附近的恒星的光。在通常情况下这种观测是不可能的，因为来自遥远恒星的微弱的光会被白天的光遮蔽，但在日食时，这种光在短时间内是可见的。

在 9 月，爱因斯坦收到了亨德利克·洛伦兹的一个电报。洛伦兹也是物理学家，是他亲密的朋友。电报中写道："爱丁顿发现恒星在太阳边缘有位移，初步的测量结果是 $\frac{9}{10}$ 秒和 1.8 秒之间。"爱丁顿的数据与广义相对论的预测相符。他得自巴西的照片表明，来自天空中若干已知恒星的光，在日食时，与在夜间光不通过太阳附近时，似乎来自不同的位置。广义相对论被确认了，从而永远改变了物理学的进程。几年后，当爱因斯坦的一个学生问他，如果观测否定了他的理论，他会如何反应，爱因斯坦回答说："那么我会为亲爱的爵士感到遗憾。理论是正确的。"

广义相对论的被确认使爱因斯坦举世闻名。1921 年他当选为英国皇家学会会员。他访问的每个城市都赠他荣誉学位和奖状。1927 年，他开始和丹麦物理学家尼尔斯·玻尔一起发展量子力学基础，尽管他继续努力想实现他的统一场论的梦想。他在美国的旅行导致他受聘为新泽西州普林斯顿高等研究院的数学和理论物理学教授。

一年以后，在统治德国的纳粹开始发动反"犹太人的科学"的斗争时，他在普林斯顿长久定居下来。爱因斯坦在德国的财产被没收，他被取消德国国籍，他在大学的职位也被撤消。在此之前，爱因斯坦一直认为自己是一个和平主义者。但当希特勒把德国变成欧洲的军事强国之后，爱因斯坦开始相信用武力反对德国是正当的。1939 年，在第二次世界大战刚开始时，爱因斯坦开始关注德国可能发展制造原子弹的能力——是他自己的研究使这种武器的研制有了可能，因此他感到对此负有责任。他写了一封信给富兰克林·D. 罗斯福总统，警告他德国有可能研制原子弹，并敦促美国开展核武器研究。由他的朋友和同行科学家列奥·齐拉德起草的这封信推动了曼哈顿工程的形成，这个工程产生了世界上第一颗原子弹。1944 年，爱因斯坦把他手写的 1905 年关于狭义相对论的论文拍卖，把拍卖所得 600 万美元捐给盟国用于战争的需要。

战后，爱因斯坦继续投身于与他有关的事业和事件。由于他多年来强烈支持犹太复国主义，1952 年 11 月，以色列要他接受总统的职务。他有礼貌地推辞了，说他不适合这个职务。1955 年 4 月，在他去世前只一个星期，他写了一封信给哲学家贝特兰德·罗素，在信中他表示同意在一个敦促一切国家废除核武器的宣言上签名。

1955 年 4 月 18 日，爱因斯坦因心力衰竭而逝世。综观他的一生，他一直致力于用他的思想而不是依靠他的感官来探求宇宙的奥秘。他曾经说过："理论的真理在你的心智中，不在你的眼睛里。"

相对性原理

论动体的电动力学[①]

　　大家知道，麦克斯韦电动力学——像现在通常为人们所理解的那样——应用到运动的物体上时，就要引起一些不对称，而这种不对称似乎不是现象所固有的。比如设想一个磁体同一个导体之间的电动力的相互作用。在这里，可观察到的现象只同导体和磁体的相对运动有关，可是按照通常的看法，这两个物体之中，究竟是这个在运动，还是那个在运动，却是截然不同的两回事。如果是磁体在运动，导体静止着，那么在磁体附近就会出现一个具有一定能量的电场，它在导体各部分所在的地方产生一股电流。但是如果磁体是静止的，而导体在运动，那么磁体附近就没有电场，可是在导体中却有一电动势，这种电动势本身虽然并不相当于能量，但是它——假定这里所考虑的两种情况中的相对运动是相等的——却会引起电流，这种电流的大小和路线都同前一情况中由电力所产生的一样。

　　诸如此类的例子，以及企图证实地球相对于"光媒质"运动的实验的失败，引起了这样一种猜想：绝对静止这个概念，不仅在力学中，而且在电动力学中也不符合现象的特性，倒是应当认为，凡是对力学方程适用的一切坐标系，对于上述电动力学和光学的定律也一样适用，对于第一级微量来说，这是已经证明了的。[②] 我们要把这个猜想（它的内容以后就被称为

---

　　① 这是相对论的第一篇论文，是物理学中具有划时代意义的历史文献，写于 1905 年 6 月，发表在 1905 年 9 月的德国《物理学杂志》（*Armalen der Physik*），第 4 编，第 17 卷，第 891—921 页。

　　② 当时作者并不知道洛伦兹和庞加莱在 1904—1905 年间发表的有关论文。——英译本注

"相对性原理")提升为公设，并且还要引进另一条在表面上看来同它不相容的公设：光在空虚空间里总是以一确定的速度 c 传播着，这速度同发射体的运动状态无关。由这两条公设，根据静体的麦克斯韦理论，就足以得到一个简单而又不自相矛盾的动体电动力学。"光以太"的引用将被证明是多余的，因为按照这里所要阐明的见解，既不需要引进一个具有特殊性质的"绝对静止的空间"，也不需要给发生电磁过程的空虚空间中的每个点规定一个速度矢量。

这里所要阐明的理论——像其他各种电动力学一样——是以刚体的运动学为根据的，因为任何这种理论所讲的，都是关于刚体（坐标系）、时钟和电磁过程之间的关系。对这种情况考虑不足，就是动体电动力学目前所必须克服的那些困难的根源。

A. 运动学部分

§1. 同时性的定义

设有一个牛顿力学方程在其中有效的坐标系。[①] 为了使我们的陈述比较严谨，并且便于将这个坐标系同以后要引进来的别的坐标系在字面上加以区别，我们叫它"静系"。

如果一个质点相对于这个坐标系是静止的，那么它相对于后者的位置就能够用刚性的量杆按照欧几里得几何的方法来定出，并且能用笛卡儿坐标来表示。

如果我们要描述一个质点的**运动**，我们就以时间的函数来给出它的坐标值。现在我们必须记住，这样的数学描述，只有在我们十分清楚地懂得"时间"在这里指的是什么之后才有物理意义。我们应当考虑到：凡是时间

---

① 即在第一级近似上。——英译本注

在里面起作用的我们的一切判断，总是关于**同时的事件**的判断。比如我说，"那列火车 7 点钟到达这里"，这大概是说："我的表的短针指到 7 同火车的到达是同时的事件。"①

可能有人认为，用"我的表的短针的位置"来代替"时间"，也许就有可能克服由于定义"时间"而带来的一切困难。事实上，如果问题只是在于为这只表所在的地点来定义一种时间，那么这样一种定义就已经足够了；但是，如果问题是要把发生在不同地点的一系列事件在时间上联系起来，或者说——其结果依然一样——要定出那些在远离这只表的地点所发生的事件的时间，那么这样的定义就不够了。

当然，我们对于用如下的办法来测定事件的时间也许会感到满意，那就是让观察者同表一起处于坐标的原点上，而当每一个表明事件发生的光信号通过空虚空间到达观察者时，他就把当时的时针位置同光到达的时间对应起来。但是这种对应关系有一个缺点，正如我们从经验中所已知的那样，它同这个带有表的观察者所在的位置有关。通过下面的考虑，我们得到一种比较切合实际得多的测定法。

如果在空间的 A 点放一只钟，那么对于贴近 A 处的事件的时间，A 处的一个观察者能够由找出同这些事件同时出现的时针位置来加以测定。如果又在空间的 B 点放一只钟——我们还要加一句："这是一只同放在 A 处的那只完全一样的钟。"——那么，通过在 B 处的观察者，也能够求出贴近 B 处的事件的时间。但要是没有进一步的规定，就不可能把 A 处的事件同 B 处的事件在时间上进行比较；到此为止，我们只定义了"A 时间"和"B 时间"，但是并没有定义对于 A 和 B 是公共的"时间"。只有当我们**通过定义**，把光从 A 到 B 所需要的"时间"规定为等于它从 B 到 A 所需要的"时间"，我们才能够定义 A 和 B 的公共"时间"。设在"A 时间"t_A 从 A 发出一道光线射向 B，它在"B 时间"t_B 又从 B 被反射向 A，而在"A 时间"t'_A 回到 A

---

① 这里，我们不去讨论那种隐伏在(近乎)同一地点发生的两个事件的同时性这一概念里的不精确性，这种不精确性同样必须用一种抽象法把它消除。——英译本注

处。如果

$$t_B - t_A = t'_A - t_B,$$

那么这两只钟按照定义是同步的。

我们假定，这个同步性的定义是可以没有矛盾的，并且对于无论多少个点也都适用，于是下面两个关系是普遍有效的：

1. 如果在 B 处的钟同在 A 处的钟同步，那么在 A 处的钟也就同 B 处的钟同步。

2. 如果在 A 处的钟既同 B 处的钟，又同 C 处的钟同步，那么，B 处同 C 处的两只钟也是相互同步的。

这样，我们借助于某些(假想的)物理经验，对于静止在不同地方的各只钟，规定了什么叫作它们是同步的，从而显然也就获得了"同时"和"时间"的定义。一个事件的"时间"，就是在这事件发生地点静止的一只钟同该事件同时的一种指示，而这只钟是同某一只特定的静止的钟同步的，而且对于一切的时间测定，也都是同这只特定的钟同步的。

根据经验，我们还把下列量值

$$\frac{2AB}{t'_A - t_A} = c$$

当作一个普适常数(光在空虚空间中的速度)。

要点是，我们用静止在静止坐标系中的钟来定义时间；由于它从属于静止的坐标系，我们把这样定义的时间叫作"静系时间"。

§2. 关于长度和时间的相对性

下面的考虑是以相对性原理和光速不变原理为依据的，这两条原理我们定义如下：

1. 物理体系的状态据以变化的定律，同描述这些状态变化时所参照的坐标系究竟是用两个在互相匀速移动着的坐标系中的哪一个并无关系。

2. 任何光线在"静止的"坐标系中都是以确定的速度 c 运动着，不管这道光线是由静止的物体还是由运动的物体发射出来。由此，得

$$速度 = \frac{光的路程}{时间间隔},$$

这里的"时间间隔"是依照§1中所定义的意义来理解的。

设有一静止的刚性杆；用一根也是静止的量杆量得它的长度是 l。我们现在设想这杆的轴是放在静止坐标系的 X 轴上，然后使这根杆沿着 X 轴向 x 增加的方向做匀速的平行移动（速度是 v）。我们现在来考查这根**运动着**的杆的长度，并且设想它的长度是由下面两种操作来确定的：

（1）观察者同前面所给的量杆以及那根要量度的杆一道运动，并且直接用量杆同杆相叠合来量出杆的长度，正像要量的杆、观察者和量杆都处于静止时一样。

（2）观察者借助于一些安置在静系中的、并且根据§1做同步运行的静止的钟，在某一特定时刻 t，求出那根要量的杆的始末两端处于静系中的哪两个点上。用那根已经使用过的在这种情况下是静止的量杆所量得的这两点之间的距离，也是一种长度，我们可以称它为"杆的长度"。

由操作（1）求得的长度，我们可称之为"动系中杆的长度"。根据相对性原理，它必定等于静止杆的长度 l。

由操作（2）求得的长度，我们可称之为"静系中（运动着的）杆的长度"。这种长度我们要根据我们的两条原理来加以确定，并且将会发现，它是不同于 l 的。

通常所用的运动学心照不宣地假定了：用上述这两种操作所测得的长度彼此是完全相等的，或者换句话说，一个运动着的刚体，于时期 t，在几何学关系上完全可以用**静止**在一定位置上的**同一**物体来代替。

此外，我们设想，在杆的两端（A 和 B），都放着一只同静系的钟同步的钟，也就是说，这些钟在任何瞬间所报的时刻，都同它们所在地方的"静系时间"相一致；因此，这些钟也是"在静系中同步的"。

我们进一步设想，在每一只钟那里都有一位运动着的观察者同它在一起，而且他们把§1中确立起来的关于两只钟同步运行的判据应用到这两只钟上。设有一道光线在时间[①] t_A 从 A 处发出，在时间 t_B 于 B 处被反射回，并在时间 t'_A 返回到 A 处。考虑到光速不变原理，我们得到：

$$t_B - t_A = \frac{r_{AB}}{c-v} \text{ 和 } t'_A - t_B = \frac{r_{AB}}{c+v},$$

此处 r_{AB} 表示运动着的杆的长度——在静系中量得的。因此，同动杆一起运动着的观察者会发现这两只钟不是同步运行的，可是处在静系中的观察者却会宣称这两只钟是同步的。

由此可见，我们不能给予同时性这概念以任何**绝对**的意义；两个事件，从一个坐标系看来是同时的，而从另一个相对于这个坐标系运动着的坐标系看来，它们就不能再被认为是同时的事件了。

§3. 从静系到另一个相对于它做匀速移动的坐标系的坐标和时间的变换理论

设在"静止的"空间中有两个坐标系，每一个都是由三条从一点发出并且互相垂直的刚性物质直线所组成。设想这两个坐标系的 X 轴是叠合在一起的，而它们的 Y 轴和 Z 轴则各自互相平行着[②]。设每一系都备有一根刚性量杆和若干只钟，而且这两根量杆和两坐标系的所有的钟彼此都是完全相同的。

现在对其中一个坐标系(k)的原点，在朝着另一个静止的坐标系(K)的 x 增加方向上给以一个(恒定)速度 v，设想这个速度也传给了坐标轴、有关的量杆，以及那些钟。因此，对于静系 K 的每一时间 t，都有动系轴的一定位置同它相对应，由于对称的缘故，我们有权假定 k 的运动可以是这样的：在时间 t(这个"t"始终是表示静系的时间)，动系的轴是同静系的轴相平行的。

---

① 这里的"时间"表示"静系的时间"，同时也表示"运动着的钟经过所讨论的地点时的指针位置"。——英译本注

② 本文中用大写的拉丁字母 XYZ 和希腊字母 ΞHZ 分别表示这两个坐标系(K 系和 k 系)的轴，而用相应的小写拉丁字母 x、y、z 和小写的希腊字母 ξ, η, ζ. 分别表示它们的坐标值。

我们现在设想空间不仅是从静系 K 用静止的量杆来量度，而且也可从动系 k 用一根同它一道运动的量杆来量，由此分别得到坐标 x、y、z 和 ξ、η、ζ 再借助于放在静系中的静止的钟，用 §1 中所讲的光信号方法，来测定一切安置有钟的各个点的静系时间 t；同样，对于一切安置有同动系相对静止的钟的点，它们的动系时间 τ 也是用 §1 中所讲的两点间的光信号方法来测定，而在这些点上都放着后一种（对动系静止）的钟。

对于完全地确定静系中一个事件的位置和时间的每一组值 x、y、z、t，对应有一组值 ξ、η、ζ、τ，它们确定了那一事件对于坐标系 k 的关系，现在要解决的问题是求出联系这些量的方程组。

首先，这些方程显然应当都是**线性**的，因为我们认为空间和时间是具有均匀性的。

如果我们置 $x'=x-vt$，那么显然，对于一个在 k 系中静止的点，就必定有一组同时间无关的值 x'、y、z。我们先把 τ 定义为 x'、y、z 和 t 的函数。为此目的，我们必须用方程来表明 τ 不是别的，而只不过是 k 系中已经依照 §1 中所规定的规则同步化了的静止钟的全部数据。

从 k 系的原点在时间 τ_0 发射一道光线，沿着 X 轴射向 x'，在 τ_1 时从那里反射回坐标系的原点，而在 τ_2 时到达；由此必定有下列关系：

$$\frac{1}{2}(\tau_0+\tau_2)=\tau_1,$$

或者，当我们引进函数 τ 的自变数，并且应用在静系中的光速不变的原理：

$$\frac{1}{2}\left[\tau(0,\ 0,\ 0,\ t)+\tau\left(0,\ 0,\ 0,\ t+\frac{x'}{c-v}+\frac{x'}{c+v}\right)\right]$$
$$=\tau\left(x',\ 0,\ 0,\ t+\frac{x'}{c-v}\right),$$

如果我们选取 x' 为无限小，那么，

$$\frac{1}{2}\left(\frac{1}{c-v}+\frac{1}{c+v}\right)\frac{\partial\tau}{\partial t}=\frac{\partial\tau}{\partial x'}+\frac{1}{c-v}\frac{\partial\tau}{\partial t},$$

或者

$$\frac{\partial\tau}{\partial x'}+\frac{v}{c^2-v^2}\frac{\partial\tau}{\partial t}=0,$$

应当指出，我们可以不选坐标原点，而选任何别的点作为光线的出发

点，因此刚才所得到的方程对于 x'、y、z 的一切数值都应该是有效的。

做类似的考查——用在 Y 轴和 Z 轴上——并且注意到，从静系看来，光沿着这些轴传播的速度始终是 $\sqrt{c^2-v^2}$，这就得到：

$$\frac{\partial \tau}{\partial y}=0,$$

$$\frac{\partial \tau}{\partial x}=0。$$

由于 τ 是**线性**函数，从这些方程得到：

$$\tau=a\left(t-\frac{v}{c^2-v^2}x'\right)。$$

此处 a 暂时还是一个未知函数 $\varphi(v)$，并且为了简便起见，假定在 k 的原点，当 $\tau=0$ 时，$t=0$。

借助于这一结果，就不难确定 ξ、η、ζ 这些量，这只要用方程来表明，光(像光速不变原理和相对性原理所共同要求的)在动系中量度起来也是以速度 c 在传播的。对于在时间 $\tau=0$ 向 ξf 增加的方向发射出去的一道光线，其方程是：

$$\xi=c\tau，\text{ 或者 } \xi=ac\left(t-\frac{v}{c^2-v^2}x'\right)。$$

但在静系中量度，这道光线以速度 $c-v$ 相对于 k 的原点运动着，因此得到：

$$\frac{x'}{c-v}=t。$$

如果我们以 t 的这个值代入关于 ξ 的方程中，我们就得到：

$$\xi=a\frac{c^2}{c^2-v^2}x'。$$

用类似的办法，考查沿着另外两根轴走的光线，我们就求得：

$$\eta=c\tau=ac\left(t-\frac{v}{c^2-v^2}x'\right),$$

此处

$$\frac{y}{\sqrt{c^2-v^2}}=t，\ x'=0;$$

因此

$$\eta = a\frac{c}{\sqrt{c^2-v^2}}y \text{ 和 } \zeta = a\frac{c}{\sqrt{c^2-v^2}}z.$$

代入 x' 的值，我们就得到：

$$\tau = \varphi(v)\beta\left(t-\frac{v}{c^2}x\right),$$

$$\xi = \varphi(v)\beta(x-vt),$$

$$\eta = \varphi(v)y,$$

$$\xi = \varphi(v)z,$$

此处

$$\beta = \frac{1}{\sqrt{1-\left(\dfrac{v}{c}\right)^2}},$$

而 φ 暂时仍是 v 的一个未知函数。如果对于动系的初始位置和 τ 的零点不作任何假定，那么这些方程的右边都有一个附加常数。

我们现在应当证明，任何光线在动系量度起来都是以速度 c 传播的，如果像我们所假定的那样，在静系中的情况就是这样的；因为我们还未曾证明光速不变原理同相对性原理是相容的。

在 $t=\tau=0$ 时，这两坐标系共有一个原点，设从这原点发射出一个球面波，在 K 系里以速度 c 传播着。如果 (x, y, z) 是这个波刚到达的一点，那么

$$x^2+y^2+z^2=c^2t^2.$$

借助我们的变换式来变换这个方程，经过简单的演算后，我们得到：

$$\xi^2+\eta^2+\zeta^2=c^2t^2.$$

由此，在动系中看来，所考查的这个波仍然是一个具有传播速度 c 的球面波。这表明我们的两条基本原理是彼此相容的。[①]

[①] 洛伦兹变换方程可以直接从下面的条件更加简单地导出来：由于那些方程，从

$$x^2+y^2+z^2=c^2t^2$$

这一关系，应该推导出第二个关系

$$\xi^2+\eta^2+\zeta^2=c^2\tau^2.$$ ——英译本注

在已推演得的变换方程中，还留下一个 v 的未知函数 φ，这是我们现在所要确定的。

为此目的，我们引进第三个坐标系 K'，它相对于 k 系做这样一种平行于 Ξ 轴的移动，使它的坐标原点在 Ξ 轴上以速度 $-v$ 运动着。设在 $t=0$ 时，所有这三个坐标原点都重合在一起，而当 $t=x=y=z=0$ 时，设 K' 系的时间 t' 为零。我们把在 K' 系量得的坐标叫作 x'、y'、z'，通过两次运用我们的变换方程，我们就得到：

$$t'=\varphi(-v)\beta(-v)\left(\tau+\frac{v}{c^2}\xi\right)=\varphi(v)\varphi(-v)t,$$

$$x'=\varphi(-v)\beta(-v)(\xi+v\tau)=\varphi(v)\varphi(-v)x,$$

$$y'=\varphi(-v)\eta=\varphi(v)\varphi(-v)y,$$

$$z'=\varphi(-v)\zeta=\varphi(v)\varphi(-v)z。$$

由于 x'、y'、z' 同 x、y、z 之间的关系中不含有时间 t，所以 K 同 K' 这两个坐标系是相对静止的，而且，从 K 到 K' 的变换显然也必定是恒等变换。因此，

$$\varphi(v)\varphi(-v)=1。$$

我们现在来探究 $\varphi(v)$ 的意义。我们注意 k 系中 H 轴上在 $\xi=0$，$\eta=0$，$\zeta=0$ 和 $\xi=0$，$\eta=l$，$\zeta=0$ 之间的这一段。这一段的 H 轴，是一根对于 K 系以速度 v 做垂直于它自己的轴运动着的杆。它的两端在 K 中的坐标是：

$$x_1=vt,\ y_1=\frac{l}{\varphi(v)},\ z_1=0；$$

和
$$x_2=vt,\ y_2=0,\ z_2=0。$$

在 K 中所量得的这杆的长度也是 $\dfrac{l}{\varphi(v)}$；这就给出了函数 φ 的意义。由于对称的缘故，一根相对于自己的轴做垂直运动的杆，在静系中量得的它的长度，显然必定只同运动的速度有关，而同运动的方向和指向无关。因此，如果 v 同 $-v$ 对调，在静系中量得的动杆的长度应当不变。由此推得：

$$\frac{l}{\varphi(v)}=\frac{l}{\varphi(-v)}，\text{或者 } \varphi(v)=\varphi(-v)。$$

从这个关系和前面得出的另一关系，就必然得到 $\varphi(v)=1$，因此，已经得到的变换方程就变为：[①]

$$\tau=\beta\left(t-\frac{v}{c^2}x\right),$$

$$\xi=\beta(x-vt),$$

$$\eta=y,$$

$$\zeta=z,$$

此外

$$\beta=\frac{1}{\sqrt{1-\left(\dfrac{v}{c}\right)^2}}。$$

§4. 关于运动刚体和运动时钟所得方程的物理意义

我们观察一个半径为 R 的刚性球[②]，它相对于动系 k 是静止的，它的中心在 k 的坐标原点上。这个球以速度 v 相对于 K 系运动着，它的球面的方程是：

$$\xi^2+\eta^2+\zeta^2=R^2。$$

用 x、y、z 来表示，在 $t=0$ 时，这个球面的方程是：

$$\frac{x^2}{\left[\sqrt{1-\left(\dfrac{v}{c}\right)^2}\right]^2}+y^2+z^2=R^2。$$

一个在静止状态量起来是球形的刚体，在运动状态——从静系看来——则

[①] 这一组变换方程以后通称为洛伦兹变换方程，事实上它是同洛伦兹 1904 年提出的变换方程不同的。洛伦兹原来的形式相当于：

$$\tau=\frac{b}{\beta}-\frac{\beta v}{c^2}x,\ \xi=\beta x,\ \eta=y,\ \xi=z。$$

两者只对于 β 的一次幂才是一致的。值得注意的是，对于爱因斯坦的形式，$x^2+y^2+z^2-c^2t^2$ 是一个不变量；而对于洛伦兹的形式则不是。所以以后大家都采用爱因斯坦的形式。这个变换方程，W. 伏格特(W. Voigt)于 1887 年，J. 拉摩(J. Larmor)于 1900 年已分别发现，但当时并未认识其重要意义，因此也未引起人们的注意。

[②] 即在静止时看来是球形的物体。——英译本注

具有旋转椭球的形状了，这椭球的轴是

$$R\sqrt{1-\left(\frac{v}{c}\right)},\ R,\ R。$$

这样看来，球（因而也可以是无论什么形状的刚体）的 Y 方向和 Z 方向的长度不因运动而改变，而 X 方向的长度则好像以 $1:\sqrt{1-\left(\frac{v}{c}\right)^2}$ 的比率缩短了，v 愈大，缩短得就愈厉害。对于 $v=c$，一切运动着的物体——从"静"系看来——都缩成扁平的了。对于大于光速的速度，我们的讨论就变得毫无意义了；此外，在以后的讨论中我们会发现，光速在我们的物理理论中扮演着无限大速度的角色。

很显然，从匀速运动着的坐标系看来，同样的结果也适用于静止在"静"系中的物体。

进一步，我们设想有若干只钟，当它们同静系相对静止时，它们能够指示时间 t；而当它们同动系相对静止时，就能够指示时间 τ，现在我们把其中一只钟放到 k 的坐标原点上，并且校准它，使它指示时间 τ。从静系看来，这只钟走的快慢怎样呢？

在同这只钟的位置有关的量 x、t 和 τ 之间，显然下列方程成立：

$$\tau=\frac{1}{\sqrt{1-\left(\frac{v}{c}\right)^2}}\left(t-\frac{v}{c^2}x\right)\ 和\ x=vt，$$

因此，

$$\tau=t\sqrt{1-\left(\frac{v}{c}\right)^2}=t-\left[1-\sqrt{1-\left(\frac{v}{c}\right)^2}\right]t。$$

由此得知，这只钟所指示的时间（在静系中看来）每秒钟要慢 $1-\sqrt{1-\left(\frac{v}{c}\right)^2}$ 秒，或者——略去第四级和更高级的［小］量——要慢 $\frac{1}{2}\left(\frac{v}{c}\right)^2$ 秒。

从这里产生了如下的奇特后果。如果在 K 的 A 点和 B 点上各有一只在静系看来是同步运行的静止的钟，并且使 A 处的钟以速度 v 沿着 AB 连线向 B 运动，那么当它到达 B 时，这两只钟不再是同步的了，从 A 向 B 运动的钟要比另一只留在 B 处的钟落后 $\frac{1}{2}\frac{tv^2}{c^2}$ 秒[不计第四级和更高级的(小)量]，t 是这只钟从 A 到 B 所费的时间。

我们立即可见，当钟从 A 到 B 是沿着一条任意的折线运动时，上面这结果仍然成立，甚至当 A 和 B 这两点重合在一起时，也还是如此。

如果我们假定，对于折线证明的结果，对于连续曲线也是有效的，那么我们就得到这样的命题：如果 A 处有两只同步的钟，其中一只以恒定速度沿一条闭合曲线运动，经历了 t 秒后回到 A，那么，比那只在 A 处始终未动的钟来，这只钟在它到达 A 时，要慢 $\frac{1}{2}t\left(\frac{v}{c}\right)^2$ 秒。由此，我们可以断定：在赤道上的摆轮钟[①]，比起放在两极的一只在性能上完全一样的钟来，在别的条件都相同的情况下，它要走得慢些，不过所差的量非常之小。

§5. 速度的加法定理

在以速度 v 沿 K 系的 X 轴运动着的 k 系中，设有一个点依照下面的方程在运动：

$$\xi=w_\xi\tau,\quad \eta=w_\eta\tau,\quad \zeta=0,$$

此外 w_ξ 和 w_η 都表示常数。

求这个点对于 K 系的运动。借助于 §3 中得出的变换方程，我们把 x、y、z、t 这些量引进这个点的运动方程中来，我们就得到：

$$x=\frac{w_\xi+v}{1+\frac{vw_\xi}{c^2}}t,$$

---

① 不是"摆钟"，在物理学上摆钟是同地球同属一个体系的。这种情况必须除外。——英译本注　中译者按：普通的手表就是摆轮钟的一种。

$$y = \frac{\sqrt{1 - \left(\frac{v}{c}\right)^2}}{1 + \frac{vw_\xi}{c^2}} w_\eta t,$$

$$z = 0_。$$

这样，依照我们的理论，速度的平行四边形定律只在第一级近似范围内才是有效的。我们置：

$$V^2 = \left(\frac{dx}{dt}\right)^2 + \left(\frac{dy}{dt}\right)^2,$$

$$w^2 = w_\xi^2 + w_\eta^2,$$

$$\alpha = \arctan \frac{w_\eta}{w_\xi};^{[①]}$$

α 因而被看作是 v 和 w 两速度之间的交角。经过简单演算后，我们得到：

$$V = \frac{\sqrt{(v^2 + w^2 + 2vw\cos\alpha) - \left(\frac{vw\sin\alpha}{c}\right)^2}}{1 + \frac{vw\sin\alpha}{c^2}}_。$$

值得注意的是，v 和 w 是以对称的形式进入合成速度的式子里的。如果 w 也取 X 轴（三轴）的方向，那么我们就得到：

$$V = \frac{v + w}{1 + \frac{vw}{c^2}}_。$$

从这个方程得知，由两个小于 c 的速度合成而得的速度总是小于 c。因为如果我们置 $v = c - \kappa$，$w = c - \lambda$，此处 κ 和 λ 都是正的并且小于 c，那么：

$$V = c \, \frac{2c - \kappa - \lambda}{2c - \kappa - \lambda + \frac{\kappa\lambda}{c}} < c_。$$

进一步还可看出，光速 c 不会因为同一个"小于光速的速度"合成起来而有所改变。在这场合下，我们得到：

---

① 原文是：$\alpha = \arctan \dfrac{w_y}{w_x}$。

$$V = \frac{c+w}{1+\dfrac{v}{c}} = c。$$

当 v 和 w 具有同一方向时，我们也可以把两个依照 §3 的变换联合起来，而得到 V 的公式。如果除了在 §3 中所描述的 K 和 k 这两个坐标系之外，我们还引进另一个对 k 做平行运动的坐标系 k'，它的原点以速度 w 在 Ξ 轴上运动着，那么我们就得到 x、y、z、t 这些量同 k' 的对应量之间的方程，它们同那些在 §3 中所得到的方程的区别，仅仅在于以

$$\frac{v+w}{1+\dfrac{vw}{c^2}}$$

这个量来代替"v"；由此可知，这样的一些平行变换——必然地——形成一个群。

我们现在已经依照我们的两条原理推导出运动学的必要命题，我们要进而说明它们在电动力学中的应用。

B. 电动力学部分

§6. 空虚空间麦克斯韦-赫兹方程的变换磁
场中由运动所产生的电动力的本性

设关于空虚空间的麦克斯韦-赫兹方程对于静系 K 是有效的，那么我们可以得到：

$$\frac{1}{c}\frac{\partial X}{\partial t} = \frac{\partial N}{\partial y} - \frac{\partial M}{\partial z}, \quad \frac{1}{c}\frac{\partial L}{\partial t} = \frac{\partial Y}{\partial z} - \frac{\partial Z}{\partial y},$$

$$\frac{1}{c}\frac{\partial Y}{\partial t} = \frac{\partial L}{\partial z} - \frac{\partial N}{\partial x}, \quad \frac{1}{c}\frac{\partial M}{\partial t} = \frac{\partial Z}{\partial x} - \frac{\partial X}{\partial z},$$

$$\frac{1}{c}\frac{\partial Z}{\partial t} = \frac{\partial M}{\partial x} - \frac{\partial L}{\partial y}, \quad \frac{1}{c}\frac{\partial N}{\partial t} = \frac{\partial X}{\partial y} - \frac{\partial Y}{\partial x},$$

此处$(X，Y，Z)$表示电力的矢量，而$(L，M，N)$表示磁力的矢量。

如果我们把§3中所得出的变换用到这些方程上去，把这电磁过程参照于那个在§3中所引用的、以速度v运动着的坐标系，我们就得到如下方程：

$$\frac{1}{c}\frac{\partial X}{\partial \tau}=\frac{\partial\left[\beta\left(N-\frac{v}{c}Y\right)\right]}{\partial \eta}-\frac{\partial\left[\beta\left(M+\frac{v}{c}Z\right)\right]}{\partial \zeta},$$

$$\frac{1}{c}\frac{\partial\left[\beta\left(Y-\frac{v}{c}N\right)\right]}{\partial \tau}=\frac{\partial L}{\partial \zeta}-\frac{\partial\left[\beta\left(N-\frac{v}{c}Y\right)\right]}{\partial \zeta},$$

$$\frac{1}{c}\frac{\partial\left[\beta\left(Z+\frac{v}{c}M\right)\right]}{\partial \tau}=\frac{\partial\left[\beta\left(Z+\frac{v}{c}M\right)\right]}{\partial \eta},$$

$$\frac{1}{c}\frac{\partial\left[\beta\left(M+\frac{v}{c}Y\right)\right]}{\partial \tau}=\frac{\partial x}{\partial \eta}-\frac{\partial\left[\beta\left(Y-\frac{v}{c}N\right)\right]}{\partial \xi},$$

此处

$$\beta=\frac{1}{1-\left(\frac{v}{c}\right)^2}。$$

相对性原理现在要求，如果关于空虚空间的麦克斯韦-赫兹方程在 K 系中成立，那么它们在 k 系中也该成立，也就是说，对于动系 k 的电力矢量$(X'，Y'，Z')$和磁力矢量$(L'，M'，N')$——它们是在动系 k 中分别由那些在带电体和磁体上的有重动力作用来定义的——下列方程成立：

$$\frac{1}{c}\frac{\partial X'}{\partial \tau}=\frac{\partial N'}{\partial \eta}-\frac{\partial M'}{\partial \zeta}, \quad \frac{1}{c}\frac{\partial L'}{\partial \tau}=\frac{\partial Y'}{\partial \zeta}-\frac{\partial Z'}{\partial \eta},$$

$$\frac{1}{c}\frac{\partial Y'}{\partial \tau}=\frac{\partial L'}{\partial \zeta}-\frac{\partial N'}{\partial \zeta}, \quad \frac{1}{c}\frac{\partial M'}{\partial \tau}=\frac{\partial Z'}{\partial \xi}-\frac{\partial X'}{\partial \zeta},$$

$$\frac{1}{c}\frac{\partial Z'}{\partial \tau}=\frac{\partial M'}{\partial \xi}-\frac{\partial L'}{\partial \eta}, \quad \frac{1}{c}\frac{\partial N'}{\partial \tau}=\frac{\partial X'}{\partial \eta}-\frac{\partial Y'}{\partial \xi},$$

显然，为 k 系所求得的上面这两个方程组必定表达完全同一回事，因为这两个方程组都相当于 K 系的麦克斯韦-赫兹方程。此外，由于两组里的各个方程，除了代表矢量的符号以外，都是相一致的，因此，在两个方程组里的对应位置上出现的函数，除了一个因子 $\varphi(v)$ 之外，都应当相一致，而 $\varphi(v)$ 这因子对于一个方程组里的一切函数都是共同的，并且同 ξ、η、ζ 和 τ 无关，而只同 v 有关。由此我们得到如下关系：

$$X' = \varphi(v)X, \ L' = \varphi(v)L,$$

$$Y' = \varphi(v)\beta\left(Y - \frac{v}{c}N\right), \ M' = \varphi(v)\beta\left(M + \frac{v}{c}Z\right),$$

$$Z' = \varphi(v)\beta\left(Z + \frac{v}{c}M\right), \ N' = \varphi(v)\beta\left(N - \frac{v}{c}Y\right)。$$

我们现在来作这个方程组的逆变换，首先要用到刚才所得到的方程的解，其次，要把这些方程用到那个由速度 $-v$ 来表征的逆变换（从 k 变换到 K）上去，那么，当我们考虑到如此得出的两个方程组必定是恒定的，就得到：

$$\varphi(v) \cdot \varphi(-v) = 1。$$

再者，由于对称的缘故，[①]

$$\varphi(v) = \varphi(-v);$$

所以 $$\varphi(v) = 1,$$

我们的方程也就具有如下形式：

$$X' = X, \ L' = L,$$

$$Y' = \beta\left(Y - \frac{v}{c}N\right), \ M' = \beta\left(M + \frac{v}{c}Z\right),$$

$$Z' = \beta\left(Z + \frac{v}{c}M\right), \ N' = \beta\left(N - \frac{v}{c}Y\right)。$$

为了解释这些方程，我们做如下的说明：设有一个点状电荷，当它在静系 K 中量度时，电荷的量值是"1"，那就是说，当它静止在静系中时，它以 1 达因的力作用在距离 1 厘米处的一个相等的电荷上。根据相对性原理，在动系中量度时，这个电荷的量值也该是"1"。如果这个电荷相对于静系是静止的，那么按照定义，矢量(X, Y, Z)就等于作用在它上面的力。如果

[①] 比如，要是 $X = Y = Z = L = M = 0$，而 $N \neq 0$，那么，由于对称的缘故，如果 v 改变正负号而不改变其数值，显然 Y' 也必定改变正负号而不改变其数值。——英译本注

这个电荷相对于动系是静止的（至少在有关的瞬时），那么作用在它上面的力，在动系中量出来等于矢量(X', Y', Z')。由此，上面方程中的前面三个，在文字上可以用如下两种方式来表述：

1. 如果一个单位点状电荷在一个电磁场中运动，那么作用在它上面的，除了电力，还有一个"电动力"，要是我们略去$\dfrac{v}{c}$的二次以及更高次幂所乘的项，这个电动力就等于单位电荷的速度同磁力的矢积除以光速。（旧的表述方式）

2. 如果一个单位点状电荷在一个电磁场中运动，那么作用在它上面的力就等于在电荷所在处出现的一种电力，这个电力是我们把这电磁场变换到同这单位电荷相对静止的一个坐标系上去时所得出的。（新的表述方式）

对于"磁动力"也是相类似的。我们看到，在所阐述的这个理论中，电动力只起着一个辅助概念的作用，它的引用是由于这样的情况：电力和磁力都不是独立于坐标系的运动状态而存在的。

同时也很明显，开头所讲的，那种在考查由磁体同导体的相对运动而产生电流时所出现的不对称性，现在是不存在了。而且，关于电动力学的电动力的"位置"（sitz）问题（单极电机），现在也不成为问题了。

§7. 多普勒原理和光行差的理论

在K系中，离坐标原点很远的地方，设有一电动波源，在包括坐标原点在内的一部分空间里，这些电磁波可以在足够的近似程度上用下面的方程来表示：

$$X = X_0 \sin\Phi, \quad L = L_0 \sin\Phi,$$
$$Y = Y_0 \sin\Phi, \quad M = M_0 \sin\Phi,$$
$$Z = Z_0 \sin\Phi, \quad N = N_0 \sin\Phi,$$

此处
$$\Phi = \omega\left(t - \frac{ax + by + cz}{c}\right).$$

这里的(X_0, Y_0, Z_0)和(L_0, M_0, N_0)是规定波列的振幅的矢量，a、b、c

是波面法线的方向余弦。我们要探究由一个静止在动系 k 中的观察者看起来的这些波的性状。

应用 §6 所得出的关于电力和磁力的变换方程，以及 §3 所得出的关于坐标和时间的变换方程，我们立即得到：

$$X'=X_0\sin\Phi', \quad L'=L_0\sin\Phi',$$

$$Y'=\beta\left(Y_0-\frac{v}{c}N_0\right)\sin\Phi', \quad M'=\beta\left(M_0+\frac{v}{c}Z_0\right)\sin\Phi',$$

$$Z'=\beta\left(Z_0+\frac{v}{c}M_0\right)\sin\Phi', \quad N'=\beta\left(N_0-\frac{v}{c}Y_0\right)\sin\Phi',$$

$$\Phi'=\omega'\left(\tau-\frac{a'\xi+b'\eta+c'\zeta}{c}\right),$$

此处

$$\omega'=\omega\beta\left(1-a\frac{v}{c}\right),$$

$$a'=\frac{a-\dfrac{v}{c}}{1-a\dfrac{v}{c}},$$

$$b'=\frac{b}{\beta\left(1-a\dfrac{v}{c}\right)},$$

$$c'=\frac{c}{\beta\left(1-a\dfrac{v}{c}\right)}。$$

从关于 ω' 的方程即可得知：如果有一观察者以速度 v 相对于一个在无限远处频率为 ν 的光源运动，并且参照于一个同光源相对静止的坐标系，"光源—观察者"连线同观察者的速度相交成 φ 角，那么，观察者所感知的光的频率 ν'，由下面方程定出：

$$\nu'=\nu\frac{1-\cos\varphi\dfrac{v}{c}}{\sqrt{1-\left(\dfrac{v}{c}\right)^2}},$$

这就是对于任何速度的多普勒原理。当 $\varphi=0$ 时，这方程具有如下的明晰形式：

$$\nu' = \nu \sqrt{\frac{1-\dfrac{v}{c}}{1+\dfrac{v}{c}}},$$

我们可看出，当 $\nu = -c$ 时，$\nu' = \infty$，这同通常的理解相矛盾。

如果我们把动系中的波面法线（光线的方向）同"光源—观察者"连线之间的交角叫作 φ'，那么关于 a' 的方程就取如下形式：

$$\cos\varphi' = \frac{\cos\varphi - \dfrac{v}{c}}{1 - \dfrac{v}{c}\cos\varphi}。$$

这个方程以最一般的形式表述了光行差定律。如果 $\varphi = \dfrac{\pi}{2}$，这个方程就取简单的形式：

$$\cos\varphi' = -\frac{v}{c}。$$

我们还应当求出这些波在动系中看来的振幅。如果我们把在静系中量出的和在动系中量出的电力或磁力的振幅，分别叫做 A 和 A'，那么我们就得到：

$$A'^2 = A^2 \frac{\left(1 - \dfrac{v}{c}\cos\varphi\right)^2}{1 - \left(\dfrac{v}{c}\right)^2},$$

如果 $\varphi = 0$，这个方程就简化成：

$$A'^2 = A^2 \frac{1 - \dfrac{v}{c}}{1 + \dfrac{v}{c}}。$$

从这些已求得的方程得知，对于一个以速度 c 向光源接近的观察者，这光源必定显得无限强烈。

§8. 光线能量的变换作用在完全反射镜上的辐射压力理论

因为 $\dfrac{A^2}{8\pi}$ 等于每单位体积的光能，于是由相对性原理，我们应当把 $\dfrac{A'^2}{8\pi}$ 看作是动系中的光能。因此，如果一个光集合体的体积，在 K 中量的同在 k 中量的是相等的，那么 $\dfrac{A'^2}{A^2}$ 就该是这一光集合体"在运动中量得的"能量同"在静止中量得的"能量的比率。但情况并非如此。如果 l,m,n 是静系中光的波面法线的方向余弦，那就没有能量会通过一个以光速在运动着的球面

$$(x-lct)^2+(y-mct)^2+(z-nct)^2=R^2$$

的各个面元素的。我们因此可以说，这个球面永远包围着这个光集合体。我们要探究在 k 系看来这个球面所包围的能量，也就是要求出这个光集合体相对于 k 系的能量。

这个球面——在动系看来——是一个椭球面，在 $\tau=0$ 时，它的方程是：

$$\left(\beta\xi-\alpha\beta\,\frac{v}{c}\xi\right)^2+\left(\eta+b\beta\,\frac{v}{c}\xi\right)^2+\left(\zeta-c\beta\,\frac{v}{c}\xi\right)^2=R^2。$$

如果 S 是球的体积，S' 是这个椭球的体积，那么，通过简单的计算，就得到：

$$\frac{S'}{S}=\frac{\sqrt{1-\left(\dfrac{v}{c}\right)^2}}{1-\dfrac{v}{c}\cos\varphi}。$$

因此，如果我们把在静系中量得的、为这个曲面所包围的光能叫作 E，而在动系中量得的叫作 E'，我们就得到：

$$\frac{E'}{E}=\frac{\dfrac{A'^2}{8\pi}S'}{\dfrac{A^2}{8\pi}S}=\frac{1-\dfrac{v}{c}\cos\varphi}{\sqrt{1-\left(\dfrac{v}{c}\right)^2}},$$

当 $\varphi=0$ 时，这个公式就简化成：

$$\frac{E'}{E} = \sqrt{\frac{1 - \dfrac{v}{c}}{1 + \dfrac{v}{c}}} \, \text{。}$$

可注意的是，光集合体的能量和频率都随着观察者的运动状态遵循着同一定律的变化。

现在设坐标平面 $\xi = 0$ 是一个完全反射的表面，§7 中所考查的平面波在那里受到反射。我们要求出作用在这反射面上的光压，以及经反射后的光的方向、频率和强度。

设入射光由 A，$\cos\varphi$，v（参照于 K 系）这些量来规定。在 k 看来，其对应量是：

$$A' = A \frac{1 - \dfrac{v}{c}\cos\varphi}{\sqrt{1 - \left(\dfrac{v}{c}\right)^2}},$$

$$\cos\varphi' = \frac{\cos\varphi - \dfrac{v}{c}}{1 - \dfrac{v}{c}\cos\varphi},$$

$$\nu' = \nu \frac{1 - \dfrac{v}{c}\cos\varphi}{\sqrt{1 - \left(\dfrac{v}{c}\right)^2}} \, \text{。}$$

对于反射后的光，当我们从 k 系来看这过程，则得：

$$A'' = A',$$
$$\cos\varphi'' = -\cos\varphi',$$
$$\nu'' = \nu' \, \text{。}$$

最后，通过回转到静系 K 的变换，关于反射后的光，我们得到：

$$A''' = A'' \frac{1 + \dfrac{v}{c}\cos\varphi''}{\sqrt{1 - \left(\dfrac{v}{c}\right)^2}} = A \frac{1 - 2\dfrac{v}{c}\cos\varphi + \left(\dfrac{v}{c}\right)^2}{1 - \left(\dfrac{v}{c}\right)^2},$$

$$\cos\varphi''' = \frac{\cos\varphi'' + \dfrac{v}{c}}{1 + \dfrac{v}{c}\cos\varphi''} = -\frac{\left[1 + \left(\dfrac{v}{c}\right)^2\right]\cos\varphi - 2\dfrac{v}{c}}{1 - 2\dfrac{v}{c}\cos\varphi + \left(\dfrac{v}{c}\right)^2},$$

$$\nu''' = \nu'' \frac{1 + \dfrac{v}{c}\cos\varphi''}{\sqrt{1 - \left(\dfrac{v}{c}\right)^2}} = \nu\frac{1 - 2\dfrac{v}{c}\cos\varphi + \left(\dfrac{v}{c}\right)^2}{1 - \left(\dfrac{v}{c}\right)^2}。$$

每单位时间内射到反射镜上单位面积的(在静系中量得的)能量显然是 $\dfrac{A^2(c\cos\varphi - v)}{8\pi}$，单位时间内离开反射镜的单位面积的能量是 $\dfrac{A'''^2(-c\cos\varphi''' + v)}{8\pi}$。由能量原理，这两式的差就是单位时间内光压所做的功。如果我们置这功等于乘积 $P\cdot\nu$，此处 P 是光压，那么我们就得到：

$$P = 2\cdot\frac{A^2}{8\pi}\frac{\left(\cos\varphi - \dfrac{v}{c}\right)^2}{1 - \left(\dfrac{v}{c}\right)^2}。$$

就第一级近似而论，我们得到一个同实验一致，也同别的理论一致的结果，即

$$P = 2\frac{A^2}{8\pi}\cos^2\varphi。$$

关于动体的一切光学问题，都能用这里所使用的方法来解决。其要点在于，把受到·动体影响的光的电力和磁力，变换到一个同这个物体相对静止的坐标系上去。通过这种办法，动体光学的全部问题将归结为一系列静体光学的问题。

§9. 考虑到运流的麦克斯韦-赫兹方程的变换

我们从下列方程出发：

$$\frac{1}{c}\left\{u_x\rho + \frac{\partial X}{\partial t}\right\} = \frac{\partial N}{\partial y} - \frac{\partial M}{\partial Z},\quad \frac{1}{c}\frac{\partial L}{\partial t} = \frac{\partial Y}{\partial z} - \frac{\partial Z}{\partial y},$$

$$\frac{1}{c}\left\{u_y\rho + \frac{\partial Y}{\partial t}\right\} = \frac{\partial L}{\partial z} - \frac{\partial N}{\partial x},\quad \frac{1}{c}\frac{\partial M}{\partial t} = \frac{\partial Z}{\partial x} - \frac{\partial X}{\partial z},$$

$$\frac{1}{c}\left\{u_z\rho+\frac{\partial Z}{\partial t}\right\}=\frac{\partial M}{\partial x}-\frac{\partial L}{\partial y}, \quad \frac{1}{c}\frac{\partial N}{\partial t}=\frac{\partial X}{\partial y}-\frac{\partial Y}{\partial x},$$

此处

$$\rho=\frac{\partial X}{\partial x}+\frac{\partial Y}{\partial y}+\frac{\partial Z}{\partial z}$$

表示电的密度的 4π 倍,而 $(u_x,\ u_y,\ u_z)$ 表示电的速度矢量。如果我们设想电荷是同小刚体(离子、电子)牢固地结合在一起的,那么这些方程就是洛伦兹的动体电动力学和光学的电磁学基础。

设这些方程在 K 系中成立,借助于 §3 和 §6 的变换方程,把它们变换到 k 系上去,我们由此得到方程:

$$\frac{1}{c}\left\{u_\xi\rho'+\frac{\partial X'}{\partial \tau}\right\}=\frac{\partial N'}{\partial \eta}-\frac{\partial M'}{\partial \xi}, \quad \frac{1}{c}\frac{\partial L'}{\partial \tau}=\frac{\partial Y'}{\partial \xi}-\frac{\partial Z'}{\partial \eta},$$

$$\frac{1}{c}\left\{u_\xi\rho'+\frac{\partial Y'}{\partial \tau}\right\}=\frac{\partial L'}{\partial \zeta}-\frac{\partial N'}{\partial \xi}, \quad \frac{1}{c}\frac{\partial M'}{\partial \tau}=\frac{\partial Z'}{\partial \xi}-\frac{\partial X'}{\partial \zeta},$$

$$\frac{1}{c}\left\{u_\xi\rho'+\frac{\partial Z'}{\partial \tau}\right\}=\frac{\partial M'}{\partial \xi}-\frac{\partial L'}{\partial \eta}, \quad \frac{1}{c}\frac{\partial N'}{\partial \tau}=\frac{\partial X'}{\partial \eta}-\frac{\partial Y'}{\partial \xi},$$

此处

$$\frac{u_x-v}{1-\frac{u_xv}{c^2}}=u_\xi,$$

$$\frac{u_y}{\beta\left(1-\frac{u_xv}{c^2}\right)}=u_\eta,$$

$$\frac{u_z}{\beta\left(1-\frac{u_xv}{c^2}\right)}=u_\zeta,$$

$$\rho'=\frac{\partial X'}{\partial \xi}+\frac{\partial Y'}{\partial \eta}+\frac{\partial Z'}{\partial \xi}=\beta\left(1-\frac{vu_x}{c^2}\right)\rho。$$

因为——由速度的加法定理(§5)得知——矢量 $(u_\xi,\ u_\eta,\ u_\zeta)$ 只不过是在 k 系中量得的电荷的速度,所以我们就证明了:根据我们的运动学原理,洛伦兹的动体电动力学理论的电动力学基础是符合于相对性原理的。

此外,我还可以简要地说一下,由已经推演得到的方程可以容易地导出下面一条重要的定律:如果一个带电体在空间中无论怎样运动,并且从一个同它一道运动着的坐标系来看，它的电荷不变，那么从"静"系 K 来看，它的电荷也保持不变。

§10.（缓慢加速的）电子的动力学

设有一点状的具有电荷 δ 的粒子（以后叫"电子"）在电磁场中运动，我们假定它的运动定律如下：

如果这电子在一定时期内是静止的，在随后的时刻，只要电子的运动是缓慢的，它的运动就遵循如下方程

$$m\frac{\mathrm{d}^2 x}{\mathrm{d}t^2}=\varepsilon X,$$

$$m\frac{\mathrm{d}^2 y}{\mathrm{d}t^2}=\varepsilon Y,$$

$$m\frac{\mathrm{d}^2 z}{\mathrm{d}t^2}=\varepsilon Z,$$

此处 x、y、z 表示电子的坐标，m 表示电子的质量。

现在，第二步，设电子在某一时期的速度是 v，我们来求电子在随后时刻的运动定律。

我们不妨假定，电子在我们注意观察它的时候是在坐标的原点上，并且沿着 K 系的 X 轴以速度 v 运动着，这样的假定并不影响考查的普遍性。那就很明显，在已定的时刻（$t=0$），电子对于那个以恒定速度 v 沿着 X 轴作平行运动的坐标系 k 是静止的。

从上面所作的假定，结合相对性原理，很明显的，在随后紧接的时间（对于很小的 t 值）里，由 k 系看来，电子是遵照如下方程而运动的：

$$m\frac{\mathrm{d}^2 \xi}{\mathrm{d}\tau^2}=\varepsilon X',$$

$$m\frac{\mathrm{d}^2 \eta}{\mathrm{d}\tau^2}=\varepsilon Y',$$

$$m\frac{\mathrm{d}^2 \zeta}{\mathrm{d}\tau^2}=\varepsilon Z',$$

在这里，ξ、η、ζ、τ、X'、Y'、Z' 这些符号是参照于 k 系的。如果我们进

一步规定，当 $t=x=y=z=0$ 时，$\tau=\xi=\eta=\zeta=0$，那么§3和§6的变换方程有效，也就是如下关系有效：

$$\tau=\beta\left(t-\frac{v}{c^2}x\right),$$

$$\xi=\beta(x-vt),\ X'=X,$$

$$\eta=y,\ Y'=\beta\left(Y-\frac{v}{c}N\right),$$

$$\zeta=z,\ Z'=\beta\left(Z+\frac{v}{c}M\right)。$$

借助于这些方程，我们把前述的运动方程从 k 系变换到 K 系，就得到：

$$\begin{cases}\dfrac{\mathrm{d}^2x}{\mathrm{d}t^2}=\dfrac{\varepsilon}{m}=\dfrac{1}{\beta^3}X,\\[2mm]\dfrac{\mathrm{d}^2y}{\mathrm{d}t^2}=\dfrac{\varepsilon}{m}\dfrac{1}{\beta}\left(Y-\dfrac{v}{c}N\right),\\[2mm]\dfrac{\mathrm{d}^2z}{\mathrm{d}t^2}=\dfrac{\varepsilon}{m}\dfrac{1}{\beta}\left(Z+\dfrac{v}{c}M\right)。\end{cases}\qquad\text{(A)}$$

依照通常考虑的方法，我们现在来探究运动电子的"纵"质量和"横"质量。我们把方程（A）写成如下形式

$$m\beta^3\frac{\mathrm{d}^2x}{\mathrm{d}t^2}=\varepsilon X=\varepsilon X',$$

$$m\beta^2\frac{\mathrm{d}^2y}{\mathrm{d}t^2}=\varepsilon\beta\left(Y-\frac{v}{c}N\right)=\varepsilon Y',$$

$$m\beta^2\frac{\mathrm{d}^2z}{\mathrm{d}t^2}=\varepsilon\beta\left(Z+\frac{v}{c}M\right)=\varepsilon Z',$$

首先要注意到，$\varepsilon X'$、$\varepsilon Y'$、$\varepsilon Z'$ 是作用在电子上的有质动力的分量，而且确是从一个当时同电子一道以同样速度运动着的坐标系中来考查的。（比如，这个力可用一个静止在上述的坐标系中的弹簧秤来量出。）现在如果我们把

这个力直截了当地叫作"作用在电子上的力"[①]，并且保持这样的方程

$$质量 \times 加速度 = 力，$$

而且，如果我们再规定加速度必须在静系 K 中进行量度，那么，由上述方程，我们导出：

$$纵质量 = \frac{\mu}{\left(\sqrt{1-\left(\dfrac{v}{c}\right)^2}\right)^3},$$

$$横质量 = \frac{\mu}{1-\left(\dfrac{v}{c}\right)^2}。$$

当然，用另一种力和加速度的定义，我们就会得到另外的质量数值。由此可见，在比较电子运动的不同理论时，我们必须非常谨慎。

我们觉得，这些关于质量的结果也适用于有重的质点上，因为一个有重的质点加上一个**任意小**的电荷，就能成为一个(我们所讲的)电子。

我们现在来确定电子的功能。如果一个电子本来静止在 K 系的坐标原点上，在一个静电力 X 的作用下，沿着 X 轴运动，那么很清楚，从这静电场中所取得的能量值为 $\int \varepsilon X \mathrm{d}x$。因为这个电子应该是缓慢加速的，所以也就不会以辐射的形式丧失能量，那么从静电场中取得的能量必定都被积蓄起来，它等于电子的运动的能量 W。由于我们注意到，在所考查的整个运动过程中，(A)中的第一个方程是适用的，我们于是得到：

$$W = \int \varepsilon X \, \mathrm{d}x = m \int_0^v \beta^3 v \mathrm{d}v = mc^2 \left\{ \frac{1}{\sqrt{1-\left(\dfrac{v}{c}\right)^2}} - 1 \right\}。$$

由此，当 $v=c$，W 就变成无限大。超光速的速度——像我们以前的结果一样——没有存在的可能。

根据上述的论据，动能的这个式子也同样适用于有重物体(ponderable

[①] 正如 M. 普朗克所首先指出来的，这里对力所下的定义并不好。力的比较中肯的定义，应当使动量定律和能量定律具有最简单的形式。——英译本注

massen）。

我们现在要列举电子运动的一些性质，它们都是从方程组（A）得出的结果，并且是可以用实验来验证的。

1. 从（A）组的第二个方程得知，电力 Y 和磁力 N，对于一个以速度 v 运动着的电子，当 $Y = \dfrac{N \cdot v}{c}$ 时，它们产生同样强弱的偏转作用。由此可见，用我们的理论，从那个对于任何速度的磁偏转力 A_m 同电偏转力 A_e 的比率，就可测定电子的速度，这只要用到定律：

$$\frac{A_m}{A_e} = \frac{v}{c} \text{。}$$

这个关系可由实验来验证，因为电子的速度也是能够直接量出来的，比如可以用迅速振荡的电场和磁场来量出。

2. 从关于电子动能的推导得知，在所通过的势差 P 同电子所得到的速度 v 之间，必定有这样的关系：

$$P = \int X \mathrm{d}x = \frac{m}{\varepsilon} c^2 \left\{ \frac{1}{\sqrt{1 - \left(\dfrac{v}{c} \right)^2}} - 1 \right\} \text{。}$$

3. 当存在着一个同电子的速度相垂直的磁力 N 时（作为唯一的偏转力），我们来计算在这磁力作用下的电子路径的曲率半径 R。由（A）中的第二个方程，我们得到：

$$-\frac{\mathrm{d}^2 y}{\mathrm{d}t^2} = \frac{v^2}{R} = \frac{\varepsilon}{m} \frac{v}{c} N \sqrt{1 - \left(\frac{v}{c} \right)^2},$$

或者

$$R = \frac{mc^2}{\varepsilon} \cdot \frac{\dfrac{v}{c}}{\sqrt{1 - \left(\dfrac{v}{c} \right)^2}} \cdot \frac{1}{N} \text{。}$$

根据这里所提出的理论，这三项关系完备地表述了电子运动所必须遵循的定律。

最后，我要声明，在研究这里所讨论的问题时，我曾得到我的朋友和同事 M. 贝索（M. Besso）的热诚帮助，要感谢他一些有价值的建议。

物体的惯性同它所含的能量有关吗[①]

前一研究[②]的结果导致一个非常有趣的结论,这里要把它推演出来。

在前一研究中,我所根据的是关于空虚空间的麦克斯韦-赫兹方程和关于空间电磁能的麦克斯韦表示式,另外还加上这样一条原理:

物理体系的状态据以变化的定律,同描述这些状态变化时所参照的坐标系究竟是用两个在互相平行匀速移动着的坐标系中的哪一个并无关系(相对性原理)。

我在这些基础[③]上,除其他一些结果外,还推导出了下面一个结果(参见上述引文§8):

设有一组平面光波,参照于坐标系(x, y, z),它具有能量l;设光线的方向(波面法线)同坐标系的x轴相交成φ角。如果我们引进一个对坐标系(x, y, z)做匀速平行移动的新坐标系(ξ, η, ζ),它的坐标原点以速度v沿x轴运动,那么这道光线——在(ξ, η, ζ)系中量出——具有能量:

$$l^* = l \frac{1 - \dfrac{v}{c}\cos\varphi}{\sqrt{1 - \left(\dfrac{v}{c}\right)^2}},$$

此处c表示光速。以后我们要用到这个结果。

设在坐标系(x, y, z)中有一个静止的物体,它的能量——参照于(x, y, z)系——是E_0。设这个物体的能量相对于一个像上述那样以速度v运动着的(ξ, η, ζ)系,则是H_0。

设该物体发出一列平面光波,其方向同x轴成φ角,能量为$\dfrac{L}{2}$[相对

---

① 这篇论文写于 1905 年 9 月,发表在 1905 年出版的德国《物理学杂志》(*Annalen der Physik*),第 4 编,第 18 卷,第 639—641 页。

② 指前面的那篇论文《论动体的电动力学》。

③ 那里所用到的光速不变原理当然包括在麦克斯韦方程里面了。——英译本注

于(x, y, z)量出]，同时在相反方向也发出等量的光线。在这时间内，该物体对(x, y, z)系保持静止。能量原理必定适用于这一过程，而且（根据相对性原理）对于两个坐标系都是适用的。如果我们把这个物体在发光后的能量，对于(x, y, z)系和对于(ξ, η, ζ)系量出的值，分别叫做E_1和H_1，那么利用上面所给的关系，我们就得到：

$$E_0 = E_1 + \left(\frac{L}{2} + \frac{L}{2}\right),$$

$$H_0 = H_1 + \left[\frac{L}{2}\frac{1 - \frac{v}{c}\cos\varphi}{\sqrt{1 - \left(\frac{v}{c}\right)^2}} + \frac{L}{2}\frac{1 + \frac{v}{c}\cos\varphi}{\sqrt{1 - \left(\frac{v}{c}\right)^2}}\right] = H_1 + \frac{L}{\sqrt{1 - \left(\frac{v}{c}\right)^2}}.$$

把这两方程相减，我们得到：

$$(H_0 - E_0) - (H_1 - E_1) = L\left[\frac{1}{\sqrt{1 - \left(\frac{v}{c}\right)^2}} - 1\right].$$

在这个表示式中，以$H - E$这样形式出现的两个差，具有简单的物理意义。H和E是这同一物体参照于两个彼此相对运动着的坐标系的能量，而且这物体在其中一个坐标系[(x, y, z)系]中是静止的。所以很明显，对于另一坐标系[(ξ, n, ζ)系]来说，$H - E$这个差所不同于这物体的动能K的，只在于一个附加常数C，而这个常数取决于对能量H和E的任意附加常数的选择。由此我们可以置：

$$H_0 = E_0 = K_0 + C,$$

$$H_1 - E_1 = K_1 + C,$$

因为C在光发射时是不变的，所以我们得到：

$$K_0 - K_1 = L\left[\frac{1}{\sqrt{1 - \left(\frac{v}{c}\right)^2}} - 1\right].$$

对于(ξ, η, ζ)来说，这个物体的动能由于光的发射而减少了，并且所减少的量同物体的性质无关。此外，$K_0 - K_1$这个差，像电子的动能（参见上述引文§10）一样，是同速度有关的。

略去第四级和更高级的(小)量，我们可以置

$$K_0 - K_1 = \frac{L}{c^2}\frac{v^2}{2}。$$

从这个方程可以直接得知：

如果有一物体以辐射形式放出能量 L，那么它的质量就要减少 $\frac{L}{c^2}$。至于物体所失去的能量是否恰好变成辐射能，在这里显然是无关紧要的，于是我们被引到了这样一个更加普遍的结论上来：

物体的质量是它所含能量的量度；如果能量改变了 L，那么质量也就相应地改变 $\frac{L}{9 \times 10^{20}}$，此处能量是用尔格来计量，质量是用克来计量。

用那些所含能量是高度可变的物体(比如用镭盐)来验证这个理论，不是不可能成功的。

如果这一理论同事实符合，那么在发射体和吸收体之间，辐射在传递着惯性。

关于引力对光传播的影响[①]

在四年以前发表的一篇论文[②]中，我曾经试图回答这样一个问题：引力是不是会影响光的传播？我之所以要再回到这个论题，不仅是因为以前关于这个题目的讲法不能使我满意，更是因为我现在进一步看到了我以前的论述中最重要的结果之一可以在实验上加以检验。根据这里要加以推进的理论可以得出这样的结论：经过太阳附近的光线，要经受太阳引力场引起的偏转，使得太阳同出现在太阳附近的恒星之间的角距离表观上要增加

---

① 译自"*Uber den Einfiuss der Schwerkraft auf die Ausbreitung des Lichtes*，"《物理学杂志》(*Annalen der Phyisik*)，1911 年，第 35 卷。——英译本注

② A. Einstein，《放射学和电子学年鉴》(*Jahrbuch für Radioakt. und Elekronik*)，1907 年，第 4 卷，第 411—462 页。——英译本注

将近弧度一秒。

在这些思考的过程中，还产生了一些有关引力的进一步的结果。但是由于对整个考查的说明是相当难以理解的，因此下面就应该只提出几个十分初步的思考，读者由此能够容易地了解这个理论的前提以及它的思路。这里推导得的关系，即使理论基础是正确的，也只是对于第一级近似才有效。

§1. 关于引力场的物理本性的假设

在一均匀重力场（重力加速度 γ）中，设有一静坐标系 K，它所取的方向使重力场的力线是向着 z 轴的负方向。在一个没有引力场的空间里，设有第二个坐标系 K'，在它的 z 轴的正方向上以均匀加速度（加速度 γ）运动着。为了考虑问题时避免不必要的复杂化，我们暂且在这里不考虑相对论，而从习惯的运动学的观点来考虑这两个坐标系，并且从通常的力学的观点来考虑出现在这两个坐标系中的运动。

相对于 K，以及相对于 K'，不受别的质点作用的质点是按照方程

$$\frac{\mathrm{d}^2 x}{\mathrm{d}t^2} = 0, \quad \frac{\mathrm{d}^2 y}{\mathrm{d}t^2} = 0, \quad \frac{\mathrm{d}^2 z}{\mathrm{d}t^2} = -\gamma$$

运动的。对于加速坐标系 K'，这可以从伽利略原理直接得出；但是对于在均匀引力场中静止的坐标系 K，可以从这样的经验中得出，这经验就是，在这种场中的一切物体都受到同等强度并且均匀的加速。重力场中一切物体都同样地降落，这一经验是我们对自然观察所得到的一个最普遍的经验；尽管如此，这条定律在我们的物理学世界图像的基础中却不占有任何地位。

但是，对于这条经验定律，我们得到了一种很可令人满意的解释，只要我们假定 K 和 K' 两个坐标系在物理学上是完全等效的，那就是说，只要我们假定：我们同样可以认为坐标系 K 是在没有引力场的空间里，但为此我们必须在这时认为 K 是在均匀加速才行。这种想法使得我们不可能说什么参照系的**绝对加速度**，正像通常的相对论不允许我们谈论一个参照系

的**绝对速度**一样。① 这种想法使得重力场中一切物体的同样的降落成为不言自明的。

只要我们限于仅讨论牛顿力学适用范围内的纯力学过程，我们就确信坐标系 K 和 K' 的等效性。但是，除非坐标系 K 和 K' 对于一切物理过程都是等效的，也就是说，除非相对于 K 的自然规律同相对于 K' 的自然规律都是完全一致的，否则我们的这个想法就没有更深的意义。当我们假定了这一点，我们就得到了这样一条原理，如果它真是真实的，它就具有很大的启发意义。因为从理论上来考查那些相对于一个均匀加速的坐标系而发生的过程，我们就获得了关于均匀引力场中各种过程的全部历程的信息。下面首先要加以指明的是，从通常的相对论的观点来看，我们这个假说具有多大程度值得考虑的盖然性。

§2. 关于能量的重力

相对论得到这样一个结果：物体的惯性质量随着它所含的能量的增加而增加；如果能量增加了 E，那么惯性质量的增加就等于 $\dfrac{E}{c^2}$，此处 c 表示光速。现在对应于这个惯性质量的增加会不会也有引力质量的增加呢？要是没有，那么一个物体在同一个引力场中就会按照它所含能量的多少而以不同的加速度降落。相对论的那个把质量守恒定律合并到能量守恒定律的多么令人满意的结果就会保持不住了；因为如果是这样，我们就不得不放弃以**惯性**质量旧形式来表示的质量守恒定律，而对于引力质量却还是能保持住。

但是必须认为这是非常靠不住的。另一方面，通常的相对论并没有给我们提供任何论据，可推论出物体的重量对于它所含能量的依存关系。但是我们将证明，我们关于坐标系 K 和 K' 等效的假说给出了能量的重力作

---

① 自然，我们不可能用没有引力场的坐标系的运动状态来代替一个任意的重力场，同样也不可能用相对性变换把一个任意运动着的媒质上的一切点都变换成静止的点。——英译本注

为必然的结果。

设有两个备有量度仪器的物质体系 S_1 和 S_2，位于 K 的 z 轴上，彼此相隔距离 h_1，[①] 使得 S_2 中的引力势比 S_1 中的引力势大 $\gamma \cdot h$。有一定的能量 E 以辐射的形式从 S_2 发射到 S_1。这时用某些装置来量度 S_1 和 S_2 中的能量，这些装置——带到坐标系 z 的一个地方，并在那里进行相互比较——都是完全一样的。

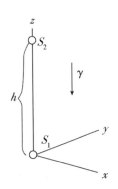

关于这个通过辐射来输送能量的过程，我们不能先验地加以论断，因为我们不知道重力场对于辐射以及 S_1 和 S_2 中的量度仪器的影响。

但是，根据我们关于 K 和 K' 等效性的假定，我们能够把均匀重力场中的坐标系 K 代之以一个没有重力的、在正的 z 方向上均匀加速运动的坐标系 K'，而两个物质体系 S_1 和 S_2 是同它的 z 轴坚固地连接在一起的。

我们从一个没有加速度的坐标系 K_0 出发，来判断由 S_2 辐射到 S_1 的能量转移过程。当辐射能 E_2 从 S_2 射向 S_1 的瞬间，设 K' 相对于 K_0 的速度是零。当时间过去了 $\frac{h}{c}$（取第一级近似值），这辐射会到达 S_1。但是在这一瞬间，S_1 相对于 K_0 的速度是 $\gamma \cdot \frac{h}{c} = v$。因此，按照通常的相对论，到达 S_1 的辐射所具有的能量不是 E_2，而是一个比较大的能量 E_1，它同 E_2 在第一级近似上以如下的方程发生关系：[②]

$$E_1 = E_2 \left(1 + \frac{v}{c}\right) = E_2 \left(1 + \frac{\gamma h}{c^2}\right) 。 \tag{1}$$

根据我们的假定，如果同样的过程发生在没有加速度，但具有引力场的坐标系 K 中，那么同样的关系也完全有效。在这种情况下，我们可以用 S_2 中的引力矢量的势 Φ 来代替 γh，只要置 S_1 中的 Φ 的任意常数等于零就行了。我们因而得到方程

$$E_1 = E_2 + \frac{E_2}{c^2}\Phi, \tag{1a}$$

这个方程表示关于所考查过程的能量定律。到达 S_1 的能量 E_1，大于用同样方法量得的在 S_2 中辐射出去的能量，而这个多出来的能量就是质量 $\frac{E_2}{c^2}$ 在重力场中的势能。这就证明了，为了使能量原理得以成立，我们必须把由一个相当于(重力)质量 $\frac{E}{c^2}$ 的重力(而产生)的势能归属于在 S_2 发射以前的能量 E。我们关于 K 和 K' 等效的假定因而就消除了本节开头所说的那种困难，而这困难是通常的相对论所遗留下来的。

如果我们考查一下如下的循环过程，这个结果的意义就显得特别清楚：

1. 把能量 E(在 S_2 中量出)以辐射形式从 S_2 发射到 S_1，按照刚才得到的结果，S_1 就吸收了能量 $E\left(1+\frac{\gamma h}{c^2}\right)$(在 S_1 中量出)。

2. 把一个具有质量 M 的物体 W 从 S_2 下降到 S_1，在这一过程中向外给出了功 Myh。

3. 当物体 W 在 S_1 时，把能量 E 从 S_1 输送到 W。因此改变了重力质量 M，使它获得 M' 值。

4. 把 W 再提升到 S_2，在这一过程中应当花费功 $M'yh$。

5. 把 E 从 W 输送回 S_2。

这个循环过程的效果只在于 S_1 经受了能量增加 $E\left(\frac{\gamma h}{c^2}\right)$，而能量

$$M'\gamma h - M\gamma h,$$

以机械功的形式输送给这个体系。根据能量原理，因此必定是

$$E\frac{\gamma h}{c^2} = M'\gamma h - M\gamma h,$$

或者

$$M' - M = \frac{E}{c^2}. \tag{1b}$$

于是**重力**质量的增加量等于 $\dfrac{E}{c^2}$，因而又等于由相对论所给的**惯性**质量的增加量。

这个结果还可以更加直接地从坐标系 K 和 K'' 的等效性得出来；根据这种等效性，对于 K 的**重力**质量完全等于对于 K' 的**惯性**质量；因此能量必定具有**重力**质量，其数值等于它的**惯性**质量。如果在坐标系 K' 中有一质量 M_0 挂在一个弹簧测力计上，由于 M_0 的惯性，弹簧测力计会指示出表观重量 $M_0\gamma$。我们把能量 E 输送到 M_0，根据能量的惯性定律，弹簧测力计会指示出 $\left(M_0+\dfrac{E}{c^2}\right)\gamma$。按照我们的基本假定，当这个实验在坐标系 K 中重做，也就是说在引力场中重做时，必定出现完全同样的情况。

§3. 重力场中的时间和光速

如果在均匀加速的坐标系 K' 中从 S_2 射向 S_1 的辐射，就 S_2 中的钟来说，它具有频率 υ_2，那么在它到达 S_1 时，就放在 S_1 中一只性能完全一样的钟来说，它相对于 S_1 所具有的频率就不再是 υ_2，而是一个较大的频率 υ_1，其第一级近似值是

$$\upsilon_1=\upsilon_2\left(1+\frac{\gamma h}{c^2}\right)。 \tag{2}$$

因为如果我们再引进无加速度的参照系 K_0，相对于它，在光发射时，K' 没有速度，那么在辐射到达 S_1 时，S_1 相对于 K_0 具有速度 $\gamma\left(\dfrac{h}{c}\right)$，由此，根据多普勒原理，就直接得出上述关系。

按照我们关于坐标系 K' 和 K 等效的假定，这个方程对于具有均匀重力场的静止坐标系 K 也该有效，只要在这个坐标系中有上述辐射输送发生。由此可知，一条在 S_2 中在一定的重力势下发射的光线，在它发射时——对照 S_1 中的钟——具有频率 υ_2，而在它到达 S_1 时，如果用一只放在 S_1 中的性能完全相同的钟来度量，就具有不同的频率 υ_1。如果我们用 S_2 的重力势 $\varPhi$——它以 S_1 作为零点——来代替 γh，并且假定我们对于**均**

匀引力场所推导出来的关系也适用于别种形式的场，那么就得到

$$\upsilon_1 = \upsilon_2 \left(1 + \frac{\Phi}{c^2}\right)。 \tag{2a}$$

这个（根据我们的推导在第一级近似有效的）结果首先允许作下面的应用。设 υ_0 是用一只精确的钟在同一地点所量得的一个基元光发生器的振动数，于是这个振动数同光发生器以及钟安放在什么地方都是没有关系的。我们可以设想这两者都是在太阳表面的某一个地方（我们的 S_2 就在那里）。从那里发射出去的光有一部分到达地球（S_1），在地球上我们用一只同刚才所说的那只钟性能完全一样的钟 U 来量度到达的光线的频率。因此，根据(2a)，

$$\upsilon = \upsilon_0 \left(1 + \frac{\Phi}{c^2}\right)，$$

此处 Φ 是太阳表面同地球之间的（负的）引力势差。于是，按照我们的观点，日光谱线同地球上光源的对应谱线相比较，必定稍为向红端移动，而且事实上移动的相对总量是

$$\frac{\nu_0 - \nu}{\nu_0} = -\frac{\Phi}{c^2} = 2 \times 10^{-6}。$$

要是产生日光谱线的条件是完全已知的，这个移动也就可以量得出来。但是由于有别的作用（压力、温度）影响这些谱线重心的位置，那就难以发现这里所推断的引力势的影响实际上究竟是否存在。[①]

在肤浅的考查下，方程(2)或者(2a)，似乎表述了一种谬误。在从 S_2 到 S_1 有恒定的光传送的情况，除了 S_2 中所发射的以外，怎么可能还有别的每秒周期数到达 S_1 呢？但答案是简单的。我们不能把 υ_2 或 υ_1 简单地看作是频率（作为每秒周期数），因为我们还没有确定坐标系 K 中的时间。υ_2 所表示的是参照于 S_2 中的钟 U 的时间单位的周期数，而 υ_1 却表示参照于

---

① L. F. Jewell[法国《物理学期刊》(*Jorun. de Phys.*)，1897 年，第 6 卷，84 页]，尤其是 Ch. Fabry 和 H. Boisson[法国科学院《报告》(*Comptes. rendus.*)，1909 年，第 148 卷，688—690 页]，实际上已经以这里所计算的数量级发现精细谱线向光谱红端的这种位移，但是他们把这些位移归因于吸收层的压力的影响。——英译本注

S_1 中同样性能的钟的单位时间周期数。没有理由可迫使我们假定在不同引力势中的两只钟 U 必须认为是以同一速率运行的。相反，我们倒不得不这样来定义 K 中的时间：处在 S_2 同 S_1 之间的波峰和波谷的数目同时间的绝对值无关；因为所观察的这个过程按其本性是一种稳定的过程。要是我们不满足于这个条件，我们所得到的时间定义在应用时，就会使时间明显地进入自然规律之中，这当然是不自然的，也是不适当的。因此，S_1 和 S_2，中两只钟并不是都正确地给出"时间"。如果我们用钟 U 来量 S_1 中的时间，**那么我们就必须用这样的一只钟来量 S_2 中的时间，这只钟如果在同一个地方同钟 U 作比较时，它就要比 U 慢 $1+\dfrac{\Phi}{c^2}$ 倍。** 因为，用一只这样的钟来量，上述光线当它在 S_2 中发射时的频率是

$$\nu_2\left(1+\frac{\Phi}{c^2}\right),$$

从而根据(2a)，它也就等于这道光线到达 S_1 的频率 υ_1。

由此得到一个对我们的理论有根本性重要意义的一个结果。因为，如果我们用一些性能完全一样的钟 U，在没有引力的、加速坐标系 K' 中的不同地方来量光速，我们就会在处处得到同一数值。根据我们的基本假定，这对于坐系 K 也该同样有效。但是从刚才所说的，我们在一些具有不同引力势的地方量度时间时，就必须使用性能不同的钟。因为要在一个相对于坐标原点具有引力势 Φ 的地方量时间，我们必须使用的钟——当它移到坐标原点时——要比在坐标原点上量时间所用的那只钟慢 $\left(1+\dfrac{\Phi}{c^2}\right)$ 倍。如果我们把坐标原点上的光速叫作 c_0，那么在一个具有引力势 Φ 的地方的光速 c 就由关系

$$c=c_0\left(1+\frac{\Phi}{c^2}\right) \tag{3}$$

得出。光速不变原理仍然适用于这个理论，但是它已不像平常那样作为通常的相对论的基础来理解了。

§4. 光线在引力场中的弯曲

由刚才证明的"在引力场中的光速是位置的函数"这个命题，可以用惠更斯原理容易地推论出：光线传播经过引力场时必定要受到偏转。设 ε 是一平面光波在时间 t 时的波前，P_1 和 P_2 是那个平面上的两个点，彼此相隔一个单位的距离。P_1 和 P_2 是在这张纸的平面上，并且这样来选择它，

使得在这平面的法线方向上所取的 Φ 的微商等于零，因而 c 的微商也等于零。当我们分别用以 P_1 和 P_2 两点为中心，$c_1 dt$ 和 $c_2 dt$ 为半径作出圆（此处 c_1 和 c_2 分别表示 P_1 和 P_2 点上的光速），再作出这些圆的切线，我们就得到在时间 $t+dt$ 的对应的波前，或者波前同这张纸平面的交线。这道光线在路程 cdt 中的偏转角因而是

$$(c_1-c_2)dt=-\frac{\partial c}{\partial n'}dt,$$

如果光线是弯向 n' 增加的那一边，我们就把偏转角算作是正的。每单位光线路程的偏转角因而是

$$-\frac{1}{c}\frac{\partial c}{\partial n'},$$

或者根据(3)，等于

$$-\frac{1}{c^2}\int\frac{\partial \Phi}{\partial n'},$$

最后，我们得到光线在任何路线 (s) 上所经受的向着 n' 这一边的偏转 α 的表示式

$$\alpha=-\frac{1}{c^2}\frac{\partial \Phi}{\partial n'}ds。 \tag{4}$$

通过直接考查光线在均匀加速坐标系 K' 中的传播，并且把这结果转移到坐

标系 K 中，由此又转移到任何形式的引力场的情况中，我们也可以得到同样的结果。

根据方程(4)，光线经过天体附近要受到偏转，偏转的方向是向着引力势减小的那一边，因而是向着天体的那一边，偏转的大小是

$$\alpha = \frac{1}{c^2} \int_{\theta=-\frac{\pi}{2}}^{\theta=+\frac{\pi}{2}} \frac{kM}{r^2} \cos\theta \cdot ds = \frac{2kM}{c^2 \Delta},$$

此处 k 表示引力常数，M 表示天体的质量，Δ 表示光线同天体中心的距离。**光线经过太阳附近因此要受到 $4 \times 10^{-6} = 0.83$ 弧度秒的偏转。** 星球同太阳中心的角距离由于光线的偏转显得增加了这样一个数量。由于在日全食时可以看到太阳附近天空的恒星，理论的这一结果就可以同经验进行比较。对于木星，所期望的位移大约达到上述数值的 $\frac{1}{100}$。迫切希望天文学家接

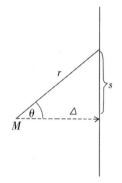

受这里所提出的问题，即使上述考查看起来似乎是根据不足或者完全是冒险从事。除了各种理论（问题）以外，人们还必然会问：究竟有没有可能用目前的装置来检验引力场对光传播的影响？

广义相对论的基础[①]

A. 对相对性公设的原则性考查

§1. 对狭义相对论的评述

狭义相对论是以下面的公设为基础的(而伽利略-牛顿的力学也满足这个公设)：如果这样来选取一个坐标系 K，使物理定律参照于这个坐标系得以最简单的形式成立，那么对于任何另一个相对于 K 做匀速平移运动的坐标系 K'，**这些**定律也同样成立。这条公设我们叫它"狭义相对性原理"。"狭义"(speziell)这个词表示这条原理限制在 K' 对 K 做**匀速平移运动**的情况，但 K' 同 K 的等效性并没有扩充到 K' 对 K 做**非匀速**运动的情况。

因此，狭义相对论同古典力学的分歧，不是由于相对性原理，而只是由于**真空**中光速不变的公设，由这公设，结合狭义相对性原理，以大家都知道的方法，得出了同时性的相对性，洛伦兹变换，以及同它们有关的关于运动的刚体和时钟性状的定律。

狭义相对论使空间和时间的理论所受的修改确实是深刻的，但在**一个**重要之点却保持原封未动。即使依照狭义相对论，几何定律也都被直接解释为关于(静止)固体可能的相对位置的定律；而且，更一般地把运动学定律解释成为描述量具和时钟之间关系的定律。对于一个静止(刚)体上两个选定的质点，总对应着一个长度完全确定的距离，这距离同刚体所在的地

---

① 这是关于广义相对论的第一篇完整的论文，译自"*Die Grundlage der allgemeinen Relativitästheorie*,"《物理学杂志》(*Annalen der Physik*)，1916 年，第 4 编，第 49 卷，第 769—822 页。——英译本注

点和它的取向都无关，而且也同时间无关。对于一只同（特许的）参照系相对静止的时钟上两个选定的指针位置，总对应着一个具有一定长度的时间间隔，这个间隔同地点和时间无关。我们马上就要指出，广义相对论就不能再固执坚持这种关于空间和时间的简单的物理解释了。

§2. 扩充相对性公设的缘由

在古典力学里，同样也在狭义相对论里，有一个固有的认识论上的缺点，这个缺点恐怕是由 E. 马赫最先清楚地指出来的。我们用下面的例子来阐明它：两个同样大小和同样性质的流质物体在空间自由地飘荡着，它们相互之间（以及同一切别的物体）的距离都是如此之大，以至于只要考虑各个物体自身各部分相互作用的那些引力就行了。设这两个物体之间的距离不变，各个物体自身的各部分彼此不发生相对运动。但当这两个物体中的任何一个——从对另一物体相对静止的观察者来判断——以恒定的角速度绕着两者的连线在转动（这是一种可以验证的两个物体的相对运动）时，现在让我们设想，借助于一些（相对静止的）量杆来测定这两个物体（S_1 和 S_2）的表面；结果是 S_1 的表面是球面，而 S_2 的表面是回转椭球面。现在我们要问：为什么这两个物体 S_1 和 S_2 的性状有这样的差别呢？对于这个问题的答案所根据的事实只有它是**可观察的经验事实时**，才能在认识论上被认为是令人满意的答案；[①] 因为，只有当**可观察到的事实**最终表现为原因和结果时，因果律才具有一个关于经验世界的陈述的意义。

牛顿力学在这问题上没有给出令人满意的答案。它的说法如下：对于物体 S_1 对之是静止的那个空间 R_1，力学定律是适用的；但对于物体 S_2 是静止的空间 R_2，力学定律则不适用。但这样引进（对它做相对运动的）特许的伽利略空间 R_1，不过是一种**纯虚构**的原因，而不是可被观察的事实。因此显然，在所考查的情况下，牛顿力学实际上并不满足因果性的要求，而

---

① 这种在认识论上令人满意的答案，如果它同别的经验有矛盾，当然在物理上还是靠不住的。——英译本注

只是表面上满足而已，因为它用纯虚构的原因 R_1，来说明 S_1 和 S_2 两物体的可观察到的不同性状。

对上述问题的一个令人满意的答案只能这样说：由 S_1 和 S_2 所组成的物理体系，仅仅由它本身显示不出任何可想象的原因，能说明 S_1 和 S_2 的这种不同性状。所以这原因必定是在这个体系的**外面**。我们得到这样一种理解，即认为那个特别决定着 S_1 和 S_2 形状的普遍的运动定律必定是这样的：S_1 和 S_2 的力学性状在十分主要的方面必定是由远处的物体共同决定的，而我们没有把这些物体估计在所考查的这个体系里。这些远处的物体（以及它们对所考查物体的相对运动），就被看成是我们所考查的这两个物体 S_1 和 S_2 有不同性状的原因所在，并且原则上是可被观察的；它们承担着那个虚构的原因 R_1 的作用。如果要不使上述认识论的指摘再复活起来，一切可想象的、彼此相对做任何一类运动的空间 R_1，R_2 等之中，就没有一个可以先验地被看成是特许的。**物理学的定律必须具有这样的性质，它们对于以无论哪种方式运动着的参照系都是成立的。**循着这条道路，我们就到达了相对性公设的扩充。

除了这个有分量的认识论的论证外，还有一个为扩充相对论辩护的著名的物理事实。设 K 是一个伽利略参照系，那是这样的一种参照系，相对于它（至少在所考查的四维区域内），有一个同别的物体离得足够远的物体在做直线的匀速运动。设 K' 是第二个坐标系，它相对于 K 做**均匀加速**的平移运动。因此，一个离别的物体足够远的物体，相对于 K' 该有一加速运动，而其加速度及其加速度的方向都同这一物体的物质组成和物理状态无关。

一位对 K' 相对静止的观察者能否由此得出结论，说他是在一个"真正的"加速参照系之中呢？回答是否定的；因为相对于 K' 自由运动的物体的上述性状可以用下面的方式作同样恰当的解释。参照系 K' 不是加速的；可是在所讨论的时间-空间领域里有一个引力场在支配着，它使物体得到了相对于 K' 的加速运动。

这种观点所以成为可能，是因为经验告诉我们，存在一种力场（即引力场），它具有给一切物体以同样的加速度那样一种值得注意的性质。[1] 物体相对于 K' 的力学性状，同在那些被我们习惯上当作"静止的"或者当作"特许的"参照系中所经验到的物体的力学性状，都是一样的；因此，从物理学的立场看来，就很容易承认，K 和 K' 这两参照系都有同样的权利可被看作是"静止的"，也就是说，作为对现象的物理描述的参照系，它们都有同等的权利。

根据这些考虑就会看到，广义相对论的建立，同时必定会导致一种引力论，因为我们只要仅仅改变坐标系就能"产生"一种引力场。我们也就立即可知，**真空**中光速不变原理必须加以修改。因为我们不难看出，如果参照 K，光是以一定的不变速度沿着直线传播的，那么参照于 K'，光线的路程一般必定是曲线。

§3. 空间-时间连续区表示自然界普遍 规律的方程所要求的广义协变性

在古典力学里，同样在狭义相对论里，空间和时间的坐标都有直接的物理意义。一个点事件的 X_1 坐标为 x_1，它的意思是说：当我们在（正的）X_1 轴上把一根选定的杆（单位量杆）从坐标原点起挪动 x_1 次，就得到用刚性杆按欧几里得几何规则所定的这一点事件在 X_1 轴上的投影。一个点事件的 X_4 坐标为 $x_4 = t$，它的意思是说：用一只按一定规则校准过的单位钟，它对于坐标系是相对静止地放着的，并且在空间中（实际上）同这点事件相重合的，[2] 当这事件发生时，单位钟经历了 $x_4 = t$ 个周期。

空间和时间的这种理解总是浮现在物理学家的心里，尽管他们大多数并没意识到这一点，这可以从这两个概念在量度的物理学中所起的作用清楚地看到；读者必须以这种理解作为前一节的第二种考虑的基础，他才能

---

[1] 厄缶(Eötvös)实验证明，引力场非常精确地具有这一性质。——英译本注

[2] 我们假定对于空间里贴近的，或者——比较严格地说——对于空间-时间里贴近的或者相重合的事件，可能验证"同时性"，而用不着给这个基本概念下定义。——英译本注

把那里得出的东西给以一种意义。但是我们现在要指出：如果狭义相对论切合于那种不存在引力场的极限情况，那么，为了使广义相对性公设能够贯彻到底，我们就必须把这种观念丢在一旁，而代之以一种更加广泛的观念。

在一个没有引力场的空间里，我们引进一个伽利略参照系 $K(x, y, z, t)$，此外又引进一个对 K 做相对均匀转动的坐标系 $K'(x', y', z', t')$。设这两个[参照]系的原点以及它们的 Z 轴都永远重合在一起。我们将要证明，对于 K' 系中的空间-时间量度，关于长度和时间的物理意义的上述定义不能维持。由于对称的缘故，在 K 的 X-Y 平面上一个绕着原点的圆，显然也可以同时被认为是 K' 的 X'-Y' 平面上的圆。现在我们设想，这个圆的周长和直径，用一个(比起半径来是无限小的)单位量杆来量度，并且作这两个量度结果的商。倘若我们是用一根相对静止于伽利略坐标系 K 的量杆来做这个实验的，那么我们得到的这个商的值该是 π。如果用一根同 K' 相对静止的量杆来量，这商就要大于 π。这是不难理解的，只要我们是由"静"系 K 来判断整个量度过程，并且考虑到量度圆周时，量杆要受到洛伦兹收缩，而量度半径时则不会。因此，欧几里得几何不适用于 K'；前面所定义的坐标观念，它以欧几里得几何的有效性作为前提，所以对于 K' 系说来，它就失效了。我们同样很少可能在 K' 中引进一种用一些同 K' 相对静止的而性能一样的钟来表示的合乎物理要求的时间。为了理解这一点，我们设想在坐标原点和圆周上各放一只性能一样的钟，并且从"静"系 K 来观察。根据狭义相对论的一个已知的结果，在圆周上的钟——从 K 来判断——要比原点上的钟走得慢些，因为前一只钟在运动，而后一只钟则不动。一个处在公共坐标原点上的观测者，如果他又能够用光来观察圆周上的钟，他就会看出那只在圆周上的钟比他身边的钟要走得慢。由于他不会下决心让沿着所考查的这条路线上的光速明显地同时间有关，于是他将把他所观察到的结果解释成为在圆周上的钟"真是"比原点上的钟走得慢些。因此他不得不这样来定义时间：钟走得快慢取决于它所在的地点。

我们因此得到这样的结果：在广义相对论里，空间和时间的量不能这样来定义，即以为空间的坐标差能用单位量杆直接量出，时间的坐标差能用标准钟量出。

迄今所用的，以确定的方式把坐标安置在空间-时间连续区里的方法，由此失效了，而且似乎没有别的办法可让我们把坐标系来这样适应于四维世界，使得我们可以通过它们的应用而期望得到一个关于自然规律的特别简明的表述。所以，对于自然界的描述，除了把一切可想象的坐标系都看作在原则上是具有同样资格的，此外就别无出路了。这就要求：

普遍的自然规律是由那些对一切坐标系都有效的方程来表示的，也就是说，它们对于无论哪种代换都是协变的（广义协变）。

显然，凡是满足这条公设的物理学，也会适合于广义相对性公设的。因为在**全部**代换中总也包括了那样一些代换，这些代换同（三维）坐标系中一切相对运动相对应。从下面的考虑可以看出，去掉空间和时间最后一点物理客观性残余的这个广义协变性的要求，是一种自然的要求。我们对于空间-时间的一切确定，总是归结到对空间-时间上的重合所做的测定。比如，要是只存在由质点运动组成的事件，那么，除了两个或者更多个这些质点的会合外，就根本没有什么东西可观察的了。而且，我们的量度结果无非是确定我们量杆上的质点同别的质点的这种会合，确定时钟的指针、钟面标度盘上的点，以及所观察到的在同一地点和同一时间发生的点事件三者的重合。

参照系的引进，只不过是用来便于描述这种重合的全体。我们以这样的方式给世界配上四个空间-时间变数 x_1、x_2、x_3、x_4，使得每一个点事件都有一组变数 $x_1 \cdots x_4$ 的值同它对应。两个相重合的事件则对应同一组变数 $x_1 \cdots x_4$ 的值；也就是说，重合是由坐标的一致来表征的。如果我们引进变数 $x_1 \cdots x_4$ 的函数 x_1'、x_2'、x_3'、x_4' 作为新的坐标系来代替这些变数，使这两组数值一一对应起来，那么，在新坐标系中所有四个坐标的相等也都表示两个点事件在空间-时间上的重合。由于我们的一切物理经验最后都可归结为这种重合，也就没有什么理由要去偏爱某些坐标系，而不喜欢别的坐标系，这就是说，我们达到了广义协变性的要求。

§4. 四个坐标同空间-时间量度结果的关系

在这个讨论中，我的目的不在于把广义相对论表述为一个用到公理最少的尽可能简单的、合乎逻辑的体系。我的主要目的却在于要这样来发展这一理论，使读者对所选的这条道路在心理上有自然的感觉，而且作为基础的那些假定看来是由经验尽量地保证的。在这种意义下，现在不妨引进这样的假定：

对于无限小的四维区域，如果坐标选择得适当，狭义相对论是适合的。

为此，必须这样来选取无限小的（"局部的"）坐标系的加速状态，使引力场不会出现；这对于无限小区域是可能的。设 X_1、X_2、X_3 是空间坐标；X_4 是用适当的标度量得的所属时间坐标。[①] 如果设想有一根刚性小杆作为单位量杆，那么在给定这坐标系的取向时，这些坐标在狭义相对论的意义下就有直接的物理意义。按照狭义相对论，表示式

$$ds^2 = -dX_1^2 - dX_2^2 - dX_3^2 + dX_4^2 \qquad (1)$$

就有一个同局部坐标系的取向无关而可由空间-时间量度来确定的值。我们称 ds 为属于这个四维空间的一些无限邻近点之间的线元的值。如果属于微元$(dX_1 \cdots dX_4)$的 ds^2 是正的，那么我们照闵可夫斯基的先例，叫它是类时间的（zeitartig）；如果是负的，我们就叫它是类空间的（raumartig）。

属于上述"线元"或者两个无限邻近点事件的，还有所选定参照系的四维坐标的确定的微分 $dx_1 \cdots dx_4$。如果这个坐标系以及具有上述性质的一个"局部"坐标系，对于所考查的区域都是给定了的，那么 dX_ν 在这里就可用 dx_σ 的一定的线性齐次式来表示：

$$dX_\nu = \sum_\sigma \alpha_{\nu\sigma} dx_\sigma \qquad (2)$$

把这些式子代入(1)，我们就得到

---

① 时间单位是这样选定的，使得——在这"局部"坐标系中所量得的——**真空**中的光速等于1。——英译本注

$$ds^2 = \sum_\sigma g_{\sigma\tau} dx_\sigma dx_\tau。 \tag{3}$$

此处 $g_{\sigma\tau}$ 将是 x_σ 的函数。这些函数可以不再取决于"局部"坐标系的取向和它的运动状态；因为 ds^2 是一个可由量杆-时钟量度而得出的量，是一个从属于所考查的空间-时间上无限邻近的点事件，而且被定义为与任何特殊的坐标选取无关。这里 $g_{\sigma\tau}$ 要这样选取，使得 $g_{\sigma\tau} = g_{\tau\sigma}$；累加遍及 σ 和 τ 的一切数值，所以总和是由 4×4 个项构成，其中有 12 个项是成对地相等的。

由于 $g_{\sigma\tau}$ 在非无限小区域里具有特殊的性状，如果在这个区域里有可能这样来选取坐标系，使得 $g_{\sigma\tau}$ 具有如下的常数值：

$$\begin{cases} -1 & 0 & 0 & 0 \\ 0 & -1 & 0 & 0 \\ 0 & 0 & -1 & 0 \\ 0 & 0 & 0 & +1, \end{cases} \tag{4}$$

那么从这里所考查的特例就得出通常的相对性理论的情况。我们以后会发现，这样的坐标选择，对于非无限小的区域一般是不可能的。

从 §2 和 §3 的考查得知，$g_{\sigma\tau}$ 这些量，从物理学的立场来看，应该看作是参照于所选参照系描述引力场的量。因为，如果我们现在假定，在适当选取坐标的情况下，狭义相对论对于某一个被考查的四维区域是适合的，那么 $g_{\sigma\tau}$ 就具有 (4) 中所规定的值。因此，对于这个坐标系来说，自由质点是在做直线匀速运动。如果我们现在通过一种任意的代换，引进新的空间-时间坐标 x_1、x_2、x_3、x_4，那么 $g_{\sigma\tau}$ 在新坐标系中将不再是常数，而是空间-时间的函数。同时，自由质点的运动在新坐标中将表现为曲线的非匀速运动，而这种运动规律同运动质点的本性无关。我们因此把这种运动解释为在引力场影响下的运动。我们从而发现，引力场的出现是同 $g_{\sigma\tau}$ 的空间-时间变异性联系在一起的。而且，在一般情况下，当我们不再能通过坐标的适当选取而把狭义相对论应用到非无限小区域上去的时候，我们将坚持这样的观点，即认为 $g_{\sigma\tau}$ 是描述引力场的。

因而，根据广义相对论，引力同别的各种力，尤其是同电磁力相比，它扮演一个特殊的角色，因为表示引力场的 10 个函数 g_π，同时也规定了四维量度空间(messraum)的度规(metrik)性质。

B. 建立广义协变方程的数学工具

在前面我们看到了，广义相对性公设导致这样的要求，即物理方程组对于坐标 $x_1 \cdots x_4$ 的任何代换都必须是协变的，现在我们就必须考虑怎样才能得到这种广义协变方程。我们现在要转到这种纯粹的数学问题上来；我们会发现，在解决这个问题时，方程(3)所给的不变量 ds 扮演着主要的角色，仿照高斯的曲面论，我们叫它"线元"。

这个广义协变理论的基本思想如下：设对于任一坐标系，有某些东西("张量")是用一些叫作张量"分量"的空间函数来定义的。如果这些分量对于原来的坐标系是已知的，而且联系原来的和新的坐标系之间的变换也是已知的，那么就存在一些确定的规则，根据这些规则可算出关于新坐标系的分量。这些以后叫作张量的东西，由于它们的分量的变换方程都是线性的和齐次的，而进一步显示出其特征。由此可知，如果全部分量在原来的坐标系中都等于零，那么它们在新坐标系中也都全部等于零。所以，如果有一自然规律，它是由一个张量的一切分量都等于零来表述的，那么它就是广义协变的；通过对张量形成规则的考查，我们就得到了建立广义协变定律的方法。

§5. 抗变的和协变的四元矢量

抗变四元矢量 线元是由四个"分量"dx_ν 来定义的，这些分量的变换规则由下列方程来表示：

$$\mathrm{d}x'_\sigma = \sum_\nu \frac{\partial x'_\sigma}{\partial x_\nu} \mathrm{d}x_\nu \tag{5}$$

这里 $\mathrm{d}x'_\sigma$ 表示为 $\mathrm{d}x_\nu$ 的线性齐次函数；因此我们可以把这些坐标微分看成

是一种"张量"的分量，这种张量我们特别叫它抗变四元矢量。凡是对于坐标系用四个量 A^ν 来定义的，并且以同样的规则

$$A'_\sigma = \sum_\nu \frac{\partial x'_\sigma}{\partial x_\nu} A^\nu \tag{5a}$$

来变换的东西，我们也叫它抗变四元矢量。从(5a)立即得知，如果 A^σ 和 B^σ 都是一个四元矢量的分量，那么它们的和 $(A^\sigma \pm B^\sigma)$ 也该是四元矢量的分量。对于一切以后引进作为"张量"的体系，相应的关系都成立（张量的加法和减法规则）。

协变四元矢量　如果对于每个任意选取的抗变四元矢量 B^ν，有四个量 A_ν，使

$$\sum_\nu A_\nu B^\nu = 不变量, \tag{6}$$

那么我们叫 A_ν 是一个协变四元矢量的分量。由这个定义得出协变四元矢量的变换规则。因为，如果我们把方程

$$\sum_\sigma A'_\sigma B^{\sigma'} = \sum_\nu A_\nu B^\nu$$

右边的 $B^\nu p$ 代之以由方程(5a)的反演变换后所得出的下式

$$\sum_\sigma \frac{\partial x_\nu}{\partial x'_\sigma} B^{\sigma'},$$

我们就得到

$$\sum_\sigma B^{\nu'} \sum_\nu \frac{\partial x_\nu}{\partial x'_\sigma} A_\nu = \sum_\tau B^{\sigma'} A'_\sigma 。$$

但是因为在这个方程中 B^σ 都是可以互不相依地自由选定的，由此就得出变换规则

$$A'_\sigma = \sum_\nu \frac{\partial x}{\partial x'_\sigma} A_\nu 。 \tag{7}$$

关子表示式书写方法的简化的注释　看一下这一节的方程就会明白，对于那个在累加符号后出现两次的指标[比如(5)中的指标 ν]，总是被累加起来的，而且确实也只对于出现两次的指标进行累加。因此就能够略去累加符号，而不丧失其明确性。为此我们引进这样的规定：除非作了相反的

声明，否则，凡在式子的一个项里出现两次的指标，总是要对这指标进行累加的。

协变四元矢量同抗变四元矢量之间的区别在于变换规则〔分别是(7)或者是(5)〕。在上述一般性讨论的意义上，这两种形式都是张量；它们的重要性就在于此。仿照里奇和勒维-契维塔，我们把指标放在上面以表示抗变性，放在下面则表示协变性。

§6. 二秩和更高秩的张量

抗变张量　如果我们对两个抗变四元矢量的分量 A^μ 和 B^ν 来构造所有 16 个乘积 $A^{\mu\nu}$

$$A^{\mu\nu} = A^\mu B^\nu , \tag{8}$$

那么，按照(8)和(5a)，$A^{\mu\nu}$，$A^{\mu\nu}$ 满足变换规则

$$A^{\sigma'\tau'} = \frac{\partial x'_\sigma}{\partial x_\mu} \frac{\partial x'_\tau}{\partial x_\nu} A^{\mu\nu} 。 \tag{9}$$

凡是相对于任何参照系都用 16 个量(函数)来描述，并且满足变换规则(9)的东西，我们都叫它二秩抗变张量。不是每一个这种张量都是可以由两个四元矢量依照(8)来形成的。但不难证明，任何已知的 16 个 $A^{\mu\nu}$，都能表示为四对经过适当选取的四元矢量的 $A^\mu B^\nu$ 的和。因此，我们能够最简单地证明几乎所有适用于(9)所定义的二秩张量的命题，只要我们能够证明这些命题是适用于类型(8)的特殊张量就行了。

任意秩的抗变张量　很明显，相应于(8)和(9)，三秩和更高秩的张量分别可用 4^3 个分量或更多个分量来定义。同样，从(8)和(9)可以明显看出，抗变四元矢量在这个意义上可看成是一秩的抗变张量。

协变张量　另一方面，如果我们构造两个**协变**四元矢量 A_μ 和 B_ν 的 16 个乘积 $A_{\mu\nu}$，

$$A_{\mu\nu} = A_\mu B_\nu , \tag{10}$$

那么，对于这些乘积的变换规则是

$$A'_\sigma = \frac{\partial x_\mu}{\partial x'_\sigma} \frac{\partial x_\nu}{\partial x'_\tau} A_{\mu\nu} 。 \tag{11}$$

这个变换规则定义了二秩的协变张量。我们前面关于抗变张量所说的，也全部适用于协变张量。

附注 把标量（不变量）当作零秩的抗变张量或零秩的协变张量来处理是适当的。

混合张量 我们也可以定义一种这样类型的二秩张量

$$A_\mu{}^n = A_\mu B^\nu, \tag{12}$$

它对于指标 μ 是协变的，而对于指标 ν 则是抗变的。它的变换规则是

$$A_\sigma{}^{\tau'} = \frac{\partial x'_\tau}{\partial x_\beta} \frac{\partial x_\alpha}{\partial x'_\sigma} A_\alpha{}^\beta \text{。} \tag{13}$$

自然存在着具有任意多个协变性指标和任意多个抗变性指标的混合张量。协变张量和抗变张量可以看成是混合张量的特殊情况。

对称张量 一个二秩的或者更高秩的抗变张量或者协变张量，如果由任何两个指标相互对调而产生的两个分量都是相等的，那么就说它是**对称**的。如果对于指标 μ、ν 的每一组合都有：

$$A^{\mu\nu} = A^{\nu\mu}, \tag{14}$$

或者

$$A_{\mu\nu} = A_{\nu\mu}, \tag{14a}$$

那么张量 $A^{\mu\nu}$ 或者张量 $A_{\mu\nu}$ 就是对称的。

必须证明：由此定义的对称性，是一种同参照系无关的性质。其实，只要考虑到（14），就可从（9）得到

$$A^{\sigma\tau'} = \frac{\partial x'_\sigma}{\partial x_\mu} \frac{\partial x'_\sigma}{\partial x_\nu} A^{\mu\nu} = \frac{\partial x'_\sigma}{\partial x_\mu} \frac{\partial x'_\tau}{\partial x_\nu} A^{\nu\mu} = \frac{\partial x'_\sigma}{\partial x_\nu} \frac{\partial x'_\tau}{\partial x_\mu} A^{\mu\nu} = A^{\sigma\tau'},$$

倒数第二个等式是以累加指标 μ 和 ν 的对调为根据的（就是说，它仅仅以记号的变更为根据）。

反对称张量 一个二秩、三秩或者四秩的抗变张量或者协变张量，如果由任何两个指标相互对调而产生的两个分量是**反号等值**的，那么就说它是反对称的。对于张量 $A^{\mu\nu}$ 或者张量 $A_{\mu\nu}$，如果总是

$$A^{\mu\nu} = -A^{\nu\mu}, \tag{15}$$

或者

$$A_{\mu\nu}=-A_{\nu\mu},\tag{15a}$$

那么它就是反对称的。

在 16 个分量 $A_{\mu\nu}$ 当中有四个分量 $A_{\mu\mu}$ 是等于零；其余的都是一对对反号等值的，这样就只存在 6 个数值上不同的分量(六元矢量)。同样，我们看得出，(三秩的)反对称张量 $A_{\mu\nu\sigma}$ 只有四个数值上不同的分量，而反对称张量 $A_{\mu\nu\sigma\tau}$ 只有一个分量。在四维连续区内，不存在高于四秩的反对称张量。

§7. 张量的乘法

张量的外乘法　设有一个 z 秩的张量和一个 z' 秩的张量，我们把第一个张量的每一分量同第二个张量的每一分量成对地相乘，就得到一个 $z+z'$ 秩张量的分量。比如，由两个不同种类的张量 A 和 B，可得出张量 T

$$T_{\mu\nu\sigma}=A_{\mu\nu}B_{\sigma},$$

$$T^{\alpha\beta\gamma\delta}=A^{\alpha\beta}B^{\gamma\delta},$$

$$T^{\gamma\delta}_{\alpha\beta}=A_{\alpha\beta}B^{\gamma\delta}。$$

从(8)、(10)、(12)这些表示式，或者从变换规则(9)、(11)、(13)，可直接证明 T 的张量特征。方程(8)、(10)、(12)本身就是(一秩张量的)外乘法的例子。

混合张量的"降秩"　任何一个混合张量，当我们把它的一个协变性的指标同一个抗变性的指标相等，并对这个指标累加起来时，这样就构成一个比原来的张量低二秩的张量("降秩")。比如，由四秩的混合张量 $A^{\gamma\delta}_{\alpha\beta}$，我们可得二秩的混合张量，

$$A^{\delta}_{\beta}=A^{\alpha\delta}_{\alpha\beta}\left(=\sum_{\alpha}A^{\alpha\delta}_{\alpha\beta}\right),$$

通过再一次降秩，由此得到零秩的张量，

$$A=A^{\beta}_{\beta}=A^{\alpha\beta}_{\alpha\beta}。$$

或者按照(12)的普遍形式连同(6)所示的张量表示式，或者按照(13)

的普遍形式，可以证明降秩的结果确实具有张量特征。

张量的内乘法和混合乘法　这两种乘法都在于把外乘法和降秩结合起来。

例子　由二秩的协变张量 $A_{\mu\nu}$ 和一秩的抗变张量 B^σ，我们可用外乘法构成混合张量

$$D_{\mu\nu}^\sigma = A_{\mu\nu}B^\sigma。$$

通过对指标 ν 和 σ 的降秩，就得出协变四元矢量

$$D_\mu = D_{\mu\nu}^\nu = A_{\mu\nu}B^\nu。$$

我们也称它为张量 $A_{\mu\nu}$ 同 B^σ 的内积。相类似的，由张量 $A_{\mu\nu}$ 和 $B^{\sigma\tau}$，通过外乘法和二次降秩，我们可构成内积 $A_{\mu\nu}B^{\mu\nu}$。通过外乘法和一次降秩，我们由 $A_{\mu\nu}$ 和 $B^{\sigma\tau}$ 得到二秩混合张量 $D_\mu^\tau = A_{\mu\nu}B^{\nu\tau}$。我们可以恰当地称这种运算为混合运算；因为它对于指标 μ 和 τ 是"外"乘的，对于指标 ν 和 σ 则是"内"乘的。

我们现在要证明一个时常用来作为证实张量特征的命题。依照刚才所解释的，如果 $A_{\mu\nu}$ 和 $B^{\sigma\tau}$ 都是张量，那么 $A_{\mu\nu}B^{\mu\nu}$ 则是一个标量。但是我们也可断定：**对于任意选取的张量 $B^{\mu\nu}$，如果 $A_{\mu\nu}B^{\mu\nu}$ 是一个不变量，那么 $A_{\mu\nu}$ 具有张量特征。**

对于任何代换，由假设，得到

$$A_{\sigma\tau}{}'B^{\sigma\tau}{}' = A_{\mu\nu}B^{\mu\nu}。$$

但是根据(9)的反演

$$B^{\mu\nu} = \frac{\partial x_\mu}{\partial x'_\sigma}\frac{\partial x_\nu}{\partial x'_\tau}B^{\sigma\tau}{}',$$

把它代入上面的方程，就得到：

$$\left(A_{\sigma\tau}{}' - \frac{\partial x_\mu}{\partial x'_\sigma}\frac{\partial x_\nu}{\partial x'_\tau}A_{\mu\nu}\right)B^{\sigma\tau}{}' = 0。$$

要使这关系对于任意选取的 $B^{\sigma\tau}{}'$ 都成立，那只有使括号等于零。由此，考虑到(11)，就得出那个论断。

这个命题对于任何秩和任何特征的张量都相应地成立；其证明总可类

似地推得。

这命题同样可以用这样的形式来证明：设 B^μ 和 C^ν 是任意的矢量，而且对于这两个矢量的任意选取，其内积

$$A_{\mu\nu}B^\mu C^\nu$$

都是一个标量，那么 $A_{\mu\nu}$ 是一个协变张量。只要对于这样一个比较特殊的论断，即对于任意选取的四元矢量 B^μ，内积

$$A_{\mu\nu}B^\mu B^\nu$$

是一个标量，并且如果还知道 $A_{\mu\nu}$ 满足对称性条件 $A_{\mu\nu}=A_{\nu\mu}$，那么上述这个命题也还是成立的。因为由上述方法，我们可证明 $(A_{\mu\nu}+A_{\nu\mu})$ 的张量特征，而从这里，由于对称性，就得知 $A_{\mu\nu}$ 的张量特征。这命题也不难推广到任何秩的协变张量和抗变张量的情况。

最后，由这些证明得出一个同样可推广到任何张量上去的命题：如果对于任意选取的四元矢量 B^ν，$A_{\mu\nu}B^\nu$ 这些量构成一个一秩的张量，那么 $A_{\mu\nu}$ 是一个二秩的张量。因为，如果 C^μ 是一个任意的四元矢量，那么，由于 $A_{\mu\nu}B^\nu$ 的张量特征，对于无论怎样选定的两个四元矢量 B^ν 和 C^μ，内积 $A_{\mu\nu}B^\nu C^\mu$ 都总是一个标量。由此就得到了这个断言。

§8. 基本张量 $g_{\mu\nu}$ 的一些特性

协变基本张量 在线元平方的不变式

$$\mathrm{d}s^2=g_{\mu\nu}\,\mathrm{d}x_\mu\mathrm{d}x_\nu$$

中，$\mathrm{d}x_\mu$ 起着一个可任意选取的抗变矢量的作用。又由于如 $g_{\mu\nu}=g_{\nu\mu}$，从上一节的考查由此得出，$g_{\mu\nu}$ 是一个二秩的协变张量。我们叫它"基本张量"。下面我们导出这一张量的一些性质，而这些性质却是任何二秩张量所固有的；但是，在我们以万有引力作用的特殊性为其物理基础的理论中，基本张量扮演着特殊的角色，这就必然地导致这样的情况，即所要发展的关系只有在基本张量的场合下对我们才是重要的。

抗变基本张量 在由元素 $g_{\mu\nu}$ 构成的行列式中，如果我们取出每个 $g_{\mu\nu}$ 的余因子，并且对它除以行列式 $g=|g_{\mu\nu}|$，这样我们就得到某些量 $g^{\mu\nu}$

$(=g^{\nu\mu})$，我们将要证明，这些量构成一个反变张量。

由行列式的一个著名性质

$$_{\mu\sigma}g^{\nu\sigma}=\delta_\mu{}^\nu,\tag{16}$$

此处符号 $\delta_\mu{}^\nu$ 根据 $\mu=\nu$ 或者 $\mu\neq\nu$，而表示 1 或者 0。我们于是也可以把前面关于 $\mathrm{d}s^2$ 的式子改写成

$$g_{\mu\sigma}\delta_\nu{}^\sigma\mathrm{d}x_\mu\mathrm{d}x_\nu,$$

或者，由(16)，也可写成

$$g_{\mu\sigma}g_{\nu\tau}g^{\sigma\tau}\mathrm{d}x_\mu\mathrm{d}x_\nu,$$

但由前几节的乘法规则，

$$\mathrm{d}\xi_\sigma=g_{\mu\sigma}\mathrm{d}x_\mu,$$

这些量构成一个协变四元矢量，而且（由于 dx_μ 的任意选取性）它确是一个任意选取的四元矢量。把它引进我们的式子里，我们就得到

$$\mathrm{d}s^2=g^{\sigma\tau}\mathrm{d}\xi_\sigma\mathrm{d}\xi_\tau.$$

由于对于任意选取的矢量 $\mathrm{d}\xi_\sigma$ 这是一个标量，而且 $g^{\sigma\tau}$ 根据定义对于指标 σ 和 τ 是对称的，所以从上一节的结果就可得知，$g^{\sigma\tau}$ 是一个抗变张量。由(16)，还可得知 δ_μ^ν 也是一个张量，我们可以叫它混合基本张量。

基本张量的行列式 由行列式的乘法规则

$$|g_{\mu\sigma}g^{\alpha\nu}|=|g_{\mu\alpha}|\,|g^{\alpha\nu}|.$$

另一方面，

$$|g_{\mu\sigma}g^{\alpha\nu}|=|\delta_\mu{}^\nu|=1.$$

因此得到

$$|g_{\mu\nu}|\times|g^{\mu\nu}|=1.\tag{17}$$

体积不变量 我们先探求行列式 $g=|g_{\mu\nu}|$ 的变换规则。根据(11)，

$$g'=\left|\frac{\partial x_\mu}{\partial x'_\sigma}\frac{\partial x_\nu}{\partial x'_\tau}g_{\mu\nu}\right|.$$

由此，通过两次应用乘法规则，就得出

$$g'=\left|\frac{\partial x_\mu}{\partial x'_\sigma}\right|\left|\frac{\partial x_\nu}{\partial x'_\tau}\right|\,|g_{\mu\nu}|=\left|\frac{\partial x_\mu}{\partial x'_\sigma}\right|^2 g,$$

或者

$$\sqrt{g'} = \left| \frac{\partial x_\mu}{\partial x'_\sigma} \right| \sqrt{g}。$$

另一方面，体积元

$$\mathrm{d}\tau = \int \mathrm{d}x_1\,\mathrm{d}x_2\,\mathrm{d}x_3\,\mathrm{d}x_4$$

的变换规则，根据著名的雅科毕定理，是

$$\mathrm{d}\tau' = \left| \frac{\partial x'_\sigma}{\partial x_\mu} \right| \mathrm{d}\tau。$$

将这最后两个方程相乘，我们得到

$$\sqrt{g'}\,\mathrm{d}\tau' = \sqrt{g}\,\mathrm{d}\tau。 \tag{18}$$

以后我们采用的不是 $\sqrt{g}$，而是 $\sqrt{-g}$，由于空间-时间连续区的双曲特征，这个量总有一个实数值。不变量 $\sqrt{-g}\,\mathrm{d}\tau$，等于在"局部参照系"中用狭义相对论意义上的刚性量杆和时钟所量出的四维体积元的量。

关于空间-时间连续区特征的注释 我们的假定，说在无限小的区域里，狭义相对论总是成立的，这意味着 $\mathrm{d}s^2$ 总能够遵照(1)用实数量 $\mathrm{d}X_1$，$\cdots$，$\mathrm{d}X_4$ 来表示。如果我们用 $\mathrm{d}\tau_0$ 来代表"自然的体积元 $\mathrm{d}X_1\mathrm{d}X_2\mathrm{d}X_3\mathrm{d}X_4$，那么

$$\mathrm{d}\tau_0 = \sqrt{-g}\,\mathrm{d}\tau。 \tag{18a}$$

假如 $\sqrt{-g}$ 在四维连续区中的某点处会等于零，这就意味着，在这一点上，一个无限小的"自然的"体积对应于一个非无限小的坐标体积。这种情况是决不会出现的，因此 g 不能改变其正负号。我们要在狭义相对论的意义上假定，g 总有一非无限小的负值；这是一个关于所考查的连续区的物理本性的假设，同时也是一个关于坐标选择的约定。

但如果 $-g$ 总是正的并且是非无限小的，那就自然会后验地(a posteriori)作这样的坐标选取，使得这个量等于1。我们以后会看到，通过对坐标的这种限制，就能使自然规律大大简化。于是代替(18)的，是简单的

$$d\tau' = d\tau,$$

由此，考虑到雅科毕定理，就得到

$$\left| \frac{\partial x'_\sigma}{\partial x_\mu} \right| = 1。 \tag{19}$$

因此，对于这样的坐标选取，只有那些使这行列式等于 1 的坐标代换才是允许的。

但要是相信这一步骤意味着要部分放弃广义相对性公设，那就错了。我们不是要问："对于行列式等于 1 的一切变换都是协变的那些自然规律是怎样的？"而是要问："**广义**协变的自然规律是怎样的？"等到我们建立起了这些规律以后，我们才通过参照系的特别选取来简化它们的表示式。

用基本张量来构成新的张量 通过基本张量同一个张量的内乘、外乘和混合乘法得出不同特征和不同秩的张量。

例子：

$$A^\mu = g^{\mu\sigma} A_\sigma,$$

$$A = g_{\mu\nu} A^{\mu\nu}。$$

特别应当指出的是下列形式：

$$A^{\mu\nu} = g^{\mu\alpha} g^{\nu\beta} A_{\alpha\beta},$$

$$A_{\mu\nu} = g_{\mu\alpha} g_{\nu\beta} A^{\alpha\beta}。$$

（它们分别是协变张量和抗变张量的"余"张量），以及

$$B_{\mu\nu} = g_{\mu\alpha} g^{\alpha\beta} A_{\alpha\beta}。$$

我们叫 $B_{\mu\nu}$ 是"有关 $A_{\mu\nu}$ 的缩减张量"。同样得到

$$B^{\mu\nu} = g^{\mu\nu} g_{\alpha\beta} A^{\alpha\beta}。$$

要注意的是，$g^{\mu\nu}$ 不过是 $g_{\mu\nu}$ 的余张量，因为

$$g^{\mu\alpha} g^{\nu\beta} g_{\alpha\beta} = g^{\mu\alpha} \delta^\nu_\alpha = g_{\mu\nu}。$$

§9. 短程线方程（关于质点的运动）

因为"线元"ds 这个量的定义同坐标系无关，所以四维连续区中两个点 P 和 P' 之间，使 $\int ds$ 是一极值的联线［短程线（geodäitische linie）］所具有的

意义，也是同坐标的选取无关的。它的方程是

$$\delta \int_{P_1}^{P_2} \mathrm{d}s = 0 \text{。} \tag{20}$$

用通常的办法进行变分，我们就从这个方程得到决定这条短程线的四个全微分方程；为了完备起见，这里要插进这个运算。设 λ 是坐标 x_ν 的一个函数；它定义这样一族曲面，这个曲面族既同所探求的短程线相交，也同一切无限靠近这条短程线并且通过 P 和 P' 两点的联线相交。因此，每一条这样的曲线都可设想为由它的表示为 λ 的函数的坐标 x_ν 来确定。设符号 δ 表示从所要求的短程线上一个点到邻近一条曲线上属于同一 λ 的一个点的过渡。这样，（20）可由

$$\begin{cases} \int_{\lambda_1}^{\lambda_2} \delta w \mathrm{d}\lambda = 0, \\ w^2 = g_{\mu\nu} \dfrac{\mathrm{d}x_\mu}{\mathrm{d}\lambda} \dfrac{\mathrm{d}x_\nu}{\mathrm{d}\lambda} \end{cases} \tag{20a}$$

来代替。但由于

$$\delta_w = \frac{1}{w} \left\{ \frac{1}{2} \frac{\partial g_{\mu\nu}}{\partial x_\sigma} \frac{\mathrm{d}x_\mu}{\mathrm{d}\lambda} \frac{\mathrm{d}x_\nu}{\mathrm{d}\lambda} \delta x_\sigma + g_{\mu\nu} \frac{\mathrm{d}x_\mu}{\mathrm{d}\lambda} \delta \left(\frac{\mathrm{d}x_\nu}{\mathrm{d}\lambda} \right) \right\},$$

那么，考虑到

$$\delta \left(\frac{\mathrm{d}x_\nu}{\mathrm{d}\lambda} \right) = \frac{\mathrm{d}\delta x_\nu}{\mathrm{d}\lambda}$$

在（20a）中代入 δw，并进行分部积分，我们就得到

$$\int_{\lambda_1}^{\lambda_2} \kappa_\sigma \delta x_\sigma \mathrm{d}\lambda = 0,$$

其中

$$\kappa_\sigma = \frac{\mathrm{d}}{\mathrm{d}\lambda} \frac{g_{\mu\nu}}{w} \frac{\mathrm{d}x_\mu}{\mathrm{d}\lambda} - \frac{1}{2w} \frac{\partial g_{\mu\nu}}{\partial x_\sigma} \frac{\mathrm{d}x_\mu}{\mathrm{d}\lambda} \frac{\mathrm{d}x_\nu}{\mathrm{d}\lambda} \text{。} \tag{20b}$$

由于 δx_σ 的值是可以任意选取的，因此得出

$$\kappa_\sigma = 0 \text{。} \tag{20c}$$

这就是短程线的方程。如果沿着所考查的短程线不是 $\mathrm{d}s = 0$，那么我们就能够选取沿着短程线所量度的"弧长" s 作为参数 λ. 于是 $w = 1$，而（20c）就

成为[①]

$$g_{\mu\sigma} = \frac{d^2 x_\mu}{ds^2} + \frac{\partial g_{\mu\sigma}}{\partial x_\nu} \frac{dx_\mu}{ds} \frac{dx_\nu}{ds} - \frac{1}{2} \frac{\partial g_{\mu\nu}}{\partial x_\sigma} \frac{dx_\mu}{ds} \frac{dx_\nu}{ds} = 0,$$

或者只改变一下记号，它就成为

$$g_{a\sigma} \frac{d^2 x_a}{ds^2} + \begin{bmatrix} \mu\nu \\ \sigma \end{bmatrix} \frac{dx_\mu}{ds} \frac{dx_\nu}{ds} = 0, \tag{20d}$$

依照克里斯托菲，此处我们记

$$\begin{bmatrix} \mu\nu \\ \sigma \end{bmatrix} = \frac{1}{2} \left(\frac{\partial g_{\mu\sigma}}{\partial x_\nu} + \frac{\partial g_{\nu\sigma}}{\partial x_\mu} - \frac{\partial g_{\mu\nu}}{\partial x_\sigma} \right), \tag{21}$$

最后，如果我们把（20d）乘以 g^σ（对于 τ 作外乘，对于 σ 作内乘），这样我们终于得到短程线方程的最后形式

$$\frac{d^2 x_\tau}{ds^2} + \begin{Bmatrix} \mu\nu \\ \tau \end{Bmatrix} \frac{dx_\mu}{ds} \frac{dx_\nu}{ds} = 0, \tag{22}$$

此处我们依照克里斯托菲，记

$$\begin{Bmatrix} \mu\nu \\ \tau \end{Bmatrix} = g^{\tau a} \begin{bmatrix} \mu\nu \\ a \end{bmatrix}。\tag{23}$$

§10. 用微分构成张量

借助于短程线的方程，我们现在就不难推导出这样一些定律，根据这些定律，通过微分，就可从原来的张量构成新的张量。靠着这种办法，我们才能够列出广义协变的微分方程。我们通过重复应用下面这个简单的命题来达到这个目的。

如果我们的连续区中有一条曲线，它的点由离这条曲线上某一定点的弧距 s 来表征，此外，如果 φ 是一个不变的空间函数，那么 $\frac{d\varphi}{ds}$ 也是一个不变量。证明就在于，$d\varphi$ 和 ds 都是不变量。

---

① 下式第一项中 $g_{\mu\sigma}$ 原文误为 g_{μ}，第二项中 $\frac{\partial g_{\mu\sigma}}{\partial x_\nu} \frac{dx_\mu}{ds}$ 原文误为 $\frac{\partial g_{\mu\sigma}}{\partial x_\sigma} \frac{dx_\sigma}{ds}$，此处已改正。

既然
$$\frac{d\varphi}{ds}=\frac{\partial \varphi}{\partial x_\mu}\frac{dx_\mu}{ds},$$

所以
$$\psi=\frac{\partial \varphi}{\partial x_\mu}\frac{dx_\mu}{ds}$$

也是一个不变量，而且是对于从这连续区中的一个点出发的一切曲线的一个不变量，这就是说，是对于任意选取的矢量 dx_μ 的一个不变量。由此直接得到

$$A_\mu=\frac{\partial \varphi}{\partial x_\mu} \tag{24}$$

是一个协变四元矢量(φ 的**陡度**)。

根据我们的命题，在曲线上所作的微商

$$\chi=\frac{d\psi}{ds}$$

同样也是一个不变量。把 ψ 的值代入，我们首先得到

$$\chi=\frac{\partial^2 \varphi}{\partial x_\mu \partial x_\nu}\frac{dx_\mu}{ds}\frac{dx_\nu}{ds}+\frac{\partial \varphi}{\partial x_\mu}\frac{d^2 x_\mu}{ds^2},$$

从这里不能立刻推知有一个张量存在。但如果我们现在规定，那条我们在它上面进行微分的曲线是短程线，那么由(22)，通过 $\frac{d^2 x_\mu}{ds^2}$ 的代换，我们就得到

$$\chi=\left\{\frac{\partial^2 \varphi}{\partial x_\mu \partial x_\nu}-\left\{\begin{matrix}\mu\nu\\ \tau\end{matrix}\right\}\frac{\partial \varphi}{\partial x_\tau}\right\}\frac{dx_\mu}{ds}\frac{dx_\nu}{ds}。$$

由于按 μ 和按 ν 的微分可以对调次序，又由(23)和(21)，$\left\{\begin{matrix}\mu\nu\\ \tau\end{matrix}\right\}$ 关于 μ 和 ν 是对称的，所以括号里的式子关于 μ 和 ν 是对称的，因为我们从连续区的一个点出发，在任何方向上都能引出一条短程线，所以 $\frac{dx_\mu}{ds}$ 是这样的一个四元矢量，它的分量之间的比率是可以任意选取的，因此，从 §7 的结果，推得

$$A_{\mu\nu}=\frac{\partial^2 \varphi}{\partial x_\mu \partial x_\nu}-\left\{\begin{matrix}\mu\nu\\ \tau\end{matrix}\right\}\frac{\partial \varphi}{\partial x_\tau} \tag{25}$$

是一个二秩的协变张量。我们于是得到这样的结果：由一秩的协变张量

$$A_\mu = \frac{\partial \varphi}{\partial x_\mu},$$

我们能够用微分构成一个二秩的协变张量

$$A_{\mu\nu} = \frac{\partial A_\mu}{\partial x_\nu} - \begin{Bmatrix} \mu\nu \\ \tau \end{Bmatrix} A_\tau \text{。} \tag{26}$$

我们叫张量 $A_{\mu\nu}$ 是张量 A_μ 的"**扩张**"。首先我们不难证明，即使矢量 A_μ 不能表示为陡度，这种构成方法也会导致一个张量。要明白这一点，我们先要注意到，如果 ψ 和 φ 都是标量，那么

$$\psi \frac{\partial \varphi}{\partial x_\mu}$$

则是一个协变四元矢量。如果 $\psi^{(1)}$、$\varphi^{(1)}$、$\cdots$、$\psi^{(4)}$、$\varphi^{(4)}$ 都是标量，那么由这样四个项所组成的和

$$S_\mu = \psi^{(1)} \frac{\partial \varphi^{(1)}}{\partial x_\mu} + \cdot + \cdot + \psi^{(4)} \frac{\partial \varphi^{(4)}}{\partial x_\mu}$$

也是一个协变四元矢量。但是显而易见，任何协变四元矢量都能表示为 S_μ 的形式。因为，如果 A_μ 是一个四元矢量，它的分量是 x_ν 的任意给定的函数，那么，为了使 S_μ 等于 A_μ，我们只要（对所选定的坐标系）置

$$\psi^{(1)} = A_1, \quad \varphi^{(1)} = x_1,$$
$$\psi^{(2)} = A_2, \quad \varphi^{(2)} = x_2,$$
$$\psi^{(3)} = A_3, \quad \varphi^{(3)} = x_3,$$
$$\psi^{(4)} = A_4, \quad \varphi^{(4)} = x_4 \text{。}$$

因此，为了证明，当（26）右边的 A_μ 被任何的协变四元矢量代入时，$A_{\mu\nu}$ 仍是一个张量，我们只要证明这对于四元矢量 S_μ 也是正确的就行了。但是看一下（26）的右边，就能使我们知道，只要在

$$A_\mu = \psi \frac{\partial \varphi}{\partial x_\mu}$$

的情况下给以证明就足以完成上述任务。现在把（25）的右边乘以 ψ，

$$\psi \frac{\partial^2 \varphi}{\partial x_\mu \partial x_\nu} - \left\{ \begin{matrix} \mu\nu \\ \tau \end{matrix} \right\} \psi \frac{\partial \varphi}{\partial x_\tau}$$

具有张量特征。同样，

$$\frac{\partial \psi}{\partial x_\mu} \frac{\partial \varphi}{\partial x_\nu}$$

也是一个张量(两个四元矢量的外积)。通过加法，得知

$$\frac{\partial}{\partial x_\nu} \left(\psi \frac{\partial \varphi}{\partial x_\mu} \right) - \left\{ \begin{matrix} \mu\nu \\ \tau \end{matrix} \right\} \left(\psi \frac{\partial \varphi}{\partial x_\tau} \right)$$

具有张量特征。看一下(26)就会明白，这对于四元矢量

$$\psi \frac{\partial \varphi}{x_\mu}$$

就完成了所要求的证明，因此，正如刚才所证明的，这也完成了对于任何四元矢量 A_μ 的证明。

借助于四元矢量的扩张，我们也不难定义一个任意秩的协变张量的"扩张"；这种构成方法是四元矢量扩张的一种推广。我们只限于建立二秩张量的扩张，因为这已可以使构成规则一目了然。

已经说过，任何二秩的协变张量都可表示为 $A_\mu B_\mu$ 型张量的和[①]。因此只要导出这种特殊张量的扩张的表示式就足够了。由(26)，表示式

$$\frac{\partial A_\mu}{\partial x_\tau} - \left\{ \begin{matrix} \sigma\mu \\ \tau \end{matrix} \right\} A_\tau,$$

$$\frac{\partial B_\nu}{\partial x_\sigma} - \left\{ \begin{matrix} \sigma\mu \\ \tau \end{matrix} \right\} B_\tau$$

[①] 通过一个具有任意分量 A_{11}、A_{12}、A_{13}、A_{14} 的矢量同一个具有分量 1、0、0、0 的矢量的外乘法，就产生一个张量，它的分量是

$$\begin{matrix} A_{11} & A_{12} & A_{13} & A_{14} \\ 0 & 0 & 0 & 0 \\ 0 & 0 & 0 & 0 \\ 0 & 0 & 0 & 0 \end{matrix}$$

把四个这种类型的张量相加，就得到一个具有任意规定的分量的张量 $A_{\mu\nu}$。——英译本注

都具有张量特征。第一式外乘以 B_ν，第二式外乘以 A_μ，我们分别得到一个三秩的张量；把它们相加，就得出这样的三秩张量：

$$A_{\mu\nu\sigma}=\frac{\partial A_{\mu\nu}}{\partial x_\sigma}-\begin{Bmatrix}\sigma\mu\\\tau\end{Bmatrix}A_{\tau\nu}-\begin{Bmatrix}\sigma\nu\\\tau\end{Bmatrix}A_{\mu\tau}, \tag{27}$$

此处我们已置 $A_{\mu\nu}=A_\mu B_\nu$。因为(27)的右边对于 $A_{\mu\nu}$，及其一阶导数是线性齐次的，所以这个构成规则不仅对于 $A_\mu B_\nu$ 类型的张量，而且也对于这种张量的和，即对于任意二秩的协变张量，都导出一个张量。我们把 $A_{\mu\nu\sigma}$ 叫作张量 $A_{\mu\nu}$ 的扩张。

显然，(26)和(24)只讲到扩张的特例(分别是一秩的和零秩的张量的扩张)。一般说来，张量的一切特殊构成规则都可以理解为(27)同张量乘法的结合。

§11. 几个具有特殊意义的特例

同基本张量有关的几个辅助定理 我们首先推出一些以后经常要用到的辅助方程。根据行列式的微分规则，

$$\mathrm{d}g=g^{\mu\nu}g\,\mathrm{d}g_{\mu\nu}=-g_{\mu\nu}g\,\mathrm{d}g^{\mu\nu} \tag{28}$$

最后一个形式是从倒数第二个形式得出的，只要我们考虑到 $g_{\mu\nu}g^{\mu'\nu}=\delta_\mu^{\nu'}$，由此 $g_{\mu\nu}g^{\mu\nu}=4$，所以

$$g_{\mu\nu}\,\mathrm{d}g^{\mu\nu}+g^{\mu\nu}\,\mathrm{d}g_{\mu\nu}=0。$$

由(28)，得出

$$\frac{1}{\sqrt{-g}}\frac{\partial\sqrt{-g}}{\partial x_\sigma}=\frac{1}{2}\frac{\partial\lg(-g)}{\partial x_\sigma}=\frac{1}{2}g^{\mu\nu}\frac{\partial g_{\mu\nu}}{\partial x_\sigma}=\frac{1}{2}g_{\mu\nu}\frac{\partial g^{\mu\nu}}{\partial x_\sigma}。 \tag{29}$$

又由于对

$$g_{\mu\sigma}g^{\nu\sigma}=\delta_\mu^\nu$$

进行微分后，得到

$$\begin{cases}g_{\mu\sigma}\,\mathrm{d}g^{\nu\sigma}=-g^{\nu\sigma}\,\mathrm{d}g_{\mu\sigma}，\text{或}\\[2mm]g_{\mu\sigma}\dfrac{\partial g^{\nu\sigma}}{\partial x_\lambda}=-g^{\nu\sigma}\dfrac{\partial g_{\mu\sigma}}{\partial x_\lambda}。\end{cases} \tag{30}$$

用 $g^{\sigma\tau}$ 和 $g_{\nu\lambda}$ 分别对这两个方程作混合乘法(并且改变指标的记号),我们就得到

$$\begin{cases} \mathrm{d}g'^{\mu\nu} = -g'^{\mu\alpha}g'^{\nu\beta}\mathrm{d}g_{\alpha\beta}, \\ \dfrac{\partial\, g'^{\mu\nu}}{\partial\, x_\sigma} = -g'^{\mu\alpha}g'^{\nu\beta}\dfrac{\partial\, g_{\alpha\beta}}{\partial\, x_\sigma}; \end{cases} \tag{31}$$

和

$$\begin{cases} \mathrm{d}g'^{\mu\nu} = -g'^{\mu\alpha}g'^{\nu\beta}\mathrm{d}g_{\alpha\beta}, \\ \dfrac{\partial\, g_{\mu\nu}}{\partial\, x_\sigma} = -g_{\mu\alpha}g_{\nu\beta}\dfrac{\partial\, g'^{\alpha\beta}}{\partial\, x_\sigma}。 \end{cases} \tag{32}$$

关系式(31)可以改写成另一个我们也常用的形式。根据(21),

$$\frac{\partial\, g_{\alpha\beta}}{\partial\, x_\sigma} = \begin{bmatrix} \alpha\sigma \\ \beta \end{bmatrix} + \begin{bmatrix} \beta\sigma \\ \alpha \end{bmatrix}。 \tag{33}$$

把它代入(31)的第二个公式,又鉴于(23),我们就得到

$$\frac{\partial\, g'^{\mu\nu}}{\partial\, x_\sigma} = -\left\{ g'^{\mu\tau}\begin{Bmatrix} \tau\sigma \\ \nu \end{Bmatrix} + \begin{Bmatrix} \tau\sigma \\ \mu \end{Bmatrix} \right\}。 \tag{34}$$

把(34)的右边代入(29),就给出

$$\frac{1}{\sqrt{-g}}\frac{\partial\,\sqrt{-g}}{\partial\, x_\sigma} = \begin{Bmatrix} \mu\sigma \\ \mu \end{Bmatrix}。 \tag{29a}$$

抗变四元矢量的"散度" 如果我们把(26)乘以抗变基本张量 $g^{\mu\nu}$(内乘),那么此式右边在其第一项经过改写后就取这样的形式

$$\frac{\partial}{\partial\, x_\nu}(g'^{\mu\nu}A_\mu) - A_\mu\frac{\partial\, g'^{\mu\nu}}{\partial\, x_\nu} - \frac{1}{2}g^{\tau\alpha}\left(\frac{\partial\, g'^{\mu\alpha}}{\partial\, x_\nu} + \frac{\partial\, g'^{\nu\alpha}}{\partial\, x_\mu} - \frac{\partial\, g'^{\mu\nu}}{\partial\, x_\alpha} \right)g'^{\mu\nu}A_\tau。$$

根据(31)和(29),上式的最后一项可写成

$$\frac{1}{2}\frac{\partial\, g'^{\mu\nu}}{\partial\, x_\nu}A_\tau + \frac{1}{2}\frac{\partial\, g'^{\tau\mu}}{\partial\, x_\mu}A_\tau + \frac{1}{\sqrt{-g}}\frac{\partial\,\sqrt{-g}}{\partial\, x_\alpha}g^{\tau\alpha}A_\tau。$$

因为累加指标的符号是无关紧要的,所以此式中的开头两项同上式中的第二项抵消了;此式中最后一项可以同上式的第一项结合起来。如果我们仍然置

$$g'^{\mu\nu}A_\mu = A^\nu,$$

此处 A^ν 也像 A_μ 一样是一个可以任意选取的矢量,那么我们最后就得到

$$\Phi = \frac{1}{\sqrt{-g}} \frac{\partial}{\partial x_\nu}(\sqrt{-g}A^\nu)。 \tag{35}$$

这个标量就是抗变四元矢量 A^ν 的散度。

(协变)四元矢量的"旋度" (26)中的第二项对于指标 μ 和 ν 是对称的。因此 $A_{\mu\nu} - A_{\nu\mu}$ 是一个构造特别简单的(反对称)张量。我们得到

$$B_{\mu\nu} \frac{\partial A_\mu}{\partial x_\nu} - \frac{\partial A_\nu}{\partial x_\mu}。 \tag{36}$$

六元矢量的反对称扩张 如果我们把(27)应用到一个二秩的反对称张量 $A_{\mu\nu}$ 上去,并构成通过指标 μ、ν、σ 的循环调换而产生的另外两个方程,把这三个方程加起来,那么我们就得到三秩的张量

$$B_{\mu\nu\sigma} = A_{\mu\nu\sigma} + A_{\nu\sigma\mu} + A_{\sigma\mu\nu} = \frac{\partial A_{\mu\nu}}{\partial x_\sigma} + \frac{\partial A_{\nu\sigma}}{\partial x_\mu} + \frac{\partial A_{\sigma\mu}}{\partial x_\nu}, \tag{37}$$

不难证明,它是反对称的。

六元矢量的散度 我们把(27)乘以 $g^{\mu\alpha}g^{\nu\beta}$(混合乘积),那么我们也同样得到一个张量。我们可以把(27)右边的第一项写成如下形式:

$$\frac{\partial}{\partial x_\sigma}(g^{\mu\alpha}g^{\nu\beta}A_{\mu\nu}) - g^{\mu\alpha}\frac{\partial g^{\nu\beta}}{\partial x_\sigma}A_{\mu\nu} - g^{\nu\beta}\frac{\partial g^{\mu\alpha}}{\partial x_\sigma}A_{\mu\nu}。$$

如果我们以 $A_\sigma^{\alpha\beta}$ 代替 $g^{\mu\alpha}g^{\nu\beta}A_{\mu\nu\sigma}$,以 $A^{\alpha\beta}$ 代替 $g^{\mu\alpha}g^{\nu\beta}A_{\mu\nu}$,并且我们在经过改写后的第一项中,以(34)代替

$$\frac{\partial g^{\nu\beta}}{\partial x_\sigma} \text{和} \frac{\partial g^{\mu\alpha}}{\partial x^\sigma},$$

那么,从(27)的右边得出一个含有七个项的表示式,其中四个项互相抵消了。剩下的是

$$A_\sigma^{\alpha\beta} = \frac{\partial A^{\alpha\beta}}{\partial x_\sigma} + \begin{Bmatrix} \sigma\kappa \\ \alpha \end{Bmatrix} A^{\kappa\beta} + \begin{Bmatrix} \sigma\kappa \\ \beta \end{Bmatrix} A^{\alpha\kappa}。 \tag{38}$$

这是一个关于二秩抗变张量的扩张式,关于更高秩和更低秩的抗变张量的扩张式也可以相应地作出。

我们注意到,用类似的办法也可构成混合张量 A_μ^α 的扩张

$$A_{\mu\sigma}^\alpha = \frac{\partial A_\mu^\alpha}{\partial x_\sigma} - \begin{Bmatrix} \sigma\pi \\ \tau \end{Bmatrix} A_\tau^\alpha + \begin{Bmatrix} \sigma\tau \\ \beta \end{Bmatrix} A_\mu^\tau。 \tag{39}$$

把(38)作关于指标 β 和 σ 的降秩(内乘以 δ^σ_β),我们得到抗变四元矢量

$$A^\alpha = \frac{\partial A^{\alpha\beta}}{\partial x_\beta} + \begin{Bmatrix} \beta\kappa \\ \beta \end{Bmatrix} A^{\alpha\kappa} + \begin{Bmatrix} \beta\kappa \\ \alpha \end{Bmatrix} A^{\kappa\beta}。$$

如果 $A^{\alpha\beta}$ 像我们所要假定的那样是一个反对称张量,那么由于 $\begin{Bmatrix} \beta\kappa \\ \alpha \end{Bmatrix}$ 对指标 β

和 κ 的对称性,这方程右边的第三项就等于零;而第二项可利用(29a)进行

改写。由此我们得到

$$A^\alpha = \frac{1}{\sqrt{-g}} \frac{\partial (\sqrt{-g} A^{\alpha\beta})}{\partial x_\beta}。 \tag{40}$$

这是抗变六元矢量的散度的表示式。

二秩混合张量的散度 如果我们作出(39)关于指标 α 和 σ 的降秩,并

且考虑到(29a),那么我们就得到

$$\sqrt{-g} A_\mu = \frac{\partial (\sqrt{-g} A^\sigma_\mu)}{\partial x_\sigma} - \begin{Bmatrix} \sigma\mu \\ \tau \end{Bmatrix} \sqrt{-g} A^\sigma_\tau。 \tag{41}$$

如果在最后一项中我们引进抗变张量 $A^{\sigma\tau} = g^{\tau\tau} A^\sigma_\tau$,那么它就取形式

$$-[\sigma\mu] \sqrt{-g} A^{\sigma\tau}。$$

如果张量 $A^{\sigma\tau}$ 又是对称的,那么这就简化成

$$-\frac{1}{2} \sqrt{-g} \frac{\partial g_{\sigma\tau}}{\partial x_\mu} A^{\sigma\tau}。$$

如果我们引进一个也是对称的协变张量 $A_{\rho\sigma} = g_{\rho\alpha} g_{\sigma\beta} A^{\alpha\beta}$ 来代替 $A^{\sigma\tau}$,那么由

(31),这最后一项就会取形式

$$\frac{1}{2} \sqrt{-g} \frac{\partial g^{\rho\sigma}}{\partial x_\mu} A_{\rho\sigma}。$$

于是,在所讲的对称的情况下,(41)也可用下面两种形式来代替:

$$\sqrt{-g} A_\mu = \frac{\partial (\sqrt{-g} A^\sigma_\mu)}{\partial x_\sigma} - \frac{1}{2} \frac{\partial g_{\rho\sigma}}{\partial x_\mu} \sqrt{-g} A^{\rho\sigma}, \tag{41a}$$

$$\sqrt{-g} A_\mu = \frac{\partial (\sqrt{-g} A^\sigma_\mu)}{\partial x_\sigma} + \frac{1}{2} \frac{\partial g^{\rho\sigma}}{\partial x_\mu} \sqrt{-g} A_{\rho\sigma}, \tag{41b}$$

它们是我们以后要用到的。

§12. 黎曼-克里斯托菲张量

我们现在来求这样一种张量，它们能够单独由基本张量 $g_{\mu\nu}$ 经过微分而得到。初看一下，答案似乎就在手边。我们在(27)中用基本张量 $g_{\mu\nu}$ 来代替任何已定的张量 $A_{\mu\nu}$，由此得到一个新张量，即基本张量的扩张。但人们很容易相信，这个扩张是恒等于零的。然而我们还是要从下面的途径来达到我们的目标。我们在(27)中置

$$A_{\mu\nu} = \frac{\partial A_\mu}{\partial x_\nu} - \begin{Bmatrix} \mu\nu \\ \rho \end{Bmatrix} A_\rho,$$

此即四元矢量 A_μ 的扩张。于是我们就得到(指标的名称稍有变动)三秩的张量

$$A_{\mu\sigma\tau} = \frac{\partial^2 A_\mu}{\partial x_\sigma \partial x_\tau} - \begin{Bmatrix} \mu\sigma \\ \rho \end{Bmatrix} \frac{\partial A_\rho}{\partial x_\tau} - \begin{Bmatrix} \mu\tau \\ \rho \end{Bmatrix} \frac{\partial A_\rho}{\partial x_\sigma} - \begin{Bmatrix} \sigma\tau \\ \rho \end{Bmatrix} \frac{\partial A_\mu}{\partial x_\rho}$$

$$+ \left[-\frac{\partial}{\partial x_\tau} \begin{Bmatrix} \mu\sigma \\ \rho \end{Bmatrix} + \begin{Bmatrix} \mu\tau \\ \alpha \end{Bmatrix} \begin{Bmatrix} \alpha\sigma \\ \rho \end{Bmatrix} + \begin{Bmatrix} \alpha\tau \\ \alpha \end{Bmatrix} \begin{Bmatrix} \alpha\mu \\ \rho \end{Bmatrix} \right] A_\rho。$$

这个式子提示我们去构成张量 $A_{\mu\sigma\tau} - A_{\mu\tau\sigma}$。因为如果我们这样做了，$A_{\mu\sigma\tau}$ 式中的第一项、第四项以及相当于方括号中的最后一项的那个部分，都分别同 $A_{\mu\tau\sigma}$ 式中的对应项互相抵消了；因为所有这些项对于 σ 和 τ 都是对称的。这对于第二项与第三项的和也是同样成立的。所以我们得到

$$A_{\mu\sigma\tau} - A_{\mu\tau\sigma} = B^\rho_{\mu\sigma\tau} + A_\rho, \tag{42}$$

$$B^\rho_{\mu\sigma\tau} = -\frac{\partial}{\partial x_\tau} \begin{Bmatrix} \mu\sigma \\ \rho \end{Bmatrix} + \frac{\partial}{\partial x_\sigma} \begin{Bmatrix} \mu\tau \\ \rho \end{Bmatrix} - \begin{Bmatrix} \mu\sigma \\ \alpha \end{Bmatrix} \begin{Bmatrix} \alpha\tau \\ \rho \end{Bmatrix} + \begin{Bmatrix} \mu\tau \\ \alpha \end{Bmatrix} \begin{Bmatrix} \mu\sigma \\ \rho \end{Bmatrix}。 \tag{43}$$

这个结果的主要特点是：在(42)的右边只出现 A_ρ，而不出现它们的导数。由 $A_{\mu\sigma\tau} - A_{\mu\tau\sigma}$ 的张量特征，结合 A_ρ 是可以任意选定的四元矢量这一事实，根据§7的结果，就得知 $B^\rho_{\mu\sigma\tau}$ 是一个张量(黎曼-克里斯托菲张量)。

这种张量的数学重要性如下：如果连续区具有这样的性质，即存在一个坐标系，参照于它，各个 $g_{\mu\nu}$ 都是常数，那么所有的 $B^\rho_{\mu\sigma\tau}$ 都等于零。如果我们选取任何一个新的坐标系来代替原来的坐标系，那么参照于新坐标系的 $g_{\mu\nu}$ 将不是常数了。但 $B^\rho_{\mu\sigma\tau}$ 的张量性质必然使得这些分量在这任意选取的

参照系中全部等于零。因此，要通过参照系的适当选取而使 $g_{\mu\nu}$ 能够成为常数，黎曼张量等于零则是其必要条件。[①] 在我们的问题中，这相当于这样的情况：通过参照系的适当选择，狭义相对论在非无限小区域里是有效的。

对(43)作关于指标 τ 和 ρ 降秩，我们得到二秩的协变张量

$$
\left\{
\begin{aligned}
& B_{\mu\nu} = R_{\mu\nu} + S_{\mu\nu}, \\
& R_{\mu\nu} = -\frac{\partial}{\partial x_\alpha} \left\{ \begin{matrix} \mu\mu \\ \alpha \end{matrix} \right\} + \left\{ \begin{matrix} \mu\alpha \\ \beta \end{matrix} \right\} \left\{ \begin{matrix} \mu\beta \\ \alpha \end{matrix} \right\}, \\
& S_{\mu\nu} = \frac{\partial^2 \lg \sqrt{-g}}{\partial x_\mu \partial x_\nu} - \left\{ \begin{matrix} \mu\nu \\ \alpha \end{matrix} \right\} \frac{\partial \lg \sqrt{-g}}{\partial x_\alpha}.
\end{aligned}
\right.
\tag{44}
$$

关于坐标选取的注释　在 §8 里联系到方程(18a)曾经指出过，如果所选取的坐标能使 $\sqrt{-g}=1$，那是有好处的。看一下前面最后两节中所得出的方程就可知道，通过这样选取，张量的构成规则能大大地加以简化。这特别适用于刚才求出的张量 $B_{\mu\nu}$，这种张量在所要说明的理论中起着基本的作用。由于坐标的这种特殊选取必然使得 $S_{\mu\nu}$ 等于零，于是张量 $B_{\mu\nu}$ 就简化为 $R_{\mu\nu}$。

所以以后我要对一切关系都给以由于坐标的这种特殊选取而必然产生的简化形式。如果在一种特殊情况中似乎需要改回到**一般的**协变方程，那也是一件轻而易举的事。

C. 引力场理论

§13. 引力场中质点的运动方程关于引力的场分量的表示式

依照狭义相对论，一个不受外力作用的自由运动的物体是做直线匀速

---

① 数学家已证明，这也是充分条件。——英译本注

运动的，依照广义相对论，这种情况也适用于四维空间中的这样的部分，在这一部分空间中，坐标系 K_0 可以而且已经选取来使 $g_{\mu\nu}$ 具有(4)中所规定的特殊常数值。

如果我们从一个任意选定的坐标系 K_1 来考查这种运动，那么根据 §2 的考查，从 K_1 来判断，这个物体是在引力场中运动的。参照于 K_1 的运动定律可以毫无困难地从下面的考查得出。参照于 K_0，这个运动定律是一条四维的直线，因此是一条短程线。现在既然短程线的定义是同参照系无关的，它的方程也就是参照于 K_1 的质点的运动方程。如果我们置

$$\Gamma^{\tau}_{\mu\nu} = -\begin{Bmatrix} \mu\nu \\ \tau \end{Bmatrix},\tag{45}$$

参照于 K_1 的这个质点运动方程就成为

$$\frac{\mathrm{d}^2 x_{\tau}}{\mathrm{d}s^2} = \Gamma^{\tau}_{\mu\nu} \frac{\mathrm{d}x_{\mu}}{\mathrm{d}s} \frac{\mathrm{d}x_{\nu}}{\mathrm{d}s}。\tag{46}$$

我们现在作一显而易见的假定：即使不存在那种可使狭义相对论适用于非无限小空间的参照系 K_0，这个一般的协变方程组也还规定着质点在引力场中的运动。由于(46)只含有 $g_{\mu\nu}$ 的**第一阶**导数，在它们之间，在有 K_0 存在的特殊情况下，也不存在什么关系，[①] 所以我们就更加有理由作这个假定了。

如果 $\Gamma^{\tau}_{\mu\nu}$ 等于零，那么这质点就做直线匀速运动。因此这些量就规定了运动对均匀性的偏离。它们是引力场的分量。

§14. 不存在物质时的引力的场方程

我们今后在这样的意义上把"引力场"同"物质"加以区别：除了引力场之外的任何东西都叫做"物质"，因此，它不仅包括通常意义上的"物质"，而且也包括电磁场。

我们下一步的任务是要寻求不存在物质时引力的场方程。这里我们再

---

① 由 §12，只有在第二阶(和第一阶)导数之间，$B^{\rho}_{\mu\sigma\tau} = 0$ 这些关系才存在。——英译本注

一次用到上一节中在列出质点的运动方程时所使用的同一种方法。有一种特殊情况，是所要探求的场方程无论如何都必须满足的，这就是狭义相对论的情况，在这种情况下，g_μ^ν 有确定的常数值。假设在某一非无限小的区域中对于一定的参照系 K_0 是这种情况。对于这个坐标系，黎曼张量的一切分量 $B_{\mu\sigma\tau}^\rho$［方程(43)］都等于零。因此，就所考查的区域来说，它们对于任何别的坐标系也都等于零。

因此，如果所有的 $B_{\mu\sigma\tau}^\rho$ 都等于零，那么所要求的无物质的引力场的方程在任何情况下都必须得到满足。但这个条件无论如何也太过分了。因为很明显的，比如由质点在它的周围所产生的引力场，肯定不能通过坐标系的选择而被"变换掉"，也就是说，它不能变换成常数 $g_{\mu\nu}$ 的情况。

由此容易想到，对于无物质的引力场，应当要求从张量 $B_{\mu\nu\tau}^\rho$ 导出的对称张量 $B_{\mu\nu}$ 等于零。这样，我们得到了关于 10 个 $g_{\mu\nu}$ 量的 10 个方程，它们在那种 $B_{\mu\nu\tau}^\rho$ 全都等于零的特殊情况下是满足的。通过我们对坐标系的选取，又考虑到(44)，无物质场的方程是

$$\begin{cases} \dfrac{\partial\,\Gamma_{\mu\nu}^\alpha}{\partial\,x_a}+\Gamma_{\mu\beta}^\alpha\Gamma_{\nu a}^\beta=0\,, \\[2mm] \sqrt{-g}=1\,. \end{cases} \tag{47}$$

必须指出，这些方程的选择，只有极少的任意性。因为除了 $B_{\mu\nu}$ 以外，就没有这样的二秩张量，它是由 $g_{\mu\nu}$ 及其导数构成而又不含有高于二阶的导数，并且是这些导数的线性式。[①]

从广义相对论的要求出发，通过纯粹数学的方法得到的这些方程，它们同运动方程(46)结合起来，在第一级近似上给出了牛顿的引力定律，在第二级近似上给出了一个关于勒威耶(Le Verrier)所发现的(在做了关于摄动的校正以后还保留下来的)水星近日点的运动的解释，在我看来，这些

---

① 确切地说来，这只对于张量

$$B_{\mu\nu}=\lambda g_{\mu\nu}\,(g^{\alpha\beta}B_{\alpha\beta})$$

才能这样断言(此处 λ 是一常数)。但如果我们置这个张量等于零，我们就又回到方程 $B_{\mu\nu}=0$ 了。——英译本注

事实必须被看作是这一理论的物理正确性的令人信服的证明。

§15. 关于引力场的哈密顿函数动量能量定律

要证明场方程适应动量能量定律，最方便的是把它们写成如下的哈密顿形式：

$$\begin{cases} \delta\left\{\int H d\tau\right\} = 0, \\ H = g^{\mu\nu}\,\Gamma^{\alpha}_{\mu\beta}\,\Gamma^{\beta}_{\nu\alpha}, \\ \sqrt{-g} = 1, \end{cases} \tag{47a}$$

这里，这些变分在所考查的有限的四维积分空间的边界上都等于零。

首先必须证明，形式(47a)同方程(47)是等效的。为了这个目的，我们把 H 看作是 $g^{\mu\nu}$ 和

$$g^{\mu\nu}_{\sigma}\left(=\frac{\partial\,g^{\mu\nu}}{\partial\,x_{\sigma}}\right)$$

的函数。由此，首先得出

$$\delta H = \Gamma^{\alpha}_{\mu\beta} + 2^{\mu\nu}\,\Gamma^{\beta}_{\nu\alpha}\delta g^{\mu\nu}\,\Gamma^{\alpha}_{\mu\beta}\delta\Gamma^{\beta}_{\mu\alpha} = -\Gamma^{\alpha}_{\mu\beta}\Gamma^{\beta}_{\nu\alpha}\delta g^{\mu\nu} + 2\Gamma^{\alpha}_{\mu\beta}\delta\left(g^{\mu\nu}\,\Gamma^{\beta}_{\nu\alpha}\right),$$

但现在

$$\delta(g^{\mu\nu}\,\Gamma^{\beta}_{\nu\alpha}) = -\frac{1}{2}\delta\left[g^{\mu\nu}g^{\beta\lambda}\left(\frac{\partial\,g_{\mu\lambda}}{\partial\,x_{\alpha}} + \frac{\partial\,g_{\alpha\lambda}}{\partial\,x_{\nu}} - \frac{\partial\,g_{\alpha\nu}}{\partial\,x_{\lambda}}\right)\right],$$

由圆括号中最后两项所产生的项是带有不同的正负号的，并且可以通过互相对调指标 μ 和 β（因为累加指标的记号是无关紧要的）而得到。它们在 δH 的式中互相抵消了，因为它们都是同一个对于指标 μ 和 β 是对称的量 $\Gamma^{\alpha}_{\mu\beta}$ 相乘的缘故。这样，圆括号里只剩下第一项是要考虑的，因此，我们考虑到 (31)，就得到

$$\delta H = -\Gamma^{\alpha}_{\mu\beta}\,\Gamma^{\beta}_{\nu\alpha}\delta g^{\mu\nu} + \Gamma^{\alpha}_{\mu\beta}\delta g^{\mu\beta}_{\alpha},$$

所以

$$\begin{cases} \dfrac{\partial\,H}{\partial\,g^{\mu\nu}} = -\Gamma^{\alpha}_{\mu\beta}\,\Gamma^{\beta}_{\nu\alpha}, \\ \dfrac{\partial\,H}{\partial\,g^{\mu\nu}_{\sigma}} = \Gamma^{\alpha}_{\mu\nu}\,。 \end{cases} \tag{48}$$

在(47a)中进行变分，我们首先得出下列方程组

$$\frac{\partial}{\partial x_{\alpha}}\left(\frac{\partial H}{\partial g^{\mu\nu}}\right)-\frac{\partial H}{\partial g^{\mu\nu}}=0, \tag{47b}$$

由于(48)，这方程组是同(47)一致的，而这是要加以证明的。

如果我们把(47b)乘以 $g_{\sigma}^{\mu\nu}$，又因为

$$\frac{\partial g_{\alpha}^{\mu\nu}}{\partial x_{\alpha}}=\frac{\partial g_{\alpha}^{\mu\nu}}{\partial x_{\sigma}},$$

并且由此推出

$$g_{\sigma}^{\mu\nu}=\frac{\partial}{\partial x_{\alpha}}\left(\frac{\partial H}{\partial g_{\alpha}^{\mu\nu}}\right)=\frac{\partial}{\partial x_{\alpha}}\left(g_{\alpha}^{\mu\nu}\frac{\partial H}{\partial g_{\alpha}^{\mu\nu}}\right)-\frac{\partial H}{\partial g_{\alpha}^{\mu\nu}}\frac{\partial g_{\alpha}^{\mu\nu}}{\partial x_{\sigma}},$$

那么我们就得到下列方程

$$\frac{\partial}{\partial x_{\alpha}}\left(g_{\alpha}^{\mu\nu}\frac{\partial H}{\partial g_{\alpha}^{\mu\nu}}\right)-\frac{\partial H}{\partial x_{\sigma}}=0,$$

或者[1]

$$\begin{cases} \dfrac{\partial t_{\sigma}^{\alpha}}{\partial x_{\alpha}}=0, \\[2mm] -2\kappa t_{\sigma}^{\alpha}=g_{\sigma}^{\mu\nu}\dfrac{\partial H}{\partial g_{\alpha}^{\mu\nu}}-\delta_{\sigma}^{\alpha}H, \end{cases} \tag{49}$$

此处，由于(48)，(47)的第二个方程以及(34)，故

$$\kappa t_{\sigma}^{\alpha}=\frac{1}{2}\delta_{\sigma}^{\alpha}g^{\mu\nu}\Gamma_{\mu\beta}^{\lambda}\Gamma_{\nu\lambda}^{\beta}-g^{\mu\nu}\Gamma_{\mu\beta}^{\lambda}\Gamma_{\nu\sigma}^{\beta}。 \tag{50}$$

要注意，t_{σ}^{α} 不是一个张量；另一方面，对于一切使 $\sqrt{-g}=1$ 的坐标系，(49)都是成立的。这个方程表示关于引力场的动量和能量守恒定律。实际上，这个方程关于**三维体积** V 的积分给出了四个方程

$$\frac{\mathrm{d}}{\mathrm{d}x_{4}}\int t_{\sigma}^{4}dV=\int(t_{\sigma}^{1}a_{1}+t_{\sigma}^{2}a_{2}+t_{\sigma}^{3}a_{3})\mathrm{d}S, \tag{49a}$$

此处 a_1、a_2、a_3 表示在边界曲面的元素 dS 上(在欧几里得几何的意义上)向内所引的法线的方向余弦。在这里我们认出了通常形式的守恒定律的表

---

① 所以要引进因子 -2κ 的理由以后会明白。——英译本注

示式。t_σ^α 这些量我们称之为引力场的"能量分量"。

我们现在还要给方程(47)以第三种形式，这种形式对于生动地理解我们的课题是特别有用的。把场方程(47)乘以 $g^{\nu\sigma}$ 得出这些以"混合"形式出现的方程。我们注意到

$$g^{\nu\sigma} \frac{\partial \Gamma_{\mu\nu}^{\alpha}}{\partial x_\alpha} = \frac{\partial}{\partial x_\alpha}(g^{\nu\sigma} \Gamma_{\mu\nu}^{\alpha}) - \frac{\partial g^{\nu\sigma}}{\partial x_\alpha} \Gamma_{\mu\nu}^{\alpha},$$

由于(34)，这个量等于

$$\frac{\partial}{\partial x_\alpha}(g^{\nu\sigma} \Gamma_{\mu\nu}^{\alpha}) - g^{\nu\beta} \Gamma_{\alpha\beta}^{\sigma} \Gamma_{\mu\nu}^{\alpha} - g^{\alpha\beta} \Gamma_{\beta\alpha}^{\nu} \Gamma_{\mu\nu}^{\alpha},$$

或者(按照改变了的累加指标的符号)等于

$$\frac{\partial}{\partial x_\alpha}(g^{\alpha\beta} \Gamma_{\mu\beta}^{\alpha}) - g^{mn} \Gamma_{m\beta}^{\alpha} \Gamma_{n\mu}^{\beta} - g^{\nu\sigma} \Gamma_{\mu\beta}^{\alpha} \Gamma_{\nu\alpha}^{\beta}.$$

这个式的第三项同那个由场方程(47)的第二项所产生的项相消；根据关系(50)，这个式的第二项可代之以

$$\kappa\left(t_\mu^\sigma - \frac{1}{2}\delta_\mu^\sigma t\right),$$

此处 $t = t_\alpha^\alpha$。由此，代替方程(47)，我们得到

$$\begin{cases} \dfrac{\partial}{\partial x_\alpha}(g^{\alpha\beta} \Gamma_{\mu\beta}^{\alpha}) = -k\left(t_\mu^\sigma - \dfrac{1}{2}\delta_\mu^\sigma t\right), \\ \sqrt{-g} = 1. \end{cases} \tag{51}$$

§16. 引力的场方程的一般形式

在上节中所建立的无物质的空间的场方程可同牛顿理论的场方程

$$\Delta\varphi = 0$$

相比较。我们现在要寻求一个对应于泊松方程

$$\Delta\varphi = 4\pi\kappa\rho$$

的方程，此处 ρ 表示物质的密度。

狭义相对论已得到了这样的结论：惯性质量不是别的，而是能量，它在一个二秩的对称张量(即能量张量)中找到了它的完备的数学表示。由

此，在广义相对论中，我们也必须引进一个物质的能量张量 T_σ^a，它像引力场的能量分量 t_σ^a[方程(49)和(50)]那样具有混合的特征，但是属于一个对称的协变张量。[①]

方程组(51)表明，这个能量张量(对应于泊松方程中的密度 ρ)是怎样被引进引力场方程中的。因为，如果我们考查一个完整的体系(比如太阳系)，那么这个体系的总质量，从而还有它的总引力作用，将同这一体系的总能量，因而也同有质(ponderable)能量和引力能量有关。这种情况可以这样来表示：在(51)中引进物质的能量分量与引力场的能量分量的和 $t_\mu^\sigma + T_\mu^\sigma$ 来代替单独的引力场的能量分量 t_μ^σ。由此，我们得到下列张量方程来代替(51)：

$$\begin{cases} \dfrac{\partial}{\partial x_\alpha}(g^{\alpha\beta}\Gamma_{\mu\beta}^\sigma) = -\kappa\left[(t_\mu^\sigma + T_\mu^\sigma) - \dfrac{1}{2}\delta_\mu^\sigma(t+T)\right], \\ \sqrt{-g} = 1, \end{cases} \tag{52}$$

此处我们置 $T = T_\mu^\mu$(劳厄标量)。这就是所探索的关于引力的一般场方程的混合形式。由此倒推回去，我们得到代替(47)的下列方程：

$$\begin{cases} \dfrac{\partial \Gamma_{\mu\nu}^\alpha}{\partial x_\alpha} + \Gamma_{\mu\beta}^\alpha \Gamma_{\nu\alpha}^\beta = -\kappa\left(T_{\mu\nu} - \dfrac{1}{2}g_{\mu\nu}T\right), \\ \sqrt{-g} = 1. \end{cases} \tag{53}$$

必须承认，这样来引进物质的能量张量，并不能单靠相对性公设来证明是正确的；因此，在前面我们是从这样的要求来导出它的，即引力场的能量应当像任何别种能量一样，以同样方式起着引力的作用。但是选择上述这些方程的最有力的根据还在于它们有这样的结果：对于总能量的分量，(动量和能量的)守恒方程是成立的，这些方程严格对应于方程(49)和(49a)。这将要在下一节中加以证明。

§17. 一般情况下的守恒定律

不难把方程(52)改变形式，使其右边的第二项等于零。对(52)进行关

---

① $g_{\alpha\tau}T_\sigma^a = T_{\sigma\tau}$ 和 $g^{\alpha\tau}T_\sigma^a = T^{\sigma\tau}$ 都应是对称张量。——英译本注

于指标 μ 和 σ 的降秩，并且把这样得到的方程乘以 $\frac{1}{2}\delta^{\sigma}_{\mu}$，然后在方程(52)

中减去它。于是得出

$$\frac{\partial}{\partial x_{\alpha}}\left(g^{\sigma\beta}\Gamma^{\alpha}_{\mu\beta}-\frac{1}{2}\delta^{\sigma}_{\mu}g^{\lambda\beta}\Gamma^{\alpha}_{\lambda\beta}\right)=-\kappa(t^{\sigma}_{\mu}+T^{\sigma}_{\mu})\text{。} \tag{52a}$$

对这个方程施以运算 $\frac{\partial}{\partial x_{\sigma}}$，我们得到

$$\frac{\partial^{2}}{\partial x_{\alpha}\partial x_{\sigma}}(g^{\alpha\beta}\Gamma^{\alpha}_{\mu\beta})=-\frac{1}{2}\frac{\partial^{2}}{\partial x_{\alpha}\partial x_{\sigma}}\left[g^{\alpha\beta}g^{\alpha\lambda}\left(\frac{\partial g_{\mu\lambda}}{\partial x_{\beta}}+\frac{\partial g_{\beta\lambda}}{\partial x_{\mu}}-\frac{\partial g_{\mu\beta}}{\partial x_{\lambda}}\right)\right],$$

圆括号中的第一项和第三项所贡献的部分互相抵消了，我们只要在第三项的贡献中，把累加指标 α 和 σ 作为一方，β 和 λ 作为另一方来对调，就可看出。第二项可按照(31)进行改写，由此我们得到

$$\frac{\partial^{2}}{\partial x_{\alpha}\partial x_{\sigma}}(g^{\alpha\beta}\Gamma^{\alpha}_{\mu\beta})=-\frac{1}{2}\frac{\partial^{3}g^{\alpha\beta}}{\partial x_{\alpha}\partial x_{\beta}\partial x_{\mu}}\text{。} \tag{54}$$

(52a)的左边第二项首先给出

$$-\frac{1}{2}\frac{\partial^{2}}{\partial x_{\alpha}\partial x_{\mu}}(g^{\lambda\beta}\Gamma^{\alpha}_{\lambda\beta})$$

或者

$$\frac{1}{4}\frac{\partial^{2}}{\partial x_{\alpha}\partial x_{\mu}}\left[g^{\lambda\beta}g^{\alpha\delta}\left(\frac{\partial g_{\delta\lambda}}{\partial x_{\beta}}+\frac{\partial g_{\delta\beta}}{\partial x_{\lambda}}-\frac{\partial g_{\lambda\beta}}{\partial x_{\delta}}\right)\right]\text{。}$$

对于我们所选定的坐标，圆括号里最后一项所产生的由于(29)而消失了。另外两项可以结合在一起，并且由(31)，它们共同给出

$$-\frac{1}{2}\frac{\partial^{3}\beta^{\alpha\beta}}{\partial x_{\alpha}\partial x_{\beta}\partial x_{\mu}},$$

因此，考虑到(54)，我们得到恒等式①

$$\frac{\partial^{2}}{\partial x_{\alpha}\partial x_{\sigma}}\left[g^{\alpha\beta}\Gamma^{\alpha}_{\mu\beta}-\frac{1}{2}\delta^{\sigma}_{\mu}g^{\lambda\beta}\Gamma^{\alpha}_{\lambda\beta}\right]=0\text{。} \tag{55}$$

从(55)和(52a)，得出

$$\frac{\partial(t^{\sigma}_{\mu}+T^{\sigma}_{\mu})}{\partial x_{\sigma}}=0\text{。} \tag{56}$$

---

① 德文本和英译本中 $g^{\alpha\beta}\Gamma^{\alpha}_{\mu\beta}$ 都误为 $g^{\alpha\beta}\Gamma_{\mu\beta}$。

因此，从我们的引力的场方程得知，动量和能量的守恒定律是得到满足的。人们从导致方程(49a)的考虑中最容易看出这一点；所不同的是，这里我们必须引进物质的和引力场的总能量分量，以代替引力场的能量分量 t_μ^σ。

§18. 作为场方程结果的物质的动量能量定律

我们把(53)乘以 $\dfrac{\partial g^{\mu\nu}}{\partial x_\sigma}$，那么由 §15 中所采用的方法，并鉴于

$$g_{\mu\nu}\frac{\partial g^{\mu\nu}}{\partial x_\sigma}$$

等于零，我们就得到方程

$$\frac{\partial \tau_\sigma^\alpha}{\partial x_\alpha}+\frac{1}{2}\frac{\partial g^{\mu\nu}}{\partial x_\sigma}T_{\mu\nu}=0,$$

或者鉴于(56)，得到

$$\frac{\partial T_\sigma^\alpha}{\partial x_\alpha}+\frac{1}{2}\frac{\partial g^{\mu\nu}}{\partial x_\sigma}T_{\mu\nu}=0。 \tag{57}$$

同(41b)相比较，表明对于我们所选定的坐标系，这个方程正好断定了物质的能量分量的张量的散度等于零。在物理上，左边第二项的出现表明，在严格意义上动量和能量守恒定律单单对于物质是不成立的，而只有当 $g^{\mu\nu}$ 都是常数时，即引力场强度等于零时，它们才成立。这个第二项表示每单位体积和单位时间从引力场输送到物质上去的动量和能量。如果我们在(41)的意义下把(57)改写成

$$\frac{\partial T_\sigma^\alpha}{\partial x_\alpha}=-\Gamma_{\alpha\sigma}^\beta T_\beta^\alpha,$$

那么这就更加明显了。这方程的右边表示引力场对物质的能量方面的影响。

因此这些引力场方程同时包含着物质现象过程所必须满足的四个条件。它们完备地给出了物质现象过程的方程，只要物质现象过程是能够用

四个彼此独立的微分方程来表征的。[①]

D. "物质"现象过程

在 B 部分所发展的数学工具，使我们能够立刻像狭义相对论所表述的那样对那些关于物质的物理定律(流体动力学，麦克斯韦的电动力学)进行推广，使它们适合于广义相对论。在那里，广义相对性原理固然没有对可能性加以更多的限制；但它却使我们不必引进任何新假设，就能准确地认识到引力场对一切过程的影响。

这种事态带来的结果是，没有必要对(狭义上的)物质的物理本性引进确定的假设。特别是电磁场理论同引力场理论一起是否能为物质理论提供一个充分的基础，这仍然可以是个悬而未决的问题。广义相对性公设在原则上不能就这方面告诉我们任何东西。这必须等到建成了这理论才可看出，电磁学同引力学说合起来究竟能否完成前者单独所不能完成的任务。

§19. 关于无摩擦绝热流体的欧勒方程

设 p 和 ρ 是两个标量，其中前者我们叫流体的"压强"，后者叫流体的"密度"，并设它们之间有一个方程存在。设抗变对称张量

$$T^{\alpha\beta} = -g^{\alpha\beta}p + \rho\frac{dx_\alpha}{ds}\frac{dx_\beta}{ds} \tag{58}$$

是流体的抗变能量张量。附属于它有协变张量

$$T_{\mu\nu} = -g_{\mu\nu}p + g_{\mu\alpha}\frac{dx_\alpha}{ds}g_{\nu\beta}\frac{dx_\beta}{ds}\rho \tag{58a}$$

---

① 关于这个问题，参见 D. Hilbert，《格丁根科学会通报》，数学物理学部分(*Nachr. d. K. Gesellsch. d. Wiss. zuGöttingen，Math.-phys. Klasse*)，1915 年，第 3 页。——英译本注

以及混合张量[1]

$$T_\sigma^\alpha = -\delta_\sigma^\alpha p + g_{\sigma\beta}\frac{\mathrm{d}x_\beta}{\mathrm{d}s}\frac{\mathrm{d}x_\alpha}{\mathrm{d}s}\rho。 \tag{58b}$$

如果我们把(58b)的右边代入(57a)，那么我们就得到广义相对论的欧勒流体动力学方程。它们在原则上完全解决了运动问题；因为(57a)的四个方程加上 p 和 ρ 之间的已知方程，以及下列方程

$$g_{\alpha\beta}\frac{\mathrm{d}x_\alpha}{\mathrm{d}s}\frac{\mathrm{d}x_\beta}{\mathrm{d}s}=1,$$

在 $g_{\alpha\beta}$ 是已知时，就足以确定六个未知数

$$p、\rho、\frac{\mathrm{d}x_1}{\mathrm{d}s}、\frac{\mathrm{d}x_2}{\mathrm{d}s}、\frac{\mathrm{d}x_3}{\mathrm{d}s}和\frac{\mathrm{d}x_4}{\mathrm{d}s}。$$

如果 $g_{\mu\nu}$ 也是未知的，那么还得引用方程(53)。这是确定 10 个函数 $g_{\mu\nu}$ 的 11 个方程，所以这些函数好像是被过分确定了。然而应当注意到，方程(57a)已经包含在方程(53)里面了，所以后者只代表七个独立的方程。这种不确定性的充分理由就在于对坐标选取有着广泛的自由，而这就必然使得这问题在数学上保持了这样的不确定程度，以致使空间函数中有三个是可以任意选取的。[2]

§20. 麦克斯韦的真空电磁场方程

设 φ_ν 是一个协变四元矢量——电磁势四元矢量——的各个分量。根据(36)，我们可由它们按照下列方程组

$$F_{\rho\sigma}=\frac{\partial \varphi_\rho}{\partial x_\sigma}-\frac{\partial \varphi_\sigma}{\partial x_\rho} \tag{59}$$

构成电磁场协变六元矢量的分量 $F_{\rho\sigma}$。由(59)得知，方程组

---

① 如果一位观察者对于无限小区域使用一个狭义相对论意义上的参照系，并且同它一起运动，那么在他看来，能量密度 T_4^4 等于 $\rho-p$。这就给出了 ρ 的定义。因此，对不可压缩的流体，ρ 不是常数。——英译本注

② 在放弃按照 $g=-1$ 的条件来选取坐标时，就留下四个可自由选择的空间函数，它们相当于我们在选取坐标时可以自由处理的四个任意函数。——英译本注

$$\frac{\partial F_{\rho\sigma}}{\partial x_\tau} + \frac{\partial F_{\sigma\tau}}{\partial x_\rho} + \frac{\partial F_{\tau\rho}}{\partial x_\sigma} = 0 \tag{60}$$

是满足的，根据(37)，知其左边是一个三秩的反对称张量。因而方程组(60)实质上包含四个方程，其形式如下：

$$\begin{cases} \dfrac{\partial F_{23}}{\partial x_4} + \dfrac{\partial F_{34}}{\partial x_2} + \dfrac{\partial F_{42}}{\partial x_3} = 0, \\[2ex] \dfrac{\partial F_{34}}{\partial x_1} + \dfrac{\partial F_{41}}{\partial x_3} + \dfrac{\partial F_{13}}{\partial x_4} = 0, \\[2ex] \dfrac{\partial F_{41}}{\partial x_2} + \dfrac{\partial F_{12}}{\partial x_4} + \dfrac{\partial F_{24}}{\partial x_1} = 0, \\[2ex] \dfrac{\partial F_{12}}{\partial x_3} + \dfrac{\partial F_{23}}{\partial x_1} + \dfrac{\partial F_{31}}{\partial x_2} = 0。 \end{cases} \tag{60a}$$

这个方程组对应于麦克斯韦的第二方程组。我们只要置

$$\begin{cases} F_{23} = \mathfrak{h}_x, \quad F_{14} = e_x, \\ F_{31} = \mathfrak{h}_y, \quad F_{24} = e_y, \\ F_{12} = \mathfrak{h}_z, \quad F_{34} = e_z, \end{cases} \tag{61}$$

就可立即认出这一点。因此我们可用通常的三维矢量分析的写法来代替(60a)，写成

$$\begin{cases} \dfrac{\partial \mathfrak{h}}{\partial t} + \mathrm{rot}\, e = 0, \\[2ex] \mathrm{div}\, \mathfrak{h} = 0。 \end{cases} \tag{60b}$$

通过推广闵可夫斯基所提出的形式，我们得到麦克斯韦的第一方程组。我们引进从属于 $F^{\alpha\beta}$ 的抗变六元矢量

$$F'^{\mu\nu} = g^{\mu\alpha} g^{\nu\beta} F_{\alpha\beta} \tag{62}$$

以及真空电流密度的抗变四元矢量 J^μ。然后，考虑到(40)，我们可以列出对于行列式是1(依照我们所选取的坐标)的任意代换都不变的方程组：

$$\frac{\partial}{\partial x_\nu} F'^{\mu\nu} = J^\mu。 \tag{63}$$

因为我们设

$$\begin{cases} F_{23}=\mathfrak{h}'_x, & F^{14}=-e'_x, \\ F_{31}=\mathfrak{h}'_y, & F^{24}=-e'_y, \\ F_{12}=\mathfrak{h}'_z, & F^{34}=-e'_z, \end{cases} \tag{64}$$

这些量在狭义相对论的特殊情况下等于$\mathfrak{h}_x\cdots e_z$这些量；此外，又置

$$J^1=i_x, \quad J^2=i_y, \quad J^3=i_z, \quad J^4=\rho,$$

那么代替(63)，我们得到

$$\begin{cases} \operatorname{rot}\mathfrak{h}'-\dfrac{\partial\,e'}{\partial\,t}=i, \\ \operatorname{div}e'=\rho_\circ \end{cases} \tag{63a}$$

根据我们对于坐标选择所作的约定，方程(60)、(62)和(63)因而构成了麦克斯韦的真空场方程的推广。

电磁场的能量分量　我们作内积

$$\kappa_\sigma=F_{\sigma\mu}J^\mu, \tag{65}$$

依照(61)，它的分量写成如下三维的形式

$$\begin{cases} \kappa_1=\rho e_x+[i,\ \mathfrak{h}]_x, \\ \cdots\cdots\cdots\cdots\cdots\cdots \\ \cdots\cdots\cdots\cdots\cdots\cdots \\ \kappa_4=-(i,\ e)_\circ \end{cases} \tag{65a}$$

κ_σ是一个协变四元矢量，它的分量分别等于带电物体每单位时间和单位体积输送给电磁场的负动量或者能量。如果这些带电物体是自由的，也就是说，它们只受到电磁场的影响，那么协变四元矢量κ_σ就会等于零。

要得到电磁场的能量分量T_σ，我们只要给方程$\kappa_\sigma=0$以方程(57)的形式。由(63)和(65)，就首先得出[①]

$$\kappa_\sigma=F_{\sigma\mu}\frac{\partial\,F^{\mu\nu}}{\partial\,x_\nu}=\frac{\partial}{\partial\,x_\nu}(F_{\sigma\mu}F^{\mu\nu})-F^{\mu\nu}\frac{\partial\,F_{\sigma\mu}}{\partial\,x_\nu}_\circ$$

右边第二项，按照(60)，允许改写成：

---

① 下式中最后一项中的$F^{\mu\nu}$原文误为$F^{\mu\mu}$。

$$F^{\mu\nu}\frac{\partial F_{\sigma\mu}}{\partial x_\nu}=-\frac{1}{2}F^{\mu\nu}\frac{\partial F_{\mu\nu}}{\partial x_\sigma}=-\frac{1}{2}g^{\mu\alpha}g^{\nu\beta}F_{\alpha\beta}\frac{\partial F_{\mu\nu}}{\partial x_\sigma}。$$

由于对称的缘故，这后一表示式也可写成如下形式：

$$-\frac{1}{4}\left[g^{\mu\alpha}g^{\nu\beta}F_{\alpha\beta}\frac{\partial F_{\mu\nu}}{\partial x_\sigma}+g^{\mu\alpha}g^{\nu\beta}\frac{\partial F_{\alpha\beta}}{\partial x_\sigma}F_{\mu\nu}\right]。$$

但这可以写成

$$-\frac{1}{4}\frac{\partial}{\partial x_\sigma}(g^{\mu\alpha}g^{\nu\beta}F_{\alpha\beta}F_{\mu\nu})+\frac{1}{4}F_{\alpha\beta}F_{\mu\nu}\frac{\partial}{\partial x_\sigma}(g^{\mu\alpha}g^{\nu\beta})。$$

其中第一项可写成如下较简短的形式

$$-\frac{1}{4}\frac{\partial}{\partial x_\sigma}(F^{\mu\nu}F_{\mu\nu})。$$

第二项经过微分，并作一些改写以后，得出[①]

$$-\frac{1}{2}F^{\mu\tau}F_{\mu\nu}g^{\nu\rho}\frac{\partial g_{\sigma\tau}}{\partial x_\sigma}。$$

如果我们把所有算出的三项合起来，那么我们就得到如下关系

$$\kappa_\sigma=\frac{\partial T_\sigma^\nu}{\partial x_\nu}-\frac{1}{2}g^{\tau\mu}\frac{\partial g_{\mu\nu}}{\partial x_\sigma}T_\tau^\nu, \tag{66}$$

此处

$$T_\sigma^\nu=-F_{\sigma\alpha}F^{\nu\alpha}+\frac{1}{4}\delta_\sigma^\nu F_{\alpha\beta}F^{\alpha\beta}。 \tag{66a}$$

由于(30)，对于 $\kappa_0=0$，方程(66)相当于(57)或者(57a)。因此 T_α^ν 是电磁场的能量分量。借助于(61)和(64)我们不难证明，在狭义相对论的情况下，电磁场的这些能量分量就给出了著名的麦克斯韦-坡印廷表示式。

由于我们始终使用那种使 $\sqrt{-g}=1$ 的坐标系，我们现在导出了引力场和物质所遵循的最普遍规律。我们由此可以使公式和计算大大简化，而我们用不着放弃广义协变的要求；因为我们是从广义协变方程中通过坐标的特殊规定而得出我们的方程的。

在引力场的能量分量和物质的能量分量的相应推广了的定义下，而又

---

① 下式原文如此，其中 $\frac{\partial g_{\mu\nu}}{\partial x_\sigma}$ 似系 $\frac{\partial g_{\sigma\tau}}{\partial x_\sigma}$ 之误。

不要对坐标系作特殊规定，是不是具有方程(56)这样形式的守恒定律，以及方程(52)或者(52a)那样的关于引力的场方程[其左边是一个散度(在通常的意义上)，右边是物质和引力的各个能量分量之和]都成立，这个问题也还不是没有形式上的兴趣的。我发觉这两者实际上正是这样。可我认为不值得把我对这个问题颇为广泛的考虑讲出来，因为从中毕竟没有得到什么实质性的新东西。

E

§21. 牛顿理论作为第一级近似

曾经不止一次地提到过，狭义相对论作为广义理论的一个特例，是由 $g_{\mu\nu}$ 具有常数值(4)来表征的。按照前面已讲过的，这意味着完全略去引力作用。当我们考虑到 $g_{\mu\nu}$ 同常数值(4)相差只是些微量(同 1 相比)的情况，并且略去第二级和更高级的微量，我们就得到一个比较接近于实在的近似。(第一种近似观点)

另外要假定，在所考查的空间一时间领域里，对于适当选取的坐标，$g_{\mu\nu}$ 在空间无限远处趋近于值(4)；那就是说，我们所考虑的引力场，可以认为是单单由有限区域里的物质所产生的。

我们可以设想，这些微量的略去，必定引导到牛顿的理论。但要达到这个目的，我们还需要按照第二种观点来近似地处理基本方程。我们考查一个遵照方程(46)的质点运动。在狭义相对论的情况下，这些分量

$$\frac{\mathrm{d}x_1}{\mathrm{d}s} \text{、} \frac{\mathrm{d}x_2}{\mathrm{d}s} \text{和} \frac{\mathrm{d}x_3}{\mathrm{d}s}$$

可以取任何值；这就表明任何小于**真空**中光速的速度($v<c$)

$$v=\sqrt{\left(\frac{\mathrm{d}x_1}{\mathrm{d}x_3}\right)^2+\left(\frac{\mathrm{d}x_2}{\mathrm{d}x_4}\right)^2+\left(\frac{\mathrm{d}x_3}{\mathrm{d}x_4}\right)^2}$$

都可出现。如果我们限于那种几乎唯一能为经验所提供的情况，即 v 要比光速小得多的情况，那么这就表示，这些分量

$$\frac{\mathrm{d}x_1}{\mathrm{d}s}、\frac{\mathrm{d}x_2}{\mathrm{d}s} 和 \frac{\mathrm{d}x_3}{\mathrm{d}s}$$

是当作微量来处理的，而 $\frac{\mathrm{d}x_4}{\mathrm{d}s}$ 在准确到第二级微量时都等于 1。（第二种近似观点）

现在我们注意到，根据第一种近似观点，所有 $\Gamma^{\tau}_{\mu\nu}$ 这些量至少都是第一级的微量。所以看一下（46）就可明白，根据第二种近似观点，在这个方程中，我们只要考虑那些 $\mu=\nu=4$ 的项就行了。在限于那些最低阶的项时，我们首先得到代替（46）的方程是

$$\frac{\mathrm{d}^2 x_{\tau}}{\mathrm{d}t^2}=\Gamma^{\tau}_{44},$$

此外我们已知 $\mathrm{d}s=\mathrm{d}x_4=\mathrm{d}t$，或者在限于那些按照第一种近似观点看来是第一阶的项：

$$\frac{\mathrm{d}^2 x_{\tau}}{\mathrm{d}t^2}=\begin{bmatrix} 44 \\ \tau \end{bmatrix}(\tau=1，2，3)，$$

$$\frac{\mathrm{d}^2 x_4}{\mathrm{d}t^2}=-\begin{bmatrix} 44 \\ 4 \end{bmatrix}。$$

如果我们还假设引力场是准静态的（quasi-statisch）场，也就是使我们只限于产生引力场的物质只是缓慢地（同光的传播速度相比）运动着的那种情况，那么在同那些关于位置坐标的导数作比较时，我们就可以在右边略去关于时间的导数，由此我们得到

$$\frac{\mathrm{d}^2 x_{\tau}}{\mathrm{d}t^2}=-\frac{1}{2}\frac{\partial g_{44}}{\partial x_{\tau}}\ (\tau=1，2，3)。 \tag{67}$$

这就是遵照牛顿理论的质点运动方程，在这里，$\frac{g_{44}}{2}$ 起着引力势的作用。在这结果里值得注意的是，在第一级近似中，只有基本张量的分量 g_{44} 单独决定着质点的运动。

我们现在转到场方程(53)。这里我们必须考虑到，"物质"的能量张量几乎完全是由狭义的物质的密度 ρ 来决定的，也就是说是由(58)[或者分别由(58a)或(58b)]右边的第二项来决定的。如果我们作了我们感兴趣的近似，那么除了一个分量 $T_{44}=\rho=T$ 之外，其余一切分量都等于零。(53)左边的第二项是第二级的微量：在我们所感兴趣的近似中，第一项给出了

$$\frac{\partial}{\partial x_1}\begin{bmatrix}\mu\nu\\1\end{bmatrix}+\frac{\partial}{\partial x_2}\begin{bmatrix}\mu\nu\\2\end{bmatrix}+\frac{\partial}{\partial x_3}\begin{bmatrix}\mu\nu\\3\end{bmatrix}-\frac{\partial}{\partial x_4}\begin{bmatrix}\mu\nu\\4\end{bmatrix},$$

对于 $\mu=\nu=4$，略去关于时间微分的那些项，就得出

$$-\frac{1}{2}\left(\frac{\partial^2 g_{44}}{\partial x_1^2}+\frac{\partial^2 g_{44}}{\partial x_2^2}+\frac{\partial^2 g_{44}}{\partial x_2^3}\right)=-\frac{1}{2}\Delta g_{44}。$$

(53)的最后一个方程因而给出

$$\Delta g_{44}=\kappa\rho。\tag{68}$$

(67)和(68)这些方程合起来，就相当于牛顿的引力定律。

由(67)和(68)，引力势的表示式就成为

$$-\frac{\kappa}{8\pi}\int\frac{\rho\mathrm{d}\tau}{r},\tag{68a}$$

而对我们所选取的时间单位，由牛顿理论得出

$$-\frac{K}{c^2}\int\frac{\rho\mathrm{d}\tau}{r},$$

这里的 K 代表常数，6.7×10^{-8}，通常叫作引力常数。通过比较，得出

$$\kappa=\frac{8\pi K}{c^2}=1.87\times10^{-27}。\tag{69}$$

§22. 静引力场中量杆和时钟的性状　光线的弯曲　行星轨道近日点的运动

为要得到作为第一级近似的牛顿理论，我们只需算出引力势10个分量 $g_{\mu\nu}$ 中的一个分量 g_{44}，因为唯有这个分量才进入引力场中质点运动方程(67)的第一级近似。同时由此我们已可看出，$g_{\mu\nu}$ 的其他分量还必须同(4)所给出的值在第一级近似下有所偏离，而后者是条件 $g=-1$ 所要求的。

对于一个位于坐标系原点上产生着场的质点，就第一级近似来说，我们得到径向对称解：

$$\begin{cases} g_{\rho\sigma} = -\delta_{\rho\sigma} - \alpha \dfrac{x_\rho x_\sigma}{r^3} \ (\rho \text{ 和 } \sigma \text{ 在 } 1 \text{ 和 } 33 \text{ 之间}); \\[2mm] g_{\rho 4} = g_{4\rho} = 0 \ (\rho \text{ 在 } 1 \text{ 和 } 3 \text{ 之间}); \\[2mm] g_{44} = 1 - \dfrac{\alpha}{r}; \end{cases} \qquad (70)$$

此处的 $\delta_{\rho\sigma}$ 是 1 或者 0，分别取决于 $\rho = \sigma$ 还是 $\rho \neq \sigma$；r 是下面的量：

$$+\sqrt{x_1^2 + x_2^2 + x_3^2}。$$

这里由于(68a)，而得到

$$\alpha = \frac{\kappa M}{4\pi}, \qquad (70a)$$

只要 M 是表示产生场的质量。不难证明，就第一级近似而论，这个解满足了(在这质点外面的)场方程。

我们现在来考查质量 M 的场对于空间的度规性质所产生的影响。在以"局部"坐标系(§4)所量得的长度和时间 $\mathrm{d}s$ 作为一方，以坐标差 $\mathrm{d}x_\nu$ 作为另一方，两者之间总是存在着如下的关系

$$\mathrm{d}s^2 = g_{\mu\nu}\,\mathrm{d}x_\mu\,\mathrm{d}x_\nu。$$

比如，对于一根同 x 轴"平行"放着的单位量杆，我们必须使

$$\mathrm{d}s^2 = -1; \ \mathrm{d}x_2 = \mathrm{d}x_3 = \mathrm{d}x_4 = 0,$$

由此，

$$-1 = g_{11}\,\mathrm{d}x_1^2。$$

如果加上单位量杆是在 x 轴上的，那么(70)的第一个方程就得出

$$g_{11} = -\left(1 + \frac{\alpha}{r}\right)。$$

由这两关系在准确到第一级近似中得出

$$\mathrm{d}x = 1 - \frac{\alpha}{2r}。 \qquad (71)$$

如果这根单位量杆是沿半径放着，由于引力场的存在，这根单位量杆对于

坐标系来说，就好像要缩短前面所求得的一定数值。

以类似的方式，比如，如果我们置

$$\mathrm{d}s^2=-1; \ \mathrm{d}x_1=\mathrm{d}x_3=\mathrm{d}x_4=0; \ x_1=r, \ x_2=x_3=0,$$

我们就得到切线方向上它的坐标长度。其结果是

$$-1=g_{22}\,\mathrm{d}x_2^2=-\mathrm{d}x_2^2 \ . \tag{71a}$$

因此，在切线位置上，这质点的引力场对杆的长度没有影响。

如果我们不管杆的位置和取向，都要认为同一根杆总是体现为同一间距，那么在引力场中，即使就第一级近似来说，欧几里得几何也就不再成立。尽管如此，但看一下(70a)和(69)就可明白，所期望的这种偏差实在是太小了，以至不是地面上的量度所能觉察得到的。

进一步，让我们来考查一只静止地放在静引力场中的单位钟走的快慢。这里，对于一个钟周期来说，

$$\mathrm{d}s=1; \ \mathrm{d}x_1=\mathrm{d}x_2=\mathrm{d}x_3=0 \ 。$$

因此
$$1=g_{44}\,\mathrm{d}x_4^2 \ ;$$

$$\mathrm{d}x_4=\frac{1}{\sqrt{g_{44}}}=\frac{1}{\sqrt{1+(g_{44}-1)}}=1-\frac{g_{44}-1}{2},$$

或者

$$\mathrm{d}x_4=1+\frac{\kappa}{8\pi}\int\rho\frac{\mathrm{d}\tau}{r} \ 。 \tag{72}$$

所以，如果钟是放在有重量物体的近旁，它就要走得慢些。由此可知：从巨大星球表面射到我们这里的光的谱线，必定显得要向光谱的红端移动。[①]

我们进一步来考查光线在静引力场中的路程。根据狭义相对论，光速是由方程

$$-\mathrm{d}x_1^2-\mathrm{d}x_2^2-\mathrm{d}x_3^2+\mathrm{d}x_4^2=0$$

得出的，所以根据广义相对论，它也该由方程

$$\mathrm{d}s^2=g_{\mu\nu}\,\mathrm{d}x_\mu\,\mathrm{d}x_\nu=0 \tag{73}$$

---

① 根据弗劳恩德里希(E. Freundlich)对于某些类型恒星的光谱观察，表明这种效应是存在的，但还没有对这一结论做过决定性的核验。——英译本注

得出。如果方向已知，即 $dx_1 : dx_2 : dx_3$ 这比率是已知的，那么方程（73）就给出

$$\frac{dx_1}{dx_4}、\frac{dx_2}{dx_4} 和 \frac{dx_3}{dx_4}$$

这些量，从而也给出了欧几里得几何的意义上所定义的速度

$$\sqrt{\left(\frac{dx_1}{dx_4}\right)^2 + \left(\frac{dx_2}{dx_4}\right)^2 + \left(\frac{dx_3}{dx_4}\right)^2} = \gamma。$$

我们不难看出，如果 $g_{\mu\nu}$ 不是常数，光线的路程从这坐标系看来必定是弯曲的。如果 n 是垂直于光传播的方向，那么惠更斯原理表明，光线[在 (γ, n) 平面中看来]具有曲率 $-\dfrac{\partial \gamma}{\partial n}$。

我们考查这样一道光线所经历的曲率，它射过质量 M 近旁，相隔距离为 Δ。如果我们照着附图来选定坐标系，那么光线的总弯曲 B（如果凹向原点，算出来是正的）在足够的近似程度内，可由

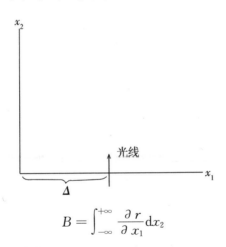

$$B = \int_{-\infty}^{+\infty} \frac{\partial r}{\partial x_1} dx_2$$

得出，而（73）和（70）给出

$$\gamma = \sqrt{-\frac{g_{44}}{g_{22}}} = 1 - \frac{\alpha}{2r}\left(\frac{x_2^2}{r^2}\right)。$$

计算给出

$$B = \frac{2\alpha}{\Delta} = \frac{\kappa M}{2\pi\Delta}。 \tag{74}$$

据此，光线经过太阳要受到 1.7″的弯曲；光线经过木星大约要受到 0.02″的弯曲。

如果我们把引力场计算到更高级的近似，并且也同样以相应的准确度来计算一个具有相对无限小质量的质点的轨道运动，那么我们就可得到下面形式的一种对开普勒-牛顿行星运动定律的偏差。行星的轨道椭圆在轨道运动的方向上经受一种缓慢的转动，这种转动的量值是，每一公转

$$\varepsilon = 24\pi^3 \frac{a^2}{T^2 c^2 (1-e^2)} \text{。} \tag{75}$$

在这公式中，a 表示长半轴，c 表示通常量度中得到的光速，e 表示偏心率，T 是以秒来计量的公转时间。[①]

关于水星，计算得出每 100 年轨道转动 43″，这完全符合天文学家的观测（勒威耶）；他们已经发现，由其他行星的摄动所无法说明的这个行星的近日点运动的剩余部分，正是上述这个量。

哈密顿原理和广义相对论[②]

近来，H. A. 洛伦兹和 D. 希尔伯特[③]以特别清晰的形式给出了广义相对论，他们从单个变分原理推导出广义相对论的方程。本文将做同样的工作。但我在这里的目的是以尽可能明白易懂的方式指出基本的联系，并且用从广义相对论的观点看来是可以允许的普遍术语来表述。特别是，我们将用尽可能少的特定的假设，这与希尔伯特对此问题的处理形成鲜明的对

---

① 在计算方面，我参考了下列原始论文：A. Einstein，《普鲁士科学院会议报告》(*Sitzungsber. d. Preuss. Akad. d. Wiss.*)，1915，第 831 页；K. Schwarzschild，同上刊物，1916 年，第 189 页。——英译本注

② 译自"*Hamiltonsches Princip und allgemeine Relativitätstheorie.*"《普鲁士科学院会议报告》(*Sitzungsberichte der Preussischen Akad. Wissenschaften*)，1916。——英译本注

③ Lorentz 的 4 篇论文在 *the Publications of the Koninkl. Akad. Van Wetensch. te Amsterdam.* 1915 年底至 1916 年中；D. Hilbert，Göttinger Nachr.，1915 年，第三部分。——英译本注

照。另一方面，与我自己最近对这个问题的处理相对立，这儿在坐标系的选择上是完全自由的。

§1. 变分原理和引力与物质的场方程

让我们像通常一样用张量[①] $g_{\mu\nu}$（或 $g^{\mu\nu}$）来描述引力场；用任何数量的空间-时间函数 $q(\rho)$ 来描述物质（包括电磁场）。我们并不关心这些函数在不变式理论中可以怎样表征。此外，设 $\mathfrak{H}$ 为

$g^{\mu\nu}$、$g_\sigma^{\mu\nu}\left(=\dfrac{\partial\,g^{\mu\nu}}{\partial\,x_\sigma}\right)$ 和 $g_{\sigma\tau}^{\mu\tau}\left(=\dfrac{\partial^2\,g^{\mu\nu}}{\partial\,x_\sigma\,\partial\,x_\tau}\right)$ 及 $q(\rho)$ 和 $q(\rho)\alpha\left(=\dfrac{\partial\,q(\rho)}{\partial\,\chi_\partial}\right)$

的函数。那么，变分原理

$$\delta\!\int\mathfrak{H}\,\mathrm{d}\tau=0 \tag{1}$$

就将给我们许多微分方程，正如函数 $g_{\mu\nu}$ 和 $q(\rho)$ 所定义的那样，如果 $g^{\mu\nu}$ 和 $q(\rho)$ 彼此独立地变化，那么在积分极限处，$\delta q(\rho)$、$\delta g_{\mu\nu}$ 和 $\dfrac{\delta(\partial\,g_{\mu\nu})}{\partial\,x_\sigma}$ 全部为 0。

我们现在假设 $\mathfrak{H}$ 在 g_σ 中是线性的，而 $g_{\sigma\tau}^{\mu\nu}$ 的系数只依赖于 $g^{\mu\nu}$，那么我们可以用一个对我们更方便的变分原理取代变分原理(1)。因为通过适当的部分积分，我们得到

$$\int\mathfrak{H}\,\mathrm{d}\tau=\int\mathfrak{H}^*\,\mathrm{d}\tau+F, \tag{2}$$

这里 F 指在所研究的区域的边界上的积分，而 $\mathfrak{H}^*$ 只依赖于 $g^{\mu\nu}$、$g_\sigma^{\mu\nu}$、$q(\rho)$ 和 $q(\rho)\alpha$，而不再依赖于 $g_{\sigma\tau}^{\mu\nu}$。从(2)我们得到

$$H=\frac{\mathfrak{H}}{\sqrt{-g}}, \tag{3}$$

因为这样的变分是我们感兴趣的，这样我们可以用更方便的形式

$$\delta\!\int\mathfrak{H}^*\,\mathrm{d}\tau=0 \tag{1a}$$

---

① 目前没有用到 $g_{\mu\nu}$ 的张量特性。——英译本注

替代变分原理(1)。

通过实现 $q^{\mu\nu}$ 和 $g(\rho)$ 的变分，我们得到下列方程

$$\frac{\partial}{\partial x_\alpha}\left(\frac{\partial \mathfrak{H}^*}{\partial g_\alpha^{\mu\nu}}\right)-\frac{\partial \mathfrak{H}^*}{\partial g^{\mu\nu}}=0, \tag{4}$$

$$\frac{\partial}{\partial x_\alpha}\left(\frac{\partial \mathfrak{H}^*}{\partial q(\rho)_\alpha}\right)-\frac{\partial \mathfrak{H}^*}{\partial q(\rho)}=0 \tag{5}$$

作为引力和物质的场方程[①]。

§2. 引力场的分立存在

如果我们不对 $\mathfrak{H}$ 依赖于 $g_{\mu\nu}$、$g_\sigma^{\mu\nu}$、$q(\rho)$ 和 $q(\rho)_\alpha$ 的方式做出严格的假设，那么能量分量就不能被分成分属引力场和物质的两部分。为了保证理论的这个特征，我们做如下假设：

$$\mathfrak{H}=\mathfrak{G}+\mathfrak{M}, \tag{6}$$

其中 $\mathfrak{G}$ 仅与 $g^{\mu\nu}$、$g_\alpha^{\mu\nu}$ 有关，$\mathfrak{M}$ 仅与 $g^{\mu\nu}$、$q(\rho)$ 和 $q(\rho)_\alpha$ 有关。则方程(4)和(5)就变成了如下形式：

$$\frac{\partial}{\partial x_\alpha}\left(\frac{\partial \mathfrak{G}^*}{\partial g_\alpha^{\mu\nu}}\right)-\frac{\partial \mathfrak{G}^*}{\partial g^{\mu\nu}}=\frac{\partial \mathfrak{M}}{\partial g^{\mu\nu}}, \tag{7}$$

$$\frac{\partial}{\partial x_\alpha}\left(\frac{\partial \mathfrak{M}}{\partial q(\rho)_\alpha}\right)-\frac{\partial \mathfrak{M}}{\partial q(\rho)}=0, \tag{8}$$

这里 $\mathfrak{G}^*$ 与 $\mathfrak{G}$ 的关系和 $\mathfrak{H}^*$ 与 $\mathfrak{H}$ 的关系相同。

值得特别注意的是，如果我们假设 $\mathfrak{G}$ 或 $\mathfrak{H}$ 也依赖于 $q(\rho)$ 的高阶导数，那么方程(8)或(5)就必须被别的方程所代替。可以想象，$q(\rho)$ 不能被取作相互无关的，而由条件方程联系在一起的。所有这些对下一步的发展都无甚重要，因为它们仅仅基于方程(7)，而且是通过改变我们对 $g^{\mu\nu}$ 的积分找到的。

---

① 为了简便起见，公式中的求和符号省去了。如果在一项中同一指标出现两次，则应理解为对它求和。比如在(4)中，$\dfrac{\partial}{\partial x_\alpha}\left(\dfrac{\partial \mathfrak{H}^*}{\partial g_\alpha^{\mu\nu}}\right)$ 表示 $\displaystyle\sum_\alpha \dfrac{\partial}{\partial gx_\alpha}\left(\dfrac{\partial \mathfrak{H}^*}{\partial g_\alpha^{\mu\nu}}\right)$。——英译本注

§3. 以不变量理论为条件的引力的场方程的性质

我们现在设

$$ds^2 = g_{\mu\nu} dx_\mu dx_\nu \tag{9}$$

是一个不变量，它决定了 $g_{\mu\nu}$ 的变换特性。关于描述物质的 $q(\rho)$ 的变换特性，我们则不做假定。另一方面，设函数 $H = \dfrac{\mathfrak{H}}{\sqrt{-g}}$，$G = \dfrac{\mathfrak{G}}{\sqrt{-g}}$ 和 $M = \dfrac{\mathfrak{M}}{\sqrt{-g}}$ 都是相对于任何置换和空间-时间坐标的不变量。根据这些假设，我们可以由(1)中导出方程(7)和(8)的广义协变形式。它还可推出，G(除了是一个常数因子之外)必须等于黎曼曲率张量的标量，因为没有其他不变量具有 G 所要求的性质。[①] $\mathfrak{H}$* 也可以很好地定出，于是场方程(7)的左边也就清楚了。[②]

从相对论的一般假设可以导出函数 $\mathfrak{G}$* 的一些特性，我们现在就来推导。为此，我们对坐标进行无穷小变换，设

$$x'_\nu = x_\nu + \Delta x_\nu, \tag{10}$$

其中 Δx_ν 是坐标的任意无穷小函数，x_ν' 是世界点在新系统中的坐标，x_2 则是在原系统中的坐标。对于坐标和任何其他量 ψ，

$$\psi' = \psi + \Delta\psi$$

形式的变换定律成立，其中 $\Delta\psi$ 必须总被 Δx_ν 表出。由 $g^{\mu\nu}$ 的协变性质，我们可以对于 $g^{\mu\nu}$ 和 $g_\sigma^{\mu\nu}$ 轻而易举地导出变化定律

$$\Delta g^{\mu\nu} = g^{\mu\alpha}\frac{\partial(\Delta x_\nu)}{\partial x_\alpha} + g^{\nu\alpha}\frac{\partial(\Delta x_\mu)}{\partial x_\alpha}, \tag{11}$$

$$\Delta g_\sigma^{\mu\nu} = \frac{\partial(\Delta g^{\mu\nu})}{\partial x_\sigma} + g_\alpha^{\mu\nu}\frac{\partial(\Delta x_\alpha)}{\partial x_\sigma}。 \tag{12}$$

由于 $\mathfrak{G}$* 仅与 $g^{\mu\nu}$ 和 $g_\sigma^{\mu\nu}$ 有关，所以借助于(11)和(12)就可以计算出 $\Delta\mathfrak{G}$*。

---

① 这里可以发现，相对论的一般假设为什么会导致一个非常确定的引力理论。——英译本注

② 通过部分积分，我们可以得到。——英译本注

于是，我们得到方程

$$\sqrt{-g}\,\Delta\left(\frac{\mathfrak{G}^*}{\sqrt{-g}}\right)=S_\sigma^\nu\frac{\partial\left(\Delta x_\sigma\right)}{\partial x_\nu}+2\frac{\partial\mathfrak{G}^*}{\partial g_\alpha^{\mu\nu}}g^{\mu\nu}\frac{\partial^2\Delta x_\sigma}{\partial x_\nu\partial x_\alpha},\tag{13}$$

其中，我们为简便起见，已经取

$$S_\sigma^\nu=2\frac{\partial\mathfrak{G}^*}{\partial g^{\mu\sigma}}g^{\mu\nu}+2\frac{\partial\mathfrak{G}^*}{\partial g_\alpha^{\mu\sigma}}g_\alpha^{\mu\nu}+\mathfrak{G}^*\delta_\sigma^\nu-\frac{\partial\mathfrak{G}^*}{\partial g_\nu^{\mu\alpha}}g_\sigma^{\mu\alpha}。\tag{14}$$

由这两个方程，我们可以得出两条对以后很重要的推论。我们知道，$\dfrac{\mathfrak{G}}{\sqrt{-g}}$ 是相对于任何代换的不变量，但 $\dfrac{\mathfrak{G}^*}{\sqrt{-g}}$ 却不是。然而很容易证明，后者是相对于坐标的任何线性代换的不变量。因此，如果所有的 $\dfrac{\partial^2\Delta x_\sigma}{\partial x_\nu\partial x_\alpha}$ 都等于零，则(13)的右半部分也等于零。于是，$\mathfrak{G}^*$ 必定满足等式

$$S_\sigma^\nu\equiv0。\tag{15}$$

如果我们这样取 Δx_ν，使得它们只在给定区域内部不为零，而在边界附近趋于无穷小，则通过该变换，出现在方程(2)中的边界积分的值不变。因此，$\Delta F=0$，于是，[①]

$$\Delta\int\mathfrak{G}\,\mathrm{d}\tau=\Delta\int\mathfrak{G}^*\,\mathrm{d}\tau。$$

但是方程的左边也必定等于零，因为 $\dfrac{\mathfrak{G}}{\sqrt{-g}}$ 和 $\sqrt{-g}d\tau$ 都是不变量。因此右边也等于零。考虑(14)、(15)和(16)[②]，我们首次得到了方程

$$\int\frac{\partial\mathfrak{G}^*}{\partial g_\alpha^{\mu\nu}}g^{\mu\nu}\frac{\partial^2(\Delta x_\sigma)}{\partial x_\nu\partial x_\alpha}\mathrm{d}\tau=0。\tag{16}$$

把这个方程转化为两个部分积分，相对于 Δx_σ 的任意选择，我们得到了恒等式

$$\frac{\partial^2}{\partial \pi_\nu\partial x_\alpha}\left(g^{\mu\nu}\frac{\partial\mathfrak{G}^*}{\partial g_\alpha^{\mu\sigma}}\right)\equiv0。\tag{17}$$

根据由不变量 $\dfrac{\mathfrak{G}}{\sqrt{-g}}$ 导出的(16)、(17)两个恒等式，以及广义相对论

---

① 通过引入$\mathfrak{G}$和$\mathfrak{G}^*$而不是$\mathfrak{H}$和$\mathfrak{H}^*$。——英译本注

② 英译本原文如此，恐有误。

的假定，我们可以得出如下结论。

首先，我们通过乘以 $g^{\mu\nu}$ 来对引力的场方程(7)进行变换。通过互换 σ 和 ν 的指标，我们就得到了与方程(7)等价的方程

$$\frac{\partial}{\partial x_\alpha}\left(\frac{g^{\mu\nu}\,\partial\mathfrak{G}^*}{\partial g_\alpha^{\mu\sigma}}\right)=-(\mathfrak{T}_\sigma^\nu+t_\sigma^\nu)\,,\tag{18}$$

其中，我们已经假定

$$\mathfrak{T}_\alpha^\nu=-\frac{\partial\mathfrak{M}}{\partial g^{\mu\sigma}}g^{\mu\nu}\,,\tag{19}$$

$$t_\sigma^\nu=-\left(\frac{\partial\mathfrak{G}^*}{\partial g_\alpha^{\mu\sigma}}g_\alpha^{\mu\nu}+\frac{\partial\mathfrak{G}^*}{\partial g^{\mu\sigma}}g^{\mu\nu}\right)=\frac{1}{2}\left(\mathfrak{G}^*\sigma_\sigma^\nu-\frac{\partial\mathfrak{G}^*}{\partial g_\nu^{\mu\alpha}}g_\sigma^{\mu\alpha}\right)\,。\tag{20}$$

后一个 t_μ^ν 的表达式已经由(14)、(15)所证实。把(18)对 x_ν 求导数，对 ν 求和，则利用(17)可得，

$$\frac{\partial}{\partial x_\nu}(\mathfrak{T}_\sigma^\nu+t_\sigma^\nu)=0\,。\tag{21}$$

方程(21)表示动量与能量守恒。我们把 $\mathfrak{T}_\sigma^\nu$ 称为物质能量的分量，把 t_σ^ν 称为引力场能量的分量。

根据(20)，把引力的场方程(7)乘以 $g_\sigma^{\mu\nu}$，再对 μ 和 ν 求和，就得到

$$\frac{\partial\,t_\sigma^\nu}{\partial x_\nu}+\frac{1}{2}g_\sigma^{\mu\nu}\,\frac{\partial\mathfrak{M}}{\partial g^{\mu\nu}}=0\,,$$

或者利用(19)和(21)，得到

$$\frac{\partial\mathfrak{T}_\sigma^\nu}{\partial x_\nu}+\frac{1}{2}g_\sigma^{\mu\nu}\,\mathfrak{T}_{\mu\nu}=0\,,\tag{22}$$

其中 $\mathfrak{T}_{\mu\nu}$ 表示 $g_{\nu\sigma}\mathfrak{T}_{\mu}^{\nu}$ 的量。这就是物质能量分量所满足的四个方程。

需要强调的是，(广义协变)守恒定律(21)和(22)是由引力的场方程(7)仅仅结合广义协变(相对论)假定导出的，其中没有用到物质现象的场方程(8)。

根据广义相对论对宇宙学所做的考查[①]

大家知道，泊松微分方程

$$\Delta\varphi=4\pi\kappa\rho \tag{1}$$

同质点运动方程结合起来，并不能完全代替牛顿的超距作用理论。还必须加上这样的条件，即在空间的无限远处，势 φ 趋向一固定的极限值。在广义相对论的引力论中，存在着类似的情况；在这里，如果我们真的要认为宇宙在空间上是无限扩延的，我们也就必须给微分方程在空间无限远处加上边界条件。

在处理行星问题时，对这些边界条件，我选取了如下假定的形式：可能选取这样一个参照系，使引力势 $g_{\mu\nu}$ 在空间无限远处全都变成常数。但是当我们要考查物理宇宙(körperwelt)的更大部分时，我们是否可以规定这样的边界条件，这绝不是先验地明白的。下面要讲的是我到目前为止对这个原则性的重要问题所做的考虑。

§1. 牛顿的理论

大家知道，牛顿的边界条件，即 φ 在空间无限远处有一恒定极限，导致了这样的观念：物质密度在无限远处变为零。我们设想，在宇宙空间里可能有这样一个地点(中心)，包围着它的物质的引力场在大范围看来是球对称的。于是由泊松方程得知，为了使 φ 在无限处趋于一个极限，平均密度 ρ 当离中心的距离 r 增加时，必须比 $\dfrac{1}{r^2}$ 更快地趋近于零。[②] 因此，在这个

[①] 译自"*Kosmologische Betrachtungen zur allgemeinen Relativitatstheorie*"，《普鲁士科学院会议报告》(*Sitzungsberichte der Preussischen Akad d. Wissenschaften*)1917 年，第 1 部，第 142—152 页。——英译本注

[②] ρ 是物质的平均密度，其所计算的空间，比相邻恒星间的距离要大，但比起整个星系的大小来则要小。——英译本注

意义上，依照牛顿的理论，宇宙是有限的，尽管它也可以有无限大的总质量。

由此首先得知，天体所发射的辐射，一部分将离开牛顿的宇宙体系向外面辐射出去，消失在无限远处而不起作用。所有天体难道不会有这样的遭遇吗？对这问题很难有可能给以否定的回答。因为，从 φ 在空间无限远处有一有限的极限这一假定可知，一个具有有限动能的天体是能够克服牛顿的引力而到达空间无限远处的。根据统计力学，这情况必定随时发生，只要星系的总能量足够大，使它传给某一星体的能量大到足以把这颗星送上向无限的旅程，而且从此它就一去不复返了。

我们不妨尝试假定那个极限势在无限远处有一非常高的值，以免除这一特殊的困难。要是引力势的变化过程不必由天体本身来决定，那或许是一条可行的途径。实际上我们却不得不承认，引力场的巨大势差的出现是同事实相矛盾的。实际上这些势差的数量级必须是如此之低，以至于它们所产生的星体速度不会超过实际观察到的速度。

如果我们把玻耳兹曼的气体分子分布定律用到星体上去，以稳定的热运动中的气体来同星系相对照，我们就会发现牛顿的星系根本不能存在。因为中心和空间无限远处之间的有限势差是同有限的密度比率相对应的。因此，从无限远处密度等于零，就得出中心密度也等于零的结论。

这些困难，在牛顿理论的基础上几乎是无法克服的。我们可以提出这样的问题：是否可以把牛顿理论加以修改从而消除这些困难呢？为了回答这个问题，我们首先指出一个本身并不要求严格对待的方法；它只是为了使下面所讲的内容更好地表达出来。我们把泊松方程改写成

$$\Delta\varphi - \lambda\varphi = 4\pi\kappa\rho, \tag{2}$$

此处 λ 表示一个普适常数。如果 ρ_0 是质量分布的（均匀）密度，则

$$\varphi = -\frac{4\pi\kappa}{\lambda}\rho_0 \tag{3}$$

是方程（2）的一个解。如果这个密度 ρ_0 等于宇宙空间物质的实际平均密度，这个解就该相当于恒星的物质在空间均匀分布的情况。这个解对应于一个

平均地说是均匀地充满物质的空间的无限广延。如果对平均分布密度不作任何改变，而我们设想物质的局部分布是不均匀的，那么在方程(3)的常数的 φ 值之外，还要加上一个附加的 φ，当 $\lambda\varphi$ 比起 $4\pi\kappa\rho$ 来愈小时，这个 φ 在较密集的质量邻近就愈像一个牛顿场。

这样构成的一个宇宙，就其引力场来说，该是没有中心的。所以用不着假定在空间无限远处密度应该减少，而只要假定平均势和平均密度一直到无限远处都是不变的就行了。在牛顿理论中所碰到的同统计力学的冲突在这里也就不存在了。具有一个确定的(极小的)密度的物质是平衡的，用不着物质的内力(压力)来维持这种平衡。

§2. 符合广义相对论的边界条件

下面我要引导读者走上我自己曾经走过的一条有点儿崎岖和曲折的道路，因为只有这样我才能希望他会对最后的结果感到兴趣。我所得到的见解是，为了在广义相对论基础上避免在上节中对牛顿理论所阐述过的那些原则性困难，至今一直为我所维护的引力的场方程还要稍加修改。这个修改完全对应于前一节中从泊松方程(1)到方程(2)的过渡。于是最后得出，在空间无限远处的边界条件完全消失了，因为宇宙连续区，就它的空间的广延来说，可以理解为一个具有有限空间(三维的)体积的自身闭合的连续区。

关于在空间无限远处设置边界条件，我直到最近所持的意见是以下面的考虑为根据的。在一个贯彻一致的相对论中，不可能有相对于"空间"的惯性，而只有物体相互的惯性。因此，如果我使一个物体距离宇宙中别的一切物体在空间上都足够远，那么它的惯性必定减到零。我们试图用数学来表示这个条件。

根据广义相对论，(负)动量由乘以 $\sqrt{-g}$ 的协变张量的前三个分量来定出，能量则由乘以 $\sqrt{-g}$ 的协变张量的最后一个分量来定出：

$$m\sqrt{-g}g_{\mu\alpha}\frac{dx_\alpha}{ds}, \tag{4}$$

像通常一样，此处我们置

$$ds^2 = g_{\mu\nu}\, dx_\mu\, dx_\nu。 \tag{5}$$

如果能够这样来选择坐标系，使在每一点的引力场在空间上都是各向同性的，在这样特别明显的情况下，我们就比较简单地得到

$$ds^2 = -A(dx_1^2 + dx_2^2 + dx_3^2) + B\, dx_4^2。$$

如果同时又有

$$\sqrt{-g} = 1 = \sqrt{A^3 B},$$

就微小速度的第一级近似来说，我们由（4）就得到动量的分量：

$$m\,\frac{A}{\sqrt{B}}\frac{dx_1}{dx_4}、\quad m\,\frac{A}{\sqrt{B}}\frac{dx_2}{dx_4}、\quad m\,\frac{A}{\sqrt{B}}\frac{dx_3}{dx_4}$$

和能量（在静止的情况下）

$$m\,\sqrt{B}。$$

从动量的表示式，得知 $m\,\dfrac{A}{\sqrt{B}}$ 起着惯性质量的作用。由于 m 是质点所特有的常数，同它的位置无关，那么在空间无限远处保持着行列式条件的情况下，只有当 A 减小到零，而 B 增到无限大时，这个表示式才能等于零。因此，系数 $g_{\mu\nu}$ 的这样一种退化，似乎是那个关于一切惯性的相对性公设所要求的。这个要求也意味着在无限远处的各个点的势能 $m\,\sqrt{B}$ 变成无限大。这样，质点永不能离开这个体系；而且比较深入的研究表明，这对于光线也应该同样成立。一个宇宙体系，如果它的引力势在无限远处有这样的性状，那么就不会像以前对牛顿理论所讨论过的那样，有濒于消散的危险。

我要指出，关于引力势的这个简化了的假定（我们把它作为这个考虑的依据），只是为了使问题明朗起来而引进来的。我们能够找出关于 $g_{\mu\nu}$ 在无限远处性状的一般公式，而且不需要对这些公式作进一步限制性假定，就能把事物的本质方面表达出来。

在数学家格罗梅乐（J. Grommer）的诚挚的帮助下，我研究了有心的对称的静引力场，这种场以所述的方式在无限远处退化。引力势 $g_{\mu\nu}$ 被定出来

了，并且由此根据引力的场方程算出了物质的能量张量 $T_{\mu\nu}$。但同时也表明，对于恒星系，这种边界条件是根本不能加以考虑的，正如不久前天文学家德·席特(de Sitter)也正确地指明的那样。

有重物质的抗变的能量张量 $T^{\mu\nu}$ 同样是由

$$T^{\mu\nu} = \rho \frac{\mathrm{d}x_\mu}{\mathrm{d}s} \frac{\mathrm{d}x_\nu}{\mathrm{d}s}$$

给出的，此处 ρ 表示自然量度到的物质密度。通常坐标系的适当选取，可使星的速度比起光速来是非常小的。因此我们可用 $\sqrt{g_{44}}\,dx_4$ 来代替 ds。由此可知，$T^{\mu\nu}$ 的一切分量比起最后一个分量 T^{44} 来，必定都是非常小的。但是，这个条件同所选的边界条件无论如何不能结合在一起。后来看到，这个结果并没有什么可奇怪的。星的速度很小这件事，允许下这样的结论：凡是有恒星的地方，没有一处其引力势（在我们的情况下是 $\sqrt{B}$）能比我们所在地方的大得很多；这同牛顿理论的情况一样，也是由统计的考虑得到的结果。无论如何，我们的计算已使我确信，对于在空间无限远处的 $g_{\mu\nu}$，不可做这样退化条件的假设。

在这个尝试失败以后，首先出现了两种可能性。

(a)像在行星问题中那样，我们要求，对于适当选取的参照系来说，$g_{\mu\nu}$ 在空间无限远处接近如下的值：

$$
\begin{array}{cccc}
-1 & 0 & 0 & 0 \\
0 & -1 & 0 & 0 \\
0 & 0 & -1 & 0 \\
0 & 0 & 0 & 1
\end{array}
$$

(b)对于空间无限处所需要的边界条件，我们根本不去建立普遍的有效性；但在所考查区域的空间边界，对于每一个别情况，我们都必须分别定出 $g_{\mu\nu}$，正像我们一向所习惯的要分别给出时间的初始条件一样。

可能性(b)不是相当于问题的解决，而是放弃了问题的解决。这是目前德·席特^①所提出的一个无可争辩的观点。但是我必须承认，要我在这个原则性任务上放弃那么多，我是感到沉重的。除非一切为求满意的理解所做的努力都被证明是徒劳无益时，我才会下那种决心。

可能性(a)在好多方面是不能令人满意的。首先，这些边界条件要以参照系的一种确定的选取为先决条件，那是违背相对性原理的精神的。其次，如果我们采用了这种观点，我们就放弃了惯性的相对性是正确的这个要求。因为一个具有自然量度的质量 m 的质点的惯性是取决于 $g_{\mu\nu}$ 的；但这些 $g_{\mu\nu}$ 同上面所假定的在空间无限远处的值相差很小。所以惯性固然会受（在有限空间里存在的）物质的**影响**，但不会由它来**决定**。如果只存在一个唯一的质点，那么从这种理解方式来看，它就该具有惯性，这惯性甚至同这个质点受我们实际宇宙的其他物体所包围时的惯性差不多一样大小。最后，前面对牛顿理论所讲的那些统计学上的考虑，就会有效地反对这种观点。

从迄今所说的可看出，对空间无限远处建立边界条件这件事并没有成功。虽然如此，要不作(b)情况下所说的那种放弃，还是存在着一种可能性。因为如果有可能把宇宙看作是一个**就其空间广延来说是闭合的**连续区，那么我们就根本不需要任何这样的边界条件。下面将表明，不仅广义相对性要求，而且很小的星速度这一事实，都是同整个宇宙空间的闭合性这一假说相容的；当然，为了贯彻这个思想，需要把引力的场方程加以修改，使之变得更有普遍性。

§3. 空间上闭合并具有均匀分布的物质的宇宙

根据广义相对论，在每一点上，四维空间-时间连续区的度规特征（曲率），都是由在那个点上的物质及其状态来决定的。因此，由于物质分布的不均匀性，这个连续区的度规结构必然极为复杂。但如果我们只从大范

---

① de Sitter，《阿姆斯特丹科学院报告》(*Akad. van Wetensch. te Amsterdam*)，1916 年 11 月 8 日。——英译本注

围来研究它的结构，我们可以把物质看作是均匀地散布在庞大的空间里的，由此，它的分布密度是一个变化极慢的函数。这样，我们的做法很有点儿像大地测量学者那样，他们拿椭球面来当作在小范围内具有极其复杂形状的地球表面的近似。

我们从经验中知道的关于物质分布的最重要事实是，星的相对速度比起光的速度来是非常小的。因此我相信我们可以暂时把我们的考虑建筑在如下的近似假定上：存在这样一个坐标系，相对于它，物质可以看作是保持静止的。于是，对于这个参照系来说，物质的抗变的能量张量 $T^{\mu\nu}$ 按照(5)具有下面的简单形式：

$$
\left\{
\begin{matrix}
0 & 0 & 0 & 0 \\
0 & 0 & 0 & 0 \\
0 & 0 & 0 & 0 \\
0 & 0 & 0 & 0
\end{matrix}
\right. \tag{6}
$$

(平均的)分布密度标量 ρ 可以先验地是空间坐标的函数。但是如果我们假定宇宙是空间上闭合的，那就很容易做出这样的假说：ρ 是同位置无关的。下面的考查就是以这一假说为根据的。

就引力场来说，由质点的运动方程

$$
\frac{\mathrm{d}^2 x_\nu}{\mathrm{d}s^2} + \left\{
\begin{matrix}
\alpha\beta \\
\nu
\end{matrix}
\right\} \frac{\mathrm{d}x_\alpha}{\mathrm{d}s}\frac{\mathrm{d}x_\beta}{\mathrm{d}s} = 0
$$

得知：只有在 g_{44} 同位置无关时，静态引力场中的质点才能保持静止。既然我们又预先假定一切的量都同时间坐标 x_4 无关，那么关于所求的解，我们能够要求：对于一切 x_ν，

$$
g_{44} = 1。 \tag{7}
$$

再者，像通常处理静态问题那样，我们应当再置

$$
g_{14} = g_{24} = g_{34} = 0。 \tag{8}
$$

现在剩下来的是要确定那些规定我们的连续区的纯粹空间几何性状的引力势的分量(g_{11}，g_{12}，$\cdots$，g_{33})。由于我们假定产生场的物质是均匀分布的，所以所探求的量度空间的曲率就必定是个常数。因此，对于这样的物质分

布，所求的 x_1、x_2、x_3 的闭合连续区，当 x_4 是常数时，将是一个球面空间。

比如说，用下面的方法，我们可得到这样的一种空间。我们从 ξ_1、ξ_2、ξ_3、ξ_4 的四维欧几里得空间以及线元 $\mathrm{d}\sigma$ 入手；也就是

$$\mathrm{d}\sigma^2 = \mathrm{d}\xi_1^2 + \mathrm{d}\xi_2^2 + \mathrm{d}\xi_3^2 + \mathrm{d}\xi_4^2 \,。 \tag{9}$$

在这空间里，我们来研究超曲面

$$R^2 = \xi_1^2 + \xi_2^2 + \xi_3^2 + \xi_4^2 , \tag{10}$$

此处 R 表示一个常数。这个超曲面上的点形成一个三维连续区，即一个曲率半径为 R 的球面空间。

我们所以要从四维欧几里得空间出发，仅仅是为便于定义我们的超曲面。我们所关心的只是超曲面上的那些点，它们的度规性质应该是同物质均匀分布的物理空间的度规性质相一致的。为了描绘这种三维连续区，我们可以使用坐标 ξ_1、ξ_2、ξ_3（在超平面 $\xi_4 = 0$ 上的投影），因为根据(10)，ξ_4 可由 ξ_1、ξ_2、ξ_3 来表示。从(9)中消去 ξ_4：我们就得到球面空间的线元的表示式

$$\begin{cases} \mathrm{d}\sigma^2 = \gamma_{\mu\nu}\,\mathrm{d}\xi_\mu\,\mathrm{d}\xi_\nu , \\[2mm] \gamma_{\mu\nu} = \delta_{\mu\nu} + \dfrac{\xi_\mu \xi_\nu}{R^2 - \rho^2} , \end{cases} \tag{11}$$

此处 $\delta_{\mu\nu} = 1$，倘若 $\mu = \nu$；$\delta_{\mu\nu} = 0$，倘若 $\mu \neq \nu$；并且 $\rho^2 = \xi_1^2 + \xi_2^2 + \xi_3^2$。如果考查 $\xi_1 = \xi_2 = \xi_3 = 0$ 这样两个点中的一个点的周围，所选取的这种坐标是方便的。

现在我们也得到了所探求的空间-时间四维宇宙的线元。显然，对于势 $g_{\mu\nu}$（它的两个指标都不同于4），我们必须置

$$g_{\mu\nu} = -\left(\delta_{\mu\nu} + \frac{x_\mu x_\nu}{R^2 - (x_1^2 + x_2^2 + x_3^2)} \right) 。 \tag{12}$$

这个方程同(7)和(8)联合在一起，就完全规定了所考查的四维宇宙中量杆、时钟和光线的性状。

§4. 关于引力场方程的附加项

对于一个任意选取的坐标系，我所提出的引力场方程表述如下：

$$
\begin{cases}
G_{\mu\nu} = -\kappa\left(T_{\mu\nu} - \dfrac{1}{2}g_{\mu\nu}T\right), \\[2mm]
G_{\mu\nu} = -\dfrac{\partial}{\partial x_\alpha}\begin{Bmatrix}\mu\nu\\\alpha\end{Bmatrix} + \begin{Bmatrix}\mu\nu\\\beta\end{Bmatrix}\begin{Bmatrix}\nu\beta\\\alpha\end{Bmatrix} + \dfrac{\partial^2\log\sqrt{-g}}{\partial x_\mu\,\partial x_\nu} \\[4mm]
\qquad -\begin{Bmatrix}\mu\nu\\\alpha\end{Bmatrix}\dfrac{\partial\log\sqrt{-g}}{\partial x_\alpha}。
\end{cases}
\tag{13}
$$

当我们把(7)、(8)和(12)所给出的值代入 $g_{\mu\nu}$，并且把(6)所示的值代入物质的(抗变)能量张量，方程组(13)就不可能满足。在下一节里将表明，这种计算可以怎样方便地进行。如果我至今一直在使用的场方程(13)确实是相容于广义相对性公设的唯一的方程，那么我们也许必须下结论说，相对论不允许做宇宙在空间上是闭合的这一假说。

可是方程组(14)允许做一个轻而易举并且同相对性公设相容的扩充，它完全类似于由方程(2)所给的泊松方程的扩充。因为在场方程(13)的左边，我们可以加上一个乘以暂时还是未知的普适常数 $-\lambda$ 的基本张量 $g_{\mu\nu}$，而不破坏广义协变性；代替场方程(13)，我们置

$$
G_{\mu\nu} - \lambda g_{\mu\nu} = -\lambda\left(T_{\mu\nu} - \dfrac{1}{2}g_{\mu\nu}T\right)。
\tag{13a}
$$

当 λ 足够小时，这个场方程无论如何也是相容于由太阳系中所得到的经验事实的。它也满足动量和能量守恒定律，因为，只要我们在哈密顿原理中引进这个增加了一个普适常数的标量，以代替黎曼张量的标量，我们就得到了代替(13)的(13a)；而哈密顿原理当然保证了守恒定律的有效性。下一节里会表明，场方程(13a)是同我们关于场和物质所做的设想相协调的。

§5. 计算的完成和结果

既然我们的连续区中的一切点都是等价的，那么只要对于一个点进行

计算，比如，只要对具有坐标 $x_1 = x_2 = x_3 = x_4 = 0$ 的一个点进行计算就足够了。于是，对于(13a)中的 $g_{\mu\nu}$，只要它们出现一次微分，或者根本不出现微分，都得以如下的值代入：

$$
\begin{array}{cccc}
-1 & 0 & 0 & 0 \\
0 & -1 & 0 & 0 \\
0 & 0 & -1 & 0 \\
0 & 0 & 0 & 1
\end{array}
$$

因此，我们首先得到

$$
G_{\mu\nu} = -\frac{\partial}{\partial x_1}\begin{bmatrix}\mu\nu\\1\end{bmatrix} + \frac{\partial}{\partial x_2}\begin{bmatrix}\mu\nu\\2\end{bmatrix} + \frac{\partial}{\partial x_3}\begin{bmatrix}\mu\nu\\3\end{bmatrix} + \frac{\partial^2 \log\sqrt{-g}}{\partial x_\mu \partial x_\nu}。
$$

考虑到(7)、(8)和(13)，如果下面两个关系

$$
-\frac{2}{R^2} + \lambda = -\frac{\kappa\rho}{2}, \quad -\lambda = -\frac{\kappa\rho}{2}
$$

或者

$$
\lambda = \frac{\kappa\rho}{2} = \frac{1}{R^2} \tag{14}
$$

得到满足，那么我们就不难发现所有的方程(13a)保证都能满足。

由此，这个新引进来的普适常数 λ，既确定了那个在平衡中能够保存的平均分布密度 ρ，也确定了球面空间的半径 R 和体积 $2\pi^2 R^3$。根据我们的观点，宇宙的总质量 M 是有限的，而且等于

$$
M = \rho \cdot 2\pi^2 R^3 = 4\pi^2\frac{R}{\kappa} = \pi^2\sqrt{\frac{32}{\kappa^3\rho}}。 \tag{15}
$$

因此，如果对实际宇宙的理论上的理解符合我们的考虑，那么它该是下面这样的。空间的曲率特征是按照物质的分布情况，在时间上和位置上可变的，但是，在大范围来看，还是可以近似于球面空间。无论如何，这种理解在逻辑上是没有矛盾的，而且从广义相对论的立场看来也是最近便的；从目前天文知识的立场看来，它是否能站得住脚，这里不去讨论这个问题。为得到这个不自相矛盾的理解，我们的确必须引进引力的场方程的

一个新的扩充，这种扩充并没有为我们关于引力的实际知识所证明。但应当着重指出，即使不引进那个补充项，由于空间有物质存在也就得出一个正的空间曲率；我们所以需要这个补充项，只是为了使物质的准静态分布成为可能，而这种物质分布是同星的速度很小这一事实相符合的。

引力场在物质的基元粒子的结构中起着主要作用吗[①]

到目前为止，无论是牛顿的引力论还是相对论性的引力论，对物质组成的理论都未能有所推进。鉴于这一事实，下面要说明，已经有线索可以设想，那些构成原子的基石的电基元实体是由引力结合起来的。

§1. 目前的理解的缺点

为了推敲出一个可以说明那种组成电子的电平衡的理论，理论家们已经煞费苦心了。尤其是 G. 米(Mie)专心致志地深入研究了这个问题。他的理论在理论物理学家中间已经得到了相当多的支持，这一理论主要根据的是，在能量张量中，除了麦克斯韦-洛伦兹电磁场理论的能量项，还引进了那些依存于电动势分量的补充项，这些项在真空里并不显得重要，可是在电基元粒子里面反抗电斥力维持平衡时却是起作用的。尽管由 G. 米(Mie)、希耳伯特(Hilbert)和魏耳(Weyl)所建立起来的这个理论在形式结构上很美，可是它的物理结果至今仍很不能令人满意。一方面，它的各种可能性多得令人沮丧；另一方面，那些附加项还未能以这样一种简单的形式建立起来，使它的解可以令人满意。

---

① 译自"*Spielen Gravitcttionsfelder im Aufber der materiellen Elementarteilchen eine wesentliche Rolle?*"《普鲁士科学院会议报告》(*Sitzungsberichte der Preussischen Akad. d. Wissenschaften*)，1919 年。——英译本注

到目前为止，广义相对论对问题的这种状态未能有所改变。如果我们暂且不管宇宙学的附加项，那么场方程就取形式

$$R_{ik}-\frac{1}{2}g_{ik}R=-\kappa T_{ik},\tag{1}$$

此处 R_{ik} 表示降秩的黎曼曲率张量，R 表示由重复降秩而形成的曲率标量，T_{ik} 表示"物质"的能量张量。这里假定 T_{ik} 并不依赖于 $g_{\mu\nu}$ 的导数，是同历史发展一致的。因为这些量在狭义相对论的意义上当然就是能量分量，在那里可变的 $g_{\mu\nu}$ 是不出现的。这个方程的左边第二项是这样选取的，使(1)的左边的散度恒等于零；于是通过取（1）的散度，我们就得到方程

$$\frac{\partial \mathfrak{T}_i^\sigma}{\partial x_\sigma}+\frac{1}{2}g_i^{\pi\tau}\mathfrak{T}_{\sigma\tau}=0,\tag{2}$$

在狭义相对论的极限情况下，它就转化成完备的守恒方程

$$\frac{\partial T_{ik}}{\partial x_\kappa}=0。$$

这里存在着(1)的左边第二项的物理基础。绝不是先验地规定了这种向不变的 $g_{\mu\nu}$ 过渡的极限情况都具有任何可能的意义。因为，如果引力场在物质粒子的构造中起着主要作用，那么过渡到不变的 $g_{\mu\nu}$ 的极限情况对于它们就会失去根据；因为当在 $g_{\mu\nu}$ 不变的情况下，实在不可能有任何物质粒子。因此，如果我们要设想引力在那些组成微粒子的场的结构中起作用的这种可能性，我们就不能认为方程(1)是得到保证了的。

我们在(1)中安排进麦克斯韦-洛伦兹电磁场能量分量 $\varphi_{\mu\nu}$：

$$T_{ik}=\frac{1}{4}g_{ik}\varphi_{\alpha\beta}\varphi^{\alpha\beta}-\varphi_{i\alpha}\varphi_{k\beta}g^{\alpha\beta}\tag{3}$$

那么，取(2)的散度，并经过运算[①]以后，我们就得到

$$\varphi_{ik}\mathfrak{J}^\alpha=0,\tag{4}$$

此处为了简洁起见，我们置

---

① 参见 A. Einstein，《普鲁士科学院会议报告》(*Sitzung sberichte der Preussischern Akad. d. Wissenschaften*)，1916 年，第 187 页，第 188 页。——英译本注

$$\frac{\partial \sqrt{-g}\varphi_{\pi\kappa} g^{\alpha\kappa} g^{\tau\beta}}{\partial x_\beta} = \frac{\partial \xi^{\alpha\beta}}{\partial x_\beta} = \mathfrak{F}^\alpha。 \tag{5}$$

在计算中，我们使用了麦克斯韦方程组的第二个方程

$$\frac{\partial \varphi_{\mu\nu}}{\partial x_\rho} + \frac{\partial \varphi_{\nu\rho}}{\partial x_\mu} + \frac{\partial \varphi_{\rho\mu}}{\partial x_\nu} = 0。 \tag{6}$$

我们从(4)可看出电流密度($\mathfrak{F}^\alpha$)必定到处等于零。因此，由方程(1)，我们就得不到长期以来所熟知的那样一个局限于麦克斯韦-洛伦兹理论的电磁分量的电子理论。于是，如果我们坚持(1)，我们就要被迫走上米理论的道路。[①]

但不仅是物质问题，而且宇宙学问题也导致了对方程(1)的怀疑。正如我在前一篇论文中已经指出过，广义相对论要求宇宙在空间上是封闭的。但是这种观点使得方程(1)有必要加以扩充，在其中必须引进一个新的宇宙常数 λ，它同宇宙总质量(或者同物质的平衡密度)处于固定关系中。这个理论的特别严重的(形式)美的缺陷就在于此。

§2. 无标量的场方程

我们用下列方程来代替场方程(1)：

$$R_{ik} - \frac{1}{4} g_{ik} R = -\kappa T_{ik}, \tag{1a}$$

上述困难就可以除去，此处 T_{ik} 表示由(3)所给的电磁场的能量张量。

这个方程的第二项中的因子 $\left(-\frac{1}{4}\right)$ 的形式根据，在于它使左边的标量

$$g^{ik}\left(R_{ik} - \frac{1}{4} g_{ik} R\right)$$

恒等于零，就像右边的标量

$$g^{ik} T_{ik}$$

由于(3)而恒等于零一样。要是我们根据方程(1)而不是根据(1a)来推论，

---

① 参见 D. Hibbert，《格丁根通报》(*Göttinger Nachr*)，1915 年 11 月 20 日。——英译本注

那么相反的，我们该得到条件 $R=0$，这个条件无论在哪里对于 $g_{\mu\nu}$ 都必定成立，而同电场无关。显然，方程组[(1a)、(3)]是方程组[(1)、(3)]的推论，而不是反过来。

初看一下我们会怀疑，(1a)连同(6)一起究竟是不是足以确定整个场。在广义相对论的理论中，要确定 n 个相依变数，需要有 $n-4$ 个彼此独立的微分方程，正因为在这解中，由于坐标选择的自由，四个关于所有坐标的完全任意的函数必定会出现。因此，要确定 16 个相依变数 $g_{\mu\nu}$ 和 $\varphi_{\mu\nu}$，我们需要 12 个彼此独立的方程。但是恰好方程组(1a)中的 9 个方程和方程组(6)中的 3 个方程是彼此独立的。

如果我们构成(1a)的散度，考虑到 $R_{ik}-\dfrac{1}{2}g_{ik}R$ 的散度等于零，那么我们就得到

$$\varphi_{\alpha\alpha}J^{\alpha}+\frac{1}{4\kappa}\frac{\partial R}{\partial x_{\sigma}}=0。\tag{4a}$$

从这里，我们首先认出，在电密度等于零的四维区域里，曲率标量 R 是常数。如果我们假定空间的所有这些部分都是相连的，从而电密度只有在分隔开的世界线束（weltfäden）中才不等于零，那么曲率标量在这些世界线束外面的任何地方都具有一个常数值 R_0。但是，关于 R 在电密度不等于零的区域里的性状，方程(4a)也允许做出一个重要的结论。如果我们像通常那样把电看作是运动着的电荷密度，当我们置

$$J^{\alpha}=\frac{\mathfrak{J}^{\alpha}}{\sqrt{-g}}=\rho\frac{\mathrm{d}x_{\sigma}}{\mathrm{d}s},\tag{7}$$

从(4a)通过用 J^{σ} 内乘，并考虑到 $\varphi_{\mu\nu}$ 的反对称性，我们就得到关系

$$\frac{\partial R}{\partial x_{\sigma}}\frac{\mathrm{d}x_{\sigma}}{\mathrm{d}s}=0。\tag{8}$$

因此，曲率标量在每一条电运动的世界线（welfiinie）上都是常数。方程(4a)可以直观地以下列陈述来解释：曲率标量 R 起一种负压力的作用，在电粒子的外面它具有常数值 R_0。在每一个粒子里面都存在着一个负压力（正的 $R-R_0$），这个压力的下降就实现了电动力的平衡。这个压力的极小

值，或者曲率标量的极大值，在粒子里面并不随时间而改变。

我们现在把场方程(1a)写成形式

$$\left(R_{ik}-\frac{1}{2}g_{ik}R\right)+\frac{1}{4}g_{ik}R_0=-\kappa\left(T_{ik}+\frac{1}{4\kappa}g_{ik}[R-R_0]\right),\tag{9}$$

另一方面，我们变换先前的场方程，补充以宇宙学项，

$$R_{ik}-\lambda g_{ik}=-\kappa\left(T_{ik}-\frac{1}{2}g_{ik}T\right),$$

减去乘以 $\frac{1}{2}$ 的标量方程，我们立即得到

$$\left(R_{ik}-\frac{1}{2}g_{ik}R\right)+g_{ik}\lambda=-\kappa T_{ik}。$$

现在，在只有电场和引力场存在的区域内，这个方程的右边等于零。对于这样的区域，通过标量构成，我们得到 $-R+4\lambda=0$。于是在这样的区域内，曲率标量是常数。因而可以用 $\frac{R_0}{4}$ 来代替 λ。因此我们可以把先前的场方程(1)写成形式

$$\left(R_{ik}-\frac{1}{2}g_{ik}R\right)+\frac{1}{4}g_{ik}R_0=-\kappa T_{ik}。\tag{10}$$

比较(9)和(10)，我们看得出，新的场方程同先前的场方程之间的区别只在于现在出现了同曲率标量无关的 $T_{ik}-\frac{1}{4\kappa}g_{ik}(R-R_0)$ 以代替作为"引力质量"的张量 T_{ik}。但是这个表述形式比先前的(表述形式)有这样一大优点：量 λ 作为一个积分常数出现在理论的基本方程中，而不再作为基本定律所特有的普适常数了。

§3. 关于宇宙学问题

最后这个结果已经允许做这样的揣测：根据我们的新的表述法，宇宙可以被看作是空间上封闭的，而完全用不着附加的假说。像以前那篇论文那样，我们再一次指明，在均匀的物质分布条件下，球面的宇宙是同这些方程相容的。

首先我们置

$$ds^2 = -\sum \gamma_{ik}\, dx_i\, dx_k + dx_4^2\,(i, k = 1, 2, 3)。 \tag{11}$$

于是，如果 P_{ik} 和 P 分别是三维空间中的二秩曲率张量和曲率标量，那么就得到

$$R_{ik} = P_{ik}(i, \ k = 1, \ 2, \ 3),$$

$$R_{i4} = R_{4i} = R_{44} = 0,$$

$$R = -P,$$

$$-g = \gamma。$$

因此，对于我们的情况，得到：

$$R_{ik} - \frac{1}{2} g_{ik} R = P_{ik} - \frac{1}{2}\gamma_{ik} P(i, \ k = 1, \ 2, \ 3),$$

$$R_{44} - \frac{1}{2} g_{44} R = \frac{1}{2} P。$$

对于进一步的思考，我们以两种方式来进行。首先，我们凭借于方程(1a)。在这个方程组中，T_{ik} 表示由组成特质的电粒子所产生的电磁场的能量张量。对于这种场，

$$\mathfrak{T}_1^1 + \mathfrak{T}_2^2 + \mathfrak{T}_3^3 + \mathfrak{T}_4^4 = 0$$

到处都成立。各个 $\mathfrak{T}_i^k$ 都是随着位置迅速变化的量；但是对于我们的任务来说，我们无疑可以用它们的平均值来代替它们。因而我们必须选取

$$\begin{cases} \mathfrak{T}_1^1 = \mathfrak{T}_2^2\ \mathfrak{T}_3^3 = -\frac{1}{3}\mathfrak{T}_4^4 = 常数, \\ \mathfrak{T}_i^k = 0 \quad (对于 \ i \neq k), \end{cases} \tag{12}$$

因此

$$T_{ik} = \frac{1}{3}\frac{\mathfrak{T}_4^4}{\sqrt{\gamma}}\gamma_{ik}\,; \quad T_{44} = \frac{\mathfrak{T}_4^4}{\sqrt{\gamma}}。$$

考虑到迄今已经表明的，我们得到下列方程以代替(1a)：

$$P_{ik} - \frac{1}{4}\gamma_{ik} P = -\frac{1}{3}\gamma_{ik}\frac{\kappa\,\mathfrak{T}_4^4}{\sqrt{\gamma}}, \tag{13}$$

$$\frac{1}{4} P = -\frac{\kappa\,\mathfrak{T}_4^4}{\sqrt{\gamma}}, \tag{14}$$

(13)的标量方程同(14)相符。正因为如此，我们的基本方程容许一种球面的宇宙。因为从(13)和(14)，得知

$$P_{ik}+\frac{4}{3}\frac{\kappa\mathfrak{T}_4^4}{\sqrt{\gamma}}\gamma_{ik}=0,\qquad(15)$$

并且已经知道[①]，一个(三维)球面宇宙是满足这个方程组的。

但是我们也可以根据方程(9)来思考。在(9)的右边是那样一些项，从现象学的观点看来，它们应该代之以物质的能量张量；因此，它们应该代之以

$$\begin{matrix} 0 & 0 & 0 & 0 \\ 0 & 0 & 0 & 0 \\ 0 & 0 & 0 & 0 \\ 0 & 0 & 0 & \rho, \end{matrix}$$

此处 ρ 表示被假定是静止的物质的平均密度。我们于是得到方程

$$p_{ik}-\frac{1}{2}\gamma_{ik}P-\frac{1}{4}\gamma_{ik}R_0=0,\qquad(16)$$

$$\frac{1}{2}P+\frac{1}{4}R_0=-\kappa\rho。\qquad(17)$$

由(16)的标量方程，并且由(17)，我们得到

$$R_0=-\frac{2}{3}P=2\kappa\rho,\qquad(18)$$

从而由(16)，得到：

$$P_{ik}-\kappa\rho\gamma_{ik}=0,\qquad(19)$$

这个方程，直到关于系数的表示式，是同(15)相符的。通过比较，我们得到

$$\mathfrak{T}_4^4=\frac{3}{4}\rho\sqrt{\gamma}。\qquad(20)$$

这个方程意味着，构成物质的能量的四分之三归属于电磁场，四分之一归属于引力场。

---

① 参见 H. Weyl，《空间，时间，物质》(*Rauru. Zeit. Materie*)，§33。——英译本注

§4. 结束语

上述思考显示了仅仅由引力场和电磁场作用物质的理论构成的可能性，而用不着按照米的理论路线去引进一些假设的附加项。由于在解决宇宙学问题时，它使我们免除了引进一个特殊常数 λ 的必要性，所看到的这种可能性就显得特别可取。但是另一方面，也有一种特殊的困难。因为，如果我们把(1)限定为球对称的静止的情况，那么我们就得到一个方程，这对于确定 $g_{\mu\nu}$ 和 $\varphi_{\mu\nu}$ 来说是太少了，其结果是，电的**任何球对称分布**看来似乎能够在平衡中得到维持。因此，根据已有的场方程，还是远远不能解决基元量子的构成问题。

（范岱年　许良英译）

史蒂芬·霍金

  史蒂芬·霍金被认为是自爱因斯坦以来最杰出的理论物理学家，他也做了许多科学普及的工作。其《时间简史》(*A Brief History of Time*)已经售出了逾一千万册，被译成了 40 种语言，取得了科学史写作的史无前例的成功。他后续出版的《果壳中的宇宙》(*The Universe in A Nutshell*)以及与索恩(Kip S. Thorne)等人合著的《时空的未来》(*The Future of Spacetime*)也都获得了良好的反响。

  1942 年(伽利略去世后三百年)1 月 8 日，霍金出生于英国牛津。他起初在牛津的大学学院学习物理，在剑桥获得了宇宙学博士学位。自 1979 年起，他一直担任着卢卡斯数学教授的职位。这个职位是遵照前大学议会议员亨利·卢卡斯(Henry Lucas)的遗愿于 1663 年设立的。首任卢卡斯教授由伊萨克·巴罗(Isaac Barrow)担任，1669 年由牛顿继任。担任该席位的人被认为是他那个时代最为杰出的思想家。

  霍金教授致力于研究支配宇宙的基本定律。他与罗杰·彭罗斯(Roger

Penrose)一起，证明了爱因斯坦的广义相对论隐含着时空起始于大爆炸，终结于黑洞的结论。该结果表明，必须把广义相对论与 20 世纪上半叶的另一伟大科学进展——量子理论统一在一起。他发现这种统一会导致这样一个结论，即黑洞不应当是全黑的，而是会不断地发出辐射直到最终消失。另一个猜想是，宇宙在虚时间中是没有边缘或边界的。

史蒂芬·霍金拥有十二个荣誉头衔，还获得了许多奖项和勋章。他是皇家学会会员和美国国家科学院院士。他在进行理论物理学研究的同时，并没有忽视家庭生活（他有三个孩子和一个孙子），此外还计划作广泛的旅行以及为公众作讲演。

原著致谢

如果没有众多杰出人士在本书成形过程中所做的各种贡献，就不可能有本书的面世。在此特别感谢 Running 出版社的顾问迈克尔·罗辛（Michael Rosin）及史蒂芬·霍金教授的助手吉尔·金（Gil King）和卡伦·赛姆（Karen Sime）夫人。

同时也感谢下列几位 Running 出版社过去和现在的成员：卡罗·德维托（Carlo Devito）、凯瑟琳·格雷克兹罗（Kathleen Greczylo）、凯利·彭尼克（Kelly Pennick）、比尔·琼斯（Bill Jones）和德博拉·格兰迪内蒂（Deborah Grandinetti）。

图书在版编目（CIP）数据

　　站在巨人的肩上（上、下）／（英）霍金编；张卜天等翻译. — 长沙：
湖南科学技术出版社，2017.6
　　书名原文：On the Shoulders of Giants
　　ISBN 978-7-5357-8834-4

　　Ⅰ．①站… Ⅱ．①霍… ②张… Ⅲ．①物理学—文集 Ⅳ．①04-53

　　中国版本图书馆 CIP 数据核字(2015)第 226918 号

On the Shoulders of Giants

© 2002 by Stephen Hawking

湖南科学技术出版社通过博达著作权代理有限公司获得本书中文简体版中国大陆
出版发行权。

著作权合同登记号：18-2013-240

KEXUE JINGDIAN PINDU CONGSHU
ZHAN ZAI JUREN DE JIANSHANG
科学经典品读丛书
站在巨人的肩上　（上、下）

编　　评：[英]史蒂芬·霍金
译　　者：张卜天等
责任编辑：孙桂均　吴炜　李媛
出版发行：湖南科学技术出版社
社　　址：长沙市湘雅路 276 号
　　　　　　http://www.hnstp.com
湖南科学技术出版社天猫旗舰店网址：
　　　　　　http://hnkjcbs.tmall.com
邮购联系：本社直销科 0731-84375808
印　　刷：湖南省众鑫印务有限公司印刷
　　　　　　（印装质量问题请直接与本厂联系）
厂　　址：长沙县榔梨工业园区
邮　　编：410129
版　　次：2017 年 6 月第 1 版第 1 次
开　　本：710mm×1000mm　1/16
印　　张：83.75
字　　数：1190000
书　　号：978-7-5357-8834-4
定　　价：268.00 元(上、下册)
　　　　　（版权所有·翻印必究）